무한 공간의 왕

무한 공간의 왕

도널드 콕세터, 기하학을 구한 사나이

지은이 시오반 로버츠
옮긴이 안재권
서문 더글러스 R. 호프스태터

승산

King of infinite space
Copyright ⓒ 2005 by siobahan Roberts
All rights reserved

Korean translation copyright ⓒ 2009 by Seung San Publishers
Korean translation right arranged with The Bukowski Agency
through EYA(Eric Yang Agency)

이 책의 한국어판 저작권은 EYA(Eric Yang Agency)를 통한 The Bukowski Agency 사와의 독점계약으로
한국어 관권을 '도서출판 승산'이 소유합니다.
저작권법에 의하여 한국 내에서 보호를 받는 저작물이므로 무단전재와 복제를 금합니다.

국립중앙도서관 출판시도서목록(CIP)

무한 공간의 왕 : 도널드 콕시터, 기하학을 구한 사나이 / 시오반
로버츠 지음 ; 안재권 옮김. -- 서울 : 승산, 2009
　p. ;　cm

원표제: King of infinite space : Donald Coxeter, the man who saved geometry
원저자명: Siobhan Roberts
참고문헌과 색인수록
영어 원작을 한국어로 번역
ISBN 978-89-6139-028-6 03410 : ₩25000

기하학[幾何學]
수학자[數學者]

415-KDC4
516.0092-DDC21　　　　　　　　　　　　　　　　CIP2009002975

우아한 문장가인 우리 엄마 앤과
커플링만큼 유능한 전문가인 딜런에게

호두알 속에 갇혀 있을지라도 내 자신이 무한한 공간의 왕이라고 생각할 수도 있네.

– 윌리엄 셰익스피어, 〈햄릿〉 2막 2장

(콕세터가 "삼각형의 유한성The Finiteness of Triangles,"

〈기하학 개론Introduction to Geometry〉에서 인용)

목차

서문   도널드 콕세터에 대한 개인적 회상 • 10

1부 순수 콕세터

Chapter 0   도널드 콕세터를 소개합니다 • 21

Chapter 1   초다면체 씨, 부다페스트에 가다 • 40

Chapter 2   이상한 나라의 어린 도널드 • 70

Chapter 3   앨리스 아주머니, 그리고 케임브리지에서의 은둔생활 • 102

Chapter 4   프린스턴에서 대칭의 신들과 더불어 성년을 맞다 • 133

Chapter 5   사랑, 상실, 그리고 루트비히 비트겐슈타인 • 170

Chapter 6   "삼각형에 죽음을!" • 187

Chapter 7   정치, 그리고 가족관과 접하다 • 219

Chapter 8   부르바키가 도표를 출판하다 • 236

2부 응용 콕세터

Chapter 9   버키 풀러, 그리고 "기하학적 공백" 메우기 • 269

Chapter 10 C_{60}, 면역 글로불린, 비석 그리고
                   COXETER.MATH.TORONTO.EDU • 299

Chapter 11   M. C. 에스허르와 "콕세터하기"
                   (그리고 다른 예술가들 칭찬하기) • 324

Chapter 12   우주의 콕세터적 모양 • 352

3부 영향

Chapter 13   대칭 일주를 마치며 • 379

부록1-8 • 392

후주 • 436

참고 목록 • 601

그림 출처 • 631

감사의 말 • 636

역자 후기 • 641

찾아 보기 • 644

서문

도널드 콕세터에 대한 개인적 회상

더글러스 R. 호프스태터Douglas R. Hofstadter

「괴델, 에스허르, 바흐」의 저자

개념 · 인지 연구소Center for Research on Concepts and Cognition

인디애나 대학교

나의 이름이 도널드 콕세터와 연관된다는 것은 대단한 영광이다.

1960년대와 1970년대에 수학 및 물리학을 공부하는 학생으로서 나는 H. S. M. 콕세터라는 흥미로운 이름과 자주 맞닥뜨렸다. 이분의 여러 책이 세계적으로 유명하다는 것을 알고 있었고 그 책들이 우아하고도 간결하다고 들었으며 한두 번 들추어 보다가 아름답고 매력적인 도표들로 가득 차 있음을 보기도 했다. 그러나 어찌어찌하여 나는 다른 일들을 마음에 품고 있었고 그 책들은 별로 염두에 두지 않았다. 수십 년이 흐른 뒤 나는 마침내 콕세터의 언어와 그림, 개념에 매혹되었고, 기하학과 사랑에 빠졌다.

마침내 나를 기하학과 마주치는 항로로 발진시킨 것은 오래전인 1962년에 스탠포드 대학교에서 수강한 복소해석학에 대한 굉장한 강의였다. 이 강의는 고든 라타Gordon Latta라는 젊은 교수가 맡았는데, 그는 영국에서 태어난 도널드 콕세터가 말년에 정착한 도시인 토론토 출신이었다. 라타는 의심할 바 없이 내가 만난 최고의 수학 선생님으로서 시각 교육에 대단한 중점을 두었고, 복소수의 2차원적 공간에서의 미적분학의 깊이와 힘을 독특한 방식으로 전달하였다. 강의에서 나온 한 장의 그림은 30년 동안 머릿속에서 떠나지 않았는데,

그 그림은 복소평면을 뒤집은 원 그림으로서 경계 안에 있는 유한한 원판을 경계 밖에 놓인 무한한 영역으로, 또 무한한 영역은 유한한 원판으로 뒤집어 놓은 것이었다.

1992년 어느 운명적인 아침─라타의 강의를 수강한 지 30년 후─ 이유는 모를 노릇이지만 나는 원형반전circular inversion의 영상, 특히 원판 밖에 있는 모든 원이 이 기이하지만 멋진 연산으로 원판 안의 원으로 (또한 그 역으로) 옮겨진다는 희미한 기억과 함께 잠에서 깨어났다. 이처럼 기묘한 기하학적 사실은 라타가 분명 이미 증명하였던 것임을 알고 있었지만, 하도 멋지게 머릿속에 떠올랐기에 나는 즉시 스스로 증명해 보기로 작심하였다. 사실, 그 명제를 제대로 기억하고 있다고는 확신하지 못했다. 그래서 이를 증명해 보겠다는 내 생각이 약간 불안해지기는 했다. 과연, 나의 첫 번째 시도는 약간은 얄궂게도, 임의의 원이 다른 원이 되지 않는다는 것을 밝혀냈다! 그러나 나의 수학적인 미감은 이 명제가 무언가 진실을 담고 있다고 주장했고, 그 때문에 나는 다시 한 번 시도해 보았다. 두 번째에는 나의 터무니없는 실수를 찾아내어 (중심이 중심으로 가지는 않는다!) 원들에 의하여 뒤집어진 원들이 실제로 원으로 유지된다는 것을 증명해 냈다.

작지만 즐거운 이러한 뒤집기로의 여행은 내 머릿속에서 산불을 일으킨 작은 불꽃과도 같은 것이어서 이후로 몇 달간 기하학적인 심상이 내 머릿속을 가득 채워 나가기 시작하면서 나는 다른 사람의 안내가 필요하다는 것을 깨달았다. 그 이름이 내게는 "기하학"이라는 말과 동의어인 그 사람, H. S. M. 콕세터가 아니면 누구에게 의존하겠는가? 나는 그가 사무엘 그라이쳐Samuel Greitzer와 공저한 <기하학 재고Geometry Revisited>라는 책을 구입하여 처음부터 끝까지 읽어 나가면서 열정적으로 콕세터의 아이디어를 흡수했다. 공교롭게도 몇몇 아이디어는 이미 내 스스로도 생각해 냈던 것이었다. 하지만 대부분의 것이 내게는 새로운 것이었고, 이후 몇 년간 내가 수없이 기하학에 손을 대는 데 도약대의 구실을 해 주었다. 콕세터와 그라이처 덕분에 나는 내 생에 있어 가장 풍부하고도 행복한 여행에 흠 없이 나설 수 있었다.

내가 기하학적 모험에 나선 지 6개월쯤 되었을 때, 나는 일련의 유추를 동원하여 발견을 이루어 냈고, 나는 대단히 흥분하여 이러한 발견에 대한 이야기를 짧은 논문으로 써 냈다. 나는 이러한 발견이 새로운 것인지 아니면 이미 알려진 것인지 알고 싶었고, 그래서 내가 감탄한 책을 쓴 여러 명의 기하학자들에게 의견을 구하기로 했다. 그중 첫 번째가 도널드 콕세터였고, 그래서 결단을 내려 그에게 편지와 함께 나의 논문을 보냈다. 강요하고 싶지는 않아서 아주 간략하게 쓰려고 애썼지만 (겨우 10쪽!) 적어도 그의 책이 나에게 얼마나 커다란 의미를 가졌었는가는 말해야 할 것 같았다. 더없이 애정 어리고 신속한 답장에서 그는 자신이 쓴 사영 기하학에 대한 두어 권의 책을 들춰 볼 것을 권했고, 나는 주저 없이 두 권의 책을 모두 구입했다.

두 권 중 더 오래된 것은 <실사영평면The Real Projective Plane>이라는 제목의 간결한 저작이었는데, 이 책은 나에게 또 다른 놀라운 계시였다. 서문에서 콕세터가 지적하였듯, 2차원에서는 실평면에 가해지는 제한으로 인해 모든 정리를 도표로 예시하는 것이 가능해진다. 가능할 뿐만 아니라 이 책에서는 그렇게 하였다. 이러한 단순한 사실만으로도 이 책은 보물이다. 게다가 콕세터는 기하학의 정리는 대수를 사용하지 않고 기하학적 방법으로 증명한다는 철학을 철저히 고집한다. 이는 <실사영평면>의 독자들이 기하학 본래의 관념을 통해 사영 기하학을 이해함으로써 공식을 통해 얻어지는 것과는 전혀 다른 직관을 확립하게 됨을 의미한다. 나는 소위 분석적인analytic 방식의 기하학 연구를 비난하는 것이 아니다. 그저 종합적인synthetic 방식을 이용하여 사영 기하학을 이해하게 된 것이 내가 이제껏 얻은 가장 만족스러운 수학적 경험들에 속한다고 말할 뿐이다. 내가 기하학에 심취하는 것에 대해서는 전혀 반대하지 않았지만 아주 희미한 빛이라도 눈꺼풀에 와 닿으면 한숨도 자지 못하는 나의 아내를 깨우지 않기 위해 잠자리에서 작은 독서등 하나만을 책 위에 올려놓고(실은 책 안에 올려놓고) 콕세터의 전공논문을 읽으며 지새운 수많은 밤들을 결코 잊지 못할 것이다.

<실사영평면>의 서문에서 문장 하나를 인용하지 않고는 못 배기겠다. 그 문장은 다음과 같다. "10장은 사영직선의 연속에 대한 개선된 공리를 소개하고 있거니와, 이는 아주 간단해서 진술하는데 고작 여덟 단어가 필요할 뿐이다." 나는 도널드 콕세터가 이 구절을 적으면서 틀림없이 기뻐했을 뿐만 아니라 자랑스러워 했을 거라고 생각한다. 그 이유는 그가 단순성, 우아함, 수단의 절약을 너무도 사랑했기 때문이다. 그가 말한 여덟 단어짜리 정의는 다음과 같다. "점들의 단조수열에는 반드시 극한이 존재한다Every monotonic sequence of points has a limit." 어찌나 유쾌한지! <실사영평면>은 내가 가장 아끼며 읽고 소중히 여기는 소유물 중 하나라고 말할 수 있겠다.

최소한의 광자를 가지고 기하학을 연구했다는 것에 대해 말하기 위해 내가 겪었던 것 중에 가장 어처구니없으면서도 풍요로운 기하학적 경험 한 가지를 언급하겠다. 기하학에 대해 수많은 독서를 하던 와중에 나는 도표에 숨어 있는 것으로 짐작되는 무시할 수 없는 위험을 염려하며 학생들에게 기하학을 가르칠 때 칠흑같이 깜깜한 방 안에서 모든 관념을 오로지 말로만 전하기를 고집한, 유명한 19세기 독일 기하학자― 슈타이너Steiner, 플뤼커Plucker, 폰 슈타우트von Staudt, 포이어바흐Feuerbach 중에 하나임은 틀림없다― 에 대한 글을 접하게 되었다. 그 글을 처음 읽었을 때에는 당황하여 들어 본 중에 가장 어리석은 일로 꼽힐 것이라고 생각했었다. 하지만 바로 그토록 어리석은 일 때문인지 그 장면은 오랫동안 내 머릿속에 맴돌았다. 마침내 수년 뒤 삼각기하학을 한밤중

에 자주 집에서 강의를 하였는데 커튼을 다 닫고 불은 모두 끈 채로 나 자신이 그러한 교수기법을 사용해 보기로 했다. 방 안은 정말이지 칠흑같이 깜깜했고, 너무 깜깜한 나머지 학생들은 공중에 기하학적인 도형을 그려 보이는 나의 팔조차 볼 수 없었다. 학생들이 알아챌 수 있었던 것은 내 몸짓이 아니라 내가 하는 말뿐이었다. 그런데 한밤중처럼 어둡디어두운 와중에 내가 학생들 앞에서 증명해 보였던 것은 무엇이었을까? 바로 몰리Morley 정리라고 알려진 보석 같이 빛나는 정리였다. 이 정리는 임의의 삼각형의 세 각에 대한 "금기"의 삼등분선들은 해당 임의의 삼각형의 내부 어딘가에 일정치 않게 존재하는 정삼각형의 꼭짓점들에서 각각 만남을 밝힌 것이다. 학생들이 마음의 눈으로 이를 보았을까? 그랬으리라고 확신한다! 그리고 모여 있던 학생들에게 내가 어떤 증명을 얘기해 주었을까? 글쎄, 그건 당연히 내가 콕세터와 그라이처의 소책자에서 발견했고 또 나 스스로 해냈던 증명이었다. 물론 빛도 없고 도표도 없는, 내가 만든 새롭고 멋진 환경에 맞게 바꿔야 하기는 했지만.

이러한 에피소드를 통틀어 볼 때 정말이지 미친 짓을 실천에 옮긴 것처럼 보일 수도 있겠지만, 돌이켜 보건대 그렇다고는 생각지 않는다. 그와는 정반대로, 그것은 시각 없는 시각화에 대한 잊을 수 없는 실천이었다. 가장 위대한 수학자들 중에는 시각 장애인들도 있었고, 그렇다고 하여 그들이 놀라운 발견을 하지 못한 것은 아님을 기억해야 하겠다. 나는 문헌인용으로 가득한 (색인에는 아이스킬로스Aeschylos, 아리스토파네스Aristophanes, 플라톤Plato, 셰익스피어Shakespeare, 괴테Goethe, 루이스 캐럴Lewis Carroll, H. G. 웰스H. G. Wells, 도로시 L. 세이어즈Dorothy L. Sayers, 심지어는 톰 소여Tom Sawyer까지 있었다) 콕세터의 유명한 책 <기하학 개론>을 통독하다가 콕세터가 E. T. 벨E. T. Bell의 책 <수학의 발달The Development of Mathematics>에서 인용한 다음의 문장을 읽으면서 이러한 사실을 상기했다. "오일러는 생애의 마지막 17년간 완전히 시력을 잃었음에도 불구하고 당대의 수학에 대해 간과하는 것이 전혀 없었다."

나는 눈앞에 도표가 없다는 것과 머릿속에 도표가 없다는 것에는 엄청난 차이가 있다고 여긴다. 이 둘은 전혀 다른 것이다. 실로 심상이란 없어서는 안 되는 것이다. 이러한 이유로, 20세기 수학에서 가장 유감스럽고 이해할 수 없는 경향 중 하나는 시각, 심지어는 시각화가 가능한 것을 제거하고자 하는 무모한 질주이다. 그러나 도널드 콕세터는 그가 썼던 모든 글이 선명하게 드러내듯 가장 체계적으로 이러한 무모함에 반대한 사람에 속한다.

열다섯 살쯤이었나, 존 L. 켈리John L. Kelly의 <일반 위상 수학General Topology>이라는 책을 발견하게 된 것을 잊을 수 없다. 이 간결한 책은 내가 뫼비우스의 띠와 비틀린 도넛(클라인병)이 차지하고 있다고 생각했던, 신비롭도록 매혹적인 수학 분야인 "고무판 기하학"에 대해 그때껏 읽어 봤던 것 중에 그 수백 쪽 가운데 단 한 장의 도표도 들어 있지 않은 최초의 논문이었다. 그 대신 온갖 종류의 불가사의한 기호들을 사용한 터무니없을 정도로 난해하고 성가신 표기로 가득하였다 (몇 년 뒤 나는 이러한 기호들 중 상당수가 제법 단순하고 평범한 단어들을 상징하는 것이지만 기호로 최대한 간결하게 나타낸다는 미심쩍은 이유로 그 자리에 사용된 것임을 깨달았다). 어리고 고지식한데다가 수학을 사랑하기는 하지만 붙잡고 씨름을 해 본 경험은 없었던 나는 그저 "아, 그러니까 이게 내가 앞으로 몇 년 만 있으면 통달하게 될 그런 것이구나! 그렇게 되면 얼마나 멋질까!" 하고 혼자 생각했을 뿐이었다. 나는 길고 도표도 하나 없는 수학책을 읽고 나 역시 그런 책들을 써야 하리라는 생각으로 조금도 낙담하지는 않았다. "수학적 성숙"이라는 전설적인 지위에 도달하는 과정에서 당연한 부분이라고 여겼다.

그러나 몇 년 안에 나는 나 스스로가 그처럼 무미건조한 분위기를 견뎌 낼 수는 없다는 점을 깨달았다. 도표(혹은 적어도 개인적이고 내적인 도표로 생각될 수 있는 심상)는 내게 수학의 산소 같은 것이었고, 도표 없이는 그저 죽어버릴 터였다. 그래서 추상을 위한 추상으로 숨이 막히게 되었을 때 수학과 대학원을 그만둘 수밖에 없었다. 끔찍한 상처였다. 내 삶에서 결정적이었던 그 순간에 누군가가 수학을 포기하기 전에 기하학을 둘러보라고 권했다면 나는 도널드 콕세터의 저작들을 발견하여 아주 다른 삶의 경로를 걸었을 것이다.

도널드 콕세터와 편지를 주고받은 몇 년 뒤인 2000년, 나는 물리학과에서 두 건의 세미나를 진행하기 위해 토론토 대학교에 갔다. 첫 번째 세미나(물리학에서 유비analogy가 행하는 핵심적인 역할을 설명하는 강연)가 끝난 뒤 깡마르고 잘 차려입은 노신사가 다가와 상냥하게 자신이 도널드 콕세터라고 말했다. 나는 깜짝 놀랐다. 그때 그는 93세였던 것이다! 우리는 비공식적인 환영회에 함께 참석하여 과자를 먹고 잠시 담소를 나누었다. 정신적인 의미에서 그는 자신의 분야에서 완전히 정상에 있는 사람이었다. 우리는 수학과 물리학에서 유비의 중요성에 관하여 활발하게 이야기를 나누었다. 나는 그가 내 강의에 참석해 준 것에 깊은 감명을 받았다.

그러나 절정은 두 번째 물리학 세미나였다. 강연을 시작하자마자 나는 청중들 틈에 도널드 콕세터가 다시 한 번 와 있는 것을 발견했다. 강연을 마치고 우리는 다시 만나 잠깐 동안 담소를 나눴다. 이번에는 내가 8년쯤 전에 그에게 보냈던 편지에서 다루었던 기하학 분야에 대하여 가볍게 이야기를 나누고 나서는 어찌어찌하여 그때까지도 콕세터가 철저하게 지켜 온 채식주의와 터무니없을 정도로 일상적인 운동계획으로 화제가 흘렀다.

20세기 수학의 상징인 이 위대한 이가 내 강연을 들으려고 한 번도 아니고 두 번씩이나 와 주었다는 것, 그리고 실은 내가 그의 팬임에도 불구하고 마치 그가 나의 팬이라도 되는 것처럼 자신을 소개하였다는 사실을 내가 얼마나 영광스럽게 여겼는지. 그야말로 앞뒤가 뒤바뀐 것이었다. 게다가 이분은 거의 전

생애에 걸쳐 나 역시도 핵심이라고 여겨 왔던 윤리적 원칙을 고수해 온 분이었다. 그 원칙이란 인간의 것이든, "하등" 생물의 것이든, 생명이란 신성하다는 것이다. 한마디로 말해서 내게 곧바로 다가온 의미는 이분은 허세라고는 전혀 없는 사람, 내가 "위인"이라는 평가를 들으며 자라 왔던 그런 부류의 사람, 그러니까 존재하는 최고의 부류에 속하는 사람이라는 것이었다. 내가 이처럼 대단한 위인을 직접 만날 수 있는 영광을 누렸던 것은 오직 그 두 번뿐이었지만, 그 두 번의 기회는 내 마음속에 잊히지 않고 각인되어 있다.

이로써 도널드 콕세터에 대한 나의 개인적 회상은 끝맺지만, 시오반 로버츠 Siobhan Roberts의 책에 대해서 몇 마디 덧붙이고자 한다. 시오반을 만난 적은 없지만, 몇 번 서신을 교환하였다. 내가 시오반에 대하여 아는 것은 대부분 도널드 콕세터에 대하여 그가 쓴 글을 읽으면서 알게 된 것이고, 그를 통해 강하고 명백하게 드러난 것은 그가 콕세터의 정신을 아주 심오하게 이해하고 있다는 것이다. 시오반은 무엇이 콕세터를 이끌었는지 이해하고 있고 또 위대한 수학자의 영혼을 언제나 사로잡는 불길을 말로 풀어내는 법도 알고 있다. 나는 시오반의 책이 수학 그 자체의 미감뿐만 아니라 숨겨진 패턴과 대칭에 대한 대단히 인간적인 사랑이 어떻게 환희에 넘치는 백 년에 걸친 탐구로 이어질 수 있는가에 대하여 수많은 사람들에게 알려 주기를 바란다.

1부

순수 콕세터

Chapter 0
도널드 콕세터를 소개합니다

내게 무언가가 불가능하다고 말한다면 나는 즉시 그 일에 착수할 것이다.

– H. S. M. 콕세터

2002년 1월 어느 춥고도 맑은 날 밤, 기하학자 도널드 콕세터Donald Coxeter는 영국 학술원을 본떠서 만든 뛰어난 과학자들의 모임인 캐나다 학술원이 개최한 피로연 의식이 시작되기를 기다리며 앉아 있었다. 94세인 콕세터는 한 손에는 엎질러질 듯 위태롭게 기울어진 적포도주 잔을 들고 있었고, 다른 손에는 터져 버린 생과자를 든 채 토론토 대학교 총장관사 서재의 벽난로 가까이에 앉아 있었다. "이 슈크림, 먹는 사람은 생각도 않고 만들었군"하고 말하는 그는 언제나 정장과 넥타이를 지나칠 정도로 깔끔하게 차려입고 있었다. 그는 천재 중의 대천재이면서도 기꺼이 기다려 주었다.[1]

도널드 콕세터에 대하여 대부분의 숭배자들은 그저 늙었다는 것만 알고 있었다. 90대의 콕세터와 마주친 풋내기 수학자들은 광대무변한 빛이라도 어린 듯한 그의 얼굴에 주름진 세월의 연륜, 그 초자연적일 정도로 나이 든 외양에 깜짝 놀라는 경우가 많았다. 그의 오랜 동료들 사이에 통용되는 농담은 그가

25년 전에도 나이 들어 보였다는 것이었다.[2] 자녀들의 기억 속에 아버지는 언제나 머리가 벗어져 있었고 그의 머리카락은 회색빛이었다. 증손들은 그가 무섭게 생겼다고 여겨 같이 있기를 꺼렸다.[3] 파리에 있는 앙리 푸앵카레 연구소 Institut Henri Poincare 소장 미셸 브루웨Michel Broue는 1960년대 학생 시절에 콕세터를 알게 되었다. 그건 오로지 콕세터의 명성 덕이었다. "아직도 살아 계시다는 얘길 듣곤 놀랐습니다. 전 그분이 19세기 분이라고 생각했거든요. 그분의 존함이야 구석구석 알려져 있었지요. 그만큼 전설적인 분이었으니까요."라고 브루웨는 회상하였다.[4]

학술원 모임에서 팬들과 지지자들이 다가서는 와중에, 기하학적 문제에 달려들 수만 있다면 단 한순간도 결코 헛되이 보내지 않는 콕세터는 멀찍감치 손짓을 하면서 물었다. "저 탁자의 모양이 무엇이지요?" 속임수가 숨어 있는 질문 같았다. 누구나 탁자가 둥근 것을 볼 수 있었으니 원인 것이다. 그러나 콕세터는 유감스럽게도 견해를 달리 했다. "내가 천장에 매달려 탁자를 내려다본다면 원이겠지요." 그러나 방 반대편에 있던 콕세터의 좌표로 인해 그의 시각은 기울어져 변형되었다. "제게는 타원으로 보입니다." 그리고 자신이 바로 이러한 주제로 논문을 썼고, 제목은 시적으로 "원은 어디에서 타원으로 보일까?Whence Does a Circle Look like an Ellipse?"라고 붙였다고 덧붙였다.[5]

이것이 타원과 원, 육각형이나 이십면체와 같은 모양들의 로맨스를 깊이 생각하는, 전형적인 콕세터의 모습이었다. 자주 인용되는 자신의 분야에 대한 콕세터의 정의는 다음과 같은 것이었다. "기하학은 피겨figure와 피겨figure에 대한 연구이다. 여기서 피겨는 도형과 숫자를 말한다"[6] 그는 거품, 구멍이 많은 해면, 벌집의 봉방蜂房들, 파인애플의 돌기, 해바라기의 기하학을 즐겼다. 교수로 재직하면서 콕세터는 자그마한 자신보다 키가 더 크고, 노란색 혀꽃부리가 달린 해바라기를 뽑아다가 토론토 대학교로 가는 시내버스에 싣고 가서는 교수 도구로 사용하였다. 그는 번들거리는 붉은 색 매니큐어를 해바라기의 씨 하나하나에 점 모양으로 살짝 발라 우아한 꽃부리의 기하학적으로 완벽한 황금비를 돋보이게 하였다. 이러한 현상은 잎차례phyllotaxis로 알려져 있다.[7] (잎차례에 대한 더 나아간 논의에 관해서는 부록 1 참고.)

콕세터는 또한 교육적이면서도 유쾌하게 사과의 숨겨진 대칭을 밝혀 낸 것으로도 알려져 있다. 1981년 미국 수학회 총회를 위해 모인 동료들과의 저녁 식탁에서 그는 이렇게 물었다. "사과에는 심이 없다는 걸 아시나요?" 사람들은 그가 놀리고 있다고 생각했고, 결국 사회를 보던 스미스대 수학과 교수 마저리 세네칼Marjorie Senechal이 콕세터가 요청한 대로 사과를 찾아다가 칼과 함께 그의 앞에 갖다 주었다. 그는 사과를 얇게 수평으로 저며 내어 사과에는 꼭지에서 밑동stern까지 이르는 심이 없고 다만 안에 씨들이 달려 있는, 약간 길쭉한 씨방pod이 있음을 보여 주었다. 압권은 사과 중심에 이르러 적도에 해당되는 부분을 얇게 베어 냈을 때였다. 거기에는 비밀스러운 대칭이 존재했다. 사과의 외관에서 짐작되는, 자연이 어설프게 구대칭을 이뤄 보려 한 것 같은 모양이 아니라, 제법 완벽한 5중 대칭이 사과의 심장부에 숨어 있었다. 사과의 씨앗들은 꼭지가 다섯 개인 별 모양으로 배치되어 있었다. 식탁에 둘러앉은 사람들은 누구나 그것을 보면서 숨이 막힐 듯 놀랐다. "이것으로 콕세터가 어디나, 그것도 철저하게 살펴본다는 것이 드러났다. 그는 일상적인 사물들의 기하학을 즐겼고, 워낙 호기심이 많고 통찰력이 날카로워서 이러한 사물들에서 다른 이들은 짐작도 해 본 적 없는 대칭과 규칙성을 찾아냈다."[8]

어떠한 패턴이든 콕세터의 주목을 끌었고 그의 마음속에서 뛰어놀았으며 80여 년 동안 기하학자였던 그의 열정을 불러일으켰다(그는 13세에 최초의 발견들을 이뤄 냈고 96세에 이르러서도 여전히 현업으로서 또 다른 논문을 쓰기 위해 서재에서 책들을 꺼내 보고 있었다).[9] 유명한 미래파 예술가이자 개혁가인 벅민스터 풀러

Buckminster Fuller는 콕세터가 고전기하학에 대하여 한 세기에 걸쳐 맡아온 책무를 사상의 기하학에 대한 자신의 책에서 다음과 같은 헌정사로 표현했다.

> 그의 일생에 걸친 비범한 수학연구로 인하여
> 콕세터 박사는 우리를 분발시키는 20세기
> 최고의 기하학자이고, 자발적인 찬사를 받는
> 패턴 분석 과학의 역사적 자산목록에 대한
> 현세적 관리자이다.
> 나는 그에 대한 특별한 존경과 더불어
> 그가 전형으로 보여주듯
> 인류에 중요한
> 고금의 모든 기하학자들에게 감사하며
> 이 저작을 바친다. [10]

그처럼 당당한 지위를 갖춘 인물로서 -케임브리지와 프린스턴의 완벽한 직계이고, 풀러 및 M. C. 에스허르 M.C. Escher와 같은 거장들의 영감이고, 더글러스 호프스태터 Douglas Hofstadter나 존 호턴 콘웨이 John Horton Conway 같은 이들을 지도한- 콕세터는 무엇보다도 겸손하면서도 모양과 모형들의 촉감을 인식하고 손가락으로 뒤집어보며 그 꼭짓점들을 통해 X선과도 같은 시각으로 바라보아 그 고유의 대칭적 특성을 읽어내는 실천적인 기하학자였다. 무엇보다도 그는 그의 강렬한 기하학적 직관에 공급되는 시각적 입력을 중요하게 생각했다. 기하학자로서, 수많은 수학자들이 논평하였듯, "콕세터는 정말로 사물들을 볼 수 있었다."[11]

콕세터, 기하학의 왕.
기하학자 데이비드 로고세티David Logothetti가 그린 "콕세터 풍자만화" 연작의 하나.

    존칭은 여기에 그치지 않는다. 그는 경건하게 "기하학의 왕"이라고 불렸다.[12] 기하학에 대한 그의 공헌은 경외심을 불러일으킬 만한 것이었지만, 그 자신은 조금이라도 허세를 부리며 자신의 권세를 휘둘러대는 사람이 결코 아니었다. 콕세터는 겸손하고 자신을 내세우지 않으며 온화했다.[13] 다른 사람들은 그를 현대의 유클리드, 20세기의 가장 위대한 고전 기하학자라고 한다. 그리고 대수적이고 간결한 모든 것들에 대한 추구로 특징지어지는 수학적 시대에서 거의 죽어가고 있는 기하학을 살려낼 유일한 사람이라고 생각한다.[14] 20세기, 아래첨자와 위첨자가 뒤얽힌 기호와 방정식의 잡동사니가 수학을 덮치면서 도표와 모양은 사라졌다.

△ ◻ ✦ ⊗ ⊛

    기하학에 대한 콕세터의 집념의 동기가 된 것은 거의 엘리트주의적이라고

할 만한 취향에 따른 것으로 오로지 아름다움뿐이었다. 그렇지만 고전 기하학이 패턴과 모양의 아름다움에 대한 찬가인 것만은 아니다. 대단히 실용적이기도 하다. 걸어가면서 지구가 둥글다는 것에 주의를 기울이지 않듯, 기하학과 그것이 우리의 삶에 미치는 결정적인 영향에 주의를 기울이지는 않지만, 기하학은 어디에나 존재하고 그 영역은 무한하다. 기하학적 알고리듬은 컴퓨터로 설계된 메르세데스-벤츠의 곡면, 픽사Pixar의 <인크레더블The Incredibles>과 같은 애니메이션, 그리고 세제용기의 흐르듯 부드러운 곡면을 만들어 낸다.15) 마이크로소프트사의 겸임 수학자인 라슬로 로바스László Lovász는 서로 접하는 네 개의 원들의 특성을 다룬 콕세터의 마지막 논문(그의 나이 95세에 부다페스트에서 열린 회의에서 발표한)에서 중요한 응용을 알아챘다. 컴퓨터 알고리듬이라는 분야에서 서로 접하는 네 개의 원들에 대한 기본적이고 고전적인 관심은 "인기 있는 화제"라고 로바스는 말했다. "그건 그래프의 기하학적 표현에 있어 중심이 되는 화제입니다. 이러한 기하학적 표현은 데이터 마이닝data mining 프로그래밍과 관련된 문제입니다." 데이터 마이닝이란 엄청난 양의 가공되지 않은 정보에서 패턴을 찾아내는 기술이다. 이는 이베이eBay와 같은 전자상거래나 미국 정부의 감시 소프트웨어인 MATRIX(Multistate Anti-TeRrorism Information eXchange: 주(州) 간 대테러 정보 교환 시스템)의 동력 역할을 한다. Amazon.com은 우리가 책을 구입하거나 검색할 때 이러한 기술을 이용하여 추천 도서를 알려 준다. 콕세터의 책 <기하학의 아름다움The Beauty of Geometry>을 클릭하여 장바구니에 담으면 이 책을 구매한 고객들이 콕세터의 베스트셀러 <기하학 개론>과 <정규초다면체Regular Polytopes>, 그리고 벤저민 볼드Benjamin Bold가 쓴 <기하학의 유명한 문제들과 그 해법Famous Problems of Geometry and How to Solve Them>도 구매하였다는 것을 알게 된다. 로바스는 이렇게 설명한다. "각각의 고객들은 여기서는 이만큼의 돈을 쓰고 저기서는 저만큼의 돈을 쓰는 측정점data point이고, 따라서 사이트에 대한 각각의 특정한 방문과 관련된 한 세트의 점들을 얻게 됩니다. 이렇게 얻는 점들의 수는 엄청난데, 그 이유는 고객들의 숫자가 엄청나기 때문이죠. 이로써 4차원 이상의 어떤 공간에서의 점들이 생성됩니다." 패턴들이 이러한 다차원 그래프에 축적되고 이는 누가 뭘 구매하였는가에 대한 전산화된 기하학적 표현이 된다.[16]

콕세터의 순수 기하학에 대한 우연한 응용은 계속되어 선형 프로그래밍linear programming, 모뎀 기술, 면역학 등 수많은 분야에 등장한다.[17] 가장 자주 있는 응용은 콕세터가 고안해 낸 수학적 도구와 관련된 것들이다. 이러한 도구들은 결국 수학자들과 과학자들이 창조하고 연구하는 방식에 일대 혁신을 가져온 것들이었다. 콕세터는 오늘날 "콕세터군Coxeter groups"과 "콕세터 도식Coxeter diagrams"으로 알려진 도구들을 개척했는데, 이 도구들은 대칭을 새롭게 해명하여 그 연구를 심화시키고 있다. 대칭은 모든 수학의 기초를 보강한다. 완벽한 균형을 표현하는 방정식인 것이다. 그리고 대칭은 자연의 힘을 설명한다. 아원자입자의 극히 사소한 세부사항부터 해바라기와 우주의 모양, 그리고 우리가 사는 우주와 아주 흡사한 가설상의 평행우주에 이르기까지 말이다.[18]

오늘날의 수학에서 이러한 콕세터식 혁신은 아무리 칭송해도 모자라다. 그의 혁신은 "수학의 대들보들 중 하나"[19]이며 "기초의 일부이자 우리가 숨 쉬는 공기"[20]이고 거의 숫자 그 자체만큼이나 필수적이라고 할 수 있는 것이다.[21] 콕세터군이 왜 그토록 많이 등장하고, 어떻게 그토록 만능이자 어디에나 존재하는 도구로서 수학과 과학 양쪽의 다양한 영역들에서 사용될 수 있는지에 대한 논문들이 저술되어 왔다. 콕세터군은 심지어 우주의 모양을 찾기 위한 경험적 연구에도 등장한다. 대단한 찬사를 받는 "만물의 이론theory of everything"인 초끈이론superstring theory의 물리학은 초대칭성supersymmetry에 근거하고 있다. 어떤 물리학자들은 무한차원 대칭이 끈이론의 수수께끼를 해명하는 데 중요할 것이라고 추측한다.[22] "그렇다면 콕세터군을 이해하는 것이 도움이 될 수도 있을 겁니다"라고 프린스턴 고등과학원Institute for Advanced Study에 재직하는 "끈의 교황" 에드워드 위튼Edward Witten은 말했다.[23]

△ ▢ ◇ ⬠ ⬢

대칭은 콕세터의 기하학의 중심을 차지한다. 그는 모양의 대칭을 계속해서 연구했다. 콕세터는 고전 기하학자였는데 기하학의 고전적 목적은 정리를 증명하는 것이라기보다는 보석과도 같은 기하학적 대상을 발견하는 것이다. 그는 다양한 종류의 기하학적 형태를 탐구하고 열거하였으며 그러한 형태들이 대칭적 특성을 통해 어떻게 서로 관련되어 있는지를 밝혀냈다. <기하학 개론>의 서문에서 콕세터는 이렇게 말했다. "책 전체를 관통하는 통일적인 요소는" -그리고 실로 그의 전 생애와 경력을 관통하는 요소는- "한마디로 대칭이다."[24]

어원학적으로 보면 대칭symmetry이라는 단어는 "함께"라는 의미의 sym과 "측정"이라는 의미의 metry로 분해되는데 이는 서로 다른 부분들이 "함께 측정된다"는 의미를 가진다.[25] 대칭은 어디에나 존재하는 것으로서 사람의 얼굴, 다리, 그리고 신체의 많은 부분이 대칭적이다. 바흐Bach의 음악은 수많은 대칭적 특성을 지니고 있으며, 이는 레오나르도 다 빈치Leonardo da Vinci의 미술작품이나 운문의 운율, 루이스 칸Louis Kahn과 같은 건축가들의 설계도 마찬가지이다.[26]

일반적으로 말해 대칭은 전체를 절반으로 나눈 두 조각이 서로의 거울상인 경우(좌우대칭bilateral symmetry)에 나타난다. 대칭의 예는 생화학에서 자주 나타나지만 생물에서의 대칭성은 "키랄성chiral" 또는 "손대칭성handed"인 경우가 적지 않거니와 이는 나눈 반쪽 혹은 거울상이 서로 다르다는 의미이다. 양

기하학에서 영감을 얻은 루이스 칸Louis Kahn의 국회의사당. 방글라데시 다카 소재.

박하 분자와 캐러웨이 분자는 키랄 쌍둥이이다. 한쪽의 분자가 다른 쪽의 분자의 거울상이고, 이러한 대수롭지 않은 차이가 우리의 입맛에는 상당히 다른 영향을 미친다.27)

약품의 키랄성(약물은 좌선성left-handed 분자와 우선성right-handed 분자의 혼합물인 경우가 종종 있다)은 탈리도마이드Thalidomide가 가져온 비극적인 결과에서 잘 드러난다.28) 탈리도마이드의 분자 형태 중 한쪽은 입덧을 진정시키는 진정제로 치료효과가 있으나 그 거울상은 예기치 않은 선천성 결함을 초래한다.29) 거울대칭mirror symmetry이 대칭의 유일한 유형은 아니다. 회전대칭rotational symmetry(바람개비)이나 병진대칭translational symmetry(같은 간격으로 놓인 반복적인 철도 침목), 그리고 이들의 수많은 결합(발자국은 "미끄럼 반사변환glide reflection"에 의해 생성된다는 점에서 대칭적인데, 이는 병진과 반사변환의 결합이다)들도 있다.30)

기하학에서 유한한 물체는 대칭조작symmetry operation 혹은 변환transformation이라고 불리는 기하학적 변화(회전, 혹은 반사)를 겪고도 동일하게 보이면 대칭적인 것이다. 구는 무한한 방법으로 회전하고 반사되고도 반드시 정확히 같은 형태로 유지될 수 있다. 구는 무한한 숫자의 대칭조작을 겪어도 변치 않는다.31) 그러나 이러한 무한한 대칭성은 예측이 가능하고 따라서 콕세터가 연구하기를 선호하였던 불연속적인 대칭성을 갖춘 모양에 비해 매력이 덜하다.* 예를 들어 정사각형은 여덟 가지 대칭밖에 없고 위치를 움직이거나 바꿀 수 있는 엄밀한 방식도 여덟 개 뿐이며, 이러한 와중에 정사각형의 모양은 전혀 변하지 않는다. 대칭에 대한 이러한 수학적 연구는 "군론group theory"으로 체계화된다. 수학에서의 '군群'이란 말의 의미는 일상적인 의미와는 명백하게 다르다. 일상 언어에서의 군은 구별을 짓는 어떤 특징에 근거하여 함께 존재하거나 모이거나 분류된 다수의 사람 혹은 사물들로 정의될 수 있는 반면 수학에서의 군이란 정사각형의 외양을 보존하는 여덟 가지 작용 – 대칭조작 – 의 집합을 말한다.32)

콕세터군은 군론의 세계를 탐험하는 도구이다. 그러나 콕세터는 정사각형보다 복잡한 모양들을 연구했다. 그는 아름다운 결정의 모양과 비슷한, 복잡성을 갖춘 모양을 좋아했다. 그는 결정의 자른 면들, 꼭짓점과 모서리 사이의 각이 어떻게 "딱 그렇게" 정렬되었는가를 연구하였고 이를 대단히 대칭적인 물체로 판단하였다. 콕세터군은 이러한 유한한 대칭성, 결정의 외양을 보존하는 유한한 수의 회전과 관련된 것이다. 스탠포드의 기하학자 라비 바킬Ravi Vakil은 이렇게 말했다. "어떤 일종의 마법이 수학적으로 일어나게 하는 것은

---

* 천문학자인 프리츠 츠비키Fritz Zwicky(1898-1974)는 어떤 사람이 재미가 없고 마음에 들지 않는다고 여겨지면 "구 같은 호래자식"이라고 욕한 것으로 악명이 높다. 그가 이러한 사람들을 어떻게 여겼건 간에 모욕적인 것은 마찬가지였다.

무한한 군 내에서의 이러한 유한성입니다."33)

콕세터는 모양들이 회전하고 자체로 반사되면서 초공간인 거울의 방에서 자신의 속성을 복제하는 다차원으로 대칭연구를 확장한 고전 기하학자들의 전통을 따랐다.34) 이러한 다차원 모양들을 초다면체polytope라고 한다(국내에서는 역어를 따로 만들지 않고 폴리토프라고 하는 경우가 일반적이어서 일본에서 보편적으로 사용하는 역어인 초다면체로 옮기기로 함. -옮긴이). 콕세터가 초다면체에 몰두했다는 것은 워낙 잘 알려진 일이어서 1930년대 프린스턴에 근무하는 동안 "초다면체 씨"라는 별명이 붙었다.35)

초다면체는 "많은 모양"이란 뜻인데 이는 기하학적 도형들의 광범위한 류class로서 대칭성에 따라 사촌들처럼 서로 관련되어 있는 족family들인 그 부분집합들은 다양한 차원에 거주한다.36) 2차원 초다면체는 다각형polygon이라고 한다("많은 각들"이라는 의미인데 gon은 "무릎"이라는 의미의 그리스어 gonu에서 파생된 말로 무릎이 각을 이루며 굽어지는 경우가 많다는 것에 기인한 것이다).37) 누구나 같은 길이의 변들을 가진 다각형 몇 개는 알고 있다. 초등학교에서는 이등변삼각형을 가지고 기하학 능력을 시험하며, 콕세터가 말한 대로 "문명세계 어디서나 맞닥뜨리게 되는" 정사각형, 그리고 펜타곤Pentagon (미국 국방부 건물인데 그 이름은 모양이 오각형이라는 데서 나온 것임-옮긴이)건물, 육각형의 눈송이, 팔각형의 정지 표지판, 십이각형인 캐나다의 예전 5센트짜리 동전이나 영국의 3펜스짜리 동전도 있다.38)

3차원 초다면체는 다면체polyhedra라고 한다("많은 면들"이라는 의미인데 hedron은 인도-유럽어에서 "자리"라는 의미를 가진 단어이며 따라서 polyhedron은 앉을 수 있는 많은 자리 혹은 면을 가지고 있다는 말이 된다).39) 가장 유명한 다면체는 사면체, 팔면체, 이십면체, 육면체, 십이면체를 어우르는 플라톤입체Platonic Solids이다. 보다 고차원에도 이와 유사한 도형들이 존재한다. 예를 들어 4차원

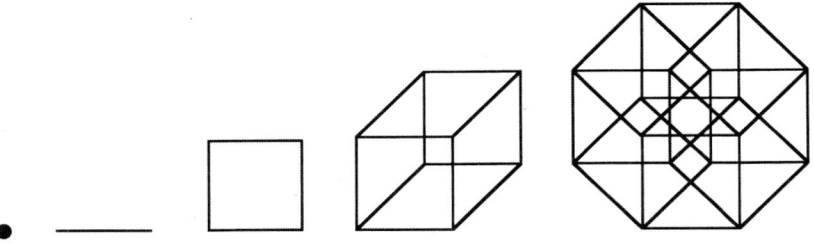

점에서 초입방체로의 차원의 진행

에는 단체simplex(사면체의 4차원적 닮은꼴)와 초입방체hypercube(육면체의 4차원적 닮은꼴)가 있다. 더 높은 차원에서는 초다면체가 원래의 것보다 점점 더 복잡한 사촌들로 변형되며 어떤 것들은 무한히 계속 변형된다. 40)

콕세터의 집은 마치 초다면체들의 동물원처럼 사용 가능한 모든 면들을 초다면체들이 차지했다. 그는 벽에다 고차원 초다면체 포스터들을 그림으로 걸어 놓았다. 다면체 등과 다면체 북엔드를 놓았다. 다면체들—마분지, 나무, 대리석, 플라스틱 대롱, 줄과 막대, 석고, 납땜한 철사, 스테인드글라스로 만든 41)—이 장식장을 메우고 화초들 사이에 숨어 있는가 하면 창가 자리, 벽난로 선반, 보조 탁자, 때로는 식탁 위를 차지했다.* 콕세터의 책 <정규초다면체>는 베스트셀러가 되어 수학의 고전이자 기하학에서 다윈의 <종의 기원Origin of Species>과 같은 위치에 놓였다. 콕세터군을 통해 콕세터는 다윈이 유기체에 했던 것과 같은 일을 초다면체에 했다 42)— 즉 그 존재 자체를 분류하고 정량화한 것이다.

△ ▢ ◇ ◈

---

* 콕세터가 지닌 모형들의 상당수는 낯선 팬들이 멀리서 선물로 보내 준 것들이다. 그런 팬들 중에는 뉴욕 포키프시에 소재한 허드슨 강 정신병원Hudson River Psychiatric Center에 입원중인 조지 오덤George Odom 도 있다. 오덤은 오랫동안 하도 많은 모형을 보내와서 감사하기는 하였지만 결국에는 그만 보내달라고 명령을 내렸다. 오덤이 다시 등장하자 콕세터는 그에게 간청했다. "제발! 모형은 이제 그만!"

그러나 콕세터가 고전 기하학을 자신의 길로 선택했던 1930년 즈음에는 고전적 전통—삼각형, 원, 다각형과 같은 낡아진 보물들을 연구의 표본으로 이용하여 실천적으로 시각적 추론을 하는—은 황금기에서 벗어나고 있었다. 역사학자 E. T. 벨은 1940년에 다음과 같이 단언하였다. "20세기의 기하학은 이 모든 보물들을 기하학의 박물관으로 경건하게 옮겨놓은 지 오래고, 이 박물관에서 보물들의 광택은 역사의 먼지로 금세 흐려졌다."43) 기하학은 고전영화를 개작하는 것처럼 바뀌었지만 추상적이고 무미건조한 형태가 되었다. 기하학은 대수학과 해석학에 포괄되고 있었다. 그러니까 시 없는 산문처럼 모양은 없고 방정식만 가득했다. 44) 저명한 독일의 수학자 한스 프로이덴탈Hans Freudenthal(1905–1990)은 1971년에 쓴 논문인 "진퇴양난에 빠진 기하학 Geometry Between the Devil and the Deep Sea"에서 기하학의 퇴위를 애통해했다. 그는 오랜 세월 동안 수학이 기하학과 동의어였지만 오늘날 기하학은 현실에 충분히 뿌리박지 못하고 버려졌다고 말했다. 프로이덴탈은 기하학자의 비범

자신의 모형을 들고 있는 조지 오덤. 이 모형은 콕세터에게 보낸 것이다.

한 사고방식을 끌어내는 질문들을 "되는 대로 모아 놓은" 목록으로 맞섰다. 어떤 질문들은 (다양한 수준에서) 우리가 살고 있는 공간과 연관되어 있다.

말아 놓은 종잇장은 왜 단단해지는가?

그림자는 어떻게 발생하는가?

달 위의 명암경계선terminator은 어떤 종류의 곡선인가?

평면과 구, 또는 두 구의 교점은 무엇인가?

원주가 반지름의 여섯 배인 까닭은 무엇인가?

아름다운 별이 이러한 작도로 생기는 이유는 무엇인가?

왜 직선이 가장 짧은가?

왜 합동인 삼각형들은 평면을 꼭 들어맞게 덮을 수 있으며 왜 합동인 오각형은 일반적으로 그렇게 하지 못하는가?

어떻게 사람들이 지상의 긴 거리, 지구의 지름, 천체들 간의 거리를 측정할 수 있는가?

광선이 거울에 반사되면서 한 점에서 작은 점으로 가는 가장 짧은 경로는 무엇인가?

만화경은 어떻게 작동되는가?

육면체를 각각의 꼭짓점이 육면체의 중심에 놓이는 여섯 개의 사각뿔로 나누고 이 사각뿔들을 대응하는 면들이 맞닿도록 바깥으로 돌려놓으면 사방십이면체rhombic dodecahedron가 생기는 이유는 무엇인가?

네 개의 다리가 달린 식탁이 흔들거리는 까닭은 무엇이며 세 개의 다리가 달린 식탁과의 차이는 무엇인가?

왜 문에는 두 개의 경첩이 필요하며 세 번째 경첩은 어떻게 달 수 있을까?

마지막으로, 오래된 질문인데 왜 거울은 오른쪽과 왼쪽은 바꿔 놓으면서 위와 아래는 바꿔 놓지 않을까?45)

프로이덴탈의 또 다른 질문은 기회 있을 때마다 콕세터가 꺼내 놓곤 했던 기하학적 장난과 어울리는 것이었다. "종이띠로 매듭을 지으면 왜 정오각형이 나타날까?" 오각형을 접는 방법에 대한 콕세터의 설명은 간단하다. 콕세터는 베스트셀러 <기하학 개론>에서 "긴 종이띠로 옭매듭simple knot을 지어 조심스럽고 편편하게 누르면 대각선들이 있는 오각형 모양이 깔끔하게 드러날 수 있다"고 했다.46) 쉽게 해 볼 수 있다. 5×40㎝짜리 종이띠를 가장자리가 똑바르도록 자를 대고 잘라 낸다. 두 개의 구두끈을 잡아매듯 끝부분으로 고리를 만든다. 가장자리가 제자리를 잡아 접힌 부분과 맞닿을 때까지 슬슬 잡아당긴 다음 엮어진 띠를 편편하게 누른다. 그러면 아주 실용적인 오각형 책갈피가 완성된다.

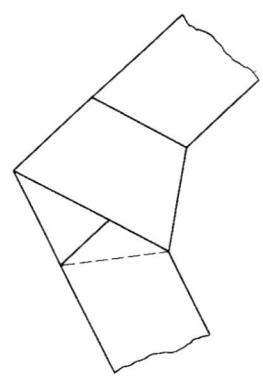

종이를 묶어 만든 오각형, 콕세터의 <기하학 개론>에서.

토론토에 있는 요크 대학교의 응용수학과 학과장인 기하학자 월터 화이틀리Walter Whiteley는 자신의 "기하학 개론" 강의에서 이와 비슷한 질문을 던진다. 자전거 바퀴자국은 자전거가 앞으로 가고 있었음을 보여 주는가, 아니면 뒤로 가고 있음을 보여 주는가? 종잇조각이 직선으로 접히는 까닭은 무엇인가? 화이틀리는 이 모든 질문을 "수학자처럼 바라보는 법 배우기"라고 불렀다. 그리고 "20세기 북미에서의 기하학의 쇠락과 소생The Decline and Rise of Geometry in 20th Century North America"이라는 제목의 논문에서 화이틀리는 이러한 시각적 통찰력이 고전 기하학의 암흑시대에 종말을 맞았더라면 그 결과는 심각하고도 광범위했을 것이라고 경고했다. 그는 고전 기하학이 언젠가 소멸하게 된다면 "기하학적 결함"이 앞으로 여러 세대에 걸쳐 서구문명을 괴롭힐 것이라고 보았다.47) 고전 기하학이 없다면, 모차르트의 교향곡이나 셰익스피어의 희곡이 없는 것과 마찬가지로 문화, 우주에 대한 우리의 이해는 빈곤하고 불완전할 것이다. 도널드 콕세터는 그러한 상실에서 우리를 구하기 위해 많은 일을 했다.

수학계에서 전해지는 이야기에 따르면, 고전 기하학의 전환은 허풍이 심한 어느 프랑스 수학자의 말을 통해 가장 극적으로 드러났는데, 그는 이렇게 선언하였다.

"A bas Euclide! Mort aux triangles!" – "유클리드를 타도하라! 삼각형에 죽음을!"48)

이러한 표어는 니콜라 부르바키Nicholas Bourbaki에서 나온 것이라고 한다. 부르바키는 프랑스의 수학 교육이 국제수준에 못 미친다고 생각했다. 그는 수학의 구조 전체를 철저하게 조사하고자 했다. 그러는 가운데 그는 도표의 사용을 근절하려고 애썼다. 부르바키는 단 한 장의 그림도 없는 대수적 수학사전을 집필하려고 애썼다. 도형에 대한 이러한 혐오는 순수성을 유지하는데 도움이 되는 것이라고 변호하였다. 즉 모든 수학적 결과물은 타락하기 쉬운 시각보다는 이성으로만 –추론으로– 도달되어야 한다는 것이다. 부르바키에 따르면, 세계에 대한 우리의 시각적 인식은 믿을 수 없는 것이며, 우리는 눈에 의한 주관성과 오류에 희생당하게 된다.49)

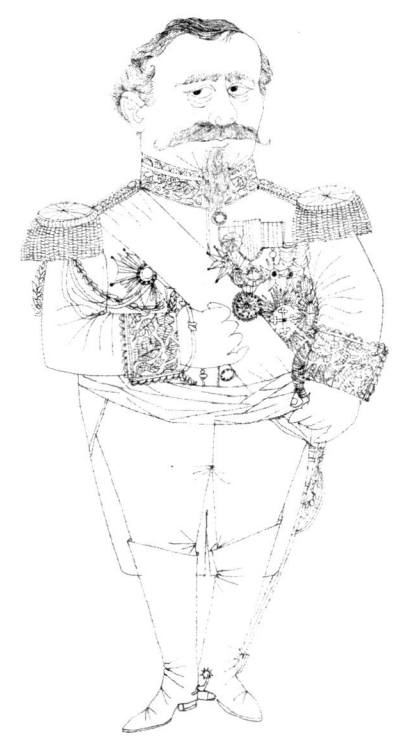

"부르바키 장군", 1957년 <사이언티픽 아메리카>의 한 기사에 나온 그림.

　40여 년 후, 부르바키와 "삼각형에 죽음을!" 이라는 폭언을 콕세터에게 상기시켰을 때 그는 노인이 추억을 떠올리면 그러하듯 차분하고 침착했다. "누구나 자신의 견해를 가질 자격은 있지요. 하지만 부르바키는 불운하게도 틀렸습니다."50) 그때에 이르러 콕세터는 이미 기하학의 사도가 되어 있었다. 그는 유행을 무시하고 그저 자신이 사랑하는 도형을 신뢰하는 굳건한 보수적 행동을 통해 그 메마른 시기 내내 기하학의 고전적 전통을 보존하고 지탱했다.51) 이로 인해 그는 전 세계 수많은 수학자들의 영웅이 되었다.52)

△▢✦⊛✧

　콕세터군이나 콕세터 도식은 고사하고 콕세터에 대해서는 들어 본 적도 없다 하더라도, 콕세터의 토끼 굴을 통해 그의 이상한 기하학 나라로 굴러 들어가지 않기란 힘들 것이다(루이스 캐럴Louis Carroll의 고전 <이상한 나라의 앨리스 Alice's Adventures in Wonderland >를 차용한 것임-옮긴이). 콕세터의 심오하고 불가사의한 집착, 그를 일상의 단조로움에서 끌어올려 그의 삶을 날아오르게 만든 고전 기하학에 대한 그의 극도의 집중과 모든 것을 소진해 버리는 열정을 목도한다는 것에는 아주 멋진 무언가가 있다.53) 사랑하는 기하학을 위한 투쟁에 대한 그의 헌신과 금욕에 쉽게 매료될 것이다. 그리고 이 낯선 지방에서 대사이자 통역가인 콕세터를 따라가다 보면 새롭고도 빛나는 렌즈-콕세터의 시각-를 통해 세상을 바라보며 모든 것이 기하학의 색조와 모양을 띤 하이퍼텍스트 현실을 볼 수도 있다. 예를 들어 몇 년 전 어느 작은 동네에 있는 디스카운트Discount 렌터카 업체의 광고판은 진정 콕세터다운 중의적인 표현으로 시선을 끌었다. 패스트푸드 가게, 자동차판매상, 주유소들이 마을의 간선도로에

2002년 1월 온타리오 벨빌 스트리트 노스에서.

줄지어 늘어선 문화적인 불모지에 우뚝 선 광고판에는 이렇게 쓰여 있었다. "Without Geometry Life is Pointless(기하학이 없으면 인생은 무의미하다)."
(pointless는 점이 없다고 읽을 수도 있다는 것에 착안한 말장난임-옮긴이)

Chapter 1
초다면체 씨, 부다페스트에 가다

기하학이 영혼을 진리로 이끌리라.

―플라톤Plato, 국가론The Republic

호화롭게 복구된 헝가리 과학원의 강당을 작열하는 대낮의 태양이 비추는 가운데 도널드 콕세터가 지팡이에 약간 몸을 기댄 채 강단으로 조금씩 나아갔다. 2002년 7월 쌍곡선 기하학에 대한 야노시 보여이János Bolyai 총회 개회식에서 드물게 대중에 모습을 드러낸 헝가리공화국 페렌츠 머들Ferenc Madl 대통령의 사진을 찍으려고 사진사들이 부다페스트 다뉴브 강 서안에 위치한 과학원에 몰려왔다. 그러나 사진사들은 그 뒤에도 콕세터의 사진을 찍기 위해 남아 있었다.[1]

카메라에서 터진 플래시 불빛이 그의 핏기 없는 정수리와 옷깃에 꽂힌 거북이 모양 보석 장식 핀에 반사되었다. 아흔을 훨씬 넘긴 콕세터는 여전히 국제회의가 열리는 곳을 찾아 여행을 다녔다. 그는 1823년 비유클리드 기하학을 발견하여 공간에 대한 우리의 인식을 영원히 바꿔 놓은 헝가리의 영웅 보여이[2]의 200회 탄생일을 기념하는 이 행사에서 개회강연을 해 달라고 초청을 받았다.

오래전에 은퇴한 수학자에게 회의에서 강연을 해 달라고 부탁하는 경우 청중들은 강연자가 자신의 경력을 자전적으로 간략하게 소개하리라고 추측하는 것도 무리는 아니다. 그러나 콕세터는 여러 달에 걸쳐 준비하여 학술논문을 썼다. "네 개의 상접하는 원들의 절대적 특성"3)이라는 제목의 이 논문은 콕세터가 좋아하는 주제4) 중 하나인 데카르트의 원의 정리와 약간의 관련이 있는 주제를 다뤘다. 청중들에게 소개를 받은 콕세터는 강연원고를 추스르고 시각교재—수많은 OHP 필름, 그리고 여러 색깔의 대롱을 연결하여 만든 정육면체 기하학 모형—를 준비했다. 300여 명의 수학자들이 그의 발표를 기다렸는데, 이들은 강연장의 OHP가 던지는 졸음 오는 빛을 위해 7월의 여름 볕을 기꺼이 포기하는 개인들의 이산군discrete group이었다. 대부분은 콕세터보다 연배가 훨씬 아래였다. 주최자를 포함한 상당수는 콕세터가 여행을 해낼 수 있으리라고는 생각지 않았다. 그와 비슷한 숫자의 사람들은 도대체 그에게 더 이상 가르칠 것이 남아 있을지 의심스러워했다.5)

콕세터는 여전히 남아 있는 또박또박한 영국식 억양으로 천천히 강연을 시작했다. "제가 설명하고 있는 네 개의 서로 접하는 원들의 절대적 특성은 잉글랜드 체셔에 소재한 하이드 아카데미Hyde Academy의 필립 비크로프트Philip Beecroft씨가 이미 발견하여 <신사숙녀의 일기The Lady and Gentleman's Diary>에 발표된 것으로 생각됩니다. 비크로프트의 말을 빌자면 [이 정리는] '임의의 네 개의 원이 서로 접하도록 작도하였을 때 서로 접하는 또 다른 네 개의 원을 그 접점이 원래의 네 개의 원의 접점과 일치하도록 작도할 수 있다'는 것입니다."6) 그는 자신이 생각건대 비크로프트의 정리에 대하여 자신이 새로 발견한 증명—단순하고 우아한 증명—을 맹렬하게 검토하기 시작하면서 서로 접하는 네 개의 원 a_1, a_2, a_3, a_4 와 또 다른 네 개의 원 b_1, b_2, b_3, b_4를 그렸다. 그는 OHP 필름을 올려놓으면서 이렇게 말했다. "이 그림을 통해 정리는 거의 명확하게 드러납니다만, 완전을 기하기 위해 보다 상세하게 검토해 보는 것이 바람직할 것 같습니다." 그는 말을 이어나가며 가끔씩 멈추기도 하고 낮은 소리로 가볍게 휘파람을 불기도 했는데, 무언가에 집중하려고 할 때 자주 하는 일이었다.7)

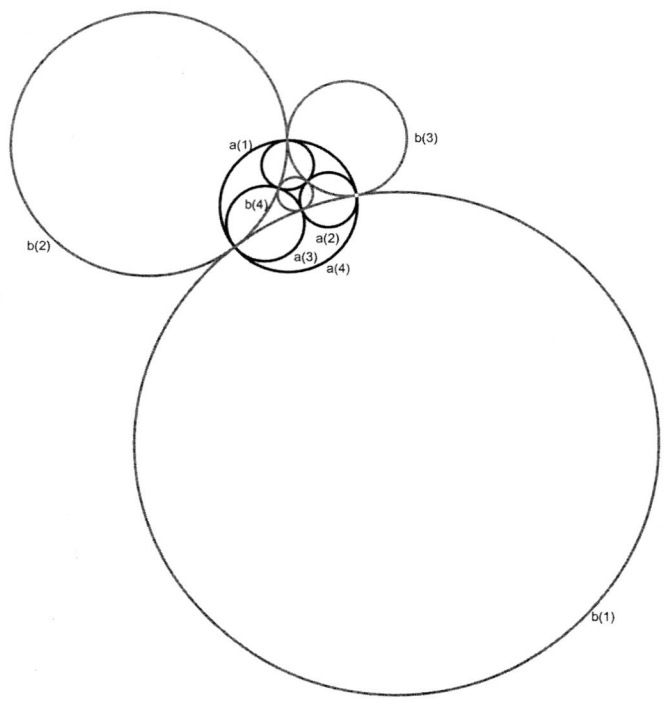

콕세터가 부다페스트 강연에서 사용하였던 네 개의 서로 접하는 원들의 도표.

△ ⬚ ◇ ⬢ ⬡

도널드 콕세터가 간신히 90회 탄생일을 넘긴지 얼마 되지 않아 주치의는 그가 인생의 최종적이며 시들어 가는 단계에 접어들어 고통완화치료를 받아야 한다고 진단하였다. 그를 괴롭히는 질병을 치료할 방법이 없다는 것이다. 그는 삐걱거리고 지쳐 있었으며, 미미한 미소를 지을 때면 괄호 모양의 주름이 깊게 지곤 했다. 그는 전립선과 오른쪽 눈에 생긴 암, 그리고 심장마비를 견뎌

내었고, 이제는 만성적인 소화불량에 시달렸다. 주치의의 명령에도 불구하고 언제나 고집스런 낙천주의자인 그는 보여이 회의를 위해 여행을 떠나기로 결심했다.8)

여행을 계획할 때 가능한 한 빈틈을 두지 않기 위해 콕세터는 생사가 걸린 세부적인 사항에 할아버지다운 수완을 발휘하여 신경을 썼다. 여행건강보험에 가입하고(거부되었다), 그가 여행 중에 사망할 경우 뇌를 어떻게 할 것인가에 대하여 결정해 두는 것과 같은 일이었다. 콕세터의 뇌가 오랜 세월 그토록 기능하는 것이 하도 대단해서 열두 시간이 채 걸리지 않는 부검을 통해 시냅스덩어리를 신속하게 확보하여 온타리오 주 해밀턴에 위치한 맥마스터 대학교에서 과학연구를 수행할 수 있도록 해 달라는 요청을 받았던 터였다.9) 이곳은 여기저기 옮겨 다녔던, 잘 해부된 아인슈타인의 뇌 표본이 있는 곳이다.10) 콕세터의 회상에 따르면 맥마스터 대학교의 샌드라 위텔슨Sandra Witelson 박사가 전화를 걸어 이해할 만은 하지만 냉정하고 무심하게 이렇게 요청했다. "콕세터 박사님, 돌아가시고 나면 저희가 박사님의 뇌를 가져도 되겠습니까?" 콕세터는 이 요청을 칭찬으로 받아들여 수락했다.11)

출발 당일 콕세터는 뒤죽박죽이 된 식탁에 앉아 보청기를 시험하는 일에 착수했다. 양쪽 귀에 번갈아 손가락으로 딱 하는 소리를 내 본 다음 째깍거리는 회중시계를 대 보았다. "전혀 들리지 않는걸! 아예 보청기를 쓰지 않는 것이 제일 나아!" 당황하고 곤혹스러워하며 그는 그렇게 결론을 지었다. 창밖을 힐끗 내다보니 공항 리무진이 인도에 차를 대고 기다리고 있었다. "빌어먹을!" 그는 욕을 했다(그게 그가 하는 욕의 한계였는데, 사소한 사고나 지하실에 물이 들어찼을 때 쓰는 말이었다). "이렇게 난처할 데가. 난 준비가 안 되었는데!" 콕세터는 여권과 비행기 표, 그리고 헝가리 돈이 가득 든 봉투가 서류가방에 안전하게 들어 있는지 거듭 확인했다. 그는 보청기, 그리고 다 쓴 배터리와 새 배터리가 가득한 터퍼웨어(식품용 플라스틱 밀봉용기의 상품명-옮긴이)를 챙겼다("어떻게 된 일인지 뒤섞여 버렸으니 참 난처한 노릇입니다"). 그는 전기면도기 부품을 하나하나 줍고 크리넥스 티슈를 소맷부리에 챙겨 놓았듯이 이코노미증후군 방지용 양말을 딸의 스커트 허리춤에 넣었다.12)

콕세터의 딸인 수전 토머스Susan Thomas는 은퇴한 간호사로서 그와 동행했다. 운전기사가 밖에서 참을성 있게 기다리는 가운데 콕세터는 여권을 다시 한 번 확인해 보고는 서류가방을 탁 하고 닫았다. 그는 모둠발로 계단을 조심조심 내려가 마침내 "지체하지 말라, 세월은 쏜살같으니"라는 좌우명이 돋을새김된 현관의 뻐꾸기시계를 지나쳤다. 그는 집 앞에 난 길을 따라 발을 질질 끌며 걸어 쿠션 역할을 해 줄 체지방이라고는 전혀 없는 뻣뻣하고 앙상한 몸을 리무진의 가죽 좌석에 밀어 넣었다. 그는 자신이 "거칠고 위험한"이라 표현한 세상 - "기하학"에 대한 고전적인 정의에 따르면 그가 근 80년을 측정해 온 세상 - 속으로 또 한 번의 여행을 과감하게 시작했다.13)

부다페스트에 도착한 이튿날, 그는 자신이 묵고 있는 호화로운 하얏트호텔에서 열린 환영 오찬에 참석했다. 그를 맞아 준 것은 회의 주최자인 언드라시 프레코퍼András Prékopa였다. 헝가리과학원의 회원이자 러트거스 대학교 수학·운용과학OR 교수인 프레코퍼는 콕세터를 만나본 적이 없었다. 마침내 콕세터를 만난 그는 악수를 하며 환한 미소와 더불어 그를 소개했다. "콕세터 박사님은 세계에서 가장 위대한 현존하는 기하학자입니다. 의심할 여지가 없지요!"14)

그날 저녁, 호텔 로비에서 쉬고 있던 콕세터는 또 다른 팬인 글렌 스미스Glenn Smith를 만났다. 그는 자칭 "기하학 광팬"인 텍사스인으로서, 참깨 사업이 번창하고 있다. 스미스는 콕세터가 발표에 쓸, 특별 주문으로 제작된 기하학 모형과 더불어 런던에 들렀을 때 구입한 1850년경에 제작된 골동품 목제 기하학 입체 모형 일습을 부다페스트로 가지고 왔다. 스미스는 여행을 할 때면 언제나 레고처럼 조립했다 해체했다 할 수 있는 모형들을 옷가방에 가지고 다닌다. 그게 그가 공항에서 시간을 보내고 호텔방에서 적적함을 달래는 방식이다.15)

취미로 즐기는 그의 관점에서 보더라도 콕세터가 고전 기하학의 구원자라는 칭호를 받은 것에는 설득력 있는 근거가 있었다. "콕세터는 기하학의 중요성을 잘 알고 있어서 그에 충실했습니다. 다른 사람들은 모두가 골짜기에 있는 가운데 그는 언덕 꼭대기에 올라서서 우리 앞에 무엇이 펼쳐져 있는지, 기하학이 얼마나 중요하게 될 것인지를 보고는 우리를 어둠에서 끌어내어 주었죠. 우리는 암흑시대에 살았습니다. 그리고 여전히 그러한 시대에서 빠져나가려고 애쓰고 있는 중이지요. 기하학을 연구하면 할수록 더 잘 빠져나갈 수 있을 겁니다." 스미스는 세계에서 기하학이 지니는 중요성을 해명하는 흥미로운 방식도 제시했다. "기하학은 모든 것의 뿌리입니다. 그걸 깨닫건 말건 말이지요. 아무거나 가져다가 분해해 봅시다. 우주에서 시작해서 은하계로, 항성과 혹성으로, 태양계와 지구로 말입니다. 그런데 지구는 국가들로 조직되어 있고 국가는 지역사회가 되고 지역사회는 가족들로 이루어져 있고, 가족은 사람들로 이루어져 있고, 사람들은 기관들을 가지고 있고, 기관에는 세포가 있고, 분자, 원자, 아원자가 되지요. 그렇게 분해해 내려가 보면 모든 단계에 일정한 패턴의 기하학 혹은 배열이 존재합니다. 그러한 패턴을 연구해 보면 어디를 가나 거의 예외 없이 그런 패턴이 반드시 존재한다는 것을 알게 됩니다. 그게 기하학, 초다면체, 다면체의 멋진 점이지요. 우주 어디에 있건 같은 생각을 하게 됩니다. 달리 말하자면 기하학은 우리가 살고 있는 혹성에 한정된 것이 아니라는 말입니다."16)

"아이들이 어렸을 때 이런 이야기를 해 주었습니다. 기하학을 배워야 하는 이유는 언제라도 비행접시에 잡혀가게 된다면 외계인들에게 기하학을 알고 있음을 보여 주어야 하기 때문입니다. 외계인들은 분명 기하학을 알 것입니다. 우리는 이런 식으로 사면체를 만들 줄 알아야 할 것입니다." 그는 오른손을 이마에 대고 왼팔을 오른쪽 팔꿈치에 대어 사면체의 뼈대를 만들었다. "다른 혹성에서 누군가가 온 것을 보았을 때 이렇게 하면 그들은 우리에게 지성이 있음을 알게 될 것이고 그러면 우리를 곤충처럼 다루어서 팔다리를 떼어 내지는 않을 겁니다."[17]

그 얼마 전에 콕세터는 플라톤입체에 대하여 이야기하며 똑같은 생각을 조리 있게 밝힌 바 있었다. "플라톤입체는 발명된 것이 아니라고 생각합니다. 발견되었다고 생각합니다. 올바른 정신을 지녔다면 다른 혹성에 사는 누군가도 같은 것을 발견할 것입니다."[18] 그날 저녁 부다페스트에서 콕세터는 이렇게 덧붙였다. "참인 모든 것은 언제나 참이었고 사람들은 그저 그러한 것들에 대해 생각하여 참인 사물들을 재구성해 낼 뿐이라는 것이 플라톤의 생각이었습니다."[19]

△ ☐ ⬠ ⬡ ⬢

탈레스Thales에서 피타고라스Pythagoras로, 피타고라스에서 플라톤Plato으로 이어지는 계통을 따라 기하학의 족보를 연구한다는 것은 성서에 나오는 설화들을 개작하는 것과 비견된다. 그 까닭은 이렇게 개별적으로 이름이 알려진 고대인들의 출처가 무명이나 편견이 있는 자료, 전해 내려와 함께 엮어져서 거대한 신화를 구성하게 되는 일화들이기 때문이다.[20]

예를 들어 기하학의 대들보인 다섯 개의 정다면체는 플라톤(BC427?-347) 이전에 알려졌음에도 불구하고 플라톤입체라고도 불린다. 그러나 플라톤은 이 입체들에 특별한 관심을 보였고 그의 책 <티마이오스Temaeus(<국가론Republic>의 속편)>에 그에 대하여 현존하는 가장 오래된 설명을 남겼다.[21] 스코틀랜드에서는 돌로 조각된 플라톤입체 일습을 대략 4,000~6,000년 전까지 거슬러 올라가 신석기인들이 만든 것으로 여겨 왔다. 사실 조지 하트George Hart가 웹 기반으로 만든 <다면체백과사전 Encyclopedia of Polyhedra>22)에 따르면 가장자리가 대략 정다면체와 유사하도록 조각된 수백 개의 석제 구체가 발견되었는데 그 재료는 사암에서부터 화강암, 규암까지 다양하다고 한다. 화려한 청동제 12면체가 수십 개씩 영국, 벨기에, 독일, 프랑스, 룩셈부르크, 네덜란드, 오스트리아, 스위스, 헝가리 등 유럽 전역에서 출토되었는데, 이는 2세기부터 4세기까지의 로마시대에 속하는 것이다. 무엇에 썼던 것인지는 확인되지 않았다. 아마도 촛대, 꽃받침, 지팡이나 왕홀王笏 장식, 측량도구, 수준측정도구, 반지 크기 측정기, 혹은 그저 평범한 기하학 조각이었을 수도 있다.23)

콕세터는 프톨레마이오스 왕조시대의 한 쌍의 20면체 주사위가 런던 대영박물관 이집트실에 있다는 것과 이탈리아 베로나 부근의 몬테 로파에 대한 발굴을 통해 에트루리아의 12면체가 나왔는데 이는 이 형체가 적어도 2,500년 전에 장난감으로 사용되었음을 보여 주는 것이라는 점을 지적하고 있다.24) 아이디어의 출처를 세심하게 밝히는 것으로 알려진 콕세터는 그 유래에 대하여 이렇게 요약하였는데, 아마도 이게 최선일 것이다. "이러한 다면체들의 초기 역사는 고대의 그림자에 가려 사라져 버렸다. 누가 처음으로 이 다면체들을 만들었는가를 묻는다는 것은 누가 처음으로 불을 사용했는가를 묻는 것만큼이나 무용하다."25)

고대 그리스 전통에서 기하학은 이집트와 바빌로니아의 실용적 사용(BC5000-500년)을 넘어서서 과학의 지위로 올라섰다.26) 그리스어 mathemata는 "배움의 과학"이라고 옮길 수 있는 말이고, 당시 수학mathematics은 본질적으로 기하학으로 이루어져 있었던 것이다.27) 기하학은 진리에 대한 가장 순수한 척도였고 지식의 가장 고도의 형태로서 기하학의 연구에 전념하는 학파들도 있었다. 시대정신의 일부가 된[28] 피타고라스학파에는 모든 사회계층, 특히 상류계층의 시민들이 참여하였다. 여성들은 공개적인 모임에 참석하는 것을 금지하는 법을 무시하고 피타고라스의 강연을 듣기 위해 모여들었다.[29] 직각삼각형의 빗변의 제곱은 나머지 두 변의 제곱의 합과 같다는 피타고라스 정리의 교묘함은 일찌감치 숫자와 공간 사이의 직접적 관련을 확인해 주는 역할을 했다. 그러나 피타고라스가 빗변을 제곱square하였을 때 그는 "근대" 수학처럼 빗변을 그 자체로 곱하지 않았다. 그는 말 그대로 빗변 위에 정사각형 geometrical square을 작도하였다. 그와 마찬가지로 두 개의 제곱의 합이 세 번째 제곱과 같다는 것은 두 개의 정사각형을 물리적으로 재단하여 세 번째 정사각형을 구성하도록 다시 조립할 수 있다는 의미였다.[30]

피타고라스(BC580?-500?)는 수학은 종교로서 영혼을 정화하고 신과 합일시킬 수 있는 것이라 믿었다. 그는 기하학 연구를 교양교육에 포함시켜 지적인 태도로 정리를 탐구하였다.[31] 그의 후계자는 플라톤으로서, 그는 "신은 언제나 기하학 원리를 적용한다"고 선언하였다.[32] 플라톤이 자신의 학파인 아카데메이아Academy를 열었을 때, 입구에 걸려 있던 표지판은 그가 기하학에 어리석은 것을 용서하지 않는다는 점을 밝혀 놓았다. "기하학을 모르는 자는 아무도 내 문으로 들어오지 못하게 하라."[33]

플라톤 역시 수학은 최선의 정신훈련으로서 우주의 비밀은 숫자와 형상으로 구체화되어 있다고 여겼다. 그는 이데아적인 기하학 형상들-원, 구, 정사각형, 정육면체-은 현실에 존재하지 않고 물리적 세계와는 독립적인, 그들이 속한 보다 높은 세계에 존재한다고 믿었다. 물리적 세계의 구는 완벽한 형태의 구와 유사한 것에 지나지 않는다는 것이다. 수리물리학자 로저 펜로즈Roger Penrose경은 이렇게 말했다. "이데아적 개념은 수학적 관념이다. 수학적 개념이나 체계는 그 자체가 어떤 의미에서는 실재가 된다. 수학자들은 수학을 독자적인 실재를 가진 것으로 생각하는 경향이 있다. 수학적 개념과 진리에는 영구적인 실재가 있는 것으로 생각한다. 그리고 수학자들은 아무튼 이러한 세계의 탐험가이다." 수학체계가 독자적이고 침범할 수 없는 실체를 포함하고 있다는 관념은 위안이 된다. 인간정신의 작용에는 상당한 오류의 여지가 있어서 그 판단이 부정확하고 일관성이 없으며 차별적인 경우가 자주 있다. 수학에는 논리적인 엄밀함, 절대적인 순수함이 존재한다. 수학적 형태로 이루어진 플라톤의 세계는 근대 과학이 지금까지 계속 따라온 방법론을 제공하였다. 과학자들은 세계에 대한 모형을 제안하고 그러한 모델들은 기존의, 또는 새로운 실험에 대한 관찰결과에 비추어 검증된다.34)

플라톤 자신도 자신을 따라 명명된 입체들에 근거한 세계에 대한 모형을 갖추고 있었다. 그의 책 <티마이오스>에서는 네 명의 대담자들이 모여 우주론과 자연과학을 논한다. 주인공인 티마이오스는 우주의 생성과 구성의 전말을 궁리한다. 플라톤 전기의 저자인 A. E. 테일러A. E. Taylor는 "<티마이오스>가 진실로 정확하게 말하고자 했던 바는 동화가 아니라 이제 보게 되듯 자연에 대한 기하학적 과학이다"라고 말했다. 만물에 대한 자신의 이론을 궁리하면서 플라톤은 고전적인 원소들을 다섯 개의 정다면체와 짝지었다.35) 이러한 도형들은 플라톤에 따르면, "그 아름다움이 탁월한 입체의 형태들"36)이고, 그 아름다움은 "등변등각regular" 혹은 일률성이라는 기준을 충족시킨다. 첫째로, 각 다면체의 면은 모두 동일한 정다각형 – 모든 변과 각이 동일한 도형(정삼각형, 정사각형……) – 이다. 플라톤입체가 "등변등각"이라는 분류는 또한 동일한 숫자의 정다각형 면들은 각 모서리 혹은 꼭짓점에서 동일한 방식으로 만나야 한다는 두 번째 기준에도 근거하고 있다.37)

정삼각형으로만 구성된 플라톤입체는 세 개가 있다. 가장 단순한 것은 각 꼭짓점에서 세 개씩 만나는 네 개의 정삼각형으로 구성된 사면체이다. 자신의 원소체계에서 플라톤은 그 단순함과 날카로운 모서리 때문에 사면체를 선택하여 가장 강렬하고 기본적인 원소인 불을 대표하도록 했다— "꿰뚫는 듯한 날카로움…… 각뿔은 불의 본질 요소이자 씨앗인 입체이다."38) 팔면체는 각 꼭짓점에서 네 개씩 만나는 여덟 개의 정삼각형으로 이루어졌으며, 플라톤은 이를 바람의 상징으로 생각했다. 그 이유는 이 입체를 두 손가락으로 들었을 때 바람에 의해 (혹은 입김을 불면) 잘 돌아간다는 것이었다. 39) 이십면체에는 각 꼭짓점에서 다섯 개씩 만나는 스무 개의 정삼각형이 있는데, 이러한 삼각형들이 모여서 정다면체들 중 가장 둥근 모양을 이룬다. 그 결과 플라톤은 이십면체를 "세 개의 유동적인 원소들 중 가장 농후하고 덜 날카로운 원소"인 물방울과 연관 지었다. 40)

정육면체를 플라톤은 흙에 할당하였다. "흙은 네 원소들 중 가장 고정되어 있고 어떤 물체보다도 조형력造形力이 있으며 가장 안정적인 밑면을 가진 것은 필연적으로 그러한 성질을 가졌기 때문이다."41) 따라서 다섯 개의 볼록 정다면체 중에서 네 개가 네 개의 원소, 즉 불과 바람, 물과 흙을 상징하였다. "네 개의 원소와 다섯 개의 입체 사이의 불일치는 플라톤의 체계를 망쳐놓지 않았다"고 콕세터는 언급하였다. "그는 다섯 번째 입체를 우주 전체를 감싸는 모양으로 설명하였다."42) 열두 개의 오각형 면을 가진 십이면체는 전체 우주의 모형이었다. "다섯 번째의 구조가 남아 있었는데, 이는 신이 하늘 전체에 별자리를 수놓는 데 사용하였다"고 플라톤은 말했다. 43) 플라톤의 체계는 상당한 선견지명을 보여 주는데, 그 이유는 비록 플라톤입체가 모든 존재의 정확한 원소로 드러나지는 않았지만 여러 면에서 근본적인 것이고, 우주의 구성요소이며, 전혀 예기치 않는 곳에서 미시적인 차원으로 또는 거시적인 차원으로 드러난다는 것이다. 최근의 우주론적 가정은 우주가 십이면체일 수도 있다는 플라톤의 관념으로 돌아왔고, 노벨상을 수상한 C_{60} 분자의 모양은 깎은 정이십

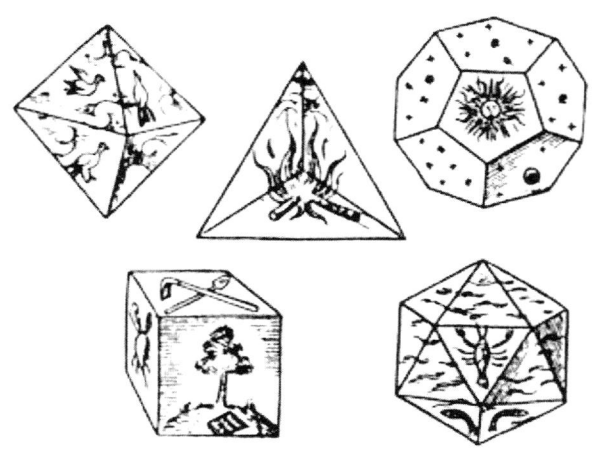

4대 요소가 새겨진 케플러의 플라톤입체, 1619년 〈우주의 조화Harmonice Mundi〉에서.

면체이다. (C_{60}에 대해서는 10장을, 십이면체 우주에 대해서는 12장을 참고하라.)[44]

플라톤입체의 파베르제 달걀Faberge-egg(19세기 러시아의 황족을 위해 제작된 금·백금·보석을 사용한 계란형의 장식품-옮긴이)같은 특징-그토록 절묘한 보물인 이유-은 물리적으로 오로지 다섯 개의 정다면체만이 존재할 수 있다는 사실이다.* 기하학적 마법의 이러한 교활한 행위는 입체들의 정칙성(면들은 모두 동일한 정다각형이고 각각의 꼭짓점에 다각형들이 동일하게 모이는 것)으로 해명된다. 구성 다각형들을 테이프로 붙여 직접 한 조각 한 조각 플라톤입체를 만들어 보면 그 진가를 가장 잘 알 수 있다. "정다각형(종이나 두꺼운 마분지를 잘라 내어 붙일 수 있도록 접착성 날개를 달아 놓은 것)을 가지고 노는 지적인 아이들은 누구나

---

* 플라톤입체의 또 다른 장엄한 특징은 상호연관성이다. 열두 개의 면과 스무 개의 꼭짓점을 가진 십이면체는 스무 개의 면과 열두 개의 꼭짓점을 가진 이십면체의 짝이다. 이와 유사하게 여섯 개의 면과 여덟 개의 꼭짓점을 지닌 정육면체는 여덟 개의 면과 여섯 개의 꼭짓점을 가진 팔면체의 짝이다. 이러한 입체들은 서로 짝인 이유로 대칭도 공유한다.

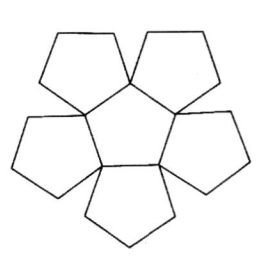
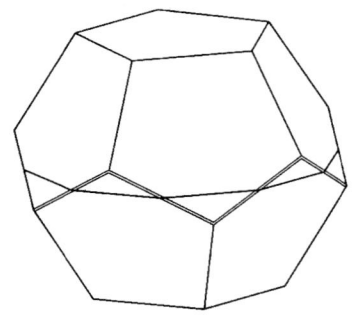

신축성 있게 튀어나오는 십이면체, 〈기하학 개론〉에서.

플라톤입체를 재발견할 수 있다"고 콕세터는 말했다. "플라톤 자신도 이처럼 '어린애 같은' 방식으로 플라톤입체를 만들었다."45)

이렇게 고도로 대칭적인 입체의 모형들은 구성 다각형들이 인접하여 있는 평면 본을 베껴서 만든 "전개도net"로 조립할 수도 있다. 콕세터는 자신의 책 〈기하학 개론〉46)에 두 개의 전개도를 오각형으로 이루어진 "사발"로 접은 다음 고무줄로 묶어 탄력성이 있는 십이면체 모형을 만들 수 있도록 하는 설명서를 실어놓았다. 조립된 십이면체 모형은 살아나게 된다. 조잡하나마 스프링이 풀리는 방식과 비슷하게 움직이기 때문에 납작하게 눌러서 책에 끼워 놓을 수도 있거니와 충분한 무게로 눌러두지 않으면 자동적으로 불쑥 되살아나 형체를 이룬다. 수업시간에 콕세터는 십이면체 모형을 잃어버린 것처럼 법석을 떨었다. "빌어먹을!" 그는 강의 중간에 이렇게 투덜거렸다. "이런, 내 십이면체가 어디 갔지?" 그는 주위를 둘러보다가 책을 펼치거나 종이뭉치를 들어 올렸고, 그러면 펑! 하고 십이면체가 갑자기 나타났다.47) (후주 47번에는 불쑥 튀어나오는 십이면체를 만드는 도해설명이 있다.)

△ ◻ ♦ ⊙ ⊗

유클리드Euclid(BC450?-380?)는 플라톤입체가 다섯 개만 존재함을 증명하였다.48) 또한 앞서 언급한 제한을 고려하였을 때 세 개의 정다각형(정삼각형, 정사각형, 오각형)만이 플라톤입체를 구성하는 데 사용될 수 있다. 그 이유는 볼록한 입체를 형성하기 위해서는 한 꼭짓점에서 만나는 다각형들의 각의 합이 360° 미만이어야 하기 때문이다. 이는 대수적으로 증명할 수도 있고 구성 다각형들을 물리적으로 짜 맞춰서 어떻게 되는가를 알아냄으로써 증명할 수도 있다. 예를 들어 하나의 꼭짓점 주위로 세 개, 네 개, 혹은 다섯 개의 삼각형을 맞춰 넣어보려고 하면 여전히 간격이 존재하고, 이제 삼각형들을 서로 만나도록 접어 내려 각 경우에 맞는 입체(사면체, 팔면체, 이십면체)의 모서리를 형성할 수 있다. 정삼각형을 가지고는 이외의 어떤 방식으로 시도해 보아도 통하지 않을 것이다. 꼭짓점 주위에 두 개의 삼각형을 배치하면 모든 가장자리에서 만나 입체를 형성하는 것이 불가능한 반면, 여섯 개의 삼각형을 더하면 정확히 360°가 되어 간격이 남지 않기 때문에 평평하게 이어 붙인 것이 되며, 일곱 개, 여덟 개 혹은 그 이상의 삼각형은 겹치거나 아코디언 같이 접힌 형태로 만나게 된다.49)

기하학에 대하여 유클리드가 독창적으로 기여한 바는 그의 책 <기하학 원론 The Elements>이다. 그러나 유클리드는 이 책의 저자라기보다는 편집자이다. 그는 탈레스, 피타고라스 등 선배들이 이룬 연구인 기하학의 기초를 편집하고 체계화했다. 유클리드 기하학 일반을 대충 정의하자면 잘 알려진 형태들, 그 면적과 각도에 대한 연구를 망라하며 열세 권의 책을 가득 채운다는 것이다. 제1권은 삼각형을 다루었다. 그 다음 권은 직사각형을 다루었고 그 뒤로 원, 다각형, 비례, 닮음이 이어진다. 수론에 관한 책은 네 권이고 입체기하학과 각뿔이 각각 한 권을 차지하며 위엄 있는 다섯 개의 정다면체의 성질로 끝을 맺는다. 유클리드는 여기에서 플라톤입체를 이상화하고 플라톤입체가 다섯 개만 존재한다는 자신의 증명을 제시하였다.[50]

19세기 중반에 이르기까지 유클리드의 <기하학 원론>은 2천 년에 걸쳐 수학의 경전이었다. 유클리드의 생애에 대한 몇 안 되는 정보원들 중 하나인 아랍 수학자들과 저자들은 그의 이름을 "Uclides"라고 번역하였는데, 'ucli'는 "열쇠"라는 뜻이고 "des"는 "측량"이라는 뜻이다. 그러니까 유클리드는 "측량의 열쇠"인 것이다. 그리고 유클리드 체제는 실제 세계의 기하학으로 간주되었다. 이마누엘 칸트Immanuel Kant의 철학은 여전히 형이상학적 신념을 지배하고 있었고, 그의 책 <순수이성비판Critique of Pure Reason>에서 그는 유클리드 체계가 "선험적a priori"이라고 주장했다. "선험적"이라는 말은 "경험 이전의"라는 의미로 경험적 관찰보다는 종합적이고 이론적인 연역에 근거하고 있다는 말이다. 혹은 칸트가 설명하였듯 "불가피한 사고의 필연"이다.[51]

1847년, 수학 교사이자 영국 빅토리아 여왕이 포클랜드 제도에 파견한 측량기사였던 올리버 번Oliver Byrne은 유클리드 <기하학 원론>의 아름다운 신판을 출판하였는데, 이 책에서는 방정식(이는 기존 판의 단순한 선화에 덧붙여진 것이었다)을 채색 도표로 바꾸어 놓았다.[52] <유클리드 기하학 원론의 첫 여섯 권The First Six Books of the Elements of Euclid>이라는 그의 책 속표지에는 이렇게 적혀 있다. "학습자들의 편의를 위해 글자 대신 채색 도표와 기호를 사용했다" 서문에서 번은 좀 더 상세하게 밝혔다. "예술과 과학이 광범위해짐에 따라 그 영역을 넓히는 것만큼이나 습득을 돕는 일도 중요하다. 도해는 학습시간을 줄여주지는 않는다 하더라도 최소한 학습을 보다 편안하게 만든다. 이 작업은 단순한 도해 이상의 목표를 지니고 있다. 오락거리로 색채를 도입한 것이 아니다. 진리를 연구하는 정신을 돕고 교육의 편의를 증진하고자 한 것이다."[53]

그리하여 유클리드는 지속적인 인기를 누리고 있었지만, 이에 이의를 제기하는 사상이 나타나고 있었다. <기하학 원론>에서 유클리드는 자신의 고귀한 다섯 개의 공준postulate을 개략적으로 서술하였는데, 앞의 네 개는 매우 단순한 것이었다.

1. 임의의 두 점 사이에는 직선을 그릴 수 있다.
2. 직선은 무한하게 연장될 수 있다.
3. 임의의 일정한 반지름과 중심으로 원을 그릴 수 있다.
4. 모든 직각은 동등하다. 54)

그러나 다섯 번째 공준- 평행선 공준- 은 다른 것들과 달라서 유클리드 자신도 이를 <기하학 원론>에 포함시킬지 주저하였던 것으로 알려졌다. "이를 도입하는 것을 그가 주저하였다는 사실은 [유클리드를] 최초의 비유클리드 기하학자라고 부를 근거가 된다!"고 콕세터는 설명하였다. 55) 이 공준은 다음과 같다.

5. 두 개의 직선을 가로지르는 직선이 같은 편에서 두 개의 직각보다 작은 내각을 이루는 경우, 이 두 개의 직선은, 무한히 연장되었을 때, 그 각이 두 개의 직각보다 작은 쪽에서 만난다. 56)

콕세터는 이것이 "불필요하게 복잡"하다고 생각하였다. 57) 실은 유클리드 당대부터 평행선 공준은 수학자들을 뒤쫓아 다니며 괴롭혔다. 직관적으로 명백하지 않았고 수학자들로서는 불신을 뒤로 미룰 수밖에 없었다. 경험으로 검증하는 것은 불가능했기 때문에 수학자들을 곤란하게 만들었다.
평행선 공준을 달리 표현하자면 이렇다. 한 선과 그 선 위에 있지 않은 점이 주어졌을 때 이 점을 지나는 모든 선은 하나의 "기이한 경우", 즉 두 선이 평행한 경우를 제외하고는 원래의 선과 만나게 된다는 것이다.

그러나 영국 방송대학교Open University의 수학사가 제러미 그레이Jeremy Gray는 두 개의 평행선을 무한하게 연장하였을 때, 혹은 기이한 사물들이 공간법칙을 바꿔놓을지도 모를 광년 바깥까지 연장하였을 때, 이 평행선에 무슨 일이 일어날지 누가 말할 수 있겠는가라고 지적하였다. 어쩌면 평행선이 "보다 막연한 성단星團" 어딘가에서 만날 수도 있을 것이라고 그레이는 말했다. 여하튼 확인은 불가능하다. "따라서 이것은 대단히 기이한 문장입니다. 오점이에요. 다른 공준들과는 달리 맹신이기 때문이지요."58)

오랜 세월 대부분의 수학자들은 이러한 오점을 무시하였다. 그 이유는 그렇게 하지 않으면 잘못된 기둥이 하나 있는 발판처럼 유클리드 기하학의 지배가 무너져 내릴 것 같았기 때문이다. 보다 대담하고 용감하며 무모한 일부 수학자들-그리스, 아랍, 이슬람, 그리고 마침내는 서구 수학자들- 은 나머지 네 개의 공준을 가지고 평행선 공준을 증명하려고 시도하였다가 실패하였다. 실패가 쌓여 감에도 이러한 대담한 기하학적 시도는 계속되었고 역사를 통틀어 실패한 평행선 공리 연구자들의 행렬을 이루었다.59) 18세기 중반 이러한 상황은 "기초기하학의 추문"60)이라는 비난을 받았다.

헝가리의 야노시 보여이(1802-1860)는 기하학의 성배를 찾아 나선 탐험가들 중 한 사람이었다. 처음에는 다섯 번째 공준을 증명하려고 시도하였으나 실패하였다. 이제 그는 공준이 어쩌면 틀린 것은 아닐까 생각했다. 보여이는 도취하여 자신이 빈틈없는 기하학의 공리에 대한 추격에 다가가고 있다고 확신하게 되었다. 이러한 노력은 그 자신도 평행선 공준에 자멸적인 노력을 기울였던 그의 아버지 퍼르커시 보여이Farkas Bolyai를 실망시켰다.61) 그는 아들에게 이렇게 말했다. "나는 이 지옥 같은 사해의 모든 암초를 거쳐 여행해 보았지만 내 손에 남은 것이라곤 부러진 돛대와 찢어진 돛뿐이었다." 그는 필사적으로

이에 대한 야노시의 흥미를 사그라뜨리려고 노력했다.62)

너는 평행선에 다가가려고 해서는 안 된다. 나는 그 길을 끝까지 알고 있다. 인생의 모든 광명과 즐거움을 잃어가면서 그 끝도 모를 암흑 속을 헤맸다. 제발 부탁이니 평행선에 대한 연구는 내버려 두어라. 진리를 위해서라면 나 자신을 희생할 수 있다고 생각했었다. 나는 기하학에서 결점을 제거하여 정화된 기하학을 인류에게 돌려주는 순교자가 될 각오가 되어 있었다. 엄청난 노력을 해냈다. 누구도 이 암흑의 바닥에 도달하지는 못한다는 것을 깨달았을 때 나는 돌아왔다. 위안 받지 못한 채 나 자신과 인류 전체를 연민하며 돌아왔다. 나를 본보기로 하여 배워라. 나는 평행선에 대하여 알고 싶었으나 여전히 알지 못하고 그 때문에 내 청춘과 시간을 빼앗겼다.63)

그러나 그의 아들은 이러한 경고를 무시했다.

저는 작업을 정리하여 완성되는 대로, 그리고 기회가 닿는 대로 책을 출판하기로 결심하였습니다. 아직 발견하지는 못했습니다만 제가 따라가는 길이 목표로 향한 것임을 확신합니다. 그 목표가 가능하다면 말이지요. 아직 목표에 도달하지는 못했습니다만 너무나 엄청난 것들을 발견하여 깜짝 놀랐습니다.64)

마침내 퍼르커시는 마음을 누그러뜨리고 다른 사람에게 아이디어가 넘어가지 않도록 무엇이 되었건 조속히 출판하라고 아들을 격려하였다. 야노시는 여기에 동의하였다. "이른 봄에 제비꽃이 나타나듯 어떤 것이 동시에 무르익다가 여기저기서 나타난다는 것은 사실입니다."65) 그들은 1832년 아버지가 오

랜 세월 준비해 온 기하학에 대한 책의 부록으로 야노시의 발견을 출판하였다.66)

야노시의 발견은 유클리드의 앞선 네 공준은 참이지만 다섯 번째 공준은 참이 아닌 기하학이 존재한다는 것을 보임으로써 다섯 번째 공준이 정리, 즉 앞의 네 유클리드 공리의 귀결이 아님을 증명한 것이다. 그는 평행의 성질에서 유클리드의 것과는 다른, 그러나 모순이 없고 자기완결적인 기하학 체계를 발견하였다. 보여이의 비유클리드 기하학에서 주어진 선과 만나지 않으면서 주어진 점을 통과하는 선은 무한히 많다. 이로써 보여이는 불가능해 보이는 재주를 부렸다.67) 그는 새로운 기하학을 발견하였지만- "이제까지 이루어진 가장 중요한 발견들 중 하나"라고 그레이는 말했다- 세상은 이를 무시할 뿐이었다. 1860년 사망할 때까지 야노시 보여이는 비유클리드 기하학을 발견한 것에 대해 어떠한 인정도 받지 못했다.68)

△ ▢ ◇ ◯ ⬠

보여이의 발견으로 이제 기하학에는 유클리드 기하학과 비유클리드 기하학이라는 두 개의 유형이 있게 되었는데, 둘 다 고전적 전통에 뿌리를 둔 것이었다. 고전 기하학자로서 콕세터는 유클리드 기하학으로부터 유례없고 놀랍도록 생산적이며 원대한 경력을 개척하였다. 유클리드 기하학을 복소 초차원의 수준까지 끌어올렸으며 비유클리드 기하학 영역에도 손을 댔다.69) 따라서 콕세터는, 당대 최고의 수학자들 중 한 사람인 마이클 아티야Michael Atiyah 경에 따르면 근대 고전 기하학자라고 부를 수 있는 사람이다. "콕세터의 기하학은 고전 평면 기하학, 즉 평범한 공간의 기하학이었습니다. 그러다가 군론과 더불어 그에 대한 변형으로 옮아갔지요. 이로써 기하학은 여러 흥미로운 방식으로 근대대수학과 접촉하게 됩니다. 그는 이러한 다리의 대가였지요. 그러나 콕세터는 구세계에 머물렀습니다. 근대 기하학자가 되지는 않았단 말입니다.

그는 근대 기하학 전체를 받아들이지는 않았습니다. 고전 기하학의 정신에 아주 가까이 머물러 있었지요. 그는 그 영역의 대가였습니다. 아주 독특했지요. 그는 최초의 근대 기하학자라기보다는 최후의 고전 기하학자에 가까웠습니다."70)

보여이 시대 이래로 수많은 비유클리드 기하학이 더 발견되었다. 넓게 보아 기하학은 유클리드 기하학의 일반적 개념을 공유한 모든 것을 의미한다. 그러나 몇몇 규칙이 바뀐다면 약간은 다른 "비유클리드" 기하학이 나오게 된다. 그 근원이 고전적인 것이든 현대적인 것이든 간에 무한하게 다양한 기하학이 존재하는 것 같다. 그 각각은 별개의 논리적 체계를 갖추었고 특정한 목적을 위해 고안된 것이다.71) 콕세터는 그중 어떤 것들에 대해서는 허겁지겁 달려들었고(특히 사영 기하학), 어떤 것들은 가끔씩 다루었으며(이를테면 지도이론theory of map에 관한 4색 문제four color problem, "고무판"기하학이라고도 알려진 위상 수학 topology), 나머지 영역들은 거의 전혀 손을 대지 않았다(근대 곡선 복소기하학 modern curved complex geometry, 프랙털 기하학fractal geometry, 택시기하학taxicab geometry*).72) 다양한 기하학이 당시의 아이디어들에 답하여, 때로는 새로운 가능성을 열며 족보와도 같이 천천히 전개되었다. 예를 들어, 매듭에 대한 연구는 위상 수학의 발전을 필요로 하는데 이는 또한 거리공간metric space의 발전을 필요로 하는 것이었다. 미적분학을 통하여 기하학을 연구하는 미분 기하학differential geometry은 1800년대 중반에 시작되어 다음 세기로 접어들 무렵에 아인슈타인 상대성 이론의 시공간 기하학과 (비유클리드 기하학과 더불어) 관련

---

* 택시기하학은 거리를 수직 및 수평의 단계들 – 동-서 및 남-북의 증분 –로 측정하는데, 이는 까마귀가 비행하는 것과 마찬가지로 택시들이 두 점을 잇는 가장 짧은 거리를 따라가기 보다는 도시구획을 가로질러 가는 것과 같은 방식이다. 안성맞춤으로 택시기하학에서 사용하는 거리단위는 "맨해튼 측정기준"이라고 알려져 있다.

이 있는 것으로 밝혀졌다.73) 콕세터는 이러한 부문들의 상당수는 "내 능력을 넘어서는 것"이라고 인정한 바 있다.

이 주제에서는 제가 소위 일반인들과 별반 다를 바 없이 무지한 부문들이 많습니다. 제가 좋아하는 부문들에 집중하더라도 양해해 달라고 부탁드려야겠고, 왜 대수 기하학algebraic geometry, 미분 기하학, 심플렉틱 기하학symplectic geometry, 연속 기하학continuous geometry, 거리 공간, 바나흐 공간Banach space, 선형 계획linear programming 등등을 다루지 않았는가 하고 물어볼 여러 기하학자 분들을 불쾌하게 만들 위험을 무릅써야 하겠습니다. 그러므로 수많은 기하학들이 존재하고, 그 각각의 기하학들은 동화 속 나라와 유토피아들과 같은 다른 세계를 설명합니다. 우리가 살고 있는 세계와는 참신하게 다른 곳들이 죠.74)

예를 들어 보여이의 것과는 다른 비유클리드기하학들 중 하나는 평행선이 아예 존재하지 않는다고, 그러니까 임의의 두 선은 서로 만난다고 가정하였을 때 발생한다. 이러한 난해한 기하학을 예시하는 한 방법은 콕세터가 품었던 의문을 이용하는 것이다(이는 기하학계의 전설이 된지 오래이다). 비행면허를 가지고 있어서 남쪽으로 열 시간, 그런 다음 똑바로 서쪽으로 열 시간, 그리고는 북쪽으로 열 시간을 비행하였다면, 어떻게 출발점으로 돌아와 있는 것이 가능할까?75)

이러한 질문에 대한 일반적인 반응은 당황하며 믿지 않는 것이다. 그 이유는 이러한 방향들을 평평한 유클리드 평면에서 상상하기 때문이다. 콕세터는 1957년 캐나다의 어느 종합 뉴스 프로그램을 통해 저해상도 흑백텔레비전에 출연하여 이러한 왜곡된 관점을 보여 주었다. "공간의 특성"을 유클리드 기하학에 대한 대안적 기하학들과 비교하면서 그는 두 개의 칠판을 사용하였다. 하나는 벽에 걸린 표준적인 평면 칠판이었고 또 하나는 돌아가는 지구본을 검게 칠한 것이었다. 그는 일반적인 칠판에 그려 놓은 삼각형을 손으로 가리켰다. 각들의 합이 180°인 전통적인 유클리드 삼각형이었다. 그는 지구본으로 다가가며 또 다른 종류의 기하학은 구체의 표면 위에서의 기하학이라고 말을 이어나갔다. 그러고는 지구본 위에 북극으로부터 남쪽으로 선을 긋고, 그런 다음 서쪽으로 나아가다가 마침내 북쪽으로 향했는데 이 선은 곧바로 출발점으로 이어져서 그 경로가 삼각형을 이루었다. 세 개의 직각으로 작도한 삼각형이었다.76) 그러니까 우리가 선택한다면 "각 꼭짓점의 각이 모두 직각이어서 세 각의 합이 270°인 삼각형을 찾을 수 있습니다"라고 콕세터는 이야기를 끝마쳤다. 이것은 비유클리드 기하학의 한 예인 구면 기하학spherical geometry이다. 비유

지구본 위의 270° 삼각형으로 비유클리드 구면 기하학을 설명하는 콕세터.

클리드 기하학은 양·질적인 요소들을 조작하여 삼각형의 각의 합이 전통적인 유클리드 기하학의 180°보다 크거나 작은 세계에 존재한다. 이는 단지 실험의 문제이다. 수학자들은 새로운 기하학을 고안하고 이러한 기하학들 중 어떤 것이 실제 세계에 적용되는지 발견하는 일은 물리학자에게 맡겨 둔다.[77]

보여이의 비유클리드 기하학이 마침내 주목을 받게 되자 사람들은 이렇게 묻기 시작했다. "어떤 기하학이 물리적 공간에서 타당한 것인가? 유클리드 기하학인가, 비유클리드 기하학인가?"[78] 보여이의 새로운 기하학으로 공간의 성질에 대한 사람들의 완고한 오해가 드러났다. 오랜 세월 수학자들은 유클리드 기하학이 세계가 존재할 수 있는 방식에 대한 유일한 논리적 설명이라고 믿어 왔었다. 그러나 보여이가 선언하였듯, "지금 할 수 있는 말은 내가 무에서 새롭고 다른 세계를 만들어 냈다는 것뿐이다."[79]

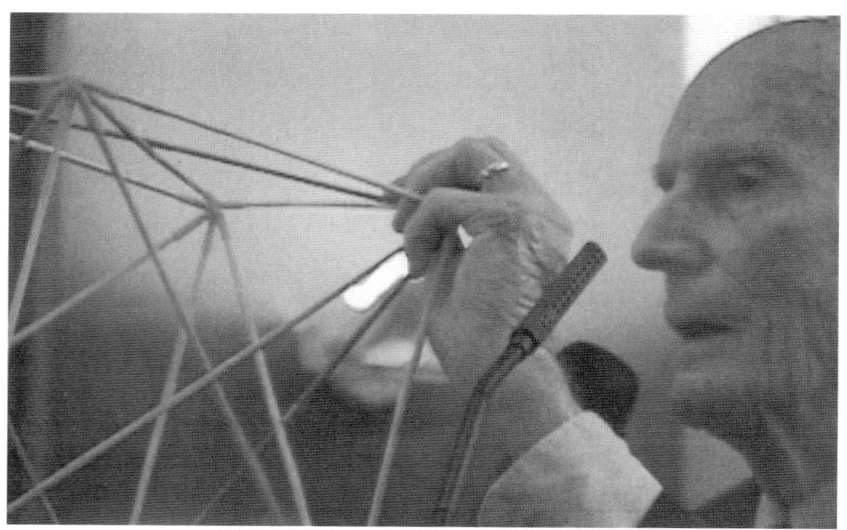

부다페스트에서 마이크를 잡은 콕세터.

보여이 기념회의에서의 강연을 기세 좋게 시작한 콕세터는 손가락으로 여러 색의 대롱을 연결하여 만든 스미스의 모형을 빙글빙글 돌렸다. 두 개의 맞물린 사면체의 뼈대를 둘러싸고 있는 정육면체의 뼈대였다. 콕세터가 강의를 진행하면서 청중들 틈에서 불평하는 소리가 퍼져 나갔고, 의심이 많은 사람들은 그 소리에 긴장하였다. "더 크게요! 제발 더 크게요! 들리지가 않아요!" 하고 콕세터의 딸이 소리쳤다. 마이크가 작동하지 않았다. 그의 보청기도 마찬가지였다. 곤란한 상황이 해결되는 가운데 콕세터는 그에 개의치 않고 강의를 계속했고, 청중들은 무릎 위에 놓은 메모장에 서로 접한 여러 개의 원을 휘갈겨 그렸다.[80]

콕세터는 결코 흥행사는 아니었다. 그는 자기 작업의 아름다움과 우아함으로 청중들을 사로잡는 신사 기하학자였다. 그는 외모나 생활방식에서 새와 같다고 알려져 있었다. 대단히 우아하고, 아주 정확했으며, 매우 검소했다. "무엇이 중요한지 알아야 합니다." 콕세터를 오케스트라보다는 바이올린과 결부시킨 그레이는 이렇게 말했다. "그는 열광적으로 말하지도 않고, 이게 엄청나게 대단한 일이라고 말하지도 않습니다. 광고 문구를 써 보내지도 않습니다."[81] 그의 수학은 다른 수학자들의 마음속에서 무성하게 자라나기에 그는 우아하고 아름다운 전문가라는 기준에 걸맞기도 하다. 수학의 한 부분이 아름답다고 할 때는 그것이 지성을 전달하는 방식으로 제시되었다는 것이고, 지성의 시금석들 중 하나는 다른 수학자들이 그것으로 무언가를 하여 더욱 커다란 그림에 멋지게 맞춰 넣을 수 있는가 하는 것이다. 그레이는 이렇게 말했다. "그것이 우아한 까닭은 무언가를 열어젖히기 때문입니다. 우아함이란 이전에 이루어질 수 없었거나 이루어지지 않았던 무언가를 할 수 있도록 하는 힘을 준다는 데 있습니다."[82]

결국 콕세터의 강연은 성공적이었고 실질적으로도 중요한 것으로 밝혀졌다.

데이터 마이닝에서 실용적인 최신 주제와 연관이 있었던 것이다. 부다페스트 회의위원회 사무국장 카로이 베즈데크Karoly Bezdek는 이렇게 말했다. "서로 접하는 네 개의 원의 절대적 성질에 대한 그의 증명은 지축을 뒤흔들 만한 발견은 아닙니다. 그러나 그의 증명은 가장 간단한 것으로서 비그로프트의 정리에 대한 이상적인 증명입니다. 오늘날 수많은 수학자들이 대단히 복잡한 증명을 담아 발표를 합니다. 우리가 소화하여 진정으로 그로부터 배울 수 있는 간단한 증명이 있다는 것은 중요합니다. 올바른 증명을 발견한다는 것은 예술이지요."83) 회의 주최자인 프레코퍼 역시 대단히 기뻐했다. "95세인 어떤 사람이 그와 같은 깊이를 가진 새로운 과학적 결과를 고안해 내고 회의에서 발표할 수 있다는 것은 놀라운 일입니다. 저도 그처럼 호기심 있고 활발하며, 생생한 정신을 갖춘 사람이면 좋겠습니다. 콕세터는 다른 강연들 중에는 가끔씩 정신을 팔기도 하고 졸기도 하십니다만(청중들 중 여러 명이 조는 모습이 발견되었다), 흥미를 느낄 때는 언제나 정신을 차리십니다."84)

널리 인정되는 수학적 진실들 중 하나는 수학이 "젊은이의" 일이라는 것이다. "젊은 사람들은 정리를 증명해야 하고 나이 든 사람들은 책을 써야 한다"고 케임브리지에서 콕세터를 가르쳤으며 자신의 시들어 가는 수학적 능력에 대한 비가인 <어느 수학자의 변명A Mathematician's Apology>을 쓴 전설적인 G. H. 하디G. H. Hardy는 말했다.85) 흔히 드는 반례가 헝가리인 수학자 폴 에르되시Paul Erdös(1913-1996)이다. 에르되시는 생을 마감할 때까지 다작하는 문제 해결사였는데, 역사상 그 어느 수학자보다도 많은 1475편의 학술논문을 저술(혹은 공동 저술)했는데, 그중 상당수가 획기적인 것이었고, 모든 논문이 알찬 내용으로 가득 찬 것이었다. 논문의 수량도 놀랍지만 정말 놀라운 것은 그 내용이다. 그는 폴 호프만Paul Hoffman의 전기 제목이 공언하였듯 "숫자만을 사랑한 사람"이었다(이 전기는 국내에서 <우리 수학자 모두는 약간 미친 겁니다>라는 제목으로 출판되었다-옮긴이).86) 가까운 친구이자 협력자였던 론 그레이엄Ron Graham(1958년에 그를 에르되시에게 소개한 것은 콕세터였다)의 회상에 따르면 에르되시는 "그가 쓰는 표현을 빌자면 '경전the Book을 엿보는 데' 전 생애를 바쳤습니다. '경전'* 이란 가능한 최선의 증명, 한두 페이지로 제시할 수 있는 수학의 보물 전부가 담긴, 가상적인 전능자의 책입니다. 에르되시의 삶은 수학이 전부였습니다."87)

도널드 콕세터 역시 그와 마찬가지로 수학자의 "유통기한"에 대한 고정관념이 잘못되었음을 입증하는 훌륭한 반례이다.88) 말년에 그가 명확하게 밝힌 유일한 직업적 후회는 에르되시와 협력하지 않았다는 것이었다.89) 그의 에르되시 수Erdös Number는 (아인슈타인과 같은) 2였다.90) 에르되시와 논문을 공저한 사람은 에르되시 수 1을 얻는다. 에르되시의 공저자와 논문을 공저한 사람은 에르되시 수 2를 얻고, 이러한 방식으로 다른 숫자들도 부여되어(에르되시 수가 k인 사람과 공저를 한 사람의 에르되시 수는 k+1이라는 뜻임-옮긴이) 에르되시의 485명의 공저자들은 국제적인 유대를 형성한다. 에르되시에게는 진정한 본거지가 없었고, 세속적인 소유물을 담은 낡아 빠진 멕시코제 가죽 서류가방을 들고 세계를 여행하며 환영하는, 혹은 예상치 못했던 수학자들의 문간에 들어섰다. 목적지에 도착한 에르되시는 이렇게 말하곤 했다. "내 두뇌는 열려 있다오!"(브루스 쉐흐터Bruce Schechter가 쓴 에르되시의 또 하나의 전기(국내에서는 <화성에서 온 수학자>라는 제목으로 출판되었음-옮긴이)의 제목)91) 그의 방문은 워낙 집

---

* 갈릴레오 갈릴레이Galileo Galilei(1564-1642) 역시 우주라는 "완전한 책grand book"과 그 내용을 조금씩 모은 지식에서 기하학이 갖는 중요성을 언급하였다. <분석자Assayer>라는 책에서 그는 이렇게 썼다. "철학은 이 완전한 책, 즉 우주에 쓰여 있으며 우리가 계속하여 바라볼 수 있도록 되어 있다. 그러나 이 책은 먼저 그 언어를 이해하고 글자를 읽는 법을 배우지 않고서는 이해할 수 없다. 이 책은 수학의 언어로 쓰여 있으며 그 글자는 삼각형, 원, 기타 기하학 도형이다. 이것이 없이는 인간으로서 단 한 단어도 이해하는 것이 불가능하다. 이러한 글자가 없다면 어두운 미로를 헤매게 된다."

왼쪽부터 오른쪽으로 신원미상의 여성, 콕세터, 브란코 그륀바움Branko Grünbaum, 폴 에르되시, 1965년경.

약적인 터라 그레이엄은 이런 농담을 자주 했다. "지난 주말에 에르되시가 한 달 동안 있었어요."92) 집주인에게서 수학적인 국물을 다 짜내고 나면 에르되시는 다음 방문지로 옮겨 갔다.93)

콕세터가 에르되시 1로 올라설 기회는 많았다. 그와 에르되시의 행로가 만나는 경우는 자주 있었다. 1935년 어느 날, 케임브리지에 있던 에르되시는 콕세터에게 전화를 걸어 평행체parallelotope에 관하여 자신이 연구하던 문제와 관련한 질문을 던졌다.94) 콕세터는 며칠 동안 에르되시의 문제를 연구하였지만 공동연구로 이어지지는 않았다. 그들은 그 뒤로 런던, 토론토 등지에서 수없이 만났다. 1965년, 콕세터는 자신의 일기장에 이렇게 적었다. "면도를 하면서 나는 에르되시의 문제(춤추는 소년 소녀들에 대한)를 풀었다." 그러나 여전히 공동연구는 없었다.95)

에르되시의 68회 생일을 맞아 콕세터는 축하하는 의미로 "열한 개의 반이십면체의 대칭적 배치"에 관한 강연을 헌정하였고,96) 두 사람은 서신으로 아이디어를 주고받았다. 언제나 만년필로 쓰여진 에르되시의 편지는 보통 간단한 의례적 인사로 시작하여 곧바로 여러 장에 걸친 수학적 명제, 가정, 방정식, 결론 및 도표로 들어갔다. 콕세터는 에르되시가 즐길만한 문제들을 보냈고 에르되시는 콕세터가 연구하고 있던 몇몇 문제에 아이디어를 제공하였지만,[97] 1996년 에르되시가 사망하면서 콕세터의 에르되시 수는 2로 정해지고 말았다.[98]

△ ◇ ◎ ✿

수학적인 경향이라고는 조금도 없는 (공감조차 하지 않는) 콕세터의 딸 수전은 아버지의 오랜 지적 호기심에 그다지 감명을 받지 못했다. 일반적으로 수학계의 전설이라는 아버지의 지위에 대한 입장도 들쭉날쭉했다. 콕세터의 강연 중에 마이크 문제가 해결되자, 수전은 안심하고 소설을 읽었다. 강연을 마친 콕세터가 화장실로 달려가자 수전은 이렇게 평가했다. "생각해 보면 세상에 더 중요한 수많은 일들이 벌어지고 있는데도 우리는 원들과 붙어 있는 원들에 대해서 이야기하려고 여기까지 온 거네요. 아버지는 엘비스 프레슬리와 동급으로 다뤄지는 것을 싫어하시겠지만, 엘비스는 사람들에게 잠깐 동안 즐거움, 행복, 영감을 주었지요. 아버지의 연구가 이분들에게 그런 역할을 하는 것이라면 멋진 일입니다. 저로서는 엘비스 프레슬리에게서 더 많이 얻지만 말이죠."[99]

이날의 마무리는 과학원 강당에서 열린 피로연이었다. 회의 단골들은 저녁 뷔페를 조금씩 먹으며 사람 수에 맞지 않는 디저트를 몰래 가져가려고 어슬렁거렸다. 콕세터는 건물 안에 몇 없는 자리들 중에 하나를 찾아내었는데, 군중들을 굽어보는 위풍당당한 귀빈석이었다. 팬들이 끊임없이 다가와 곁에서 고개를 숙이고 인사를 하고 찬사를 보냈다. 모스코바 국립대학교에서 온 예르네스트 빈베르크Ernest Vinberg는 자신을 소개하고는 오래 전에 소련 시대의 박사

학위 위원회에 편지를 보내 빈베르크의 연구 분야—콕세터군—가 정치적으로 의심스러운 것이 아님을 확인해 준 것에 감사하였다(페레스트로이카 이후에 빈베르크는 마침내 박사 학위를 받았고 계속해서 두 번째 박사 과정을 밟았는데 이 역시 콕세터군에 관한 것이었다).100) 코넬 대학교 연구원인 다이나 타이미나Daina Taimina는 콕세터에게 다가와 편물로 만든 쌍곡선평면 모형을 보여 주며 자신이 1975년 라트비아에서 고등학교 기하학을 가르치기 시작했을 때 그의 <기하학 개론>은 축복이었다고 말했다. "저를 구원했죠."101)

축하행사가 끝나고 콕세터는 타오르는 7월의 태양이 다뉴브 강 너머로 지는 가운데 터벅터벅 걸어 호텔로 돌아갔다. 바로 그때 미국 테네시 주 내슈빌에 소재한 밴더빌트 대학교에서 온 존 랫클리프John Ratcliffe가 인도에서 그를 따라잡았다. 랫클리프는 자신이 두 권의 <정규초다면체>를 가지고 있다고 했다. 한 권은 직장에 있고 다른 한 권은 한밤중에 찾아보기 위해 집에 있는 서재에 두었다는 것이다. "이 책은 현대의 유클리드 <기하학 원론>입니다." 서류가방에서 한 권을 꺼내들며 랫클리프가 말했다. "제게는 성서와도 같은 책입니다. 항상 참조하고 있습니다."102)

그날은 콕세터에게 있어 환희에 넘치는 하루였다. 여행을 했고, 시의적절한 발표를 했으며, 아부세례를 받았다. "정말 만족스럽군!" 과장스럽게 말하는 법이 없는 그가 이렇게 말했다. 수전은 아버지를 호텔방에 모셔다 놓고는 잠시 물러갔다. 콕세터는 어렵사리 양복 웃옷을 벗고 셔츠와 넥타이를 끄르고는 침대 가장자리에 앉아 미니바에서 샴페인을 꺼내 마셨다.* 하루의 절정이 지나고 나자 의기소침하여 괴로워했다(부다페스트 회의 내내 여러 차례 그런 적이 있었는

---

* 건강을 위해 잠자리에 들면서 그가 마시는 술은 보통 커피 맛 칼루아주, 복숭아 맛 네덜란드 진, 가끔은 보드카 약간, 그리고 두유를 섞은 위장이 깜짝 놀랄 혼합음료였다.

데, 여행 내내 그를 따라다니던 다큐멘터리 카메라가 불러일으킨 감정이었다). 그는 자신이 연구에 시간을 덜 쏟고 더 나은 남편, 아버지, 할아버지가 될 수도 있었으리라고 생각했다. 자신의 모교인 케임브리지 대학교 트리니티 칼리지에서 신설된 특별명예연구원으로 돌아오라고 초빙한 것을 거절했던 것을 떠올렸다. 수락했더라면 말년을 그레이트 코트에 있는 방에서 예전에 자주 가던 곳들을 벗 삼으며 보낼 수 있었을, 영광스러운 상징이었다. 그는 어머니보다도 더 사랑했다고 고백한 것으로 알려진 어린 시절의 가정교사 메이 헨더슨May Henderson을 생각했다. 60대 후반에 그는 영국 귀향길에 메이를 방문하여 깜짝 놀래 줄 계획을 세웠다. 그는 자신이 도착하기 겨우 2주 전에 그녀가 암으로 사망하였다는 사실을 알고는 비통해했다. 메이는 콕세터에게 프랑스어와 라틴어, 곱셈, 나눗셈, 2차방정식을 가르쳐 주었다. 당시에는 자신이 뛰어난 수학적 정신을 형성하고 있다는 것을 알지 못하였지만.[103]

Chapter 2
이상한 나라의 어린 도널드

상상 속에서 나는 실제의 우주 곁에
별개의 법칙을 지닌 다른 우주들을 가져다 놓을 수 있다.

-J. L. 싱J. L. Synge, 〈칸델만의 크림Kandelman's Krim〉

초상화가이자 풍경화가였던 콕세터의 어머니 루시 지Lucy Gee는 자식을 낳아 달라는 남편의 바람을 위하여 마지못해 자유를 포기하였고, 1907년 2월 9일 영국 런던에서 외아들 도널드가 태어났다.[1]

루시는 엄하고 수척한 여성으로서 사진을 잘 받는 사람은 아니었고 창백한 안색은 품위 있고 매력적인 갈색 눈 덕에 가려졌다. 갑갑한 빅토리아풍의 드레스보다는 스포츠재킷과 반바지, 마름모꼴 얼룩무늬 스타킹을 좋아했다. 그녀는 훌륭한 화가로서 (왕립미술원에 다녔음) 자신의 창조적 영역을 빈틈없이 지켰다. 콕세터의 아버지인 해럴드 사무엘 콕세터Harold Samuel Coxeter는 아마추어 조각가이자 바리톤 가수였다. 그에 걸맞게 켄징턴 첼시의 로열 버러에 위치한 홀런드 파크 로드 34번지에 있는 집[2]은 상류사회 예술가 거주지에 자리하고 있었는데, 여기에 사는 사람들 중에는 헨리 제임스Henry James도 있었다. 이 미국인 작가는 이렇게 불평을 했다. "날씨는 끔찍스럽고, 하늘은 템스 강에 진흙을 풀어놓은 것처럼 더러운 안개를 반죽해 놓은 것 같아서 계속 얼룩져 있다. 오전 11시에 책을 읽으려고 촛불을 켜야 하다니!"3)

머리털은 하얗지만 얼굴은 붉은, 강건한 사내였던 해럴드는 독학을 한 사람으로서 대단한 독서가였다. 파티에서 일반적인 지식에 대한 문제로 토론이 벌어지면 언제나 콕세터의 아버지가 잡학지식으로 다른 손님들을 압도하였다.4) 해럴드는 수술도구제조업으로 생계를 꾸렸다. 어릴 적에는 의사가 되고 싶었으나 의무감 때문에 1836년 조부가 시작하였던 가업인 콕세터 앤 선 주식회사에 합류하였다. 회사는 산소와 아산화질소를 계속 공급하여 수술환자나 치과환자를 마취하는 기계를 발명하여 유명해졌다. 광고지에는 콕세터 앤 선사가 국제전시회에서 수많은 "메달"을 수상하였다는 광고가 실려 있었다.5)

처음에 루시와 해럴드는 아이의 이름을 그저 도널드라고 지었다. 도널드 자신은 그냥 그렇게 두었더라면 하고 생각하였으나 뒤이은 혼란으로 그가 즐겨 말했던 이야기가 생겨났다. 출생증명서에 공식적으로 기록된 그의 이름은 조부의 이름에서 따온 맥도널드McDonald였다. 어머니가 유명한 친척에 대한 존경의 표시로 "스코트Scott"라는 이름을 덧붙였다. 그 유명한 친척은 영국의 건축가 자일스 스코트Giles Scott로 뱅크사이드 발전소(현재의 테이트 현대미술관)와 케임브리지 대학교 도서관, 뿐만 아니라 영국을 상징하는 요소 중 하나인 창유리 달린 붉은색 공중전화 박스를 설계하였다. 그 뒤에 참견이 심한 대부모들이 아버지 이름도 있어야 한다고 제안하였다. 그리하여 그의 이름 맨 앞부분은 해럴드Harold가 되었고, 이로써 콕세터는 H. M. S. 콕세터가 되었다. 어느 재치 있는 이가 지적하였듯 영국군함이 된 셈이었다(H. M. S.는 His/Her Majesty's Ship, 즉 영국 군함의 약자이기도 하다-옮긴이). 단순하게 이름을 이리저리 바꾼 결과 해럴드 스코트 맥도널드 콕세터라는 이름이 되었다.6)

현존하는 도널드의 가장 오래된 초상화 중 하나는 그의 어머니가 그린 것으로 세 살쯤 된 도널드가 주름 장식 칼라가 달린 셔츠와 니커 바지(무릎 아래에서 홀치는 느슨한 반바지-옮긴이)를 입고 금발 곱슬머리를 어깨에 늘어뜨린 모습을 보여 준다. 벨벳을 입힌 의자에 앉아 발을 대롱거리면서, 도널드가 태어났을 때 해럴드가 루시에게 선물한 그랜드피아노 건반을 손바닥으로 두드리고 있다. 거실에는 해럴드가 쓰는 당구대도 놓여 있었다. 뒤쪽으로 움푹 들어간 서재는 루시의 것이었지만 도널드가 대칭으로 된 직사각형 오늬무늬 오크 마룻바닥-기하학 용어로 하자면 유클리드평면의 타일 깔기tiling 혹은 쪽맞추기 tessellation-을 기어 다니며 (무의식적으로라도) 기하학과 처음 접하게 된 배경이 되어 주기도 하였다.7)

피아노 앞에 앉아 어머니의 모델이 되어 주던 그 시절에 도널드는 처음으로 숫자에 흥미를 느낀다는 징조를 보여 주었는데, 아버지가 읽던 타임스Times지의 경제란에 줄줄이 쓰여 있는 숫자들을 유심히 바라보았던 것이다. 몇 년 지나지 않아 그의 조숙한 지력은 명백하게 드러났다. 그런데 처음에는 수학이 아니라 음악이 그 대상이었다. 열 살이 되기도 전에 도널드는 뛰어난 피아노연주자가 되었다. 그는 아버지의 친구인 어니스트 갤러웨이Ernest Galloway에게서 피아노를 배웠는데, 갤러웨이는 빚지지 않고 살아가려고 무성 영화관에서 생음악을 연주하는 음악가이자 작곡가였다. 그는 즉석합주를 위해 콕세터의 집에 자주 들러서 도널드에게 연주와 작곡하는 법을 가르쳐 주었다. 도널드는 수많은 편곡을 했다. 도널드가 열여섯 살 적에 5개월에 걸쳐 쓴 곡의 제목은 <마술Magic>이었는데, 여러 악장으로 이루어져 있으며 G. K. 체스터턴G. K. Chesterton이 쓴 동명 연극의 반주음악으로 만든 것이었다. 그는 언제 막을 올리고 음악이 언제 커졌다 작아져야 하는지를 지시하는 수고까지 아끼지 않았다. 그가 한 대부분의 편곡은 크리스마스나 생일 선물로 어머니나 아버지에게 바친 것이었다.8)

도널드의 〈마술〉 악보 첫 장.

△ ◻ ◇ ⬠ ⬡

80여 년이 흐른 뒤, 콕세터는 어릴 적의 수학적 성향과 음악적 성향 사이의 연관에 대하여 논하였다. "저는 음표들의 체계에 흥미를 느꼈습니다. 어느 정도는 수학적이었지요. [음악을] 수학적인 것으로 간주해야 한다고 생각합니다. 한 옥타브 내의 열두 개의 반음들, 여덟 개의 온음, 그리고 그것들이 어떻게 다른가 하는 것들 말입니다."9) 수학과 음악 간의 미적 유사성에 관하여 콕세터는 이 두 학문 사이의 공통점을 설명하려면 자신보다는 케임브리지 시절 자신의 스승이었던 G. H. 하디의 말을 인용하는 것이 더 낫다고 했다. "'필연성, 그리고 경제성과 결합된 상당한 정도의 예측불가능성이 존재한다. 수학적 증명은 은하계에 흩뿌려진 성단이 아니라 단순명쾌한 별자리를 닮아야 한다.' 이와 비슷한 말로 작곡가에게 충고를 해 주는 것도 무리는 아닐 겁니다. 단 '수학 증명'이라는 말은 '음악 작품'이라고 바꿔야겠지만 말입니다."10)

콕세터는 이 두 분야의 "정밀한 방법"들 사이의 유사성을 조목조목 밝혔다. 음악작품에서 D♯을 D♭으로 바꾸는 것과 수학에서 플러스 기호와 마이너스 기호를 교환하는 것은 똑같이 끔찍한 일이라는 것이다(한편, 그와 대조하여 그는 "그림이나 조각품은 물감 칠이나 진흙 덩어리의 위치가 조금 다르더라도 본질적으로는 바뀌지 않을 것이며, '오 아티카의 모양이여! 아름다운 몸가짐이여! O Attic shape! Fair attitude!'라는 거북한 행이 들어있는 키츠Keats의 '어느 그리스 항아리에 대한 송시Ode to a Grecian Urn'는 '몸가짐'을 '아티카'와 충돌하지 않는 다른 단어로 바꿀 수 있다면 분명 나아졌을 것이다"라고 언급하였다(아마도 'attic'과 'attitude'에서 'atti-'라는 부분이 겹쳐서 어색하게 들린다는 의미인 듯함–옮긴이).11) 그는 역사적 유사성에 대해서도 의견을 밝혔다. 중세까지 기보법의 부재가 음악의 발전을 방해하였다. 아라비아 숫자가 발명되기까지는 수학의 상당부분도 마찬가지였다. "이러한 점에서 기하학은 예외였다. 그 이유는 기하학의 근본개념이 워낙 간단한 것이어서 말로 적절하게 표현될 수 있고, 개략적인 도표를 동반한다면 더욱 그러하기 때문이다. 유클리드 <기하학 원론>의 가장 오래된 필사본에 실린 도해가 오늘날 우리가 그리는 도해와 대단히 닮아 있음을 발견하는 것은 즐거운 일이다."12)

수학개념이 얼마나 "음악 속에 녹아들어 있는가" 하는 것을 해명하면서 콕세터는 리듬과 박자기호, 즉 "분모는 2의 거듭제곱인 반면 분자는 한 마디 안에 있는 박자의 수-보통은 2, 3, 4, 혹은 6(결정의 회전대칭주기와 같이)-를 가리키는 분수"13)를 논하는 데까지 나아갔다. 또 다른 예로는 화성이 있는데, 즉 음표의 음고가 주파수, 그러니까 초당 진동수 의해 결정된다는 것이다. 여기서 콕세터는 영국의 물리학자 제임스 진스James Jeans 경의 말을 인용한다. "두 개의 음조는 그 주파수의 비가 작은 숫자들로 표현될 수 있을 때 잘 어울리게 들리며, 그 숫자가 작을수록 협화음이 된다는 것은 상당히 일반적인 법칙임을 알게 된다. 이러한 법칙을 2,500년 전 피타고라스도 알고 있었다. 우리가 아는 한 그는 처음으로 다음과 같은 의문을 가졌다. '협화음이 작은 숫자들의 비율과 연관이 있는 이유는 무엇일까?'"14) 콕세터는 이러한 의견을 제시하며 글을 이어 나갔다. "듣기 좋은 배음, 즉 3, 4, 5, 6, 8, 10, 12가 유클리드가 자신이 선택한 기구, 즉 직선 자와 컴퍼스를 가지고 작도할 수 있었던 정다각형의 변의 수와 일치한다. 그 반면 불협화음인 배음들-7, 9, 11, 13-은 작도할 수 없는 다면체와 일치한다는 사실에서 어떤 의미를 발견하고자 하는 마음이 생기게 된다."15)

물론 콕세터의 분석은 자신의 영역과 가까운 유사점에 초점을 맞추면서 활기를 띤다.

대부분의 수학자들은 대칭의 어떤 모양에 근거하여 호소한다. 이와 마찬가지로 대칭은 작곡의 지도적 원리의 하나이다. 예를 들어 푸가에서 주선율이 두 번째로 나타날 때는 다르지만 연관된 조성調性으로 등장한다. 그러한 조옮김은 기하학에서의 평행이동 연산과 유사하다. 또한 주선율을 자리바꿈하는 바흐의 교묘한 수법은 거울에서의 반사와 유사하다. 기초 기하학에서 가장 흥미로운 변환 중 하나는 반사변환과 팽창변환 즉 크기의 고른 증가가 결합된 팽창반사변환이다. 이에 비견되는 음악은 바흐의 <쐐기 푸가>(BWV 548, '전주곡과 푸가 E단조'에 나오는 푸가의 별칭. 주제가 진행되면서 음정이 점점 더 커져 이러한 별칭이 붙었다고 함-옮긴이)이다.[16]

콕세터가 음악을 작곡하면서 경험하였던 즐거움은 자연스럽게 수학으로 옮아갔다. "성공적인 수학적 재발견에서 예전에 음악을 작곡할 때 느꼈던 것과 똑같은 종류의 행복을 느꼈습니다."[17] 루시는 아들의 음악적 재능을 평가받고 싶어서 영국의 작곡가 구스타브 홀스트Gustav Holst에게 데려갔다. 콕세터는 이렇게 회상했다. "어머니가 어떻게 그분과 연락이 닿았는지는 모릅니다만 어쨌거나 저를 데려가셨고 저는 제가 쓴 음악을 보여드렸습니다. 그리고 피아노로 조금 연주하기도 했고요. 전체적으로 보아 그분은 제가 쓴 작품이 서툰 것이라고 생각하셨습니다." 아일랜드 작곡가 C. V. 스탠포드C. V. Stanford를 방문하였을 때도 반응은 똑같았다. "먼저 교육을 시키시죠."[18]

△ ▢ ◇ ⬠ ⬡

도널드가 음악과 수학에서 느낀 즐거움은 집안의 우울한 분위기에서 그를 구원하여 주었다. 그의 부모는 예술에 대한 열정을 공유하기는 하였으나 그것만으로 행복한 부부가 될 수는 없었다. 첫째로 그의 아버지는 아이를 더 낳기를 원했지만 루시는 그렇지 않았다. 해럴드는 부부간의 불화를 회피하는 하나의 방편으로 왕립심리학회 모임에 참석하였다. 거기서 독일인 이혼녀인 로잘리 가블러Rosalie Gabler와 친분을 맺었는데 그녀는 도널드보다 나이가 여섯 살

많은 딸 케이티Katie와 함께 콕세터 가족의 친구가 되었다. 그러나 부부사이의 관계는 나아지지 않았고 도널드의 부모는 이혼 절차를 밟았다. 당시 이혼은 대단한 경멸의 대상이었다. "금기였지요"라고 콕세터는 회상하였다. 당시에 이혼은 드문 일로 불륜을 저질렀다는 증명이 필요했다. 그 충격은 도널드가 스스로 만들어 낸 새로운 세계로 허겁지겁 도망가서 음악, 수학, 공상에서 위안을 얻게 만들었다.19)

공부하는 어린 시절의 콕세터.

콕세터의 최초의 선생님은 그가 극진히 사랑하였던 유모 메이 헨더슨이었다. 콕세터는 메이를 어머니보다 더 사랑했다고 고백하면서 아마도 1차 세계대전중에 어머니와 오래 떨어져 있었기 때문일 것이라고 설명하였다. 그와 메이는 런던을 벗어나 서리Surrey와 가까운 켄트Kent 남부에 있는 콕세터 가족의 주말별장에서 생활하였다.[20] 그곳은 여객용이었으나 폭격기 임무까지 겸했던 독일의 체펠린 비행선에서 안전하게 떨어진 곳이었다.[21]

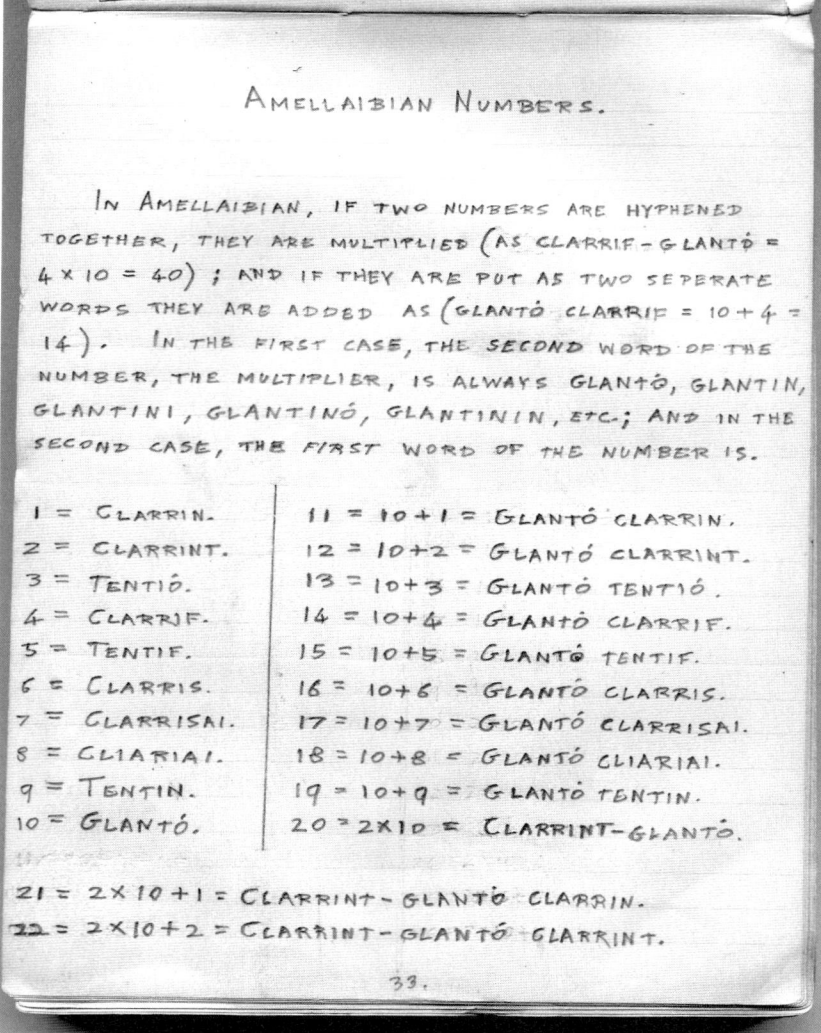

도널드가 창안한 "아멜라이비아어" 안내서의 일부.

메이의 교육 과정은 도널드의 어려움을 달래고 그를 격려해 주었다. 프랑스어와 라틴어 입문수업 덕으로 도널드는 수많은 어린이들이 꿈꾸지만 실제로 실행에 옮기기는 어려운 일을 하게 되었다. 자신만의 언어, 아멜라이비아어 Amellaibian를 만든 것이다. 그는 이 언어의 구조와 이 언어를 쓰는 상상 속의 세계에 대한 상세한 묘사로 126쪽짜리 공책을 채웠다. 이 세계의 주민은 "공 모양의 요정인 '바이니아bainia'"라고 하는데, 코르크, 대팻밥, 파라핀, 라놀린, 흰색 도료, 바셀린, 옷감이 그 안에 층층이 침전되어 있는 다양한 모양의 유리 외피로 만들어진 배터리에서 생명력을 끌어 왔다. 그는 깨끗하게 쓰여진 대문자로 이 중편 소설을 썼다. 여기에는 단어집(동사, 명사, 대명사, 형용사, 부사로 적절하게 구분된 "아멜라이비아어 단어의 종말"), 지도, 역사, 족보, 단편소설들, 그리고 "요정들의 생일과 그 외의 행사들"이라는 제목이 포함되어 있다. 이야기의 상당 부분은 요정들의 낭만적인 모험과 행복한 결혼을 연대기로 썼다. 이 소설은 무게와 치수, 공식, 방정식, 그리고 아멜라이비아의 마법수, 즉 당시 도널드가 좋아했던 숫자인 250으로 인수분해 되는 모든 수에 점점 더 많은 쪽이 할애되면서 수학적으로 변한다.[22]

도널드가 (톨킨Tolkien보다 앞서) 톨킨풍의 동화에 몰두하는 동안 해럴드와 루시는 이혼 과정에 있었다. 메이 헨더슨이 결혼을 위해 떠나자 도널드의 부모는 이혼절차를 밟으며 나올 모든 추잡하고 경솔한 언동으로부터 아들을 보호하기 위해 도널드를 런던에서 북쪽으로 20㎞ 떨어진 남녀공학인 세인트 조지 기숙학교에 보냈다.[23] 그의 아버지는 그를 배웅하기 위해 집에 잠깐 들렀다. "도널드는 너무도 착한 아이였고 학교와 관련된 일에 뛰어났으며 아주 기쁘게 나를 만나 주었어. 녀석은 아주 분별이 있고 학교를 두려워하지 않아. 하지만 끔찍이도 집을 그리워하게 될 거야."[24]

후일 콕세터는 이렇게 말했다. "저는 기숙학교에 갇혔습니다. 교장 선생님은 상당한 괴짜였지요. 품행이 좋지 못한 아이들을 회초리로 때리는 데 가학적인 흥미를 가지고 있었습니다. 나중에 아버지는 그 양반이 아이들의 엉덩이를 때리면서 성적인 쾌감을 얻었다고 설명해 주셨습니다."25) 콕세터와 기숙학교 친구인 존 플린더스 피트리John Flinders Petrie(이집트학자이자 모험가였던 윌리엄 매슈 피트리William Matthew Petrie 경의 아들)는 교장의 회초리에 꽤나 자주 희생되었다. 부모님이 매주 번갈아 가며 따로 왔기 때문에 도널드는 혼란을 느끼기도 했다. 홍역이나 수두가 유행하여 학교가 격리되는 경우에는 부모가 소풍을 데리고 나갈 수도 없었다. 그는 학교 진입로를 따라 격리구역 가장자리까지 최대한 멀리 걸어가서 어머니나 아버지가 도착했을 때 맞이하기를 기대했다. 부모가 방문하면 보통은 피아노 연습실로 사용되는 학교 뒤편에 있는 방에서 시간을 보내는 경우가 대부분이었다. 한번은 아버지가 방문하였을 때 도널드가 울음을 터뜨려 걷잡을 수 없이 눈물을 흘린 적이 있었다. 아버지는 달래려고 애를 썼지만 부모가 갈라선 상처에 압도된 도널드는 위로할 수 없을 만큼 슬픔에 잠겼다. "그 어린 나이로서는 너무도 힘든 일이었습니다. 나는 가족이 무너진다는 사실에 눈물을 흘렸습니다"라고 콕세터는 회상하였다.26)

해럴드가 재혼을 하겠다는 계획을 밝힘으로써 문제는 더욱 악화될 뿐이었다. 도널드와 어머니, 그리고 모든 친척과 친지들은 아버지의 새 부인이 로잘리 가블러일 것이라고 추측하였다. 나중에야 친척들은 해럴드가 로잘리와 잠자리를 같이 했는지, 아니면 이혼을 추진하면서 불륜을 저질렀다는 구실을 댄 것인지 생각해 보게 되었다.27) 그러나 로잘리는 해럴드가 원하듯 아이를 낳아주기에는 너무 나이가 들었었다. 그래서 해럴드는 그 대신 그녀의 딸 케이트에게 청혼했다. 로잘리는 상황을 진정시키려는 의도에서, 아니면 적어도 그러한 열정을 시험하려는 의도에서 케이티를 뮌헨으로 보냈다. 이 나이 차이가 많이 나는 커플은 케이티가 스무한 살, 해럴드가 마흔세 살이던 1922년 결혼하였다. 도널드로서는 더욱 충격이 컸는데, 케이티는 그가 처음으로 짝사랑한 대

상이었던 것이다.28)

도널드는 자기 삶의 중심축이자, 지배적인 영향을 미쳤던 아버지를 우상처럼 떠받들었다. 그러나 해럴드가 새로운 가정을 꾸려 잇달아 딸들을 낳자(조앤, 네스타, 이브) 도널드는 더 이상 아버지의 관심을 한 몸에 받지 못했다. 그것은 아버지가 자신을 방문하러 왔을 때에도 마찬가지였다. 1924년 도널드는 로잘리에게 이렇게 편지를 썼다. "어제는 도널드를 시내로 데리고 갔습니다. 오전에는 사무실에 있었고 저녁 때는 영화를 보러 갔습니다. 괴상한 아이여서 다루기가 쉽지 않았습니다. 사실상 조앤[첫째 이복 누이]을 무시하더군요. 적의가 있다거나 질투를 한다든가 하는 것은 전혀 아니었고 제 생각에는 수학적이지도 않고 현재로서는 두드러지게 음악적이지도 않아서 흥미를 불러일으키지 못해서인 모양입니다."29)

불안정하고 상처받기 쉬운 사춘기에 파탄난 가정은 도널드에게 깊은 상처를 주었다. 부모의 파경에 대한 콕세터의 기억은 90대가 되어서도 인생에서 가장 큰 비극적 사건의 하나로 남아 있어서 그 일로 눈물을 흘리곤 했다. 어린 시절 그는 대단히 예민하고 몽상적이었으며 또한 영리하고 고독했기에 부모의 실패는 엄청난 실망을 안겨 주었다. 부모는 매일 잠자리에 들기 전에 성서를 읽어 주었고 (한때는 퀘이커 교리를 공부하였다) 가장 가까운 놀이상대였다. 사진들을 보면 도널드와 그의 부모가 나선 소풍에 동반한 것은 어른들뿐이었고 가끔 닭이나 개가 끼어 있기도 했다. 도널드는 다른 아이들과 어울리는 법을 전혀 알지 못했고 세인트 조지에서도 친구를 많이 사귀지 않았다. 총명하다는 죄로 비웃음을 사고 따돌림을 당했으며 여자아이들은 책상 밑으로 그의 정강이를 걷어차며 키득거렸다. 콕세터는 이렇게 회상했다. "어떤 남자아이는 제가 허약하다며 앙심을 품었습니다. 그래서 점심시간을 두려워했습니다. 아이들이 밖에 나가 노는 동안 못살게 구는 그 아이를 피해 선생님의 책상 밑에 숨어 있었지요."30)

이처럼 절박한 상황은 촉매 역할을 했다. 세인트 조지에 갇혀 있는 동안 도널드는 기하학과 만나게 되고 이는 그의 인생을 형성해 주었다.31) 유일한 문제는 도널드가 고전 기하학의 보석들과 사랑에 빠지던 바로 그때 이 전통은 분명하게 유행에서 밀려나고 있었다는 것이다.32)

△ ▢ ◆ ⬠ ⬡

고전 기하학의 황금시대는 19세기 중반이었다. 삼각형과 원에 대한 과학은 물론 위대한 유클리드, 피타고라스, 아르키메데스Archimedes 시대에 시작되었지만, 삼각형에 대한 정리와 같은 것들은 1800년대에 중심적인 지식의 비장품들이 모일 때까지 축적되었고, 그 정도가 점점 줄어들기는 하였으나 이러한 경향은 20세기 초반까지 지속되었다.33)

"때로 기하학은 살아남기 위해 분투해야 합니다"라고 제러미 그레이는 말했다. "수학자가 아니라면 기하학은 당연히 중요한 것이라고 생각할 수도 있습니다. 수학이 뭐냐고 사람들에게 물어보면 대답하는 초입에 기하학을 입에 올릴 것이 분명합니다. 그러나 '어, 그런 건 내버려 뒀는데…… 누가 삼각형에 관한 증명을 하고 싶어 하겠어?' 라는 느낌이 있는 수학과들도 있습니다."34) 원과 삼각형과 다각형을 다루는, 고전적인 시각적·직관적 접근법은 "놀이", "장난감 만지작거리기"35), "이류 수학"으로 생각되었다. 공상이나 일요일 오후를 빈둥빈둥 보내기 위한 오락거리라는 것이다.36)

유클리드 기하학의 영광이 처음으로 바래기 시작한 것은 1800년대 중반 평행선공준이 왕좌에서 물러난 이후부터였다. 그 이후 유클리드 기하학 전반에 대한 "논리적 우려"가 서서히 생겨났다. 유클리드 기하학은 진리의 모범이자 경험주의적 연구의 기반이었다. 3차원 유클리드 기하학은 빅토리아 시대의 과학적 합리주의와 맞아떨어지는 구체적인 사고방식이었고 우리가 살고 있는 실제 공간을 깔끔하게 해명하였다. 적어도 수학자들은 그렇게 생각했다. 그러다가 현실을 직시할 때가 왔다. 기하학자들은 천 년 동안 둘 혹은 그 이상의 공간을 방황하는 대신 하나의 공간에 갇혀 있었다.[37]

수학자들은 유클리드 <기하학 원론> 전체의 진실성과 신뢰성을 의심하기 시작했다. 그가 도표에 의존하였다는 것에 대부분의 비판이 집중되었다. 그리고 유클리드의 원래 저작에는 도표가 지나치게 많았고 그럴 듯하지만 결함이 있는 그림들로 믿게끔 만들어 놓은 의도적인 기하학적 오류들이 많이 포함되어 있었다. 유클리드는 학생들에게는 추론상의 오류를 찾아내는 것이 좋은 연습이 되리라고 생각했던 것이다.[38] 이러한 가르침은 이제 그다지 건설적이지 않은 것으로 생각되었다. 도표는 믿을 수 없는 것이다. 그리고 그 결과 추는 반대편 극단으로 기울었다. 그림에 의한 허위정보가 없는, 착각을 가져올 수 있는 시각에 호소하지 않는 수학이 유행하게 되었다.

신뢰를 되찾기 위해 수학자들은 낙담한 고전 기하학자들이 경멸하며 사용하는 용어인 형식주의에 몰두하였다. 형식주의는 기하학공리의 논리를 공리로 강화하는 체계적인 방법을 받아들였다. 그림에 의한 기하학은 절대적인 연역의 힘을 통하여 추상적·대수적으로 바뀌었다. 남은 것은 숫자와 방정식뿐이었다.[39] 그러나 이러한 엄밀한 기계적 방법은 아이들에게 기하학을 가르치는 좋은 방법이 아니었고 초등학교에서의 결과는 끔찍한 것이었다. 그리하여 1871년 영국에서 기하학교육개선협회Association for the Improvement of Geometrical Teaching가 창설된다.[40] 힐베르트 공간으로 알려진 괴팅겐 대학교의 다비드 힐베르트David Hilbert는 형식주의의 등대였고 기하학을 보다 형식주의적이고 추상적인 스타일로 밀어붙인 원동력이었다.[41] 그는 1899년 <기하학의 기초The Foundations of Geometry>라는 책을 출판하였는데 이는 유클리드의 공리화를 대신하는, 유클리드 공간에 대해 철저하게 체계적인 최초의 연구였다. 이 저작으로 힐베르트는 유클리드 이래 기하학에 가장 큰 영향을 미친 사람이라는 평가를 받는다. 그리고 힐베르트는 다음과 같은 매력적인 견해를 통해 시각적 공간의 자의적 성격과 기하학 용어들을 추상적인 것으로 유지하는 것의 중요성을 강조한 것으로 유명하다. "언제나 점, 직선, 평면 대신 식탁, 의자, 맥주잔을 말할 수 있어야 한다."42)(점, 직선, 평면을 추상화하여 공리로 규정되는 성질만 가지고 있는 것으로 본다면 이를 식탁, 의자, 맥주잔으로 바꾸어 불러도 상관이 없다는 의미이다. 이를테면 장기판에서 졸을 바둑알로 바꾸고 장기규칙에 따라 움직여도 상관이 없는 것과 마찬가지이다. 규칙-공리-에만 따른다면 장기짝이든 바둑알이든 상관이 없기 때문이다-옮긴이)

△ ⬜ ◇ ◯ ⬠

비유클리드혁명이 기하학의 기초를 바꾸고 그레이가 묘사했듯 "소동을 피우"기는 하였으나, 그레이의 말에 따르면 "4차원이 일으킨 소동에 비하면 소동이랄 것도 없었습니다. 아아! 4차원이라니!"43) 3차원 유클리드 공간의 범위를 보다 고차원의 영역-초공간, 혹은 n-차원기하학이라는 것-으로 확장함으로써 전통을 비웃는 것은 19세기 후반 엄격한 3차원 유클리드 기하학에 대한 제한이 완화되면서 상당히 널리 퍼져 있던 유행이기도 했다. 44)*

에드윈 A. 애벗Edwin A. Abbot은 1884년 A. 스퀘어A. Square라는 필명으로 출판한 책 <플랫랜드, 여러 차원의 이야기Flatland, A romance of Many Dimensions>에서 고차원에 대하여 생각하는 주민들이 사는 허구적인 세계를 만들어 냈다. 주인공 스퀘어Square(정사각형-옮긴이)가 살고 있던 2차원 나라에 3차원인 스페

---

* 1827년에 이미 독일 수학자 아우구스트 뫼비우스August Möbius(1790-1868)는 네 번째 공간차원을 통한 여행으로 사물이 거울상으로 변환될 수 있다는 가설을 세웠다. 1909년 〈사이언티픽 아메리칸Scientific American〉는 논문공모를 통하여 네 번째 차원을 해명해 달라는 요청을 발표하였고, 수많은 논문들이 비슷한 거울상 반전현상을 연구하였다.

이스랜드Spaceland에서 스피어Sphere(구-옮긴이)라고 하는 외계생물이 찾아왔다. 스퀘어는 이 이상한 생물과 사귀었고 그러면서 스피어가 "강도나 살인자인 끔찍한 이레귤러 아이사설리즈Irregular Isosceles(비정칙 이등변삼각형-옮긴이)"가 아니라고 믿게 되었다. 이레귤러 아이사설리즈는 날카로운 꼭짓점으로 스퀘어를 찔러 죽일 심산으로 구형인 것처럼 가장하여 스퀘어의 집에 들어왔던 녀석이었다. 스퀘어는 3차원적인 존재를 떠올리는 법을 배우고 나서는 스페이스랜드에 실제로 생명체가 존재한다고 믿게 된다.[45]

스퀘어는 교육과 격려를 목적으로 자신의 경험을 전달하였지만 플랫랜드에서 고차원에 대한 자신의 견해를 입에 올리자 이단으로 투옥되고 만다. 실제로 심령론집단이나 신지학집단에서 인기가 있는 이단적인 신비주의 경향이 네 번째 차원에 대한 급증하는 저작들을 통해 뚜렷이 드러났다.[46] 영국의 수학자 찰스 하워드 힌턴Charles Howard Hinton은 신비주의적인 성향으로 유명했지만, 초공간으로 건너가는 것을 촉진하기 위한 지적 보조기구인, 대단히 현실적인 다리를 고안하기도 했다. 이것은 여러 색깔의 정육면체들로 만들어진 체계인데 힌턴은 "자아 떨쳐버리기Casting Out the Self"라는 논문에서 이에 대해 설명하였다.[47] 콕세터는 열세 살 즈음에 힌턴의 연구를 알게 되었다. 그는 이후 힌턴의 책 <제4차원The Fourth Dimension>을 받아들였고, 이로써 초다면체에 대한 이 풋내기 기하학자의 끝없는 욕망이 활짝 열리게 되었다.[48]

H. G. 웰스H. G. Wells의 공상 과학 소설 <타임머신The Time Machine>도 어린 도널드에게 영향을 미쳤다. 웰스는 이렇게 썼다. "공간은 세 개의 차원을 가졌다고 하는데 길이, 폭, 두께라고 할 수 있겠습니다. 그러나 어떤 철학자들은 왜 하필 차원이 세 개인가 하는 의문을 품어 왔습니다. 나머지 셋과 직각으로 놓인 또 다른 방향이 없을 이유는 무엇일까요? 글쎄, 제가 한동안 네 개의 차원에 대한 이러한 기하학에 대하여 연구하고 있는 중이라는 걸 말씀드려도 괜

찮겠군요."49) 1895년에 출판된 <타임머신>은 도널드가 기숙학교로 떠난 1920년에도 여전히 베스트셀러였다.

또한 당시에는 1919년 5월 29일에 일어난 개기일식에서 관측된 결과가 퍼져 나가고 있었다. 일식이 일어나는 중에 영국의 천문학자 아서 에딩턴Arthur Eddington 경은 태양에 의해 별빛이 굽어지는 정도를 측정하였고, 이로써 알베르트 아인슈타인Albert Einstein의 일반 상대성 이론이 확인되었다. 일반 상대성 이론은 질량과 에너지가 존재하면 중력이 발생하며 중력은 공간과 시간을 "구부러뜨리는" 효과를 가진다고 주장하는 기하학이론이다. 이러한 중력=공간-시간 기하학은 공간에 속하는 세 차원과 시간에 속하는 제4차원으로 이루어진 연속체이다. 대중매체를 위한 행사를 통하여 아인슈타인은 곧바로 유명해졌다.50) 런던 <타임스>지의 표제는 과학의 혁명, 우주에 대한 새로운 이론이라고 선언하였고, 그로부터 이틀 뒤 <뉴욕 타임스>지는 "하늘에서 광선은 모두 굽어져/과학자들은 대체로 일식관측 결과에 열광/아인슈타인 이론 승리하다"라고 화답하였다.51)

우주의 구조가 눈앞에서 바뀌면서 콕세터는 개인적인 기하학적 통찰을 경험했다. 그에게 커다란 영향을 미친 모양과 공간에 대한 연구와의 만남은 학교 병상에서 친구인 존 피트리의 곁에 누워 있을 때 일어났다. 독감으로 기운이 없는데다가 양호실의 소독약, 금방 세탁한 시트, 방 끄트머리에서 타고 있는

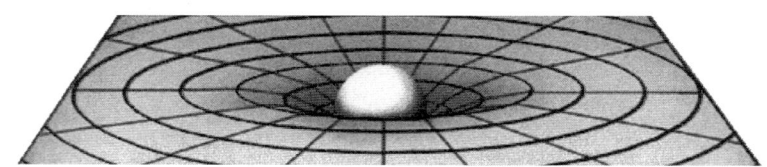

"시공간 기하학"을 받아들인 아인슈타인의 일반 상대성 이론은 흔히 이렇게 요약된다. 물질은 시공간의 힘을 결정하고, 시공간은 물질의 움직임을 결정한다는 것이다.

석탄용 벽난로의 냄새에 둘러싸인 그와 존은 세계의 수수께끼에 대하여 생각하며 누워 있었다.

"시간 여행이 어떻게 가능하다고 생각해?" 존이 물었다.

"<타임머신>에서처럼 말이야?" 도널드가 대답했다. 잠깐 생각한 그는 존의 질문에 답했다. "제4차원으로 들어가야 할 것 같은데."

그러나 도널드의 호기심을 제일 많이 자극한 제4차원은 시간적인 것이 아니라 공간적인 것이었다. 얼마 전 수학시간에 유클리드에 대하여 공부한 두 소년은 왜 플라톤입체는 다섯 개밖에 없는가에 대하여 잠시 생각하다가 플라톤입체를 제4차원으로 확장하는 방법을 상상하며 시간을 보냈다.[52] 10대인 도널드와 존이 그처럼 지적인 과제에 몰두한 이유보다 훨씬 더 흥미로운 것은 그들의 지적 기제는 정확히 어떻게 시작되었는가, 그들은 어떻게 초공간으로 나아갔는가 하는 의문이다.

△ ▢ ◈ ⬠ ⬡

4차원적으로 생각하는 법에 대하여 질문하자 존 호턴 콘웨이는 농담조로 이렇게 받아쳤다. "상관 말아요! 그건 사적인 거라고요!"[53] 콘웨이는 프린스턴대학교 존 폰 노이만 석좌 교수이다. 콕세터와 그의 관계는 직업적인 것일 뿐이었지만 콕세터는 그에 대해 말할 때면 언제나 "멋진 친구!"라고 불렀다.[54] 콘웨이는 소년처럼 부스스한 차림이지만 남의 눈을 끄는 매력적인 사람이었고 심지어는 조각 같아 보이는, 21세기의 웃음 띤 아르키메데스Archimedes이다. 그는 특히 생명 게임Game of Life, 초실수surreal numbers, 그리고 산발성 대칭sporadic symmetries(산발성인 이유는 어떠한 분류체계에도 맞지 않기 때문이다)의 고약스러운 군##인 "콘웨이군Conway group" 또는 "콘웨이 배열Conway's Constellation"을 창안한 것으로 유명하다. 그는 이러한 것들을 몇 주 동안 홀로 생각하도록 만든 "뜨거운" 발견이라고 부른다. 그리고 이러한 수학의 구성요소를 셰익스피어의 <헨리 4세King Henry IV>에 등장하는 한 인물과 관련된 "핫스퍼 특성Hotspur property"55)으로 특징짓는다. 3막에서 글렌도어Glendower는 이렇게 말한다. "나는 한없이 깊은 곳에서 영혼들을 불러올 수 있어" 이에 핫스퍼는 이렇게 답한다. "그야 물론, 나도 할 수 있지, 아니 누구나 할 수 있지. 하지만 자네가 실제로 불렀을 때 영혼들이 올까?"56)

콘웨이는 자신을 콕세터의 명예 제자라고 칭한다. 그는 이 위대한 이와 함께 연구한 적은 한 번도 없었지만 콘웨이가 하는 작업의 상당 부분은 본질적으로 콕세터적인 것들이다. 그리고 콘웨이를 콕세터의 후계자라고 여기는 사람들도 있다. 둘 다 공통적으로 광범위한 수학적 호기심과 심오한 기하학적 영혼을 지니고 있었다.57) 1957년, 케임브리지 대학교 카이우스 칼리지 1학년에 재학하고 있던 십대의 콘웨이는 콕세터에게 팬레터를 보냈다.

친애하는 콕세터 교수님께

지난 일 년여 간 교수님께서 편집하신 볼의 "수학적 유희"에 제가 놀라울 정도로 많은 주석과 몇몇 수정을 달아 두었습니다. 대부분은 이후의 재판으로 출판하기에 적절하다고는 할 수 없지만, 한두 개는 중요하게 여겨질 수도 있겠습니다.58)

이 편지는 다섯 쪽까지 이어졌다. 깨알 같은 글씨로 휘갈겨 쓴 편지 중간에

---

* 마방진이란 모든 수평, 수직, 대각선 방향의 숫자들의 합이 언제나 같도록 숫자들을 정사각형 모양으로 배열한 것을 말한다. 가장 유명한 마방진은 중국에서 오래전부터 낙서洛書라고 알려진 것이다. 이것은 1에서 9까지의 숫자를 3×3의 형태로 배열한 것으로 일직선상에 놓은 세 개의 숫자의 합이 모두 15가 되도록 되어 있다.

는 솜씨 좋게 그린 4차원 정육면체, 즉 초입방체의 투시도가 포함되어 있었다. 콘웨이는 일정한 방식으로 초입방체의 꼭짓점을 표시하여 수많은 마방진*을 얻을 수 있음을 발견하였다. 마지막으로 콘웨이는 4차원 초입방체에 대한 질문으로 편지를 끝맺었다.

제가 정말로 마지막으로 드릴 말씀은 질문입니다. {5, 3, 3}을 얻기 위해 필요한 정보를 어디서 찾을 수 있을까요? 아니면 세부적인 사항을 제가 직접 계산해야 할까요? 이용할 수 있는 정보를 주신다면 참으로 감사하겠습니다.

J. H. 콘웨이 올림[59]

얼마 뒤 케임브리지에서 콘웨이는 4차원적으로 생각하는 훈련을 하려고 열심히 노력했다. 그는 제4차원을 물리적인 실재라도 되는 것처럼 보게 되리라고는 기대하지 않았다. 시간이 제4차원이라고 생각하는 경우가 대단히 흔하지만, 고차원은 존재의 어떠한 수치나 특징도 나타낼 수 있다.[60] 제4차원은 온도나 풍향일 수 있고, 제5차원은 신용카드의 이자율일 수 있으며, 제6차원은 연령일 수 있다는 식으로 원하는 대로 가능하다는 것이다. 각각의 측정된 특성들은 또 다른 '차원'으로 더해진다. 차원들은 좌표가 되는데 이는 우리의 존재, 세계 속에서의 우리의 위치를 정량화하는 항행도구이다. 기하학자로서 콘웨이와 콕세터는 당연히 제4차원을 공간이라는 측면에서 숙고하는 편을 좋아하였다.[61]

공간에서 네 번째의 좌표 혹은 차원을 시각화하고자 콘웨이는 "이중 시차 double parallax"가 있게 볼 수 있는 장치를 만들었다. 즉 한쪽 눈을 감고 사물을 보다가 다른 쪽 눈을 감았을 때 수평적으로 발생하는 시각적 변위에 더하여 수직적인 시차도 볼 수 있도록 스스로를 훈련시키려 한 것이었다. 수평적 시차와 수직적 시차를 모두 경험할 수 있다면 공간상의 모든 점들에 대하여 네 개의 좌표를 얻게 되고, 따라서 4차원을 보게 될 터였다. 이를 실현하기 위해 콘웨이는 평평한 안면보호창과 전쟁잉여물자로 싸게 구입한 낡은 잠망경들을 사용하여 개조한 재활용 오토바이 헬멧을 썼다. 잠망경은 안면보호창에 볼트로 부착하였는데(부착이 아주 잘 된 것은 아니어서 걸어가면 덜컹거렸다) 오른쪽 눈에 부착된 잠망경은 이마 쪽으로 연장하였고 왼쪽 눈에 부착된 잠망경은 턱 쪽으로 연장하였다. 이 헬멧에 콕세터가 붙인 유일한 이름은 "빌어먹을 괴상망측한 기계"였는데 그 이유는 약간 불편했기 때문이다. 크리스마스에 장난감 가게 유리창에 붙어선 아이의 코처럼 콘웨이의 코도 안면보호창에 눌려 있었다.[62]

콘웨이는 4차원을 보고자 하는 강렬한 욕구를 지니고 있었는데, 그는 이것이 가능하다고 진심으로 믿었다(그리고 여전히 믿고 있다). 그는 케임브리지에서 자신이 다니던 대학에 있는 펠로우스 가든에서 헬멧을 쓴 채로 돌아다녔다. 그는 이렇게 회상했다. "이 비현실적인 목표에서 거둔 성공은 제한적이었다고 생각합니다. 어디서 4차원을 볼 수 있는가 하는 데까지는 진전을 이루었지만 더 이상 나아갈 희망은 없었지요. 그러니 무슨 소용이 있겠습니까?"[63] 헬멧을 주무르던 시절 이후로 그가 이룬 발견들은 훨씬 더 높은 차원들에 속한 것들이다. 콘웨이군은 24차원에 있고, 그가 연구하여 괴물군Monster group이라고 명명한 군은 196,884차원에 존재한다.[64]

△ ▢ ✦ ⬢ ⬣

<정규초다면체>에서 4차원으로 생각하는 것에 대하여 검토하면서 콕세터는 세 가지 방법을 제시하였다. 공리적 방식, 대수적 방식, 그리고 직관적 방식이 그것이다.[65] 콕세터는 세 번째 방법을 선호하였고, 자신의 입장을 뒷받침하기 위한 역사적인 가르침을 구하며 수학의 직관과 그림의 사용을 충실하

게 지지한 프랑스의 수학자 앙리 푸앵카레를 인용하였다. "자신의 삶 전체를 거기에 바친 사람이라면 제4차원을 시각화하는 데 성공할 수 있다."[66]

콕세터는 약간 더 낙관적이었던 것 같다. 그러나 이러한 연구를 시작하기 전에 그는 이러한 경고를 내놓았다. "제4차원이 우리의 감각을 통해 알려진 모든 방향과 직각을 이루기 때문에 신비스러운 무언가가 있다"고 가정하는 것은 "방심할 수 없는 오류"라는 것이다.[67] 그런 다음 곧바로 그릇된 예로서 플라톤주의 철학자 헨리 모어Henry More를 인용한 각주를 달았다. "영혼은 4차원을 가진다."[68]

이러한 경고를 하고 나서 그는 계속하여 4차원을 시각화하는 것이 3차원적인 기초에 익숙한 평범한 사람들에게는 누워서 떡먹기가 아님을 인정하였다. 그러면서 이렇게 격려하였다. "그러나" – 애벗이 플랫랜드에서 하였듯– "1차원과 2차원, 그런 다음 2차원과 3차원 사이의 유사성을 잘 생각해 보고 마찬가지로 (일종의 추정을 통해) 3차원과 4차원 사이의 유사성을 생각해 봄으로써 그러한 방향에 일정 정도 숙련될 수는 있다. 이러한 직관적 접근법은 어떠한 결과를 예측하여야 하는가를 시사하는 데 대단히 유리하다."[69]

10대의 콕세터 역시 양호실에서 4차원을 상상하면서 바로 이러한 방법을 사용하였고 뒤에 "차원의 유추Dimensional Analogy"라는 주제로 논문을 썼다. 그는 이렇게 서론을 시작했다.

어떤 도형이 지니고 있는 차원의 수는 그 도형 위에 여타의 직선들과 모두 직각을 이루도록 그릴 수 있는 직선의 숫자이다. 따라서 점에는 차원이 없고, 직선은 1차원이며, 평면은 2차원이고, 입체는 3차원이다.

공간에서 현재 우리가 알고 있는 바로는 단지 3개의 직선만이 서로 직각을 이루는 것으로 상상할 수 있다. 나머지 세 개의 직선과 직각을 이루는 네 번째 직선은 전혀 볼 수도 없고 상상할 수도 없다. 우리들 자신과 우리를 둘러싼 모든 사물은 분명 제4차원을 지니고 있을 것이나 우리는 전혀 알지 못한다. 만약 안다면 기하학적 평면, 선, 점이 우리에게 그렇게 보이는 것처럼 4차원적인 관점에서 보았을 때 우리는 기하학적 관념에 지나지 않을 것이다. 그러나 제4차원에서의 이러한 두께는, 존재한다 하더라도 극히 작을 것이 분명하다. 그러니까 우리가 인식하고 있는 세 개의 수직선, 즉 길이, 너비, 두께와 직각을 이루는 선은 극히 작게 그릴 수밖에 없을 것이며, 이러한 선은 너무 작아서 현미경으로도 결코 인식할 수 없을 것이다.

제4차원이나 그보다 더 높은 차원이 존재한다면 그들이 실제로 존재한다고 확신하지 않고도 그 상태에 관하여 무언가 알아낼 수 있을 것인데, 이는 필자가 "차원의 유추"라고 명명한 과정을 통한 것이다. 70)

보다 명확하게, 차원의 유추 과정은 단면과 투영이라는 두 방법 중 하나로 이루어진다. 콕세터는 이렇게 밝혔다. "첫 번째 방법에 의하면" 플랫랜드 사람들은 "그들이 사는 2차원 세계를 점차적으로 관통하는 입체도형을 상상하고 그 연속적인 단면들을 고찰할 것이다."71) 이는 정육면체를 물에 담그는 것과 흡사하다. 모서리가 수면을 뚫고 들어가고 정육면체가 점점 더 미끄러져 들어가면서 흘수선waterline에 의해 그려지는 입체의 횡단면을 상상하는 것이다. "정육면체의 단면은 꼭짓점에서 시작하여 크기가 증가하는 정삼각형이 될 것이고, 이어 변이 교체되는 육각형, * 그리고 '절두 삼각형', 마침내 크기가 줄어드는 정삼각형이 되었다가 마지막으로 한 개의 점, 즉 반대편 꼭짓점이 된

---

* 절단 과정은 또 다른 콕세터적인 기하학적 수법에도 알맞다. 정육면체 모양의 치즈를 횡단면(절단선)이 육각형이 되도록 잘라 보라.

다."72) 플랫랜드 사람들이 자신들의 2차원 현실을 통해 읽혀진 3차원 입체를 상상한다면, 콕세터와 그의 동족들은 우리가 사는 3차원을 통하여 베어진 4차원 이상의 입체를 추측하는 것이다.

두 번째 방법, 즉 투영에 의하면 플랫랜드 사람들은 다양한 위치에서 입체의 그림자를 연구한다(아리스토텔레스가 달에 비친 지구의 그림자를 연구하여 그림자가 언제나 원이라면 지구는 틀림없이 구체라고 판단한 것처럼). 어떤 면 바로 위에서 비치는 빛에 의해 투영된 정육면체의 그림자는 정사각형으로 보일 것이고 어떤 꼭짓점 바로 위에서 비치는 빛에 의해 투영된 그림자는 육각형으로 보일 것이다.73) 이와 유사하게 4차원 초다면체는 3차원으로 투영될 수 있다.

직관이 콕세터의 특기이기는 했지만 그는 직관적인 결과를 나머지 두 가지 수단, 즉 공리적 방법과 대수적 방법 중 하나로 점검해야 한다는 점을 시인했다. "예를 들어 원의 둘레가 $2\pi r$이고 구의 표면적이 $4\pi r^2$임을 고려하면 초구hyper-sphere의 초표면적hyper-surface은 $6\pi r^3$이나 $8\pi r^3$일 것이라고 예측하고 싶어질 수 있다. 계산의 도움을 받지 않고 유추를 사용하여 올바른 식인 $2\pi^2 r^3$에 어떻게든 도달할 가능성은 거의 없다."74) 대수적 계산을 사용하면 4차원 내의 모든 점들이 3차원 그래프 상의 모든 점과 마찬가지로 데카르트의 고안 중 하나인 데카르트 좌표로 표현될 수 있도록 허용함으로써 이처럼 새로운 추상적 현실에서 자신의 위치를 알 수 있게 된다.

△ ▢ ◇ ⬠ ⬡

프랑스의 수학자이자 철학자인 르네 데카르트René Descartes(1596~1650)는 자신의 저작 <기하학La Géometrie>에서 기하학 도형에 대수기호 – 그에 따르면 "저속한" 방편75) – 를 응용하여 데카르트 좌표와 데카르트 기하학 즉 해석 기하학을 창안해 냈다.

학생시절 데카르트는 철학과 윤리학을 경멸했다. 그에 따르면 "추론의 확실

chapter 2 이상한 나라의 어린 도널드 ◆◆◆ 93

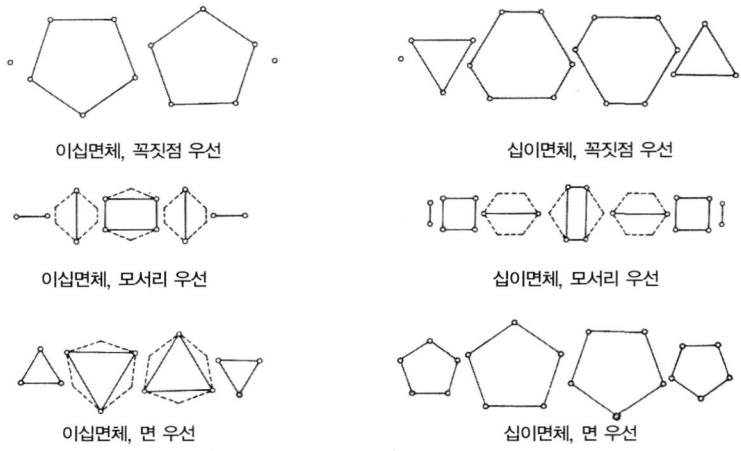

이십면체와 십이면체를 분할한 일련의 "평행 단면", 콕세터의 〈정규초다면체〉에서.

성과 명료함 때문에"[76] 수학만이 만족을 주었다. 법학 학위를 받았지만 그의 생각은 전혀 바뀌지 않았고, 그래서 우주의 비밀을 터득하기 위해 수학적 방법론을 익히고 적용하는 데 일생을 바치기로 결심했다. 그는 죽기 전에 존재의 모든 측면을 해명하는 완전하고도 포괄적인 진리를 발견할 수 있게 되기를 기대했다. 그는 아픈 친구들에게 조금만 기다리면 그들을 괴롭히는 질병에 대한 치료법뿐만 아니라 영생의 비밀까지도 머지않아 밝혀질 것이라고 말하였다.[77]

데카르트가 이러한 원대한 야망을 실현시키지는 못했지만, 그는 기하학 연구에서 전적으로 새로운 영역을 마련하는 데 성공했다. 그는 그리스식 방법을 결코 좋아하지 않았다. 모호하고 상상력을 지나치게 동원한다고 생각한 것이다.[78] 그 뒤로도 많은 사람들이 그랬듯 그 역시 기초 유클리드 기하학의 문제에 직면하게 되면 어디서 시작해야 할지 실마리를 잡을 수 없어 유일하게 의지할 수 있는 것은 무력하게 영감이 떠오르기만을 기다리는 것인 경우가 종종 있음을 알게 되었던 것일 수도 있다.[79] 데카르트는 선과 도형을 정량화된 도표

작도와 만나게 해 줌으로써 이러한 불확실성을 없앴다. 도형은 이제 정확하게 조사될 수 있었고, 각각의 선은 새로운 종류의 기하학 증명과 발견을 추진하는 증기기관인 방정식으로 표현될 수 있었다.[80]

데카르트 기하학은 공간을 서로 직각을 이루는 두 개의 축 사이에 가두었다. 이 두 개의 축은 수평인 축과 수직인 축으로서 2차원적인 평면을 형성하고 이 평면에 있는 모든 점은 좌표로 식별된다. 이러한 도표의 영역은 제3의 측정의 차원인 z축을 포함하여 좌표를 만들어 내는 것으로 진화하였고 이어 임의의 수의 차원을 포함하기에 이르렀다. 4차원에서의 점의 좌표는 관습적으로 (x, y, z, w)로 표시된다.[81]

해석기하학에 대한 데카르트의 생각은 바로 그가 바랐던 대로 "자연의 보물창고를 열고 과학 전반의 진정한 기초를 가질 수 있게 할 마법의 열쇠"를 드러내는 꿈으로 다가왔다.[82] 그는 1637년 <방법서설Method of Rightly Conducting the Reason and Seeking Trough in the Sciences>을 출판했다. 그는 이 책에 딸린 세 개의 부록들 중 하나인 <기하학>에서 기하학에 대한 자신의 해석적 취급을 간략하게 서술했다.[83]

그로부터 10년이 채 지나지 않아 데카르트의 기하학은 대학 교과 과정에 포함되었다. 역사학자 E. T. 벨의 평가에 따르면 기하학과 대수의 이러한 제휴는 3세기 후 고전 기하학이 종말 직전의 상황에 놓이게 되는 무대가 되었다. "기초기하학의 그리스적 방식에서 사용되는 거미줄과 같이 얽히고설킨 선들보다는 대수가 이해하기 쉽다"고 그는 주장했다. 새로운 방법의 진정한 힘은 기하학 전체를 대수로 환원할 수 있다는데 있다. "우리는 원하는 만큼, 혹은 마음 가는 만큼 복잡한 방정식으로부터 출발하여 그 대수적·해석적 특성을 기하학적으로 해석한다. 따라서 기하학을 조타수 자리에서 밀어냈을 뿐만 아니라 물에 빠뜨리기 전에 목에다가 벽돌 한 자루를 동여매 놓은 셈이다. 이제부터는 대수와 해석학이 '공간'과 그 '기하학'의 주인 없는 바다에서 조타수 역할을 해야 한다." 벨은 또한 이렇게 지적했다. "이 모든 것의 배후에 있는 관념은 유치할 정도로 단순하지만 해석 기하학의 방법은 대단히 강력해서 아주 평범한 열일곱 살짜리 소년도 유클리드, 아르키메데스, 아폴로니우스Apollonius와 같은 가장 위대한 그리스 기하학자들을 좌절시킬 만한 결과를 증명하는 데 이를 사용할 수 있다."84)

△ ☐ ♦ ◎ ✦

도널드는 차원의 유추에 대한 저작으로 학교 논문상을 수상하였고 이 논문은 시각적 도표와 대수계산표로 가득한 다섯 권의 공책으로 늘어났다. 콕세터의 세 이복 여동생과 그의 자녀들, 그리고 콕세터 자신이 자랑스레 재연한 가족사에 따르면 그의 놀라운 수학적 재능이 명백하게 드러났을 때 그의 아버지는 아들을 데리고 그 분야의 전문가를 찾아갔다. 그 전문가는 수학자이자 논리학자인 버트런드 러셀Bertrand Russell이었다. 85) <수학의 원리The Principles of Mathematics>(1903)의 저자인 러셀은 훌륭하고 위대한 영국인이었다. 그는 1916년 반전활동으로 유죄판결을 받고 트리니티 칼리지에서 해고되었으며 이후 옥고를 치렀다. 86) 역시 평화주의자였던 도널드의 아버지는 런던에서 열린 양심적 병역기피자 모임에서 러셀과 알게 되었다. 그들은 친해졌고 러셀과 그의 두 번째 아내가 1927년 어린 아이들을 위한 실험적인 학교를 열었을 때 이 학교는 해럴드 콕세터가 빌려 준 땅 위에 세워질 예정이었다. 이 놀라운 소년에 대한 의견을 요청받은 러셀은 도널드가 1914년 독학 중이었던 숫자의 천재 스리니바사 라마누잔Srinivasa Ramanujan을 인도에서 데려와 케임브리지에서 공부하도록 한 수학계의 신인발굴자 에릭 H. 네빌Eric H. Neville을 만나 보라고 제안하였다. 87) 페이비언사회주의자이자 여성참정권론자인 이디스 몰리Edith Morley 교수88)도 도널드를 네빌에게 추천하였다. 몰리가 쓴 추천서는 다음과 같았다.

친애하는 E. H.,

무례를 용서해 주시기 바랍니다! 15세의 도널드 콕세터라는 아이는 나이에 비하여 상당히 예외적인 수학자이자 음악가로 생각되는 소년으로 여름 방학 동안 제4차원에 대한 완전히 독창적인 논문을 썼다고 합니다. 이 아이는 저의 친구 맥킬롭Mrs. Mckillop씨의 친구입니다. 직접 아는 것은 아닙니다만 많은 이야기를 들었고 수학 연구에 대해 학교에서 아무런 진정한 공감이나 이해를 얻지 못하고 있음을 알고 있습니다.

이 아이에게 선생에게 편지를 써서 도와 달라고 해도 된다고 전한 것을 용서해 주시리라 믿습니다. 이 아이가 선생의 소책자를 읽은 것은 분명한 것 같습니다 (이렇게 말해도 된다고 생각됩니다). 적어도 그 책에 대해서 듣고 선생이 자신을 도와줄 유일한 사람이라고 생각하고 있습니다.

그의 연구에 가망이 전혀 없다면 마음 편하게 단념시키실 수 있습니다. 가망이 있다면 선생의 조언은 대단히 소중한 것이 될 수 있겠습니다. 이 아이는 나중에 케임브리지에 가려고 합니다. 용기가 생기는 대로 선생에게 직접 편지를 쓸 겁니다. 선생께서 우리가 너무 주제넘다고 생각하지 않으시기를 바랍니다.

에디스 몰리 올림[89]

바로 같은 날인 1923년 9월 11일, 콕세터도 편지를 썼다.

친애하는 네빌 교수님,

에디스 몰리 교수님께서 교수님께 편지를 써서 몰리 교수님이 그렇게 제안하셨다고 말씀드리라고 하십니다. 제4차원에 대한 교수님의 책을 구입하고자 하는

데, 그 이유는 제가 그러한 일에 대단히 열중하고 있기 때문입니다. 저도 "차원의 유추"에 대하여 책을 쓰고 있는데, 그 개략적인 내용을 동봉합니다.
도널드 콕세터 올림[90]

한 달 뒤, 도널드는 답장을 받고 쏜살같이 회답을 보냈다. "교수님의 편지를 받다니 너무도 흥분이 됩니다. 솔직히 거의 포기하고 있었습니다."[91] 네빌은 기숙학교에서 도널드를 만나기로 하고 함정이 있는 질문들로 그를 달달 볶았다.

"극한이 뭔지 아나?" 네빌이 물었다. 도널드는 허둥거리며 다양한, 그러나 형편없는 정의들을 내놓았다.

"극한이 있는 것은 무엇이지? 어떤 것에 극한이 있을 수 있나?" 네빌이 재촉해 댔다.

"글쎄요, 함수나 숫자입니다." 도널드가 대답했다.

"수열이라고 했어야지!" 네빌이 고쳐 주었다. "당장 학교를 그만둬야겠군! 자네를 제대로 가르치지 못하고 있지 않나!"[92]

네빌은 도널드에게 수학과 독일어(최고의 수학자들은 상당수가 독일인이었고, 최고의 원전들도 상당수는 독일어로 쓰여 있었다)를 제외한 모든 과목을 그만두고 케임브리지에 입학하기 위한 개인교습을 받아 월반하라고 충고했다.[93]

적절한 개인교사로 구한 것은 앨런 로브슨Alan Robson이었는데, 그는 당시 잘 알려진 수학 교사로서 런던에서 서쪽으로 한 시간 가량 떨어진 곳에 위치한 말버러 칼리지 사립학교의 선임수학교사였다. 스톤헨지Stonehenge(영국의 솔즈베리Salisbury 근교에 있는 고대의 거석 기념물-옮긴이)로 자주 놀러 가곤 했는데, 사방이 훤하게 트인 언덕은 도널드가 공간의 시각적 조합들을 불러내어 자유로이 상상하기에 완벽한 장소였다. 말버러에서 도널드는 시내에 방을 빌려 매일같이 자전거를 타고 학교로 갔다. 로브슨은 남는 시간에 도널드를 가르쳤다. 학교에서 열여섯 살 먹은 소년은 입학시켜 주지 않았던 것이다. 그 이유는 그러한 소년의 정신은 더 이상 백지상태가 아니라 다른 곳에서 오랫동안 교육을 받아 오염되었기 때문이었다(대부분의 학생은 초급학년에 학교에 입학하였다). 도널드가 공부를 시작하였을 때 그의 성적은 로브슨이 가르치는 학생들 중에서(그가 속했을 반에서) 꼴찌였다. 제4차원에 대한 집착으로 인해 몇몇 기초 과목에서 참담할 정도로 뒤처졌던 것이다. 이러한 불균형을 고쳐 주기 위해 로브슨은 도널드에게 부족한 부분에 집중하라고 강요하였다. 일요일을 제외하고는 제4차원에 대해 생각하는 것을 금하였다. 도널드는 초다면체와의 인연을 절제하려고 최선을 다했으며, 그 결과 1923년에서 1925년까지 그의 성적은 급격하게 높아져서 동기들 중에서 가장 높은 자리를 차지했다. [94]

도널드는 1925년 케임브리지 입학시험을 치렀고 킹스 칼리지에 입학이 허가되었다. 로브슨은 도널드가 그보다 더 잘할 수 있고 더 잘해야 한다고 생각했다. 케임브리지에서 더 유명한 트리니티 칼리지의 수학은 맞수가 없었다. 도널드는 한 해 더 공부하여 다시 한 번 시험을 봤고 트리니티 칼리지의 장학금을 얻게 되었다. [95]

그가 떠날 때 로브슨은 마지막 선물을 주었다. 연구한 것을 <수학신문 Mathematical Gazette>에 제출하라고 권했던 것이다. 이 신문은 1894년 수학협회 Mathematical Association가 창간한 유서 깊은 수학 잡지였다. [96] 오랜 세월에 걸쳐 러셀, 벨, J. E. 리틀우드 J. E. Littlewood, G. H. 하디가 지면을 빛냈다. [97] 로브슨의 후원으로 도널드는 구면 사면체 spherical tetrahedron의 부피를 구하여 정적분에 이르게 된 연구를 제출하였다. [98] 1926년 출판된 13권에서 콕세터는 이렇게 제안하였다. "기하학적 고찰로 시사되고 도해로 검증된 결과에 대한 기초적 검증을 제시해 줄 수 있는 독자가 있겠는가?" [99]

수학의 하늘에 이러한 의문을 매달아 놓은 도널드는 어머니가 만들어 보내주신 상당한 양의 마르지판marzipan(아몬드를 으깨어 설탕과 버무려 만든 과자-옮긴이)의 힘을 얻어 1926년 가을학기에 케임브리지로 당당하게 갔다(지나치게 먹지 않으려고 조심했다. 가능한 한 오랫동안 먹으려고 하루하루 조금씩만 먹는 것으로 한정했던 것이다). [100] 그의 친구 존 피트리는 유니버시티 칼리지 런던으로 갔지만 연락은 계속 하였다. [101] 피트리는 트리니티에 자주 왔고, 그와 콕세터는 새로운 기하학 도형을 계속 고찰하여 세 개의 도형을 발견했다.

피트리는 예전에 다면체를 조사하는 정교하고 독특한 방법을 창안했는데, 출발했던 꼭짓점으로 돌아올 때까지 모서리를 따라가는 것이다(유일한 규칙은

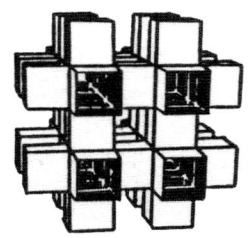

정사각형들,
한 개의 점 주위에 6개.

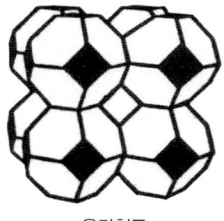

육각형들,
한 개의 점 주위에 4개.

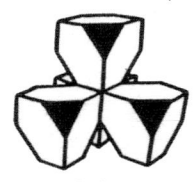

육각형들,
한 개의 점 주위에 6개.

피트리가 발견한 비대칭 다면체 혹은 정칙 스펀지(맨 위와 아래 왼쪽)와 콕세터가 발견한 것(아래 오른쪽). 검은 영역은 구멍으로 간주된다.

하나의 면에 속한 두 개의 연속적인 모서리를 따라갈 수는 있지만 세 개는 따라갈 수 없다는 것이다. 두 개의 모서리를 따라간 다음에는 경로를 따라 다른 면으로 넘어가야 한다). 정육면체의 경우 이렇게 하여 나오는 도형은 "비대칭 육각형"이지만 피트리를 기념하여 그 일반명은 "피트리 다각형Petrie polygon"이라고 한다. 1926년 피트리가 트리니티를 방문하기 시작한 지 얼마 되지 않아 그와 콕세터는 정칙 비대칭 다각형의 개념을 정칙 비대칭 다면체로 일반화하였다. 그 결과 피트리는 두 개의 완전히 새로운 기하학적 존재를 발견하였고, 콕세터도 하나를 발견하였다. 두 명의 열아홉 살짜리 기하학자치고는 괜찮은 성과였다. 이러한 실재들은 오늘날 콕세터– 피트리 다면체로 알려졌다.[102]

상쾌한 가을 날씨가 11월이 되어 차갑게 되었을 때 콕세터는 그가 <수학신문>에 실었던 질문에 대한 답변이 실린 편지를 받았다. 당시 옥스퍼드 수학 교수이자 영국에서 가장 위대한 수학자로 인정되었던 G. H. 하디가 보낸 등기우편이었다. 한 페이지를 다 채운 계산 주변에 이렇게 쓰여 있었다. "자네의 적분에 너무 많은 시간을 들이지 않으려고 노력했지만, 정적분에 도전하는 것이 내게는 너무도 매력적이어서 말일세."[103] 이것으로 도널드 콕세터는 통과의례를 거쳤다. 하디와 대등한 입장에서 수학적 토론에 참가한 것이다. 며칠 동안 하늘을 나는 기분이었다.

Chapter 3

앨리스 아주머니, 그리고 케임브리지에서의 은둔생활

수학을 하는 방법은 일반성의 모든 맹아를 포함하는 특별한 사례를 찾는 것에 있다.

—다비드 힐베르트

케임브리지에서 교육 과정으로 수학을 택한 학생들은 곧바로 공부에 대한 압박을 받았다. "3년 동안 수학을 공부해야 하고, 수학이 전부이며, 아무것도 하지 못하고 수학만 해야 한다는 무시무시한 공격을 받았다!"[1] 한 대학 출판물에 나온 이러한 경고는 케임브리지의 순수 수학 교과 과정이 실제 세계에 좀 더 관심을 가지고 그와 관련을 가지도록 개혁하자는 주장을 담고 있었다. 낡은 수업과정은 "오로지 수학만 공부하며 오랜 세월을 견뎌낼 수 있는 예외적인 존재"들에게 제한되어 있으며 "이러한 충격에 견뎌내는 사람이 그리 많지 않다는 것은 1년이 지난 뒤 경제학이나 물리학, 아니 수학이 아니라면 어떤 분야로든 전공을 바꾸는 학생들의 숫자가 많다는 것으로 증명된다. 보통의 학생이라면 머지않아 지적인 소화불량을 앓다가 수학적인 트림을 하게 된다."[2]

콕세터의 학습 책임자는 존 E. 리틀우드였는데,[3] 그는 해석학자이자 영국에서 존경받는 또 한 명의 수학자였다. 리틀우드는 자신의 책 <어느 수학자의 문집A Mathematician's Miscellany>에서 기하학에 대한 자신의 견해를 밝혔는데, 여기서 그는 수학적 재능에 대한 훌륭한 척도는 평가 대상자에게 이렇게 묻는 것이라고 말했다. "학교에서 기하학에 대해 무엇을 배웠는가?"4) 2년 동안 맞춤 교육 과정으로 로브슨과 공부한 콕세터였고, 초다면체에 대한 그의 은밀한 집착을 고려하건대 콕세터가 이러한 질문에 대해 대부분의 학생들보다 정통하였을 것이 분명하다. 대체로 그는 단연코 영국 수학의 중심인 케임브리지에서의 순수 수학의 엄격성에 맞춰 최선의 상태로 준비가 되어 있었다. 1920년대와 30년대에 걸쳐 케임브리지는 전 세계 유수의 대학들과 어깨를 나란히 했다. 주목할 만한 두 가지 발전으로는 1924년 박사 과정을 창설한 것5)과 연구저널에 여성들– 예를 들어 메리 카트라이트Mary Cartwright 경–이 등장하는 일이 많아진 것을 들 수 있다. 6)

 케임브리지의 모든 학문 분야 중에서 수학이 가장 오래되고 존경받았다. 그래서 케임브리지는 고전 기하학 훈련에서 최후의 보루들 중 하나였다. 7) 교육에 있어 콕세터의 지도교수 역할을 한 리틀우드는 해석 기하학, 사영 기하학, 미분 기하학, 위상 수학, 군론, 수론, 또한 전기학, 천체 역학, 상대성 이론, 그리고 시공간 기하학8)을 들으라고 조언하였다. 리틀우드는 직무상 위압적인 수학우등시험을 준비할 때 콕세터의 역량을 시험해 볼 권한도 가지고 있었다. 우등시험은 재능에 대한, 교묘하게 고안되었으나 무의미한 시험에 지나지 않았지만, 야심 있는 학생들은 최고의 성적인 수석 1급 합격자Senior Wrangler가 되려고 노력하였다. '1급 합격자Wrangler'라는 칭호는 예전에 학위자격을 얻기 위해 학생들이 치렀던 논쟁적인 토론에서 나온 말이다('wrangler'라는 말은 '논쟁자'라는 의미이다–옮긴이). 9)

 콕세터는 힘들고 지루한 공부를 달게 받아들여서, 아침 7시 30분까지는 아침을 먹기 위해 식당으로 뛰어갔다가 오전 9시에 시작되는 강의를 듣기 위해 자전거를 타고 시내를 가로질러 달렸다.[10] 수학강의는 구 미술대학 건물에서 행해졌는데, 이곳은 블록 가운데에 있는 오래된 건물들을 새로운 건물들이 둘러싸고 있는 시내 중심에 숨어 있었다. 처음 예술대학을 찾는 일은 미로 중심으로 가는 길을 찾는 것만큼이나 당황스러웠다. 본관으로 들어서면 나무틀로 가로세로 나눠진 칠판에 어느 강의가 어느 곳에서 열리는지 표시되어 있었다. 중심이 되는 장소인 삐걱거리는 계단식 세미나실은 온 벽이 거의 바닥에서 천장까지 오크로 마감되어 있어 수학적 사고가 불붙는 장소 역할을 해 주었다.[11]

수학에만 파묻힌 콕세터는 제자리를 찾았다. 그는 지적인 소화불량의 예후에 시달리지는 않았지만 십이지장궤양에 걸렸다. 아마도 그래서 1926년 트리니티 연보에 수록된 "간단한 이야기 A Simple Story"라는 시의 주제가 되었던 것 같다.

트리니티의 어느 수학자는
충분한 영양을 섭취하지 않아
결국 어느 날 침실담당직원이
교과서를 치워 버렸고
그래서 지금은 원기왕성하다네.[12]

엄격한 채식주의 식단으로 콕세터는 완쾌하였고 이후 평생 동안 그는 소화를 위해서, 또한 윤리적인 이유로 이를 고수하였다. 그는 올리브기름을 친 생야채, 생과일, 꿀, '블레이크표 비타벡 Blake's Vitaveg' 비스킷, 통밀 빵, 랙틱 치즈 lactic cheese만 먹었다. 체중이 많이 줄어서 그의 몸은 기하학자답게 가냘픈 직선 모양이 되었다. 한번은 건강 상태가 워낙 좋지 않아 어머니가 그를 보려고 초조한 마음으로 케임브리지로 와서 그날 밤을 묵었다. 그래서 소문에 의하면 루시 지는 빅토리아여왕을 제외하고는 트리니티의 기숙사에서 숙박한 유일한 여성이 되었다.13)

△ ⬜ ◇ ⬡ ⬢

트리니티의 자랑스러운 역사에는 졸업생인 아이작 뉴턴 경도 포함된다. 식당에는 뉴턴(1642 – 1727)의 초상화가 걸려 있어 트리니티가 수학과 과학에 공헌한 바를 전형적으로 보여 주는 이 사람을 학생들에게 끊임없이 상기시켰다.14)

트리니티 칼리지 식당에 걸린 아이작 뉴턴 경의 초상화 (John Vanderbank, 1725).

1665년 여름 대역병Great Plague(1665년 런던에서 발생한 페스트로 런던 인구의 약 15%가 사망하였다-옮긴이)으로 케임브리지가 휴교하자 당시 학생이었던 뉴턴은 북쪽으로 100km가량 떨어진 울즈소프로 갔다. 그는 한가한 시간을 이용하여 독자적으로 수학을 연구했다(트리니티에서 애초에 그가 목표로 했던 것은 법학 학위였다). 몇 년 뒤 뉴턴은 친구들에게 자신의 위대한 통찰- 일반법칙에 대한 창의력이 풍부한 맹아를 포함한- 은 그 휴가 기간에 정원에서 처음으로 떠올랐다고 말했다. 사과가 나무에서 떨어지게 하는 그 힘은 달이 지구 주위를 돌게 하고 모든 혹성이 태양 주위를 돌게 하는 인력도 해명할 수 있으리라는 것을 깨달았던 것이다.[15] 제임스 글릭James Gleick은 뉴턴의 전기에서 이렇게 설명하였다. "사과는 그 자체로는 아무것도 아니었다. 한 쌍의 절반에 지나지 않았던 것이다. 즉 달의 장난꾸러기 동생이었다. 사과가 지구를 향해 떨어지듯 달도 지구를 향해 떨어진다. 직선에서 벗어나 지구 주위를 돌면서 떨어지는 것이다. 사과와 달은 우연한 일치요, 일반화이며, 가까운 곳에서 먼 곳으로의, 일상적인 것에서 거대한 것으로의 규모를 초월한 비약이었다."[16] 뉴턴이 이 한순간의 통찰로 만유인력의 법칙을 만들어 낸 것은 아니었다. 그는 트리니티에서 학업을 계속했는데 수학에 워낙 뛰어났던 나머지 뉴턴이 "비견할 바 없는 천재"임을 알아본 그의 스승 아이작 배로Isaac Barrow는 자신의 자리를 뉴턴에게 물려주기 위하여 루카스 수학 석좌 교수직을 사직했다.[17]

1687년 뉴턴은 그의 대표작 <자연철학의 수학적 원리Philosophiae Naturalis Principia Mathematica(일명 프린키피아-옮긴이)>를 출판하였고, 프랑스의 수학자이자 물리학자인 장 르 롱 달랑베르Jean le Rond d'Alembert는 이를 가리켜 "이제까지 이루어진 것들 중에서 가장 광범위하고 가장 뛰어나며 가장 적절한 물리학에 대한 기하학의 응용"[18]이라고 환영했다. 뉴턴은 기하학을 통해 이전에 어떤 기하학자도 하지 못한 일을 해냈다. 기하학은 이제 더 이상 그저 공간에 관한 것이 아니었다. 뉴턴은 기하학을 운동과 맺어 주었다. 이 자연 과학자가 스스로 <프린키피아>에서 밝혔듯, "기하학의 기초가 되는 수직선과 원에 대한 설명은 역학에 속하는 것이다. 기하학은 이러한 선들을 그리라고 가르쳐 주는 것이 아니라 그려지도록 요구한다. 마찬가지 원리로 나는 이제 세계의 체계 the System of the World 구조를 설명한다."19) 그는 우주에 존재하는 모든 형태의 운동을 설명하는 한 벌의 수학적 법칙들을 제시하였다. 뉴턴이 우주를 표현한 바 모든 운동의 배경은 유클리드 기하학의 토대에 기초하여 고전적으로 엄밀하고 불변적이었다. 시간 역시 절대적이어서 메토로놈처럼 째깍째깍 지나가면서 우주를 동기 상태로 유지하였다. 20)

유클리드 기하학 역시 <프린키피아>에 필수적인 것이었는데 그 이유는 뉴턴이 자신의 연구를 대중화하기 위하여 선택한 전문 용어였기 때문이다. 뉴턴은 애초에 자신의 중력 이론에 대한 결과를 얻기 위해 새로운 수학방법, 즉 그가 창안해 낸 미적분학을 사용하였다고 주장하였다. 그러나 그는 기하학이 수학의 고전적 언어임과 동시에 자신의 엘리트 청중들이 가장 쉽게 이해할 수 있는 언어라 믿고 출판을 위해 자신의 발견을 기하학적 용어로 번역하였다. 데카르트의 해석 기하학의 인기와는 대조적으로 뉴턴이 유클리드 기하학에 부여한 핵심적인 역할 덕분에 유클리드 기하학의 중요성은 다시 회복되었다. 21)

뉴턴은 1696년 조폐국에 난 일자리를 수락하면서 트리니티를 떠났지만 떠나기 전에 수학 및 수리 물리학을 위한 정식학부를 설립하였다(오늘날 케임브리지에는 첨단의 아이작 뉴턴 수리과학연구소가 있다). 생을 마감하며 뉴턴은 이렇게 말하였다. "내가 더 멀리 볼 수 있었다면 그것은 다만 내가 거인들의 어깨 위에 올라서 있었기 때문이었다"-코페르니쿠스Copernicus와 갈릴레오, 튀코 브라헤Tycho Brahe와 요하네스 케플러Johannes Kepler를 말하는 것이었다. 22)

케플러(1571-1630)는 그의 행성 운동 3법칙으로 가장 잘 알려져 있으며, 이러한 성과에 근거하여 뉴턴은 <프린키피아>에서 외삽적인 추정을 했다. 그러나 콕세터의 평가에 의하면 케플러가 순수 수학에 행한 공헌에서 가장 주목할 만한 것은 다각형 및 다면체와 관련된 그의 연구였다.23) 그리고 사실, 다면체에 관하여 현존하는 지식에 대한 케플러의 통찰력 있으면서도 이상적인 접근은 그의 행성법칙의 전조였다.

1596년, 케플러는 다섯 개의 플라톤입체의 비율이 당시 알려져 있던 여섯 개의 혹성의 경로를 지배한다는 학설을 내놓은 <우주구조의 신비Mystery of the Cosmos>를 출판하였다.24) 그의 다면체적 행성체계는 러시아식의 포개지는 인형(인형 속에 또 인형이 들어있는 장난감—옮긴이)과 같이 작동한다.

지구의 궤도는 만물의 척도이다. 이를 둘러싸고 있는 것은 십이면체이고, 이를 포함한 원주는 화성이다. 화성을 둘러싸고 있는 것은 사면체이고, 이를 포함한 원주는 목성이다. 목성을 둘러싸고 있는 것은 정육면체이고, 이를 포함한 원주

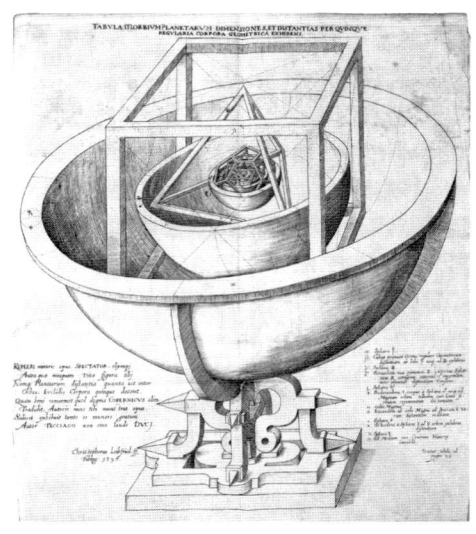

케플러의 다면체적 행성체계, <우주구조의 신비>에서.

는 토성이다. 이제 지구에 내접하고 있는 것은 이십면체로, 이를 포함한 원주는 수성이다. 이제 혹성의 숫자가 가진 이유를 알게 되었다.²⁵⁾.

이러한 구조에 대하여 헝가리의 과학 작가이자 소설가인 아서 케스틀러 Arthur Koestler가 설명한 바를 상술하면서 콕세터는 이렇게 말했다. "이것은 움직이는 천공의 골대를 가지고 하는 일종의 이상한 나라의 크로케였다."²⁶⁾ (<이상한 나라의 앨리스>에는 크로케 경기 장면이 등장한다-옮긴이) 케플러는 이러한 기묘한 가정을 뷔르템베르크 공작에게 제시하였고, 이 모형을 위한 다양한 설계도를 제출하였다. 제안 중 하나가 공작의 마음에 들었다. 각각의 혹성에 해당되는 구체마다 서로 다른 음료수가 들어 있고 꼭지를 틀면 망처럼 엉킨 파이프를 통해 음료수가 나오게 되어 있는, 혹성 펀치 그릇이었다. 공작은 이를 주문하고 은화로 비용을 지불하였다. 그러나 은세공사는 여러 문제에 봉착하였고, 이 계획은 흐지부지 끝났다.²⁷⁾

마침내 케플러는 혹성에 대한 자신의 다면체 이론이 펀치 그릇과 마찬가지로 이치에 맞지 않는다는 것을 깨달았다. 이후 그는 당시 최고의 천문학자였던 튀코 브라헤*의 조수가 되었다. 브라헤가 사망하자 케플러는 브라헤의 천문 관측 자료를 물려받아 자신의 행성운동법칙을 발전시키는 데 유용하게 사용하였다.²⁸⁾ 1619년, 그는 <우주의 조화 Harmony of the World>를 출판하였는데, 이 책에는 포개지는 구조보다 정교한 수학적 모형이 포함되었다.²⁹⁾

<우주의 조화>는 당시 알려진 모든 사실에 근거하여 외삽적으로 추정된 다면체에 대한 최초의 체계적인 논의도 포함되어 있었다. 유클리드 시대 이래,

---

* 브라헤(1546-1601)는 덴마크의 천문학자이자 수학자로 어떤 수학자와의 결투로 인해 코의 일부분을 잃었다(어떤 설명에 따르면 그들은 기하학 문제로 논쟁을 하던 중이었다고 한다).

기하학자들은 이런저런 다면체에 대하여 연구해 왔지만, 이러한 발견들은 다소간에 되는 대로였고 산만했다. 케플러는 포괄적인 접근방식을 취했다. 그는 다면체의 류class들을 정의하고, 그 모든 원소를 식별하였으며, 그의 집합이 완비된 것임을 증명하였다. 케플러는 아르키메데스입체(그들에 대한 아르키메데스 자신의 연구는 실전되었다)라고 알려진 볼록 고른 다면체convex uniform polyhedra의 류를 다시 결정하였고, 각기둥prism과 엇각기둥antiprism이 같은 류에 속한다는 것을 발견해 냈다. 아르키메데스 입체는 반정입체semi-regular solid라고도 불린다. 플라톤입체와 같이 정다각형인 면들을 지니고 각 꼭짓점마다 면들이 동일하게 배치되어 있기는 하지만, 각각의 입체가 가지고 있는 면의 종류가 두 가지 이상이다. 30)

케플러는 자신의 상상을 깊이 연구하다가 우연히 두 개의 정칙 별모양 다면체를 발견하게 되었는데 이는 "방사화stellation"로 만들어진 것이었다. 방사화란 다면체의 모서리나 면을 확장하되 그로부터 새로 만들어지는 면이 별 모양을 이룰 때까지 확장하는 것을 말한다. 케플러는 이렇게 만들어진 기묘한 다면체들을 작은 십이면체 고슴도치와 큰 십이면체 고슴도치라고 불렀는데, 이는 가시가 삐죽거리는 모양새 때문이었다. 이러한 다면체들은 케플러 별 모양 다면체라고도 불린다. 이러한 모양들은 이전에도 알려져 있었으나 정다면체의 기준에 맞는다는 것을 깨달은 것은 케플러가 처음이었다. 31)

방사화의 횃불은 케임브리지에 있는 콕세터에게로 넘어갔고, 방사화에 대한 조사가 남은 유일한 플라톤입체는 이십면체뿐이었다. 32) 콕세터는 런던과 케임브리지 중간에 있는 세인트 올번즈에서 H. T. 플래더H. T. Flather라는 사람이 보낸 편지를 받은 리틀우드를 통해 이 계획에 대하여 알게 되었다. 리틀우드는 콕세터를 보내 살펴보도록 했다. 콕세터는 정확한 주소로 찾아가서 초

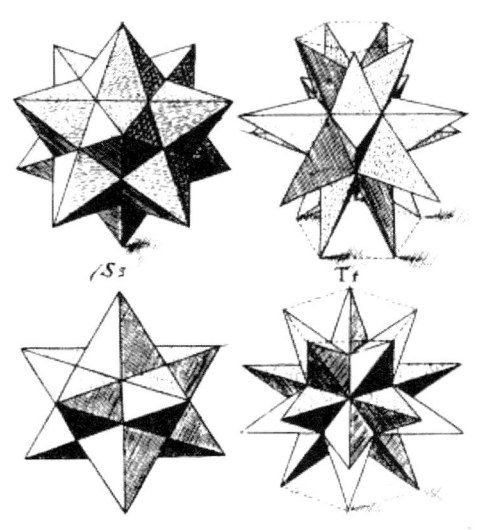

케플러의 별 모양 다면체, 〈우주의 조화〉에서, 1619년.

인종을 울렸고, 문이 열렸을 때 순간적으로 충격을 받았다. 콕세터는 이렇게 회상했다. "저는 앞을 똑바로 바라보고 있었지만 아무것도 보이지 않았습니다. 그러다 내려다보니 작디작은 소인이 있더군요. 그게 바로 그 사람이었습니다." 플래더는 나이가 상당히 지긋했지만 콕세터를 안내하여 모형들을 보여주었다. 아주 작은 모형이었고, 대단히 복잡했다. "어떻게 만들 수 있었는지 상상조차 가지 않을 정도였습니다. 아주 작은, 아이 같은 그의 손이 아니었다면 말이죠." 한 줄로 서 있는 모형들 중에는 50여 개의 방사화된 이십면체들이 있었다. 리틀우드는 플래더의 모형들을 트리니티에 대한 기증품으로 받아들였고, 콕세터는 이에 덧붙일 목록과 설명을 쓰기로 하였는데, 이것이 <59개의 이십면체The 59 Icosahedra>[33])가 되었다. 이러한 작업에 대하여 전문적으로 분석해 보면 "터무니없는 짓"이라고 판단될 수도 있겠다. 재미있고 미적으로 만족스러우며 풋내기 기하학자들 사이에서는 상당히 인기가 있었지만, 다각형

연구의 거대한 계획에서는 전혀 중요하지 않았다. 그러나 그와는 달리 콕세터에게는 미감이 충분한 보상이었고, 그 외의 것에 관심이 있는 척하지는 않았다.34)

△ ▢ ⌖ ⊛ ⊕

콕세터는 어려움 없이 학사 학위를 받았다. 1927년 1학년을 마치고 나서 치른 1차 우등시험에서는 1급을 받았고 다음 해 마지막 2차 시험에서는 갈망하던 수석 1급 합격자 자리를 차지했다.35) 이러한 결과 덕으로 그는 연구 장학금을 받아 다음 해에 돌아오게 되었다. 그의 성공은 훈련의 결과였다. 그는 "할 만한 일을 다 하려면 목숨이 아홉 개는 있어야 할 거라는 생각이 참으로 자주 듭니다"라고 계모인 케이티에게 보내는 편지에 썼다. "이를테면 문헌이 참 많은데, 그걸 읽을 시간을 별로 낼 수가 없어요."36) 그러나 한번은 캠 강을 따라 나룻배를 타고 가서 바이런 수영장에서 벌거벗고 헤엄을 친 (그는 수영복이 "수영을 한 다음에 입기에 이상적인 옷"37)이라는 결론에 도달하였다) 자유분방한 하루에 대하여 변명을 한 적도 있었다. 그날 강에서 시간을 보낸 것은 흔한 일이 아니라고 콕세터는 주장하였다. 어떻게 배를 타고 빈둥거릴 시간이 있느냐는 케이티의 질문에 그는 이렇게 답하였다. "거의 매일 저는 열심히 공부를 합니다만, 가끔은 쉬어 줘야지요." 그리고 이런 말을 덧붙였다. "평일에 대하여 설명을 해 놓으면 읽기가 훨씬 더 지루할 겁니다."38) 사실을 말하자면 자유로운 여가 시간과 휴식이 영감을 불러일으키는 가장 좋은 방법이라고 그는 말했다. 기록에 남아 있는 그의 유일한 단체 과외 활동은 맥파이 & 스텀프 토론클럽에 가입한 것이다. 1928년도 트리니티 연보에 다음과 같이 기록되어 있다. 그는 2학년 때 어느 동료 수학자와 함께 클럽에 가입했다. "두 명의 고참 신입회원이 있는데, J. A. 토드J. A. Todd는 말할 수 없으리만치 웃기고, H. S. M. Coxeter는 언제나 아주 얌전하고 난해한 인물이거니와 대단히 과묵하다."39)

케임브리지에서 지적인 자세를 취한 콕세터.

△ ▢ ◈ ◉ ✦

 1928년 콕세터는 장학금의 일부로 말을 구입했다. 말에게 트릭시라는 이름을 지어 주고 근처 농장에 있는 마구간을 빌렸다.[40] 극도로 부끄럼을 타는데다가 인간관계를 조금은 난처하게 여겼던지라 트릭시를 타는 일은 콕세터에게 사회적 접촉의 긴장에서 벗어나는 구실이 되어 주었다.[41] 콕세터는 자신의 머릿속에 은거하는 은둔자였고, 스물한 살에도 여자 친구 하나 없었다. 기하학과 사랑에 빠졌던 것이다.

 내성적인 성격 속에 숨어 있던 세속적인 즐거움은 다소 불시에 콕세터에게 다가왔다. 난처하고 부끄럽게도 콕세터는 안장 없이 트릭시의 등에 올라타면서 부적절한 즐거움을 얻었던 것이다. 콕세터는 아버지에게 이를 고백했고, 아버지는 곧바로 아들의 억압된 성욕을 이혼의 충격과 케이티에 대한 무너진

짝사랑과 연관 지었다. 42)

해럴드는 가능한 한 윤리적인 강압은 가하지 않고43) 아들에게 1928년의 여름은 비엔나에서 정신 분석을 받으며 보내라고 권하였다. 6, 7, 8월 동안 콕세터는 위대한 정신분석학자 빌헬름 슈테켈Wilhelm Stekel의 유능한 손에 자신을 맡겼다. 44) 슈테켈은 프로이트Freud의 문도이자 반대자로서, 콕세터의 회상에 따르면 프로이트가 환자를 몇 년씩이나 맡아 두고 있었던 반면 자신은 몇 달 안에 환자를 치유할 수 없다면 치료가 소용이 없다고 믿기 때문에 프로이트와 견해를 달리하던 사람이었다. 45) 해럴드는 왕립심리학회 모임에서 로잘리 가블러를 통해 슈테켈과 알게 되었다. 로잘리가 슈테켈의 책 몇 권을 영어로 번역했던 것이다. 46)

콕세터는 후일 슈테켈이 출판한 익명의 사례연구 어느 하나에도 정확히 들어맞지는 않았지만 계산에 집착하는 강박적인 채식주의자의 경우가 콕세터에 근접한다. 슈테켈의 책들 중 한 권은 의사가 콕세터를 어떻게 치료했을지를 암시한다. 가블러가 영어로 번역한 <사랑의 위장Disguises of Love>이라는 책은 1922년 출판되었다. 해당되는 장은 다음과 같은 얘기로 시작된다. "플루타르코스Plutarch는 시리아의 안티오코스Antiochus 왕세자에 대한 멋진 이야기를 들려준다." 슈테켈은 이렇게 말을 이어 나갔다.

부왕 셀레우코스Seleucus로서는 크나큰 슬픔이었던 바, 그는 심각한 병을 앓아 원기를 잃었다. 어떠한 의사도 그 원인을 밝혀내지 못했다. 다만 저명한 의술의 대가 에라시스트라투스Erasistratus의 현명한 통찰력을 통해서 왕세자의 계모인 아름다운 스트라토니케Stratonice 왕비에 대한 어찌할 수 없는 사랑이 왕세자를 파괴하고 있음이 밝혀졌다. 우리가 알지 못하는 사이 사랑에 빠질 수 있다는 사실에 놀라는 사람들은 사랑의 불가사의한 기만과 그 열망을 알지 못하는 것이다. 필자는 온갖 종류의 질병으로 위장된 병을 앓는 사람들이 실은 알지 못하는 사이에 사랑에 빠지고 욕망하고 있었음을 재삼재사 증명할 수 있었다.47)

치료 중에 슈테켈은 유도 질문을 하고 환자들에게 꿈에 대한 일지를 쓰라고 지시하였다. 콕세터는 여름 동안 예순네 개의 꿈을 기록하였다. 그는 자신이 병약하고 업신여김을 받으며 어떤 소년이 자신을 비웃는 꿈을 꾸었다. 기차를 놓치고 너무 빨리 달리는데다가 길을 잘못 든 버스를 타는 꿈을 꾸었다. 마지 못해 비옷을 다른 사람과 함께 걸치고는 먼 길을 걸어가야 했던 꿈을 꾸었다(적어도 꿈속에서는 내키지 않는 일이었다). 몇몇 꿈에서는 외로웠고 들판에서 말들을 만나자 정신 분석을 통해 자신이 욕망을 견딜 수 있는지, "(즉 성적 흥분을 피할 수 있는지)" 스스로를 시험해 보았다. 그는 집에 가기 위하여 다시 농장을 거치지 않아도 된다는 것을 알고는 기뻐했다. 또 다른 꿈에서 그는 존 피트리, 그리고 그의 누이 앤Ann과 함께 걷고 있었다. "저는 앤을 사랑하지 않는다는 게 참으로 애석하다고 생각했고, 내년에 프리처드Pritchard 가족을 만나면 어떤 기분일까 궁금해 했습니다. 제가 그(동성애)가 아닌 누이를 사랑하게 되기를 바랐습니다."48)

그의 유모 메이 핸더슨도 깜짝 출연한 적이 있고, 갈색 머리를 땋은 독일인 소녀도 나왔다. "분명히 그녀가 이상형이야"라고 콕세터는 꿈에서 중얼거렸고, 일지의 여백에는 이 사람이 케이티일 수도 있다고 적어 놓았다. 부모를 기쁘게 해 주는 것이 반복되는 주제였다. 콕세터는 이렇게 적었다. "아버지가 손으로 내 몸에 이상한 치료를 하려던 참이었다. 내가 움직이지도, 소리를 내지도 못하게 나를 묶어 놓아야 한다고 설명하셨다. 그런 다음 팔꿈치로 심장 위를 가격할 것이었다. 내가 죽을 수도 있지만, 나를 그대로 내버려 두는 것보다는 그편이 나을 거라고 말씀하셨다. 나는 그편이 더 좋겠다고 동의하였다. 유일한 대안, 즉 자살보다는 말이다."49)

콕세터가 기억하는 유일하게 다른 치료의 방향은 슈테켈이 오스카 와일드 Oscar Wilde를 읽어 보라고 권한 것이었다. 그는 "리딩 감옥의 노래The Ballad of Reading Gaol"라는 시에 훌륭한 심리학이 담겨 있다고 생각했다. 뒤에 와일드는 콕세터가 좋아하는 작가들 중 한 사람이 되었으며, 작가가 동성애로 투옥된 것에 대하여 공감하였거니와, 불의의 희생자라고 자신이 생각한 모든 이들에 대해서도 (제 방식대로의 관대함과 박애주의로) 마찬가지로 공감하였다. 50)

그해 여름 정신 분석으로 어떤 진전이 이루어졌건, 비엔나에서 지냈던 것은 예기치 않게 직업적 소득이 많았다. 그는 비엔나 대학교 도서관 열람실에서 시간을 보냈고, 거기서 그의 삶의 경로에 영향을 미친 만남을 가지게 된다. 루트비히 슐래플리(1814 – 1895)의 연구와 마주치게 된 것이다. 51) 언젠가 콕세터는 역사상 모든 수학자들 중에서 누구와 만나서 대화를 나누고 싶으냐는 질문을 받았다. 그는 슐래플리를 택했다. 52)

콕세터는 슐래플리를 4차원 이상의 기하학을 생각해 낸 19세기 수학자들의 선구자 중 한 사람으로 손꼽았다. 53) 슐래플리는 모든 플라톤입체와 모든 정규 초다면체를 나타내는 간단한 기호법을 창안하기도 했다. 슐레플리의 기호법(오늘날 슐래플리 기호라고 부르는)은 (p/q)로, 나중에 콕세터가 이를 $\{p,\ q\}$로 개량했다. — 여기서 p는 각 면의 모양을 나타내고, q는 각 꼭짓점에서의 모양들의 배치(혹은 숫자)를 의미한다. 사면체의 경우 $\{3,3\}$— $p=3$이라는 기호로 나타내는데, 여기서 $p=3$은 정삼각형의 세 변을 말하고, $q=3$은 각 꼭짓점에서 만나는 삼각형의 수를 말한다. 54)

슐래플리는 4차원 공간에 여섯 개의 볼록 정규초다면체만이 존재한다는 그의 증명으로도 기억된다. 6이라는 한계가 존재하는 이유는 3차원에 다섯 개의 정다면체만이 존재하는 이유와 마찬가지이다. 즉 일정한 숫자의 모양만이 정칙성의 기준을 만족하기 때문이다. 4차원에서 여섯 개의 정규초다면체는 다음과 같은 것들이다. 단체simplex 혹은 5-포체5-cell는 각 포체가 사면체이고 모든 모서리에서 세 개의 사면체가 만난다. 8-포체 혹은 사차원입방체tesseract는 여덟 개의 입방체로 이루어져 있으며 각 모서리에서 세 개의 입방체가 만난다. 16-포체는 열여섯 개의 사면체로 이루어져 있다. 24-포체는 팔면체들로 이루어져 있다. 120-포체는 십이면체들로 이루어져 있다. 600-포체는 사면체들로 이루어져 있다.[55]

이러한 4차원 정규초다면체들은 $\{p,q,r\}$이라는 기호로 표시된다. ― 앞의 두 숫자는 구성 다면체를 나타내고 세 번째 숫자는 하나의 모서리 주변에 모여 있는 다면체의 숫자를 나타낸다. 이러한 기호체계는 고차원에서도 마찬가지이다. 제5차원에서 사면체와 유사한 것은 보통 5-단체라고 불리는 $\{3,3,3,3\}$이다. 6개의 꼭짓점, 15개의 모서리, 20개의 삼각형 면, 15개의 사면체 포체, 6개의 사면 초포체hypercell를 가지고 있다. 구성 포체는 4-단체 ―기호의 앞부분인 $\{3,3,3\}$ ― 이고, 각 모서리에서 세 개의 4-단체가 만난다(일반적으로, n차원 공간에서 단체는 $n+1$개의 구성 다면체를 가지고, 그 각각은 $(n-1)$-단체이고, 각 모서리에서 세 개의 $(n-1)$단체가 만난다).[56]

슐래플리는 고차원에서는 초다면체의 종류가 줄어든다는 것을 증명했다. 5차원 이상에서는 3개의 정규초다면체만이 존재하며, 이러한 상황은 무한차원까지 이어진다. 이러한 초다면체는 단체(일반화된 사면체), 초입방체 혹은 "측도 초다면체measure polytope"(일반화된 입방체), 그리고 수직체orthoplex 혹은 십자 초다면체cross polytope(일반화된 팔면체)이다.[57] (3차원 및 4차원 정규초다면체에 대한 슐래플리 기호의 목록에 대해서는 부록 2 참고.)

불행히도 초다면체에 대한 슐래플리의 연구는 그가 생존하던 당시에는 평가를 받지 못했다. 그의 책 <연속 다양체 이론Theorie der vielfachen Kontinuität>은 그가 사망한 지 6년이 지나서야 기념용 서적으로 출판될 수 있었다. "이 저작에 대한 프랑스어 및 영어 초록은 주목을 끌지 못했다"고 콕세터는 안타까워했다. "이는 어쩌면 무미건조하게 들리는 제목 때문에 그 안에 담겨진 기하학적 보물이 숨겨지기 쉬웠기 때문일 수도 있고, 아니면 반 고흐Van Gogh의 그림처럼 그저 시대를 앞섰기 때문일 수도 있다."[58]

△ ◻ ◇ ⬡ ⬢

비엔나에서 여름을 보내며 영감을 얻고 케임브리지로 돌아온 콕세터는 박사논문(슐래플리의 연구가 두드러지게 등장하는)[59]작업을 시작하였고 헨리 F. 베이커가 지도교수를 맡았다. 콕세터는 결코 베이커를 동시대인으로 여기지 않고 그를 떠받들었다. "그분이 신이라고 생각했습니다"라고 콕세터는 말했지만 그래도 이렇게 덧붙였다. "하지만 그분도 이해하지 못하는 것들이 있었으니, 이를테면 제가 공부하고 있던 초다면체가 그런 것이었지요."[60]

트리니티의 기하학이 정점에 도달한 것은 베이커(1866－1956) 덕이었다. 1921년, 제4차 국제 수학대회가 케임브리지에서 열렸다. 당시 교수였던 베이커(그는 트리니티 졸업생으로 학교를 떠난 적이 없었다)는 이 분야에 대한 자신의 포부를 암시하는 연설을 했다. 그는 기하학자들을 참석한 다른 분야의 사람들과 구별하고 그들이 참석해 준 덕에 영국의 기하학이 새로운 활동으로 나아가는 데 격려가 될 것이라는 자신의 희망을 피력하였다.[61] 베이커는 특히 이탈리아인들에게 호감을 가지고 있는 것으로 알려졌다. 3차원 공간의 사물들에 대하여 알려져 있는 사실들을 고차원으로 확장하는 것에 대한 애호를 자신과 공유한 코라도 세그레Corrado Segre, 안니발레 코메사티Annibale Comessatti, 페데리고 엔리케스Federigo Enriques, 구이도 카스텔누오보Guido Castelnuovo의 대수 기하학을 높이 평가했던 것이다.[62]

2년 뒤, 케임브리지의 라운즈 천문기하학 석좌 교수 자리가 비게 되었다. 천문학자들은 기하학자인 베이커가 이 자리를 얻게된 데 불만을 품었다.[63] 1925년, 베이커는 여섯 권짜리 대작인 <기하학의 원리Principles of Geometry> 중에서 네 권을 출판하였다(나머지 두 권은 1933년에 나왔다). 그리고 토요일 오후의 기하학 "다과회"를 정착시켰다. 맛있는 차와 비스킷으로 분위기를 녹인 열성적인 연구 세미나였다.[64] 베이커는 자신의 전망과 열정에 감복한 젊은이들을 모았다.[65] 그러나 그들이 한 작업의 내용은 보잘것없고 하찮았다. 당시의 고전 기하학이 그랬듯이, 베이커의 조수들은 무의미하고 태평한 의문을 좇아 "와, 2차원에서 할 수 있는 멋진 일이 있네, 3차원에서는 할 수 있는지 보자, 4차원에서는 할 수 있는지 보자"라고 하는 경우가 종종 있었다. 이러한 대수적 연구는 정교하고 까다로웠고 확실히 매력이 있기도 했지만, 결국 내용은 없었다. "그건 기하학이라는 학문이 지향하고 있던 바가 아니었습니다. 그 성과는 조금은 소박했지요"라고 제러미 그레이는 말했다.[66]

 콕세터는 이러한 질곡을 피하여 스스로의 길을 개척했다. "도널드, 그리고 당시 케임브리지에 왔던 한두 명의 다른 사람들이 할 수 있었던 것은 수학이라는 강에서 보다 중요한 부분에 물길을 대는 것이었습니다"라고 그레이는 말했다. 초차원에 대한 무의미한 탐구는 괴어 있는 약간의 물이었다. 그레이는 이렇게 말했다. "베이커의 제자들이 하고 있었던 건 조그마한 가내 수공업이었습니다. 공부를 잘해서 케임브리지에서 스미스상(케임브리지 대학교에서 이론 물리학, 수학, 응용 수학 연구생에게 수여하는 상-옮긴이)도 받았는데, 그건 대단한 일인데다가 연구경력으로도 자랑할 만한 일입니다. 그러나 그들 자신도 결국에는 진정으로 이 분야의 진보를 위한 올바른 일반론을 얻었다고 생각하지는 않았을 것입니다. 도널드는 어떻게든 그런 일을 했습니다. 그러한 한계를 넘어 진정으로 중요한 수학으로 뛰어들었지요."[67]

토요일 오전, 다과회가 시작되기 전이면 언제나 콕세터는 그레이트 코트에 있는 기숙사에서 캠 강을 건너 베이커의 집까지 10분 걸려 자전거를 타고 가서 박사과정 연구에서 얻은 진척을 보고하였다. 토요일 오후, 언제나 모이는 사람들이 구 예술대학에서 열리는 다과회에 모였다. 학생들은 돌아가며 최근의 연구 결과를 발표하고 관련쟁점에 대하여 격론을 벌이는 논쟁적인 토론이 이어졌다. 1928년 콕세터의 차례가 돌아왔을 때 그는 각각 6개, 10개, 16개, 27개, 56개, 240개의 꼭짓점을 가진, 3차원에서 8차원에 이르는 일련의 "순수 아르키메데스" 초다면체에 대하여 설명했다.[68] 그는 로브슨과 공부하면서 이러한 방향의 연구를 시작했고, 로브슨에게 쉬는 날에만 초다면체를 탐닉하겠다고 약속하기는 하였으나, 그러한 욕망을 완전히 이겨 낼 수는 없었다. 몰래 초다면체에 파고들었고, 쉬는 시간의 상당부분을 써 가며 자신의 "차원의 유추" 논문을 여러 권 확충했다. 세이버네이크 숲에서 나무 밑에 앉아 고차원에서의 아르키메데스 입체에 해당되는 순수 아르키메데스 초다면체를 재발견했을 때[69] 느꼈던 두근거림, 신경을 자극하는 전율을 그는 결코 잊지 않았다. 그것은 재발견이었음에도 불구하고 지적인 일격이었고, 대단한 거인의 길을 따라갔다는 충격은 오랫동안 콕세터에게서 떠나지 않았다.

콕세터가 베이커의 다과회에서 이러한 연구를 논하자, 흔히 그랬듯 의문을 제기하고 그의 결과를 다른 연구 분야와 연관 짓는 농담이 오갔다. "대수 기하학자 한 명이 곧바로 흥미를 드러냈는데, 6, 10, 16, 27이 6, 5, 4, 3차원에서의 델 페쪼 면Del Pezzo surface[70]에 있는 선들의 숫자이기 때문이었다. 듀 발은 더 나아가 2차원 '델 페쪼 면'에 있는 선들의 숫자가 2×28이라고 발표하였는데, 이 델 페쪼 면은 종수3인genus 3의 이차 곡면에 따라 자체와 연결되는 반복평면repeated plane이다. 선들은 반복적인 이중접선bitangent(하나의 곡선과 서로 다른 두 개의 점에서 만나는 선-옮긴이)이다."[71] 이러한 주제는 콕세터가

케임브리지 잔디밭에서 쉬고 있는 패트릭 듀 발과 콕세터.

처음으로 출판한 논문으로 이어진다. <케임브리지 철학회보Proceedings of the Cambridge Philosophical Society>에 활자화된 "6차원 및 7차원에서의 순수 아르키메데스 초다면체The Pure Archimedean Polytopes in Six and Seven Dimensions"라는 논문이었다.72)

콕세터의 연구와 분석은 엄청나게 성장하여 초다면체에 대하여 축적된 자료역시 넓어지고 깊어졌다. 하루는 트리니티에서의 은둔생활에서 벗어나 홀로 자전거를 타고 케임브리지 남부의 시골에 있는 고그 마고그 산에 갔는데,73) 이곳은 노래하는 종달새, 향기로운 야생 마요라나, 그리고 오크, 너도밤나무, 산딸나무, 흑단풍나무 숲이 차지한 시골의 오아시스였다. 신선한 공기와 평화로운 경치도 콕세터의 수학적 사색을 잠재울 수는 없었다. 실은 그날 콕세터가 "보았던" 것은 목가적인 풍경이 아니었다. 도리어 그는 어떻게 이러한 아르키메데스 초다면체를 보다 큰 족family의 구성원으로 나타내어 슐래플리의 것과 대단히 흡사한 교묘한 기호법을 이용하여 표시할 수 있는가 하는 섬광과 같은

chapter 3 앨리스 아주머니, 그리고 케임브리지에서의 은둔생활 ♦ ♦ ♦ 121

통찰-그의 기하학적 정신의 눈으로 목격된-을 얻었다. 그가 생각해 낸 기호법은 n_{pq}였다. 이 기호는 $n+p+q+1$차원에 존재하는 모양을 나타낸다.[74] 이것은 초다면체 분야에 콕세터가 한 최초의 독창적 기여로, 그의 두 번째 중요한 논문, "정각기둥 꼭짓점 도형을 동반한 초다면체The Polytopes with Regular-Prismatic Vertex Figures"로 이어지는데, 합쳐서 96쪽에 달하는 이 논문은 훨씬 더 저명한 저널인 <학술원 철학회보Philosophical Transactions of the Royal Society>에 발표되었다.[75]

알리시아 불 스토트

△ ◻ ✦ ⬠ ⬡

베이커의 다과회에서 순서가 다시 돌아오자 콕세터는 "앨리스 아주머니"를 초빙하여 합동강의를 하였다.76) 알리시아 불 스토트Alicia Boole Stott(1860 – 1940)라는 이름으로 더 잘 알려진 그녀는 콕세터보다 47년 연상인(그는 21세였고 그녀는 68세였다) 주부 기하학자이자 초다면체 애호가였다. 스토트는 콕세터의 절친한 친구이자 직업상의 소울 메이트가 되었다. 콕세터에 따르면 스토트는 1900년 첫 출판된 자신의 저작에서 "초다면체"라는 말을 처음으로 영어에 도입하였다고 한다.77)

오랜 세월에 걸쳐 콕세터는 스토트의 충실한 후원자로서 기회가 닿을 때마다 그녀에 대하여 이야기하곤 했다. 스토트는 논리 대수(구글 검색과 컴퓨터 회로 소자를 작동시키는 불 논리)로 유명한 조지 불George Boole과 메리 에버리스트Mary Everest(세계에서 가장 높은 산은 스토트의 삼촌으로서 측량기사였던 조지 에버리스트 George Everest경을 기린 이름이 붙었다(다른 자료에 따르면 조지 에버리스트는 스토트의 어머니 메리 에버리스트의 삼촌이라고도 한다. 연배로 보아 이러한 관계가 맞는 것으로 보인다-옮긴이))의 다섯 딸들 중 셋째로 태어났다. 그녀의 아버지는 그녀가 네 살 때 세상을 떴고, 그녀는 억압되고 불행한 어린 시절을 코크에서 외할머니와 외종조부와 함께 보냈다. 콕세터는 이렇게 썼다.

앨리스가 열세 살쯤 되었을 때, 다섯 명의 딸들은 런던의 어느 어둡고 더러우며 불편한 싸구려 셋방에서 다시 어머니(그녀의 책들을 보면 어머니는 근대 교육학의 선구자였다)와 함께 살게 되었다. 평범한 의미의 교육은 전혀 불가능했지만, 불 부인과 제임스 힌튼James Hinton의 우정 덕으로 이 집에는 사회개혁운동가들과 기인들이 끊임없이 드나들었다. 힌튼의 아들인 하워드가 작은 나무 입방체들을 여러 개 가져와서 메리의 셋째, 넷째, 다섯째 딸들에게 자신이 임의 대로 불러 주는 라틴어 단어들을 기억하였다가 모양대로 입방체를 쌓아올리도록 하였던 것은 이러한 시기였다. 에셀Ethel은 물론이려니와 아마도 루시Lucy에게도 이것은 쓸데없이 지루한 일이었다. 그러나 (열여덟 살쯤 되었던) 앨리스에게는 4차원 기하학에 대하여 비범할 정도로 잘 이해할 수 있게 되는 기회가 되었다. 78)

하워드 힌튼은 앨리스에게 고차원에 대한 자신의 신비주의적인 해석을 접하게 해 주었다. 그러나 콕세터에 따르면 그녀는 이러한 신비주의적인 사고방식을 따르고 싶어 하지 않았으며, "오래지 않아 기하학적 지식에서 하워드를 능가하였다. 그녀의 방식은 여전히 순수하게 종합적이었는데, 해석 기하학을 배운 적이 없었다는 간단한 이유 때문이었다."79)

1880년대, 스토트는 4차원에 존재하는 여섯 개의 초다면체를 재발견하고, 자와 컴퍼스, 마분지와 물감을 이용하여 이러한 초다면체들의 중심 단면central section의 모형 일습을 만들어 내었다.* 그로부터 콕세터를 만나기까지 스토트는 "극히 소액의 수입으로 두 아이를 키우며 고된 나날을 보냈다."80) 그녀는 스토트가 만들었던 4차원 초다면체들의 중심 단면을 연구하고 있던 네덜란드 흐로닝언 대학교 피터르 H. 쇼우테Pieter H. Schoute의 연구를 남편 월터 스토트Walter Stott가 우연히 발견하면서 기하학 연구로 복귀했다. 스토트는 쇼우테에게 편지를 써서 자신의 발견이 그의 발견을 뒷받침해 준다는 소식을 전했다(콕세터는 기하학적으로 시각화하는 스토트의 능력이 보다 전통적인 쇼우테의 방법을 보완한다고 지적했다). 쇼우테는 스토트의 발견이 출판되도록 주선해 주었고 1913년

---

* 앨리스 아주머니는 콕세터의 손님으로 베이커의 다과회에 오면서 모형을 가져와서 과에 기증하여 영구전시하도록 하였다. 2003년까지도 뉴턴수학연구소장인 레이먼드 리코리시Raymond Lickorish의 책상에 전시된 모형을 볼 수 있었다. 또 다른 한 벌은 흐로닝언 대학교에 전시되어 있다.

쇼우테가 사망할 때까지 이 둘의 협력은 지속되었다. 쇼우테의 사망 이후 스토트는 다시 한 번 초다면체를 단념하였고, 그러다가 콕세터를 만났다.[81] 콕세터가 앨리스 아주머니와 협조하게 된 것은 엄청난 환희의 원천이었다.[82] "아주머니의 성격이 지닌 강인함과 소박함, 그리고 다양한 관심사 덕으로 아주머니는 영감을 불러일으키는 친구가 되었다."고 콕세터는 말했다.[83] 그들은 편지를 주고받고 서로 방문해 가며 초다면체에 대한 대화를 발전시켰다. 한번은 앨리스 아주머니가 초다면체에 대한 이야기를 나누고 차를 마신 다음 돌아가는 콕세터에게 선물을 들려 보낸 적이 있었다. 나무 받침이 깎인 이십면체 모양인 한 쌍의 스탠드였는데, 콕세터는 기차를 타고 케임브리지로 돌아가면서 이 선물을 조심스럽게 들고 갔다.[84]

△ ☐ ◇ ☉ ⊗

콕세터는 1931년 박사 학위 논문을 제출하였고, 같은 해 고드프리 H. 하디 Godfrey H. Hardy가 옥스퍼드에서 맡은 일을 마치고 트리니티로 돌아왔다.[85] 그해 네 명에 불과했던 트리니티 특별연구원에 뽑힌[86] 콕세터는 "친전 : 학장 및 특별연구원 외 열람금지"라는 표시가 되어 있는 대학 규칙 사본을 받았는데, 여기에는 그에게 주어지는 특전이 간략하게 소개되어 있었다.[87] 원한다면 90도로 꺾어진 길이 아니라 안뜰 잔디밭을 통해 빗변으로 가로질러 갈 수 있게 되었다. *

새들러 순수 수학 석좌 교수직을 맡게 된 하디 역시 이러한 특전을 부여 받

---

* 특별연구원으로서 콕세터는 대식당의 교수석에서 더 나은 음식을 먹을 수도 있게 되었다. 식사를 마치고 휴게실에 남아 낡은 가죽 안락의자에 앉아 차와 커피, 식전주를 마실 수도 있었다. 개인적으로 마시기 위해 포도주를 주문하여 자신의 방으로 가져오게 할 수도 있었다(그렇게 공급되는 포도주의 양은 일년에 스물네 병으로 한정되어 있었다). 도서관 열쇠를 쓸 수 있게 되어 업무시간 이외에도 들어가 책을 빌릴 수 있게 되었다. 그리고 대학 변두리에 있는 특별연구원용 정원의 문 열쇠를 받기도 했다. 정원에나 있는 구불거리는 산책로에는 간간히 사색을 위한 벤치가 놓여 있었다.

앉다. 그러나 그는 부르주아적인 것은 무엇이든 경멸하였기에 대학 구내에서 그에게 배정된 가장 좋은 방에서 사는 것을 거절하였다. 기행으로 유명한 하디는 거울을 대단히 두려워하였다. 방에 들어설 때면 반사되는 모든 표면을 천 조각으로 가렸다. 미신적인 혐오랄 것 까지는 아니었고 자신의 모습을 싫어했던 것이다. 그래서 현존하는 하디의 사진은 거의 없다고 알려져 있다. 88)

이러한 점에서 교정에서 하디가 콕세터와 우연히 만나게 되었을 때 일어났을 일을 상상해 보는 것도 재미있다. 왜냐하면 콕세터는 어디를 가나 거의 빼놓지 않고 거울 일습을 가지고 다녔던 것으로 알려져 있기 때문이다. 그는 삼각 쐐기꼴 모양으로 공장에서 주문 절단한 거울들을 가지고 있었는데, 이 거울들에는 경첩이 달려 있어 커다란 만화경을 이루었다. 그러니까 폭 60㎝에 높이 30㎝가 되는 텐트 모양 거울이었다. 콕세터는 이러한 도구를 이용하여 초다면체의 대칭적 성질을 연구하였다. 89)

1814년 데이비드 브루스터David Brewster 경이 발명한 만화경은 당시 대단한 관심을 불러일으켜서 알려지기로는 석 달 만에 런던과 파리에서 200,000개가 팔려 나갔다고 한다. 그러나 데이비드 경은 상당히 실망하였다. 그 이유는 자신의 발명품이, 비록 어른 아이 할 것 없이 인기가 있기는 하였지만 그건 장난감으로서의 인기였기 때문이었다. 그 자신은 예술적·과학적 도구로 발명하였던 것이다. 만화경의 중요성을 옹호하기 위해 그는 자신의 특허권이 대량 생산으로 침해되었으며, 그보다 더 끔찍한 것은 모조품들이 너무도 조잡하게 만들어진 것이라는 길고도 신랄한 비난을 발표하였다(그는 자신의 책에 만화경을 제대로 만드는 법을 그림과 함께 실었다). 그는 자신의 도구가 지닌 아름다운 효과를 목격한 수많은 사람들 중에 "만화경의 힘을 올바로 이해한" 사람은 천 명도 되지 않음을 원통하게 생각했다. 90) 콕세터가 기하학 연구를 위해 만화경을 가지고 다니는 것을 보았더라면 데이비드 경이 얼마나 좋아하고 또 보람을 느꼈을

케임브리지 시절의 만화경을 몇 년 뒤에 조립하고 있는 콕세터.

까. 만화경을 가지고 콕세터는 정확한 2차원 및 3차원 기하학 패턴을 생성해 냈다. 그는 초다면체를 연구하는 데 만화경이 유용하다고 보았다. 그 이유는 초다면체의 기하학적 대칭의 상당수가 거울면 대칭과 같은 반사에 의해 생성 되기 때문이었다.

만화경은 광학법칙에 따라 작동된다. 어떤 상에서 나온 광선이 거울에 비춰 질 때 입사각(광선이 거울에 닿는 각도)은 반사각(광선이 거울에서 반사되어 나가는 각도)과 같다. 이러한 방식으로 만화경은 반복되는 일련의 반사를 일으키며, 이러한 효과는 실제의 거울뿐만 아니라 자체에 반복 또 반복하여 반사되는 가상 거울들의 방에 의하여 발생한다. 일련의 반사가 만화경의 거울 방 속에서 전달 되며 두 가지 일 중의 하나가 일어난다. 거울들이 만나는 각도에 따라 반사된 상이 무한히 증가되어 무한한 패턴을 만들어 내거나 아니면 반사된 상들이 일치하여 동일한 경로로 되밟아 가면서 그 자체로 되돌아가게 된다. 뒤의 상황이라면 광학적 특성으로 인하여 거울들에 유한한 수의 기하학 패턴이나 모양의 상이 만들어진다. 콕세터(그리고 브루스터)가 흥미를 가졌던 것은 이러한 현상이었다.[91]

콕세터가 연구에서 이용하였던 것은 두 가지 유형의 만화경이었다. 첫 번째 유형은 두 개의 경첩 달린 거울이 그 사이에 들어 있는 모든 대상을 복제하여 대상의 상이 거울들을 스쳐 가며 2차원 눈송이 같은 완벽한 대칭형 장미무늬를 만들어 내는 단순한 만화경이었다. 이러한 유한한 효과를 낳기 위해서는 거울들이 180°(혹은 π)의 약수인 각도로 배치되어야 한다. 그렇지 않으면 만화경에서 생성된 상들이 맞아떨어지지 않게 된다. 즉 눈송이가 어지러운 조각들로 산산이 갈라지게 된다.[92]

정사각형은 거울이 두 개 달린 만화경에서 생성될 수 있는데, 이러한 만화경은 어떤 것이든 가지고 있는 두 개의 거울로 임시변통으로 만들 수 있다. 종이 위에 정사각형을 그리고, 각각의 절반이 상대편과 마주 보는 거울이 될 수 있도록 가능한 모든 방법으로 완벽하게 절반으로 접는다(이렇게 접는 방법은 대변의 중점을 연결하는 선으로 접는 두 가지 방법과, 대각선으로 접는 두 가지 방법, 이렇게 네 가지 방법이 있다-옮긴이). 이렇게 하면 각각이 45°-45°-90° 삼각형인 여덟 개의 동일한 조각으로 나누어진 정사각형이 만들어진다. 이러한 삼각형들 중 하나를 잘라 내고 두 거울을 인접한 두 변에 따라 배치하되 두 거울이 정사각형의 중심에 해당되는 꼭짓점에서 만나도록 한다(즉 두 거울은 45°를 이루도록 배치된다-옮긴이). 그렇게 하고 나서 거울을 들여다보면 완전한 정사각형의 상을 볼 수 있다. 두 거울 사이에 놓인 정사각형의 부분(팔분의 일)이 반복하여 반사되면서 이러한 연속적인 상들이 완전한 다각형을 이루도록 배치되는 것이다.[93]

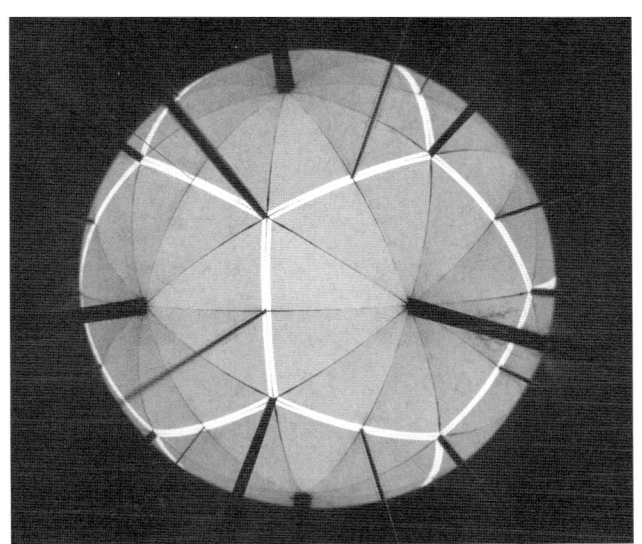
이십면체 만화경의 거울에 의해 생성된, 구에 대한 십이면체의 사상.

콕세터는 2차원 다각형 패턴뿐만 아니라 3차원 플라톤입체의 상을 만들어 내기 위해서도 만화경을 사용하였다. 2차원 다각형을 생성하기 위해서 두 개의 거울이 필요한 반면, 3차원 입체를 생성하기 위해서는 세 개의 거울이 필요하다. 각 플라톤입체의 상은 세 개의 거울을 일정하게 배치함으로써 만들어질 수 있으며, [94] 이러한 이유로 플라톤입체의 대칭을 "만화경적"이라고 한다. [95] 독일의 수학자 아우구스트 뫼비우스는 구부러진 띠로 더 유명하지만 1852년 처음으로 플라톤입체를 생성하기 위하여 거울의 배치를 이용하는 방법을 연구하였다. [96]

플라톤입체의 상을 만들기 위하여 세 개의 거울을 방의 구석과 어느 정도 비슷한 삼각뿔 모양으로 배열하되 이 경우에도 거울들은 180°의 특정한 분수배

---

* 거울들의 끝이 서로 맞닿아 에워싼 삼각형을 이루도록 조금 다르게 배치된 세 거울 만화경은 무한한 타일 깔기 모양tiling 평면을 생성한다. 즉 바닥에 타일을 깔듯 맞물려 무한히 반사되며 돌아다니는 상이 생성된다.

가 되도록 정렬되어야 한다.* 정육면체의 대칭 거울 평면들mirror planes of symmetry은 이를 마흔네 개의 합동인 부분들로 나누므로 만화경이 정육면체를 생성하는 것은 이러한 한 부분을 —만화경 내에서 마흔 여덟 번의 반사가 이루어지면서— 반사하고 복제하여 완전한 정육면체가 형성되도록 하는 것이다(이러한 정육면체의 합성상은 실제 거울로 이루어진 방 속의 실제 대상과 가상 거울 방들 안에서 복수로 배열되어 생성된 가상 대상 혹은 반사로 구성된다). 97)

만화경에서 정사각형의 상이 한 장의 종이로 생성되었던 반면 기하학자들은 플라톤입체를 생성하기 위하여 특정한 종류의 소도구를 사용한다. 흔히 사용되는 소도구의 하나는 단순한 막대기(연필이나 펜이어도 상관없다)인데 이는 입체의 모서리만을 생성한다. 예를 들어 골격 모양의 정육면체, 즉 정육면체의 뼈대가 된다. 또 다른 유형의 소도구는 둥근 공(재료는 무관하다)인데, 이는 정육면체의 꼭짓점을 생성한다. 모서리와 면은 관찰자의 상상에 맡겨진다. 거울과 소도구로 플라톤입체를 생성해 내는 이러한 방법은 "비트호프 작도Wythoff construction"라고 하는데 이는 네덜란드의 수학자 빌렘 아브라함 비트호프 Willem Abraham Wythoff(1865–1935)가 창안해 낸 것이다. 98)

만화경을 이용하여 대칭을 조사하는 것은 다차원의 초다면체를 연구하는 일로도 확장될 수 있다. 차원이 하나 더해질 때마다 거울이 하나 더 필요할 뿐이다. 물론 실제 세계에서는 기하학자들이 3차원을 넘어서려면 장애에 부딪치게 되는데, 그 이유는 4차원 이상을 나타내는 만화경은 물리적으로 만들어질 수 없기 때문이다. 그러나 콕세터는 그렇다고 단념하지 않았다. 물리적 제약은 콕세터가 만화경에 대한 일반화된 이론, 즉 만약 우리의 물리적 현실이 허용한다면 만화경이 무한차원에 이르는 고차원의 초다면체들을 어떻게 생성해 나갈 것인가에 대한 개념을 발전시키는 계기가 되었다. 99)

콕세터의 만화경은 그가 소중히 여기는 것으로서 애정을 담아 신경을 썼다.

그는 일기에 이렇게 적었다. "거울을 개선함", "거울을 고침", "거울에 쓸 부품을 만듦."100) 그는 운반 중에 거울이 파손되는 것을 피하려고 어머니에게 거울의 각 부분들을 따로따로 넣을 수 있는 초록색 펠트 주머니들을 만들어 달라고 부탁했다. 101) 그는 기회가 닿을 때마다 거울을 꺼내 들고 설명을 했다. 특히 아버지와 앨리스 아주머니에게 그랬다. "너의 마술 거울을 볼 것을 생각하면 얼마나 설레는지 말로 다 못할 지경이야!" 라고 스토트는 편지에 썼다. "표현할 수 없을 정도로 멋진 일로 생각되어서 다음 주가 오기만을 기다리고 있단다. 네가 토요일마다 그 고리타분한 수학자들의 정신을 번쩍 들게 해 주는 것을 생각하면!"102)

거울을 혐오했던 하디는 콕세터가 거울을 두고 오는 경우에만 그를 만나 주기로 했을 것이 틀림없다. 끔찍한 거울을 팔에 끼고 그레이트 코트를 가로질러 다가오는 콕세터를 보면 애매한 손짓만 했을 지도 모르겠다. "잘 있었나!"라는 의미이기도 하지만 "그 빌어먹을 것 좀 저리 치우게!"라는 의미였을 것이다.

△ ◻ ✦ ⬢ ⬟

박사과정을 마칠 때가 다가오면서 하디와 교류하게 된 콕세터는 훌륭한 스승이자 그가 되고자 하는 수학자로서의 최고의 전범을 접하게 된 것이었다. 하디는 은퇴할 때가 다 되었지만 훌륭한 생애를 살아왔던 그는 여생을 트리니티에서 보내게 되었다. 1940년, 하디는 자신의 생애를 반성하는 <어느 수학자의 변명>을 출판하였다. 그는 이렇게 물었다. "수학을 진지하게 연구하는 것이 진정으로 가치가 있는 일일까? 수학자의 삶을 무엇으로 제대로 옹호할까?" 콕세터는 자신의 책에서 하디가 대답해 놓은 부분의 여백에 줄을 그어 강조를 해 놓았다. 이 대답은 아마도 수학에 대하여 가장 자주 인용될 구절이 되었다. "수학자는 화가나 시인처럼 패턴을 만드는 사람이다. 수학자의 패턴은 미술가나 시인의 패턴과 마찬가지로 '아름다워야' 한다. 관념들은 색깔이나 단어처럼 조화로운 방식으로 서로 맞아떨어져야 한다. 아름다움이 첫 번째 기준이다. 꼴사나운 수학은 세상 어디에도 영원히 머물 곳이 없다."103)

콕세터는 존 피트리에게 헌정된, "정규초다면체 연구에 대한 약간의 기여 Some Contributions to the Study of Regular Polytopes"라는 제목의 박사 논문의 서문에서 약간의 자책적인 유머를 섞어 똑같은 생각을 밝혔다.

실용적인 관점에서라면 불필요하지만, 6차원 이상의 정칙 비대칭 다각형을 고려하면, 수학자는 인간적인 약점으로 인해, 수반되는 삼각법이 극히 복잡함에도 불구하고 일반적인 경우를 검토해 보지 않을 수 없게 된다. 연구의 이러한 부분을 변명할 것이라고는 그 본질적 아름다움뿐이다. 104)

초다면체에 대한 저작을 통해 콕세터는 몹시도 바라던 스미스상을 수상했고, 105) 이는 케임브리지의 오만한 순수 수학이 부과하는 지루한 고역을 콕세터가 그저 견뎌 낸 것만은 아님을 보여 준다. 그는 수많은 수학과 학생들이 그렇게 한다고 알려졌듯 보다 실용적인 과목, 즉 수학이 아닌 어떤 과목으로든 전공을 바꾸는 일은 하지 않았다. 수학 교과 과정을 보다 덜 오만하고 보다 더 실용적이고 현실적이도록 개혁하자고 주장한 기사에 따르면 콕세터는 예외적인 존재였다. 오랜 세월을 그와 같은 수학적 엄격함으로 살아왔고 열정을 놓지 않는 예외적인 존재는 "진정한 수학전문가이자 존재하지 않는 세계에 대하여 각오가 완벽하게 되어 있는 사람"인 것이다. 106)

Chapter 4

프린스턴에서 대칭의 신들과 더불어 성년을 맞다

대칭은, 그 의미를 넓게 잡건 좁게 잡건 간에, 사람이 몇 대에 걸쳐 이해하고 그에 의거하여 질서와 아름다움, 완벽함을 창조하려고 애써 온 관념이다.

헤르만 바일Hermann Weyl, 〈대칭Symmetry〉

프린스턴 수학 교수들의 "아빠papa daddy"로 알려진[1] 솔로몬 레프셰츠Solomon Lefschetz는 1931년 유명한 록펠러 특별연구원 장학금에 적절한 후보를 찾기 위해 케임브리지를 방문하였다. 그는 콕세터를 만나 장학금을 신청하라고 권하였다.[2] 록펠러 특별연구원으로서 콕세터는 미국 가정의 평균 연간수입이 1,300달러로 하락하고 실업률이 25%였던 세계 대공황 와중에 150달러라는 상당한 월급[3]을 받는 프린스턴의 1년짜리 연구교수직의 덕을 볼 수 있게 되었다.[4] 이러한 기회에 대하여 콕세터가 대단히 기뻐하였으리라는 것은 당연하지만, 재정적이거나 자족적인 이유로 그랬던 것은 아니었다. 그보다는 그의 인도주의 정신에 와 닿았던 것이 분명하다. 1913년 존 D. 록펠러John D. Rockefeller가 설립하고 록펠러재단이 자금을 댄 이 특별연구원 장학금은 "전 세계 인류의 번영"을 증진한다는 거대한 자선계획을 구체화한 것이었다.[5]

비판자들은 록펠러의 자선행위가 석유, 철강, 철도, 금융에서 그가 벌어들인 부를 향한 대중의 비난을 막기 위한 방패막이로서 시작된 것이라고 주장하였다. 그러나 이러한 인정 어린 행위가 매우 후했다는 점은 부정할 수 없다. 근 2억5천만 불에 달하는 기금을 가지고 재단은 미국 국내 및 아프리카, 인도, 중동, 중남미에서의 의학 및 대중보건교육을 우선시했다. 6)

재단의 손길은 1차 세계 대전이 끝난 후 더욱 확대되었다. 재단은 사회의 질서와 문명을 증진하기 위해 파견되는 지적 전도사인 국제 연구교수직을 통해 보급되는 원대한 "지식의 진보"를 위하여 노력하였다. 7) 재단의 국제교육이사회 의장인 위클리프 로즈Wickliffe Rose는 "국제적 규모의 교육 증진 계획Scheme for the Promotion of Education on an International Scale"이라는 제목의 비망록에서 자신의 임무를 고상하게 밝혔다. 8)

지금은 과학의 시대이다. 양봉에서 제국통치에 이르기까지 모든 중요한 활동영역은 현대 과학의 경향과 기술을 이해할 것을 요구한다. 과학은 지식의 방법이다. 그것은 인간이 물리적 환경에 대해 늘 누릴 수 있는 지배의 수단이다. 게다가 과학의 경향과 기술을 올바로 이해하는 것은 사람들의 정신적 태도를 결정짓고 교육 체계 전반에 영향을 미치며 문명의 발전을 추구한다. 과학을 장려하지 않는 국가는 스스로를 지킬 가망이 없다. 9)

이러한 진보적 정신을 갖춘 모험은 전혀 새로운 것이 아니었다. "적어도 그리스인들까지 거슬러 올라간다"고 국제교육이사회를 역사적으로 설명한 어떤 글은 밝혔다. "로즈는 1914-1918년에 일어난 국제적 비극(제1차 세계 대전을 말한다-옮긴이)에 대한 환멸감과 국가 간의 분쟁을 치유할 요소에 대한 절박한 필요로 인하여 그러한 일을 하게 되었다."10) 지식이 바로 그러한 요소였다. "지식은 문명생활을 통합하는 원리이다. 즉 이를 하나로 묶는 구심력이다. 지식은 경계선을 녹이고 장벽을 불태울 수 있는 용매이다. 어떠한 국가나 집단에 대해서도 시민권을 거부하지 않는 인류 공동의 공화국이다. 그것은 세계의 궁극적인 통일로 이어지는 길이다."11)

로즈는 현황을 평가하기 위하여 5개월에 걸친 유럽 여행을 시작했고, 과학자들의 실험실에 몰래 찾아가 그들이 안고 있는 문제와 요구가 어떤 것인지 물었다. 재단은 그처럼 광범위하고 다양한 분야에서 우수한 두뇌를 찾는 일이 추진된 적이 없었다고 자랑했고, 선천적인 탁월함과 재능을 보여 주는 수많은 전형들을 발견해 냈다. 록펠러 특별연구원 장학금의 수혜를 입은 몇몇은 후일 노벨상을 받았고, 그중에는 이탈리아 출신의 물리학자 엔리코 페르미Enrico Fermi와 불확정성 원리의 창시자인 베르너 하이젠베르크Werner Heisenberg도 있었다. 수학 장학금을 지원할 가치가 있다고 판단된 가장 중요한 중심지 두 곳은 독일에 있는 괴팅겐 대학교— 힐베르트와 그의 형식주의의 본거지12)— 와 파리에 있는 앙리 푸앵카레 연구소였다. 로즈가 이러한 기관들에 대한 제안을 내놓았던 록펠러 관재인들의 모임은 의사록에 기록되어 있는데 이 기록에는 그의 진지한 의도가 완벽하게 포착되어 있다. "[그는] 정교한 도표와 도해를 보조 도구로 사용하여 괴팅겐이나 파리의 수학만이 아니라 전 세계의 모든 뛰어난 기관들의 수학에 대하여 보고하였다. 인간의 수학적 사고가 어디에 도달했는지, 어느 분야에서 진보의 가능성이 가장 높은지 보고하였다." 로즈가 괴팅겐과 파리를 선호한 것은 이러한 기관들이 수리 과학에서의 정점을 대표하기 때문이었다.13) 로즈의 모토는 이러한 것이었다. "정점을 보다 더 올려 세웁시다."14)

"지적인 노력의 산맥"15)을 체계적으로 조사하면서 로즈는 미국에서 병행적인 방법을 취해야 함을 깨달았다. 미국의 대학들은 수학, 물리학, 천문학,

화학, 생물학에 대한 자원을 지원하기 위하여 기금을 받았다. 재단은 1920년 대 중반에 이르러서는 해외에 나가 있는 미국 학자들에 대한 지원과 더불어 미국 내의 연구에 "밝은 빛"을 비춰 줘야 한다고 결정하였다. 이러한 흐름 속에서 콕세터는 레프셰츠의 조언을 받아들여 특별연구원 장학금을 신청했다. 신청이 받아들여지자마자 콕세터에게는 곤란한 상황이 닥쳤다. 트리니티 칼리지에서의 연구원으로서의 임기 중간이었던 것이다. 그는 특별연구원직을 포기하기 싫었고, 그래서 트리니티 칼리지 고문의 특별명령으로 떠나 있는 해를 벌충하기 위하여 특별연구원직은 1년 동안 연장되었다. 몇몇 다른 특별연구원들도 이러한 선례의 덕을 보았고, 이렇게 하는 것을 "콕세터처럼 했다"고 했다.[16]

1932년 8월, 콕세터는 미국으로 일찍 가서 프린스턴에 가기 전에 뉴욕에서 시간을 보내기 위해 비엔나에서의 가족휴가에 참석하지 않기로 했다. 출발 전날 그의 아버지는 도널드의 미래가 어떻게 될 것인지 곰곰이 생각했다.

그러니까 도널드는 결국 내일 떠난다오. 스스로를 드러낼 만큼 진정으로 사랑에 빠질 수만 있다면 좋을 텐데– 절망적인 열정이라도 아무 것도 없는 것보다는 나으니 말이오. 스토트씨와 단둘이서 좋은 대화를 나누었소. 훌륭한 분이셨소. 그리고 도널드가 그저 지식인에 지나지 않는 존재가 될 위험이 있다고 생각하시지만, 훌륭한 지식인일 뿐만 아니라 좋은 인간이 될 가능성이 있다는 생각도 하셨소.[17]

도널드는 아키타니아호에 오르자마자 변신하기 시작했는데, 이는 동행자인 프랭크 오코너Frank O' Connor의 충동질에 따른 것이었다. 오코너는 뉴욕에서 의사로 일하고 있는 가족의 친지였다(해럴드는 아들을 믿을 만한 사람에게 맡겼다고 생각했고, 오코너는 "세상 물정에 밝은 사람"이었다).[18] 도널드로서는 놀랍게도 배에서 보내는 날들은 오락거리로 가득했다. 매일 밤 경마도박과 춤판이 이어졌다. 춤 때문에 도널드는 열등감을 느꼈다. 그는 "미국식"으로 춤추는 법을 알지 못했다. 춤출 용기를 겨우 낼까 말까 한 융통성 없는 이에게 더욱 끔찍했던 것은, 정해진 밤에는 여성들이 신발을 던지고 남성들은 자신이 잡은 슬리퍼의 주인과 춤을 추는 "신데렐라 춤"으로 순전히 우연에 의해 파트너가 정해졌던 것이다. 콕세터는 자신이 원하는 여성을 얻을 만큼 재빠르지 못했지만 어느 젊은 여성의 주목을 끌기는 했다. 그녀는 기하학에 대해 알고 싶어 했고 그는 친절하게 4차원 초다면체를 그리는 법을 가르쳐 주었다. 그녀는 난폭한 젊은 패거리들의 관심의 대상이기도 했다. 콕세터는 집으로 처음 보내는 편지를 이렇게 끝맺었다. "하지만 거기까지이고, 내일이면 항해가 끝나서 그런 사람들이 가득한 대륙으로 들어갈 각오를 해야 합니다."[19]

다가오는 뉴욕의 스카이라인은 "영화에서 보았던 것이나 마찬가지입니다만, 이제 더 이상은 마천루가 날조된 것이라는 은밀한 의심을 품지 않게 되었다는 것만 다릅니다." 상륙하자마자 거의 곧바로, 오로지 자신의 오해 탓으로 콕세터는 함께 있던 오코너와 떨어지게 되었다. 콕세터를 맞으러 나온 록펠러의 대리인은 부두 인근의 주류 밀매점들을 뒤지며 그를 찾고 있었으니, 자신이 찾고 있던 사람이 어떤 인물인지 전혀 모르고 있었던 것이 분명하다.

콕세터는 프린스턴으로 가기 전에 미국이 어떤 곳인지 충분히 경험하게 되었다. 오코너는 그에게 자신의 비서를 소개시켜 주었고, 이 비서는 친구와 함께 콕세터를 엠파이어스테이트빌딩으로 데려갔다. "꼭대기에서 보니 전망이 좋더군요"라고 그는 집으로 보내는 두 번째 편지에 썼다. "뇌우가 바로 우리 머리 위까지 다가왔고, 구름이 모든 것을 가렸습니다. 천둥소리가 크게 나자 아가씨들이 바람으로 건물이 흔들리는 것이 느껴진다고 말하더군요(실제로는 5

㎝만 흔들리니까 실제로는 그 아가씨들이 떨고 있었던 것으로 생각됩니다).” 다음날 오코너의 부유한 환자 한 사람이 키스코산에 있는 자신의 사유지를 방문하도록 두 사람을 데려오라고 60㎞ 떨어진 곳에서 운전기사를 보냈다. “잔디밭에는 수영장이 있고, 찬물 더운물이 나오며 전화기까지 갖춰져 있는 특별한 화장실도 있었습니다. 나머지 것들도 모두 그런 식이었습니다. (제가 채식주의자라는 얘기를 듣더니 여섯 명의 운전기사 중 한 명에게 우리를 여섯 대의 차들 중 한 대에 태워서 채소밭 구경을 시켜 주라고 하더군요.)”

8월 31일, 콕세터와 오코너는 차로 뉴햄프셔에 가서 개기일식을 보았다(실은 미국에 일찍 오려던 이유가 유럽에서는 볼 수 없을 일식을 놓치지 않기 위해서였다). “저희는 '개기식 지대'에서 16㎞ 내에 있는 전망이 좋은 산허리를 택하였습니다. 4시 25분 30초에는 작디작은 초승달 모양을 제외하고는 태양이 전혀 남지 않았습니다. 4시 29분 30초에는 '베일리의 염주Bailey's beads(개기일식이 시작될 무렵과 끝날 무렵에 달 가장자리의 낮은 지형 때문에 태양의 채층이 밝은 조각들로 보이는 현상. 이를 발견한 영국의 천문학자 프랜시스 베일리Francis Bailey의 이름을 따서 명명되었다-옮긴이)'가 아주 잘 보였습니다. 지구에 드리워진 어둠은 아주 인상적이었고, 코로나도 잘 보였습니다. 4시 30분에는 개기일식이 완전히 종료되었고, 우리는 군중들보다 앞서 가려고 남쪽으로 서둘러 길을 떠났습니다.” 뉴욕에 돌아온 콕세터가 “더위 탓으로 사모아 제도의 패션처럼 수건 말고는 아무 것도 걸치지 않은 채” 써서 집으로 보낸 여덟 쪽짜리 편지에 담긴 내용은 이것뿐만이 아니었다. “날마다 한 달 치는 족히 될 사건들이 벌어집니다.”20)

어느 정도 시일이 지나고 나서 콕세터는 뉴욕에서 남쪽으로 기차를 타고 한 시간 거리에 있는 프린스턴으로 향했다. 연구에 착수하기 전에 그는 자전거를 타고 시내를 답사하였다. 풀로 뒤덮인 언덕을 빠른 속도로 내려오던 그는 “난폭하게 자전거에서 끌려 내려졌는데…… 저를 끌어내린 사람은 장황하게 변명을 하며 자신이 '아주 취했다'고 강조했습니다."21) 그는 베이브 루스Babe Ruth의 뉴욕 양키즈와 시카고 컵스 사이에 열린 월드 시리즈 야구경기를 보기 위해 뉴욕으로 돌아가기도 했고 프린스턴과 애머스트 사이에 열린 미식축구경기에 처음으로 참여하기도 했다. 이러한 미국적 놀이들을 생각하며 그는 신랄한 의견을 내놓았다. "어느 쪽이건 또다시 참여하여 지루해지고 싶지는 않습니다."22)

△ ▢ ✧ ◉ ⊗

1930년대 초반에 이르러서는 프린스턴이 세계 수학의 중심으로서 괴팅겐을 따라잡을 준비가 되어있었다. 1932년, 나치가 권력을 잡고 나서 히틀러는 독일의 대학에서 모든 유태인 학자들을 추방했고, 그중 많은 사람들이 미국으로 밀려났다. 아인슈타인이 프린스턴에 온 것은 1933년이었다. 그는 이 도시를 "놀랄 만큼 작은 곳, 보잘것없으면서 허풍스러운 위인들이 사는 기묘하고 엄숙한 마을"이라고 불렀다.23) 그리고 아인슈타인의 제자인 폴란드인 물리학자 레오폴트 인펠트Leopold Infeld는 이렇게 지적했다. "프린스턴에서 미국에 대해 무엇이든 배운다는 것은 어려운 일이다. 케임브리지에서 영국에 대해 배우는 것보다도 훨씬 더 어렵다." 인펠트는 수학과 건물인 파인홀에서 "하도 다양한 말씨로 영어를 해서 그 결과 뒤섞인 말씨를 '파인홀 영어'라고 부른다"고 했다.24) 대학의 건축양식도 그와 비슷하게 "모든 가능한, 또한 불가능한 양식들의 놀라운 칵테일(원문은 tutti-frutti인데, 이는 여러 가지 과일을 잘게 썰어 설탕에 절인 것을 말한다-옮긴이)"이었다. 대개는 케임브리지와 옥스퍼드를 혼합한 신고딕 양식이었는데, 트리니티의 대문을 복제한 것(인펠트의 생각으로는 괴이했다)도 있었다.25)

1931년에 지어진 파인홀은 고금에 설계된 것들 중에 가장 퇴폐적인 수학과 시설이었다. 수학자들이 떠나기 싫어하도록 일부러 그렇게 설계된 것이었다.26) 개인 연구실들은 안식처로서 사무실이라기보다는 거실이라고 할 만한 것이었는데, 각각의 방들은 커다란 책상, 푹신한 의자들, 동양산 융단, 옷을 거는 벽장으로 잘 갖춰져 있었다. 벽에는 건축 예산의 오분의 일을 들여 영국에서 실어온 어두운 색조의 오크 장식판자가 붙어 있었고, 선택된 벽 장식판자들을 붙박이장처럼 열면 숨겨진 칠판이 모습을 드러냈는데, 내벽과 열려진 날개모양 부분에는 모두 상감장식이 되어있었다. 납유리가 달린 유리창조차도 설계계획에 포함되어 있었다. 수학공식과 도형들이 새겨져 있었던 것이다. 공기에는 수학적 개념과 공식들이 가득했다고 인펠트는 말했다. "손을 폈다가 재빠르게 오므리기만 하면 수학적 공기를 잡아서 공식 몇 개가 손바닥에 들러붙었다고 느끼게 된다. 심지어는 창문을 통과하는 태양빛조차도 하느님과 뉴턴, 아인슈타인과 하이젠베르크의 의지에 따라 복종해야 할 법칙을 기억하지 않을 수 없다."27) 교수 휴게실에 달린 창문들(유명한 뉴욕의 건축회사 맥킴, 미드 & 화이트가 장식하였고 학부 교직원 부인 한 사람이 이를 감독하였다)에는 아인슈타인의 중력법칙과 일반 상대성 이론이 지워지지 않도록 기록되어 있었고, 서재 한 곳은 플라톤입체의 상징을 그려 놓은 스테인드글라스를 통해 빛이 굴절되게 되어있었다. 이 모든 것에 더하여 욕실에도 독서등이 달려 있었고 -파인홀은 영감이 찾아오는 예측할 수 없는 시점과 조화를 이루고 있었다- 현장에 설치된 샤워 및 탈의실 덕으로 뒷마당에 있는 코트에서 열린 테니스 경기에서 아슬아슬하게 이기고 아드레날린이 분출되어 원기를 회복한 수학자들이 연구에 복귀할 수 있었다. 학부가의 무사태평한 가사에 따르면 파인홀은 "수학을 위한 컨트리클럽이며, 목욕도 할 수 있다네."28)

프린스턴에 도착한지 얼마 되지 않아 콕세터는 자신을 데려온 레프세츠교수와 만나 하루에 30시간은 족히 잡아먹을 대략적인 연구과정을 계획했다.29) 목소리가 우렁우렁하고 떠들썩한 레프세츠는 대학원생들을 두렵게 만들었다.

러시아에서 태어나 프랑스에서 공학자로 훈련받은 그는 스물한 살의 나이에 일자리를 찾으러 미국으로 왔다. 1907년, 그는 피츠버그에 위치한 웨스팅하우스 전기회사에서 발생한 변압기 폭발사고로 두 손을 잃었고, 이러한 비극으로 인해 그는 보다 철학적인 수학 분야로 나아가게 되었다. 그는 박사 학위를 취득하고 결국 1924년 프린스턴에 안착하게 되었다. 그는 이탈리아학파의 대수고차원 전통에서 심원한 기하학적 통찰력으로 유명해졌다. 그러나 레프셰츠의 전공 분야는 위상 수학*─혹은 "고무판" 기하학─이 되었는데 이는 현대 기하학의 한 부문으로 콕세터가 흥미를 가졌던 것은 그중 선택된 일부에 지나지 않았다.30)

레프셰츠는 수많은 수학자들이 의심조차 하지 않았던 곳에서 정리를 찾아낼 수 있었지만 굳이 상세한 증명을 만들어 내는 일은 드물었다. 널리 알려진 농담에 따르면 그는 올바른 증명을 써낸 적도 없고, 옳지 않은 정리를 말한 적도 없다는 것이다.31) 무언가가 명백히 옳다면 오로지 검증을 위하여 증명을 만들어 내는 것은 시간낭비라는 것이 그의 생각이었다. 어떤 학생이 그의 정리들 중 하나에 대한 멋진 증명을 자랑스레 보여 주자 레프셰츠는 이렇게 고함을 쳤다. "자네의 멋진 증명을 들고 오지 말게. 여기서는 그런 갓난쟁이 짓거리는 신경 쓰지 않으니까."32) 그러나 실은 출판을 위해서는 증명이 필요했고, 그래서 레프셰츠는 대학원생들을 설득하여 자신의 연구를 완성시키도록 했다. 그리고 양팔에 손 대신 갈고리를 달고 있었던 그는 평소에 팔꿈치까지 올라가는

---

* 위상수학자들은 늘리기, 비틀기, 누르기-단, 찢기는 위상수학의 규칙에서 허용되지 않는다-를 통해 변형되어도 보존되는 형상의 속성을 연구한다. 원은 위상 수학적으로 약간 늘려 놓은 타원과 동등하다. 정육면체와 구도 서로의 형태로 변형될 수 있어서 "위상동형homeomorphic"이라고 한다. 다면체의 다음과 같은 위상수학적 특징은 스위스의 수학자 레온하르트 오일러Leonhard Euler(1707-1783)가 발견했고, 오늘날에는 다면체의 오일러 특징 혹은 오일러의 공식이라고 알려져 있다. 즉 임의의 다면체에 있어 꼭짓점의 수(V)에서 모서리의 수(E)를 빼고 면의 수(F)를 더하면 2가된다. 즉 V-E+F=2이다.

번쩍이는 검은색 장갑을 꼈고, 실질적인 문제에 있어서도 학생들에게 의존하였다. 매일 아침이면 대학원생 하나가 분필을 그의 장갑에 밀어 넣었고 일과가 끝나면 분필을 꺼냈다. 프린스턴에서의 그의 초창기를 찍은 영화는 그가 번쩍이는 장갑을 낀 의수를 거칠게 흔들어 대며 강의를 하는 모습을 보여 준다. 레프셰츠에 관하여 만들어진 학부가는 축배를 위한 노래였다. "레프셰츠, 솔로몬 L. 을 위하여 건배/지옥처럼 견디기 힘드네/마침내 흙에 묻히면/하느님을 못살게 굴기 시작할 거라네."33)

콕세터에 대한 록펠러의 인사기록카드에 따르면 공식적으로 그는 오즈월드 베블런Oswald Veblen 밑에서 공부하기 위하여 프린스턴에 온 것으로 되어 있었다. 그러나 또 한 명의 위상 수학자이자 기하학을 현대화하는 데 미국에서 힐베르트와 짝을 이뤘던 베블런은 레프셰츠만큼이나 콕세터와는 궁합이 맞지 않았다. 콕세터와 베블런은 숲 속에서 오랜 산책을 하며 수학에 대하여 논하였다 (베블런이 연구를 행하는 방식으로 알려진 대로). 그러나 대체로 베블런은 콕세터가 스스로 자유롭게 연구를 하도록 놓아두었다. 격식을 차리지 않는 것이 프린스턴의 관습이었다. 수학자들, 특히 장학금을 받고 온 객원 연구원들은 휴게실에서 적당한 사람들에게 슬그머니 다가가 협력할 만한지 사정을 살피고 매력이 있는 강의들을 여기저기 드나듦으로써 할 일을 했다.

콕세터는 베블런의 강의에 참석했는데, 거기서 베블런은 널리 퍼진 질문을 던졌다. "기하학이란 무엇인가?"34) 20세기 초, 기하학의 근거가 변화하면서 기하학이라는 개념은 혼란스러워졌다. 베블런은 몇 주에 걸쳐 이러한 질문에 강의의 초점을 맞추면서 만족스러운 답변을 생각해 내려고 애썼으나 수포로 돌아갔다. 문제는 기하학자들이 자기 분야의 범위에 대한 정의로 제안한 모든 것이 의미론적으로 수학 전체를 포괄하는 것으로 곡해될 수 있다는 점이었다. 결국 베블런은 신중하고도 재미있으면서도 막연한 정의에 동의하였다. 그는 기하학이란 "이 사안에 대하여 자격이 있다고 인정된 충분한 수의 사람들이 자신의 성향과 직관적 느낌, 그리고 전통을 따라 그러한 것을 의미하는 것이 적절하다고 생각하는 수학의 일부"라고 보았다. 35)

콕세터는 헝가리인 수학자이자 역시 록펠러 특별연구원인 요한 폰 노이만 John von Neumann의 강의에도 출석했다. 폰 노이만은 언제나 한 치수 작은 옷을 입고 다녔다. 마술사와도 같은 강사였던 그는 주어진 바를 이해할 수 있었고 철저하고도 환상적인 수학적 요술로 논리적 결론을 밝혀낼 수 있었다. 강의를 어찌나 빨리 했던지 학생들은 오로지 속도를 늦추려는 목적으로 그에게 질문을 던졌다. 폰 노이만은 스위스의 수학자 헨리 프레데릭 보넨블러스트 Henri Frederic Bohnenblust(보니Boni라는 이름으로 알려진)와 진행 중이었던 게임에 즐겁게 임했는데, 이 게임은 한쪽이 상대방이 연구하는 현장을 덮치는 것이었다. 규칙에 따르면 이 두 사람은 파인홀에 있는 상대방의 사무실에 수시로 노크도 없이 벌컥 들어설 수 있었는데, 상대방이 연구를 하고 있는 것을 잡아내려는 것이었다. 잡히면 진 사람이 10불을 주어야 했다. 폰 노이만은 잡힌 적이 한 번도 없었는데, 그 까닭은 연구는 밤늦게 하였고 낮 시간에는 외견상 아무 일도 하지 않았기 때문이었다(그는 생각을 하고 있었다). 36)

콕세터는 두 명의 수리 물리학자 유진 폴 위그너 Eugene Paul Wigner와 게오르게 포여 George Pólya의37) 강의에도 출석했는데 이 두 사람은 모두 헝가리인이며 록펠러 특별연구원으로 프린스턴에 재직했다(위그너는 폰 노이만과 장학금을 나누어 각자 절반씩 가졌다). 포여는 자신이 물리학자의 성향을 지닌 수학자라고 생각했다. 그는 "물리학을 할 만큼 유능하지는 못하고 철학을 하기에는 지나치게 유능하다"고 씁쓸하게 얘기한 적이 있었다. "수학은 그 중간이다."38) 콕세터가 포여와 위그너를 만나게 된 것은(그는 "사람 머리만큼 큰 구리의 단일 결정을 만드는 법"이라는 위그너의 강의에 출석하였다) 파인홀이 물리학과 건물인 파머연구소와 2층의 복도를 통해 연결되어 있었던 것에 기인한 바 있다. 이러한 건축적인 장식은 과학의 왕인 물리학과 유비와 추상으로 물리학에 기여하는 과학의 여왕 수학 사이의 관계를 멋지게 상징하는 것이었다. 39)

이러한 만남으로 콕세터는 수학의 과학적 응용에 몰두하게 되었다. 그는 사실 수학 그 자체를 위해 수학을 연구하고 발전시키는 순수 수학자였다. 순수 수학자들은 세계에 대한 통찰보다는 추상적이고 상징적인 구조로서의 수학의 내적 논리를 동력으로 한다. 그와는 대조적으로 응용 수학자들은 자신의 연구를 물리학, 생물학, 사회학 등에서 즉각적으로 유용한 방향으로 이끌기 위해 세계에 대한 통찰력을 동력으로 한다. 그러나 이처럼 뚜렷하게 갈라진 것으로 보이는 두 분야는 완전히 고립되어 있지 않고, 그렇지는 않다 하더라도 최소한 고립된 상태를 유지하는 경우는 거의 없다. 어떤 시기에 발견되고 연구된 순수 수학- 그리고 그 시기에는 실용적 가치가 전혀 없다고 간주되었던- 이 후일 놀랍고도 예기치 못한 실용적인 용도를 지니고 있다고 밝혀지는 경우가 많다(콕세터의 연구도 마찬가지였는데, 특히 콕세터 도식과 콕세터군이 그러했다. 이에 대해서는 뒤에 논한다).

콕세터는 순수 수학자 중에서도 가장 순수하여 연구실에 틀어박혀 지성의 정수에만 몰두하는 수학자라는 칭송을 받는 경우가 많았다. 그러나 그의 저작 목록을 보면 실상은 다르다. "드 지터 공간에서의 반사된 광신호에 대한 위그너의 문제에 대하여On Wigner's Problem of Reflected Light Signals in de Sitter Space", "시-공간 연속체The Space-Time Continuum", "바이러스 거대분자와 측지선 돔Virus Macromolecules and Geodesic Domes"과 같은 논문들이 그러하다. 40) 그는 응용수학자들이나 과학자들과 격의 없이 대화할 기회를 반가워했고, 순간적인 통찰이 떠오르면 때로는 자연스럽게 전화를 걸어 그런 이들을 찾기도 했다. 그는 몸소 기하학과 과학 간의 관계를 밝히는 데 적극적으로 참여하지는 않았지만 과학에 등장한 기하학을 조사하기를 즐겼다. 콕세터는 순수 수학과 응용 수학간의 대립은 물론이려니와 장벽 같은 것을 엄격하게 유지하는 현학적인 순수주의자가 아니었다.41)

그러한 이유로 프린스턴에서 콕세터는 자신의 이해를 약간은 넘어서는 주제들을 접하였다. 그는 중성자에 대한 강의, 우주선宇宙線에 대한 강의(가이거계수기가 진열되어 있어 청중들이 1분에 한 개 꼴로 들어오는 광선을 관찰할 수 있도록 한), 다양한 종류의 팽창하는 우주들에 대한 강의, 그리고 원시원자(10^{10}년 전에 만들어진)에 대한 강의에 참석했다. 원시원자에 대해서 그는 집에 보내는 편지에 이렇게 썼다. "[원시원자는] 일종의 초방사성의 영향으로 붕괴되면서 라듐에서 나오는 X-선과 유사한 경선hard ray(파장이 짧고 투과력이 강한 X선-옮긴이)을 방출하였고, 이러한 '우주의 고고성呱呱聲'은 그 이래로 우주를 빠르게 돌고 또 돌다가 오늘날 '우주선'으로 관찰되는 것입니다."42) 콕세터는 감정과 산술에 대하여 강의를 마친 홀트Holt 주지사와 물리학자들과 신비주의자들에 대하여 이야기를 나누었다. 그리고 저녁식사 자리에서는 어빙 로버트슨Irving Robertson과 텔레파시에 대하여 논쟁을 벌였다.43)

그래쥬에이트 칼리지에 있는 숙소에서 콕세터와 그의 새로운 지인들 – "모두 미국식으로 유쾌하도록 느긋합니다" – 은 프랭클린 루스벨트Franklin Roosevelt 대통령이 뉴딜 정책의 세부적인 사항을 간략하게 설명하는 노변담화爐邊談話가 방송되는 라디오에 귀를 기울였다.44) 그들은 돌아가며 거의 모두가 잠들 때까지 소리 내어 시-에드거 앨런 포Edgar Allan Poe의 "갈까마귀The Raven" – 를 읽었다.45) 콕세터는 끊임없이 보낸 편지에서 자신이 나이가 훨씬 많은 저명한 교수들과 그 부인들과 함께하는 호화로운 만찬회에서 대접을 받았노라고 자랑했다.46) 그리고 어떤 편지에 추신으로 새로운 친구들에 따르면 미국이 이미 자신에게 상당한 영향을 주었다고 적었다. 그는 미국에 오고 나서

눈에 띄게 성숙해졌고 이제는 실제로 제 나이인 스물다섯으로 보이게 되었다.47)

외아들이 "고루한 노총각"48)이 될 운명인가 하는 부모의 걱정을 풀어 주고 싶었던 콕세터는 미국에 있는 동안 두 가지 일을 하기로 결심했다. 첫째는 모든 영국인을 멀리하는 것이고, 둘째는 영국으로 같이 가서 아내가 되어 줄 적당한 여성을 찾는 일이었다.

정말 완벽한 여자를 만났습니다. 2주 전, 저는 두 번째로 간 것이고 그녀는 처음 온 스퀘어 댄스 강습에서 말입니다. 아주 우아하고, 검은 생머리에 아름다운 용모와 하얀 피부를 지녔습니다. "적어도 스물두 살은 되어 보이니 아직 미혼일 리가 없어"라고 생각했습니다. 그러나 그녀의 아름다운 손에는 반지가 없었습니다.

그 두 손을 건드려 보기만 했습니다만 그 어느 누구의 손과도 느낌이 달랐습니다. 그로부터 1주일 뒤 두 번째로 만났을 때 저는 어떻게든 거의 줄곧 그녀와 짝이 되었습니다만 말을 거는 것은 불가능했습니다. 나중에 그녀가 누구인지 물어보았는데 그녀가 1/4은 인디언이라는 이야기만 들었을 뿐입니다. 그 얘기를 듣고는 엄청나게 흥분하였고, 그녀에 대해 멋진 환상을 품게 되었습니다. 대학의 댄스파티에 초청하여 관계를 시작하리라 생각했습니다. 그러다가 오늘 그녀의 남편이 지질학 조교수임을 알게 되었습니다. 그러니 제 운명이 모든 문제에 대해 관대하였지만 무엇보다 중요한 문제에 대해서는 예외인 것이지요. 저는 신부와 영국으로 개선하는 것을 정점으로 하는 저의 멋진 환상과 1/8 혼혈 인디언 아이들을 가질 가능성을 포기해야 합니다. (충격은 제법 대단했고, 저는 제가 대단히 불운하다고 생각합니다. 버웰Burwell이 미국의 기혼여성 99%는 반지를 낀다고 했으니 말입니다.)

　그만치 예민했으니 그녀가 이미 결혼했다는 사실은 제게 아무런 의미가 없으리라 하시겠습니까? 제가 대답할 수 있는 것이라고는 그녀의 남편이 저보다 나은 사람이라는 것입니다. 그렇지 않았더라면 남편으로 맞이하지도 않았겠지요. 그리고 그 둘은 행복하리라 생각합니다. 지금 저는 한밤중에 침대에 누워 편지를 쓰고 있습니다. 하도 당황하여 잠을 이루지 못하고 있습니다만 제 가장 절친한 친구인 아버지께 이 슬픈 소식을 전하노라니 조금은 편해집니다. 이제는 [펠릭스] 클라인의 "이십면체에 대한 강의"에서 위안을 찾아볼까 합니다.[49]

△ ▢ ◆ ⬠ ⬢

　로맨틱한 일은 단념하고 뒤로 미루기로 한 콕세터는 프린스턴에서 생산적인 한 해를 보냈고 그의 초다면체 연구 역시 급격하게 발전하여서 레프셰츠교수가 그에게 초다면체 씨라는 별명을 붙여 주었다. "[레프셰츠]가 그저 임의차원의 공간에 존재하는 '다면체'일 뿐이라고 주장하는 도형에 제가 오랫동안 특별한 관심을 가지고 있었던 까닭입니다."[50] 콕세터가 이러한 견해를 약간은 경멸적인 것으로 본 것도 무리는 아니지만, 초다면체에 대한 레프셰츠의 정의는 완벽하게 적절한 것이었다. 콕세터는 아버지에게 보내는 편지에서 미국에서 초다면체는 대체로 "금기"[51]라고 했다. 콕세터는, 당시 토론토 대학교에 있었던 케임브리지의 동료 질베르 드 뷰르가르드 로빈슨의 편지를 받고는 어느 정도 위로를 받았다. 로빈슨은 토론토에서 초다면체에 대해 한두 번의 강의를 해 달라고 청했고, 콕세터는 이러한 제안을 용감하게 받아들였다.[52] 그러나 대체로 콕세터는 위상 수학과 같이 유행하는 기하학 분야의 흐름을 거슬러 가며 연구했다. 콕세터로서는 인적이 드문 길이 더 매력적이었고 어쩌면 예상치 못할, 보다 유익한 목적지로 이어질 수 있을 것이었다.

콕세터는 그해 초다면체에 대한 연구를 강행하여 비약적인 발전을 이루었고, 이는 실로 그가 이룬 가장 뛰어난 경력 상의 업적에 속하는 것이었으나, 이러한 발견의 정도와 범위는 그 뒤로 몇 년 동안 완전하게 파악되지 않았다. 콕세터는 당시 자신이 만화경과 그로써 생성되는 초다면체들의 "도해기호 graphical symbols"[53]라고 불렀던 것을 발견한 것이었다.

케임브리지에서 콕세터가 가지고 다녔던 만화경-그가 주문제작한, 거울과 경첩으로 만들어진 고안물-은 그가 3차원에 이르기까지 생성된 초다면체의 대칭적 특성을 연구하기 위해 사용한 도구로서 차원이 더해질 때마다 거울이 하나씩 덧붙는 것이었다. 3차원을 넘어서면 물리적으로 만화경을 제작하는 것이 불가능했다. 그러나 수학자들은 3차원에 안주하지 않았다. 어쨌거나 지적으로는 말이다. 그들은 가상의 차원에 살았고, 무한으로 뻗어 가는 패턴과 초다면체를 탐구했다. 차원 만화경을 제작하는 것이 물리적으로 불가능한 것은 콕세터에게 장애가 되지 않았다. 고차원 도형을 어렴풋이나마 알아내는 문제-그리고 그 대칭적 특성을 이해하는 일-는 회전하고 반사되며 그의 마음속을 맴돌았고 마침내 그는 더 높은 차원으로 올라가기 위한 또 다른 종류의 고안을 해낼 수 있으리라는 점을 깨달았다. 그는 상상력과 독창성만으로 정식화된 정신적인 버팀목이라는 별개의 도구로 차원 만화경을 탐구하는 방법을 발견했다. 이러한 도구는 물리적인 만화경을 모방한 것으로 연필과 종이로 작도된, 기호로 된 단순한 도표의 형태를 취했다. 그의 도해기호는 콕세터 도식이라고 알려지게 되었다. 필수불가결한 첨단장치의 영향력에 의해 일단 유행이 되자 콕세터 도식은 수학자와 과학자를 막론하고 대칭-도형의 대칭이든, 숫자의 대칭이든, 방정식의 대칭이든, 우주와 그 안의 모든 것들의 구성에 있어서의 대칭이든-을 연구하는 데 널리 사용되었다.

"콕세터 도식은 부호체계입니다."[54] 미국 뉴저지에 있는 AT&T 섀넌연구소의 수학자이자 전화통신학자인 닐 슬론은 이렇게 말했다. (슬론은 <정수수열 온라인 백과사전On-Line Encyclopedia of Integer Sequences>을 만든 것으로 가장 잘 알려져 있다. 베르나르도 레카만 산토스Bernardo Recamán Santos가 발견한 어떤 수열에는 해독하기가 대단히 힘든 숫자 패턴이 포함되어 있어서 이를 시험해 본 사람들은 "레카만의 삶의 요령How to Recamán's Life"이라고 불렀다.) "부호체계란 자료를 한 형식에서 다른 형식으로 변환하는 방식으로서 호기심 어린 사람들에게서 정보를 감추거나 왜곡을 방지하거나 군더더기를 제거하거나 그저 멋지고 깔끔한 형식으로 만드는 방법으로 부호화하는 것입니다. 콕세터 도식이 이러한 역할을 하는 것은 분명합니다. 콕세터 도식은 정확하고도 우아한 형태로 정보-초다면체와 그 만화경, 그리고 이를 통해 생성되는 대칭군-를 전달합니다. 콕세터 도식은 군에 대하여 논할 때 훌륭한 기호체계입니다." "그러한 점에서 콕세터 도식은 모스 부호와 조금은 비슷합니다. 언어란 말입니다."55)

공교롭게도 모스 부호와 콕세터 도식 간의 유사성은 두 가지 수준에서 통한다. 두 부호체계 모두 필수적인 정보를 간결하고도 시각적으로 간략한 형태로 변환한다. 그리고 외견상 모스 부호의 기본적 구성요소인 점과 선은 콕세터 도식의 기본적 구성요소이기도 하다. 물리적인 만화경 장치를 모방한 콕세터 도식에서 각각의 점 혹은 결절점은 거울을 상징한다. 예를 들어 다음과 같은 콕세터 도식은 3차원에서 이십면체를 생성하는 만화경을 나타낸다.

결절점들을 연결하는 선분 밑에 있는 숫자는 거울들이 만나는 각도를 표시한다. 여기서 180°/3=60°이고 180°/5=36°이다. 이러한 방식으로 숫자들은 만화경이 어떤 종류의 것인지, 즉 사면체의 것인지, 팔면체의 것인지, 이십면체의 것인지 지시한다.

우아함과 경제성을 옹호한 콕세터는 자신의 도식을 단순화하기 위한 생략법을 고안해 냈다. 예를 들어 위의 도식에서 맨 왼쪽과 맨 오른쪽의 결절점들과 같이 결절점들이 연결되지 않는 경우, 현실에서 각각의 결절점이 상징하는 거울들은 90°로(혹은 이 둘이 하나의 선으로 연결되었더라면 그 밑에 2가 있을 방식으로) 만난다. 또 다른 생략을 위해 콕세터는 거울들이 60°로 만나는 경우 – 왜냐하면 위에 제시한 이십면체 만화경에서와 같이 그런 경우가 많기 때문에 – 숫자 3은 생략해야 한다고 정했다. 따라서 두 점이 한 개의 선으로 연결되어 있으나 그 밑에 어떠한 숫자도 없다면 이 거울들 간의 각도는 60°라고 간주한다. 따라서 이십면체 만화경에 대한 실제의 콕세터 도식은 다음과 같다.

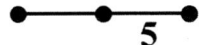

이러한 생략은 불필요해 보일 수도 있지만 실제로는 원하는 정보에 빠르게 접근하기 위해 연결과 암호가 최소한만 존재하는 인터넷 접속을 사용하는 편을 선호하는 것과 마찬가지로 부호로 나타내지 않아도 되는 모든 것은 간소화의 역할을 하고 도구의 유용성과 효율성을 높여 준다. 간결함의 대가였던 콕세터는 도식을 선과 결절점, 그리고 구조를 혼란시키는 숫자들을 최소화하여 셰이커 가구(셰이커교 공동체를 위해 설계된 가구로 간결하면서도 실용적인 것으로 유명하다–옮긴이)처럼 검소하게 만들고자 했다.

콕세터 도식의 필수불가결한 또 하나의 특징은 연구에 사용되는 만화경의 종류를 전달할 뿐만 아니라 그 안에서 어떠한 모양들이 생성될 수 있는지를 밝힌다는 점이었다. 만화경에서 초다면체를 생성하기 위한 소도구– 얼룩이나 막대– 의 위치를 정하는 비트호프의 방법에 따라 콕세터는 도식에 또 하나의 기호를 추가하였다. 그는 적절한 결절점에 동그라미를 그려서 거울 위의 어느 부분에 소도구를 위치시켜야 하는지 지시하였다. 따라서 다음의 콕세터 도식은

(위와 같은) 이십면체 만화경에 대한 것이 아니라 이십면체 자체에 대한 것이다.

이와 유사하게 다음과 같은 콕세터 도식은 이십면체의 쌍대-십이면체-를 가리키며, 유일한 차이는 소도구의 위치가 다르다는 것이다.

단순히 도식에 차원 하나마다 결절점, 즉 거울을 하나씩 추가함으로써 차원을 증가시키고 초차원 초다면체를 조사하는 일도 쉽게 할 수 있다. 다음은 600-포체라는 이름으로도 알려져 있는 4차원에서의 이십면체를 상징하는 콕세터 도식이다.

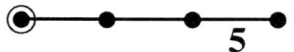

이십면체와 십이면체는 4차원을 초과하는 차원에는 존재하지 않는데, 콕세터로서는 썩 마음에 드는 일이었다. 언젠가 그는 이렇게 말했다. "4는 제가 좋아하는 차원입니다. 4차원에서 일어나는 일들은 특별히 마음에 듭니다."[56] 그의 눈에 가장 절묘한 정규초다면체들을 만들어 내는 것은 4차원이었다. 콕세터는 8차원까지 엄밀하게 조사하였고 그 이상의 일은 다른 사람들에게 넘겼다.[57] 콕세터는 이처럼 높은 영역까지 오르는 일은 별로 없기는 하였지만 그럼에도 무한, 혹은 n차원에 이르기까지 초다면체를 만들어 내는 가능한 모든 만화경을 열거하였다. 콕세터 도식은 수학자들이 한 단 한 단, 한 결절점 한 결절점, 한 차원 한 차원 무한의 외기권을 거쳐 올라가는 줄사다리 같은 것이었다. (콕세터가 차원에 따라 체계화하여 열거한 모든 만화경에 대해서는 부록 3 참고.)

콕세터 도식은 어느 정도 기묘하고 불가사의한 것으로, 심지어는 대칭의 극히 협소한 부분에 대한 난해하고도 무용한 연구로 여겨질 수도 있지만, 그것은 오해이다. 대칭과 숫자의 패턴을 조사하는 수학자들, 그리고 우주의 대칭을 조사하는 과학자들에게 콕세터 도식은 대단히 귀중한 도구가 되었다. 콕세터 도식은 속기와 똑같이 연구의 대상이 되는 대칭적 특징을 간단히 요약하여 제시한다. 대칭에 대한 내용 전체를 지리멸렬한 대수적인 항등식과 방정식들로 줄줄이 늘어놓은 것보다는 도식으로 설명해 놓는 편이 오히려 심상으로 포착하기에 훨씬 더 쉽다. 한 벌의 거울들 혹은 생성원으로 만들어진 대칭군들은 다른 한 벌의 거울들로 만들어진 것과는 사뭇 다른데, 콕세터 도식은 수학자의 기억 속에 군에 대한 완전한 설명을 일깨워 주는 인식표를 제공함으로써 그 구별에 도움을 준다.58)

8차원 초다면체를 예로 들자면, 711,244,800개의 대칭이 존재하고, 꼭짓점은 240개이며, 모서리는 6,720개이고, 마지막으로 7차원 포체들, 그러니까 17,280개의 단체들과 2,160개의 수직체가 있다.59) 이러한 초다면체를 나타내는 콕세터 도식은 끊임없이 이어지는 자료들을 편리하게 압축해 준다.

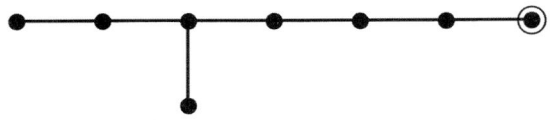

투영을 통하여 막연한 고차원에서의 초다면체의 모양새를 짐작해 보는 것 – 그림자처럼 모양을 3차원이나 2차원으로 투영하는 것 – 역시 복잡한 내용을 효율적으로 압축해 준다. 다음의 그림은 4차원 이십면체인 600-포체의 모형인 3차원 투영, 그리고 같은 초다면체의 2차원 투영이다.60)

비교해 보면 600-포체에 대한 콕세터의 도식적 표현이 깔끔하다는 것은 분명하다.

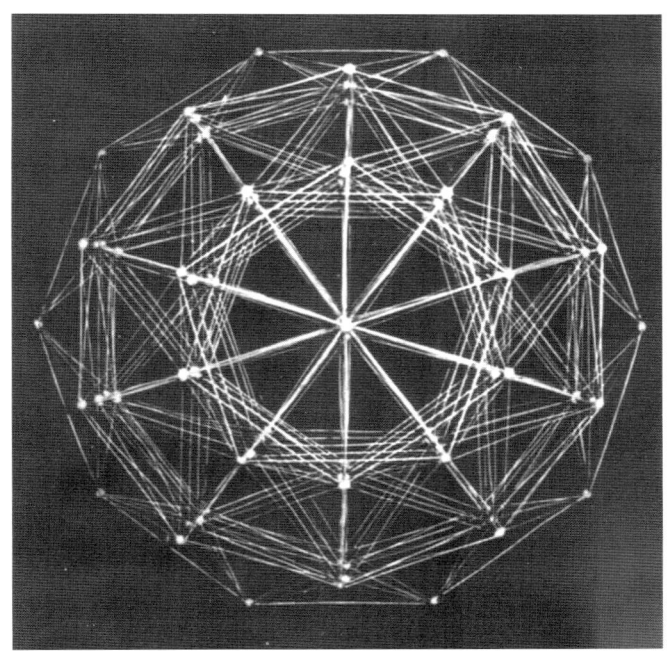

3차원으로 투영한 4차원 이십면체, 즉 600-포체에 대한 폴 돈치안Paul Donchian의 모형.

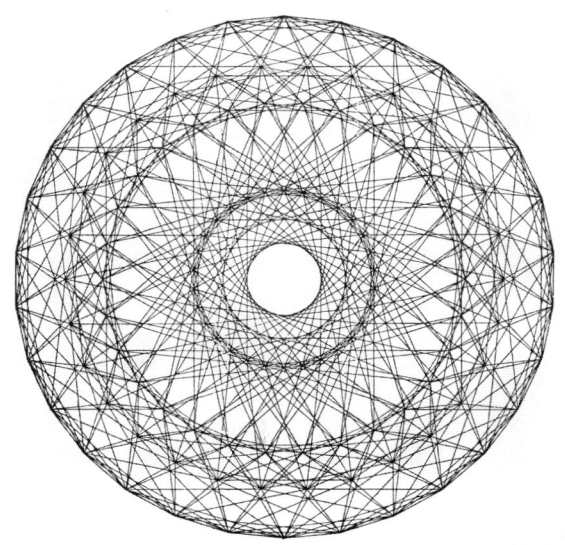

600-포체를 2차원으로 투영한 것을 독일 수학자 살로몬 반 오스Salomon van Oss가 1906년경에 그린 것.

존 콘웨이는 이렇게 말했다. "이것이 정말 놀라운 까닭은, 콕세터의 방식은 고차원의 엄청나게 대칭적인 사물을 이처럼 놀랍도록 간결한 표시법으로 전달한다는 것입니다."61) 마저리 세네칼 역시 콕세터의 간결한 도식에 놀란 것은 마찬가지였다. "그는 교묘하고도 유쾌하게 고차원의 덤불과 쪽문들을 통해 우리를 끌고 올라와서 편안하게 해 준다."62)

프린스턴에서 이러한 창안이 구체화되자 콕세터는 자신의 도식적 기호를 소개하는 취임공개강의를 했다. 레프셰츠는 그의 성과에 콧방귀를 뀌며 이렇게 말했다. "가끔은 하찮은 일에 대해 논하는 것도 괜찮지."63) 레프셰츠는 이러한 하찮은 일이 초다면체 씨를 어디로 이끌고 갈지 몰랐다. 그에 당황하지 않고 자신의 연구가 지닌 내재적 가치에 자신이 있었던 콕세터는 자신의 연구결과를 요약한 긴 논문을 제출했다. 이상하게도 그는 이 논문을 레프셰츠에게 맡겼는데,64) 지도자를 이렇게 선택한 것은 용감한 것이 아니라면 바보 같은 일이었다. 콕세터는 프린스턴의 저널 <수학연보 Annals of Mathematics>에 발표할 수 있기를 바랐다.

프린스턴에서 보내는 한 해가 끝나 가면서 콕세터는 트리니티에서의 임기를 마치기 위해 2년 동안 영국에 머물 계획을 세우다가 자신의 선택을 재고했다. 프린스턴의 친구들은 송별을 위하여 시내 여기저기로 술집 순례를 다닐 준비를 하였지만65) 취업제의가 가시화될 것이 분명하다고 생각하여 프린스턴에 남으라고 설득했다. 게다가 아인슈타인이 오자마자 떠난다는 것도 유감스러운 일이라고 지적하였다. "아인슈타인의 연구를 진정으로 높이 평가해야 한다는 것은 아닙니다." 콕세터는 케이티에게 보내는 편지에서 이렇게 썼다. "베블런의 상대성 이론도 사실상 동일한 결과에 도달했습니다. 그것도 좀 더 기하학적인 방식으로 말입니다."66) 이러한 찬사를 듣기라도 한 듯 베블런은 콕세터에게 함께 있었던 것이 예외적일 정도로 즐거웠으며 일 년 더 머물러 주기를 바란다고 했다. 콕세터는 "더 일찍 그렇게 말씀해 주셨더라면 머무를 채비를 갖췄을 수도 있었을 것입니다"[67]라고 대답하고 싶었다.

콕세터는 자신의 발견, 즉 콕세터 도식과 초다면체 대칭군 목록이 그로부터 70여 년 뒤에 콕세터를 그토록 당황케 했던 바로 그 아인슈타인의 연구를 응용한 분야, 즉 끈이론string theory에서 예기치 않게 등장하리라고는 알지도 못했고 추측조차 하지 못했다. 아인슈타인의 상대성 이론은 콕세터의 취향에는 충분히 기하학적이지 않았을지도 모르나, 그럼에도 불구하고 기하학, 즉 비유클리드 기하학 혁명에 뿌리를 두고 있었다. 당대에는 우리가 살고 있는 세계와 어떠한 실질적 연관도 없다고 버림받았던 순수 수학의 한 부분이 후일 적절한 사람의 손에 들어가 응용을 통해 부활하게 되는 것이 바로 이런 경우였다.

△ ▢ ◇ ⬟ ⬢

고향으로 향하기 전에 콕세터는 아버지와 육로로 미국을 횡단하는 여행을 하다가 시카고 세계박람회에 들렀다. 주제는 "진보의 한 세기"였고, 눈에 띄는 볼거리로는 "인큐베이터에 들어 있는 살아 있는 아기들", "미래의 가옥", 그리고 다리가 아름다운 나체 부채춤 무용가 샐리 랜드Sally Rand가 있었다. 과학관의 볼거리 하나가 콕세터의 눈길을 끌었다. 신문 표제에 따르면 이런 것이었다. "폴 S. 돈치안Paul S. Donchian이 순수 과학의 도원경으로 들어서는 문을 열다. 철사와 마분지로 만든 그의 모형이 최고의 수학을 설명하다."[68] 융단판매업자이자 아마추어 기하학 모형 제작자[69]인 미국 코네티컷 하트퍼드 출신의 돈치안은 자신이 철사로 만든 초다면체 모형들로 덮인 전시대에 사람들을 배

---

* 돈치안이 모형에 마음을 쏟는 바람에 융단을 판매하는 가업은 재정적으로 어려웠다. 그는 손이 많이 가는 철사 작품을 공들여 만들다 보면 한 번에 몇 주가 지나가 버리는 심각한 취미에 탐닉했다. 태풍이 뉴잉글랜드를 강타하여 엄청난 홍수가 일어나자 돈치안이 모형들을 먼저 구하고 그 다음으로 아이들을 구한 다음 살림살이를 챙기고 마지막으로 흠뻑 젖은 융단을 치웠다는 믿지 못할 풍문이 있었다.

치하였는데, 큰 것들은 비치볼만하고 작은 것들은 어미를 따라가는 새끼오리들처럼 나란히 서서 까딱거리고 있었다.* 돈치안이 살고 있는 지역의 신문인 <하트퍼드 쿠란트>에 게재된 신문기사의 부제는 그가 박람회에 등장한 것이 어떻게 수천 명의 마음을 사로잡았는지 기록하고 있다. 모형들은 4차원과 5차원적 실체에 넋을 잃은 채 입을 벌리고 선 대중들을 끌어모았고, "귀를 쫑긋 세운 고급 수학의 마법사들"을 불러 모았다. 콕세터도 그 틈에 있었고, 그와 돈치안은 변치 않는 친구가 되었다. 상대성 이론의 아버지도 모형들을 둘러보려고 그 자리에 나타났으나, 신문 표제에 보도되었듯 아인슈타인은 군중들이 그와 모형들을 으스러뜨리지 않도록 전시물에 다가가는 것을 금지당했다. 그래도 아인슈타인인지라 폐관 시간 이후에 혼자서 보는 것은 허락받았다.70)

여행을 마친 콕세터는 영국으로 돌아갔지만 프린스턴에서 보낸 해는 인생에서 가장 행복한 시간으로 남았다.71) 전원적인 케임브리지조차도 그와 비교해 보면 그토록 완벽하지는 않은 것 같았다. 프린스턴의 <수학연보>에 만화경 관련 논문인 "반사로 생성되는 이산군Discrete Groups Generated by Reflections"이 발표되자 콕세터는 엄격하게 조정되어 있는 이성적 성격으로도 억누르지 못할 향수병에 시달렸다. 인도의 천체물리학자이자 트리니티의 특별연구원으로서 식당 교수석에서 종종 저녁을 같이 들곤 했던 친구인 수브라마니안 찬드라세카르Subrahmanyan Chandrasekhar의72) 권고로 콕세터는 엘리자 프록터Eliza Procter 특별연구원장학금을 신청하여 이를 받게 되었고, 그로써 프린스턴으로 돌아갈 수 있게 되었다.73)

△ ▢ ⬠ ⬡

그래서 1934-1935학년도에 콕세터는 대서양을 가로질러 돌아왔고 아인슈타인이 있음으로 인해 벌어지는 유례없는 소동을 놓치지 않고 목격할 수 있었다. 멍청한 사진사들은 전하께서 왕림하신 지 1년이 넘었건만 호기심을 잃지 않았다. 소도시의 신문들과 <뉴욕타임스>지의 기자들은 교수휴게실 창으로 아인슈타인의 부풀어 오른 머리카락의 그림자라도 얼핏 보일까 하여 파인홀 앞에 있는 띠 모양의 상록수 숲에서 야영을 하였다. 아니면 단정치 못한 옷차림에 더러운 정구화를 신고 아이스크림콘을 먹으며 어슬렁어슬렁 출근을 하는 아인슈타인과 마주칠까 하여 그의 산책경로를 어정거렸다(한때는 복장이 깔끔했던 아인슈타인이지만 프린스턴에 올 때쯤에는 자신의 외양에 전혀 신경을 쓰지 않게 되었다).74)

프린스턴에서 두 번째로 보내는 콕세터의 임기는 첫 번째 임기에 비해 더 바쁘고 힘들었다.* 트리니티의 동료 패트릭 듀 발이 록펠러 특별연구원으로 왔는데, 이 둘은 새로 만들어진 고등과학원Institute for Advanced Study의 회원들과 매력적인 토론을 벌이는 행복한 입장에 놓였다.75) 과학원은 아직 자체 건물을 갖추고 있지 못했다. 대학의 수학과와 파인홀을 같이 썼는데, 그 결과 이번 학년도에는 콕세터가 사치스러운 연구공간을 얻지 못했다. 그는 수학 도서관 개인열람실에서 연구를 했는데, 이 도서관은 파인홀의 3층 전체를 차지하고 있었고, 크리스마스를 포함하여 1년 365일 24시간 문을 열었다. 콕세터가 도서관에서 연구하던 곳은 약간 격이 떨어지는 곳이었지만, 이번 학년에 그가 어울린 사람들은 대단히 뛰어났다.

일설에 의하면 아인슈타인은 파인홀의 문화에 적응하기 위해 애썼다고 한다. 손이 따로 놀아서 공이 머리 위에 올라앉는 경우가 많기는 했지만, 그는 휴게실에서 탁구치는 것을 즐겼다. 달에 한 번씩 학부 교직원 부인들이 집에서 만든 요리를 대접하는 뷔페 오찬과 같은 친목행사에도 가끔은 참석했다. 아인

---

* 이를테면 록펠러 특별연구원이던 시절 그는 파인홀 홍차클럽의 회계로 지명되어 "40명 남짓의 교수와 학생들로부터 1불씩을 걷는" 일을 맡았으나 이번에는 홍차클럽 회장이 되었다. 그 이유는 이 자리가 언제나 록펠러 특별연구원에게 맡겨졌기 때문이었다.

슈타인 부인이 만든 요리는 "언제나 대단히 이국적이어서 피해야 할 만한 것이었다." 몇몇 수학자들은 오찬이 시작되면 두려워 몸을 숨겼다고 알려졌다. 제비뽑기를 하여 가장 짧은 제비를 뽑은 사람이 감시임무를 띠고 뷔페 식탁으로 파견되었고 맛이 형편없는 아인슈타인 부인의 샐러드가 발견되면 "신호"를 보내어 뒤에 오는 사람들이 피하게 하였다.[76]

다른 설에 따르면 아인슈타인은 프린스턴에서 교제를 끊고 살았는데, 아마도 자신의 명성에 지친 탓이었을 것이다. 그는 상대성 이론에 대한 연구를 멈추고 이제는 물리학의 모든 법칙을 통일하고자 통일장 이론에 몰두하고 있었다. 그러나 그가 최초로 발견한 것들은 여전히 대중과 학자들의 관심을 사로잡고 있었다. 특히 그의 상대성 이론 연구는 수학자들을 괴롭히고 뜬소문과 의심,* 그리고 분노할 거리를 제공하였다. 콕세터의 가벼운 무관심에 비하면 훨씬 더 격렬한 반감이었다. 물리학자이지 수학자는 아니었던 아인슈타인이 비판에 직면한 까닭은 자신의 연구결과에 필요한 수학을 철저하게 익히지 않았기 때문이었다. 소문에 의하면 그의 친구들이 그가 살펴보아야 한다고 생각했던 몇몇 결과에 대하여 그의 주의를 환기시켰다고 하는데, 여기에는 독일의 베른하르트 리만Berenhard Riemann(1826-1866)이 받아들였고 그 결과 그의 이론들을 만들어낸 비유클리드 기하학도 포함되어 있었다.[77] 드문 일은 아니었다. 물리학자가 오로지 자신이 필요로 하는 필수적인 단편적 내용들을 수집하기 위해 수학을 철저하게 연구해야 한다는 것은 부당한 요구일 터였다.[78]

그럼에도 불구하고 수학자들과 수리 물리학자들은 아인슈타인이 수학이 아니라 물리학적으로 사고하여 자신의 연구를 이뤄냈다는 점을 잊을 마음도, 용

---

* 아인슈타인은 1921년 노벨상을 받았으나 상대성 이론으로 받은 것은 아니었는데 그 이유는 상대성 이론이 여전히 어느 정도는 논란의 대상이었기 때문이었다. 그 대신 그는 광전효과에 대한 1905년의 논문을 근거로 수상했다.

서할 마음도 없었다. 파인홀의 한 수학자는 아인슈타인의 일반이론이 "모든 물리학이 확장된 기하학의 일종으로 여겨질 수도 있다는 억측을 당연한 것으로 만들었다"고 시사하였다. 베블런은 한 편지에서 "이 위대한 물리학자가 수학을 도구로 사용하기는 하였으나, [아인슈타인은] 일찍이 괴팅겐에서 만들어진 4차원 기하학이 아니었던들 일반 상대성 이론을 발견하지 못했을 것이 분명하다"고 말하였다. 괴팅겐의 다비드 힐베르트는 이렇게 썼다. "수학적인 우리 괴팅겐에서는 길거리의 아이들도 누구나 아인슈타인보다 4차원 기하학을 더 잘 이해한다. 그러나 그럼에도 불구하고 그 일을 해낸 것은 아인슈타인이지 수학자들이 아니다." 그리고 수학자들로 이루어진 청중들에게 힐베르트는 이렇게 밝혔다. "아인슈타인이 공간과 시간에 대하여 우리 세대에 이야기된 그 어떤 것보다도 독창적이고 심원한 이야기를 한 까닭을 아십니까? 그가 시간과 공간에 대한 그 모든 철학과 수학에 대하여 아무 것도 배우지 않았기 때문입니다."79)

아인슈타인 자신도 수학과 기하학에 명예를 돌리는 데 인색하지 않았다. 1921년 그는 프로이센 과학아카데미에서 "기하학과 경험Geometry and Experience"이라는 강연을 하였다. "사실 기하학이 가장 오래된 물리학의 분야라고 간주해도 될 것입니다. 기하학이 없었다면 저는 상대성 이론을 정식화할 수 없었을 것입니다."80) 그리고 다음 해 교토에서의 강연에서 그는 이렇게 밝혔다. "기하학을 언급하지 아니하고 물리법칙을 설명한다는 것은 말을 하지 않고 우리의 생각을 설명하는 것과 비슷합니다."81)

△ ◻ ◆ ◉ ✦

아인슈타인의 이론은 우주에 대칭과 물리학 사이에 쾅하는 크레센도를 편곡해 넣은 새로운 악보를 작곡해 붙인 것이었다. 20세기 이전, 자연법칙은 톱니바퀴와 도르래처럼 작동되는 것으로 여겨졌다. 물리학자들은 대칭이라는 개념을 보잘것없고 부차적인 여흥거리라고 생각했다. 때로는 대칭 덕으로 문제가 단순화되기는 하였지만 대칭이 물리적 세계의 중심적 역학에서 행할 기본적인 역할은 없는 것이 분명했다. 흔히 아인슈타인을 이러한 관점에서 생각하지는 않지만, 그는 대칭에 공간과 시간의 근본적인 기초로서의 역할을 주었다. 특수 상대성 이론에 대한 그의 생각의 독특한 측면은 "대칭원리"라는 가정이었다.[82]

"대칭은 자연을 설명하거나 해명해 주는 것만큼 자연을 통제하지는 않습니다"라고 노벨 물리학상 수상자이자 일리노이에 소재한 페르미연구소 명예소장인 리언 레더먼은 설명하였다. "물리적 우주, 심지어는 생물학적 우주에 대한 이해는 깊어지면 깊어질수록, 더욱 복잡해지게 됩니다. 외견상 방정식도 더욱 복잡해지고, 설명해야 할 것들도 점점 더 다양해집니다. 그래서 어떤 통일적인 원리를 원하게 되지요. 이럴 때 대칭이 불시에 등장합니다. 저는 현대 물리학에 대칭을 도입한 명예를 아인슈타인에게 돌립니다. 그는 특수 상대성 이론, 즉 $E=mc^2$을 통해 이러한 일을 해냈습니다. 와! 물리학적 법칙이 원하는 어떤 계에든 적용된다고 하는 진술은 엄청난 지식의 증진입니다. 법칙들은 계의 속도가 변하더라도 불변합니다. 이것이 상대성이지요. 이렇게 되자 천한 배관공 같은 실험물리학자— 저도 그중 한 사람입니다만—에게도 대칭이 실은 사물들을 훨씬 더 간단하게 만들고, 물리학, 아니 모든 과학과 수학의 가장 중요한 기초이며, 대칭이 자연에 대한 설명에 우아함과 아름다움을 준다는 사실이 대단히 명백해졌습니다."[83]

대칭에 대한 혁명적 연구로 알려진 또 한 사람의 수학자는 에미 뇌터였는데, 그 역시 콕세터가 프린스턴에서 두 번째 해를 보내고 있는 동안 프린스턴의 교정을 돌아다니던 사람이었다. 히틀러의 초기 숙청 중 하나로 인한 학문적 망명자가 된 (유태인이자 여성이었기에) 뇌터는 펜실베이니아에 소재한 여자대학인 브린마워 대학의 초빙을 받아들여 1934년에 도착하였다. 그녀는 프린스턴의 연수회에서 강의를 하고 친구인 아인슈타인과 헤르만 바일을 만나기 위해 일주일에 한 번씩 프린스턴에 왔다. 그녀는 언제나 똑같은 옷을 입고 기차역에서부터 걸어왔기 때문에 쉽게 눈에 띄었다. 그녀가 입는 옷은 번쩍거리는 볼품없는 점퍼였는데, 키가 큰 만큼이나 튼실한 그녀의 몸매를 돋보이게 해 줄 뿐이었다. 하루는 파인홀에 있는 휴게실 창가에 서 있던 어떤 수학자가 그녀가 다가오는 것을 보았다. "펭귄과 에미 뇌터를 어떻게 구분할까요?"하고 그가 물었다. "펭귄은 서류가방을 들지 않지요."(바일은 뇌터에 대하여 장점을 돋보이게 하는 묘사를 했다. "그녀의 요람에서 애교가 주인 노릇을 하지는 않았다.")84)

뇌터는 자신의 세미나가 열리는 동안 강의를 해 나가면서 언제라도 지울 수 있도록 젖은 스펀지를 손에 쥔 채 칠판 앞에 서 있었다. 물이 마르기를 기다리기에는 지적으로 너무도 참을성이 없었던지라 칠판이 아직 축축한 상태에서 글씨를 썼다. 그로 인해 두 가지 유감스런 결과가 초래되었다. 분필 글씨가 처음에는 보이지 않다가 마른 다음에야 드러나게 되었다는 것이 그 하나였고, 글씨가 마침내 다 마르고 나면 지우는 일이 거의 불가능했다는 것이 두 번째였다. 여러 가지 일을 한꺼번에 하는 바람에 문제는 더욱 복잡해졌다. 밑쪽에 중요한 내용을 적어 가는 한편, 위쪽은 젖은 스펀지로 지우다 보니 불쾌하게도 약간의 물방울이 밑으로 흘러내렸다. 그녀는 자신의 작업을 망가뜨릴 듯한 물방울을 어떻게 멈춰야 할지 몰랐다. 그래서 물방울의 흐름을 바꾸려고 입김을 불어 댔다.86)

1915년, 뇌터는 대칭과 관련이 있으며 아인슈타인의 통찰에서 도출된 정리로 인류의 지식에 대단히 주목할 만한 공헌을 했다. 뇌터 정리로 알려진 이 정리는 다음과 같은 것이다. 물리학 법칙의 모든 대칭에 있어 반드시 어떤 보존법칙이 존재한다는 것이다(대칭이 있다면, 무언가는 보존된다).86)

형이상학적인 수준에서 보면 아인슈타인이 증명하였던 대로 시간에 대한 대칭들이 존재한다. 일리노이의 레더먼과 제네바에 있는 유럽 공동 원자핵 연구기구에 있는 그의 절친한 경쟁자들과 같은 과학자들이 몇 년의 간격으로건 아니면 몇 나노세컨드의 간격으로건 똑같은 실험을 한다면 양쪽 모두 완전히 동일한 물리 법칙의 지배를 받는 결과를 얻을 것이다. 그 이유는 이러한 법칙들이 어떠한 절대시간에도 의존하지 않기 때문이다. 이와 유사하게 에너지 보존 법칙에는 대칭이 존재한다. 에너지는 만들어질 수도 없고 파괴될 수도 없다. "왜냐고요? 저는 모릅니다. 자연이라는 게 그런 거지요." 라고 레더먼은 말했다.87)

뇌터의 정리는 물리학자들과 수학자들의 사고방식을 통합하여 그들의 상호작용을 촉진시키는 힘 때문에 특별한 것이었다.* 이십면체의 꼭짓점 하나의 한계 내에서 연구하건, 언제나 팽창하는 우주의 넓디넓은 경계 내에서 연구하건, 대칭은 전능하고 무소부재하다. 따라서 유추에 의해 콕세터의 기하학 분야에서 아인슈타인과 뇌터의 거시적인 물리학에 이르기까지 적용될 수 있다. "모든 수학은 대칭, 혹은 사물을 진정으로 변화시키지 않으면서도 변화시키는 방법에 대한 학문입니다"라고 콕세터는 1972년 라디오 다큐멘터리에서 말했다. "그렇다면 우주의 질서, 법칙, 합리성의 기초는 다양한 형태의 대칭이며, 그러한 까닭에 대칭은 수학의 언어이기도 합니다."88)

콕세터는 초다면체의 대칭-초다면체가 어떻게 반사와 회전을 통하여 변환되면서 외형이 보존되는가 하는 것-을 연구하면서 그 놀라운 심미성 이외에

---

* 이러한 이유로 레더먼은 뇌터의 공헌을 그토록 칭찬했던 것이다. "뇌터의 정리는 물리학과 수학을 통합하는 모든 논의에 있어 당연한 중심을 제시하였습니다. 양쪽 모두의 기운을 북돋아주는 방식으로 말이지요. 이론물리학자들이 사는 세상과 수학자들이 사는 세상은 대단히 이질적이고 서로 무관한 경우가 많습니다. 이 두 세계가 만나는 드문 순간에는 나팔이 울려 퍼지고, 북이 둥둥 울리고, 과학이 진보하지요!"

어떠한 목적도 염두에 두지 않았다. 그리고 1930년대, 그의 연구는 물리학에서의 대칭과 관련이 없었고, 레프셰츠와 같은 수학자들조차도 그의 순수한 수학연구에 내재된 가치를 이해할 수 없었다. 레프셰츠는 콕세터의 강의를 비웃으면서 초다면체와 같이 시시한 주제도 가끔씩 지적 유희를 하는 데는 괜찮다고 했다. 이러한 평가는 기하학자 콕세터에게 심한 상처가 되었으며(적어도 일기에 쓸 만큼은) 분명 그의 머릿속을 맴돌았을 것이다. 콕세터는 현대의 수학자들과 과학자들에게는 헛수고에 불과한 고전 기하학이라는 낡아빠진 유물에 열중하는 듯 보였다. 하지만 달리 생각해 보면, 사람들이 순수 수학에 대하여 이야기하듯이 '아름답고 우아하며 훌륭하고 심오한 것'에는 반드시 무언가를 드러내어 줄 가능성이 숨어 있는 법이다. 결국엔, 아니 필연적으로-종종 창안자도 모르게 우연히- 순수 수학의 아름다운 한 부분은 과학에서의 응용으로 구체화되곤 한다.

△ ▯ ◇ ⬠ ⬡

프린스턴에서 두 번째 임기를 보내며 콕세터는 아인슈타인이 발언하거나 참석하는 강의에 몇 번 참석하기는 하였으나 서로 구체적인 대화를 나눈 적은 없었다.[89] 따라서 콕세터가 아인슈타인과 겹치는 부분으로 가장 타당한 것은 바일 게이지 이론Weyl gauge theory(게이지 이론이란 대칭변환이 전체적일 뿐만 아니라 국소적으로도 실행될 수 있다는 개념에 뿌리를 둔 물리학 이론의 한 종류이다)으로 알려진 헤르만 바일을 통한, 간접적인 것이었다.

프린스턴에 오기 전에 바일과 아인슈타인은 통일이론이라는 개념에 대하여 공동으로 연구하였다.[90] 통일을 위하여 바일이 하였던 이전의 시도들은 실패하였고, 아인슈타인이 심각한 결함 하나를 정확하게 지적하였다. 그로부터 아인슈타인은 통일 계획에 몰두하였고, 여생 동안 이러한 문제를 연구하였다. "물리학계는 그가 시간을 낭비하고 있다고 생각했습니다." 캐나다 온타리오

주 워털루에 소재한 페리미터연구소의 물리학자로서 1950년대 초반 아인슈타인과 편지를 주고받았던 존 모팻John Moffat은 이렇게 말했다. "그러나 언제나 그렇듯 아인슈타인은 이기고 있었습니다. 왜냐하면 그는 오늘날 기본적 물리학의 주된 활동의 하나가 된 연구를 하고 있었기 때문입니다. 즉 통일장이론, 혹은 끈이론이지요."[91]

프린스턴에서 바일은 통일장이론에 대하여 아인슈타인과 연구를 계속했지만, 바일의 연구의 주안점은 다른 것이었다. 우연히도 그의 연구는 콕세터가 하고 있던 연구와 맥을 같이 하는 것이었고, 그래서 만화경의 반사군에 대하여 콕세터가 발표한 논문이 바일의 눈에 띄었다.[92]

바일은 세계적으로 유명한 수학자라기보다는 독일식 조제식품 판매점 주인처럼 보였다. 어떤 사람들은 그가 20세기를 통틀어 진정한 만능수학자에 가장 가까운 사람이었다고 생각한다. 그는 기하학, 대수학, 수리 물리학, 위상 수학, 해석학을 망라하는 심오하고도 광범위한 통찰력을 자랑으로 삼았다. 그는 거친 목소리를 지녔고 언제나 연구실에서 꾸준히 일을 했으며 끊임없이 투덜거렸기에 분노에 찬 그의 목소리가 파인홀 구석구석까지 울려 퍼졌다. 동료 한 사람은 바일의 목소리가 계속해서 더할 나위 없이 끔찍한 소식을 듣는 사람이 내는 소리와도 같았다고 했다. 또 다른 동료는 바일이 정리를 만들어 내는 것을 여성이 아이를 출산하는 것에 비겼다. 바일의 강의 스타일 역시 위압적이었고, 그에 대하여 학부에 회자되는 시는 이렇게 증언하였다. "신소리를 하는 아리아인이 있다네/군들을 유니타리unitary하게 만들기를 즐기네/그는 더할 나위 없이 성인다운 독일인일세/바로 그분, 위대한 그분, 성스러운 헤르만이네." 성스러운 헤르만이라는 별명을 붙인 것은 레프셰츠였는데 그러한 별명을 붙인 이유는 기나긴 다음절 단어로 가득한데다가 동사는 언어학적으로 가능한 한 문장 끝쪽에 가깝게 가져다 놓은 길고 긴 문장들을 사용하는 바일의 지루한 강

의방식 때문이었다(이는 바일의 모국어인 독일어의 특성이다 - 옮긴이). 93)

바일은 1934~1935년도에 "연속군의 구조와 표현"이라는 제목의 강좌를 열었다. 콕세터가 다면체와 같은 이산적인 혹은 유한한 대상에 의해 생성되는 대칭군인 이산군 혹은 유한군이라고 알려진 군의 일족에 대하여 연구하고 있었던 반면 바일은 구의 무한 대칭과 같은 불가사의하고도 무정형한 연속군의 일족에 대하여 연구하고 있었다. 이와 유사하게 우주공간을 바라보면 하늘은 연속적으로 대칭적이고, 축을 중심으로 자전하는 지구는 태양이 동쪽에서 떠서 서쪽으로 지면서 동일한 연속 구형운동의 느낌을 준다. 연속군들 내에는 다섯 개의 특별히 "예외적인 군"이라고 불리는 것들이 존재하는데, 그 성질은 천왕성과 명왕성에 비유되어 왔다. 이러한 혹성들이 우리에게 익숙하기는 하지만 실제로는 조사하기도 어렵고 알 수도 없는 상태로 남아 있다는 의미에서 그렇다는 것이다. 94)

콕세터는 연속군에 대한 바일의 일련의 세미나에 늘 참석했으며, 오래지 않아 두 사람의 분야 간에 예기치 못한 관련이 있음이 명백해졌다. 콕세터의 이산적인 대칭이 더 커다란 연속대칭 일족의 특별한 경우에 해당되며 따라서 유비에 의해 더욱 산발적sporadic이고 예외적인 무한군의 일부를 특징짓는다는 사실이 밝혀졌다. 이를 상상하는 한 가지 방법은 구의 연속적 회전의 무한 대칭을 이해하는 것이 힘들다는 점이다. 다루기 어려운 특징 때문에 압도적이 된다는 것이다. 그러나 회전은 보다 작은 부분들, 보다 작은 운동들, 혹은 반사들로 분해될 수 있다는 것이 기하학의 기본적 사실이다. 즉 반사에 반사를 합해 가면 완전한 한 바퀴의 회전이 된다는 것이다. 그렇다면 콕세터의 연구가 바일에 대하여 가진 관련성은 이제 바일의 연속군이 골격이자 기본적인 토대가 되는 뼈대인 근계root system를 갖추게 되었고, 이를 통하여 그 무한하고 막연한 성질들이 추상적이고 보다 다루기 쉬운 유한한 조각들로 환원된다는 것이었다. 콕세터의 연구–콕세터 도식과 그의 유한 반사군 목록–는 바로 바일이 필요로 하는 도구였다. 바일의 불가사의한 무한 대칭을 콕세터의 도구로 다루면 무정형과 모호함이 줄어들게 된다. 이는 엄청난 단순화였고, 오늘날에는 연속군에 대한 표준적인 취급방법의 일부가 되었다.[95] "이러한 대칭군의 종합적인 분류는 분명 지난 세기 인류 역사에서 가장 중요한 몇 안 되는 착상 중 하나일 것입니다"라고 스탠포드의 신세대 대수 기하학자인 라비 바킬은 말했다. "너무나 많은 것의 기초가 되기 때문입니다."[96] 콕세터는 수학 분야에 널리 퍼진 본원적이고도 긴요한 도구를 발견해 낸 것이다.

크게 감명을 받은 바일은 세미나의 공식적인 기록을 콕세터에게 맡겼다. 그리고 바일의 수업이 "군론의 다양한 주제"라는 보다 일반적인 영역에 이르렀을 때 그는 콕세터에게 이산 대칭에 대한 연구를 발표하라고 권유하였다. 콕세터는 바일의 세미나들 중에서 다 합쳐 다섯 개를 넘겨받았다.[97] 종강을 하고 나서 바일은 공식적인 강좌기록에 대한 콕세터의 공헌을 부록으로 첨부하여 영구히 남도록 하였다.[98] 콕세터로서는 지역적으로건 국제적으로건 엄청난 성공이었다. 프린스턴의 명성 덕으로 강좌기록은 등사기로 인쇄되어 국제적으로 배부되었던 것이다. 복사와 우송만을 전담하는 두 명의 비서들은 국제적으로 들어오는 주문으로 정신이 없었다. 그와 같이 매료된 독자들과 접촉하게 되면서 콕세터의 인지도는 높아졌고 갑자기 엘리트 수학자의 대열에 합류하게 되었다.

그 뒤로 몇 년간 초다면체에 대한 연구를 계속하면서 그의 첫 번째 책인 <정규초다면체>의 내용들을 하나하나 모아 나간 콕세터는 이따금씩 바일과 상의했다. 그는 책의 상당한 분량을 초다면체에 대한 내용에 더해질 바일의 아이디어에 할애하고자 했다. 그는 바일의 허락을 구하는 편지를 썼고, 아직 완성되지 않은, 관련된 장章들의 초고를 첨부했다. "물론 반사에 의해 생성된 무한군의 특별한 부분군의 위수에 대한 '나의' 공식을 사용하는 것은 환영하네"라고 바일은 답했다. "친절하게도 자네의 책에 실릴 두 장章을 볼 수 있게 해 주어서 대단히 감사하네. 비판할 것은 없고 책이 나와서 전체적인 내용을 다 읽어볼 날을 기다리겠네."99)

△ ▢ ◇ ⊛ ⊕

프린스턴에서의 두 번째 임기를 마치면서 콕세터는 이번에도 수학과나 고등과학원에서 취업제의를 받지 못했다. 대공황과 유럽이 혼란한 와중에 바일이나 아인슈타인과 같은 존경받는 인물들을 초빙할 수 있게 되었기에, 지극히 뛰어난 인물만이 대상이 되었다.100)

미국에서 콕세터가 일자리를 얻을 수 있는 유일한 기회는 앨리시아 불 스토트의 조카인 세바스찬 힌턴Sebastian Hinton의 아내인 카멜리타 힌턴Camelita Hinton이 제공한 것이었다. 1935년, 진보적인 교육자이자 중국 모택동 주석의 친구라고 알려진 카멜리타는 미국 버몬트 주의 엘름 리 농장에서 푸트니학교를 세우고 있던 참이었다. 이 학교는 미국 최초의 남녀공학 기숙학교로서 농장일, 연구 활동, 여행, 그리고 예술이라는 취지에 근거한 교육 과정을 수립했다(이러한 전통은 오늘날까지도 지켜지고 있다). 카멜리타는 "행함으로 배운다"는 존 듀이John Dewey의 철학에 대한 대단한 신봉자였다. 그녀는 콕세터에게 교원 자리를 제공하였다. 그녀는 "굉장한 사람들"을 교원으로 두고자 했고, 수학에 대한 천부적인 능력과 음악에 대한 재능을 갖추고 야외를 좋아하는 콕세터는 여기에 딱 맞는 사람이었다. 콕세터는 자신이 이러한 일자리에 잘 맞는다고 생각했고, 특히 프린스턴에 있으면서 훌륭한 교육 자료가 가득한 W. W. 라우즈 볼의 <수학적 유희와 소론들>을 편집하는 일을 맡았던 이후로는 더욱 그러했다. 볼의 후계자로 선택된 것을 기뻐했던 것이 분명한 콕세터는 아버지에게 이렇게 편지를 썼다. "제가 라우즈 볼의 <유희와 소론들>을 편집하게 되었다고 말씀드렸던가요? 제게 이 일을 하라고 권하였던 것은 하디였습니다. 재미도 있을 것이고 책에 담긴 내용들과 친숙해지는 것도 교사가 되기에 유리할 것이 분명합니다(제가 그렇게 된다면 말입니다)."101) 새로운 학교의 "개척자"적 업무를 맡게 된 콕세터가 처음으로 느낀 직감은 기회를 놓치지 말자는 것이었고 심지어는 아버지에게 제일 큰 이복누이인 조앤을 새로운 학교에 1년 동안 유학시키라고 제안하기에 이른다.102)

그러나 수학계의 동료들은 그렇게 하지 말라고 충고하였고, 가장 강력하게 경고를 한 사람은 오즈월드 베블런이었다. 가르치는 일에 반대하는 그의 성향은 집안내력이었다. 베블런은 냉소적인 인습 타파주의자이자 경제학자였던 소스타인 베블런Thorstein Veblen의 조카였는데, 소스타인 베블런은 다섯 장章짜리 비망록인 "미국의 고등교육The Higher Learning in America"에서 미국의 학위조직과 학부 교육은 야바위라고 주장했다. 실용성이라는 목표와는 대조적으로 소스타인은 "진정으로 탐구적인 정신의 유일한 목표는 책임을 지지 않는 학식, 이익과 관계 없는 호기심, 무용한 지식이어야 한다"고 믿었다.103) 그와 같은 입장에서 오즈월드 베블런은 대학에 온 방문객들, 대학원생들, 교수들 할 것 없이 모든 사람들에게 의무로 주어진 것 이상으로 가르치느라 시간을 허비하지 말라고 역설하여 프린스턴 당국을 곤란하게 만들었다. 베블런은 콕세터에게 한 사람의 일생에서 짧기 만한 창조적 시기에 아이디어를 적어 둘 시간을 갖는다는 것이 얼마나 중요한지 강조하였다. "그런 중에 1년이란 상당한 기간이네." 그리고 콕세터에게 "수학계의 인물들과의 교류"를 스스로 깨닫는 것보다 더 많이 놓치게 될 것이라고 경고하였다. 트리니티가 제공하였던 연구를 위한 성소는 소중한 것이었다. 베블런은 자신이 "가르치는 데 시간과 정력을 바치지 않았다면 훨씬 더 많은 것들을 창안해 낼 수 있었을 것"이라고 했다.104)

콕세터는 트리니티의 평의회가 그에게 1년간의 휴직을 추가적으로 허용하기를 거부하면서 결단을 내리지 못하고 겪던 갈등에서 마침내 지고 말았다. 그는 특별연구원 장학금을 1년 더 미루고자 한다면 경제적으로나 또 다른 점에서 상황이 어떻게 되는지 살펴 달라고 회계관에게 편지를 보냈다. 콕세터는 트리니티에서 보낼 2년 중 1년을 포기할 각오였지만 관계를 완전히 끊게 되면 자신의 경력에 불리할 것임을 알고 있었다. 그는 카멜리타 힌턴의 제안을 거절했다. "전혀 기쁘지도 않고 이성이 감정을 이겼다는 것을 고백해야 한다는 것도 싫습니다. 그러나 모두가 가책이 누그러지자마자 학계에 남아있는 것이 낫다는 것을 알게 될 것이라고 확언합니다."105)

그는 프린스턴에 남아 있는 기간을 최대한으로 활용했다. 하루는 일기에 이렇게 적었다. "원들을 그렸음." 다른 날에는 이렇게 적었다. "원들을 더 그렸음." 어떤 날은 이렇게도 적었다. "일찍 일어나 (4,6) 삼각형들을 그렸음." 이렇게 외치기도 했다. "이번 주에는 과로했다!" 그리고 다음날에는 침대에 누워 W. 서머싯 몸W. Somerset Maugham의 <과자와 맥주Cakes and Ale>를 읽었다.106) 그는 뉴욕에 자주 갔다. 메트로폴리탄미술관의 전시회를 보러 가기도 하고, 마술사들의 모임에 가기도 했으며, 미국 수학회 연차모임에 참석하기도 했는데, 모임이 끝나고 팻 듀 발이 그를 데리고 벌레스크를 보러 갔다.107) 1935년 6월 14일, 베블런은 그에게 "프린스턴에 왔던 영국인들 중에서 가장 마음에 들었다"고 했고, 그로부터 6주 뒤 콕세터는 다시 한 번 영국으로 돌아갔다.108)

Chapter 5

사랑, 상실, 그리고 루트비히 비트겐슈타인

한 쌍의 입술이 입맞춤하는 데에는

아마도 삼각법이 필요하지 않으리.

—프레더릭 소디Frederick Soddy, 〈정확한 입맞춤The Kiss Precise〉

　　　　　　　　트리니티로 돌아온 콕세터는 그레이트 코트에 있는 스위트에 짐을 풀었다. 그는 충실하게 아버지께 자신의 연구에 대하여 설명하였고, 앨리스 아주머니께는 자신의 "군에 대한 그림들"을 보여 주었으며, 대학 식당에서 팻 듀 발과 저녁을 같이 먹기도 했다. 그는 취하여서 자신이 얼마나 노래를 잘 부르는지 보여 주려고 했다.[1] 그때 뜻밖에도 취업제의가 도착했다. 토론토 대학교 조교수직이었다. 프린스턴에 있을 때 토론토 대학교를 방문한 적이 있었는데, 그것이 일종의 심사였던 것이다. "나의 강의가 썩 마음에 들었던 모양이다." 그러한 과정을 통해 받게 된 취업제의에 대해 콕세터는 이렇게 말했다.[2] 그러나 이러한 제의를 받아들여야 할 지 확신이 서지 않아서 불확실한 부분에 대하여 아버지와 의논을 하였다. 언제 떠나야 할 것인가? 얼마나 머물러야 할 것인가? 최소기간은 얼마로 잡아야 인색해 보이지 않을 것인가? 1년이 남은 트리니티 특별연구원직을 영원히 잃어버리게 되는 것인가? 당장은 토론토의 제안을 거절하였다가 나중에 마음을 바꿀 수도 있을까? 영국에서 일자리를 얻을 가망은 얼마나 될까?3)

콕세터는 트리니티에서 이제 막 강사로 임명되었고, 그동안 그가 한 강의는 학장에게서 좋은 평가를 받았지만, 콕세터는 일기에 이렇게 적었다. "제자인 파머가 내가 기하학을 전혀 모른다는 사실을 보여 줬다!"4) 학교의 강사자리는 대학교에 임용된 것보다 그 지위가 낮았고, 교수직에 비할 바가 못 되었지만,5) 이러한 작은 성공에 힘을 얻은 콕세터는 토론토 대학교의 제안을 거절했다.6) 그와 비슷한 자리를 찾을 수 있다면 영국에 있는 쪽이 훨씬 더 좋았기 때문이었다. 그의 분야에 나게 될 교수 자리가 하나밖에 없었기 때문에 그에게 주어진 기회는 별로 없었다. 케임브리지의 라운즈 천문 기하학 석좌교수이자 콕세터의 박사과정 지도교수였던 헨리 F. 베이커가 은퇴할 때가 되었고, 1936년 1월 8일 콕세터는 지원서를 작성했다.7) 라운즈 석좌 교수직 임명에 대한 소식을 기다리며 콕세터는 관심을 다른 곳으로 돌렸다. 저속한 로럴과 하디의 영화(Laurel과 Hardy는 무성 영화 시절 콤비를 이루어 활동한 유명한 희극 배우들이다-옮긴이)를 보고, 고드프리 하디의 "수학논문을 쓰는 법과 쓰지 않는 법How to Write and How Not to Write a Mathematical Paper"이라는 강의에 참석했다.8) 그리고 당시 케임브리지에 있었던 오스트리아의 철학자 루트비히 비트겐슈타인과의, 종종 "고통스러웠던" 토론을 다시 시작했다. 그는 버트런드 러셀, 그리고 장 폴 사르트르Jean Paul Sartre와 어깨를 견주는, 20세기에 활동한 가장 영향력 있는 철학자에 속했다.

은둔자와도 같았던 비트겐슈타인은 학생시절에 콕세터가 마음에 들었고, 그래서 둘은 관계를 유지하였다. "어제는 비트겐슈타인과 차를 마셨다"고 콕세터는 일기에 기록하였다. "그는 눈이 먼 것과 귀가 먹은 것에 대하여, 그리고 낙타를 타면 멀미를 하는데 말을 탔을 때는 멀미를 하지 않는 이유에 대하여 아주 흥미롭게 이야기했다. 그가 이전보다 더 이상해진 것 같지는 않았다."9)

콕세터는 1933-1934년에 비트겐슈타인의 "수학자를 위한 철학Philosophy for Mathematicians"이라는 강의에 등록했었다. 비트겐슈타인은 물론 총 40명에 달하는 학생들도 질색했던 것은 비트겐슈타인이 하고자 했던 친밀한 강의를 하기에는 수강생이 너무 많았다는 것이다. "학생들이 너무 많습니다. 서너 분은 나가 주시겠습니까?"라고 이 철학자는 불만을 토로했다. 겨우 몇 주가 지난 다음 비트겐슈타인은 여전히 너무 많은 학생들에게 더 이상 수업을 진행하지 않겠다고 통고했다. 그는 선택된 소수만을 위한 강의를 할 계획을 세웠다. 그는 자신의 생각을 구술하고 선택된 학생들에게는 노트를 베껴서 나머지 수강생들에게 나눠 주라고 지시할 요량이었는데 이 노트는 '청색 책Blue Books'이라는 이름으로 알려지게 되었다. 선택된 학생들 중에는 비트겐슈타인이 아끼던 다섯 명의 제자들도 있었다. 프랜시스 스키너Francis Skinner(촉망받던 수학도로서 비트겐슈타인의 한결같은 동료이자 절친한 친구, 그리고 협력자가 되었다), 수학자 루이스 굿스타인Louis Goodstein, 철학자 마거릿 매스터맨Margaret Masterman(계산 언어학computational linguistics 분야의 선구자로 컴퓨터에 의한 언어처리에 관한 그녀의 신념은 시대를 앞서 갔고 오늘날 인공지능 분야의 기초가 되었다), 철학자 앨리스 앰브로즈Alice Ambrose(분석학파에 속하며 파이, 수학, 정신에 대한 논문들도 썼다), 그리고 콕세터가 그들이었다. 10)

콕세터에게 비트겐슈타인은 상당 부분 이해할 수 없는 존재이자 지적으로 소중한 사람이었다. 비트겐슈타인은 관례대로 50분간 강의하는 것을 거부하고 150분을 요구하였다. 워밍업을 하는데 한 시간이 필요하기도 했고, 또 마음속으로 다음 문제를 해결하기 위해 한 문장을 말하다 말고 입을 닫아버리는 그의 습관 때문이기도 했다. 한 번은 비트겐슈타인이 그렇게 말을 멈춘 시간을 콕세터가 재 보았더니 20분이 넘어갔고, 이윽고 비트겐슈타인은 아무렇지도 않다는 듯이 문장을 이어갔다. 또 한 번은 비트겐슈타인이 강의실이 너무 틀에 박혔다고 불평을 했다. 콕세터는 자신의 스위트 거실을 제공하였고, 비트겐슈타인은 장소를 옮기는 것에 찬성하였다. 한 강의에 대해 콕세터는 "처음으로 비트겐슈타인이 정말로 흥미롭다고 느꼈다('사고의 위치Locality of Thought')"고 썼지만, 얼마 지나지 않아 수학연구에 시간을 쓰는 것이 낫겠다고 판단하여 강의에는 참석하지 않게 되었다(그렇지만 비트겐슈타인은 계속해서 콕세터의 방을 이용하였다).[11)] 후일 콕세터는 자신이 비트겐슈타인으로 외도한 것에 대하여 이렇게 평하였다. "그러한 종류의 철학을 이해할 수는 없었습니다. 무의미한 소리라고 생각했지요. 내게는 전혀 매력이 없었습니다. 그의 연구에 대하여 제가 기억하는 유일한 것은 그의 책 <논리철학논고Tractatus Logico-Philosophicus>의

루트비히 비트겐슈타인

1장이 '세계는 사실의 총체이다' 라는 명제로 시작하고 마지막 장이 '말할 수 없는 것에 관해서는 침묵해야 한다' 는 명제[실은 이 장의 유일한 문장이다]로 끝났다는 것뿐입니다."12)

△ ⬜ ◆ ⬟ ⬢

케임브리지의 교수 선임은 2월 28일에 이루어졌는데, 실망스럽게도 라운즈 석좌 교수직은 케임브리지 애덤스 상(케임브리지 대학교 수학부와 세인트존스 대학이 공동으로 영국에 기반을 둔 젊은 수학자가 행한 국제적으로 뛰어난 연구에 대하여 연례적으로 수여하는 상-옮긴이) 수상자인 윌리엄 하지에게 돌아갔다. 애덤스 상은 1848년 제정된 이래로 자연철학이나 물리학 업적에 주어졌고 이때까지 기하학적인 주제를 대상으로 경쟁이 벌어진 적은 없었다. 이번에 주어진 문제는 기존의 기하학 이론에 대한 진보를 요구하는 것이었다.13) 반사로 생성되는 콕세터군이 수상에 적격이었겠지만 (그가 신청을 하였는지에 관해서는 어떠한 기록도 없다) 다름 아닌 바일과 레프셰츠의 후원을 받은14) 하지가 기하학, 해석학, 그리고 위상 수학의 관계를 발전시킨 연구로 수상하게 되었다. 그의 공헌은 다음과 같은 평가를 받았다. "금세기 과학사에서 대단히 획기적인 발견 중 하나이다."15)

처음에 콕세터는 실망했다. 그는 역시 낙선한 후보였던 친구 패트릭 듀 발(에릭 네빌도 마찬가지였다)을 딱하게 여겼다.16) 그러나 6월에 이르러서는 겁을 먹기 시작하여 어쩔 수 없이 토론토에서 온 제안을 재고하게 된다. 그의 아버지는 상황이 바뀌었으니 가는 편이 나을 것 같다고 인정하였다. "그편이 나중에 영국에서 적당한 자리가 났을 때 너의 명성에 도움이 될 것 같다"고 해럴드는 말했다. "어떤 의미에서 영국은 잠들어 있거나 흔들리는 기초의 꼭대기에 올라앉아 있다는 느낌이 든다. 하지만 세계도 단단한 기초 없이 흔들리고 있는 것 같기는 하다. 분명 네 어머니는 아주 실망하실 테지만 너의 경력과 관련된 문제에서는 네 어머니를 -우리들은 말할 것도 없고- 고려할 필요는 없다고 생각한다."17) 콕세터는 이 문제를 하디, 그리고 리틀우드와 상의하였고, 며칠 뒤 하디가 전보를 보내 동의의 뜻을 밝혔다. "내키지는 않네만 올해에 가는 것이 낫겠다는데 동의하네."18) 베이커와 저녁을 함께 들며 상세한 검토를 마친 콕세터는 가는 것으로 최종 결론을 내렸다. 베이커는 이렇게 편지를 썼다. "토론토로 가지 말라고 설득할 수는 없었네. 많은 훌륭한 사람들이 영국을 떠나기 시작했지. 유럽은 이제 미친 것 같아. 어쨌거나 토론토는 힘을 주는 곳이니까."19) 콕세터는 토론토 대학교 수학과 학과장인 사무엘 비티Samuel Beatty에게 전보를 쳤다. "결국 받아들여도 될까요?" 비티는 긍정적인 답변을 보냈고 콕세터는 가을에 떠나기로 결심했다. 20)

△ ▢ ◇ ⊙ ⬠

연구와 수업에 대한 의무, 그리고 이주를 위한 준비로 바쁜 일정 틈에 감정적으로 난처한 어머니의 요구가 끼어들었다. 루시는 갑자기 늙고 쇠약해져서 거의 삶의 내리막길에 들어선 듯했다. 그녀의 아들은 어머니를 모시고 쇼핑을 가기도 하고 들러서 차를 마시기도 했고 루시가 이십면체의 면들에 색을 칠하는 동안 오스카 와일드의 <옥중기De Profundis>를 읽어드리기도 했다. 21) 그럼에도 루시는 언제나 아들이 더 많은 시간을 같이 보내 주기를 원했고 아들이 수많은 친구들과 의무 때문에 자신과 떨어져 있는 것을 원망했다. 콕세터의 아버지도 좀 더 정기적으로 루시를 방문했다. "며칠 전에 루시를 찾아갔는데 많이 아프더군요." 해럴드는 로살리에게 보내는 편지에 이렇게 썼다. "최근 루시는 많이 쇠약해져서 훨씬 더 관대하고 이해심이 많아졌습니다. 그녀가 그리 오래 살지 못한다고 해도 놀랄 일은 아니고, 그녀도 그렇게 생각하는 모양입니다. 도널드가 그 어느 때보다도 상냥하게 군다고 루시가 말하는 것을 보니 그 아이도 그렇게 느끼는 것 같습니다."22)

도널드와 그의 어머니 루시, 그리고 아버지 해럴드. 1933년경 머치 해덤에서.

3월의 어느 토요일 오후, 어머니의 친구와 차를 마시던 콕세터는 "매력적인 네덜란드 여자"23) 헨드리나 (린) 브라우에르Hendrina (Rien) Brouwer와 우연히 알게 되었다.* 최근 양친을 모두 잃고 교육을 거의 받지 못한 그녀는 입주하여 가사를 도우며 영어를 배울 곳을 찾아 영국에 왔다. 그녀는 푸른 눈을 가졌고 양미간이 넓었으며 황홀하도록 흰하고 균형 잡힌 얼굴에 금발은 언제나 뒤로 당겨 묶고 다녔다.24) 콕세터는 첫 번째 데이트 이틀 전에 편지를 보내 약속을 잡았다.

---

* 처음 나눈 대화를 통해 실망스럽게도 린이 네덜란드의 수학자 라위트전 브로우베르Luitzen Brouwer와는 아무런 관계도 없음이 드러났다. 라위트전 브로우베르는 자신의 논문 "논리법칙의 비신뢰성에 대하여On the Untrustworthiness of Logical Principles"에서 논한 대로 논리는 도움을 주는 존재에 지나지 않는다고 보았기에 경력의 상당부분을 직관주의적이고 시각적인 수학을 옹호하는데 바쳤다.

친애하는 브라우에르 양,

열 시에 모시러 가겠습니다. 케임브리지까지 가는 데 한 시간 정도 걸립니다. 그런 다음 잠깐 동안 대학들을 둘러보고, 제 방에서 점심을 먹고, 저의 절친한 친구 팻 듀 발을 만나 차를 마시고, 차로 역까지 가면 되겠습니다. 제가 댁까지 차로 모셔다 드리지 못하는 것을 용서해 주시기 바랍니다. 며칠 동안 케임브리지에 머물며 일을 마무리해야 할 것 같습니다.25)

두 번째 데이트에서는 케임브리지 대학교에 있는 피츠윌리엄미술관을 방문한 다음 린에게 만화경을 보여 주었다. 그때부터 구애는 일사천리로 진행되었다. 아들의 전적을 알고 있는 콕세터의 아버지는 조언을 해 주는데 아무런 거리낌이 없었다. 그래서 다음과 같은 편지를 보냈다.

너무 성급한 얘기인지는 모르겠다만 "서로를 알아 가는" 동안 린이 네 친구들이나 지인들, 케임브리지에 있는 매력적인, 아니면 그 아이에게 호감을 느끼는 젊은이들에게 반하지 않도록 조심할 필요가 있다. 그 아이는 새로운 나라에 와서 생활이 달라진 데다가 봄이기까지 하니 사랑에 빠지기 쉬울 것이고, 내 판단이 틀리지 않다면 위에 말한 젊은이들 역시 그 아이에게 반하기가 십상일 게다. 아니면 HSMC보다 덜 신중할 수도 있고! 이만치 얘기했으니 이제는 내가 한 말에 신경 쓰지 말고 네 생각대로 할 것이며, 네 삶에 대해서는 스스로 판단을 내리라고 당부한다.26)

콕세터는 신경을 썼다. 한 주도 채 지나지 않은 5월 24일, 그는 케임브리지의 어느 공동묘지에서 린에게 청혼을 하고는 일기에 이렇게 적었다. "R과 저녁을 먹다, 청혼을 했는데 싫다고는 하지 않았다."27) 린도 그날의 일을 기록해 놓았는데, 그들이 "오랫동안 이야기를 나눴으며" 도널드가 "자신의 아내가 되기를 원하느냐고" 물었는데 "그것은 꿈과도 같았다. 정말로 그렇게 될까?"라고 적었다. 린은 도널드에게 홀딱 반했다. 그녀는 도널드를 "귀여운 사람"이며 자신이 바라는 안정된 미래를 주리라고 여겼다. "그렇다. 모든 것을 갖게 된 것이다."[28]

도널드의 아버지는 그들의 약혼에 기뻐 어쩔 줄 몰라 하며 곧바로 축복해 주었다.[29] 그의 어머니는 자기보다 해럴드와 케이티가 약혼소식을 먼저 들었다는 사실에 속상해했다. "오해와 비통, 질투와 서운함이 얼마나 쉽게 생겨날 수 있는지"라고 해럴드는 아들에게 편지를 썼다. " 어머니는 괜찮아지실 게다. 어머니의 인생에서는 여러 측면에서 네가 내 자리를 차지해 왔는데, 이제 너를 잃는다고 생각하니 힘이 든 거야. 케이티도, 네 이복형제들도 결혼식에 참석하지 않기로 확정하였다. 결혼식을 마치고 나서 언젠가 여기에서 두 번째 축하연을 열 수도 있겠지. 네가 그토록 사랑스럽고 잘 어울리는 아내를 얻게 되었다고 생각하니 참으로 기쁘고, 네가 그 아이와 만나게 된 날을 감사하게 생각하리라고 믿는다. 의논할 일이 많지만, 기회가 있을 테니까."[30]

△ ▫ ◈ ☯ ⊛

결혼을 하기 전에 콕세터와 그의 아버지는 7월 내내 노르웨이에서 휴가를 보내기로 계획을 잡았는데, 이 시기는 오슬로에서 열리는 국제수학대회와 겹쳤다. 도널드와 아버지의 긴밀한 관계는 부자라기보다는 형제지간과도 같은 것이었지만, 그 관계를 좌지우지하는 아버지는 여행을 준비하면서 다 큰 아들에게 뭘 챙겨야 할지, 어떻게 해야 할 지 명령을 내렸다. "산책을 위해 고무창이 달린 좋은 가죽구두를 가져가라. 운동화는 제발 넣지 말고. 넥타이핀과 양말 대님도 몇 개 챙겨라. 내 허락이 없이는 다른 사람들에게 여행을 같이 가자고 하지 말아라. 그러면 도대체 무슨 재미겠니."[31]

1936년 스칸디나비아 여행에서의 도널드와 아버지. 여행 직후 아버지는 사망하였다.

오슬로에 도착한 부자는 대회가 시작하기 전 2주 동안 여행을 즐겼다. 등산도 하고, 눈을 뒤집어쓰기도 하고, 전원적인 호수에서 수영도 했으며, 콕세터가 임대한 컨버터블(지붕을 접을 수 있는 자동차)을 언덕 사이로 몰고 가는 동안 그보다 더 자유롭고 열정적인 인물이었던 해럴드가 벌거벗은 채로 조수석에 서 있기도 했다. 이러한 유람은 해럴드로서는 새로울 것도 없는 것이었다. 지팡이를 들고 안전밧줄로 한데 묶인 채 얼어붙은 산기슭을 기어오르는 남자들의 사진과 같은 것들로 여러 권의 가족 앨범이 채워졌다(어떤 담배회사가 비용을 댄 여행도 있었다. 해럴드는 골초여서 빈 담뱃갑을 가장 많이 모아서 보낸 고객에게 주는 상을 받았다).32) 그와는 반대로 콕세터는 오랜 기간 여행하는 것에 그다지 익숙하지 않았다. 린에게 보내는 편지에서 그는 "발이 많이 아파요"라고 불평했다.33)

회의는 7월 14일에 시작되었다. 콕세터와 케임브리지의 몇몇 동료들이 참가했다. 동료들 중 한 명은 콕세터에게 자신이 두 명의 수학적 거인들 틈에 앉아 있었다고 말했다. "마치 아주 작은 붙임표가 된 느낌이었어." 또 다른 동료는 자신이 끝까지 자리를 지킨 모임은 단 한 개였으며 나머지는 모두 빼먹고 산에서 하이킹과 수영을 즐겼다고 털어놓았다. 콕세터는 회의 3일째에 도망쳐 나와 두 번째로 국립미술관을 방문했다. 34)

대회에서 콕세터는 아일랜드의 수학자 J. L. 싱(극작가 J. M. 싱의 조카)을 만났는데 그는 토론토 대학교에 응용 수학과를 창설한 사람이었다. J. L. 싱은 평생에 걸친 지기가 되었고 노년에 이르기까지 편지를 주고받았다. 싱은 고전 역학, 기하 역학, 기하 광학, 기체 역학, 유체 역학, 전기 회로, 수학적 방법론, 미분 기하학 등 수학에서 광범위한 기여를 하였지만 그가 이룬 가장 중요한 업적은 아인슈타인의 일반 상대성 이론에 기하학 용어를 적용한 것이었다. 그는 수많은 문제를 간단한 기하학적 언어로 고쳐 썼고, "조타장치Steering Gear"라는 논문에서 자전거의 안정성에 이러한 방법을 적용하였으며, "치아의 견고성, 얇고 압착할 수 없는 탄성막의 평형과 관련한 문제로 간주하여The Tightness of the Teeth, Considered as a Problem Concerning the Equilibrium of a Thin, Incompressible Elastic Membrane"라는 논문을 통해 탄성이라는 문제에 뛰어들었다. 35) 싱은 <칸델만의 크림>이라는 멋진 수학 소설을 쓰기도 했다. 콕세터는 이 소설을 좋아하여 열두 군데를 자신의 책 <기하학 개론>에서 무단으로 사용했다. 이를테면 유리수에 대한 절의 서두에는 다음과 같은 부분을 인용했다.

"북쪽 바다는 아름다워"라고 범고래는 말했다. "그리고 녹아 없어지기 전의 눈송이의 섬세하고 복잡한 모습도 아름답지만, 그러한 아름다움은 숫자에 기쁨을 느끼고 삶의 거친 불합리성과 자연법칙의 불가해한 복잡성을 한 가지로 경멸하는 그에게는 아무런 의미도 없어."36)

이번 해의 대회는 필즈 메달Fields Medal이 최초로 수여된 때라는 점에서 특별하였고, 싱은 또 한 명의 토론토 수학자 존 찰스 필즈John Charles Fields와 함께 이 상을 계획하는 데 도움을 주었다. 공식적인 명칭은 '수학에 있어서의 우수한 발견에 대한 국제메달International Medal for Outstanding Discoveries in Mathematics'이지만, 머지않아 '노벨수학상'이라는 별명이 붙었다. 그 까닭은 알프레드 노벨Alfred Nobel이 수학 부문을 무시하였기 때문이다. 스웨덴의 실업가로서 다이너마이트를 발명한 노벨은 유언장에 자신이 기부한 9백만 불에서 나오는 이자를 인류에게 최고의 실용적인 이로움을 주는 발명이나 발견에 대한 상을 제정하는 데 쓰도록 명시하였다. 수학이 배제된 이유는 알려져 있지 않으나 오래 전부터 수학 회의에서 떠돌던 소문에 따르면 어떤 수학자가 노벨의 정부에게 관심을 쏟은 데 대하여 노벨이 화를 냈고, 그에 대한 복수로 그렇게 하였다고 한다.[37]

필즈 메달의 수여는 40세 이하의 수학자가 이룬 뛰어난 수학적 업적을 표창하는 것이었다. "이미 행해진 연구를 인정하여 수여하는 것이기는 하지만 그와 동시에 수상자에게는 더 많은 성과를 내놓으라는 격려를, 상을 받지 못한 사람들에게는 새롭게 노력하라는 자극을 줄 의도도 있었다." 아르키메데스의 두상이 새겨진 황금메달에는 로마의 시인 마닐리우스Manilius의 격언도 담겨 있었다. "자신의 이해력을 넘어서서 우주를 통달하다." 오슬로에서 이루어진 시상 첫 해, 필즈 메달은 하버드 대학교의 라르스 발레리안 알포르스Lars Valerian Ahlfors와 매사추세츠 공과대학의 제시 더글러스Jesse Douglas에게 수여되었다.[38]

△ ◻ ✧ ⬡ ⊛

7월 말 노르웨이에서 돌아온 콕세터는 결혼과 새로운 나라로의 이주를 코앞에 두고 할 일들로 정신이 없었다.[39] 그와 린은 토론토로 떠나기 겨우 며칠 전인 9월 1일을 결혼 날짜로 잡았다. 트리니티 칼리지 예배당은 이미 예약이 되어 있어서 케임브리지 중심에 있는 라운드교회를 예식 장소로 결정했다. 중심이 되는 큰 홀은 안성맞춤으로 완벽한 원이었다.

그러다가 8월 15일 케이티가 전보로 비보를 전해 왔다. 어머니가 삶을 포기하고 있음을 알고 있던 도널드에게 돌아가신 분이 아버지라는 소식은 충격이었다.40) 해럴드는 브라이턴 부근의 해변에 있는 연안경비대용 주택에서 휴가를 즐기고 있었다. "지금까지는 어떻게 해서든 가족 전체가 매일같이 아침을 들기 전에, 하루에 두세 차례는 목욕[수영]을 하고 있단다."41) 해럴드는 아들에게 보내는 마지막 편지에서 이렇게 썼다. 해럴드는 영국해협의 얕은 곳에서 네스타와 이브에게 잠수하는 법을 가르치다가 심장마비가 왔다. 아이들은 아버지가 물에서 나오지 않는 것을 알아차리고 도울 사람을 불러왔지만, 그때에는 이미 익사한 뒤였다.42)

그 뒤로 며칠간은 멍한 상태에서 급하게 흘러갔다. 장의사를 찾아가고, 검시에 참석하고, 워킹에서 치뤄진 장례식에 갔으며, 어떤 친구가 말했듯 "이처럼 끔찍한 재앙에 직면하여 모든 계획은 새로 짜야 했다." 도널드와 린은 고통스러운 기다림을 단축하기 위해 일찍 결혼하기로 결정했다. 장례식 이틀 후― '이제껏 가장 끔찍한 이틀' ― 그들은 몇 명의 가족들만 참석한 가운데 결혼식을 올렸다. 결혼식에 참석하려고 했던 많은 하객들은 케임브리지의 한 석간신문에서 청첩장에 나온 날짜보다 2주나 앞서 라운드교회의 현관에 선 도널드와 신부의 사진을 보고 깜짝 놀랐다.43) 결혼사진에 찍힌 도널드는 주먹을 꼭 쥐고 있었고 손마디는 스트레스로 하얗게 질려 있었다.

축하와 문상이 나란히 들어왔다. 어떤 친구는 이렇게 말했다. "운명은 참으로 잔인한 것이니, 자네가 물었듯 어찌하여 모든 가족이 행복하고 편안한 이때에 아버님께서 돌아가셨단 말인가?" 또 다른 이는 이렇게 동정을 표했다. "어찌하여 아버님이? 아직도 차마 믿기지 않거니와 그러한 상실이 가장 가까운

결혼식 날 라운드처치의 계단에 선 도널드와 린, 1936년 케임브리지.

자네에게 비탄은 실상 그 몇 배가 될 것이 틀림없네…… 죽음이 예기치 않게 아무에게나 닥칠 때 인생관이 흔들린다네."44)

서럴드 고셋은 수학시를 선물로 보내왔다. 노벨화학상 수상자인 옥스퍼드의 프레더릭 소디가 쓴 "정확한 입맞춤"이라는 시였다. 이 시는 네 개의 서로 접하는 원들의 반지름들의 관계에 대한 소디의 공식을 보여 준다. "소디교수가 자신의 발견을 그처럼 실없는 형태로 기록하기는 하였으나 실은 상당히 흥미로운 기하학 명제라네. 그가 말한 바에 따르면 이를 풀어내기 위해 3년이 걸렸다고 하더군……"45)

한 쌍의 입술이 입맞춤하는 데에는

아마도 삼각법이 필요하지 않으리.
네 개의 원이 각각 세 개의 원과 입맞춤 할 때에는
그렇지 아니하니
이렇게 하려면 네 원은 반드시
세 원이 한 원 안에 있거나 한 원이 세 원 안에 있어야 하리.
한 원이 세 원 안에 있으면 의심할 여지없이,
각각의 원은 바깥쪽에서 세 번의 입맞춤을 받네.
세 원이 한 원 안에 있으면, 그 한 원은
안쪽에서 세 번 입맞춤을 받네.

네 개의 원이 결국 입을 맞추게 되네.
작을수록 구부러져 있네.
굽음은 단지
중심으로부터의 거리의 역이네.
그들의 음모에 유클리드는 말문이 막혔으나
이제는 어림계산을 할 필요가 없다네.
굽음이 0임은 완전한 직선이고
오목한 굽음에는 마이너스 부호가 붙으니,
네 원의 굽음의 제곱의 합은
각각의 합의 제곱의 절반이네.

구의 연애를 살펴보는 일은
입술 측량기사가 어렵다고 생각할 수도 있으니,
구는 훨씬 더 난잡하여,

이제는 한 쌍의 한 쌍 이외에도
입 맞추는 구들 중에 다섯 번째 구가 있네.
그렇지만 부호와 0은 그대로이고,
한 구가 나머지 네 개의 구와 입을 맞추려면
다섯 구의 굽음의 합의 제곱은
각각의 제곱의 합의 세 배라네.

"입 맞추는 원들의 정리 Kissing Circles Theorem"라고도 알려진 이 시는 이전 해 6월에 소디가 <네이처 Nature>지에 발표한 것이었다.[46] 고셋은 여기에 덧붙였으면 어떨까 하는 구절로 축하 편지를 마무리하였는데, 이 구절은 훨씬 더 일반적인, "N개의 차원에서의 N+2개의 차원 초구 Hypersphere"에 관한 경우를 설명한 것이었고, 다음해 <네이처>지에 발표되었다.

우리의 관심을
단순한 원, 평면, 구에만 국한하지 말고,
초평면과 초곡면으로 올라가 보면
여기서는 입 맞추는 한 무리가 등장하니,
n차원 공간에서 입을 맞추는 쌍들은
초구들이고, 진리에 따르면
n더하기 2개는 각각
n더하기 1배의 짝과 입을 맞추고
모든 굽음의 합의 제곱은
각각의 제곱의 합의 n배라네.[47]

친구와 가족들은 콕세터가 "대서양뿐만 아니라 그보다 넓은 인생의 바다에서" 즐겁게 여행하기를 비는 편지를 보내왔다. 그는 "이제 과거보다는 미래를, 신세계에서의 새로운 삶과 관계를 기대해야 한다"는 구절에 밑줄을 쳤다.[48] 앨리스 아주머니는 콕세터에게 스테인드글라스로 만든 아르키메데스 입체 모양의 골동품 등갓을 보내왔다. 그녀의 조문은 희망으로 가득 차 있었다. "애야! 무어라 써야 할지 모르겠구나. 그토록 심한 이별에 비하면 말이란 얼마나 하찮은지! 그러나 실은 자신을 위하여 일이 그렇게 된 것을 기뻐할 수도 있다. 편지를 쓰는 동안 나의 마음은 너와 함께 가 보았던, 그리고 네가 완전히 너의 것으로 만든 그 멋진 세계로 돌아갔다. 그 세계에서 네가 다다를 곳이 어디일지 궁금하구나! 너를 따라갈 수 있다면 좋으련만."[49]

콕세터는 "감상을 드러내지 않고" 이별을 고했다.[50] 그의 어머니는 물론 케이티와 세 명의 이복누이들은 콕세터가 출발계획을 변경하지 않았다는 사실을 믿을 수가 없었다.[51] 신혼부부는 9월 3일 캐나다로 출발했고, 지난 몇 주간의 충격이 조금씩 마음에 아로새겨졌다. 콕세터가 일기에 썼듯, 린은 "밤중에 거의 숨이 멎을 듯했는데" 최근의 사건들에 비추어 그로서는 상당히 불안한 일이었다. 그리고 이렇게 적었다. "R은 내게 아버지의 죽음을 더 이상 슬퍼해서는 안 된다고 말했다."[52]

Chapter 6
"삼각형에 죽음을!"

> 유클리드 기하학을 경멸하는 자는
> 외국에서 돌아와 고국을 헐뜯는 자와 같다.
> – H. G. 포더 H.G. Forder

> 논리학은 우리에게 이러이러한 길에서는 장애물을 만나지 않는다고 확신하도록 가르친다. 그 길이 바라는 목적지로 이어진다고 알려 주지는 않는다. 그렇게 하기 위해서는 멀리서 목적지를 보는 것이 필요하고, 이를 보도록 가르쳐 주는 능력은 직관이다. 직관이 없는 기하학자는 문법은 잘 알지만 아이디어는 없는 작가와도 같을 것이다.
> –앙리 푸앵카레, 〈전집Oeuvres〉

콕세터 부부는 배를 타고 퀘벡 시에 도착하여 출입국 관리관의 허가를 받기 위해 오랜 시간을 기다렸고 이윽고 기차를 타고 토론토로 여행을 계속했는데,1) 당시 이곳은 약간은 동떨어진 곳으로 그 지위가 몬트리올에 못 미쳤다. 토론토의 기준으로는 이 영국인 부부는 더 도회적이고 급진적인 사람들이어서 이들의 도착으로 약간의 소란이 벌어졌다. 집안에 벽지를 바르는 대신 페인트칠을 하고, 유행하는 옷을 입었던 것이다.2) 콕세터 부부는 날씨에 적응하느라 애를 먹었다. 첫해 겨울은 충격적이었다. 도널드는 계속해서 감기에 걸려 있었고 (그는 비타민C와 어깨로 물구나무를 서는 운동으로 감기와 싸웠다) 린은 모피옷을 사 달라고 조르기 시작했다.3) 그러나 오래지 않아 콕세터는 토론토 대학교에 자리를 잡았다. 그는 일기에 이렇게 적었다. "세미나에서 거울을 보여 주었고" "대학원 강의가 끝난 지 15분이 지났는데 학생들은 아직도 필기를 하고 있었다."4)

연봉은 1,500불이었다. 콕세터는 구두쇠여서 약간의 공간이라도 낭비하지 않기 위해 필요하건 그렇지 않건 간에 책장마다 뒷면에 글씨를 썼다(이러한 이유로 그의 책의 작업본은 남아 있는 것이 없다). 그는 캐나다의 우편 요금이 불합리할 정도로 비싸다고 불평하며 소인이 찍히지 않은 우표를 재활용했다. 그리고 목욕물을 같이 써서 온수요금을 절약했는데, 린이 먼저 목욕을 했다.5) 이들은 완벽한 "잭 스프랫Jack Sprat(영국의 전래동요로, 그 내용은 다음과 같다. '잭 스프랫은 기름기를 전혀 먹지 못하고/아내는 살코기를 전혀 먹지 못하네/그래서 둘이서 함께/접시를 깨끗하게 핥아먹는다네' -옮긴이)" 부부의 화신이었다.6) 린은 단 것을 좋아하여 언제나 살을 빼려고 애를 썼고, 마른데다가 채식주의자였던 콕세터는 트리니티에서 처음 발병하였던 십이지장질환으로 여전히 고통받고 있었다. 토론토의 의사가 처방해 준 치료과정에 의하면 식사를 마치고 엄격하게 정해진 시간이 지난 후에 펌프로 위장에 공기를 집어넣어 영양분이 흡수되기에 충분한 시간만큼, 그러나 결함이 있는 소화관에까지 도착하지는 않을 만큼만 음식물을 위장에 남겨 두도록 정해져 있었다7)(위절제술을 받기까지 10년 동안 이러한 치료가 간헐적으로 지속되었다).8)

콕세터와 린은 각각 수학자와 주부로서 훌륭한 생활의 질서를 정착시켰다. 린은 시계처럼 여덟 시, 열두 시, 여섯 시에 정해진 식사 시간에 각자의 식사를 따로 준비하고(그녀는 채식주의자가 되려다가 실패하였다), 밥상을 차리고, 라디오를 뉴스에 맞췄다. 콕세터는 주말이나 휴일에도 아침을 먹을 때는 반드시 정장을 입었고, 넥타이를 맸다(그의 목이 매력적이지 않다고 생각한 린이 그렇게 고집하였다).9) 콕세터가 하는 일을 돕기 위해 모든 가사가 이와 비슷하게 조정되었다. 이와 같은 원동력은 그의 초창기 제자의 한 사람이자 현재 온타리오 주 킹스턴에 소재한 퀸스 대학교의 수학 명예 교수인 존 콜먼의 마음에 아로새겨졌다. 그는 근무 외의 시간에 콕세터와 상의해야 할 일이 있어서 들를 시간을 정하기 위해 집에 있는 교수에게 전화를 걸었다. 콜먼이 문을 두드리자 린이 맞아 주었다. 이 아름다우면서도 무뚝뚝한 여인은 심한 네덜란드 억양의 영어로 "원하는 것이 무엇입니까?" 하고 소리를 쳤다. "현관을 지키는 불도그 같았습니다"라고 콜먼은 기억했다.10) 린은 남편을 보물이라도 되는 것처럼 모셔서 그의 시간과 공간을 지켜 주었고 경력을 통해 수학적으로 많은 것을 생산해 내도록 그의 삶의 요소들을 최적화해 주었다. 1937년 초 콕세터는 일기에 이렇게 기록하였다. "(3,3,5;5)를 연구하느라 지쳤다."11) 고전 기하학자로서의 콕세터의 야망을 방해하는 단 하나의 장애는 시기가 좋지 않았다는 것이었다. 그의 연구 경력이 시작된 때는 시대에 뒤떨어진 그의 분야가 확실하게 낡은 것으로 고착된 바로 그 시점이었다. 콕세터가 연구하는 기하학은 취미로서는 재미있는 것이었으나 제정신 박힌 수학자가 자신의 경력을 거기에 거는 사람은 거의 없었다.

△ ⬜ ◇ ⬠ ⬡

1900년 파리에서 열린 국제수학대회에서 형식주의의 아버지 힐베르트는 소르본 대학교에서 격려 연설을 하면서 돌아오는 세기에 수학을 규정 지을 것으로 생각되는 스물세 개의 미해결 문제들을 제기하였다. 그는 이렇게 제안했다. "미래를 숨겨 놓은 베일을 걷어 올린다면, 앞으로 수백 년간 우리의 과학이 이루게 될, 다가올 진보와 그 발전의 비밀을 엿보게 된다면, 우리들 중 기뻐하지 않을 사람이 누가 있겠습니까? 우리의 내면에서는 다음과 같은 외침이 끊임없이 들려옵니다. 문제가 있으니 해법을 찾으라. 우리는 순수한 사고를 통해 해법을 찾을 수 있다."12)

 힐베르트가 내놓은 문제들 중에 콕세터가 간접적으로라도 매력을 느꼈을 만한 것은 세 개 뿐이었다(그중 어느 한 문제라도 상당히 연구하였다는 증거는 없다).13) 고전 기하학에 던져지는 문제는 점점 더 줄어들었다. 콕세터가 유클리드 기하학에 대한 놀라운 정리를 새로이 발견하였다 하더라도 – 예를 들어 콕세터가 대단히 좋아하였던, 1899년 프랭크 몰리Frank Morley가 내놓았던 삼각형의 각들을 삼등분하는 "기적의" 정리(부록 5 참고) – 프린스턴이나 케임브리지와 같은 학교에서 대우가 좋은 일자리를 얻을 수는 없었을 것이다.14) 고전 기하학의 모든 흥미로운 문제들은 해결되었고 정리들은 모두 발견된 것처럼 보였기에, 수학자들은 자신의 대망을 키우고 발표할 논문들을 줄줄이 써내며 학계에서 빠르게 출세하기 위하여 다른 방향으로 관심을 돌렸다. "어떤 과학 분야든 풍부한 문제를 제공하는 한 살아 있게 됩니다"라고 힐베르트는 자신의 연설에서 말했다. "문제가 사라진다는 것은 멸망의 전조입니다."15)

 이러한 기준으로 보자면 고전 기하학은 오래된 숲처럼 멸종직전의 영역이었다. 그리고 전반적으로 과학방법론의 추세는 직관적이고 시각적인 접근법에서 멀어져 간 상태였다. "지난 한 세기 반의 과학에서 시각적인 것과 논리적인 것은 언제나 서로의 구렁텅이에 걸려 있는, 불안정한 상태를 유지했다."16)고 하버드 대학교 과학·물리학사 교수인 피터 갤리슨Peter Galison은 평했다. "그러한 상황은 오락가락하지만 우연한 방식으로 그렇게 되는 것은 아니다. 시각적 방법을 강력하게 밀고 나가다 보면 결국 반反시각적인 방향으로 나아가게 된다. 형상이 더 높은 지식으로 올라가는 디딤돌이라고 하는 주장과 형상은 더 높은 이해를 가로막는, 믿을 수 없는 우상이라고 하는 주장은 둘 다 거의 신학적이라고 할 교의이거니와, 이 둘은 번갈아 가며 신뢰를 받아 왔다. 궁극적으로 우리에게는 양쪽 모두가 필요하다."17) 그러나 당분간 기하학은 수학의 모든 분야에 대한 대수화에 포괄되었다. 즉 기하학적 도형들은 대수 방정식을 통해 표현되었던 것이다.

△ ⬜ ♦ ⬡ ⬢

이러한 변화를 보여 주는 극적인 한 예는 수학에 대한 니콜라 부르바키의 접근법이 널리 받아들여졌다는 것이다.[18] 수학계에서 구전되는 이야기에 따르면 프랑스 수학계의 무서운 아이였던 부르바키는 1930년대 중반 처음으로 이름을 떨쳤다고 한다. 부르바키는 파리에 있는 룩셈부르크공원 근처의 카폴라데 카페에 자주 간다고 알려졌는데, 거기서 수학 전반의 백과사전이라는 야심 찬 대작을 집필하고 있다는 것이었다. 그는 자신의 논문을 <수학원론 Eléménts de mathématique>이라고 불렀는데, 수학 mathématique을 단수로 썼다는 것은 통합을 하겠다는 의도를 드러내는 것이었으며(비록 영어로는 <Elements of Mathematics>라고 번역되기는 했지만)[19], 궁극적으로는 여섯 권짜리가 될 이 책은 이삼 년에 한 번씩 각 권에서 몇몇 장을 출판하기로 되어 있었다.* 부르바키의 첫 번째 분책인 1권 1장은 집합론에 관한 것으로 1939년 출판되었다. 그는 자신의 논문 여러 권을 동시에 집필하여, 1940년 출판된 두 번째 분책은 3권의 1장과 2장이었고, 1942년에는 2권의 3장과 4장을 출판하는 식이었다.[20]

부르바키의 영향을 회고한 <사이언티픽 아메리칸>의 한 기사는 이 수학자가 빠른 속도로 국제적인 관심을 불러일으켰다고 전하였다. "그의 저작은 전 세계적으로 읽히고 널리 인용되고 있다. 리우데자네이루에는 거의 그의 저작들을 통해서만 수학 교육을 받은 젊은이들이 있고, 버클리와 괴팅겐에는 그의 영향력이 해롭다고 여기는 유명한 수학자들이 있다"라고 수학자 폴 R. 할모스 Paul R. Halmos는 썼다. "수학자들이 모이는 곳에는 어디든 그를 감정적으로 추

---

* 1권 집합론, 2권 대수학, 3권 위상 수학, 4권 (일)실변수함수, 5권 위상 벡터 공간, 6권 집대성.

종하는 이들과 소란스럽게 비방하는 이들이 있다. 그에 대한 전설은 무수하며 매일같이 늘어나고 있다. 거의 모든 수학자들이 그에 대한 몇 가지 이야기는 알고 있으며 이야기를 두어 개 더 만들어 냈을 법도 하다."21)

그러나 부르바키에게는 뭔가 이상야릇하고 상당히 의심스러운 바가 있었다. 훌륭한 제자들을 키워 내기로 정평이 나 있는 프랑스의 훌륭한 교수들은 어쩔 줄을 몰라 했다. 왜냐하면 누구도 이 걸출한 부르바키가 자신의 제자라고 주장할 수가 없었기 때문이었다. "Qui est ça Bourbaki?(부르바키가 누구지?)"하고 홀로 중얼거릴 뿐이었다. 실체가 없는 부르바키는 회의 초청을 받아들이고 강의를 하기로 승낙을 했지만 모습을 드러낸 적은 없었고 몸이 아프다거나 비행기를 놓쳤다는 말만 전했다.22) 할모스가 극적으로 글을 맺은 대로, "그에 관한 가장 기이한 점은 그가 존재하지 않는다는 것이다."23)

사실 부르바키는 최정상의 프랑스 수학자들로 구성된 비밀 모임을 칭하는 필명이었다.24) 창립회원으로서 "프리마돈나"라고 불렸던 이들로는 앙리 카르탕Henri Cartan25)(엘리 카르탕의 아들), 클로드 슈발리Claude Chevalley, 장 델사르트Jean Delsarte, 숄렘 망델브로이Szolem Mandelbrojt(브누아 망델브로Benoît Mandelbrot의 삼촌), 르네 드 포셀René de Possel, 장 디외도네Jean Dieudonné 등이 있다. 이 운동의 지적 지도자는 앙드레 베유André Weil였는데, 그의 누이였던 철학자 시몬 베유Simone Weil는 그와는 반대로 대수학을 돈이나 기구機構와 마찬가지로 "현대문명의 괴물"로 보았다. 그녀는 특히 대수학은 "인간의 정신과 관련된 오류"로 간주하여야 한다고 믿었다.26)

회원들이 부르바키라는 이름을 필명으로 택한 이유는 인구에 회자되며 수학 저널에서 끊임없이 재활용되는 수많은 농담들에 가려져 있어서였다. 어떤 이야기에 따르면 부르바키라는 성은 프로이센-프랑스 전쟁의 한 프랑스 육군 장교-샤를 드니 소테 부르바키Charles Denis Sauter Bourbaki장군-을 지칭하는

1957년 8월자 〈사이언티픽 아메리칸〉에 나온 풍자만화는 부르바키를 "프랑스 수학자들의 패거리"로 묘사하였다.

것이었다고 한다. 그는 1871년 소수의 휘하 패잔병들을 이끌고 프랑스에서 스위스로 달아났다가 체포되어 억류되고, 자살에 실패하였다가 여든셋까지 장수하였다. 프랑스 낭시에 있는 부르바키 장군의 동상은 그의 이름을 높이 평가한 수학자들과의 관계를 입증해 준다. 왜냐하면 그들 중 몇 명이 낭시 대학교의 젊은 교직원들이었던 것이다.[27] 두 번째 계보는 1920년대로 거슬러 올라가는데 당시 고등사범학교École Normale Supérieure 학생이던 앙드레 베유가 부르바키라는 뛰어난 방문객의 초청강의를 들으며 일종의 비법을 전수받았다는 것이다. 강의가 끝나고 나서 학생들은 이 방문객이 실은 수염과 꾸며 낸 외국식 말투로 변장을 한 상급생이었고 그가 한 강의는 수학적인 허튼 소리였으며 "부르바키 정리"를 포함하여 모두가 "순전한 난센스"임을 깨달았다.[28]

1980년, <수학 정보제공자The Mathematical Intelligencer>는 부르바키의 연원과 가장 멋져 보이는 생각을 발표하였다. 이 글은 무정부주의자이자 오귀스트 로댕August Rodin과 클로드 모네Claude Monet의 성공을 가져온 미술·문학 평론가인 옥타브 미르보Octave Mirbeau의 소설을 번역해 놓았다. 미라보의 소설 "어느 가정부의 일기Journal d'une Femme du Chambre"에서 모제Mauger 대위라는 인물이 이웃집 가정부인 셀레스틴Celestine을 데리고 자신의 정원을 둘러보았다. 셀레스틴은 이 산책을 생각하며 이렇게 말한다.

대위는 지난주에 자신이 어떻게 장작더미 밑에서 고슴도치를 잡았는지 이야기해 주었다. 그는 고슴도치를 훈련시키고 있다. 고슴도치를 부르바키라고 불렀다. 멋진 생각이다! 똑똑한 짐승, 별난 장난꾼, 게다가 뭐든지 먹어치우는!
"이것 참, 그럼요!" 대위가 소리쳤다. "하루 사이에 이 괘씸한 고슴도치가 비프스테이크에 양고기 스튜, 소금에 절인 베이컨, 그뤼에르 치즈, 잼을 먹어치웠답니다. 대단한 놈입니다. 억제라고는 모르지요. 나 같은 놈이란 말입니다. 뭐든지 먹어 치웁니다!"

이 이야기는 수학자 부르바키에 대한 적절한 비유였다. "니콜라는 현대 수학에 대한 포괄적인 논문을 쓰기로 약속했다. 그의 기획의 범위가 엄청나다는 것은 모제 대위의 잡식성 애완동물과 흡사하다는 것을 뚜렷하게 보여 준다."29)
부르바키 그룹— 이 집단의 일부 구성원들은 오늘날까지 자부심을 지키며 부르바키를 3인칭 단수로 지칭한다30)—은 수학을 "어미구조mother-structure"의 얼개로 통합적으로 개조하는 것을 주창하였다.31) 부르바키 스타일은 대수적이고 공리적인, 무미건조한 형식주의적 경향의 전형이었다. 이러한 점에서 부르바키의 구성원들은 자신들을 힐베르트의 계승자로 생각하였다.32) 부르바키의 방법은, <사이언티픽 아메리칸>이 전한 바에 따르면, 학습의 올바른 순서에 대한 교조적인 신념, 근거 없이 창안된 전문 용어, 그리고 "모든 것을 이야기하는 데 너무도 열중하여 상상할 여지가 없고 그 결과 무미건조하고 미적

지근한 인상을 주는" 아이디어들의 경제적인 조직화에 근거한 것이었다. 33) 부르바키가 지나치게 꿰뚫기 어려운 존재라는 사실(적어도 몇몇 수학자들에게는)을 예측하여 처음으로 출판된 간행물에는 "독자들에 대한 설명서"라는 형태로 사용자용 안내서가 갖춰져 있었다.

정기적으로 새로운 장章들이 출판되는 <원론> 논문에 근거하여 한 무리의 수학자들 사이에서 부르바키는 기하학에 반대한다는 소문이 났다. 전설에 따르면 "유클리드를 타도하라! 삼각형에 죽음을!"이라는 것이 부르바키의 슬로건이었다고 한다. 34) 부르바키는 주로 출판물에 눈에 띄게 그림이나 도표를 첨부하지 않는 것으로 기하학을 무시하였다. 아마도 이것이 부르바키의 방법에 있어 가장 독특한 특징이었을 것이다(그리고 콕세터, 그리고 그와 비슷한 생각을 가진 수학자들에게는 가장 불쾌한 특징이었다). 35) 부르바키는 수학에서 도표의 사용을 금지하였다. 유일한 예외는 여백에 인쇄된 뒤집힌 S자 곡선모양의 기호였는데, 이것은 위험한 산길에 설치된 도로 표지처럼 논의 할 때 파악하기 어렵거나 "위험한 변화"가 나올 때 독자들에게 경고를 하기 위한 것이었다. 36)

"부르바키는 절대 그림을 넣지 않았다"고 은퇴한 부르바키 2세대 회원(모든 회원은 50세에 은퇴해야 한다37))이자 현재 프랑스 고등과학연구소 명예 소장인 피에르 카르티에Pierre Cartier는 말했다. "그보다는 순수한 논리적 추론에 근거하였고, 가능한 한 시각적 통찰은 배제하였습니다. 시각적 통찰은 인간의 나약함을 용인하는 것으로 간주되었습니다."38)

△ ▢ ⬢ ⬡ ⬢

애초의 부르바키의 창안과 도표에 대한 부르바키의 불신을 모두 추동한 원동력은 1차 세계 대전까지 거슬러 올라갈 수 있다. "이 전쟁은 프랑스 수학자들에게는 엄청난 비극이었다"라고 부르바키의 서기였던 디외도네는 말하였다. "1914~1918년의 엄청난 전투가 벌어진 시기에 과학과 관련된 부분에 대한 독일 정부와 프랑스 정부의 시각은 달랐다. 독일인들은 수학자들을 연구에 투입해 발견, 그리고 발명품이나 방법의 개선을 통해 군대의 잠재력을 높이도록 하여 결과적으로 독일의 전투력을 향상시키는데 힘쓰도록 했다. 프랑스인들은 누구나 전선에 나가야 한다고 생각했다. 존중하기에 마땅한 민주주의적이고 애국적인 정신을 보여 주기는 하였지만, 프랑스의 젊은 과학자들은 그로 인해 엄청난 희생을 당했다." 이는 프랑스 수학에 끔찍한 영향을 미쳤다. 전후, 젊은 인재들이 부족했다. 파리를 국제적인 중심의 하나로 만들었던 고령의 수학자들은 여전히 살아 있었으나(복무하기에는 너무 나이가 들어서), 그들은 젊은 시절의 수학만을 알고 있었다. 고등 사범 학교의 교육은 침체되었다. 국제 사회의 첨단수학과는 어떠한 접촉도 없었다. 부르바키는 프랑스의 수학 교육을 부활시키고 국제적인 지위를 복구할 수단으로 만들어진 것이었다.39)

반시각적인 경향과 관련하여, 도형에 대한 부르바키주의자들의 반대에는 대단히 고상한 의도가 있었다. 그들은 도형을 유해한 것으로 생각하지도 않았고 삼각형을 어리석은 복수의 대상으로 삼은 것도 아니었다. 그보다는 수학적 진리를 추구하면서 주관적인 시각을 합리적으로 불신하였다. 따라서 시각을 사용하지 말아야 한다고 생각했다. 플라톤적인 지력이 수학적 형태의 완벽하고 순수한 세계를 통찰하는데 더 믿을 만한 것이라는 것이다(플라톤은 우리의 관념의 대상은 완벽하고 순수한 이데아라고 보았고, 감각의 대상은 이데아의 복제에 불과한 것이라고 생각했다. 그래서 감각을 통하여 관념을 형성하는 것은 단지 감각의 자극을 받아 이데아의 기억을 떠올리는 것으로 보았다. 따라서 시각이라는 감각 역시 이데아의 '열등한' 복제에 지나지 않으므로 이에 근거하지 않는 '플라톤적인 지력' 이라는 표현을 쓴 것으로 보인다-옮긴이). 부르바키는 오류를 범하기 쉬운 물리적인 두 눈을 보정하기 위한 "제3의 영혼의 눈"-종교적인 표현이지만-에 호소하였다.40)

눈의 헤게모니에서 벗어나는 것은 20세기 초 프랑스에 널리 퍼진 경향이었다. 어떤 논문은 이것이 부분적으로는 1차 세계 대전, 그리고 시각이 병사들을 보호하지 못한 것에서 유발된 것이라고 주장한다. 참호전의 가혹한 조건은 "눈멀듯 강렬한 섬광으로 비춰지다가 이윽고 변화무쌍한, 종종 독가스로 야기된 안개로 흐려지며, 애매모호하고 몽롱한 형체로 이루어진 당혹스러운 지형"을 만들어 내었고, "병사들이 볼 수 있는 것이라고는 위로는 하늘이요 아래로는 진흙뿐이었을 때, 생존을 위하여 시각에 의존했던 전통적인 방법은 더 이상 쉽게 옹호될 수 없었다."41)

반시각적인 경향은 프랑스의 오랜 "눈의 상사시上斜視(한쪽 눈의 시축visual axis이 고정된 다른 쪽 눈의 시축보다 높은 현상-옮긴이)"에 대한 반작용이기도 했다. 눈은 과장된 중요성으로 인해 확대된 기관으로 성장했다. 루이14세의 베르사유궁전은 카메라, 초기의 영화, 그리고 구경거리와 빛의 도시인 파리와 마찬가지로 시각적 현상에 대한 이러한 물신화를 보여주었다. 베르사유의 행렬, 마법환등phantasmagoria, 환영, 꿈, 무언극, 망상, 가장무도회라는 이미지는 모두 "시각적 허위의 비유"였다. 음악이 중요시되었던 독일, 그리고 언어가 지배하던 영국과는 달리 프랑스에서는 시각적 현상이 오랜 기간 최고의 지배자 자리를 유지했고, 장식, 퇴폐, 기교, 아르누보42)가 지배하던 19세기 후반에 그 절정에 달했다.43)

이러한 상황에 반발하여 다양한 부문의 프랑스 지식인들은 눈에 대한 신뢰를 잃었고, 시각적 증거의 가치를 저버렸다.44) 부르바키는 이러한 현상의 한 부분이었다. 수학과 과학에서 시각적 추론은 현실을 개념화하고 해명하는 방정식과 추상적 방법의 힘에 자리를 뺏겼고, 이 사실은 고전 기하학, 그리고 대단히 시각적인 기하학 전통에 치명타를 가했다.

헝가리의 수리철학자이자 파리의 국제철학대학College International de Philosophie 명예 교수인 임레 토트에 의하면, "부르바키는 기하학에 속한 모든 것에 대한 적이었다." 그와 대조적으로 콕세터는 강건하였다. 그는 부르바키가 부술 수 없는 바위요 돌덩이였다. "그는 기하학자로 남았고 기하학에 대한 드높은 충성심을 상징했습니다"라고 토트는 말했다. "그는 고전 기하학 정신의 보호자였습니다. 그는 부르바키의 거대한 물결에 맞서는 기하학의 성채였고 정복할 수 없는 요새였습니다."45)

어떤 사람들은 콕세터와 부르바키를 맞세우는 것을 미심쩍어하는데, 그 이유는 콕세터와 부르바키가 회의장에서 비웃는 눈초리를 주고받거나 한 적이 전혀 없었기 때문이었다. 그건 콕세터의 스타일이 아니었다.46) 콕세터와 부르바키를 적수로 만드는 것이 타당한 이유는 이 둘은 고전 기하학이 절망적인 위기에 처해 있던 지난 세기에 행해졌던, 기하학에 매우 다른 접근방법을 구현한 존재였기 때문이다.

△ ▢ ◆ ⬠ ⬡

반시각적인 부르바키 운동에 대항하여 콕세터는 케임브리지와 프린스턴에서 시작하였던 초다면체에 대한 연구를 토론토 대학교에서도 굳건히 이어 갔다.

그의 초다면체는 그에 의한 W. W. 라우즈 볼의 책 <수학적 유희와 소론들> 개정판에 수록되었다. 1939년 2월, 콕세터의 첫 아이 에드거Edgar(그의 딸 수전은 그로부터 2년 뒤인 1941년에 태어났다)가 태어난 직후 최종 원고의 교정쇄가 도착했다. 그는 아이의 방을 노란색으로 칠하는 틈틈이 교정쇄를 읽었고, 일기에 그가 적은 흔한 아이의 성장기록에는 특별한 기하학적 차원에 대한 열의가 담겨 있었다. "E는 93° 이상 뒤집기에 성공하였다."47) 콕세터의 개정판은 그 해 하반기에 나왔다.

이 고전적인 책은 수학에 관한 것일 뿐만 아니라 마술에 대한 것이기도 했다. 즐거움 말고는 효용이 없는, 어지러운 수학적 속임수와 게임, 수수께끼가 가득했다. 목차의 앞부분에는 "누군가가 택한 숫자 찾아내기"라는 것이 있었다.

미로와 그 역사, 미로를 통과하는 규칙을 다룬 항목도 있었다. 48) 볼이 직접 쓴 판본에는 실뜨기만을 다룬 장이 있었으나 콕세터가 삭제하였다. 책에 미묘하게 자신의 흔적을 남기며 콕세터는 "역학적 유희"에 대한 장을 삭제하였다. 새로운 장을 넣기 위해 자리를 만든 것이다. 무엇에 대한 장이겠는가? "다면체"가 아니고서야. 이 장의 "공 쌓기와 최밀충전"이라는 부분에서 그는 해변의 모래에 관한 문제에 대한 해법과 발 주변은 마르는데 발바닥 부분은 축축해지는 이유를 제시하였다.

해변 부근에서 젖은 모래를 밟고 서면 발 주변의 모래가 상당히 건조해지는데 반해 발자국에는 자유수free water(생체조직·토양·겔·수용액 속에 존재하면서 이들과 결합하지 않고 자유롭게 이동할 수 있는 물-옮긴이)가 고여 있는 것이 확연히 드러난다. 바다의 운동에 의해 구형에 가깝게 된 모래 알갱이들은 임의적인 쌓기와 유사한 형태로 침전된다. 발의 압력이 이렇게 쌓인 형태를 흐트러뜨려 알갱이들 사이의 간격이 늘어나게 된다. 발을 떼게 되면 임의적으로 쌓인 형태가 부분적으로 복구되면서 그 위에 물이 남게 된다. 49)

이 책의 매력은 이후 30년간 8쇄까지 나왔다는 것으로 증명되며, 이를 동경한 존 콘웨이는 콕세터에게 편지를 보냈다.

이와 같이 유희적으로 초다면체에 몰두하는 한편 콕세터는 학술적인 수학저널에 논문을 발표하는 기세도 맹렬하게 높이면서 기억을 환기시키듯 장황한 제목을 단 논문들을 써냈다. "3차원 및 4차원의 비대칭 정다면체와 그 위상수학적 상사물Regular Skew Polyhdera in Three and Four Dimensions and Their Topological Analogues", "다면체 군-그림을 작도하는 손쉬운 방법An Easy Method for constructing Polyhedral Group-Pictures", "정칙 스펀지, 혹은 비대칭다면체The

Regular Sponges, or Skew Polyhedra", "정칙 및 준정칙 초다면체Regular and Semi-regular Polytopes", "27개의 모서리가 일반적 입방체 표면상의 선들과 대응되는 초다면체 221 The Polytope 221, whose 27 Vertices Correspond to the Lines on the General Cubic Surface", "아홉 개의 정입체The Nine Regular Solids", "세 반사의 곱 The Product of Three Reflections", "동일선상의 점들에 대한 문제A Problem of Colinear Points", "사원수와 반사Quaternions and Reflections"와 같은 논문들이 그것이다. 50) 그의 논문들은 아름답다는 이유로 관심을 끌었는데, 그러한 아름다움은 수학적인 내용뿐만 아니라 빼어난 문체에 기인한 것이기도 하다. 콕세터는 세부사항에 대한 안목이 있었고 자신이 주장하는 사실들을 어떻게 정리할 것인가에 세심한 주의를 기울여서 자신의 논증을 가장 질서정연하고 논리적이며 생생한 방식으로 제시하였다.* 그는 한 논점에서 다른 논점으로 교묘하게 끊김 없이 흘러갔으며 논증 전체의 대칭을 세심하게 궁리했고 모든 참고문헌을 깔끔하게 정리했다. 51) 콕세터는 일상적으로 논문을 쓰며 그처럼 숙련된 모습을 보여 주었다. 한번은 존 콘웨이가 콕세터급의 논문솜씨와 겨뤄 보려고 하였다가 뼈아픈 노력이 필요한 것임을 알게 되었다. 52)

연구의 범위를 확장함과 동시에 초점을 맞추며 연구를 다듬어 나가던 콕세터는 무언가 새로운 것을 찾겠다는 희망으로 초다면체의 특성을 분석했다. 콕세터는 조각가가 대리석 덩어리를 하나하나 다뤄 나가듯 초다면체를 연구했다. 콕세터의 제자이자 CBC 아나운서인 리스터 싱클레어Lister Sinclair가 비유

---

* 그는 다음과 같은 예기치 못한 문체로 독자들을 즐겁게 해 주었다. "맨 앞의 세 식의 곱을 마지막 두 식의 곱으로 나눈 다음 소거로 분탕질을 치고 나면 다음과 같은 것을 얻게 된다" 콕세터가 애용하던 단어는 "명료한perspicuous"이었다. "perspective"처럼 라틴어 "perspicuus"에서 나온 이 말은 이해하기 쉽다, 혹은 명백하고 정확한 설명으로 전달되었다는 의미이다. "명료하다"는 것은 대단히 콕세터적인 단어인데 그 이유는 콕세터가 이 단어를 적어도 한 번은 책마다 사용하기 때문이기도 하고 또한 글을 통해서나 강의실, 또는 회의 강단을 통해서 해설자로서 그는 명료함을 체현하였기 때문이기도 하다.

하였듯, "새로운 대리석 덩어리를 얻게 되면 미켈란젤로는 이를 바라보고, 귀를 기울이고, 만져 보고, 그 주위를 조용히 걷고 또 걸었습니다. 그는 판도라의 석재(싱클레어는 무엇이 들어있는지 모른다는 의미에서 그리스 신화에 나오는 판도라의 상자를 차용하여 이러한 표현을 쓴 것으로 보인다-옮긴이)에 '누구요? 그 안에 누가 있소?' 하고 묻고 있었던 것입니다. 그런 다음에야 미켈란젤로는 보이지 않는 포로를 풀어 주기 시작했습니다. 저는 실제로 그런 일을 여러 차례 보았습니다. 어느 위대한 예술가가 새로운 재료의 덩어리 주변을 맴돌고 또 맴돌면서 물었습니다. '누구요? 그 안에 누가 있소?' 그 위대한 예술가는 도널드 콕세터입니다."53)

매일 연필과 종이를 손에 들고 콕세터는 마음속으로 하나의 초다면체를 조사한 다음 또 다른 초다면체를 택했다. 그는 상호관계, 외삽, 혼성, 유비를 찾았고, 이러한 미묘한 것들이 쌓여서 발견으로 이어졌지만, 때로는 실패로 끝나기도 했다. 그가 일기에 이렇게 썼듯 말이다. "있을 법한 새로운 초다면체를 검토하였다(쓸모없는 아이디어)."54) 그는 앨리스 아주머니에게, 1940년 아주머니가 사망할 때까지 편지로 자신의 연구를 계속 알려 주었다.

콕세터는 토론토 대학교의 동료인 질베르 드 뷰르가르드 로빈슨과의 협력관계를 발전시켜 풍부한 결과를 얻었다. 그는 초다면체와 군론 간의 상호 작용에 대한 재고, 즉 대칭에 대한 대수적 연구를 하자는 대단히 값진 제안을 했다.55) 콕세터의 기초적인 유클리드 초다면체와 보다 현대적인 대수 기하학 사이의 이러한 연결은 금맥을 찾은 것이나 마찬가지였다. 이러한 혼성은 고답적인 학계의 관심을 끌었는데, 이들은 다른 경우였다면 콕세터의 고전적 경향을 오만하게 경멸했을 법한 사람들이었다. 이러한 영역에서 그의 연구는 최고여서 일류대학교들은 콕세터에게 강연요청을 하였고, 이를 통하여 전 세계를 망라하는 충성스러운 팬들의 토대가 만들어지기 시작했다.56)

△ ◻ ♦ ✪ ⬠

　브누아 망델브로도 그의 팬이었다. 1947년, 망델브로가 캘리포니아 공과대학교 대학원생으로 있을 때 콕세터가 강의를 하려고 방문하였다. "그분을 통하여 나 자신을 되찾았습니다"라고 예일 대학교 명예 교수이자 IBM 명예연구원인 망델브로는 회상하였다.57) 망델브로는 부르바키가 영향력을 행사하기 시작하던 때에 파리에서 대학 교육을 받기 시작했다. "오늘날에는 부정하고 있지만, 부르바키에게는 대단히 파괴적인 측면이 있었습니다. 그들은 부드러웠다고 말하지만, 저는 그렇지 않았다고 증언할 수 있습니다."58)

　망델브로의 어린 시절 교육은 프랑스 대학Collége de France 수학 교수이자 부르바키의 창립 회원인 그의 삼촌 숄렘 망델브로이에게 맡겨졌다. 그러나 조카와 삼촌은 수학에 대한 취향이 정반대였다. 젊은 망델브로는 자신을 기하학자라고 칭했다. 그는 형상에 대한 특별한 재능을 지니고 있어서 암산으로 기하학을 했다. 해석학자인 그의 삼촌 역시 시각적인 재능이 있었으나 기하학 연구는 일요일과 휴가 기간으로 한정하였다. 기하학은 고갈되었으며 진정한 학문적 기여를 하려면 기하학에서 벗어나야 한다는 것이 삼촌이 조카에게 해 준 말이었다. 기하학을 추구한다면 젊은 망델브로는 몰락과 실업에 직면하게 될 것이라는 것이었다.59)

　1945년, 전문단과대학Grande Écoles (프랑스의 고등 교육 기관의 한 형태로 대학입학 자격자를 모두 받아들여야 할 의무가 있는 공립대학과는 달리 별도의 필기 및 구두시험으로 학생을 선발하고 특정 과목에 집중하는 경우가 대부분이다. 이러한 대학의 예로는 고등 사범 학교가 있다-옮긴이) 입학 시험에서 뛰어난 성적을 거두고 나서-망델브로는 "도형의 대집단"에 대한 사진과도 같은 기억력으로 어떠한 해석학 문제를 해결할 때 그에 해당되는 기하학적 대응물을 찾아내서 이용할 수 있었다.- 그는 고등 사범 학교에 가기로 하였으나 그 의도는 삼촌과 같은 유형의 수학을 공부하는 것을 피하고자 함이었다. 망델브로는 금세 부르바키를 따르는 것 이외에는 다른 길이 없음을 확인하였다. "그들은 호전적인 무리들이어서 기하학과 모든 과학에 대한 강한 편견을 가지고 있었고, 자신들의 지시를 따르지 않는 사람들을 매우 경멸하거나 심지어 모욕하기도 했습니다. 저희 학생들에게는 그것이 최선인 것으로 보였습니다. 그걸 좋아하지 않는다면 수학을 그만두라는 충고를 받았지요."[60] 망델브로는 낙담하여 겨우 며칠 뒤에 다른 학교로 옮겨갔다. 결국 그는 수학을 떠나 경제학, 공학, 물리학, 생리학에 조금씩 손을 댔다. 때때로 기하학이 그를 다시 유혹하는 경우가 있었는데, 캘리포니아 공과대학에서 콕세터와 만나게 되었을 때가 바로 그런 경우였다.[61]

"그는 구시대사람으로 비쳐졌습니다"라고 당시의 콕세터를 회상하며 망델브로는 말했다. "약간은 주변적인 인물이었죠. 프린스턴이나 하버드 교수가 될 수는 없었고 토론토야 아주 좋은 곳이기는 하지만 중심은 아니었으니까요. 그의 스타일에서 힘이 느껴졌던 것을 기억합니다. 콕세터가 도형과 모형을 다루고 모형의 도움을 받아 몽상을 하면서 언제나 느꼈던 즐거움은 대단히 매력적이고 중요한 것이라고 생각합니다. 콕세터가 지녔던 도형, 그리고 눈과 손의 역할을 사랑하는 정신이 제가 콕세터에게 경탄했던 바입니다."

"대부분의 사람들은 명확한 개인적 스타일을 고수할 만큼 강인하지 못합니다"라고 망델브로는 말했다. "유행이나 상황에 따라 굴복하기 마련인데, 콕세터는 의심할 여지없이 굴복하지 않았습니다. 그는 기하학의 고전적 전통을 따랐는데, 그건 부르바키가 완전히 기를 죽여 놓은 것이었습니다. 때려누였다고 하는 게 더 가깝겠네요. 그림 없이 수학을 배운다는 것은 범죄요, 터무니없는 계획입니다."[62]

△ ◻ ✦ ⬡ ⬢

콕세터가 수학적 운명을 비웃고 가망이 없어 보이던 성공을 거둔 것은 우연한 일이 아니었다. 그는 부지런했고, 끈질기게 초다면체에 매달렸으며, 주의를 산만하게 만드는 일들은 피했다.63) 아내는 언젠가 남편이 수학과 학과장이 될 수도 있으리라는 희망에 학과의 직무를 맡으라고 주장했지만, 콕세터는 전혀 흥미가 없었다. 그는 행정적인 책임이 자신을 수학이라는 대상에서 멀어지게 할 뿐임을 잘 알고 있었다.64)

콕세터는 1940년대 후반 <캐나다 수학저널>의 창간 편집장으로 9년간 재직하면서 이 일에 기꺼이 시간을 냈다. 본업은 아니지만 이러한 활동은 시간을 들일 가치가 있다고 보았다. 왜냐하면 이를 통해 발전하는 최신 교육을 알 수 있었기 때문이다. 그는 전·세계에서 그에게 편지를 보내는 온갖 계층의 수학자들과 연락을 계속 주고받았다.65) 세월이 흐르고, 그의 연구가 정교함과 즐거움이 퍼져나가면서 그 수가 늘어만 갔다.

교육에 바치는 시간 역시 유용하게 사용한 것이라고 생각했다. 교실은 새롭게 발전하는 성향으로 가득하므로, 콕세터는 강의를 시작할 때마다 참석자들에게 질문을 해 달라고 요청하였다. 질문에 답을 하고 나면 매끄럽게 강의를 이어가서 마지막으로 던져진 질문은 일부러 만들어 놓은 것처럼 보일 정도였다. 이러한 즉흥적인 스타일에서 콕세터가 작업을 진행 중인 책을 중심으로 강의를 하기로 계획한 경우는 예외였다. 그는 원고를 들고 강의에 들어와서 앞에 놓인 탁자에 종이더미를 펼쳐 놓았다. 그는 학기 내내 원고를 시험해 보고 학생들의 질문과 평가에 대처하였다. 학생들이 콕세터가 생각해 내지 못한 아이디어나 해법을 내놓아 득을 보는 경우도 가끔씩 있었다. 이런 경우 강의를 중단하고 원고에 달려들어 가장자리에 기록을 했다. 물론 출판된 원문에는 학생들이 기여한 바를 밝혔다. 그의 수학적 포부는 욕심이 없다고 할 만한 것이었다. 고전적 전통을 보존하고 지지함에 콕세터가 가장 관심을 가진 것은 지식을 진보시키고 젊은 세대를 격려하는 것이었다.66)

콕세터는 자신의 영역에서는 우두머리나 마찬가지였다. 그는 나무랄 데가 없었다. 비범한 기하학적 감별력을 갖추고 있었고, 직관력은 따라올 사람이 없었다. "도널드는 2차원 평면의 타일깔기에 대한 그림을 들여다보곤 했습니다"라고 콕세터의 박사과정 제자들 중 한 사람인 배리 먼슨Barry Monson은 말했다. "말 그대로 영원히 뻗어나가는 바닥에 깔린 정사각형 타일을 생각해 보세요. 도널드는 그런 것들을 들여다보다가 '글쎄, 우리가 마술처럼 한 타일에서 상당히 멀리 떨어진 다른 타일로 펄쩍 뛰어 옮겨 간다면 그렇게 가는 길에 이러저러한 방식으로 중간에 있는 타일들을 지나가야 한다는 것은 아주 명백하군.' 이건 아주 멋진 일이며 쉽게 시각화됩니다. 그렇지만 거기에는 철저하게 증명할 수 있고, 심지어는 증명해야 할 명제가 존재하는데, 이는 부분적으로 도널드가 우리가 살고 있는 일반적인 유클리드 공간에 대하여 그러한 주장을 할 뿐만 아니라 더 나아가 비유클리드 공간에서도 정확히 똑같은 일이 일어나는 것이 분명하고 더 확장하여 고차원 공간에서도 그러한 일이 일어난다고 말했기 때문입니다. 우리들 대부분은 그러한 일들을 쉽게 시각화할 수 없습니다. 직관을 지지하기 위하여 우리는 대수적인 논증에 의존해야 합니다. 그러나 도널드는 논문이나 책을 쓸 때조차 그러한 엄격한 대수적 논증에 의존하지 않았습니다. 그저 사물을 바라보고 그것들이 어떻게 되어 있는지 이해하곤 했습니다. 그리고 그의 말이 옳은 경우가 대부분이었지요."67)

자신이 알고 있기로 확신하고 있는 진실에 대하여 어떤 학생이 질문을 던지기라도 하면 콕세터는 싱겁게 달래는 투로 대답하지 않고 겸손하게 자신의 지식을 옹호하였다. 사교적으로 우둔한 수많은 수학자들(고정관념이기는 하지만 충분한 이유가 있는)이 흔히 하듯 퉁명스럽거나 무례한 태도로 대꾸하지도 않았다. 삼촌 같이 다정다감하게 자신이 잘 알고 있는 것과 자신의 입장이 옳다는 점을

콕세터와 종수3인genus three
콕세터의 유명한 직관에 대한 풍자.

알려 주었다. 인격적인 측면에서 그에게는 병적인 자부심 같은 것은 전혀 없었으나, 지적인 자존심은 지니고 있었기에 필요한 경우에는 정중하게 이를 드러냈다. "그는 궁중에 사는 사람과도 같았습니다"라고 먼슨은 말했다. "본의 아니게 네 생각은 바보 같다는 점을 드러내도 그는 대단히 점잖았습니다." 따라서 학생들이 콕세터가 사소한 잘못을 저지르는 것을 잡아내어 그가 오류를 저질렀다고 지적하는 일은 대단히 유쾌한 일이었다. "그리 자주 있는 일은 아니었고, 의기양양해 하지도 않았지만, 그래도 역시 재미있는 일이었지요." 현재 요크 대학교 수학 교수로 있는 아시아 이비치 바이스는 운 좋게도 그런 경험을 해 보았다. 그녀는 콕세터의 열일곱 번째이자 마지막 박사과정 제자였다(그리고 유일한 여성이었다). 어떤 문제를 연구하던 그녀는 아무리 계산을 해보아도 콕세터가 2차원에서 3차원으로 외삽한 것을 이해할 수 없었다. 며칠이고 굴하지 않고 연구를 계속한 그녀는 3차원 결과가 콕세터가 너무도 명백하다고 한 것처럼 원뿔 상의 나선이 아니라 구 상의 나선임을 증명하는데 성공했다. "가서 말씀드리기가 두려웠습니다"라고 바이스는 말했다. 이를 알게 된 콕세터의 반응은 꾸밈없는 즐거움이었다. "허허! 이거 보라지!" 그는 기뻐하며 이렇게 말했다. 바이스는 다음 해 결혼을 했고 콕세터는 결혼선물로 둘레에 나선들이 새겨

진 아름다운 유리 공을 주었다.68)

부분적인 범위에만 관심을 집중하고 과 내의 지루하고 사소한 일들에 흥미가 없었던 탓에 대학에서 승진하기가 그다지 쉽지는 않았다. 그는 1936년 조교수로 임용되었다. 7년이 지나고 나서야 부교수가 되었고, 또 5년이 지난 다음에야 완벽한 교수진의 일원으로서 종신 교수직을 받았다. 그가 근무한 기간에 대하여 그는 이렇게 농담을 했다. "마치 이스라엘의 조상 야곱이라도 된 것 같았지요. 7년은 레아를 위해, 또 7년은 라헬을 위해 일한 야곱 말입니다(구약 성서 창세기 29장에 나오는 이야기로, 야곱은 외삼촌 라반의 둘째 딸 라헬을 사랑하여 그와 결혼하는 조건으로 7년을 일하였으나 정작 신방에 들어온 것은 첫째 딸 레아였고, 라헬과 결혼하기 위하여 다시 7년을 일하였다고 한다 – 옮긴이)."69) 마침내 정교수직을 얻게 되었을 때 – 그리고 얼마 뒤 유니버시티 칼리지 타워에 있는 탐나는 연구실을 받게 되었다 – 콕세터는 이미 캐나다학술원의 특별회원이었고, 얼마 지나지 않아 영국학술원 특별회원이 되었다70)(그는 시간을 거슬러 몇 장만 앞으로 넘어가면 뉴턴과 아인슈타인의 서명도 담겨 있는 학술원 명부에 서명했다).

보다 중요한 것은 그가 정교수가 된 해인 1948년, 마침내 온전히 초다면체에 바쳐진 논문을 출판했다는 것이다. 이 책에 그는 <정규초다면체>라는 주목할 만한 제목을 붙였다. 말버러 칼리지에서 그의 개인교사 노릇을 했던 앨런 로브슨이 보낸 축하엽서가 도착했다. "자네의 <초다면체>가 실제로 출판된 것을 보니 기쁘네. 그 책 참 좋군. 그림과 표들이 아주 매력적이야. 트리니티 시험을 준비하면서 일요일에만 4차원을 공부하기로 결심했던(기억나나?) 이후로 세월이 참 많이 흘렀네."71) 이 책은 24년간의 연구를 망라한 것이다.

△ ▢ ✧ ⬠ ⬡

<정규초다면체>는 유클리드의 저작에 대한 현대적 부록이라는 평판을 얻었고, 그것은 콕세터가 의도한 점이었다(그는 서문에 이렇게 적었다. "사실 이 책에

는 '유클리드 <기하학 원론>의 속편' 이라는 부제를 붙일 수도 있었다."). 이 책은 유클리드가 멈춘 부분에서 다시 시작하여 플라톤입체와 더 큰 초다면체족에 대한 연구와 분류를 차원까지 확장시켰다. "4차원 이상의 유사한 도형들은 직접적인 관찰로는 이를 결코 완전히 이해할 수 없다"고 콕세터는 말했다. "그러나 그렇게 하려는 시도를 통해 우리는 물리적인 한계의 벽에 난 틈을 통해 눈부시게 아름다운 새로운 세계를 들여다보고 있는 것 같다."72)

콕세터 자신의 평가에 따르면 이 책의 "가장 참신한 점"73)은 만화경과 그를 통해 생성되는 다차원도형에 대한 도식적인 표기법이었다. 초차원을 경험할 수 없는 인간의 무능력을 극복하는 전략 하나가 제시된 것이다. 그가 제시한 또 다른 전략은 콕세터 도식과 그를 통하여 대수적 등가물로 암호화된 정보를 콕세터군으로 변환시키는 것이었다. 콕세터군—만화경과 그를 통해 생성되는 대칭에 대한 포괄적이고 체계적인 목록—은 수학적 대칭을 탁월한 방식으로 해명하여 영불사전처럼 기하학적 실체를 대수적 실체로 변형하였고, 이로써 수학자들은 고차원으로 오를 수 있는 사다리를 하나 더 얻게 되었다.74)

물론 콕세터는 이러한 그림 도표와 그 대수적 등가물에 콕세터라는 이름을 붙일 정도로 허영심이 강한 사람은 아니었다. 이러한 도구들—그리고 콕세터 본인—은 그의 방법을 선택하는 수학자들의 수가 늘어나면서 점점 더 인기를 얻게 되었다. 그의 도구에 고유 명사로서의 명칭이 붙고 콕세터의 이름을 딴 수학용어로 자리 잡은 것은 나중에 서서히 이루어졌다.

이처럼 용도가 많은 도구를 창안함으로써 콕세터는 자신의 고전 기하학을 보다 근대적인 대수적 접근법과 확실하게 결합시켰다. 기하학과 대수학의 조화가 이루어진 것이 이번이 처음은 아니었다. 17세기에 데카르트가 해석 기하학으로 최초의 이종 교배를 이뤄 냈다. 그리고 18세기, 군론의 아버지들 중 한 사람인 조제프 루이 라그랑주는 이렇게 강조하였다. "대수와 기하가 서로 다른 길로 가는 한, 그 진전은 느리고 응용은 제한되었다. 그러나 이 두 분야가 한패가 되었을 때에는, 서로 신선한 활력을 끌어들여 완벽을 향하여 빠른 걸음으로 행진하였다."75)

콕세터는 대칭에 대한 수학적 언어인 군론이라는 다리를 통해 이종 교배를 만들어 냈다. 그의 사자使者를 통해 고전 기하학에 일정량의 현대 수학을 주입한 것이다. 그는 이 주제에 새로운 생명을 불어넣었고 정교한 대칭군으로 빛나게 만들었다. "콕세터군은 군론을 뜻밖에 멋지게 응용한 것입니다." 제러미 그레이는 이렇게 말했다. "도널드의 연구는 기하학과 군의 관계를 그만큼 더 풍부하게 만들어 줍니다. 그 관계는 양방향 도로입니다. 왜냐하면 그로써 기하학적 문제로 돌아올 수 있기에 더욱 관심이 가는 흥미로운 군들의 족들을 얻을 수 있기 때문입니다. 그건 수학에서 아주 대단한 수단이지요. 도널드가 그 방법을 보여 준 것입니다."76)

콕세터의 대단한 수단은 유비로써 시각적 이미지를 이용하여 수학자들을 우뚝 솟아올라 기를 꺾는 차원으로 옮겨 놓았다. 여기서도 소우주-대우주 비유는 적용된다. 콕세터는 4차원이라는 자신의 본거지에서 별로 멀리 벗어나지 않았지만, 다른 수학자들은 24차원이나 256차원에 흥미를 가진다. 콕세터군을 통해 명확한 2차원이나 3차원의 초다면체-예를 들어 정사각형-는 기호대수학으로 변환된다. 그렇게 되면 대수적 일반화를 통해 256차원, 혹은 임의의 차원에서의 정사각형의 대칭이 알려진다.77) 콕세터군은 어떠한 차원에서든 형체의 대칭-정사각형, 혹은 12면체라고 하는 것이 어떤 의미인가 하는 기하학적·존재적 본질-을 묘사한다.78)

콕세터군이 어떻게 작동하는가에 대해 조금이라도 연구하기 전에, 군론에 대해 조금 설명해 두는 것이 도움이 되겠다. 병사에게 주어지는 명령-차렷! 우향우! 좌향좌! 뒤로 돌아!-은 막연하게나마 군으로 간주될 수 있다. 이러한 명령은 위수가 4인 군을 형성하는데, 그 이유는 집합에 네 개의 원소가 있기 때문이다. 그러나 좀 더 특수하게 살펴보면 대칭군은 원래의 외양을 유지하는 사물에 행해지는 명령, 혹은 변환들의 집합으로 이루어졌다.

정사각형의 대칭군에는 외양을 유지하는 여덟 개의 합동 변환이 들어 있다 (아래의 정사각형들에는 합동 변환을 추적하는데 도움이 되도록 표시를 해 놓았다).* 이 여덟 개의 합동 변환은 다음과 같다.

(1) 아무 것도 하지 않는 것. 이를 항등원소라고 한다.
(2) 시계방향, 중심 둘레로 90° 회전시키는 것.
(3) 시계방향, 중심 둘레로 180° 회전시키는 것.
(4) 시계방향, 중심 둘레로 270° 회전시키는 것.
(5) 수평 변이등분선을 가로질러 반사시키는 것.
(6) 왼쪽 아래 꼭짓점과 오른쪽 위 꼭짓점을 잇는 대각선을 가로질러 반사시키는 것.
(7) 수직 변이등분선을 가로질러 반사시키는 것.
(8) 오른쪽 아래 꼭짓점과 왼쪽 위 꼭짓점을 잇는 대각선을 가로질러 반사시키는 것.

정사각형에는 여덟 개의 대칭이 존재하므로 정사각형은 위수가 8인 대칭군을 가지고 있다고 한다. 이러한 변환들을 합쳐 놓으면 군이 되는데 그 이유는 이들이 군론의 네 가지 법칙을 만족하기 때문이다. 네 가지 법칙은 다음과 같다.

---

* 다른 합동 변환들도 같은 결과를 낳을 수 있지만 나열된 여덟 개의 변환과 동등한 것이다. 예를 들어 동일한 대칭선으로 정사각형을 두 번 반사시키면, 사실상 아무 일도 하지 않은 것이나 마찬가지가 된다. 수학자들은 변환의 최종결과, 즉 최종적인 효과에만 관심을 가질 뿐 그러한 효과를 낳은 실제의 합동 변환에는 관심을 가지지 않는다. 두 개의 대칭은 동일한 최종효과를 낳는 경우 동등한 것이다.

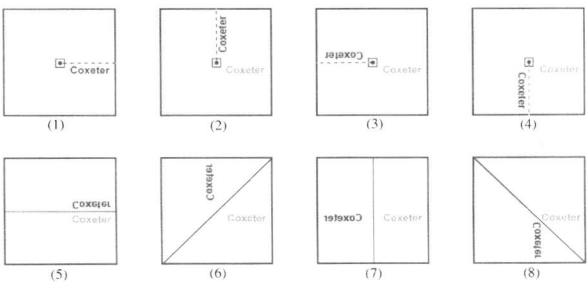

1. "아무 것도 하지 않는" 항등원소가 집합에 있다.
2. "결합"법칙은 세 개의 변환을 하나하나 순서대로 시행하여 적용되는 순서가 동일하기만 하면 두 가지 상이한 방식으로 묶일 수 있으며 동일한 결과를 내놓는다고 지시한다. 예를 들어 정수의 곱셈은 결합적이다. 즉 $(2 \times 3) \times 6 = 2 \times (3 \times 6)$이다. 정사각형 회전의 경우 $(90° + 270°) + 180° = 90° + (270° + 180°) = 540°$이다(이는 180° 회전과 동등하다).
3. "역원"법칙은 각각의 대칭이 군 내의 또 다른 대칭(역원)으로 취소될 수 있어야 한다고 지시한다. 즉 어떤 대칭을 실행하고 그런 다음 그 역원을 실행하면 항등원, 즉 아무 것도 하지 않는 것과 같은 결과를 내놓는다는 것이다. 예를 들어 90° 회전의 역원은 270°인데, 그 이유는 $90° + 270° = 360°$, 즉 항등원과 동등한 회전이기 때문이다.
4. 마술과도 같은 "닫힘"법칙은 군에 속한 임의의 두 대칭이 차례로 시행되었을 때 이러한 결합의 결과 역시 군 내의 대칭이어야 할 것을 요구한다. 위에서 보았듯 회전(2)를 시행하고 그 다음으로 회전(3)을 시행하면 그 결과는 회전(4)가 되는데, 이것 역시 대칭군에 속한다.[79]

이러한 까다로운 법칙 혹은 공리들을 고려하였을 때 군론을 다루는 수학자들은 군론이 "마술적"일뿐만 아니라 "골치 아픈" 것이라고 묘사한다.[80] 그러나 군론의 불쾌한 복잡성을 오래 놓아두는 것은 콕세터적인 단순한 태도에는 어울리지 않는 일일 것이다. "수학자들이 하는 일이 난해하고 심오하며 어려운 것이라고 생각하는 것은 잘못입니다"라고 존 콘웨이는 말했다. "위대한 발견들은 모두 대단히 단순합니다. 예를 들어 아인슈타인의 발견도 그렇지요. 콕세터의 책들은 우아하고도 간단한 말로 사물을 설명합니다. 그리고 콕세터가 콕세터군으로 해낸 일도 단순하지요."[81]

콕세터는 플라톤입체를 생성하는 데 사용하는 거울들을 언급함으로써 언제나 자신의 군에 대한 논의가 구체적인 상태를 유지하도록 하였다. 콕세터군은 거울에 의한 반사로 생성될 수 있는 대칭군이다. 혹은 그가 묘사하였듯, "한 사물의 상을 만화경에서 얼마나 많이 볼 수 있는가 하는 것에 대한 대수적 표현"이다.[82] 정사각형의 여덟 개의 대칭은 만화경에서 생성될 수 있으므로, 위수가 8인 콕세터군으로 정의될 수 있다.[83]

콕세터군에 대하여 속성으로 배우려면 어떤 거울을 쓰건 상관이 없다. 목욕탕 거울 앞에 서 있다고 상상해 보자. 그렇다면 나의 눈앞에는 나의 거울상이 있게 된다. 따라서 내가 두 명이 있게 되는 것이다. 콕세터는 이러한 현상에 대해 묘사하며 <이상한 나라의 앨리스>를 언급하였다. "앨리스가 우리를 거울 속으로 데리고 갈 수 있다고 한다면 우리는 여전히 똑같은 두 개의 사물을 보게 될 것이다. 상의 상은 원래의 사물이기 때문이다."[84] 어느 편이 되었건 그에 대한 수학적 설명은 "위수가 2인 콕세터군"이 되는데 그 까닭은 상이 두 개가 있기 때문이다. 즉 원래의 상과 거울에 반사된 가상의 맞은편 쌍둥이가 있는 것이다.[85]

대수적인 표현을 쓰자면 위수가 2인 콕세터군은 $aa=1$ 혹은 $a^2=1$ 이 되는데 여기서 a는 거울로 생각할 수 있고 1은 자기 자신, 혹은 항등함수의 상identity image이라고 생각할 수 있다. 따라서 어떤 사물-나 자신-이 거울에 비쳤다가 그로부터 반사되어 나와서 제2의 상을 형성하였다면 그 결과는 나 자신, 즉 항등함수의 상이 되는 것이다. 이것이 가장 단순한 콕세터군이고, 여기에는 A_1이라는 명칭이 붙는다.86)

다음으로 엘리베이터에서 인접한 두 개의 벽에 붙어 있는 거울들을 상상해 보자. 이는 단순한 거울 두 개짜리 만화경에 해당된다. 직각을 이루는 모퉁이에서 만나는 두 개의 거울을 들여다보면, 네 개의 상이 존재한다. 첫 번째 거울에 비치는 직접적인 상, 두 번째 거울에 비치는 직접적인 상, 거울 바깥에서 들여다보고 있는 나 자신(진정한, 즉 "원래의" 상), 그리고 두 개의 거울의 이음매 뒤에 있는 네 번째의 상이 존재한다는 말이다. 이러한 거울반사는 위수가 4인 콕세터군을 생성한다.87) 이러한 콕세터군에 대한 대수적 표현에는 두 개의 문자가 들어가는데, 그 이유는 두 개의 거울, 즉 a와 b가 존재하기 때문이다. 이 경우 대수적인 진술은 $a^2=b^2=(ab)^2=1$이 된다.

천장이나 바닥에 또 하나의 거울이 존재한다면, 대수적 기호인 a, b, c의 다양한 조합을 통해 이러한 콕세터군을 대수적으로 표현하게 된다. 그 까닭은 이 군이 세 개의 거울로 생성되기 때문이다. 이러한 방식으로 대수적 표현들이 쌓여 간다. 대수적 단어들에 대한 사전이 축적되면서 대수적 언어를 통하여 기하학적 실체들을 논의하고 조사하는 것을 용이하게 하는 어휘*를 형성하는데 이는 기하학적 정신과 대수학적 정신이 만난 것이다.88) (콕세터군에 대한 추가적인 탐구에 대해서는 부록 4 참고.)

---

* 군이 어떻게 작동하는가를 해명하는데 사용된 언어에 대한 비유는 계속 적용할 수 있다. 그 이유는 어떠한 언어에서도 그렇듯 대수적 단어들도 상응하는 문법적 규칙에 의해 함께 묶이거나 상호작용할 수 있기 때문이다. 문법적 규칙은 당구공이 당구대의 둘레를 스치서 팅기듯 반사들이 반사경 속에서 거울에서 거울로 팅겨지면서 어떻게 조합될 것인가를 지시한다. 이러한 규칙들은 곱셈처럼 작용한다. 그 이유는 상들이 거울에 연속적으로, 혹은 "배수" 방식으로 반사되어 조합되면서 완전한 상을 생성하기 때문이다.

콕세터군은 같은 방식으로 계속된다. 보다 정밀하게 배치된 거울들을 사용하고 플라톤입체를 생성하기 위해 소도구를 안에 배치하면, 콕세터군의 견지에서 보았을 때 방금 설명한 단순한 거울들과 완전히 동일한 행태를 보이지는 않는다. 두 개의 상을 만드는 위수 2인 콕세터군에서와 같이 직접적인 상관관계는 존재하지 않는다. 만화경의 거울들이 상호 작용하여 보다 복잡한 패턴을 형성한다고만 해 두자. 3차원 이십면체는 위수가 120인 콕세터군으로 정의된다. 적절하게 배치된 소도구인 한 개의 얼룩의 반영이 세 개의 거울에 반사되면서 열두 개의 얼룩의 상이 만들어지고 이것들이 합쳐져서 명확한 이십면체의 꼭짓점을 형성한다. 점점 더 많은 거울을 모방하기 위해 대수적 기호를 사용하면서 초다면체에 대한 연구는 고차원으로 올라가고 대수적 표현에 새로운 단어들을 추가하며 군론 연구를 확장시킨다. 4차원에서의 이십면체, 즉 초이십면체는 위수가 14,400인 콕세터군으로 정의되고 120개의 꼭짓점을 가진다. 수학자들은, 시간이 있다면 이러한 자료를 직접 계산해 볼 수도 있고, <초다면체>를 펼쳐 모든 만화경에 관하여 콕세터가 계산하고 책 뒤쪽에 실린 표에 깔끔하게 정리해 놓은 정보를 살펴볼 수도 있다.

기하학과 대수학의 결합을 강화하면서 콕세터는 결과를 얻는 두 방법의 가치와 힘을 인정했다. 그러나 그는 군론에서 결과를 입증하기 위해 기하학에 뿌리를 둔 도구-콕세터군과 콕세터 도식-를 이용하는 데 정통했다. 그는 대칭군과 도표를 동원하여 힘든 계산은 피하여 몇 개의 간단하고 기민한 방법으로 순조롭게 나아갔다. "대부분의 사람들은 그가 갖춘 환상적인 기하학적 통찰력을 가지고 있지 못합니다"라고 러트거스 대학교 수학 교수인 로 굿맨Roe Goodman은 말했다. "콕세터는 진정한 선구자여서 엄청난 통찰력과 집중력을 통해 고차원의 사물을 상상했습니다. 그러나 대부분의 사람들은 거기에 집중

찰스 애덤스Charles Addams가 1957년 〈뉴요커New Yorker〉지에 실은 만화는
위수가 무한인 콕세터군을 우연히 예시하고 있다.

하기가 대단히 힘듭니다. 그리고 저를 포함하여 그러한 사람들에게는 대수적 설명이 편리합니다. 하지만 어떤 의미에서 대수적 계산은 언제나 조금 실망스럽습니다. 장부를 적는 것과 비슷하지요. 계산이 맞다는 것은 알지만 돈을 쓰는 게 어떤 재미인지도 알고 싶은 거니까요."89)

콕세터군은 언제나 수학의 바다에서 모습을 나타내고, 유용한 도구로서 수없이 수면 위로 튀어나온다는 사실은 기하학으로부터 위상 수학, 수론, 대수학, 물리학, 심지어는 화학, 우주론, 생물학, 사회학, 파국 이론, 경제학 등 모든 것의 기초로서 콕세터군의 대칭이 가지는 전능성과 무소부재함을 알려 준다. 콕세터군은 모든 종류의 분야로 연결되는 고리를 만들어 낸다. 거의 모든 종류의 문제에 적용될 수 있는 사고방식인 것이다. 콕세터군의 기본적 개념은 연구를 위한 만능의 기본단위인 대칭에 대한 원형이다. 수백 명의 수학자들이 콕세터군, 그리고 그와 관련된 대칭 개념들과 연관된 연구를 하고 있다.[90]

패턴을 조사하는 연구 분야에서 군론을 적용하는 일은 자주 있다. 따라서 시험 도구로서 콕세터군을 적용하는 일도 자주 있다. 그 이유는 복잡한 문제를 단순화하거나 완전히 해결하는 데 대칭을 이용하기 때문이다. 이러한 긴밀한 결합이 가능한 이유는 부분적으로 방정식들이 대칭에 따라 행동하고 따라서 도형과 유사하게 행동하기 때문이다. 예를 들어 정사각형에는 네 개의 꼭짓점과 여덟 개의 대칭이 있다. 방정식 $x^4=3$에는 네 개의 근이 있고, 이 경우에는 동일한 여덟 개의 대칭, 즉 순열이 존재한다. "정사각형의 대칭과 방정식 $x^4=3$의 대칭은 어떤 관점에서 보면 일치합니다. 그게 유비이지요"라고 프린스턴의 헨리 버처드 수학 석좌 교수인 사이먼 코헨Simon Kochen은 말했다. "수학자들은 수학에서의 유비에 대하여 그다지 많이 이야기하지 않습니다. 그런 것이 존재하지 않기 때문이 아니라 오히려 그 반대입니다. 모든 수학에 스며들어 있지요." 수학과 과학, 그리고 이 둘 사이에 다리를 놓는 일에 유비는 널리 퍼져 있으며 새로운 진보에 활력을 불어넣는 매개이다. 콕세터군은 수학적 유비를 정교하게 만드는 한 수단이다.[91]

"콕세터군이 등장하는 일은 언제나 멋집니다"라고 바킬은 말했다. "누군가 외견상 관련이 없는 것 같은 무언가에 대한 강의를 하다가 '콕세터'라는 이름이 나오면 청중들 사이에서 전율 같은 것이 퍼져 나갑니다. '아! 여기서도 나오네!' 그런데 왜 거기에 등장하는 걸까요? 왜 거기에 등장하는지에 대한 형이상학적인 이유나, 사이비 철학적이거나 종교적인 이유 같은 것은 저는 모릅니다. 그러나 그토록 수많은 구조의 기초가 되는 이유는 분명 있을 겁니다. 대칭이라는 강력한 아이디어, 미학적으로 아름답고 극도로 단순한 이 구조는 어떤 이유인지 세계, 그리고 수학의 상당 부분의 기초를 이루고 있습니다."[92]

바킬이 콕세터군의 무소부재성에 대한 철학적 이유나 초경험적 이유를 제시하지 않는데 반해 마이클 아티야 경은 그러한 이유를 제시하려는 시도를 기꺼이 하고 있다. "수학에서의 이러한 놀라운 연관들은 언제나 매우 흥미로운 일입니다. 일반적인 철학적 관점을 가질 정도로 많이 보아 왔지요." 기하학자로서의 연구로 기사 작위를 받고 필즈 메달을 수상했으며 현재 에든버러 대학교 명예 수학 교수로 재직 중인 마이클 아티야 경은 이렇게 말했다. 호기심으로 인해 그는 이러한 예측 불가능한 공통영역에 이끌리는 경우가 많다. 이러한 공통영역에서는 기법들이 한 영역에서 다른 영역으로 이전되면서 경계가 사라지면서 양쪽 영역 모두에 새로운 빛이 던져지게 된다. "그리고 그것이 의미하는 바는, 이면을 조사해 보면, 중요하지만 간단하지 않은 심오한 진리를 발견하게 된다는 것입니다. 이러한 연관들은 뭔가 정말로 신나는 것이 존재하여 조사해 봐야 한다는 표시입니다. 표지판, 경고 표지판 같은 거지요. '아이쿠, 이것 봐, 여길 파 봐, 숨겨진 보물이야!' 라고 쓰여 있는 표지판 말입니다." 어떤 사람들은 이러한 연관들을 뜻밖의 멋진 우연이라고 생각하지만 마이클 경은 이러한 견해를 받아들이지 않는다. "이런 일들은 우연이 아닙니다. 설명하기는 어렵지만 근본적인 것입니다. 예전에는 존재했다는 것을 몰랐다 하더라도 일단 알고 나면 조사하지 않을 수 없고 조사를 함으로써 수많은 것들을 발견하게 됩니다. 수학자들의 연구를 새로운 영역으로 이끌어 나간다는 점에서 수학의 대단히 중요한 부분에 속합니다. 새로운 수학이 만들어지는 곳이지요. 수학의 상당 부분에서는 대단히 직접적인 방식으로 중요한 이론을 구축합니다. 그러나 때로는 다른 부분들에 연결되는 것들이 존재하지요. 이러한 것들은 거대한 구조물을 구축하면서 한 방향으로만 가다 보니 무언가 놓쳤다는 것을 알려 줍니다. 어떤 단계에서 바른 방향으로 길을 틀어 무언가 다른 것을 탐구했어야 한다는 사실을 깨닫게 되지요."93)

현대수학에서 콕세터군이 널리 존재한다는 것은 어떤 수학자들에게는 기하학이 20세기에 조금이라도 퇴락하였다고 애석해 하는 주장을 반박하는 소재가 된다. 기하학은 변하였을 뿐이다. 다른 종류의 기하학인 것이다. 콕세터의 아이디어는 덜 중요하게 된 것이 아니라 더 중요하게 되었으며, 그 근원을 초월한 것이다. 콕세터가 경력을 쌓아 나가던 초기에 콕세터의 추종자들은 콕세터가 연구하는 것을 어김없이 연구하였고 똑같은 질문을 하였다. 그러다가 그러한 질문들이 해명되었고 그러한 해명들은 다음 세대의 신참들이 새로운 질문들의 해명을 기다리고 있었고, 그 뒤에 또 다른 질문들이 줄을 선 새로운 영역으로 갈 때 거쳐 가게 되는 분야가 되었다. 94)

"콕세터의 통찰력과 아이디어는 우리가 숨 쉬는 공기 속에 존재합니다"라고 바킬은 말했다. "그의 아이디어가 문제를 해결하는 데 쓰인다는 말이 아니라 근본적인 문제들이 그의 아이디어에서 자라난다는 말입니다. 그는 토양이고, 토대의 일부이며, 우리가 일하고 살아가는 건물의 일부입니다. 콕세터의 이름은 분명 입에 오르내리지만, 어떤 의미에서 사람들은 그를 사람으로 생각하지 않기도 합니다. 그는 너무도 많은 것들에 적용되는 형용사입니다. 그의 말년에 제가 만난 수많은 사람들은 그가 여전히 생존해 있음에 놀라워했습니다. 그는 유명한 이름이 되었습니다. 이렇게 유명한 이름들은 개인이라기보다는 개념이 됩니다. 베토벤이 거리를 걷고 있다는 얘기를 듣는 것이나 마찬가지였죠."95)

Chapter 7
정치, 그리고 가족관과 접하다

그러나 우리의 관심을
단순한 원, 평면, 구에만 국한하지 말고……

—서럴드 고셋, "정확한 입맞춤"에 대한 추보

<정규초다면체>로 콕세터는 명성을 얻었다. 그는 그의 코즈모폴리턴다운 감성에 더 잘 맞는, 국제적으로 들어오는 객원 교수직과 더 큰 도시에서의 상근직 제안을 잘 받아넘겼다. 그는 영국으로 돌아가 셰필드 대학교로 갈 수 있는 기회가 생겼을 때 어려운 선택의 기로에 직면했다. 일생에서 가장 고통스러운 결정이었다. 버릇대로 그는 장단점을 담은 목록을 작성하였는데, 양쪽이 각각 예순다섯 개로 완벽하게 균형을 이루었다. 봉급이 상당히 인상되면서 그는 토론토에 남기로 하였다. 그러나 결정을 내리자마자 그는 후회를 하였고 마음을 바꿀 수 있다면 좋겠다고 생각했다. 비슷한 시기에 프린스턴에서 흥미를 보인다는 소문이 있었으나 실현되지는 않았고, 노트르담은 그가 거절하였다. 1951년, 워싱턴 D. C.에 있는 아메리칸 대학교가 선형계획linear programming에 대한 운용과학 연구operations research를 해 주기를 원했다. 선형 계획은 변수가 많은 의사결정문제를 돕기 위해 수학적 모형

을 이용하는 것이다.¹⁾ 아메리칸 대학교 역시 높은 봉급으로 그를 유혹했다. 이번에는 토론토 대학교의 수학과 학과장이 총장에게 콕세터가 이직을 고려하고 있다고 경고하였다. 토론토-그리고 캐나다-를 수학의 지도 위에 존재하게 해 주는 스타를 잃고 싶지 않았던 총장은 이번에도 상당한 봉급인상으로 콕세터가 남아 있도록 설득했다.²⁾

<정규초다면체>는 두 종류의 두드러진 무리를 끌어들였다. 그 하나는 콕세터의 고전적 영역을 업으로 삼는 사람들로서, 자기 자신들을 위하여 대칭적이고 균형이 잡힌 초다면체들의 가치를 인정하고 있었다. 또 하나는 그의 발견들을 보다 현대적인 응용에 이용하고 싶어 하는 사람들이었다. "모든 독자가 책의 나머지 부분보다 더 마음에 드는 부분이 있을 것이지만 그렇게 마음에 드는 부분은 독자들마다 다를 것이다. 한 사람에게는 약인 것이 다른 사람에게는 독이 되는 법이다."³⁾ 콕세터는 자신의 공상적인 의도도 순수하게 분명히 했다. "정다면체를 연구하는 주요한 이유는 피타고라스 시대와 다를 바 없다. 즉 그들의 대칭적인 모양이 예술적인 감각에 와 닿는다는 것이다. 일상생활의 혼란에서 그렇게 벗어나는 것은 아마도 우리가 미치지 않도록 하는데 도움이 될 것이다."⁴⁾

△ ◻ ◆ ⬟ ⬢

콕세터가 <정규초다면체> 작업에 바친 마지막 몇 년 동안 현실세계는 2차 세계 대전에 시달리고 있었다. "진정한 수학은 전쟁에 어떠한 영향도 미치지 않는다"고 1940년에 G. H. 하디는 언명했다. "어느 누구도 지금껏 수론으로 충족될 수 있는 호전적인 목적을 발견하지 못했다."⁵⁾ 하디는 이렇게 말함으로써 전례 없는 오산을 저질렀다. 2차 세계 대전 중에 연합국은 독일의 에니그마 Enigma 암호를 해독하기 위하여 수리 논리학을 이용하였다. 캐나다 정부가 영국의 블레츨리 파크와 같은 암호해독기관을 창설할 필요가 있다고 판단하면서 1941년 콕세터에게 복무명령이 떨어졌다. 어느 국방부 회람에는 다음과 같은 경고가 실려 있었다. "송신되는 모든 통신 내용이 적들의 동조자들에게 넘어갈 수 있다는 심상치 않은 가능성이 있다. 오타와, 위니펙, 핼리팩스 등에서 송신되는 신호는 적국들에서 캐나다 못지않게 강력하다."6) 캐나다 정부는 자신들이 송신하는 신호가 도청되고 있음을 알고 있었다. "육군, 해군, 교통부 요원들이 사용하는" 캐나다의 수신기들에는 "밤낮을 가리지 않고 모든 실용 주파수에서 끊임없는 통신으로 잡음이 들렸다. 뚜뚜, 뚜—뚜. –거의 모두가 모스 부호로 된 것이었고 청취자들은 이것이 잠수를 알리는 U–보트(1,2차 세계대전 당시 독일이 사용한 잠수함–옮긴이), 적의 레이더, 모국을 호출하는 간첩, 협상을 보고하는 외교관, 혹은 공격을 준비하는 독일의 공군과 육군 부대들의 신호라는 것을 알고 있었다. 어떤 신호들은 적국–독일과 이탈리아–에서 온 것이었고 어떤 것들은 잠재적 적국–일본과 러시아–에서 온 것들이었다."7)

대학의 수학과 학과장 사무엘 비티는 국립연구원에 암호해독자 후보를 찾으러 왔을 때 콕세터와 질베르 드 뷰르가르드 로빈슨을 추천하였다. 이 두 수학자는 암호에 대해서는 아무 것도 몰랐으나 당시 미 육군 통신정보국에 있던 수학자 에이브러햄 신코브Abraham Sinkov8)와 지면이 있었다(콕세터는 프린스턴에서 그를 만난 적이 있었다). 그들은 필요한 인가를 취득하였고 – "허가증을 위해 지문을 채취함"9)이라고 콕세터는 일기에 적었다— 이 일에 무엇이 필요한 가에 대한 브리핑을 듣기 위해 워싱턴으로 가는 두 번의 답사임무를 수행했다. 로빈슨은 위장명칭이 "조사반"이었던 캐나다의 암호연구팀에 참여하기로 결정했다. 콕세터의 친구이자 동료였던 그래프이론가 윌리엄 튜트William Tutte는 –앨런 튜링Alan Turing*과 더불어– 블레츨리 파크에서 암호해독자로 일하며

---

* 콕세터와 튜링은 트리니티에 있던 기간이 겹쳤고, 후일 잎차례연구phyllotaxis에 대한 공통적인 흥미에 대하여 연락을 주고받았다.

일련의 독일 군사 암호를 해독하였고 이러한 업적은 그가 캐나다명예훈장을 받으면서 "2차 세계 대전의 가장 위대한 지적 업적 중 하나"로 언급되었다.10)

결국 콕세터는 암호해독업무를 하지 않기로 결심했다. "가까스로 발뺌했습니다"라고 그는 인정했다. "그저 수학연구를 계속하고 싶었지요."11) 1945년 8월 14일, 그는 일기에 이렇게 썼다. "전쟁은 끝났다." 그리고 그로부터 2주 뒤 그는 <정규초다면체> 최종원고를 편집자에게 보냈다.12) 그가 그러한 임무를 거부한 것은 평화주의자이기 때문이기도 했다. 몇 년 후 한 동료가 그에게 버트런드 러셀이 1차 세계 대전 당시에는 평화주의자였지만 2차 세계 대전 때에는 그렇지 않았다고 말하였다. "그런 점도 그분에게 호감이 가는 이유지"라고 콕세터는 말하였고, 1차 세계 대전 당시의 상황은 사뭇 달랐다는 점을 덧붙였다.13) 그럼에도 콕세터는 전쟁에 반대하는 자신의 견해를 굳건히 지켰다. 그는 자신이 고용하고 있던 가정부가 여성공군예비대에 입대하였을 때 "질색"했다.14)

평화주의는 2차 세계 대전 당시에는 대중적이지 않아서 콕세터 가족은 사교계에서 다른 사람들과 공공연하게 난처한 입장에 처하게 되었다. 린은 학과 교수부인들과의 오찬에 갔다가 돌아와서 비티 부인이 "그녀의 평화주의에 냉담하였고, '영국인들은 참 이상하네요!' 라고 말했다"고 전했다.15) 엘리자베스 싱Elizabeth Synge은 어느 콘서트에서 콕세터와 린으로부터 도망가는 것처럼 보여서 부부는 의아해했다. "우리가 전시에 아직도 차를 몰고 다닌다고 화가 난 것일까?"16) 콕세터 부부가 전시에 한 기여에는 영국에 음식소포를 보낸 것17)과 콕세터의 계모 케이티에게 전보를 쳐서 이복누이 중 한 사람을 토론토로 피난을 보내라고 권한 일이 포함되어 있다.18)

콕세터의 지조 있는 평화주의는 그의 보다 폭넓은 사회적 정의감의 일면에 지나지 않는다. 그의 존재와 지지는 언제나 감지가 되었고, 비록 그 대부분은 막후에서 이루어진 것이라 하더라도 그 사실은 변하지 않는다. 그는 그 나름의 차분한 방식대로이기는 하지만 거침없이 말했고, 언제나 전선에 서 있지는 않았더라도 모임에 참석하고 금품을 기부했다.19) 1942년 7월 17일, 그는 물리학자 레오폴트 인펠트와 더불어 캐나다 시민자유연맹 대회에 참여했는데,20) 인펠트는 당시 토론토 대학교에 재직했다. 미국 시민자유연맹과 공동으로 주최한 토론토 대회에는 5천명의 군중이 모여 캐나다 공산당에 대한 금지를 폐지하라고 요구하였다. 콕세터는 <캐나다 인명록Canadian Who's Who>에 자유주의자로 분류되어 있었지만, 어떠한 징후로 보나 그는 좌익으로 상당히 기울어 있었다.21)

콕세터는 인펠트가 캐나다를 떠나 그의 모국이자 당시 철의 장막 저편에 있었던 폴란드에서 안식년을 보내는 것을 금지 당하자 그를 지원하였다. 캐나다 의회에서 진보보수당 당수 조지 드류George Drew는 인펠트가 원자력에 대한 비밀을 공산주의자들에게 제공할 반역자라고 비난하였다. 1950년, 인펠트가 대학에서 사직하고 폴란드에 잔류하자, 그와 그의 아내, 그리고 캐나다에서 태어난 자녀들은 캐나다 시민권을 박탈당했다. 콕세터는 그와 접촉을 계속하였고 1954년에는 유럽에 있는 그를 방문하였으며, 후일 그의 사후에 출판된 자서전 <왜 나는 캐나다를 떠났는가Why I Left Canada>에 서문을 써 주었다. 그러나 인펠트의 아내인 헬렌은 그의 기고문을 싣지 않기로 결정하였다. 몇몇 친구들과 동료들이 서문을 제공하였고, 헬렌은 콕세터가 자신들의 자녀들이 토론토의 계곡에서 함께 놀던 평범한 일화를 쓴 것은 요점에서 벗어난 것이라고 생각하였다. 그래도 인펠트 부인은 콕세터의 개인적 지원을 감사하게 생각했고 때때로 주고받는 편지로 접촉을 유지하였는데, 이를테면 1976년의 편지에서 그녀는 감사의 뜻을 표했다. "아실는지, 제가 살아온 삶으로 인해 저는 어떤 인간적 특성을 높이 평가하고 그런 특성을 가진 이들에게 그렇다고 말해 주는 것이 좋다는 생각을 가지게 되었습니다. 저는 중요한 사안에 타인의 일반적인 편견이나 감정적인 맹목, 일시적인 광란상태에 흔들리지 않고 원칙을 지키는 선생님을 존경한다고 말씀드리고 싶습니다. 그러한 사람들 전체가 어디서나 그처럼 이성적인 분별력을 가지고 있다면 좋을 것을!"[22]

1950년대 미시간 대학교에 재직하였던 수학자인 챈들러 데이비스Chandler Davis 역시 콕세터의 시민적 자유주의자적 연민의 덕을 입었다. 데이비스는 하원 반미국활동조사위원회(HUAC)에 소환되었다. 그는 증언을 거부했고 의회 모독죄로 기소되었다. 데이비스로서는 특별히 실망스럽고 위축되는 일이었다. 왜냐하면 HUAC 수사관들이 찾아낸 경솔한 행동이 십여 건에 못 미쳤기 때문이었다. 그는 고등학교 때부터 적극적인 좌익 활동가였기에 오히려 자신의 노력이 무의미하다는 생각이 들었다[23] (적어도 데이비스는 증언을 위해 소환되었다. 소환장은 한 사람의 태도를 인정하여 주는 것으로 달갑게 여겨졌고, HUAC의 주목을 받지 못하면 "소환장에 대한 질투"[24]가 생긴다고들 했다).

데이비스의 동료 교수들 중 몇몇은 그가 "대학 동료로서는 예상하기 힘들 정도로 솔직하지 않고 인위적이며 정직하지 못한" 죄가 있다고 생각했다. 그는 해고를 당하고 미국의 대학에 취업하는 것을 금지하는 명단에 올라서 8년을 "직업을 잃고 기소된 상태로" 무시당하며 살았다. 그의 정치활동은 소송을 준비하는 것으로 제한되었고, 소송에서 진 그는 6개월의 실형을 살게 되었다. 석방된 그에게는 환영파티가 기다리고 있었으나 어느 수학모임에서 평화주의자 콕세터를 만나기 전까지는 일자리를 얻지 못했다. 콕세터는 토론토 대학교에서의 일자리를 고려해 보라고 제안했고, 수학과와 (데이비스가 추측하기로는) 캐나다 정부에 추천서를 써 보냈다. 처음에 캐나다 정부는 데이비스가 입국하는 것을 거부하였으나 편지쓰기(서명) 운동이 일어나자 결국 물러섰다.[25]

그 뒤로 콕세터는 핵무기 감축운동에 적극적으로 참여하였고 대학의 핵무기

감축위원회에 들어갔으며 연사들을 조직하고 히로시마 폭탄의 기원에 대하여 노벨상을 받은 화학자 존 폴라니John Polanyi와 오랜 대화를 나누었다.[26)] 1959년, 그는 핵무기감축청원서에 서명하여 캐나다의 중앙지 <글로브 앤드 메일>의 1면을 장식하였는데 그 표제는 다음과 같았다. "토론토 대학교의 학과장들이 핵무기실험을 종식하라고 요구하다."[27)]

그리고 1967년, 그는 미국이 베트남에 개입한 것에 대한 분노를 표명했고, 이 문제를 그의 친구이자 예전에 박사과정 제자였으며 당시 미네소타에 소재한 칼턴 대학 수학 교수로 재직중이던 시모어 슈스터Seymour Schuster와 논의하였다. 콕세터는 슈스터에게 바바라 가슨Barbara Garson이 쓴 <맥버드Macbird>를 한 권 보내 달라고 부탁했는데, 이 책은 <맥베스>에 기초한 희곡으로 린든 베인스 존슨Lyndon Baines Johnson 대통령과 그의 전쟁정책을 무자비하게 공격하였다. 슈스터는 콕세터의 부탁을 들어주었으나 존슨 대통령이 존 F. 케네디John F. Kennedy 대통령의 암살에 책임이 있다는 가슨의 터무니없는 암시에 콕세터가 불쾌해 할까 봐 걱정했다. "저는 이러한 암시가 적어도 품위가 없다고 느끼며, 비윤리적이라고 생각할 수도 있다고 봅니다"라고 슈스터는 썼다. "저는 그 문제에 대해 더 깊이 생각해 보고자 하며 선생님의 견해를 기대합니다." 콕세터의 답변은 슈스터를 놀라게 했다. "그 책에 대한 자네의 질문에 대해 답하는 데 나는 자네가 망설이는 것을 인정하지만, 나는 기꺼이 그 책을 즐길 수 있었다네. 그 어처구니없는 암시는 엄밀하게 보면 틀린 것이지만, 그 책이 기본적으로 옳기 때문에 나는 받아들일 수 있을 것 같네. 존슨은 그가 지금 하고 있는 일이 하도 극악해서 그가 암살이라는 죄가 있다 해도 별 다른 차이가 없을 것이라고 주장할 수 있을 거네. 누군가 히틀러가 간디의 죽음에 책임이 있다는 것을 입증한다 해도 (우리가 실제로 생각하는 것보다) 히틀러를 더 나쁘게 생각하게 되지는 않을 거라는 거나 마찬가지지."[28)]

△ ◻ ✦ ✪ ✺

콕세터가 가정에서 보이는 평화적 관계에 대한 성향은 조금 달랐다. 사회정의에 대한 남편의 헌신과 기하학에 대한 정열적이고 흔들리지 않는 사랑에 대하여 린은 할 말이 별로 없었다(콕세터 가족과 친밀했던 어느 부부는 린이 남편의 지성에 압도되었을 뿐 아무런 지적인 흥미도 지니고 있지 않은 것처럼 보였다고 말했다).[29] 표면적으로 린은 남편의 헌신을 대체로 경박하게 반대하는 일 없이 받아들였고 강요나 질투 같은 것은 느끼지 않으려고 했다. 그녀는 적어도 남편이 외도를 하지는 않을 것이라는 말로 스스로를 달랬다. 수학이 그의 애인이었던 것이다.[30]

"저는 아내에게 마땅히 해야 할 만큼 린을 충분하고 완전하게 사랑할 수가 없었습니다"라고 콕세터는 인정했다.[31] 그는 대부분의 시간과 정력을 기하학에 바쳤다. 어느 주말, 그는 짓궂게도 한 동료에게 자신을 제외하고 아내와 두 자녀만 별장에 초대하도록 했다. 자신은 집에 남아 혼자서 책 작업을 할 요량이었다. 그는 주말 내내 누구와도 만나지 않고 열심히 일하여 한 장章을 완성했다. 그러나 그의 사기행각은 후회를 불러왔다. 스스로 고독하고 비참하게 되었다.[32] 그리고 이러한 일은 린을 고통으로 몰아넣었다. "R은 내가 자신을 미치게 만들려고 하고 있다고 생각한다. 아이들에 대한 책임을 더 많이 져야겠다."[33] 콕세터가 양육을 도우려고 노력하는 것은 명색뿐이었다. 그는 자신의 일기에 당시 세 살로 홍역을 앓고 있던 딸아이의 침실에 앉아 <정규초다면체>의 최종본을 집필하고 있었다고 기록하였다.[34]

천성도, 교육도 콕세터의 아이들이 수학을 매력적인 과목이라고 생각하게 하기에는 역부족이었다. 아이들은 수학을 싫어하였다. 콕세터가 일기에 희망을 담아 적었듯, 아홉 살이 된 에드거는 "곱셈에 상당한 진척을" 보였다.[35] 그러나 고등학교 졸업반이 된 에드거는 아버지를 자신의 수학 선생님에게 데리고 갔고, 그들은 에드거가 "삼각법에 신경쇠약에 가까운 공포를 느끼고 있음을 설명하는데 한 시간을 보냈다."[36] 에드거는 자신이 벌점을 받지 않고 삼각법 과목을 취소할 수 있도록 변호해 달라고 아버지를 졸랐다(그러나 결국 그는 기하학을 "상당히 잘" 해냈다[37]). 수전은 좀 더 잘했다. 그녀는 라틴어 대신 기하학과 삼각법을 택하였다. 하지만 13학년에는 표준수학시험에서 겨우 50%라는 점수를 받았다(그녀는 채점자가 "콕세터"라는 이름을 보고는 그녀가 마땅히 받아야 할 낙제점을 줄 용기를 내지 못한 것이라고 주장한다).[38]

에드거, 도널드, 린, 수전, 1952년경.

별 볼 일 없던 아이들의 성적은 지적 능력을 보여 주기보다는 유명하지만 정서적으로는 심각한 문제가 있는 아버지를 가진 증상 혹은 부작용이었다. 실상 수전과 에드거는 그의 존재를 아버지라기보다는 돌봐 주어야 할 동기 정도로 기억한다. 린은 그에게 무엇을 입어야 할지(말쑥한 격자무늬 정장을 입히고 비스듬한 격자무늬 넥타이를 매어 주었다), 비 오는 날에 덧신을 신어야 할지 말지, 고질적으로 나오는 콧물을 언제 닦아야 할지 알려 주었다.

1959년, 수전과 에드거는 집안의 긴장 상태와 애정의 부재에 관하여 부모를 상대로 공식적인 항의를 제기하였다. 그리고 전형적인 반항이 이어졌다. 신학에 관심이 있었던 에드거는 유대교도가 되고 싶다고 선언했다(후일 그는 성공회 신부가 되기 위하여 공부하였다). 수전이 연상의 남자들과 데이트를 하자 부모가 겁을 주어 쫓아내려고 별 짓을 다했다. 그들은 남자들 중 한 명을 가택침입으로 여러 차례 고발했다. 또 다른 남자친구는 데이트 다음날 아주 이른 시간에 거실 바닥에서 수전과 이상야릇한 자세로 있다가 콕세터에게 잡혀 쫓겨났다. 콕세터는 이 젊은이가 딸을 유혹하였다고 비난하였고(혹은 린이 그렇게 하라고 시켰고) 토론토 대학교 의학부 학부장에게 그를 의과대학에서 쫓아내도록 하였다(이 젊은이는 오타와 대학교로 전학했다).* 콕세터는 수학의 선구자였고 정치적으로는 진보적이었으나 자녀 양육에 관해서만큼은 엄격하고 냉담한 보수주의자였다. 그는 미국 앨라배마의 오번 대학교에 재직하는 해럴드 H. 펑크Harold H. Punke가 주장하는 견해에 동의하는 것 같았다. 펑크는 "충분히 지적인 사람은" 아이를 낳아야 하지만 자녀양육의 책임으로 성가시게 돼서는 안 된다. 이

---

* 40년 뒤 콕세터를 용서한 이 남자는 다시 돌아와 수전에게 구애를 할 배포가 있었다. 수전은 얼마 전에 남편 앨프(그녀보다 11년 연상이었다)를 여읜 상태였다. 이때에는 콕세터 자신도 홀아비였다. 이번에는 콕세터도 이 남자를 좋아하기로 결심하고 그에게 서면으로 사과를 했다. 그러나 수전은 구혼을 거절하였다.

는 "시간과 정력을 다른 목적에 쓰기 위해서"라고 주장했다. 39)

1957년, 콕세터는 교육학 교수인 펑크가 보낸 조사서에서 자신의 창조적 과정을 숙고하였다. 창조성이라는 주제에 대하여 콕세터는 이렇게 말했다. "잠재의식에서 나오는 것 같다. 신선한 공기, 운동과 편안한 수면이 어떠한 인공적 자극물보다도 낫다." 하루에서 가장 좋은 시간은 이른 새벽이었다. 묵상의 순간들은 자신을 "결코 외롭거나 두렵게 만들지 않고 반드시 흥분되게" 만든다. 그는 아이디어를 키워 나갈 때 "심상"에 의존하였다. "상상에는 무한한 범위가 허용되어야 한다." 그리고 자신에게 떠오르는 아이디어들의 흐름은 "늘 어나지는 않는다. 그러나 말라 버릴 걱정은 없다. 왜냐하면 이제부터 전적으로 새로운 아이디어들이 전혀 나타나지 않는다 하더라도 완성되지 않은 채 남아 있는 프로젝트들만으로도 오랜 기간 전념하기에 충분하기 때문이다."40)

그는 조사서에 대한 답변에서 케임브리지 트리니티 칼리지에서 생겼던 창조성의 "유레카eureka"적인 순간에 대한 이야기를 덧붙였다. 그의 빛나는 아이디어들 중 어떤 것들은 숲에 있는 나무 밑에서 쉬고 있을 때, 자전거를 타고 있을 때, 비몽사몽 간에(그는 침대 옆의 탁자에 종이와 연필을 놓아두곤 했다) 떠올랐다. 그는 96개의 꼭짓점, 432개의 모서리, 480개의 삼각형 면, 144개의 입체 포체 solid cell를 가진 "땅딸보 24포체snub-24-cell"라는 4차원 도형을 발견한 것을 상세하게 묘사하기로 하였다. 그레이트 코트에 있는 스위트에서 쉬고 있던 평화로운 한밤중에 떠오른 창조적인 통찰에 대한 이야기였다. 그는 편지를 받을 사람의, 제한된 수학적 전문지식은 상관하지 않고 복잡하고 학술적인 사항들을 담아 자신의 발견을 전했다.

저는 구를 덮는 모든 흰색 삼각형 내의 적당한 점들을 꼭짓점으로 삼아 땅딸보 정육면체snub cube(아르키메데스입체 중 하나)에 대해 잘 알려진 작도를 4차원으로 확장하기 위해 오랫동안 노력해 왔습니다. 저는 구면삼각형spherical triangle 들의 망상조직에 대한 4차원적인 유사물은 초구를 덮은 흑백의 사면체들이 배열된 것이며 그러한 사면체의 모양은 보통 "사차 직사각형quadri-rectangular" 모양임을 알고 있었습니다.

문제는 흰색 사면체 내에서 그와 가장 가까운 다른 백색사면체들에 해당하는 점들과 등거리를 이루는 위치에 있는 점을 찾아내는 것이었습니다. 곤란한 점은 "가장 가까운 다른 흰색 사면체들"이 아홉 개이므로 그들의 거리를 동등하게 하려면 선택될 점에 여덟 개의 조건이 부과될 것이라는 점이었습니다. 그러한 점 이외의 다섯 개의 추가적인 조건은 일반적으로 만족될 것입니다.

그래서 곧 잠이 깊이 들었습니다. 새벽 3시쯤 저는 대칭 "이등변" 사면체를 사용하자는 아이디어를 떠올리며 깨어났습니다. 이 입체는 정삼각형을 밑면으로 하는 직각뿔입니다. 그러한 사면체는 여전히 같은 색깔의 이웃을 아홉 개 가지고 있으나, 그러한 이웃들 중 세 개가 하나의 유형, 여섯 개가 다른 유형에 속합니다. 따라서 대칭축 위에서 한 점을 골라 두 유형의 이웃하는 점들의 거리가 동등하도록 그 높이를 조절할 수 있었습니다. 저는 불을 켜고 거실로 가서 이러한 내용을 적어 내려갔는데, 그렇게 하지 않았다면 아침에 일어났을 때 그러한 내용이 여느 평범한 꿈처럼 사라져 갔을 지도 모릅니다. 아침이 되었을 때 제가 적어 놓은 것은 그대로 남아 모든 세부사항이 채워지기를 기다리고 있었습니다.

콕세터는 창조성을 강요하는 것은 아무런 소용이 없다고 강조하였다. 결정적인 순간에 노력은 방해가 되지만 이는 수개월에 걸쳐 애를 쓴 준비의 결과일 수 있다. "창조성을 개발하고자 하는 다른 이들에게 제가 드리는 충고는 흥미진진하고 매력적인 가능한 모든 순간에, 특히 욕조나 침대에서 쉬는 시간이나 즐거운 산책을 하러 나갔을 때 진정으로 기쁘게 생각할 만큼 흥미진진하고 매력적인 문제를 선택하라는 것입니다."41)

△▫✧✪✪

1950년대에 이르러 외적으로, 또한 물질적으로 콕세터 가족은 잘 지냈다. 30년대에 목욕물을 나누어 쓰던 어렵던 시절에 비하면 훨씬 더 잘 살았다. 1949년, 콕세터는 어머니(그가 캐나다로 떠나온 이후 영국으로 돌아가 어머니를 방문한 것은 단 한 차례였다)의 죽음으로 유산을 받았다. 그는 가족들과 함께 영국으로 배를 타고 가고 있던 와중에 비보를 전해 들었다. 아이들은 할머니와 처음으로 만날 기대를 하고 있던 참이었다. <타임스>지의 부고기사에서 콕세터라는 이름을 발견한 것은 에드거였다.42) 이러한 유산으로 콕세터 가족은 토론토의 멋진 로즈데일 구역 록스버러 거리에 있는 3층짜리 집을 37,500불에 샀다.43) 그리고 이제 입주 가정부를 둘 수 있게 되었다. 적당한 사람을 찾아 계속 있게 만드는 것은 별개의 문제였다. 콕세터는 직장에서 집으로 돌아오면 거의 매일같이 들락날락하는 가정부들과 그들의 결점에 대한 끝없는 험담을 듣게 되었다. 콕세터가 기록하였듯, 그들은 "너무 귀부인인 척해서 제대로 일을 하지 못했고 대단히 멍청했으며," "심장이 약하고", "마녀 같았고(다시는 쓰지 않겠다)" 그렇지 않으면 서재에 있는 흰색 구두약을 훔치다 들켜서 해고되어야 했다. 자진해서 그만두는 경우도 적지 않았다. 콕세터는 일기에 자주 바뀌는 가정부들에 대해서 일자별로 적어 놓았다.

12월 8일 – 디킨슨 부인은 채식주의 요리를 견딜 수 없어서 더 이상 오지 않겠다고 말했다(4일만에).

1월 5일 – 새로운 가정부 에셀을 고용하였다. 일을 잘했다.

1월 6일 – 에셀이 더 이상 올 수 없다고 했다.

1월 8일 – 피콕 부인과 면접을 했다.

1월 9일 – 피콕 부인이 오지 않았다.

5월 15일 – 가정부인 바이올렛을 해고하였다.

11월 8일 – 바이올라가 애인과 있다가 들켜서 해고 예고를 했다.

1월 1일 – 버너가 오지 않았다. 더 이상 쓰지 않겠다.

2월 8일 – 아이린 드퓌가 왔고 일을 잘 했다.

2월 12일 – 아이린이 밤에 화장실에 너무 자주 가서 짜증이 난다.

2월 13일 – 아이린이 오지 않았다.

2월 19일 – 조앤이 가정부를 찾으려고 R과 자동차로 빈민가에 갔다(소용이 없었다!).

2월 28일 – 포스터 부인은 일을 잘 한다.

3월 7일 – 포스터 부인은 몸이 좋지 않아 더 이상 올 수가 없다.

3월 1일 – 가정부 노라 킨은 오지 않았다.

3월 28일 – 노라를 해고했다.

4월 1일 – 메이를 고용했다.

4월 2일 – 메이는 일을 잘하지만 몰래 엄청나게 먹어 댄다.

4월 6일 – 메이가 한밤중까지 외출을 해서 우리는 아주 화가 났다.

4월 12일 – 메이가 친구들에게 납치를 당했는데 그 친구들은 (이웃) 브라운 네 진입로에 차를 대고 그녀의 짐을 창으로 꺼내 갔다. R이 제프리 부인에게 전화를 걸었고 제프리 부인은 그녀가 어디 있는지 찾기 위해 조치를 취했다.

4월 13일 – 교회에 가지 않았고, 가정부도 없다.

4월 14일 – 형사들이 메이의 뒤를 쫓고 있다.

4월 15일 – 파슨스 양을 찾아가 메이를 행복하게 해 주려고 할 수 있는 일은 다 해 보았다고 확실하게 얘기해 주었다. 파슨스 양은 자기가 데리고 있는 사람들이 모두 바보들이라고 인정하였다.[44]

린이 도움 없이 가사를 돌볼 방법은 전혀 없었다. 록스버러의 집으로 인해 그들은 갑자기 점심을 먹으러 다니는 부인네들과 가까이 지내게 되었다. 콕세터가 이사를 온지 얼마 안 되어 토론토 대학교가 거리 위쪽에 총장관사를 구입함으로써 그들이 사는 주소는 사회적인 지위가 더 높아졌다. 대학 동료들과 그 아내들을 오후 다과회나 저녁식사에 초대하는 경우가 많았고 때로는 콕세터의 대학원 제자들의 모임도 있었다. "에르되시와 디랙$_{Dirac}$이 저녁식사에 왔다. 20명의 직원들과 학생들이 아홉시에 셰리주를 마시러 왔다."[45] 파티 시간이 다가오면 콕세터는 어김없이 말썽을 일으켰다. 초인종이 울리면 그는 절망하며 아내의 드레스에 달린 빡빡한 지퍼를 만져 댔다. 그는 자동 식품 회전대 아래에 놓인 음료 쟁반을 내리다가 셰리주 병과 술잔들을 산산조각 냈다. 벽난로에 불을 붙이기는 하였으나 굴뚝을 열어놓는 것은 잊어버렸다. 이런 일이 생기면 린은 습관적으로 콕세터에게 네덜란드어로 비명을 지르곤 했다.[46] "You ezel! You rotzak! You lammeling!"* 이렇게 보내는 밤들에 대한 콕세터의 평가는 이러했다. "대학원생 제자 여섯 명 모두가 저녁에 왔다. 끔찍하다"[47], "대실패!"[48], "인펠트가 저녁에 왔다. 우리는 끔찍한 열등감을 느꼈다."[49]

도널드와 린 역시 사교모임에 자주 갔다. 그 모든 사교활동과 때로는 매주 수많은 행사가 있는 와중에 어떻게 콕세터가 그토록 많은 연구를 해낼 수 있었

---

* ezel=당나귀(혹은 바보-역자 주); rotzak=인간 쓰레기, 싫은 사람, 악당; lammenling=쓸모없는 사람, 건달, 골칫거리.

는지 궁금했다. 그는 자신이 지나치게 술을 많이 마신 건 일생에 단 한 번 뿐이었다고 했다. 1946년 정월 초하루, 린과 함께 집에서 조용히 저녁을 보내던 콕세터는 믿을 수 없게도 자신들이 "둘 다 밤새 독한 술을 마시며 흥청거린 사람들이나 마찬가지로 흐물흐물해졌다!"50)고 썼다. 린은 상아탑의 사교계를 사랑했다. 그러나 린은 그토록 바쁜 사교일정도 부족하다고 여겼다. 이를테면 정월 초하루에 대한 계획도 없었다는 것이다. 린은 이러한 불만을 털어놓았다. "R은 누구도 파티에 오라고 청하지 않았다고 한다. 사람들은 모두가 우리를 재미없다고 생각한다. 얼마나 우울한가." "R은 내가 너무 조용하고 정작 무언가 말을 할 때에는 하지 말아야 할 얘기를 한다고 걱정을 많이 했다." "R은 내가 그처럼 지루하게 굴지 말고 사람들에게 말을 걸어야 한다고 말한다." "R은 모두가 우리를 싫어한다고 우울해했다." "실례를 저질렀다."51)

콕세터는 사교계를 충분히 즐겼고, 넘치도록 유쾌한 사람은 아닐지라도 완벽한 신사였다는 것이 모든 사람들의 이야기였다. 잡담이나 수다는 그의 취향이 아니었지만, 자신과 비슷한 흥미를 가진 다른 사람들을 만나는데 대단한 즐거움을 느꼈다. 린은 파티에서 재미있고 유쾌했지만 과도하고 부적절한 격렬한 감정을 드러내어 사람들을 난처하게 만들었다.52) 집에서 그녀는 자신의 불행이 언제 끝날지 궁금해했다. 그녀는 자신이 초대받지 못하였다는 끝없는 불만으로 괴로워했으며 자신의 통통한 허리에 대한 불안감에 지속적으로 시달렸다. 린이 건강검진을 받았을 때 콕세터는 이렇게 기록했다. "오언 박사는 R이 육체적으로 건강하다고 했다. 휴가와 가정부, 취미, 그리고 풍성한 삶을 처방했다. 그녀는 박사가 고칠 수 있는 병을 찾아내기를 바랐을 것이다."53) 린은 노곤함을 느꼈고 무언가 신나는 일이 벌어지기를 열망했다.54)

분명 린이 염두에 두고 있었던 것은 아니었지만, <정규초다면체>가 출판된 지 몇 년 후, 그녀의 남편 이름은 거의 일상용어나 다름없게 되었다. 어쨌거나 수학자들에게는 말이다. 수많은 수학자들이 그의 책을 읽어서 1962년도에는 2쇄가 나오게 되었다. 어떤 사람들은 이 책이 자신들의 성서이며 집과 직장의 연구실에 여러 권씩 비치해 두는 참고서라고 했다. "<정규초다면체>로 콕세터의 주위에 모여든 수학계 사람들은 연못에서 끊임없이 퍼져 나가는 물결처럼 여러 겹이었다"고 마저리 세네칼은 말했다(그렇다고 콕세터가 "떨어지는 돌"은 아니었다고 덧붙였다).55) 물결은 결국 부르바키를 포위할 것이었다. 부르바키조차도 콕세터의 도구가 유용하다는 것을 인정하게 될 것이었고, 그가 고전 기하학을 깊숙이 연구하기는 하지만 그것도 용서하거나, 적어도 너그럽게 봐줄 터였다.

Chapter 8

부르바키가 도표를 출판하다

정신은 결코 심상이 없이는 생각하지 않는다.

–아리스토텔레스

초다면체를 현대적인 군론과 연결시킨 콕세터의 연구가 높은 평가를 받으면서,[1] 그는 평범하고 구식인 고전 기하학의 보석들을 초·중등학교 교사와 학생들이라는 기초적 수준에 맞춰 대중화함으로써 그 인지도를 높이는 전도사의 역할도 시작했다.

1955년부터 1957년까지 콕세터는 여름휴가 몇 주 동안을 자신이 사랑하는 기하학의 씨앗을 키우는 일에 바쳤다.[2] 그는 미국수학협회MAA의 요청으로 중등교사들을 위한 국립과학재단의 "하계 연수"의 일환으로 미국의 대학과 단체들을 순회하는, 자신의 표현에 따르자면 "유랑강사"의 일을 맡게 되었다.[3]

이러한 순회과정에서 그는 미시간 앤아버, 일리노이 시카고, 캔자스 알칸사스에 들렀다. 그는 뉴욕에서 예시바 대학교에 재직하며 <수학논문Scripta Mathematica>지의 발기인인 제쿠디엘 긴즈버그Jekuthiel Ginsburg의 초청으로 <수학논문>의 후원자들을 상대로 몇 차례의 강연을 했다. 그는 동쪽으로는 캘리포니아 스탠포드까지, 북쪽으로는 알래스카 페어뱅크스까지 갔다. 콕세터는 순회강연을 도는 기간을 이용하여 그가 다음에 내놓을 책 <기하학 개론>에 사용할 자료를 시험하였다. 이 책은 20세기에 가장 인기가 있었던 또 하나의 수학책이었다.

당시 콕세터의 박사과정 제자 중 한 사람이었던 윌리 모저는 운 좋게도 콕세터 순회여행의 마지막 여정을 따라갈 수 있었다. "도널드는 수학에 수많은 위대한 공헌을 했습니다. 저 역시 위대한 공헌을 하나는 했지요"라고 모저는 말했다. 모저의 기회는 콕세터가 1955년 하계 순회강연 말미에 스틸워터에 있는 오클라호마 주립대학교에서의 수업을 마친 후에 찾아왔다. 모저는 자동차를 몰고 내려가 콕세터를 만났고 세련된 강연을 상세히 기록하며 조수로 일했다. "여름이 끝날 무렵 우리는 차를 몰고 북쪽으로, 문명세계로 갔습니다"라고 모저는 쓴웃음을 지으며 말했다. "여럿이 제 차에 타고 있었고 도널드는 제게 자신이 차를 몰아도 되겠느냐고 물어보셨습니다. 새 차였습니다. 실은 제가 처음으로 산, 문이 두 개 달린 1955년형 차인 초록색 플리머스였지요. 2,000불을 주고 사서 오클라호마까지 몰고 갔습니다. 그래도 저는 그러시라고 했지요. 그분이 공격적인 운전자라는 것을 알게 되어 놀랐습니다. 한번은 2차선 간선도로에서 언덕길을 올라가며 어떤 차를 추월하려고 하시더군요. 저는 곧바로 현명한 일이 아님을 알아챘습니다.[4] 도널드는 그 차가 더 빨리 달리도록 하려고 했지만 그쪽에서는 반응이 없었습니다. 그야말로 마지막 순간에 저는 그분에게 날카롭게 소리를 쳤습니다. "돌아가세요. 돌아가세요." 그분에게 소리를 지른 제자는 저밖에 없을 겁니다. 그분은 차를 원래 차선으로 돌려놓기 시작했고 그 순간 트럭이 언덕을 넘어왔습니다. 겨우 제때에 맞는 차선으로 돌아올 수 있었죠. 저는 제 생명뿐만 아니라 그분의 생명도 구했습니다! 콕세터의 생명을 구한 것이 제가 수학에 한 가장 위대한 공헌이었죠.[5]

이 사진의 뒷면에 콕세터는 이렇게 기록하였다. "오클라호마에서 주최자가 나를 아메리칸인디언('북미원주민') 부부에게 소개시켜 주었다."

1961년 출판된 <기하학 개론>은 콕세터의 두 번째 대표작이었다. 그는 강의에서도 그랬겠지만, 이 책을 자신의 신랄한 비판으로 시작했다. "지난 3, 40년간, 대부분의 미국인들은 어찌된 일인지 기하학에 대한 흥미를 잃었다. 본서는 몹시도 경시되는 이 주제를 되살리려는 시도의 일부이다."[6] <기하학 개론>은 대학 교과서로 널리 사용되었다.[7] 그 인기를 증명이라도 하듯 이 책은 한때 토론토 대학교 수학 도서관에서 가장 자주 도난되는 물품이었다. 그리고 이 책은 대칭이라는 개념을 둘러싸고 만들어진 최초의 교과서에 속하며,[8] 물론 그림이 가득했다. "나는 이상한 나라의 앨리스와 생각이 같다"라고 콕세터가 말한 적이 있다. "'그림이 없다면 책이 무슨 소용이야?' 라고 말한 것은 이상한 나라의 앨리스가 아니었던가?"[9]

콕세터의 책을 평한 걸출한 비평가 마틴 가드너Martin Gardner는 <사이언티

픽 아메리칸>지에 쓰는 자신의 칼럼에서 격찬을 보냈다. "대부분의 전문적인 수학자들은 우리가 가끔씩 체스를 즐기는 것과 꼭 마찬가지로 가끔씩 수학의 운동장에서 뛰노는 것을 즐긴다. 수학자들에게 그건 기분전환의 일환으로 지나치게 진지하게 받아들이는 것은 피한다. 다른 한편, 창조적이고 박식한 수많은 수수께끼 전문가들은 수학에 대한 극히 기초적인 지식만을 갖추고 있다. H. S. M. 콕세터는 수학자이자, 수학의 오락적인 측면에 대한 권위자로서 탁월한, 드물게 보는 사람에 속한다. 여러 면에서 콕세터의 책은 주목할 만하다. 무엇보다 그 범위가 보통이 아니다."10) 그리고 <기하학 개론>의 범위는 부르바키의 논문과 같이 백과사전적이면서도 진품실cabinet of curiosity(Wonder-room, 혹은 Wunderkammer라고도 하는데, 특히 르네상스 시대에 개인이 수집한 물품들을 보관해 놓은 일종의 개인박물관을 말한다. 처음에는 방의 형태였지만 후일 수납장 형태를 띠기도 했다-옮긴이)처럼 매력적인 동시에 경외감을 품게 한다. 쌍곡선 기하학에 대한 장에서 콕세터는 "삼각형의 유한성"에 대한 부분의 머리말로 <햄릿>에서 빌려 온 "호두알 속에 갇혀 있을지라도 내 자신이 무한한 공간의 왕이라고 생각할 수도 있네"라는 셰익스피어의 경구를 썼다.11)

콕세터의 두 권의 대표작-<정규초다면체>와 <기하학 개론>-을 보건대 콕세터의 경력은 두 개의 서로 만나는 원들로 볼 수 있다. 이 두 원은 부분적으로 겹치지만, 그 원주들은 서로 다른 두 영역의 윤곽을 그린다. 한 영역은 고전기하학의 아름다움과 재미에 대한 대중성과 전문가로서의 콕세터의 역할(<기하학 개론>으로 상징되는)을 아우르는 반면, 다른 하나는 고전 기하학을 현대 기하학과 결합시킨 선구자이자 개혁자로서의 그의 공헌(<정규초다면체>로 실증되는)을 포함한다. 전자의 업적으로 그에게는 광범위하고도 다양한 팬들이 모여들었고, 후자는 수학자들 사이에서의 그의 평판을 굳건히 하였다. 마이클 아티야 경이 말했듯, "그의 운명이 그저 아름다운 그림의 감정가가 되는 것이었다면, 그는 그처럼 널리 알려지지는 않았을 것이고 다만 방관자에 가까웠을 것입니다. 그러나 (유한이든 연속이든) 대칭이라는 차원을 더해 놓으면 그의 지위는 승격되어 유명해지고 수학의 다른 측면들과 접촉하는 인물이 됩니다."[12]

브라운 대학교에서 패턴이론과 지각수학mathematics of perception을 가르치며 필즈 메달을 수상한 데이비드 멈퍼드David Mumford는 두 영역에서 콕세터의 영향력을 느낀 사람이다. 그는 중고교시절인 1950년대 초반에 콕세터의 <정규초다면체>를 우연히 만나게 된다. "수학이 정말로 어떻게 하는 것인지 발견한 것 같았습니다"라고 그는 회상했다. "중·고등학교의 수학은 이 과목이 얼마나 심오한지 보여 주지 않았습니다. 계시였지요. 이 책은 수학이란 도대체 무엇인가 하는 것을 깨닫게 해 주었습니다."[13] 멈포드가 수학을 계속 공부하여 전문적인 수준에 이르렀을 때, 콕세터의 연구 특히 "모듈화된 공간의 컴팩트화compactification of modulized spaces"—이름이 시사하듯, 이는 대수적 대상들의 일종의 지도이다— 가 그러했다. 콕세터의 연구는 자신과 공저자들이 <국소적으로 대칭적인 다양체들의 매끄러운 컴팩트화Smooth Compactification of Locally Symmetric Varieties>라는 책에서 말하였던 것에 깔끔하게 맞아 들어간다. 멈포드는 이후 1970년대에 콕세터를 만났는데, 이전에 펼쳐졌던 장면이 다시 연출되었다. "저는 그분이 돌아가셨다고 생각했었는데, 콕세터가 여기에 오다니." 당시 멈포드는 하버드에서 학부생들에게 기하학을 가르치고 있었다. 그는 <기하학 개론>을 교과서로 사용하여 강의요강을 고쳐 놓은 다음, 콕세터에게 강의를 요청했던 것이다.[14]

△ ◻ ♦ ⬢ ⬣

현대수학을 향한, 추상적이고 대수적이며 간결한 모든 것에 관한 20세기의 쇄도와 더불어 부르바키의 사상은 여러 권의 논문의 출판으로, 세계의 다양한 대학들에 널리 퍼져 나갔다. 그것은 새로운 실험체들을 부르바키의 방식에 직접적으로 노출시키는 부르바키 회원들을 통해서 프랑스의 국경을 넘어 번성하였다. 클로드 슈발리는 프린스턴 고등과학원으로 갔다가 컬럼비아로 옮겼다.[15] 디외도네는 브라질 상파울루와 미시간 대학교, 노스웨스턴 대학교에서 시간을 보냈다.[16]

오랜 세월 부르바키 그룹은 "가짜 수수께끼"로 정체를 숨겨 왔고 부르바키 "수학자들"에 대한 풍문은 계속해서 퍼져 나갔다.[17] 계략의 일환으로 부르바키는 미국수학회(AMS)에 단체가 아닌 개인 회원자격을 신청했다. 이러한 요청은 두 번이나 거부되었다. 미국수학회의 사무국장은 기관회원 신청을 하면 성공할 가능성이 보다 높을 것이라고 제안하였지만 부르바키는 그렇게 하려 들지 않았다.[18]

부르바키 그룹은 일 년에 세 차례 모였으며, 그중 한 번은 청소년 캠프, 수도원, 리조트, 호텔 등에서 2주 동안 모임을 가졌다. 여기서 중요한 정책 결정을 내리고 현재 작업 중인 논문의 목차를 작성하며 연구를 맡겼다. 준정기적인 출판물인 <수학 원론>이 상업적인 성공을 거두자 인세로 여행비용, 와인, 그리고 활동에 활기를 불어넣을 본업 이외의 활동비용을 댔다.[19] 그들의 내부회람인 <종족 La Tribu>에 따르면 부르바키 그룹은 체스, 푸스볼, 배구, 프리스비(플라스틱 원반을 주고 받는 놀이-옮긴이)를 즐겼다. 그들은 즐겁게 산악 하이킹, 자전거 여행, 수영 여행에 나섰다. 범퍼 카에서 흥청대며 술을 마셨고, 나비 사냥이나 버섯 채집을 갔다. 일광욕을 하며 손에 교과서를 들고 졸기도 하고, 지방의 진미를 과식하며 완전히 취할 때까지 아르마냐크(프랑스 아르마냐크 지방산인 쌉쌀한 브랜디-옮긴이), 샴페인, 럼 토디(럼에 뜨거운 물, 설탕, 향료 등을 탄 음료-옮긴이), 와인(와인은 부르바키의 인식력에 대단히 필요한 연료였다)을 마셔 댔다. 일단 술에 취한 회원들은 때로는 "남성적인 프렌치 캉캉이나 음탕한 벨리댄스"를 추기도 했고, "고의적으로 술에 취한 태도는 무사태평한 천재라는 인상을 주었다."20)

　모임의 풍조라고 한다면, 부르바키의 전기 작가 릴리앙 보유Liliane Beaulieu는 그들이 "유머 있고 상스러운 사람이 되는 쪽"을 택하였고, "때로는 버릇없는 것과는 대비되는 당당함으로 올라서기도 했다"고 서술하였다.21) 유머는 그들이 수학 다음으로 좋아하는 정신적 유희라고들 했다. 수학 토론은 케임브리지에서 헨리 F. 베이커가 주재하였던 다과회의 세련됨에는 미치지 못했다. 언제든 누구나 끼어들고, 논평을 하고, 질문을 하고, 비판할 수 있었다. 디외도네는 이렇게 말했다. "부르바키 모임에 참관자로 초대된 어떤 이방인들은 언제나 이 모임이 미치광이들의 모임이라는 인상을 받았다고 토로했다. 어떻게 이렇게 소리를 지르는 사람들 – 때로는 동시에 서너 명이 소리를 지르기도 했다 – 이 지성적인 무언가를 찾아낼 수 있는 것인지 상상할 수 없었다."22)

　그룹의 서기였던 디외도네는 오랜 세월 그룹의 대변인으로 여겨졌다. 커다란 목소리, 그리고 명확한 진술과 도전할 수 없는 견해에 대한 편애를 두루 갖춘 디외도네는 어떤 대화건 소리가 커지게 만드는 것으로 알려졌다. 후일 "유클리드를 타도하라! 삼각형에 죽음을!"이라고 선언한 것은 다름 아닌 디외도네였다. 그는 키가 크고 몸집도 크며 열정적인 거인이었고, 시끄럽고 무례한 경우가 많았다. 그는 무자비한 표현방식을 쓰는 대담한 사람이었다.23) 피에르 카르티에는 디외도네와 음악당에 갔던 일을 회상하였다. "황홀했지요. 그는 손에 든 악보를 보고 있다가 오케스트라가 음표를 하나 빼먹으면 '오!' 하고 소리쳐 불만을 표시했습니다."24) 음악가로서 그와 필적할 만큼 열의가 있던 콕세터는 잠자리에서 읽을거리로 책보다는 악보를 좋아했다.25) 거만한 디외도네가 먼저 부르바키의 원고 초안을 집필했는데 이를 가리켜 "디외도네의 괴물"이라고 했다. 이를 기초로 <수학 원론>의 각 장에 대한 의견일치를 보기까지는 여섯 번, 일곱 번, 심지어 열 번의 초고작업이 필요한 경우가 보통이었다

(각 회원들이 거부권을 가지고 있었기에 만장일치가 필요하였다). 26) 기획이 오해를 받지 않도록 디외도네는 다음과 같이 명백히 밝혔다. "부르바키의 논문은 도구가방으로, 연구하는 수학자들을 위한 도구 모음으로 계획된 것이며, 내 생각으로는 이는 부르바키에 대하여 이야기할 때, 혹은 그 계획이나 내용을 논할 때 누구든 명심하고 있어야 할 핵심단어이다."27) 카르티에도 이에 동의한다. "부르바키의 최초의 책들은 백과사전이라고 생각할 수 있습니다. 그걸 교과서라고 생각하신다면 그건 실패작이죠."28)

부르바키의 인기는 애초에는 대학교 수준의 수학에 혁명 비슷한 것을 일으켰다. 마저리 세네칼은 1950년대 마셜 스톤Marshall Stone의 후원을 받아 미국에서의 부르바키의 온상이 되었던 시카고 대학교의 대학원생이었다. 부르바키의 아이디어에서 강한 영향을 받은 스톤은, 논란의 여지는 있지만 시카고 대학교 수학과를 미국 내에서 최고의 수학과로 만들었다. 그는 부르바키 그룹에서 가장 두뇌가 뛰어난 앙드레 베유와 새뮤얼 아일렌베르크를 스카우트했는데, 이들은 또 다른 시카고 대학교 교수인 손더스 매클레인Saunders MacLane과 긴밀하게 협력했다. "저는 부르바키 정권 하에서 고통을 받았습니다"라고 말한 세네칼은 매클레인의 제자였다. "제가 배운 방법은 부르바키의 것이었습니다. 제 생각에는 그로 인해 수학은 수많은 인재들을 잃었습니다. 시각적으로 생각하고 시각적으로 연구하는 수많은 사람들이 더 이상 설 자리가 없다고 생각하고 수학을 떠났습니다." 콕세터는, 비록 인기는 없다 하더라도 구체적

---

* 세네칼은 다음과 같이 자세하게 설명하였다. "부르바키 스타일로 수학적 아이디어를 생각한다면, 정의와 공리들로부터 상향식으로 연구를 하고 계속 그러한 논리적 노선을 따라가려고 노력하게 됩니다. 콕세터의 스타일로 연구를 한다면 역시 상향식으로 연구를 하게 되기는 하지만 어떤 구체적인 사물로부터 출발하여 그에 대하여 질문하고 어떻게 보다 일반적인 방법으로 표현할지, 그게 어떤 결과로 이어지는지 묻게 됩니다. 콕세터의 스타일은 엄격하게 논리적인 접근법과는 대조적인, 시각적이고 실천적인 접근법입니다."

인 기하학을 계속 연구하고자 하는 사람들의 열정이 꺼지지 않도록 지켜 주었다. "콕세터는 부르바키에 대한 안티테제였습니다.* 그분은 생명줄이자 부르바키로부터 구원을 받는 방법이었습니다. 그를 통해서 수학에는 그 이상의 것

장 디외도네

이 존재한다는 것을 알았고, 제가 어울릴 수 있는 완전한 수학 분야가 있다는 것을 알게 되었기 때문입니다."29)

그러나 부르바키 혁명은 대학교만 흔들어 댄 것이 아니었다. 부르바키는 중고등학교에까지 서서히 스며들었는데, 부르바키 방식으로 교육을 받은 수학자들이 교사가 되었기 때문이었다.30) 부르바키의 원칙은 "신수학New Math" 초등학교 교과 과정 개혁에도 침투하였다. 신수학은 남아프리카로부터 미국

의 중심부를 지나 캐나다까지, 그리고 대서양을 건너 잉글랜드, 웨일스, 서독, 덴마크, 네덜란드, 프랑스에 이르기까지 서반구 전체에 퍼졌다. 신수학은 전통적인 교과 과정을 철저하게 조사하여 자명한 문제풀이와 틀에 박힌 숫자 조작을 일소하였다. 그 대신 어린 학생들은 이미 1학년부터 대수 방정식과 집합론(집합, 즉 추상적 대상의 모임에 대한 수학적 이론과 그들의 관계 및 조작을 관장하는 규칙들)을 배웠다. 먼지 쌓이고 낡아 빠진 유클리드 기하학 역시 버려졌다. 이는 시간표에서 셰익스피어를 빼고 문법을 넣어 놓은 것이나 마찬가지였다. 셰익스피어가 문법의 사소한 일부에 지나지 않는 것이라도 되는 것처럼 말이다.[31] "이러한 경향은 유감스러운 것일 뿐만 아니라 불합리하다."고 콕세터는 말했다.[32]

역사적으로 유클리드 기하학은 연구 영역의 제한점이 노출되면서부터 줄곧 공격에 시달렸다. "기하학에 대한 유클리드의 접근법은 두 가지 근거에서 공격을 받아 왔다. 그 하나는 비논리적이라는 것이고, 또 하나는 지루하다는 것이다." 콕세터는 초등 및 중등학교 교육에서의 기하학의 상황에 대한 1967년의 보고서에서 이렇게 말했다. "두 비판 모두 새로운 것은 아니다." 그리고 거기에 덧붙여 이렇게 말했다. "유클리드가 지루하다는 비판은 그의 논리가 불완전하다는 것보다 훨씬 더 심각한 것이다."[33]

유클리드 기하학이 지루하다면 이는 그것을 가르치는 방식이 진부하고 경직된 탓이라고 콕세터는 주장하였다. 산수와 마찬가지로 기하학도 틀에 박힌 학습으로 몰락하여 교사들은 교과서를 펼치고 교실 앞에서 "필기하고 말하는" 바보짓을 하였다. 학생들은 생각 없이 삼각형의 성질과 그에 대한 정리들-변-각-변이니 각-변-각이니 하는-을 암기하고 지명을 받았을 때 선생님을 기쁘게 해 주려고 이해하지도 못하면서 배운 대로 반복하였다. 그들은 학생 스스로가 발견하는 학습, 즉 시행착오를 통하여 배우고 스스로 발견해 내는 학습에 내재되어 있는 아름다움과 비결을 빼앗겨 버렸다.

△ ▢ ◇ ⊙ ✧

프랑스 부르바키가 신수학의 배후에 있는 영향력의 하나라면 또 다른 하나는 러시아인들이었다. 소련이 스푸트니크 위성을 성공적으로 궤도에 쏘아 올리자 서방세계는 충격을 받았다. 자신들이 과학, 기술, 수학에서 뒤처지고 있다는 사실을 갑자기 깨달았던 것이다. 이러한 사건들에 대한 생생한 해석은 신수학에 대하여 기록한 어느 영국 신문기사에 조리 있게 설명되어 있다.

이 모든 일은 1957년 10월 4일 러시아인들이 지구 주위를 궤도를 그리며 도는 최초의 스푸트니크를 발사한 기억할 만한 날에 시작되었다. 당시까지 서방국가들은 거만하게도 소련이 유럽의 이웃나라들의 기술적 우월함에 도달하기 위해 농민이 대부분인 국민들을 교육하려고 가망 없는 노력에 몰두하고 있는 뒤처진 대국으로 보았다. 그러나 스푸트니크의 송신기가 내는 시끄러운 "삑삑"소리는 러시아인들이 여전히 수작업에 의존하고 있다든지 소련의 학교에서 사용하는 유일한 교구는 수판이라든지 하는, 서구인들이 가지고 있었을 수도 있는 관념을 급격하게 몰아내었다. 예전에 뒤처졌던 이 사람들이 대단히 재능이 뛰어난 과학자들과 수학자들을 찾아내는데 영국과 미국을 능가한 것이 분명해졌다. 이토록 놀라운 러시아의 과학 교육의 진보는 어떻게 일어난 것일까? 누구도 대답을 할 수는 없었지만 소련의 학교들이 영국의 학제에서보다 더 많은, 더 나은 수학자들과 과학자들을 만들어 내고 있음은 명백했다.[34]

삑삑거리는 스푸트니크에 뒤이어 미국연방의회는 "국방교육법"에 의거 과학 교육 자금지원에 수백만 불을 쏟아부었다. 질풍 같은 국제적 활동은 국제연합교육과학문화기구UNESCO와 유럽경제협력기구OEEC의 구성으로 이어졌다.

수학교과과정의 개혁이 다급하게, 이상주의적으로 수행되었다.35)

신수학에 대한 논쟁을 벌인 최초의 토론의 장은 1958년 에든버러에서 열린 국제수학대회였다. 그런 다음 디외도네가 자신의 슬로건을 내질렀던 학회가 열렸다. 1959년 11월 23일부터 12월 4일까지 프랑스 아니에르-쉬르-우아즈의 르와요몽문화클럽에서 열린 이 학회는 프랑스 수학 교육을 개혁할 필요성을 토의하였다. 여기서 허풍스러운 디외도네는 벌떡 일어나 도발적으로 계획된 성명을 퍼부어 댔다.

"À bas Euclide! Mort aux triangles!"36)
"유클리드를 타도하라! 삼각형에 죽음을!"

많은 사람들은 디외도네의 성명을 기하학에 대한 모욕으로 받아들였다. 콕세터는 같은 뜻을 가진 사람들과 이 일을 의논하고 가끔씩은 통렬하게 비판적이거나 경멸적인 의견을 쏟아 놓았다고 알려져 있지만 오래 담아 두지도 않았고 부르바키 전체가 감히 자신을 화나게 만들도록 놓아두지도 않았다. 디외도네의 논평은 부르바키의 행동강령-도표 금지-을 간결하게 요약한 것으로 보였지만 이 사건에 대한 부르바키 지지자들의 해석은 기하학자의 입장에서는 유리하게 갈라졌다. 푸앵카레연구소 소장이자 1960년대 부르바키의 창시자 클로드 슈발리 밑에서 공부한 미셸 브루웨는 디외도네와 부르바키를 구분하는 것이 중요하다고 주장하였다. 1959년에 이미 디외도네는 50세가 넘었고, 따라서 더 이상 부르바키 그룹의 정식 회원이 아니었다. "삼각형에 죽음을!"이라는 그의 성명은 따라서 부르바키의 더 큰 임무를 대표할 자격이 없었다(브루웨는 그럼에도 불구하고 이 둘을 연관 짓는 것이 부르바키 신화의 일부가 되었음을 인정하였다). "부르바키의 다른 사람들은 충격을 받았습니다"라고 브루웨는 말했다.37) 디외도네가 죽을 때까지 이러한 견해를 포기하지 않았기 때문에 더욱 그러했다. 카르티에와 같은 일부 부르바키주의자들에게는 당혹스러운 일이었다.

"대단히 난처했습니다"라고 카르티에는 말했다. "부르바키의 이념은 저와는 맞지 않았습니다. 지나치게 나가고 말았지요. 부르바키는 순수하고 경건하며 완고한, 말하자면 수학의 사제였습니다. 순수함의 풍자화였지요. 순수함이 위선을 낳는 까닭은 규칙이 너무 엄격하면 생명력이 그를 부수지 않을 수 없도록 만들기 때문입니다."38)

일례로 슈발리는 그림을 금지하는 선언을 지지하였으나 그는 이를 어기고 몰래 도표를 사용하였다. 그는 추론만 가지고 연구를 하려고 최선을 다했다. 그는 진심으로 수학에서 직관을 피하고 싶어했다. 그러나 언제나 성공했던 것은 아니었다. 카르티에는 슈발리가 자신을 가르치던 교수이던 시절에 일어났던 일을 기억하였다. 슈발리는 강의실 앞에 서서 칠판을 기호와 방정식으로 가득 채웠다. 어떤 학생이 질문이 있다고 손을 들자 슈발리는 연극처럼 칠판에서 뒤로 물러서서 팔짱을 끼고 실눈을 뜬 채 이마에 주름을 지어가며 자신이 써 놓은 것을 응시했다. 그는 당황하고 있었다. 그러더니 칠판으로 다가가 필요 이상으로 가까이 섰다. 어깨를 구부리고 몸을 웅크리며 팔로 가리개를 만들어 뒤에 있는 학생들이 자기가 뭘 하고 있는지 보지 못하도록 했다. "그분은 그림을 그렸습니다"라고 카르티에는 말했다. "그리고 답변을 생각해 냈습니다— 아하! 하고 말씀하셨죠— 그러고는 재빨리 도표를 지우고는 뒤로 물러서서 강의를 계속했습니다."39)

르와요몽에서의 "삼각형에 죽음을!" 사건 이후로 신수학에 대한 연례학회는 덴마크, 자그레브, 아테네, 볼로냐 등 유럽 각지에서 열렸고, 남미에서는 일련의 "범미대륙" 학회들이 있었다. 첫 번째 학회는 1961년 콜롬비아 보고타에서 개최되었다. 신수학 개혁운동의 지도자는 마셜 스톤으로 그는 르와요몽 학회의 의장이었으며 이러한 기세를 국제적으로 이끌었다.40) 이러한 국제학회의 지도자로서 스톤은 수학의 현대화를 요구하는 감동적인 개회사를 하였다.

중등학교와 대학 1년 차에 젊은이들에게 가르치자고 우리가 제안하는 수학에 대하여 우리가 새로운 눈으로 살펴보아야 할 두 가지 중요한 요소가 존재합니다. 그 하나는 현대에 이루어진 순수 수학의 엄청난 성장입니다. 다른 하나는 과학적 사고가 수학적 방법에 의존하는 일이 늘어나고 있다는 것인데, 이는 모든 종류의 과학자들의 공헌에 대한 사회적 요구가 점점 더 시급해지고 있는 것과 때를 같이 합니다.

이러한 두 가지 요소가 우리의 교육제도에 미치는 힘이 바야흐로 수학 교육의 전통적인 틀을 깨부수고 우리의 수학수업에 대한, 이미 때늦은 근대화와 개선을 향한 길을 준비하고 있는 시점에 있는 것은 분명합니다. 자라나기 위하여 오래된 껍질을 부수어 버려야 하는 갑각류처럼, 우리는 마침내 현재의 요구나 삶의 조건과 더 이상 맞지 않는 것이 명백한 교육 과정의 한계를 깨뜨려야 합니다.[41]

보고타에서 컬럼비아 대학교 수학 교육과 학과장 하워드 페어Howard Fehr는 "기하학 교육의 개혁"이라는 제목의 강연을 했다. "유클리드 기하학은 오늘날 보잘것없고 수학적 진보의 주류에서 벗어나 있으며 걱정할 필요 없이 미래의 역사가들을 위해 기록보관소에 보관해도 됩니다."[42] 이에 대한 반응은 뒤섞여 있었다. 멕시코의 기예르모 토레스Guillermo Torres교수는 이러한 입장에 이의를 제기하며 수학을 오로지 형식적인 양상으로만 제시하게 되면 "수학이 어떠한 의미도 없는 비인간적인 활동으로 보이게 된다"고 주장했다. 콕세터의 초창기 제자였고 이때에는 퀸스 대학교의 수학과 학과장으로 재직하고 있었던 존 콜먼 역시 페어의 발표에 뒤이은 토론에서 의문을 표했다. 경험에 근거하여 그는 수학에 흥미를 가진 학생들은 먼저 기하학 본유의 촉각적이고 시

각적인 특성에 끌린다고 말했다. 기하학은 수학의 사용자 친화적인 인터페이스라는 것이다. 43)

신수학은 국제적으로 다양한 형태로 싹텄다. 미국에서 가장 주도적이었던 것은 학교수학연구그룹(SMSG)이었는데 이들은 일련의 새로운 교과서들을 만들어 냈다. 학생들은 이 그룹의 이름을 "얼마간의 수학, 얼마간의 쓰레기Some Math Some Garbage"라고 바꿔 불렀다. 44) <미국수학월간지American Mathematical Monthly>는 추상에 대한 강조에 반대하는 "75인의 수학자들의 편지"를 실었다. 주도적인 반대자는 뉴욕 대학교 교수인 모리스 클라인Morris Kline이었는데, 그는 후일 자신의 책 <자니가 덧셈을 못하는 이유 : 신수학의 실패Why Johnny Can't Add: The Failure of the New Maths>로 미국의 신수학에 대한 조종을 울렸다. 45) 그리고 그 모든 것에 대한 공포는 수학자와 음악 이야기꾼을 겸한 천재 톰 레러Tom Lehrer를 통해 대중문화 속으로 스며들었다. 그는 자신의 앨범 <1965 : 그해는 그러한 해였다1965: That Was The Year That Was>에서 "신수학"이라는 노래로 이러한 완패를 기록하였다. 가사는 수학이 새로워진 나머지 부모들이 자녀들의 숙제를 도우면서도 이해를 할 수 없었다는 사실을 조롱하는 것이었다. 46)

그 어느 곳보다 프랑스-부르바키의 요람-에서 <렉스프레스L' Express>지는 LE CAUCHEMAR DES MATHS MODERNES(현대 수학의 악몽)이라는 표제를 실었다. "포르노, 약물, 프랑스어의 붕괴, 수학 교육의 대변동은 모두 동일한 작용과 관계가 있다. 자유주의 사회의 중심 부분을 공격한다는 것이다"라는 부제가 이어졌다. 그리고 프랑스과학원에 제출된 한 보고서는 이렇게 비난한다. "기하학을 정의함에 있어 집합론을 선택하는 것은 위험한 유토피아이다. 이러한 개혁은 지적인 경향과 중등학교에 다니는 청소년들을 잘못 평가한 것이다. 진행 중인 개혁은 국가의 경제적, 기술적, 과학적 장래를 위협한다."47)

영국에서 변화를 잘 드러내는 대표적인 면은 마이클 아티야 경의 경력에서 찾아볼 수 있다. 그는 고전 기하학의 관점들이 대학 교과 과정의 일부로 여전히 남아 있던 1950년대에 케임브리지의 학생이었다. 그러나 1960년대에 이르면 이러한 최후의 보루는 이미 사라지고 선형대수는 기본적인 것으로, 기하학은 진부하고 비본질적인 것으로 정해졌다.[48] 1981년 수학협회의 협회장으로서 "기하학이란 무엇인가?"라는 제목의 한 연설에서 마이클 경은 기하학의 역사에서 이러한 불행한 전환을 애통해 하였다. "학교와 대학에서 이루어진 수학 교과 과정의 모든 변화들 중에서 기하학의 중심적 역할이 쇠락한 것만큼 충격적인 것은 없다. 유클리드 기하학은 왕좌에서 밀려났고 어떤 곳에서는 현장에서 거의 내몰리다시피 했다."[49]

최근 이러한 문제를 고찰한 마이클 경은 이렇게 말했다. "기하학과 대수학의 싸움은 양성 간의 싸움과 비슷합니다. 영속적입니다. 지속되는 싸움이지요. 이 둘이 하나의 이야기에 대한 두 개의 측면이고, 두 측면이 모두 존재해야 한다는 점에서 진정한 싸움입니다." 대수학이나 기하학이나 모두 본질적이고, 둘 다 모든 수준에서 적절하게 가르쳐야 하며, 그 결과 생겨나는 연구의 최상위급에서의 상호작용은 전선을 전진시킨다. "결코 사라지지 않을 그런 문제이지요. 결코 없어지지 않을 것이고 해결되지도 않을 겁니다. 형식적인 조작에 의해 해 나가는 방식인 대수학과 개념적으로 생각하는 방식인 기하학은 수학에서 두 개의 중요한 요소입니다. 문제는 올바른 균형이 어떤 것인가 하는 것이지요."[50]

△ ◻ ◆ ⬠ ⬡

이러한 균형이 대수에 비하여 기하학 쪽으로 기운 채로 유지되는 전초지 중 하나는 동유럽, 즉 라트비아, 헝가리, 러시아였다. 이유는 무엇인가? 어쩌면 철의 장막으로 보호되고 있었던 까닭인지도 모른다. 세계의 나머지 부분과 단

절되었고 또 가난했기에 그들은 구세계의 방식을 지속하였던 것이다. 러시아는 그 나름의 오래되고 훌륭한 수학적 전통을 지니고 있었다. 분명 러시아인들이 콕세터의 저작들을 인쇄하였던 것은 그들이 여기에 담긴 고전 기하학을 좋아하였다는 것을 보여 주는 것이었다.51)

모스크바에서 열린 1966년 국제수학대회에서 콕세터는 자신이 러시아에서 상당히 인기가 있음을 알게 되었다. 대회에 오기 전에는 자신의 책이 러시아에서 출판되었는지 전혀 알지 못했다. 표면상으로는 러시아도 국제저작권법에 동의하였으나 러시아어판은 계약으로 만들어지는 일이 드물었으며 해적판으로 출판되는 일이 상당히 많았다. 인세 받기를 원하는 수학자들은 출판 증명을 제시해야 했으나 러시아에 있지 않는 한 이는 어려운 일이었다. 국제대회 덕분에, 수학자들이 러시아의 모든 수학 출판물들을 모아 놓은 대형 서점을 살펴볼 수 있는 서적전시회라는 형태로 화해의 선물이 만들어졌다. 자신의 책을 찾으면 현장에서 인세를 받을 수 있는 권리가 있었다. 콕세터는 존 콘웨이와 함께 서점을 둘러보았는데 콕세터는 자신의 책들을 수록한 기나긴 목록을 만들어 떠날 때는 주머니 가득 루블화가 들어 있었다는 것이 콘웨이의 회상이었다.52)

콕세터의 고전 기하학은 이탈리아에서도 성공을 거두었다. 기하학자 엠마 카스텔누오보Emma Castelnuovo는 멀리 있는 콕세터의 팬이었고 콕세터 역시 카스텔누오보의 팬이었다. "저는 콕세터의 책을 모두 가지고 있습니다."53)라고 이제 90대가 된 카스텔누오보는 말했다. 그녀는 아버지 구이도 카스텔누오보와 같이 고등 수학에 대해서가 아니라 초등학교에서 기하학을 가르치는데 일생을 바쳤다. 그녀는 이탈리아와 아프리카에서 열한 살에서 열네 살에 이르는 아이들과 일하며 "직접" 기하학을 공부하였고 아이들의 과제를 전시하는 일을 조직하였다. 그녀는 르와요몽에서의 "삼각형에 죽음을!" 학회를 포함하여 수학 교육에 대한 모든 대회와 위원회에 참석하였고 국제수학교육연구・개선위원회에서 피아제Piaget와 함께 일했다. 1949년, 그녀는 자신의 최초의 책인 <직관적 기하학La Geometria Intuitiva>을 출판하였고 학생들을 위한 수많은 교과서들을 집필하였다. 콕세터는 카스텔누오보의 연구를 극찬하였고 기하학 교육에 대한 자신의 보고서에서 따를 만한 예로 그녀를 들었다. "오늘날의 이탈리아에서 엠마 카스텔누오보는 [유클리드 기하학에 대한 새로운 접근법]을 대중화하고 발전시켜 왔다"고 그는 말했다. "그녀의 책 <직관적 기하학>은 메카노Meccano*와 흡사한 기구를 이용하는 기하학 교육을 설명하고 있다. 아름다운 도해들이 들어 있는 이 책은 이탈리아의 건축에서 기하학적 형태들이 어떻게 사용되었는지 보여 준다."54)

또 하나의 햇불은 네덜란드인데 독일에서 이주해 온 한스 프로이덴탈이 신수학에서 네덜란드를 구했다고들 했다. 1971년에 쓴 논문인 "진퇴양난The devil and the deep blue sea에 빠진 기하학"에서 프로이덴탈은 처음부터 끝까지 서정적인 말투로 이렇게 말했다.

기하학은 수학적 엄밀함에 대한 교조적인 생각으로 위협받고 있다. 이러한 생각들은 두 가지 상이한 방식으로 표현된다. 하나는 기하학을 선형대수의 형태로 수학체계에 흡수하는 것이고, 또 하나는 엄격한 공리학으로 기하학을 질식시키는 것이다. 따라서 이 논문의 제목에서 암시한 것처럼 기하학을 위협하는 악마가 하나인 것은 아니다. 둘이 있다. 남아 있는 탈출구는 심해이다. 수영하는 법을 배웠다면 심해는 안전한 탈출구이다. 사실 기하학은 수영처럼 가르쳐야 한다.55)

---

* 메카노는 너트와 볼트로 조립하는 울긋불긋한 금속 조립식 장난감의 상품명으로 1901년 영국 리버풀의 프랭크 혼비Frank Homby가 발명하였다.

콕세터 역시 같은 감성을 가지고 있었다. 그는 기하학 보고서에서 이렇게 말했다. "수학의 주제를 공부하고, 이해하고, 통달하는 능력은 어떤 의미에서 수영을 하거나 자전거를 타는 능력과 닮았다. 이 둘은 정적인 의미에서는 획득이 불가능하다. 비결을 배우기 위해서는 강력한 동기부여가 필요하다. 차이가 하나 있다면 아이들은 자전거를 타는 기술과 관련해서는 강압적인 권위주의적 학습법에 직면하지 않는다는 것이다."56) 프로이덴탈은 기하학은 "미리 만들어진 과목"으로는 질식하여 죽어 갈 것이라고 말했다. 놀라움과 활동- 접고, 자르고, 풀칠하고, 그리고, 색칠하고, 치수를 재고, 맞춰 나가는- 의 분야로 제시된다면 구원될 수 있다는 것이다. "콕세터의 <기하학 개론>은 이러한 견해를 멋지게 보여 주었다. 여하튼 저자는 목표가 어디에 있는지 정확하게 알고

1959년 프레더릭턴에서 열린 캐나다수학대회. 윗줄(좌에서 우로): 어빙 캐플런스키, 알렉스 로젠버그Alex Rosenberg, 콕세터. 아랫줄 : 베르너 펜클Werner Fenchel, 필립 월리스Philip Wallace, 맥스 와이먼Max Wyman, C. 앰브로즈 로저스, 한스 프로이덴탈.

있다."57)

△ ◻ ◆ ⬠ ⬡

<기하학 개론>은 6개 국어-독일어, 일본어, 러시아어, 폴란드어, 스페인어, 헝가리어-로 번역되어 세계적으로 배포되었다. 최초의 번역판은 1963년에 나온 독일어판이었는데 콕세터는 <Unverganliche Geometrie>라는 표제를 대단히 마음에 들어 했다. 그 의미는 <영원한 기하학> 또는 <모든 것을 이겨내고 살아남는 기하학>이라는 뜻이다.58) 1965년 <기하학 개론>이 일본에서 출판되면서 건축가이자 공학자이고 기하학자이기도 한 미야자키 코지宮崎興二는 콕세터의 엄청난 팬이 되었다. 교토 대학교와 테이쿄헤이세이 대학교의 명예 교수이기도 한 미야자키는 이렇게 회상했다. "당시 '콕세터'라는 이름은 갑자기 세계에서 가장 위대한 수학자로 일본에서 퍼져 나갔습니다. 저는 그때를 분명하게 기억합니다. 그리고 그때부터 저는 콕세터 교수님을 기하학계의 신으로 생각했습니다."59)

기하학이 없는 신수학 교과 과정-또한 부르바키-에 대한 게릴라활동은 지속적으로 콕세터의 모든 것으로 구체화되었다. 경력을 시작하면서부터 부르바키가 전성기를 누리던 내내 콕세터는 반시각적이고 반기하학적인 경향에 눈을 주지 않았고, 자발적인 모든 구경꾼들에게 직관적 방법에 대한 자신의 열정을 전달하는 옹호운동을 계속했다. 그는 "삼각형의 아름다운 특성", "과수원에 있는 나무들의 배치The Arrangement of Trees in an Orchard", 피보나치수열(아홉 장의 슬라이드와 한 개의 파인애플을 소도구로 쓰며)에 대한 강의를 했다. 어느 눈 내리는 1월의 저녁, 그는 밤기차를 타고 토론토에서 필라델피아로 가면서 발표내용을 마지막으로 손질했다. 다음날 그는 일기에 이렇게 썼다. "'최밀충전과 거품덩어리Close Packing and Froth'에 대한 10분짜리 강의를 마치자 사십 여 명이 자발적으로 갈채."* 그 다음 달 콕세터는 토론토에서 70명의 교사들에게

같은 강의를 했다. 그로부터 두 달 뒤 그는 상을 받은 40명의 학생들에게 "구들의 최밀충전"에 대하여 강의를 했는데 이번에는 어린 학생들이 재미있어 할 것 같은 제목이 달린 18세기의 책에 의존했다. 그 책의 제목은 <채소 정역학 Vegetable Statics>이었는데, 저자 스티븐 헤일즈Stephen Hales는 커다란 정육면체 모양 꼬투리에 가능한 한 많은 완두콩을 밀어 넣을 때 중앙의 완두콩에 얼마나 많은 완두콩이 접하게 될 것인가 하는 문제를 조사하였다.60)

1967년, 콕세터는 고전이 될 또 다른 두 권의 책을 출판하였다. <사영 기하학Projective Geometry>과 <기하학 재고Geometry Revisited>였다(뒤의 책은 S. L. 그라이처와 공저). 그는 "원은 어디에서 타원으로 보일까?"라고 묻는 논문들을 많이 쓰고 "왜 대부분의 사람들은 입체나선을 평면나선이라고 부를까?Why Do Most People Call a Helix a Spiral?"(helix와 spiral은 모두 '나선'으로 옮길 수 있지만 helix는 3차원적인 나선을, spiral은 2차원적인 나선을 의미하므로 필요한 경우 각각 '입체나선'과 '평면나선'으로 옮겼다-옮긴이)하고 궁금해하는 강의를 자주 하였다. 다른 강연에서는 "학교 교육 과정에서의 아핀 기하학에 대한 변명A Plea for Affine Geometry in the School Curriculum"을 하였고 1967년 피츠버그의 또 다른 강연에서는 단순하게 "반사에 대한 의견Reflections on Reflections"을 제시하였다.61)

피츠버그 강연 이후 그는 미니애폴리스로 가서 그가 애착을 가지고 오랫동안 진행한 프로젝트를 마무리 짓게 되었다. 4년 동안 일단의 수학자들과 함께 기하학 교육영화인 <이면 만화경Dihedral Kaleidoscopes>과 <정육면체의 대칭Symmetries of the Cube>(다섯 편의 시리즈 중 두 편) 작업을 해 왔던 것이었다. 이 프로젝트는 신나는 실험영화와 그에 따른 일련의 교과서들을 도입하여 중

---

* "최밀충전과 거품덩어리"에 대한 강의를 하기 두 달 전에 콕세터는 일기에 영감의 맹아를 기록하였다. "거품덩어리에서 하나의 거품과 접촉하는 거품의 수는 $\frac{23+\sqrt{313}}{3}$ =13.56 이이야 함을 알았다."

등학교와 단과 대학에서의 기하학 교육을 개선하려는 것이었는데, 이는 1백만 불에 달하는 여유 있는 예산으로 훌륭하게 지원되는 미네소타 대학교의 단과 대학 기하학 프로젝트의 일환이었다(국립과학재단이 전적으로 자금을 댔다. 고전 기하학을 옹호해 주는 사람들이 여전히 있었던 것이다). 콕세터는 힘들게 대본을 쓰고 또 고쳤다. 그리고 <이면 만화경>에서 기하학자의 역할을 맡았다.62)

영화는 콕세터가 거울이 붙어 있는 상점 거울에 비친 자신의 모습을 보려고 맞은편으로 가기 위해 자동차들을 피해 가며 복잡한 거리를 급하게 건너는 것으로 시작되었다(해설자는 이렇게 설명한다. "토론토 대학교의 H. S. M. 콕세터는 기하학자입니다. 콕세터 교수는 반사에 특별한 관심을 가지고 있는데, 그 이유는 반사가 기하학과 대수학에 가지는 숨은 의미 때문입니다."). 플루트로 연주된 쾌활한 배경 음

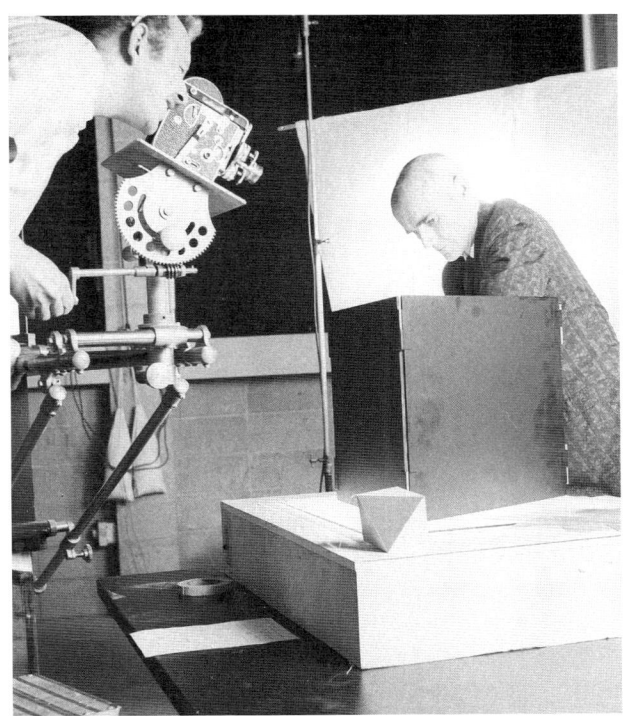

기록영화 <이면 만화경>에서 주연을 맡은 콕세터.

악과 함께 영화는 콕세터가 어두운 스튜디오에서 거울을 조작하는 것을 따라갔다. 그는 텐트나 우리처럼 만들어지고 안에서 불빛이 비치는 거대한 만화경을 들여다보았고,* 채색된 삼각형 모양 종잇조각들을 떨어뜨려 펄럭거리며 자리를 잡는 것을 지켜보고, 종잇조각들이 땅에 떨어져 평면상에서 매력적이고 몽환적인 무늬를 만들어 내자 씩 웃었다. 이 영화들은 여러 개의 상을 수상하였다. 캐나다와 미국에서는 미국영화제, 그리고 CINE 영화제에서는 금독수리상을 수상했고, 국제적으로는 벨기에, 체코슬로바키아, 프랑스, 이탈리아, 아르헨티나에서 수상하여 콕세터의 팬 층이 더더욱 넓어졌다. 63)

대부분의 경우 콕세터의 옹호운동은 전적으로 방어적인 행동이었다. 그는 할 수 있는 한 최대한 실천적인 방식으로 기여를 계속하며 자신의 열정을 널리 퍼뜨렸을 뿐이었다. 그러나 개혁권한을 가진 교과과정위원회들의 함정에 주목하고 있었다. 64) 그는 자신의 반대 의견과 견해를 표명하였는데, 때로는 그 목소리가 전례 없이 클 경우도 있었다. 토론토 대학교 수학과의 동료 팀 루니 Tim Rooney는 콕세터가 화를 냈던 유일한 경우를 기억하였다. 자신의 앞마당에서 기하학이 공격을 당하고 있었을 때였다. 콕세터는 기품 있고 친절했다고 루니는 말했다. 그보다 사이좋게 친해질 수 있는 사람은 없었다는 것이다. 그러나 1960년대의 어느 날 복도에서 그와 마주쳤을 때 콕세터는 발끈한 상태였다. 그는 루니를 구석으로 데려가 옆으로 끌어당기더니 학과의 수학강좌 일람표를 조사한 위원회의 보고서에 대한 놀라운 소식을 전하였다. 콕세터는 이

---

* 한 기록영화에서는 만화경의 키가 콕세터보다 크고 폭은 그만치 넓은데다가 거울들이 턱처럼 입을 벌리고 있었다(만화경의 거울들은 오랜 조사 끝에 5,500불을 들여 리튼 산업Litton Industries에서 제작하였다). 삭제된 한 장면에서 콕세터는 자신의 애완견 닥스훈트 니코를 이 거대한 만화경에 넣어 무슨 일이 일어나는지 보려고 했다. 니코는 망연자실하지는 않았더라도 어리둥절해져서 콕세터가 구해 줄 때까지 제자리에 꼼짝 않고 서 있었다(니코는 그해에 죽었고 콕세터는 자신의 책 <열두 편의 기하학 논문Twelve Geometric Essays〉에 "니코를 애도하며 1953-1967"라는 헌정사를 실어 니코를 기렸다).

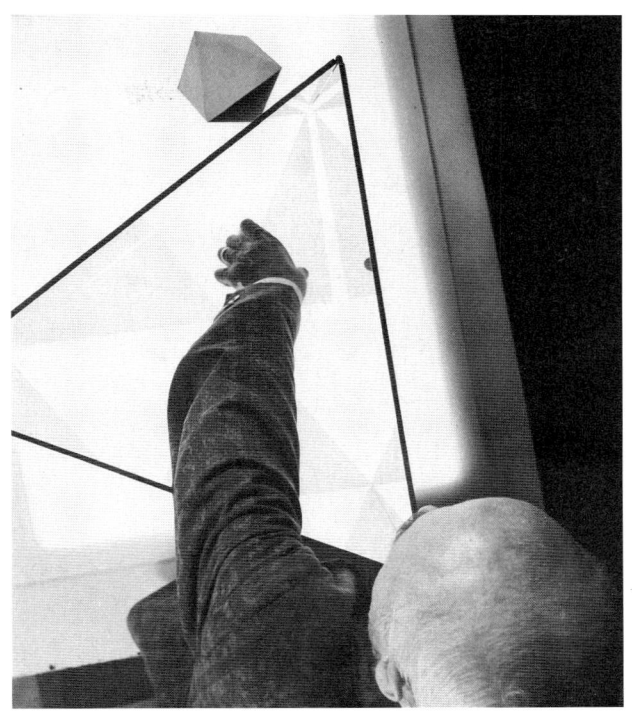
만화경에 소도구를 놓는 콕세터의 클로즈업.

보고서가 기하학을 존중하지 않고 중상모략한 것이라고 보았다. 학과의 강좌 목록에 기하학이 엄청나게 많아서 일부는 폐지해야 한다고 결론을 내렸던 것이다. 콕세터는 그에 대하여 루니에게 캐물었다. "자네 위원회가 기하학을 적게 가르쳐야 한다고 권고하다니 도대체 뭐하는 짓인가?"65)

"그는 정말로 화가 난 상태였습니다"라고 루니는 회상하였다. "일단 저는 제가 위원회에 속해 있지 않다고 말해 주었습니다. 그러니까 조금은 화를 가라앉히더군요. 그리고 기하학에 대한 위원회의 견해에 동의하지 않는다고 말하자 화가 더 가라앉았습니다." 콕세터는 학과의 다른 교수와 함께 위원장과 대결하였고, 보고서에 대하여 격렬한 논쟁을 벌였다.66)

이로써 콕세터는 교육 과정 논쟁의 책임을 보다 직접 떠맡게 되었고 몸에 밴

방관자적 입장을 넘어 자기 자신과 기하학의 존엄성을 추슬렀다. 그는 K-13(유치원을 포함한 초·중·고 교육을 의미한다-옮긴이) 기하학위원회에 들어가 1967년 <기하학, 유치원부터 13학년까지Geometry, Kindergarten to Grade Thirteen>라는 보고서를 제출하였다. 이 보고서는 솔직하게 이렇게 진술하였다. "'현대수학'이라는 이름으로 진행되는 최근의 일부 개혁은 불만족스럽기에 중단되어야 한다. 우리가 염려하는 것은 대학원에 보다 어울리는 과정을 따

자신보다 큰 만화경을 들여다보는 콕세터.

른 추상성과 엄밀함으로 과도하게 기운 경향이다." 이 보고서에 따르면 그 결과는 사회의 "기하학을 이해하는 사람들의 비율"이 "숫자를 이해하는 사람들의 비율"보다 훨씬 더 낮다는 것이었다.

기하학적으로 시각화하는 능력은 과학자의 정신적 도구의 기본적 부분이다. 따라서 과학에 대한 식자는 부분적으로 기하학적인 추상화에 근거한다. 기하학은 아마도 과학의 가장 기본적인 부분으로서 사람이 순수하게 지적인 과정을 통해 물리적 세계에 대한 예측(관찰에 근거한)을 할 수 있도록 해 주는 것일 것이다. 기하학의 힘은, 이러한 연역의 정확성과 유용성이라는 점에서 인상적이고, 기하학 논리의 연구를 추동하는 강력한 동기의 역할을 해 왔다. 그러나 유감스럽게도 기하학 교육에서 논리의 역할은 이 분야의 창조적이고 직관적인 측면을 가릴 가능성이 대단히 높다. 과거의 이러한 경향은 기하학에서의 시각적 혹은 직관적 "정량적" 패턴 연구가 유치원이나 저학년에만 적합한 분야라는 인습적인 태도로 인해 강화되어 왔다.

우리는 이러한 견해를 받아들이지 않는다는 사실을 가능한 한 강력하게 강조하고자 한다. 시각적이고 직관적인 연구는 특정한 문제를 명확하게 하는 보조물이자 새로운 "아이디어들"에 대한 영감의 원천으로서 모든 수준의 수학과 과학에서 필수불가결한 것이다. 67)

콕세터에게 고전 기하학이란 기초과목의 하나였다. 중세대학교에서 정해진 '칠대학예Seven Liberal Arts'는 '삼학과Trivium', 즉 문법, 수사학, 논리학이라는 "세 개의 길"과 '사학과Quadrivium', 즉 산술, 기하, 음악, 천문학 또는 우주론이라는 "네 개의 길"이었다. 따라서 학예를 공부하는 데 대한 합리화는 고전 기하학을 공부하는 것에도 동등하게 적용될 수 있다는 결론이 나온다. 이러한 과목들은 시대에 뒤떨어지고 지나치게 관대하며 실용적이지 못한 학습과정으로 여겨질 수 있으나, 인문과학arts은 비옥한 토양으로서 사고의 자유와 폭을 키워 주며, 그로부터 보다 "현대적" 성과가 자라나는 것이다. 120쪽에 달하는 보고서의 상당 부분은 기하학을 복구하는 구체적인 제안들과 기하학을 초, 중, 고학년 수준에서 영감을 불러일으키는 방식으로 가르칠 비결을 담고 있었다. 여기에는 못과 합판으로 집짓기, 빨대와 담배 파이프 청소기로 뼈대 모형 만들기, 그림자와 거울의 사용, 둥글게 줄지어 있는 점으로 정육면체를 그려내는 법과 같은 실용적인 설명들도 들어 있었다.[68]

△ ◻ ◇ ◯ ⬠

1968년, 역사가 멋지게도 위상적으로 급변하면서 마침내 "콕세터 도식"과 "콕세터군"이라는 고유명사가 하필이면 리군에 대한 부르바키의 책에 처음으로 등장하였다. 이 책은 시리즈 전체에서도 가장 성공적인 책에 속하는 것이었다.[69] 마저리 세네칼은 한때 자신이 부르바키의 책들을 모두 살펴보며 맥이 풀리게도 도식이 없다는 사실을 직접 발견하였던 것을 즐겨 회상한다. 이해하기 힘든 논증이라는 사전경고인 S자 곡선을 제외하고는 한 개의 도식만을 발견하였던 것이다. 그 도식은 콕세터 도식이었고 콕세터에 대한 책에 있었다.[70]

콕세터가 부르바키의 책에 포함된 것은 현재 콜레주 드 프랑스에 재직하고 있는 자크 티츠Jacques Tits라는 벨기에 수학자가 콕세터의 연구에 흥미를 가지게 된 이후였다.[71] 부르바키와 긴밀하게 협력하였던 티츠는 콕세터군에 대한 최초의 논문을 쓰면서 부르바키 그룹이 콕세터의 연구에 관심을 가지도록 하였다. 이 논문은 "콕세터의 군과 기하학Groupes et Géometries de Coxeter"이었는데 티츠가 대작하였던 부르바키의 책이 나올 때까지는 발표되지 않았다. 이 책의 삼분의 이는 콕세터에 대한 해설이 차지하였다. 여기서 "콕세터군"이라는 용어뿐만 아니라 "콕세터 그래프"(콕세터도식이라고도 알려진)와 "콕세터 행렬", "콕세터 수"라는 명명이 이루어졌다.72)

콕세터는 부르바키의 명명법에 기뻐했다. 이는 그의 이름이 수학사에 큰 글씨로 써진다는 것을 의미하는 것이었다. 군에 대한 부르바키의 책이 출판된 것은 디외도네가 "삼각형에 죽음을!"이라고 선언한지 10년이 지난 후였다. 1969년 디외도네가 토론토 대학교를 방문하였을 때 콕세터는 다른 사람들과 함께 시내의 화려한 풍경이 보이는 옥상 레스토랑이 있는 파크플라자호텔에서 그에게 호화로운 저녁을 대접했다. 디외도네는 두 건의 강의를 하기 위해 토론토대학교를 방문하였는데, 그 하나는 리 대수에 대한 것이고 또 하나는 부르바키에 대한 것이었다.73) 디외도네는 이렇게 설명하였다. "부르바키에 어떠한 도구를 포함시켜야 하는가를 조사할 때 결정적인 요소는 위대한 수학자들이 그 도구를 사용하여 왔는가, 그러한 수학자들이 그러한 도구에 어느 정도의 중요성을 부여하였는가 하는 것이라고 생각했다."74) 콕세터는 분명 이러한 기준에 합격한 것으로 판단되었다.75) 그리고 부다페스트에 있는 루마니아수학연구소에서 1968년에 했던 연설에서 디외도네는 "수학에서 무언가가 죽었다고 말해서는 안 된다. 그 이유는 그 말을 한 다음날 누군가가 그 이론을 취하여 새로운 아이디어를 도입하게 되면 그 이론은 다시 살아나기 때문이다"라고 말했다.*76)

---

* 부르바키의 미래에 대하여 말하자면, 부르바키 그룹은 엄청난 성공을 거둔 이후 1970년대 인세 및 번역권에 관하여 출판사와 대립하면서 생산성이 정체를 겪었는데 이러한 대립의 결과 오랜 법률분쟁이 벌어졌고 이는 1980년에 해결되었다. 그리고 나서 부르바키는 잠시 소생하여 예전의 책들에 대한 개정판을 내놓고 시리즈에 새로운 책 몇 권을 더하였다. "그러나 그런 다음에는 침묵했습니다"라고 카르티에는 말하였다. "어떤 의미에서 부르바키는 공룡과도 같아서 머리와 꼬리가 너무 멀리 떨어져 있었습니다"라는 그의 말은 이후의 세대들이 불가피하게 그룹의 창립이념과 임무에서 점점 멀어져 갔음을 말하는 것이었다. 부르바키 회원들이 50세에는 은퇴를 해야 했던 것과 마찬가지로 부르바키-자신이나 그룹 자체-도 반세기를 한계로 은퇴했어야 했다고 그는 농담을 던졌다. 여하튼 사실상 그의 판단에 따르면 "부르바키는 죽었다." 그러나 파리에서는 연례적인 "부르바키 세미나"가 열린다. 그리고 추가적인 출판물과 개정판이 작업 중일 수도 있다는 소문이 있다.

콕세터 자신도 그보다 더 잘 표현할 수는 없었을 것이다.

△ ☐ ✧ ⬠ ⬡

다시 10년이 지난 1980년, 미국수학협회가 출판한 어느 간행물의 밝은 노란색 표지에는 두건을 쓴 해골이 등장하였는데 이는 기하학의 망령으로서 손가락뼈는 구점원이 그려진 초라한 두루마리 위에 드리워져 있었다. 구점원은 기초 기하학의 어떤 과정에서건 처음으로 공부하게 되는 원 정리의 하나이다. 표지의 제목은 이렇게 묻는 것이었다. "기하학은 죽었는가?"[77]

미국수학협회의 책 안쪽 첫 페이지에는 콕세터를 플라톤입체 모양의 보석들이 박힌 왕관을 쓴 기하학의 왕으로 묘사한 만화가 실려 있었고, 그 다음으로는 1979년 토론토 콕세터 심포지엄을 다룬 기사가 들어있었다. 세계 구석구석으로부터 여든 다섯 명의 기하학자들이 콕세터의 70회 탄생일과 은퇴를 축하하기 위해 왔다. 헝가리에서 온 라슬로 페예시-토드 László Fejes-Tóth는 그 자신도 기하학계의 거인으로서 "콕세터 교수에 알맞은 애정 어린 찬사로" 학회의 개회를 선언했다. 그리고 "H. S. M. 콕세터에게서 영감을 받은 몇몇 연구들"에 대한 발표를 하여 그와 같은 현인이 내놓은 "의견 또는 제안"이 수많은 연구자들이 조사할 가치가 있는 일생의 연구를 하도록 격려했다. 그리하여 지난 반세기간 기하학의 발전에 미친 비범한 영향을 강조하였다(또 다른 만화는 이렇게 익살을 부렸다. "저의 기하학 브로커는 H. S. M. 콕세터로서 그가 말하기를……"-이는 주식중개회사인 E. F. 허턴사의 인기 있는 광고를 패러디한 것이었는데 이 광고는 다음과 같은 말로 마무리되었다. "E. F. 허턴이 말하면 사람들은 귀 기울인다.")[78]

이러한 잔치에 대한 기사에는 이 전설적 인물과 직접 가진 질의응답시간도 제공되었고, 여기에는 콕세터가 무덤 파는 일꾼으로 그려진 풍자화가 딸려 있

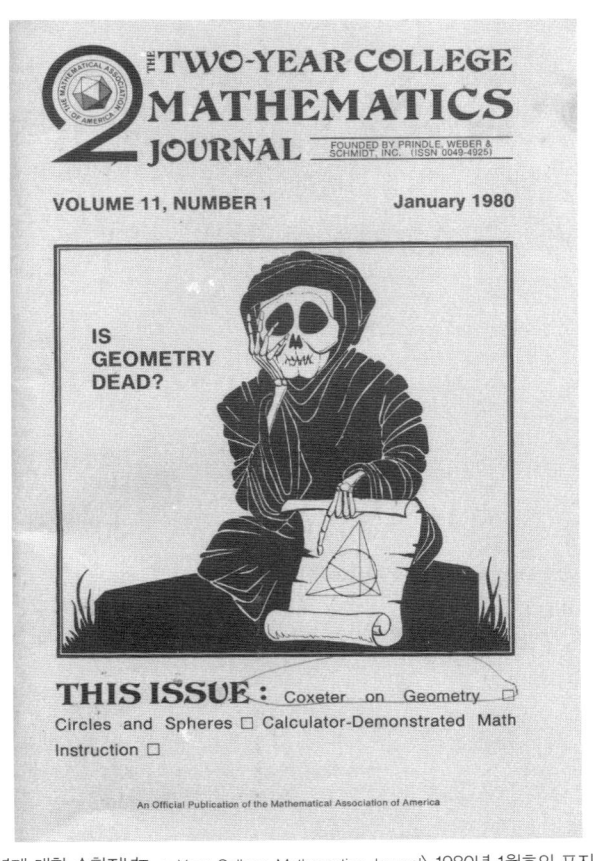

〈2년제 대학 수학저널Two-Year College Mathematics Journal〉 1980년 1월호의 표지.

었다. 그의 주변에는 흙무더기들이 있고 삽과 쇠지레가 흩어져 있었는데 그가

---

* 1981년, 콕세터의 친구로서 박학다식한 프린스턴 고등과학원 교수 프리먼 다이슨이 콕세터에게 자신이 최근에 한 강연의 사본을 보내 주었는데, 그 제목은 "유행에서 벗어난 연구Unfashionable Pursuits"였다(다이슨의 강연 발췌문은 부록 6 참고). 콕세터의 유행에서 벗어난 행로는 몇 년 뒤 앨버타 대학교의 수학자인 로버트 무디가 콕세터에게 명예박사 학위를 수여하자는 추천서에서 다시 한 번 인정되었다. "현대 과학은 유행을 통해 추진되는 경우가 적지 않으며 수학 역시 예외가 아닙니다. 콕세터의 스타일은 특별히 유행에서 벗어난 것이라 하겠습니다. 제 생각에는 그는 무엇이 아름다운 것인가 하는 난해한 의미에 빠져 있습니다."

기하학에 빛을 보게 한 콕세터.

비석 옆에 있는 관 뚜껑을 열고 있었다. 그 비석에는 이런 말이 새겨져 있었다. "기하학 : BC600-AD1900 여기에 잠들다." 회견자는 이렇게 질문을 했다. "저와 제 동료들이 기하학에 대하여 열광적으로 글을 쓰기 시작하면 흔히 받게 되는 반응은 이런 것입니다. '어, 글쎄, 그건 죽은 주제야.* 모든 것이 알려져 있지.' 그러한 반응에 선생님은 어떠한 반응을 보이십니까?"

"아, 저는 기하학이 다른 여느 수학 분야들만큼이나 빠르게 발전하고 있다고 생각합니다. 사람들이 쳐다보고 있지 않을 뿐이지요"라는 것이 콕세터의 말이었다.[79]

2부

응용 콕세터

Chapter 9

버키 풀러, 그리고 "기하학적 공백" 메우기

> 자연선택에 의해 우리의 정신은 외부세계의 조건에 순응해 왔다. 우리의 정신은
> 우리의 종에 가장 유리한 기하학을 택해 왔다.
> 달리 말하자면 가장 편리한 것을 택했다는 것이다.
>
> —앙리 푸앵카레, 〈과학과 가설 La Science et l'hypothèse〉

콕세터는 1977년 나이 칠십에 공식적으로 은퇴하기는 하였으나 반세기가 넘으면 수학자의 정신적 톱니바퀴가 녹이 슨다는 통설에 무릎을 꿇지는 않았다. 그는 계속하여 많은 생산을 해내며 자신의 일생에 걸친 문헌 목록에 팔십여 항목을 더하였다. 어떤 것은 이전에 냈던 저작의 신판이고 어떤 것은 증쇄본이었지만, 이러한 일들은 예리한 눈으로 성실하게 찾아낸 오자들을 수정하는, 세심한 주의가 필요한 일이었다.[1] 그는 오랫동안 은퇴하라는 압력을 물리쳐 왔었다. "조지 더프[수학과 학과장]가 임박한 나의 은퇴에 대하여 우울한 편지를 보냈다"고 그는 일기에 기록하였다.[2] 그는 점점 태도를 꺾어서 임금이 조금씩 깎이는 것을 감수하였다. 1975년, 그는 조만간 월급이 삼분의 일로 줄어들 것이라는 통지를 받았고,[3] 같은 해 풀러는 "사고의 기하학"에 대한 자신의 책을 콕세터에게 헌정하면서 그를 20세기 최고의 기하학자로 칭송하였다.[4]

콕세터와 풀러 두 사람이 만나기도 전에 그들의 기하학적 성과가 먼저 만났다. 풀러의 상징인 측지선 돔은 몬트리올에서 열린 67년 세계박람회에서 미국관으로 사용되면서 세계적으로 첫선을 보였다. 돔의 이름은 측지선적인 구조에서 따온 것이었다. 이 구형의 구조물은 거대한 원들, 즉 "측지선"상에 배열된 버팀목들로 만들어진 뼈대로 형체를 이룬다. 측지선이란 구를 두 개의 반구로 나누는 구 상의 모든 원을 말한다. 모든 플라톤입체는 입체의 각각의 면을 삼각형으로 나누어 구와 비슷해질 때까지 바깥쪽으로 부풀리는 "삼각형화 triangulation" 과정을 통해 측지선 돔으로 만들어질 수 있다. 풀러의 측지선 돔은 이십면체의 각각의 면들을 작은 삼각형들로 분할하여 만들어진 것이었다.[5]

세계박람회에서 콕세터는 한동안 측지선적인 미국관을 바라보고 서서 꼭짓점의 빈도frequency를 계산해 보았다. 버팀목들이 만나는 꼭짓점의 대부분은 육각형들이 둘러싸고 있었지만, 이따금씩 오각형이 있는 경우도 있었다(세분하여 새롭게 만들어진 꼭짓점들의 경우에는 여섯 개의 삼각형이 둘러싸서 육각형을 이루었지만, 이십면체의 원래의 꼭짓점들 주위에는 다섯 개의 삼각형이 배치되어 오각형을 이루었다). 콕세터는 하나의 육각형에서 가장 가깝게 인접한 육각형으로 가는 단계의 수를 판단하고 있었던 것이다. 육각형과 오각형의 변화를 통해 풀러의 돔은 구조적인 무결성을 얻게 되었고, 살짝 주름이 잡히거나 옴폭 들어간 효과가 생겨났다. 유감스럽게도 세계박람회에서 콕세터는 풀러를 만나지 못하고 좌절하여 자리를 떴다.[6]

토론토에 돌아온 콕세터는 공공도서관에서 세계박람회 파일을 한 시간 동안 살펴보았으나 빈도를 식별해 내기에 적절한 사진을 찾아내지 못했다. 마침내 그는 대학에서 어느 미생물학 교수가 가지고 있던 사진을 찾아냈다. 대단히 커다란 사진이며 하나의 오각형 틀의 투시도가 덧깔려 있었고 "나 여기 있다!"

벅민스터 풀러의 미국관 돔, 67년 세계박람회, 몬트리올.

는 글씨가 새겨져 있었다. 그러나 여전히 콕세터는 두 번째 오각형을 찾아내지 못했다. 콕세터는 "우리는 여전히 좌절상태였다오"라고 풀러에게 쓴 어느 편지에 썼다. 나중에 풀러가 알려 준 바에 따르면 이 돔은 16의 빈도를 가지고 있었다. 즉 어느 오각형의 꼭짓점에서 출발하건 다른 오각형의 꼭짓점으로 가기까지 어느 방향으로든 열여섯 개의 꼭짓점을 건너뛰어야 한다는 것이다.[7]

풀러는 미국의 주택위기가 경감되기를 바라면서 구조적으로 효율적이고 경제적으로 알맞은 주택을 오랫동안 설계해 왔었다. 풀러에 따르면 "이러한 새로운 주택들은 중심 되는 줄기 혹은 등뼈에 나머지 것들은 모두 독립적으로 매달려 있고 중력에 맞서기 보다는 이를 이용하는 인체나 나무의 자연적 체계를

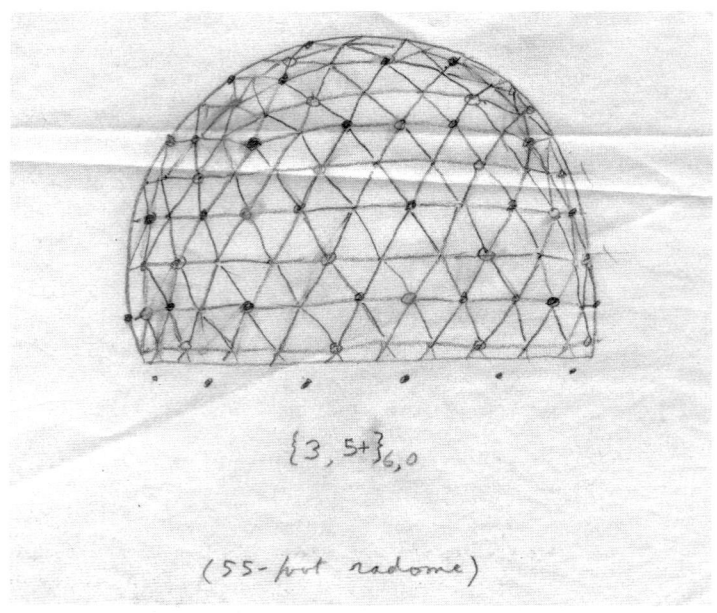

꼭짓점들을 강조해 놓은, 측지선 돔에 대한 콕세터의 스케치.

본 따 구조화하였다. 그 결과 가볍고, 정돈되고, 아주 튼튼한 비행기와 비슷한 건축물이 만들어졌다."[8] 풀러는 배출을 최소화하고 최대한의 보호를 제공하는 건축물을 만들고자 했다. 돔의 구형구조는 최소한의 표면적으로 최대한의 내부 용적을 허용하여 건축자재와 비용을 줄일 수 있도록 했다. 그는 벌집과 같이 "더 적은 것으로 더 많은 것을 하기"를 원하였다.[9]

"인간성을 깨워 낸다"는 광대한 비전을 가졌던 풀러는 우주의 기본적인 작용원리를 이해할 사명이 있었다. 콕세터의 팬이기 이전에 이미 풀러의 열렬한 추종자였던 글렌 스미스에게[10] 풀러의 작업 중 가장 매력적인 요소는 기하학에 대한 그의 해석이었다. "제 생각에는 풀러에게 기하학이란 목적을 위한 수단이었습니다. 그는 자연이 사용하는 기본적인 패턴을 찾고 있었는데, 그 안에 완벽하고 포괄적인 설계가 존재한다고 그는 생각하였습니다."[11]

콕세터와 풀러는 세계박람회로부터 1년이 채 지나지 않은 1968년 3월 1일에 만났다. 콕세터는 서던 일리노이 대학교 철학과와 수학과에서 강연을 해 달라는 초청을 수락하였는데, 이 학교는 풀러가 살던 카번데일에 있었다. 콕세터의 첫 번째 강연은 철학자들과 그 외의 수학자가 아닌 사람들을 위한 것이었는데 그 제목은 "시공간의 기하학Geometry of Time and Space"이었다. 두 번째 강연은 수학자들을 위한 것으로 그 제목은 "동등아핀성Equiaffinities"이었다. 풀러는 두 번째 강연에 참석하였다.12) 콕세터가 일기에 기록한 바에 따르면 그 뒤에 풀러는 "R과 나에게 저녁을 대접하였고, 자신의 사무실과 '돔' 주택을 보여주었으며, 자신이 쓴 네 권의 책을 주었다."13) 처음 만났을 때 풀러는 이제 출간될 자신의 책을 콕세터에게 헌정해도 되겠느냐고 물어보기도 했다. 그 책은 다음 해에 출판될 예정이었던 <상승협동학: 사고의 기하학에 대한 탐구 Synergetics: Explorations in the Geometry of Thinking>이었다. 그 다음 달, 풀러는 콕세터가 동의해 준 것에 대한 감사편지를 보내며 로버트 W. 마크스Robert W. Marks가 쓴 <벅민스터 풀러의 다이맥시온 세계The Dymaxion World of Buckminster Fuller>라는 책을 동봉했다. 풀러는 표지 안쪽에 "콕세터 박사님께. 자신의 수학세계가 역사상 두세 명의 사람들이나 가지고 있었던 정통함으로 가지를 쳐 온 분"이라고 썼다(자신의 넘치는 헌정사를 연습이라도 하듯). "비범하게 중요한, 특별한 기여를 한 사람들이 있기는 하지만 콕세터 박사님과 같이 포괄적으로 한 사람은 없었습니다. 더할 바 없는 찬미와 영광스럽게도 그분을 알게 된 기쁨을 기리며."14)

그로부터 콕세터와 풀러는 적어도 표면적으로는 의기투합한 관계를 발전시켰고, 편지와 논문을 주고받았다. 1968년 8월 29일, 콕세터는 스톡홀름 부근의 리딩외 섬에서 열린 11차 노벨 심포지엄에서 초청강연을 했다. 심포지엄의 주안점은 "대칭과 거대분자 수준에서의 생물학적 계통의 기능 Symmetry and Functions of Biological Systems at the Macromolecular Level"이었다. 콕세터는 "입체나선과 콘코-나선Helices and Concho-spirals"이라는 강연의 서두를 이러한 질문으로 시작했다. "생화학 학회에서 기하학자가 기여할 수 있는 것이 무엇일까요? 기하학의 상상의 세계와 생물들의 현실 세계 사이에 무슨 접촉이라도 있을까요? 아마도 불변성과 진화에 대한 모노Monod박사의 철학적 의견이 실마리를 제공한 것 같습니다. 다섯 개의 플라톤입체에 대한 그분의 애정을 공유하고 있는 저는 펠릭스 클라인이 나열한 점군을 설명하고 싶은 생각이 있기는 합니다. 하지만 이는 이미 문헌으로 쉽게 찾아보실 수 있습니다(Coxeter, 1961, 15장). 그 대신 저는 운동 및 성장과 관련한 다음의 기본적인 여섯 개의 정리에 관한 단순하고 순수하게 기하학적인 취급방법을 설명할까 합니다."15) 콕세터는 이 강연문 사본을 풀러에게 보내 주었는데, 다만 제목은 달랐다. "11차 노벨 심포지엄에서의 강연문인 '인간과 그 환경Man and His Environment', 그리고 참으로 매력적인 글인 '수학과 음악Mathematics and Music'을 보내 주셔서 대단히 감사합니다"라는 것이 풀러의 답장이었다.16)

벅민스터 풀러

강연의 또 다른 제목인 "인간과 그 환경"은 약간은 아이러니한 것이 되고 말 았는데, 그것도 불행하다고 할 만한 방식으로 되었다. 여름 내내 해외에 있던 콕세터와 린은 9월에 집으로 돌아왔고, 쌓여 있던 우편물 중에서 그들의 별장이 벼락을 맞아 잿더미가 되었다는 것을 알리는 편지를 발견했던 것이다. 나쁜 소식을 전한 친구들은 호수 건너편에서 불타오르는 모습을 지켜보았다.17) 린은 제2의 집을 잃어 마음 아파하면서도 도널드는 집 안에 들어 있던 물건 하나가 파괴된 것을 더 서운해 한다고 말하곤 했다. 별 모양 십이면체의 형태로 유리와 청동으로 만들어진 램프가 바로 그 물건이었다.18)

같은 달, 콕세터는 대학의 장려한 회의관Convocation Hall에서 강연을 하기 위해 토론토로 온 풀러를 다시 만났다. 일흔세 살이 된 풀러는 백발의 상고머리와 고무줄로 머리에 동여맨 안경을 자랑했고 대부분이 학생인 1,500명의 청중들에게 강의를 하며 이렇게 경고했다. "우리에게는 시간이 별로 없습니다." 풀러가 온 까닭은 무엇보다도 제1회 연례 국제빌딩쇼의 개회를 선언하기 위해서였다. 이러한 모임에서 그는 이렇게 단독적으로 말했다.

미래의 통합은 우리가 예상했던 동서 간의 교류가 아니라 극지방의 만년설을 거치는 식으로 이루어질 것입니다. 북미의 이 부분과 인류의 나머지 90% 간의 최단 대권大圈 경로는 대서양도, 태평양도 지나지 않습니다.

멀리 떨어져 있는데다가 문제에 접근하는 방식이 다른 이유로 오해가 커져가고 있지만, 적대감과 공포는 영원히 지속되지 않습니다. 지구상에 사람이 아무도 없게 되거나, 의사소통하는 법을 배우게 되거나 둘 중의 하나입니다.

그러나 <토론토 텔리그램Toronto Telegram>의 보도에 따르면 회의관에서 "버키"는 그보다 "말이 많아서" 자신의 아이디어를 주절주절 늘어놓았다. "의식적으로 이해되고 소통되며 동시적이면서 부분적으로만 겹치는 모든 인류의 경험의 총합"– "물리적 우주를 관장하는" "상승작용"이니 "강력한 기하학"이니 하는 말의 반복–모두가 "우주선 지구호"에 살고 있는 인류에 대한 허세– "위"니 "아래"니 하는 것은 없다는 따위의.* 신문기자는 놀려 대며 버키의 현기증 나는 일련의 어록을 가능한 한 그대로 옮기고는 의외의 결말을 덧붙여 놓았다. "아시다시피 그는 처음 일을 시작한 1927년부터 이러하였다. 그리고 그 오랜 세월 동안 사람들은 그를 미치광이라고 생각했다. 하지만 지금은 천재라고 알고 있으니 괜찮다." 회의관에 모인 학생들은 풀러에게 기립박수를 보냈다. 콕세터는 끝까지 참아 낼 수가 없었다. 그는 일지에 이렇게 썼다. "넌더리가 나서 45분이 지나고 나서야 나왔음."[19]

두 사람을 다 알던 스미스는 콕세터가 풀러가 하는 일의 내용은 존중하면서도 그의 인습에서 벗어난 활동방식은 참지 못한 것이 아닐까 생각한다. 콕세터는 대중에 대한 풀러의 페르소나를 받아들이기 어려워하였을지는 모르겠지만[20] 그의 측지선 돔은 대단히 높이 평가했다. 그럼에도 그에 대한 질문을 받았을 때 콕세터는 단도직입적으로 그에 대한 판단을 내렸다. "벅민스터 풀러는 뛰어난 건축가이자 공학자이지만 수학에 대해 거의 알지 못하면서도 자신을 대단히 자랑스럽게 생각합니다." 그리고 풀러는 "수학자로서의 자신의 운수를 과장하였습니다"라는 말을 덧붙였다.[21]

풀러에 실망한 사람은 콕세터가 처음이 아니었다. 풀러는 건축가로서도, 공학자로서도, 또한 수학자로서도 훈련을 받았던 사람이 아니었기에, 그러한 분야의 전문가들 사이에서 풀러는 논란을 불러일으키는 인물이 되었다. 그는 볼썽사나운 기하학적 실수를 저지르기도 했는데, 이를테면 바퀴를 단단하게 고

---

* "중국에 사는 사람들은 뒤집혀 있지 않습니다." "우리의 머리는 바깥쪽에 있고 다리는 안쪽에 있습니다." "저는 층계를 나갈라 들어갈라 outstairs and instairs 합니다." "좋건 싫건 우리는 우주 비행사입니다."

정시키기 위해 몇 개의 바퀴살이 필요한가 하는 문제가 그러했다(풀러는 일곱 개가 아니라 열두 개라고 말했다).22) 콕세터는 늘 아마추어들을 상대했고 그들을 높이 평가했다. 그러나 콕세터가 보기에 풀러가 몰락한 원인의 하나는 그가 다른 사람의 업적을 인정하지 않고 기존의 자료를 썼다는 것이었다.23)

콕세터가 지나칠 정도로 공적을 나누고자 했던 반면 풀러는 특허를 취득했고 – 예를 들어 자신이 만든 삼각형으로 나눈 이십면체 – 자신의 특허권을 빈틈없이 지켰다. 미술가 M. C. 에스허르M. C. Escher(그의 판화 <Circle Limit III>는 콕세터에게서 영감을 받은 것이었다. 11장 참고)는 자신의 아들 조지George를 통해 풀러와 싸우게 되었다. 공학자인 조지는 캐나다로 이주하여 풀러의 것과 대단히 비슷한 휴대용 돔을 생산하는 회사의 공동경영자가 되었다. 이 작은 회사는 미국 공군을 위해 유리섬유로 만든 "레이돔(항공기에 달린 돔형 레이더 안테나 덮개-옮긴이)"을 만드는 획기적인 계약을 따냈지만 승리의 잔치는 오래가지 못했다. 그들은 풀러로부터 레이돔과 그밖에 회사가 판매한 모든 돔에 대하여 자신이 특허권 사용료를 받아야 한다는 법정통지를 받았다. "우리는 벅민스터 풀러에게 설계에 관한 특허권 사용료를 지불해야 한다는 것에 화가 났습니다"라고 조지 에스허르는 말했다. 조지는 플라톤과 아르키메데스가 발명한 모양에 풀러가 특허를 걸었다는 사실에 섬뜩했다. "전적으로 누구나 쓸 수 있는 것으로 확립된 형상에 특허를 걸만큼 뻔뻔할 수 있다는 걸 생각하면 지금도 화가 납니다."24)

M. C. 에스허르는 이러한 처지와 풀러에 대한 콕세터의 견해에 대하여 두 사람과 친구지간이며 화학자이자 결정학자인 아서 러브Arthur Loeb에게 1964년에 보낸 어느 편지에서 논했다. 러브는 다면체와 대칭을 좋아했고 하버드 카펜터시각예술센터에서 교편을 잡았다. 에스허르는 이렇게 썼다.

B. F. [원문 대로]에 대하여 며칠 전에 캐나다에 있는 아들 조지(지금은 귀화하였음)로부터 흥미로운 정보를 전해 들었소. 나의 친구 콕세터가 롱 수 목공회사에 보낸 편지에서 B. F.와 관련하여 유별나게 부정적인 태도로 견해를 표했다는 얘기를 듣고는 걱정이 됩니다. (그 회사는 콕세터가 이론적인 조언을 해 주었던 인연이 있었다오.) 그는 B. F.를 협잡꾼이라고 하며 그에 대하여 하도 경멸적인 어투로 편지를 써서 조지가 편지를 철하라고 하기 전에 일부를 잘라내어 파기했다고 하오. "십중팔구는 상당히 직업적인 질투가 있었던 것 같습니다. 유별난 일은 아니지요"라고 아들이 써 보냈습니다. 문외한인 내가 내린 결론은 이 사람에게 실로 사기꾼 같은 면이 있다는 것입니다. 이 버키라는 사람은 물론 똑똑한 치이지요. 반면 콕세터는 의심할 여지없이 극단적으로 숙련된 수학이론가이고 말이요.[25]

그러나 콕세터가 이렇게 가차 없는 견해를 가지게 되었던 것은 풀러를 만나 보고, 그의 작업에 대하여 상세하게 알게 되기 전의 일이었다. 시간이 흐르면서 콕세터는 이 박학다식한 사람의 경솔함을 너그럽게 여기게 되었다. 1970년 <라이프LIFE>지의 기자가 방문하였을 때 콕세터는 풀러에 대하여 약간은 간접적인-그러나 뜻하지 않게 열정적인- 찬사를 보냈다. 풀러에 대한 장문의 인물소개 기사에서 기자는 이렇게 말했다. "다양한 권위자들 및 학자들의 의견을 듣고자 노력했다. 대부분의 사람들이 풀러는 자신의 분야와는 무관한 사람이라고 했다. 수학자들의 입장에서 그는 건축가였다. 건축가들의 입장에서 그는 공학자였다. 마치 갈릴레오에 대하여 문의하기 위하여 세비야를 돌아다니는 것 같았다. 그러나 그러다가 풀러에 대한 평가를 위해 '세계 유수의 기하학자' 인 캐나다의 수학자 H. S. M. 콕세터를 방문하였고, 콕세터의 재촉으로 그에게 [풀러]의 잘 알려지지 않은 개념 중 일부가 해명되어 있는 강연문 사본을 송부했다. 콕세터는 방정식 하나가 어느 정도 믿을 만하다면 '대단한 발견으로 버키가 사뭇 자랑스러워 하는 것도 무리는 아니 다' 라는 편지를 보내왔다. 다음날 콕세터가 전화를 걸었다. '더 숙고해 보니 그 방정식이 참으로 옳다는 것을 알게 되었습니다' 라고 했다."26) 콕세터는 풀러에게 공들의 정육면체 최밀충전에 대한 그의 공식에 자신이 얼마나 깊은 인상을 받았는지 말해 주었다. 그리고 나중에 즐겁게 이 공식을 증명하였고, 이를 1970년 9월의 어느 날 일기에 기록하였다. "버키 풀러의 공식을 증명하는 방법을 알게 되었다." 그리고 이를 "다면체 수Polyhedral Numbers"27)라는 논문에서 발표하였다. 물론 무엇보다도 콕세터는 풀러의 측지선 돔에 반했다. 자신의 별장을 잃고 난 콕세터는 즉시 측지선 별장이 완벽한 대용이 될 것이라는 것을 깨달았다.* 콕세터는 "버키"라고 호칭한 편지("당신을 그렇게 부르는 특별한 사람들의 틈에 제가 낄 수 있다면"이라며 친근한 언행을 허락해 달라고 정중하게 부탁하면서)에서 "전 세계의 수많은 사람들이 다양한 목적으로 당신의 구조를 사용하는 것을 보니 기쁩니다"라고 말했다. "제 생각에는 카번데일에 있는 당신의 집보다 훨씬 작은, (지상 층이 없는) 돔이 여름별장으로는 이상적일 것 같습니다. 이런 건물이 있었던가요?" 풀러가 "돔 제공하기Making the Domes Available"라는 글을 보내오자 콕세터는 이렇게 물었다. "이 글을 읽고 나니 조지아 만의 황무지에 있는 바위 위에 그와 같은 4빈도4-frequency짜리 돔을 세운다는 게 실현 가능한 것인지 의심스럽습니다. 린과 저는 그와 같은 돔이 편리하기도 하거니와 그러한 시골을 배경으로 했을 때 매력적일 것이라고 생각합니다."28) 결국 콕세터 가족은 측지선 돔형의 별장을 짓지 않기로 결정했다. 그러나 풀러의 개념들은 여전히 콕

---

* 콕세터는 어디선가 "살바도르 달리Salvador Dali가 직접 (지상에 열다섯 면이 있고 지하에 나머지 다섯 면이 있는) 이십면체 집을 지었다"는 것을 읽은 것을 기억해 냈다.

세터의 마음에 자리 잡고 있었다. 그는 노벨 심포지엄에서 배운 것과 이후 자신이 풀러의 돔에 대하여 연구한 것 사이에 연관이 있음을 알아챘다. 물론 그래서 그는 두 주제 사이의 공통 부분에 대하여 조사하였고 이를 "바이러스 거대분자와 측지선 돔Virus Macromolecules and Geodesic Domes"이라는 논문으로 작성하여 초고를 풀러에게 보냈다.29) 스톡홀름에서 콕세터는 생화학자들로부터 최근 바이러스를 염색하여 전자현미경으로 외형을 관찰할 수 있는 기술을 개량하였다는 말을 들었다. 콕세터는 자신의 논문에 이렇게 썼다. "홍역 바이러스와 같은 것들은 입체나선구조를 가진 긴 사슬인데 반하여 '유한한' 다른 것들은 쉽게 인식되는 이십면체 대칭을 지니고 있어 작은 측지선 돔처럼 보인다는 것을 발견한다는 것은 스릴 만점의 경험이었음에 틀림없다." 콕세터는 더 나아가 직접적인 상호관계를 끌어냈다. 주한미공군의 독신 장교용 숙소로 1955년에 지어진 풀러의 돔은 REOrespiratory enteric orphan 바이러스와 흡사한 모양으로 보였다. 뉴햄프셔의 워싱턴산 정상에 지은 9.5m짜리 측지선 구는 헤르페스 바이러스나 수두 바이러스와 비견되었다. 아프가니스탄 카불에 지은 미국관은 아데노바이러스 12형과 쌍둥이였다. 그리고 북극원거리조기경보선Arctic Distant Early Warning Line(냉전당시 소련의 폭격기와 미사일을 감지하기 위해 세워진 레이더기지체계)을 경계하는 "레이돔"은 전염성 간염 바이러스에 해당되었다.30)

이러한 지적인 선물교환의 일환으로 풀러는 콕세터에게 이십면체 세계지도를 주었다. 콕세터는 이렇게 답했다. "이십면체 세계를 재미있게 조립했습니다. 지금은 서재 벽난로 선반을 장식하고 있지요."31) 나중에 풀러는 콕세터에게 <텐스그리티Tensegrity>라는 걸개 조각품을 보냈다. '텐스그리티' 라는 말은, 풀러가 <상승 협동학>에서 설명한 바에 따르면, "장력통합tensional integrity"을 줄여서 고안한 말이었다. 이 말은 조각품의 두 개의 구성요소, 즉 막대기들과 끈 사이의 구조적 관계를 설명하는 것이었다. 32) 콕세터는 <텐스그리티>를 아주 좋아해서 눈에 잘 띄는 곳에 전시해 놓았다. 현관 옆의 움푹 들어간 곳을 통째로 차지한 이 조각품은 알리시아 불 스토트가 준 아르키메데스입체 모양의 골동품 스테인드글라스 등이 내리비추는 빛을 받아 매달린 막대기들(끈은 사라졌다)의 매력적인 대칭모양 그림자를 드리웠다.

1975년, 대단히 기대되었던 풀러의 대작 <상승 협동학: 사고의 기하학에 대한 탐구>가 마침내 콕세터에게 알랑거리는 헌정사를 담아 출판되었다. 비공식적으로 콕세터는 이 책이 "헛소리 덩어리"라고 생각했다. 그는 풀러가 헌정사에 저명인사의 이름이나 팔지 말고 집필을 하면서 수학자와 상의를 했더라면 더 좋았을 것이라고 암시했다. 33) "콕세터는 자신을 수학자로 생각했고, 풀러가 수많은 다른 전문 분야와 더불어 전통적인 수학자들을 공격했으므로, 도널드가 그러한 공격에 반격한 것은 당연한 일이었습니다"라고 스미스는 언급했다. 스미스는 풀러가 콕세터를 기를 쓰고 정리를 증명하는 전형적인 수학자라기보다는 우주의 패턴의 본질적인 아름다움을 존중하는 수학자라고 생각한 것이 틀림없다고 했다. 그리고 풀러 역시 콕세터의 연구를 진심으로 존중하고 높이 평가했다. 34) 헌정사는 확실히 대단한 찬사이다.

내게 있어 어린 시절의 어떠한 경험도
기하학만큼 자신의 탐구적인 능력에
자신감을 강하게 해 준 것은 없었다. 몇몇 기지의 사실에서
이전에는 알려지지 않은 수많은 사실들을 가려내고 평가함에 있어서
기하학의 고무적인 효율성과 우아한 증명은
모든 문제해결을 위한 결정적인 전략에 대한
한층 더한 발견과 이해로 이어진다.

그의 일생에 걸친 비범한 수학연구로 인하여

콕세터 박사는 우리를 분발시키는 20세기

최고의 기하학자이고, 자발적인 찬사를 받는

패턴 분석 과학의 역사적 자산목록에 대한

현세적 관리자이다.

나는 그에 대한 특별한 존경과 더불어

그가 전형으로 보여 주듯

인류에 중요한

고금의 모든 기하학자들에게 감사하며

이 저작을 바친다. 35)

△ ☐ ♦ ⊛ ⊗

기하학자의 실존적 역할이라는 개념은 토론토 요크 대학교의 응용 수학과 학과장 월터 화이틀리 역시 많이 생각해 온 것이다. 응용 기하학자로서 화이틀리는 단백질의 형상이 신체 내에서의 그 행태에 어떻게 영향을 미치는지, 메르세데스 벤츠의 멋진 모양의 후드가 어떻게 CAD와 같은 컴퓨터 프로그램을 통해 모형으로 만들어지는지, 어떻게 로봇에게 카메라 영상을 입력받았을 때 팔을 뻗어 3차원 물체를 집도록 지시하는지, 어떤 모양과 구조의 건물이나 다리가 버티거나 무너지는지 하는 것과 같은 문제를 해결하기 위한 패턴을 찾는다. 36)

이러한 분야에서의 연구를 통해 화이틀리는 수학 연구뿐만 아니라 그 응용에도 시각적인 것의 힘을 신뢰하게 되었다. 시각적인 것에 대한 정통한 지식과 수학에 대한 기하학적 접근방법이 없다면 사회는, 화이틀리의 명명에 따르면, "기하학적 공백geometry gap"을 겪게 된다. 이러한 상황을 바꾸기 위하여 그는 시각적 방법에 대한 열렬한 옹호자가 되었고 자신의 생각을 "수학자처럼 바라보는 법 배우기Learning to See Like a Mathematician"라는 설득력 있는 설명을 통해 제시한다. 수학을 사용하는 수학자들과 과학자들이 시각적이고 기하학적인 언어를 학습하거나 재학습해야 하는 이유를 설명하는 것이다.37)

"시각적인 것은 모든 수준의 수학에서 중심이 됩니다." 요크 대학교에서 열린 어느 수학교육학회에서 원형계단강의실에 모인 교사들에게 자신의 견해를 밝히며 그는 이렇게 말했다. "그를 통해 여러분이 묻는 질문이 달라지고, 방법이 달라지고, 대답이 달라지고, 수학자들이 의사를 소통하고 가르치는 방식이 달라집니다. 여러분이 보는 것은 추론하고 문제를 해결하는 방식의 중심이 됩니다."38)

그가 내놓은 일화 중 하나는 2차 세계 대전 당시 영국이 너무도 많은 항공기를 잃었을 때의 문제에 관한 것이었다. 수학자이자 통계이론가인 에이브러햄 왈드Abraham Wald는 어떻게 하면 더 많은 항공기를 구할 수 있는가 하는 문제를 연구했다. 그는 어디에 추가적인 장갑판을 장착하는 것이 가장 유용한가 하는 것을 판단하려고 했다. 처음으로 떠오른 직관은 귀환한 항공기에서 가장 손상이 심한 부분들에 장갑을 추가하자는 것이었지만, 시각 데이터-귀환한 항공기의 총탄구멍 패턴-를 분석한 결과 그와는 반대되는 결론에 도달하게 되었다. 그는 항공기의 외곽선을 그린 다음 귀환한 항공기가 총탄을 맞은 모든 부분을 누적해서 표시함으로써 분석을 시행하였다. 그림의 거의 전 부분이 포괄되었지만 두 군데의 결정적인 위치만은 예외였다. 왈드는 올바르게도 전투에서 손실된 항공기들은 표시가 되지 않은 부분-조종실과 후미 엔진-을 맞은 것이라고 추측했다. 이는 이러한 부분들에 장갑을 추가할 필요가 있음을 보여주는 것이었다.39)

화이틀리는 또한 데이터가 시각적으로 부실하게 기술되어 이러한 허위정보가 잘못된 분석을 야기한 경우를 설명하였다. 1986년 스페이스셔틀 챌린저호를 발사하기로 한 파멸적 결정이 그것이다. 로켓 부스터 사이의 이음매를 밀봉하도록 설계된 O형 링이 발사 당일의 낮은 온도로 인해 손상되었지만 이렇게 중요한 정보-온도가 내려가면 O형 링의 손상이 심해진다는-는 뒤죽박죽 엉켜 있는 도표들 속에 감춰져 있었다. 정보의 시각적 표현에 대한 조정자이자 예일대 명예 교수인 에드워드 터프트가 자신의 책 <시각적 설명Visual Explanations>에서 기술하였듯, "올바른 산포도scatterplot나 데이터표가 작성되었던들, 누구도 감히 그처럼 추운 날씨에 챌린저호를 위험에 맡기지는 않았을 것이다."40)

화이틀리는 수학을 할 때 우리의 뇌는 무엇보다 먼저 숫자계산을 하지는 않는다고 말을 이어나갔다. 뇌는 패턴을 찾는다. 그리고 우리가 조사를 해나가는 가운데 시각피질은 실제로 이러한 상들과 패턴들을 뇌에 복제한다. "마음의 눈"이나 "마음속의 그림"과 같은 비유가 아니다. 이러한 과정은 말 그대로 "그림으로 생각하는" 것을 수반한다.* 시각적 이미지와 패턴은 신경학적 암호로 변환되는 것이 아니라 실제로 뇌에 축적된다.41) 화이틀리는 원숭이 뇌의 망막위상적 지도제작retinotopic mapping을 수반한 예전의 기괴한 심리학적 실험에 대한 이야기를 들려주었다. 원숭이가 시각적 이미지-살이 달린 바퀴처럼 배열된, 검은 스크린 상에 비춰진 별 모양의 빛-를 바라보고 있는 동안 뇌 속에서의 혈액의 경로를 알아보기 위해 방사능 액체를 원숭이의 혈류에 주입하는 것이었다. 그런 다음 원숭이를 죽여 뇌를 해부하였다. 원숭이의 뇌 속에 존재하는 방사능 액체의 위치는 복사기처럼 별 모양을 물리적으로 모사하고 있었다.42)

---

* 화이틀리의 무기고에 들어 있는 또 다른 무기는 정리theorem라는 단어를 해체하는 것이다. 표준적 정의에 의하면 정리는 일련의 추론에 의해 증명된 명제이다. 화이틀리는 여기서 더 나아간다. 이 단어는 극장theater이라는 말과 같은 뿌리를 가지고 있다는 것이다. 그 뿌리는 그리스어 'theorema'인데 이 말은 "장관spectacle" 혹은 "고찰speculation"이라는 의미이다. 그렇다면 정리라는 것은 "알겠다!I SEE!"고 외치는 통찰의 순간에 이르기까지 눈앞에서 상연되고 적절한 고찰을 통해 고려되는 무언가를 말하는 것이다.

화이틀리에게 이 모든 것은 결국 시각이 뇌에서의 추론에 어떻게 추가되는가 하는 것을 강조하는 것으로 귀착된다. 대수조차도 방정식과 기호 내에서 시각적 패턴을 사용하여 수행된다. 내용은 변하지 않고 외관만 변형될 수 있는 것이다. 화이틀리는 대수방정식을 사각형과 원으로 이루어진 시각적 구성요소들로 번역해 놓은 것을 보여 주며 "대수는 화장품이지 수술이 아닙니다"라고 말했다. 그는 "수학을 시각적으로 연구하고 가르치지 않으면 수많은 사람들을 밀어내고 수학을 더 어렵게 만들게 됩니다"라고 결론지었다. 그리고 시각적인 것의 부재, 지난 백 년간의 고전 기하학의 몰락은 퇴보적인 영향을 미쳐왔고, 그래서 "기하학적 공백"이 생겨나게 되었다고 추측하였다. 이는 "창의의 공백ingenuity gap"이라는, 토론토 대학교 트뤼도 평화·분쟁연구센터 소장인 토머스 호머-딕슨Thomas Homer-Dixon이 쓴 동명의 책에서 제기되었던 개념과 대단히 흡사하다. 이 책은 창의나 기술정보의 위기에 직면하여 스스로 만들어 낸 문제를 해결하지 못하게 된 사람들과 사회들의 예를 기록한 것이다. 화이틀리의 테제는 과학의 영역에서 우리의 뇌에서의 수학적인 부분의 정체와 그로 인한 창의의 부재-문제를 해결하고 발견을 이루어 내는데 대한 무능-는 시각적이고 기하학적인 도구를 무시한 데서 비롯되었다고 주장한다.[43]

"우리는 결국 일부 사물들을 재발견하지 않을 수 없게 될 것이 분명한데 그 까닭은 콕세터와 같이 연관을 지어내는 사람이 없을 것이기 때문입니다"라고 그는 말했다. 역사상 중요한 기하학적 통찰을 모르는 수학자들과 과학자들은 필요한 결과를 다시 고안해 낼 때까지 선배들과 똑같은 함정에 다시 빠져 가며 처음부터 연구를 다시 하게 될 것이다. 수학에서는 발견(혹은 재발견)의 즐거움에 속하는 것일 수 있다. 그러나 과학에서 시급한 연구를 하던 중이라면 이것은 반갑지 않은 장애이자 지연이 될 수 있다.[44]

화이틀리는 유람선 유로파호 선상에서 열린, 2002년 부다페스트 학회를 마무리하는 축하만찬에서 기하학적 공백에 대한 구체적인 예를 얻었다. 저녁을 마친 수학자들은 배가 다뉴브 강에 간간이 놓인 다리들 밑을 지나가는 가운데 어두운 상갑판 위에 모여 있었다. 완벽한 시점에 화이틀리는 어떤 비유를 생각해 냈다. 그는 최근에 읽었던, 역사에서 배우지 못한 공학자들의 문제를 연대기적으로 기록한, 다리가 언제, 그리고 왜 부서졌는가에 대한 이론에 관한 책-듀크 대학교 토목공학·역사학 교수인 헨리 피트로스키Henry Petroski가 쓴 <설계방법론Design Paradigms>-을 상기시켰다. "피트로스키는 지난 교량참사에서 무언가를 배운 공학자들은 사, 오십 년에 못 미치는 주기로 이 분야를 떠나지만, 다음 세대는 뒤따라올 뿐 같은 교훈을 배우지 않은 상태라고 했습니다."45)

기하학적 공백은 이러한 상황을 더욱 악화시켰다. 과거에 기하학자들과 공학자들은 지속적인 의사소통을 했다. 공학자들은 기하학을 알고 기하학자들은 공학을 알았다는 것이다. 예를 들어 19세기에 사영 기하학이 인기를 얻으

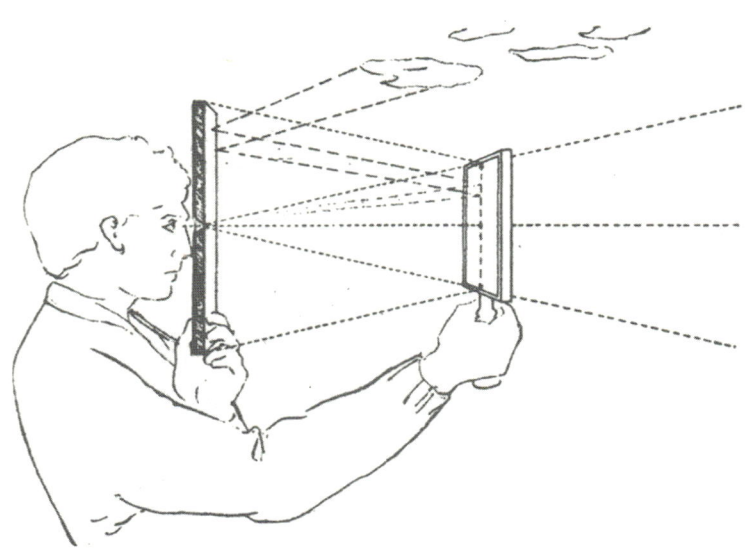

필리포 브루넬레스키가 원근을 표현하기 위해 사용한 광학도구 그림. 거울은 오른쪽에 있다.

면서 공학자들은 정역학적인 구조적 문제가 "사영적으로 불변"하다는 것을 재빨리 깨달았다. 정역학은 힘이 어떻게 집중되고 해소되거나 해소되지 못하는가에 대한 연구이다. 이를테면 다리의 지지구조에서 말이다. 모든 중력과 중량이 응력점에 투여되고 집중되는 경우 교량은 구조적 완전성을 유지할 것인가? 사영 기하학은 (순수-응용간의 유비를 대략적으로 끌어내 보자면) 유클리드 기하학처럼 도형의 모양과 크기에 대한 연구가 아니라 투영을 통해 유지되거나 불변하는 도형의 특성에 대한 연구이다. 즉 도형의 이미지가 평면이나 캔버스에 집중되는 직선으로 투영될 때, 대상의 어떤 성질이 보존되는가 하는 것이다. 기하학이 퇴락의 나락에 빠진 20세기 중반까지 공학 교과서들은 사영 기하학으로 가득 차 있었다. 따라서 그때 이후로 공학도들은 더 이상 기하학을 접하지 않았다. 지식의 공백을 메우기 위해 어떤 의문을 가져야 하는가는 고사하고 선배들의 용어들조차 낯설었다.[46] 그리고 피트로스키의 추산에 따르면-그냥 그 상태가 유지되기를 바라기는 하지만-어떤 다리든 무너질 때가 되었다.[47]

자신의 책 <사영 기하학>에서 콕세터는 이러한 기하학 분야가 "상상력을 넓히는" 훌륭한 방법이라고 했다.[48] 그리고 콕세터에게는 상상력을 넓히는 것으로도 충분한 응용이지만, 사영 기하학의 가장 중요한 응용은 그 최초의 기원-미술-에서 유래된 것이다. 1425년, 이탈리아의 건축가 필리포 브루넬레스키Filippo Brunelleschi는 원근법에 대한 기하학적 이론에 관한 자신의 아이디어를 발표하였다(나중에 레온 바티스타 알베르티Leon Battista Alberti가 논문으로 정리하고 알브레히트 뒤러Albrecht Dürer와 레오나르도 다빈치Leonardo da Vinci가 더욱 발전시켰다). 사영 기하학이 미술에 기원을 두고 있다는 사실로부터 그러한 특성이 콕세터와 같은 수학자들의 관심을 끌었으리라는 점을 쉽게 이해할 수 있다.[49] 초차원 대상을 저차원으로의 투영을 통해 연구하는 것과 마찬가지로, 사영 기

사영기하학의 일상적인 예: 평행한 철로는 지평선에서 만나는 것처럼 보인다. 원형의 전등갓은 쌍곡선 그림자를 드리운다.

하학은 3차원 대상이 2차원 캔버스, 혹은 평면에 투영되었을 때 어떤 모습을 띨 것인가를 조사한다. 사영 기하학에서의 연구는 투영 전과 후, 즉 원래의 대상과 투영된 상의 특성들의 관계도 고려한다. 예를 들어 화가가 수직으로 놓인 캔버스 위에 타일이 깔린 바닥의 그림을 그리는 경우, 투영된 정사각형 타일은 변과 각들이 단축법foreshortening으로 왜곡되면서 정사각형이 아니라 사다리꼴이 된다(그러나 선들이 여전히 직선이라는 의미에서 본질적인 상은 변함이 없다). 이와 비슷하게 둥근 갓이 달린 등이 그림자를 드리우면 갓의 둥근 테는 바닥에서 타원형 그림자가 되고, 가까운 벽에는 쌍곡선 모양의 그림자를 드리운다. "따라서 사영 기하학은 원, 타원, 포물선, 쌍곡선 사이의 통상적인 구분을 무시한다"고 콕세터는 말했다. "이러한 곡선들은 모두 마찬가지로 그저 원뿔곡선이다." 평행선의 성질도 투영에 의해 변화된다. 평행선들은 지평선에서의 철로

처럼 만나는 것처럼 보이게 되므로 평행이 유지되지 않는다. 사영 기하학의 어법에 따르면 지평선은 "무한원선line at infinity"이라고 하며 평행선은 "무한원점 point at infinity"에서 만난다.＊

1964년에 출판된 콕세터의 책 <사영 기하학>은 이 분야의 눈부신 계보에 훌륭한 기여를 한 것으로 알려졌다.[50] 수리철학자로서 MIT에서 조합적 기하학 combinational geometry을 선도하였던 지안-카를로 로타Gian-Carlo Rota는 이 책을 비평하면서 격찬했다. "완벽한 책에 대해서는 할 말이 많다. 유클리드의 <기하학 원론>에 대한 훌륭한 후계자를 선택하라는 요청을 받는다면, 우리는 이 책을 골라도 될 것이다. 물론 기하학에서의 종합적 방법은 지금은 '유행이 지났다.' 이는 다만 앞으로 5년 이내에 다시 유행할 것이라는 의미일 뿐이다. 따라서 어느 추운 겨울 저녁에 그의 책을 읽음으로써 빼어난 수학적 즐거움을 누리기 위해 몇 시간을 보낼 준비를 하는 것도 괜찮을 것이다."[51]

오랜 세월 콕세터의 고전 기하학은 고고학 유물처럼 여기저기서 조각조각 발굴되어 신호라도 기다리듯 수학자와 과학자들이 필요로 할 때 재발견되곤 했다. 콕세터는 잊힌 해법들의 보고, 공백을 메워 주는 기억의 다리 역할을 했다. 오래된 고전 기하학의 자원들이 수학에서 되살아나고 응용 과학에서 가치 있는 것들이 되면서 콕세터는 백과사전적 현인이 되었다. "그는 이러한 기하학이 대단히 활동적이던 시기에서 현재 다시 활동적이 된 시기-그 사이에 많은 부분이 유실되고 말았지만-를 이어 주는, 우리를 위한 수많은 연결고리들을 머릿속에 담고 있습니다. 그가 문화의 명맥을 이어 왔던 것입니다." 그의 일생에 걸쳐 사람들은 콕세터에게 자신들이 최근에 발견-또는 재발견-한 도표, 논문, 증명, 정리가 담긴 편지들을 보내 문의해 왔다. '이런 것 보신 적 있

＊ 미술가들은 "이상직선ideal line"이나 "소멸선vanishing line", "이상점ideal point", 혹은 "소멸점vanishing point"이라는 용어를 쓴다.

으십니까?' 콕세터는 이를 보고 머릿속에서 상호 참조하여 '예, 이건 여기, 여기, 여기, 여기에 나왔던 것입니다.' 라고 답해 줄 수 있었다.

"그가 자신의 마음속에, 자신의 경험 속에 담고 있는 것, 이러한 연관을 지어 줄 수 있는 능력이 얼마나 필수불가결한 것인가 하는 생각이 들었습니다." 화이틀리는 이렇게 말했다. "오늘날 구글로 할 수 있는 일이 아닙니다. 구글에 도표를 입력하여 '이것과 비슷한' 다른 도표를 찾아달라고는 할 수 없습니다. 하지만 그와 같은 재능을 갖춘 사람이라면 머릿속에서 할 수 있는 일이지요. 콕세터에게 그림을 가져다가 '이거랑 비슷한 걸 보신 적이 있으십니까?' 라고 물어볼 수는 있었다는 말입니다. 그러면 그분은 기하학으로 유사한 것이나 정확한 출전을 알려 주시곤 했습니다. 어떠한 컴퓨터도 그러한 문의에 답해 줄 수는 없습니다. 콕세터가 없다면 무엇으로 그를 대신할 수 있겠습니까? 수많은 기하학이 창고 속으로 사라지게 될 것입니다."

물론 콕세터 역시 사람이었기에, 파일 캐비닛에서 찾아낸 어느 기하학 관련 도표를 알아볼 수가 없었던 적이 있었다. 근사하고 독창적으로 그래프를 통해

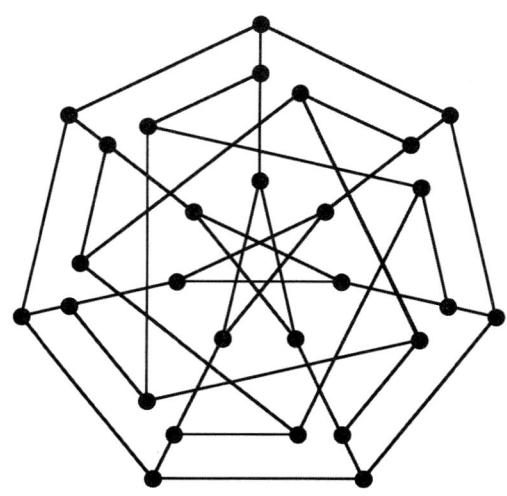

자신이 고안하였다는 사실을 잊었던 콕세터의 그래프

대칭을 나타낸 것이었다. 그는 친구이자 그래프이론가로 워털루 대학교에 재직하던 윌리엄 튜트를 방문하여 이런 것을 본 적이 있느냐고 물었다. 튜트는 이렇게 말했다. "그럼 도널드, 본 적이 있네. 자네가 발견했잖은가." 그래서 콕세터는 자신의 발견에 대한 재발견에 대한 논문을 썼는데, 그 제목은 "나의 그래프My Graph"였다.[52]

△ ▭ ✦ ⬡ ⬢

1990년대 초반, 더글러스 호프스태터는 "친애하는 콕세터 교수님께"로 시작되는 몇 통의 편지를 썼다. 호프스태터는 콕세터의 정신적 기록보관소를 이용하여, 호프스태터가 사영 기하학에 대한 독창적인 발견이기를 바라는 것을 본 적이 있느냐고 문의하고자 했다. 바로 그의 갈런드 정리Garland theorem였다. 몇 달의 간격을 두고 호프스태터는 콕세터에게 세 통의 편지를 보냈는데, 사이사이에 수많은 도표가 들어 있기는 했지만 각각 행간도 없이 양면으로 타자를 쳐서 십여 장씩 되는 분량이었다.[53]

서론 격인 편지를 호프스태터는 이렇게 시작했다. "무엇보다 먼저, 이처럼 긴 편지로 선생님을 방해하게 되어 죄송하다는 말씀드립니다. 낯선 사람이 억지로 떠맡기는 아이디어에 대해 생각하는 것 말고도 신경 쓰셔야 할 일이 대단히 많을 것입니다. 편지지 위에 인쇄된 내용을 통해 저의 '공식적 신분'은 아셨겠지만" – 대단히 긴 내용이었다. 블루밍턴에 있는 인디애나 대학교 컴퓨터 과학·인지과학 교수, 심리학, 철학, 과학철학사 겸임교수, 개념·인지연구센터 소장 – "어쩌면 <괴델, 에스허르, 바흐: 영원한 황금노끈Gödel, Escher, Bach: An Eternal Golden Braid>라는 책의 저자로 저를 아실 수도 있겠습니다." 콕세터는 이렇게 답했다. "분명 낯선 분은 아니십니다."[54]

호프스태터는 자신이 "기하학에 탐닉"* 해 왔다고 고백하고 콕세터에게 "당신에게 헤아릴 수 없는 빚을 진 것"을 말하고 싶다고 했다. 호프스태터는 수학에 완전히 반한 상태로 성장하였다. 그는 수학의 "주문과도 같고" "말하기에도 이상한" 성격을 사랑했다. 그는 학부생 시절에 대단치는 않지만 순수하고 독창적인 수많은 발견을 했고, 1966년 버클리에서 대학원생으로서 수학연구를 시작하였다. 그러나 일 년여가 지나면서 추상을 향한 가차 없는 돌진과 형상의 부재로 인해 "굴복하고 말았습니다. 저는 버클리 수학과를 떠났습니다"라고 그는 회상하였다. "싫증이 났습니다. 언제나 필생의 사랑이라고 생각해 왔던 것으로부터 갑자기 쫓겨난다는 것은 끔찍한 경험이었습니다."55)

마침내 그는 물리학의 한 분야인 고체물리이론에 자리를 잡았다. 박사과정 연구를 하면서 그는 자신이 G플롯Gplot이라고 불렀고 오늘날에는 "호프스태터 나비Hofstadter butterfly"라고 알려진 에너지 스펙트럼을 발견하였다. 물리학에서 최초로 발견된 프랙털 혹은 다중프랙털이었다(망델브로의 프랙털 틀fractal frame보다 앞선 것이었다). 그러나 졸업을 하면서 호프스태터는 또 다른 전환을 할 준비가 되어 있었고, 그는 오랫동안 집착해 왔던, 마음이 어떻게 작용하는가 하는 문제를 골랐다. 1979년, 그는 퓰리처상을 수상한 책인 <괴델, 에스허르, 바흐>를 출판했고, 오래지 않아 인디애나 대학교에서 자유계약직을 얻게 되었다. 그는 원하는 어떤 방식으로든 마음의 작용을 연구하도록 허락을 받았다. 그는 무엇보다도 유비의 기제에 집중하였다. 그러나 어느 날 그는 평면 기하학의 사소한 문제에 사로잡혔고 그로 인해 생성되는 인지과정이 그의 흥미를 끌었다.56)

일종의 사고실험에서 호프스태터는 자신의 정삼각형을 실험체로 선택했다. 점점 더 매료되어 가던 그는 삼각형의 중심이 둘 이상이라는 사실에 허를 찔렸

---

* 호프스태터는 세 번째 편지를 또 한 통의 장문의 편지를 "떠안기게 된" 것에 대해 다시 한 번 사과하는 것으로 시작했다. "저는 왜 이럴까요? 유감이지만 기하학광인 것 같습니다."

다. "'수심'이니 '무게중심'이니 '외심'이니 하는 말을 들어는 봤고 그런 것들이 존재한다는 것을 대충 알기는 했지만 솔직히 말하면 어떤 삼각형이든 수많은 중심을 가진다는 것을 알게 되었을 때는 정말이지 놀랐습니다"라고 호프스태터는 말했다. "기적처럼 여겨졌지요. 사실 삼각형에는 무한한 수의 중심이 존재하지만 모두가 똑같이 흥미로운 것은 아닙니다."57)

언젠가 그는 많은 삼각형의 중심들과 인체의 수많은 부분들 사이의 익살맞은 그러나 유비다운 유비를 만든 적이 있었다. 그는 이렇게 말하였다. "한 무리의 사람들에게 몸에서 어떤 부분이 '가장 중요한' – 그러니까 '가장 중심이 되는' – 것으로 생각하느냐고 물어본다고 합시다. 어떤 사람은 '뇌!'라고 소리를 칠 수 있겠죠. 다른 사람은 '아니, 위장!'이라고 할 수 있을 것이고, 또 다른 사람들은 '심장'이나 '생식기', 심지어는 '배꼽'이라고도 하겠죠. 그런 식으로 계속될 수 있을 터인데…… 각자의 사람들은 분명 자신의 관점을 옹호할 수 있습니다. '슬개골!'이라고 하는 사람도 있겠지만 슬개골은 두 개이니까 그렇게 하면 몸의 자연스러운 대칭을 파괴하게 될 것이고, 그러니까 아마도 양쪽 슬개골을 다 포함하도록 수정해야 할 것입니다." 호프스태터는 돌아보니 이러한 유비가 경박하다고 생각하지만, 삼각형에 중심이 한 개만 있는 것이 아니라 여러 개라는 사실을 이해하는 데 도움이 되었다.58)

삼각형 연구에 푹 빠진 호프스태터는 연구를 계속하여 스스로 새로운 중심들을 발견해 냈다. 그러한 발견들 중에는 몇몇 재발견되는 것도 있었고, 때때로 그는 자신이 한 세기 이상 늦게 따라가고 있다는 것을 알게 되어 의기소침해지기도 했다. 그는 자신의 학습곡선에 대하여 콕세터에게 알렸다.

서점에서 저는 선생님과 사무엘 그라이처가 쓴 <기하학 재고>라는 책을 우연히 발견하였습니다. 감전이라도 된 것 같았습니다. 그보다 더 잘 표현할 말이 없습니다. 그저 허겁지겁 읽어 내려가면서 동시에 저 나름대로 새로운 기하학적 아이디어들을 고안해 냈습니다. 예를 들어, 쌍대성duality에 홀딱 반한 저는 선생님의 책에서 그것을 논한 장을 읽을 때까지 원에서의 교호작용에 대한 아이디어를 고안하였고, 천진난만하게도 아마도 제가 그러한 아이디어를 생각해 낸 최초의 사람이리라고 생각했습니다! 뭐, 어쩔 수 없지요. 어쨌거나 이 모든 것은 놀랍도록 아름답고, 심지어 취할 듯합니다. 물론 이 모든 아름다움을 제게 전해 준 것은 선생님의 책들이었습니다.

호프스태터는 또 다른 통찰을 해냈는데, 이것만큼은 자신만의 것이라고 확신했다. "절대적으로 새롭고, 놀랍고, 심오하며, 아름다운 것." 그는 이를 갈런드 정리라고 불렀는데, 상호 연관되어 있는 결과들의 아름다움을 고려한 것이었다. 그리고 그 핵심에는 한 무리의 삼각형과 원에서 발견된 삼각형의 새로운 중심이 자리하고 있었다. 호프스태터는 "이 모든 것은 내가 이러한 보석을 처음으로 발견하였으리라는 약간의 희망을 주었다"라고, 이번에는 "어느 기하학적 보석의 발견과 조사"라는 글에 썼고, 이 글을 콕세터에게 동봉하였다.[59]

자신의 갈런드 정리가 정말로 새로운 발견인가를 고심하던 호프스태터는 이렇게 기록하였다. "H. S. M. 콕세터와 같은 거인과 비교해 보자면 나의 지식은 대단히 하찮다." 그래서 그는 콕세터에게 갈런드 정리와 같은 것을 본 적이 있느냐고 문의하였다. 콕세터는 그에 대한 답으로 사영 기하학에 대한 자신의 책 두 권을 권하였고, 호프스태터는 이를 정당하게 받아들였다. 그리고 콕세터는 제안을 하나 했다. "출판을 하려 들기 전에 통상적인 증명을 해내야 합니다"(그리고 몇 가지 힌트를 주었다). 결국 호프스태터는 자신의 갈런드 정리가 자신이 바라던 대로 독창적인 보석은 아니라는 것을 알게 되었다. 자존심을 꺾으면서도 교훈적인 순간이었다. 그는 콕세터에게 이렇게 말했다. "대단한 경험이었고, 제가 이러한 여행을 시작하게 된 것과 제 길잡이 역할을 해 주신 것은 상당 부분 선생님의 덕입니다. 기하학의 무한한 우물 그 깊숙한 곳에서 물을 마셨으니 이제 예전과 똑같을 수는 없겠죠. 제 인생은 삼각형과 원의 수수께끼와 아름다움 덕으로 어떤 중추적인 의미에서 영원히 변하였습니다."60)

호프스태터는 삼각형기하학으로 인해 자신이 스스로를 관찰하는 의미심장한 실험실에 있게 됨으로써 발견의 과정에 놓인 스스로를 살펴볼 수 있는 기회를 얻게 된 것을 감사하게 생각했다. 자신의 글에서 그는 시각적인 접근법과 그로 인해 발생하는 유추의 사용이 수학적 발견의 근본적인 도구라는 자신의 신념을 논했다. 콕세터는 이에 동의하면서 어린 시절 썼던 논문인 "차원의 유추"와 거기서 맺어진 모든 소산들을 지적하며 자신 역시 발견에서 유추를 유익하게 사용해 왔다고 언급하였다.

더글러스 호프스태터는 콕세터에게 보낸 편지들 중 한 통에서 이렇게 썼다. "재미있어 하실까 하여 제가 도안한 소위 '앰비그램ambigram'을 동봉합니다. 이것은 반시계 방향으로 90°를 돌리거나 180° 회전시켜도 '콕세터'라고 읽을 수 있도록 한 것입니다. 읽을 수 있으셨으면 합니다."

자신의 글에서 호프스태터는 "이를테면 지난 5, 60년간 수학이 걸어온 엄청나게 추상적인 방향"을 비난하는, 실망 가득한 비판을 제시하였다. 그는 인디애나 대학교 수학도서관에 가서 자신의 발견이 새로운 것인지에 대한 암시를 줄 수도 있는 책이나 학술지를 찾아보려고 했던 이야기를 했다. <기하학저널 Journal of Geometry>이 특히 실망스러웠다. 호프스태터는 이 저널의 "그림 밀도"에 대한 통계를 집계했다. 1991년과 1992년에 연속으로 나온 세 부의 저널에서 그는 쉰다섯 편의 논문을 기록했고 그중 그림이 있는 것은 열세 편이었다. "쪽수 수준으로 통계를 내 보면 더욱 잘 드러납니다"라고 그는 평하였다. "이 세 부의 저널의 쪽수를 합치면 602쪽이지만, 그중 어떠한 그림이든 들어있는 쪽은 39쪽에 불과합니다! 즉 평균적으로 <기하학저널>에 실린 논문의 75%(39/52)와 쪽수의 93%(563/602)에 그림이 없다는 것입니다. 이와는 대조적으로 콕세터와 그라이처의 책 <기하학 재고>는 본문이 153쪽인데 대략 160개의 독립된 도표들이 있습니다. 평균 장당 한 개가 넘는 것이지요! <기하학저널>에 실린 논문들을 실제로 평가할 수는 없습니다. 직관적으로 볼 때 논문들 중 상당수가 외견상으로는 심오해 보이지만 천박한 것임에 틀림없습니다만, 몇몇 논문들은 진정 심오하고 중요합니다. 때로는 학술지 전체가 멀게 느껴지고 이해가 가지 않아 대단히 의기소침해지고, 그 정도의 추상수준으로 생각할 수 있는 사람들에 대해서는 누구에게나 유치한 감탄 같은 것을 느끼게 됩니다. 그러나 존경과 반감 사이를 오갑니다. 대단히 기이하고 불편한 느낌입니다."[61]

호프스태터에게 시각적인 것은 수학의 절대적인 핵심이다. 그는 최근 이렇게 말했다. "저는 언제나 그림이 있어야 합니다. 그런데 제가 시각적인 것이라고 할 때 시각장애인들이 가질 수 없는 그런 것을 의미하려는 것은 아닙니다. 시각장애인도 꼭 마찬가지로 지닐 수 있는 것이라고 생각합니다. 시각적인 것이란 공간에 대하여 생각하는 것이라고 여겨집니다. 사람마다 머릿속으로 공간을 어떻게 그리건 말입니다.[62] 박쥐는 눈이 멀었을 수도 있으나 공간을 대단히 잘 이해하고 있는 것이 분명합니다. 박쥐에게 지성이 있다면 기하학을 할 수 있었으리라고 생각합니다. 따라서 특별히 눈이 문제가 되는 것은 아닙니다. '시각적' 이라는 말은, 제게는 공간, 그리고 공간 내에서의 거리와 직접적으로 접촉하는, 뇌에서 일어나는 어떤 일을 의미하는 것입니다."[63]

호프스태터가 현대수학에서 시각 부재한 것에 대해서 완전하게 해명할 수는 없지만 시도조차 없었던 것은 아니다. 전적으로 음모인 것도, 의도적인 부정직도 아니라고 그는 말했다. 그는 이러한 유추를 제시한다. "수학자들이 철저하지 못한 것이나 직관적 행위에 대하여 지나치게 공포를 키워 온 것이라는 생각이 듭니다. 자신들이 인간이라는 것을 인정하고 싶어하지 않는 거나 마찬가지지요. 미국에서 일어난 9/11 사건 이후에 벌어진 상황과 조금은 흡사합니다. 공항 경비가 강화되고 또 강화되어 가는 것은 아마도 얼마간은 순수하게 타당한 공포에서 비롯된 것일 수도 있지만 테러리스트들에 대한 편집증에서 비롯된 것이기도 합니다. 비행기에 손톱깎이조차도 들고 타지 못하게 될 정도로 말입니다. 수학자들이 모든 것을 성가신 형식적 기호로 바꾸어 버리고 가능한 한 많은 기호를 사용하는데 열중하는 것도 이와 마찬가지입니다. 심지어 '만약에', '~라면', '~이다'라는 단어조차도 판에 박은 듯 기호로 대체하여 말로 쓰면 이해될 수 있는 것들을 대단히 전문적이고 근접하지 못할 것으로, 실제보다 훨씬 더 심오한 의미가 있기라도 한 것처럼 만듭니다. 그렇게 하면 사람들을, 심지어는 수학을 사랑하는 사람들조차도 밀어내게 됩니다. 영어학을 전공하여 수학에 흥미라고는 느껴 본 적이 없었을 사람들뿐만 아니라 수학을 잘하는 사람들조차도 말입니다. 상당한 혼란, 수학에 대한 상당한 몽매주의가 있다는 느낌입니다. 엄밀함이 설 자리가 없다는 말은 아닙니다. 하지만 숨겨 놓기라도 한 듯 수학자들이 말하는 것 배후에는 그림들이 있는 경우가 적지 않다고 느껴집니다. 그리고 수학자들이 이러한 그림을 보이기를 두려워한다는 느낌도 듭니다. 왜 두려워하는지는 모르지만요."64)

호프스태터는 대체로 시각적인 것을 선호하는 쪽으로 대세가 다시 기울고 있다고 여긴다. 콕세터에게 보낸 어느 편지에서 말했듯, "전환의 직전에 와 있다는 느낌이 듭니다. 저의 글을 배포하여 다양한 답변을 받으면서 저는 수많은 중요한 수학자들이 '은밀한 유클리드주의자'라는 것을 알게 되었습니다."65) 그렇다면 월터 화이틀리에게는 기하학의 시각적 도구에 대한 찬가를 부르는 훌륭한 동료들이 있다는 것이다. 그에게 수학과 과학에 시각적인 관점이 보다 중요한 자리를 점하도록 조용히, 혹은 떠들썩하게 지원하는 수학자들의 합창단이 합류한 것이다. 마이클 아티야 경은 이렇게 말했다. "콕세터와 같은 사람들, 그리고 저와 같은 수많은 수학자들의 관점은 기하학이 상상력을 훈련시킨다는 것입니다. 상상력과 영감을 위한 스포츠라는 것이지요. 또한 기하학적 사물에 대해 생각하는 것은 수학자들뿐만 아니라 과학자와 공학자들에게도 3차원 세계와 그것을 바라보는 방식에 대한 그들의 태도에 대단히 중요하다는 것입니다." 기하학이 교육 과정에서 사라진 이후, 대학의 공학관련 학과들에서는 학생들이 3차원 기하학을 이해하지 못한다고 불평하였다. 어디서부터 기계를 만들어 나가기 시작해야 할지 몰랐다. 그 까닭은 3차원으로 사물을 그릴 줄 모르기 때문이었다. 이러한 결함에 대한 반발로 콕세터같은 사람들의 운동과 더불어 교과 과정에 기하학을 수학의 형식적 측면뿐만 아니라 직관적인 측면에도 초점을 맞추는 현대화된 방식으로 다시 넣자는 운동이 일어나고 있다. 그러나 추세가 되돌아온다고 말하는 것은 과장이다. "추세는 약간 동요하는 경향이 있어서 정확히 말하기 어려운 문제입니다."라고 마이클 아티야 경은 말했다. "세대마다 계속 바뀌기 때문에 여전히 매우 유동적인 문제입니다."[66]

2001년, 모든 수학·과학적 지혜의 정점인 영국학술원은 기하학교육의 현실에 대한 보고서를 발표하였다. 이 보고서 역시 기하학 학습을 걸맞은 위치로 되돌려 놓는 데 찬성하였다. 권고들 중 하나는 사회에서의 기하학의 역사적·문화적 전통에 대한 인식뿐만 아니라 실제 세계의 현대적 맥락에서 기하학을 응용하는 기술을 발전시킬 것을 촉구했다. 보고서는 가능한 한 많은 학생들이 기하학을 통해 자신의 수학적 잠재능력을 충분히 발전시키는 것은 "국가적으로 중요한 문제"라고 언명했다.[67]

Chapter 10

C_{60}, 면역 글로불린, 비석 그리고 COXETER.MATH.TORONTO.EDU

알다시피, 수학의 어떤 부분들이 응용가능한가-응용되는가가 아니라 응용가능한가-를 미리 구분하기란 대단히 힘들다. 그리고 수학이 왜 다른 것들, 이를테면 물리학에 응용될 수 있는가 하는 것- 그것은 수수께끼이다.

-앙리 카르탕

1960년대 초반 어느 날, 통신전문가인 고드 랭 Gord Lang이 구 충전sphere packing에 대한 응용관련 문의를 하러 상아탑에 있는 콕세터의 연구실을 방문하였다. 고전 기하학, 그리고 식료품상이 오렌지를 진열하는 것이나 포병이 공 모양의 포탄을 쌓는 것과 같이 구를 채우는 최선의 방법에 대한 오래된 의문이 없었더라면 사이버공간을 통해 전달되는 정보는 너무 빠르고 모호해져서 알아볼 수 없게 될 것이었다. 콕세터가 쓴 어느 논문에는 구 충전에 대한 아주 간단한 설명이 있는데, 이는 관련된 "접촉수kissing number" 문제로 시작된다. "영리한 아이라면 누구나 식탁에 올려놓은 동전을 모두가 '거기에 접촉' 하도록 다른 여섯 개의 동전으로 둘러쌓을 수 있다는 것과, 이러한 패턴이 계속될 경우 동전들이 곧은 열들을 형성하며 배열된다는 것을 안다. 모든 접점상의 접선들은 정육각형의 별 모양을 이루는데, 각각의 원반마다 둘러싸는 정육각형이 하나씩 있게 된다. 달리 말하자면 2차원 공 충전

문제는 완전히 해결되었다. 3차원에서 당구공을 충전하는 문제는 이보다는 덜 명확하다."1)

 고차원에서 구를 충전하는 문제는 수 세기에 걸쳐 기하학계의 인물들을 어지럽게 만들었다. 이 문제는 독일의 천문학자 케플러가 구를 가장 조밀하게 충전하는 방법은 식료품상이 오렌지를 쌓는 방법을 따르는 것이라고 추측한 1611년으로 거슬러 올라간다. 케플러는 자신의 가설을 증명하지 못했으며, 역사를 통틀어 수많은 수학자들도 마찬가지였다. 마침내 1998년 피츠버그 대학교의 토마스 헤일스Thomas Hales는 케플러가 옳았음을 증명하였다. 헤일스는 6년을 연구한 끝에 3기가바이트에 달하는 컴퓨터 프로그램으로 만든 증명을 제시하였는데, 이는 "실진悉盡에 의한 증명proof by exhaustion" 혹은 "억지抑止방법 brute force method"이라고도 알려져 있다. 2)

 식료품상의 배열법을 사용하면 가운데 있는 공 주위로 열두 개의 공이 모일 수 있게 되며, 이로써 다시 접촉수 문제로 돌아가게 되는데, 다만 차원이 3이상이라는 점이 다르다. 1694년, 아이작 뉴턴Isaac Newton 경은 옥스퍼드의 수학자 데이비드 그레고리David Gregory와 함께 이 문제를 궁리하였다. 그들은 단단한 재료로 만들어진 구가 그와 크기와 재질이 같은 열세 개의 구와 접촉하도록 만들 수 있을 것인지 논의하였다. 그레고리는 그렇다고 생각했고 뉴턴은 아니라고 생각했다. 3) 1727년, 스티븐 헤일스(토마스 헤일스와는 관계가 없다)는 몇 꾸러미의 신선한 완두콩을 항아리에 눌러 넣고 물을 넣고 단지를 닫아 놓았다(대략 730kg에 해당하는 힘). 그는 완두콩들이 팽창하면서 "어여쁜 정십이면체"가 되는 것을 관찰했지만 그의 결과는 궁극적으로는 불확정적인 것이었다. 4) 마침내 다양한 수학자들이 19세기에 3차원 접촉수 문제를 해결하였다. 뉴턴이 옳았다. 5)

 고드 랭은 토론토 대학교에 있는 콕세터를 처음 방문하였을 때 모뎀을 개발하는 초기단계에 있었다. 랭은 트랜스캐나다항공사의 중앙 집중 구매시스템의 설계를 감독한 적이 있었는데, 이는 항공사의 토론토사무소에 설치되었다. 그리고 캐나다의 해군프로젝트인 DATAR(Digital Automated Tracking And Resolving: 캐나다에서 개발한 전산화된 전장戰場정보시스템-옮긴이)의 통신체계에 대한 책임을 맡았다. 랭은 통신기술의 선구자이자 "통신의 수학적 이론 Mathematical Theory of Communication"을 저술한 클로드 섀넌Claude Shannon이 세계 최초의 디지털 데이터 네트워크로 일컬어지는 DATAR의 설계 개념을 검토하였다고 자랑스레 언급하였다. 섀넌은 완전히 만족했고 자신의 정보이론에 대한 최초의 실용적 응용이라고 언급하였다.[6] 1948년에 발표된 섀넌의 이론은 정보용량, 즉 하나의 통신로가 가능한 한 오류 없이 메시지가 수신되도록 보장하는 방식으로 송신할 수 있는 정보의 용량 문제를 다룬 것이었다. 그는 그러한 통신체계의 설계는 기하학자가 다루는 구 충전 문제와 유사하다고 단정하였다. 구의 충전은 오류를 제거하고 데이터를 효과적으로 저장하고 부호화하는 전략이라는 것이었다.[7]

콕세터와 랭이 여러 차례 만나는 동안 콕세터가 할 일은 모뎀을 개발할 때 유용할 수 있는 모든 구 충전 연구의 방향을 랭에게 지적하여 주는 것이었다. 그러나 일단 콕세터에게 기하학의 이러한 응용을 설명하여 주는 것, 순수수학자에게 자신이 찾고 있는 것이 무엇인가 하는 감각을 전해 주는 것은 랭의 몫이었다.[8]

디지털적으로 정보를 전송할 때의 난점은 모뎀선을 통하여 전해지는 데이터나 전화선을 통하여 전해지는 목소리를 오염시키고 혼란시키는 미묘한 잡음의 양을 최소화시켜야 하는 것이다. 전선과 공중을 통하여 전해지는 모든 정보는 0과 1이라는 숫자(혹은 더 복잡한 기호)로 부호화된다. 부호화는 낭비-비용과 출력의 낭비-를 최소화하는 방식으로, 그리고 왜곡을 최소화하는 방식으로 이루어져야 한다. "'사랑'이 '자랑'이나 '수랑'으로 왜곡되어 들리지 않도록 하는 것입니다."라고 AT&T 섀넌연구소의 닐 슬론은 말했다. "왜곡을 최소화하는 일을 시작하게 되면 곧바로 고차원 공간에서 상자에 공을 채우는 문제에 직면하게 됩니다."9)

슬론은 정보신호를 점들로 생각해 보라고 권했다. 정보의 점들을 정확하고 명확하게 전달하려면 멀리 떨어져서 서로 간섭하지 않아야 한다. 그러니까 점들이 당구공의 정확한 중심에 있다고 상상해 보자. 그런 다음 정보의 점들은 함께 묶여 전선을 타고 전송되며, 당구공이라는 구의 외곽은 보호막 역할을 하여 중심의 정보가 중단되거나 왜곡되지 않도록 절연한다. 그러한 배치는 점들이 서로 지나치게 가까워져서 정보가 뒤섞이지 않도록 보장한다.10)

"모두 똑같은 크기의 수많은 공들을 1,000개의 차원, 즉 1,000차원 상자에 충전하는 방법에 대한 문제를 해결하도록 합시다"라고 슬론은 말했다. "왜 1,000차원이냐고요? 차원의 수는 단순히 각각의 부호화, 이를테면 바코드에 들어 있는 숫자—1과 0—에 해당됩니다. 어머니가 마이크에 대고 말씀을 하시는데 그 목소리를 0과 1로 변환시키고자 한다고 해 봅시다. 그러면 해야 할 일은 짧은 조각, 이를테면 1초를 취하여 어머니의 목소리 신호를 작은 조각들로 잘게 자르는 것입니다. 그러니까 잘게 썰어서 어머니 입에서 작은 소시지들이 쏟아져 나오게 한다는 것입니다. 그러면 소시지 하나하나는 1초 길이가 됩니다. 이제 목소리 부호를 전송하기 위해 샘플링을 해야 합니다. 1초에 그 값을 1,000번씩 보는 것입니다. 1,000차원에서의 [정보의] 점의 좌표라고 생각하면 됩니다."* 따라

---

* 1초에 1,000번의 샘플링을 하는 것으로는 어머니의 목소리를 훌륭하게 묘사하기에 충분치 않을 것이라고 슬론은 말했다. 그렇다면 문제는 목소리를 어떤 주파수로 얼마나 빠르게 샘플링할 것인가 하는 것이다. 섀넌의 정리 중 하나는 주파수 대역폭의 두 배로 샘플링을 해야 함을 밝혔다. "어머니의 목소리가 가지는 주파수가 전형적인 경우 -가끔은 새된 목소리- 목소리의 상당히 훌륭한 충실도를 얻기 위해서 통상적으로 3,000Hz 이상으로 샘플링을 할 필요는 없습니다"라고 슬론은 말했다. "따라서 [3,000을] 두 배로 하면 그게 샘플링 레이트가 됩니다. 즉 1초에 6,000번이지요."

서 1,000 차원 상자―1천에 이르는 (x, y, z……)와 같은 좌표들의 숫자에 상응하는 차원의 수― 에 당구공을 배열하는 최선의 방법을 생각해 내면 어떻게 하면 정보를 최선의 방식으로 부호화해서 전선으로 전송할 수 있는가에 대한 대답이 나온다. 그러나 현재의 디지털 현실에서 샘플링은 연속적으로 이루어지기 때문에 구를 무한차원에서 충전하는 문제가 제기된다. 샘플링을 하고 또 하는 일이 무한하게 지속되면서 무한차원 공간에서의 점의 좌표가 만들어지는 것이다.[11]

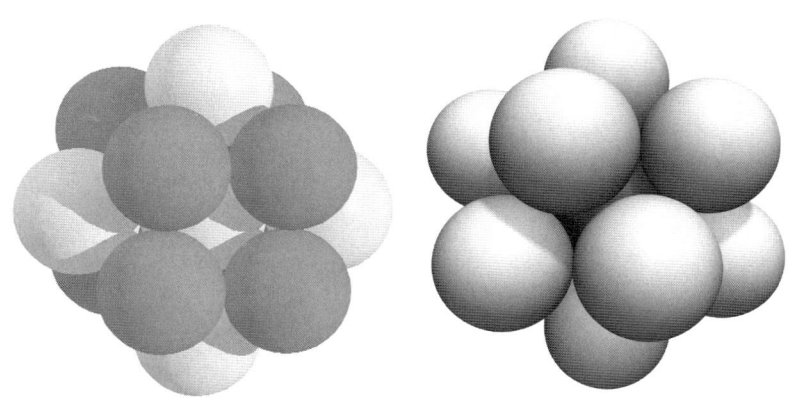

콕세터는 왼쪽의 케플러 육각형 최밀충전이 단순히 주변의 공들을 굴림으로써 이십면체 배열로 변환될 수 있음을 보였다.

통신연구의 초창기에 랭과 같은 전화통신과학자들은 8과 같은, 훨씬 더 낮은 차원에 집중하였다. 랭은 콕세터를 방문하였을 때 E8 격자라는 충전에 관심을 가지고 있었다. 격자인 까닭은 충전된 구들의 중심점들이 서로 연결되었을 때 십자 모양의 격자를 이루는 방식으로 배열되기 때문이다. 이제 콕세터의 임무는 랭의 모뎀 설계에 유용한 소재가 될 수 있는 모든 관련된 구 충전 연구에 랭의 관심을 집중시키는 것이었다. 콕세터는 랭에게 오래 전부터 내려온 구 충전 문제에 대한 역사적인 연구들과 현재 진행 중인 연구, 첨단의 발전 상황에 대한 정보를 모두 제공하였다. 그리고 랭은 콕세터가 랭의 응용연구에 도움이 될 수도 있는 순수 분야 연구를 해 달라고 설득하였다. 콕세터는 주저했지만 몇 번의 설득 끝에 결국 자신이 도움을 줄 수도 있을 것이고 기꺼이 돕겠다고 결심하였다.[12]

1963년 콕세터는 이를 위하여 케플러, 그레고리, 뉴턴이 시도한 바 있는 공 충전 문제를 연구하였다. 콕세터는 "열두 개가 한 개를 둘러싸는12 around 1" 배열*-공들의 육각형 배열을 만들어내는 것으로 알려진-에 공들을 아주 조금 굴림으로써 살짝 변형할 수가 있으며 이렇게 함으로써 공들은 이십면체 배열로 재구성된다는 것을 보였다. 벅민스터 풀러는 후일 이러한 방법을 "지르박 변환jitterbug transformation"이라고 명명했다. 콕세터가 만들어 낸 움직일 여지는 열세 번째의 공을 수용하기에는 충분치 않았지만 열두 개의 공이 임의적으로 재배열될 수 있도록 해 주었다(후일 콘웨이와 슬론이 증명한 대로). 콕세터는 "동등하고 겹치지 않으며 동일한 크기의 다른 구들과 접촉할 수 있는 구들의 수의 상계An Upper Bound for the Number of Equal Nonoverlapping Spheres That Can Touch Another Sphere of the Same Size"라는 논문을 써서 발표하기 전에 랭에게 먼저 주었다.[13]

랭은 자신의 목적에 맞게 콕세터의 결과를 다듬으면서 토론토와 해외에 있는 컴퓨터들의 시간을 얼기설기 모아서 사용하는 "억지 방법"을 사용하였다.

---

* 콕세터가 즐겨 지적하였듯, "이러한 공들의 열두 개의 중심은 플라톤이 묘사하였던 준정칙 다면체인 육팔면체의 꼭짓점을 형성한다." 벅민스터 풀러는 육팔면체에 대한 새로운 용어를 만들어 이를 "벡터 평형"이라고 불렀다(콕세터는 찬성하지 않았다).

매달 펀치카드- 컴퓨터 디스크의 구석기 시대 선조- 형태의 결과를 담은 상자가 우송되었고, 1970년대 초반 랭은 E8 격자 모뎀 제안서를 제출하였다.[14] 그런 다음 그는 콕세터에게 제안서를 들고 가서 자신들이 협력한 결과를 보여 주었다.[15] "랭은 대단히 만족했고, 콕세터에게 어떻게 자신이 추상적인 이론들을 훌륭한 용도로 사용하였는지를 보여 주기로 했습니다"라고 당일 랭에게 차를 태워 주느라 동행했던 밥 테넷Bob Tennet은 말했다(당시 그는 토론토 대학교에서 공학을 공부하는 학부생이었고, 여름방학 아르바이트로 랭을 위하여 컴퓨터 프로그래밍을 하고 있었다). "랭은 이 위대한 분과 약속을 잡고 그분에게 컴퓨터로 출력된 결과를 보여드리는 데 저를 끌고 갔습니다"라고 이제는 퀸스 대학교의 전산학부 교수가 된 테넷은 말했다. "제가 랭과 콕세터를 보러 가게 된 유일한 이유는 랭이 자신의 (예기된) 의기양양한 실물 설명, 그리고 콕세터가 높이 평가하는 것을 목격하는 증인을 원했기 때문이라고 생각합니다. 콕세터는 공손했지만 랭의 설명에 대해서는 눈에 띄게 냉담했습니다. 결국 랭은 말을 멈추고 콕세터에게 이제까지 그가 순수하게 기하학적으로 이론화하였던 것에 대한 실용적인 응용을 찾아낸 것이 기쁘냐고 물었습니다. 콕세터는 그와는 반대로 자신의 아름다운 이론들이 그런 식으로 훼손된 것이 섬뜩하다고 차분하게 대답했습니다. 공학자이자 사업가였던 랭은 실망하고 어리둥절해하며 자리를 떴습니다."[16]

이 일화는 순수 수학자와 응용 과학자가 가지는 서로 다른 마음가짐을 보여 주는 좋은 예였다. 점들을 주어진 공간에 가능한 한 서로 떨어지도록 충전하는 문제를 연구하는 구 충전의 골자는 당연히 응용에 적합하다. 콘웨이는 "그러나 제가 흥미를 가지는 이유는 그게 아니며, 콕세터가 흥미를 가졌던 이유도 그게 아니었지요"라고 말했는데, 그 자신 역시 때로는 이와 비슷한 '응용할 것인가 말 것인가' 라는 갈림길에 서는 경우가 있었다. 콕세터와 콘웨이가 구 충전 문제에 흥미를 가진 이유는 그 함의가 대칭처럼 대단히 아름답다는 것이었다. 콘웨이는 예를 들어 E8 격자에서 E는 생성되는 "예외적인exceptional" 대칭들을 의미하는 것이라고 말했다. 그리고 —놀라지 마시라— 일정한 차원에서는 구 충전의 패턴과 생성되는 대칭들이 콕세터군에 조응하고 콕세터 도식의 속기방식으로 전달될 수 있는 것으로 밝혀졌다.[17]

콕세터가 랭의 작업에 대해 했던 것처럼 대답했다는 사실은 부분적으로 응용에 대한 그의 선택적인 냉담함을 보여 주는 것이다. 그러나 모든 응용을 경멸했던 것은 아니었다.[18] 콕세터는 랭의 모뎀이 슈퍼컴퓨터들을 연결하고 데이터를 입력할 가능성이 눈앞에 펼쳐지면서 그 모뎀을 불쾌하게 여겼을 수 있다. 그 이유는 콕세터는 그 어떤 것보다도 컴퓨터시대의 맹습을 경멸했기 때문이다. 그는 언젠가 이렇게 말했다. "저는 사람들이 컴퓨터 사용에 관심을 쏟는 것을 유감스럽게 생각합니다. 다른 분야들을 경시할 수도 있다는 점을 걱정합니다." 그는 토론토 대학교 수학과에서 컴퓨터과학이 분리되었을 때 안도하였다. "저는 수학에 그게 들어와 있지 않기를 바랍니다"라고 그는 주장했다. "수많은 젊은이들은 전산이 그토록 유망한 분야라는 것을 깨닫고 순수 수학에서 멀어져 갑니다."[19] 콕세터는 모뎀은 고사하고 컴퓨터도 결코 사용하지 않았다. 그러나 그와 접촉하고자 하는 팬들의 세계와 떨어지고 싶지는 않았기에 사위, 즉 수전의 남편인 앨프레드에게 자기 대신 전자우편을 보내도록 했다.[20] 그리고 참으로 아이러니하게도, 토론토 대학교 수학과의 컴퓨터 서버에는 콕세터를 기리며 이러한 이름이 붙여졌다. coxeter.math.toronto.edu[21]

△ ◻ ◆ ⬠ ⬡

컴퓨터와 기하학의 제휴는 궁극적으로 고전 기하학의 근거를 강화하는 데 기여했다. 오랜 세월, 수학과들은 점점 더 컴퓨터과학과 제휴해 왔다. 스위스의 인스브루크 대학교에는 공업수학·기하학·컴퓨터과학과가 토목공학부 아래에 있다. 그리고 NASA의 랭글리연구소에서는 "컴퓨터에 기반한 기하학의 구성과 해석에 대한 전문적 조력"을 제공하며 공학프로그램인 컴퓨터이용설계(CAD)에 초점을 맞춘 기하학연구실을 빼놓을 수 없다. "GEO-LAB"의 사명 선언에 따르면 기하학연구실의 주요한 목표는 "기하학을 발전시키고 시각화하는 고성능 워크스테이션의 이용가능성"과 "도구와 기법을 특정한 응용에 적용하는 전문지식을 갖춘 기하학전문가 팀"의 제공이다. 그러한 응용 중 하나는 항공로의 호arc에 대한 연구와 관련된 것이고, 또 다른 것은 이착륙시의 소음에 일조하는 항공기의 착륙장치의 바퀴들 사이의 기류의 속도를 시뮬레이트하는 것이다. 두 번째 연구에서, 수치적 데이터는 "데이터 시각화 그룹data viz group"에서 3차원으로 사상하여 작동 중인 착륙장치를 시뮬레이트한다. 그러면 실험결과를 커다란 스크린에 입체로 나타낼 수 있게 되어 연구자들에게 "몰입형 시각화"의 혜택을 준다. 이를테면 연구자들은 모형을 회전시켜 바퀴들 사이를 직접 볼 수 있고, 이로써 기류장air flow field과 발생되는 소음의 양을 줄이는, 착륙장치의 구조에 가해진 수정을 더 잘 이해할 수 있게 된다.[22]

보통의 가정용 컴퓨터에도 사영 기하학에 의하여 이미지를 만들어 내는 그래픽카드가 들어 있다. 한 영역이나 차원에서 다른 영역이나 차원으로 이미지를 투영하여 고차원이 2차원 캔버스, 즉 컴퓨터 스크린에서 3차원 이미지로 보일 수 있게 하는 것이다. 이러한 기술은 3차원 비디오 게임에서 공중을 나는 것처럼 보이는 그럴 듯한 애니메이션, 그리고 아카데미상을 수상한 <인크레더블The Incredibles>, 그리고 혼자서 체스를 두는 괴팍한 노인네에 관한 단편 <게리의 게임Geri' s Game>과 같은 픽사에서 제작한 영화를 만들 때 사용된다.[23]

픽사의 선임연구자이자 "도구 그룹"의 구성원인 토니 디로즈Tony DeRose[24]는 종종 자신이 "기하학은 어떻게 할리우드를 바꾸고 있는가How Geometry Is Changing Hollywood"(때로는 "수학과 영화Math and the Movies"라고도 한다) 라고 부르는 강의를 한다. 디로즈가 제시하는 한 예는 밥 파Bob Parr(<인크레더블>의 주인공-옮긴이)의 3차원 이미지를 2차원 스크린 상으로 변환하는 데 사영 기하학을 사용한다는 것이다.25) 픽사의 애니메이션 과학자들은 독립적인 장면들을 조립하는 데 유클리드 기하학을 사용하기도 한다. 작은 배경조각들과 인물들이 각각 별도의 유클리드 스페이스에서 모형화된 다음 기하학변환을 통해 별도의 구성요소들이 하나의 공통된 환경, 즉 영화의 한 장면으로 조립되는 것이다.26)

그러나 디로즈의 강의에 담긴 메시지는 수백 년에서 수천 년의 유래를 가지고 있는 오래된 기하학의 상당 부분이 오늘날 애니메이션에서 사용되고 있다는 것을 보여 줌으로써 기하학이 살아 있고 원기 왕성한 분야라는 것에 그치는 것은 아니다. 오히려 그는 애니메이션이 새로운 수학, 새로운 기하학의 경계를 넓혀 나가는 분야라는 사실로 아이들을 매료시키고자 한다. "세분표면"은 애니메이터들이 컴퓨터상에서 "변형되는" 복잡한 표면들을 효과적으로 나타낼 수 있도록 해 준다. 캐릭터, 이를테면 노인네 게리가 말을 하고 있을 때 그의 얼굴 표면은 말을 하고 있을 때 변형되는 것과 비슷한 방식으로 표현되어야 한다. "고전 미분 기하학은 표면을 해석하게 해 주는 다양한 정리를 통해 구부러진 부분들을 어떻게 바라봐야 할 것인지 알려 주지만, 건설적인 도구는 전혀 제공해 주지 않습니다. 이렇게 생긴 표면을 원하는데, 컴퓨터를 이용하여 어떻게 하면 빠르게 애니메이션으로 만들 수 있고 빠르게 묘사해 낼 수 있는 건설적인 방식으로 이를 표현할 수 있을 것인가? 세분표면이 처리하는 문제가 바로 이것입니다."27)

원래 1978년 픽사의 사장이자 공동창립자인 에드 캣멀Ed Catmull이 제안한 세분표면은 이음매 없는 표면으로 엮여진 한 벌의 거친 다각형들로부터 시작된다. 실감나는 사람의 피부나 옷은 이 거친 다면체들을 반복적으로 자르고 매끄럽게 만듦으로써 창조된다. 이렇게 자르고 매끄럽게 만드는 과정은 웨이블릿wavelet과 같은 다른 도구들과 더불어 픽사의 애니메이션 과학자들에게 대단히 상세한 표면을 생생하게 표현하는 간단한 방법을 제공하여 만화책 같은 분위기를 풍기면서도 사람과 같이 보이는 캐릭터들을 창조할 수 있게 한다. 픽사의 문헌이 자랑하듯 "내부로부터 미묘하게 빛나는 생체 같은 반투명 피부"를 가진 캐릭터들 말이다.28)

어쩌면 콕세터적인 관점과 관련이 있는, 컴퓨터 시대의 가장 놀라운 부산물은 기하학에 대한 그의 시각적 접근법이 컴퓨터의 엄밀성과 확실성으로 인해 엄청난 도움을 받았다는 것이다. 마우스와 컴퓨터 스크린은 연필과 종이라

왼쪽의, 다면체를 연속적으로 "세분"하여 "제어 그물control mesh"을 형성하는 컴퓨터 그래픽 도구는 픽사의 캐릭터 게리를 만드는데 처음으로 사용되었다.

는 세련되지 않은 기구를 훨씬 능가한다. 그 결과 컴퓨터와 컴퓨터 프로그램은 교실에서의 고전 기하학의 부흥을 촉진하여 왔다. 29)

특히 <기하학자의 스케치북The Geometer's Sketchpad>이라는 프로그램은 유쾌하게 기하학 도구세트를 전복하여 가상현실의 영역으로 끌어들여 왔다. <기하학자의 스케치북>은 국립과학재단의 기금을 받아 5년간의 개발 끝에 1991년 시장을 강타했다. 수학자들과 교육자들로 이루어진 어느 소집단이 "기하학을 어떻게 할 건가?"라며 다시 한 번 국립과학재단과 분쟁을 벌이며 교실에서 이 과목을 되살리기 위해 더 많은 것이 이루어져야 한다고 주장하고 있던 참이었다. 30) 이 컴퓨터프로그램은 말 그대로 기하학 도형을 그리고 작도하며 그 도형의 특별한 성질은 고스란히 보존한 채(이를테면 선들이 직각이라든가 하는) 늘이고 움직일 수 있는 가상 스케치북을 제공하여 학생들이 쌍방향 방식으로 기하학적 사실들을 발견하고 확인할 수 있도록 해 준다. "대단한 비약이었습니다"라고 이 프로젝트에 관여한 고참 기하학자이자 펜실베이니아 베들레헴에 있는 모라비안 대학 명예 교수인 도리스 샷슈나이더는 말했다. 31) 이 프로그램은 마우스로 작동되며(BASIC 코드를 치고, 또 치면서 조잡한 모양을 만드느라 좌표를 입력할 필요가 없다), 첨단기술의 그래픽 능력을 요구했다—당시 교실에서 막 애플II 컴퓨터를 대체하고 있던 매킨토시를 위해 설계되었던 것이다(당시는 코모도어 64와 아타리가 지배하던 시절이었다). 32)

지금은 4판이 나와 있는 <기하학자의 스케치북>은 열렬한 반응을 얻었다. 여러 교육 조사와 중등학교 교실에 대한 연구에 따르면 수학교사들은 <스케치북>이 학생들에게 가장 소중한 소프트웨어라고 생각하고 있다. <스케치북>은 다른 그 어느 컴퓨터 도구보다도 많이 쓰이고 있다. 그리고 1993년에 IBM이 요청하여 비용을 대면서 윈도우 기반 버전도 설계되었다. 33)

콕세터는 물론 결코 <기하학자의 스케치북>으로 연구하지 않았다. 하지만 그의 수많은 팬들, 고전 기하학의 팬들은 열광적인 사용자들이다. <스케치북>은 연구용 도구로서 학술계에까지 파고들었는데, 윌리엄 서스톤과 더글러스 호프스태터는 그 유용성을 찬양하였다.[34] 그리고 월터 화이틀리는 <스케치북>의 움직이는 이미지로 자신의 시각적 관점이 전혀 다른 수준으로 바뀌었다고 생각한다. 실로 컴퓨터로 기하학 도표들을 만듦으로써 가능한 모든 결함들이 일소되었다. 그렇지 않았더라면 시각적 인식은 그러한 결함들에 굴복했을 수도 있다. "갑자기 나타난 새로운 수준의 정확성입니다"라고 화이틀리는 말했다. "수학자들은 더 이상 잘못된 길을 따라가느라 시간을 허비하지 않게 되었는다. 그 까닭은 도표에서의 추론이 틀린 경우 컴퓨터가 이를 명확하게 보여 주기 때문입니다. 부정확한 도표에 속아 넘어갈 수도 있는데, 컴퓨터가 이러한 오류를 보여 줍니다." 화이틀리의 생각으로는 그에 버금가게 중요한 것은 "무엇을 예상할 것인가를 알고" "무엇을 살필 것인가를 아는" 과정이다. 충분한 범위의 예들을 관찰하고, 스케치를 돌려 보고, 일련의 스케치들을 만들어 냄으로써 경험이 확장된다는 것이다. "그래서 어떤 시점에 이르면 컴퓨터의 도움 없이도 머릿속으로 새로운 예를 '상상할' 수도 있고, 아니면 예전의 예로 돌아갈 수도 있습니다."[35]

화이틀리는 이렇게 토로하였다. "<스케치북>으로 작업을 하면 머릿속에 있는 이미지가 실제로 변화하여 다른 초점, 다른 엄밀함을 가지게 됩니다. 그런 다음 컴퓨터가 없이 추론을 하면 다른 선택을 하게 됩니다. 이미지로 하는 추론의 성질을 실제로 바꾸어 버린다는 거지요. 무엇이 성립하고 무엇이 성립하지 않는가에 대하여 다른 감각을 가지게 됩니다. 결과에 대한 확신도 달라질 수 있습니다. 스케치를 하고 스케치된 것을 컴퓨터 스크린 위에서 이리저리 끌고 다니다 보면, 증명을 보지 않고도 그게 참이라는 것을 완전히 확신할 수 있습니다. 증명이 없다고 확신이 흔들리지는 않지요. 왜냐하면 올바른 길을 따라가고 있음을 시각적으로, 또 본능적으로 알기 때문입니다."36)

△ ☐ ♦ ⬡ ⬢

수학과 과학 양쪽과 관계하는 이유로 화이틀리는 생화학자들, 그리고 생물물리학자들과 자주 상의하며 인체에서 단백질 분자들이 기능하는 것에 대한 기하학적·수학적 모형화에 참여하여 왔다. 단백질의 모양이 주어지면, 화이틀리는 그것이 인체나 특정한 약품과 어떻게 상호작용할 것인지 조사한다. 그는 단백질의 여러 부분들이 경직되어 있는지, 아니면 유연한지를 판단하려고 한다. 그 이유는 이러한 특성이 단백질의 상호작용을 결정하기 때문이다. 요크 수학연구소37)에서 일하는 화이틀리와 그의 제자들은 생화학자들의 조사를 단축시켜 주는 컴퓨터 알고리듬을 고안해 내고, 기하학 모형들을 만지작거리고, 모형의 버팀대와 절점들을 조정하면서 각각의 표본 단백질 구조가 경직된 꼭짓점과 유연한 꼭짓점을 얼마나 가질 법한지 발견해 낸다.38)

단백질의 모양이 인체에서 왜 문제가 되는가 하는 데는 몇 가지 이유가 있다. "신체는 단백질이 접혀서 형체를 갖추기를 기대합니다"라고 화이틀리는 말했다. 화이틀리는 원하는 대로 납작하게 만들었다 부풀렸다 할 수 있는 이십면체 뼈대 모형을 열었다 닫았다 하면서 말했다. 신체가 형체를 갖추지 않은 단백질을 발견하면 이 단백질은 결함이 있는 것으로 간주되고 그에 따라 신체는 단백질을 산산조각내서 재사용한다. 이것이 점액선에 대한 유전병의 일종인 낭성섬유증cystic fibrosis을 일으킨다. CFTR 유전자─낭포성 섬유증 막횡단 전도 조절 유전자cystic fibrosis transmembrane conductance regulator gene─가 만들어 낸 단백질은 형체를 취하지 못하면서 기능하지 못하게 되어 결국 폐, 췌장, 기타 기관에서 점액의 축적을 야기한다.39)

단백질이 지나치게 경직되어 있거나 신체 내에서 너무 오래 유지되면 반대의 경우가 발생한다. 단백질은 평균적으로 몇 초 정도, 길면 하루 정도 유지된다. "물질들이 구성되었다가 다시 분해되어 재사용되는 데는 정상적인 주기가 있습니다. 어떤 것이 지나치게 안정적인 경우 그 역시 문제를 야기합니다. 지나치게 안정적인 것은 담석이 문제가 되는 것과 마찬가지로 문제가 됩니다." 지나치게 안정적인 단백질은 광우병과 알츠하이머병을 유발한다. 광우병의 경우 프리온이라고 알려진 잘못 접혀진 단백질이 분해에 저항하면서 끈끈해지고, 플라크의 형태로 쌓여서 정상적인 뇌의 기능을 혼란시킨다. 알츠하이머병의 경우에는 아밀로이드전구단백질amyloid precursor protein이 소위 세포의 발전소라고 하는 미토콘드리아를 망가뜨림으로써 뉴런을 질식시켜 죽이게 된다. 우리의 신체는 생화학적으로 세밀하게 조정되어 있다. 단백질은 질척거릴 정도로 유연해서는 안 되는데 그렇게 되면 기능을 하지 못하게 되고, 지나치게 경직된 상태면 분해되어 재순환되지 못하게 된다. 40)

우리의 면역체계는 이러한 기하학적 조각맞추기 퍼즐에 따라 작동한다. 분자들의 상호작용의 역학관계는 두 개의 경직된 분자 모양이 정확하게 맞아 들어가야 하는 "자물쇠와 열쇠"이거나 적어도 한쪽의 단백질이 유연해서 (야구) 포수의 장갑처럼 기능하면서 모양을 바꿈으로써 들어오는 단백질을 에워싸는 "적응성 있는 적합성", 둘 중의 하나이다. 41)

우리 면역 체계의 주요한 분자인 면역 글로불린은 대단히 복잡하고 유연하다. 생화학자들은 그 구조를 "팔", "팔꿈치", "손" 그리고 항원을 붙잡거나 인식하는 "손가락"이 달린 "몸"이라고 묘사한다. 이러한 분자의 말단은 극히 교묘하고 유연하며, 그 엄청난 유연성 덕으로 필요한 것은 무엇이든 붙잡아 낼 수 있다. 예를 들어 이십면체 모양의 흔한 감기 바이러스에게 공격을 당하면, 손가락들의 모양이 신속하게 바뀌면서 자물쇠-열쇠 수용체와 적응성 있는 적합성 수용체를 모두 만들어 내어 바이러스의 항체와 맞는 것을 만들어 내려고 한다. "면역반응이 일어났다는 것은 바이러스에 반응하고 그를 감지하고 묶어 버리는 것[항체]을 생산하는 기계를 찾아냈다는 의미입니다. 그처럼 특정적이어야 하는 이유는 면역체계가 몸의 나머지 부분을 공격하지 않아야 하기 때문입니다. 그게 바로 관절염이라는 자가면역질환의 일종인데, 면역체계가 우리의 몸을 먹어치우기 시작하는 것입니다. 대단히 미묘한 균형입니다. 지나치게 적극적이어도 문제가 되고, 지나치게 소극적이어도 문제가 됩니다. 말하자면 춤과 같습니다."[42]

분자와 단백질의 형태에 대한 지식은 질병을 치료하는 데 사용되는 약물의 설계에 영향을 미친다. 성공적인 "약물의 도킹drug docking"은 정확하게 맞는 적합성을 얻는 데 달렸다. 화이틀리의 견해에 따르면, 지난 25년 동안 가장 흥미로운 기하학의 일부는 규정된 목적에 맞도록 분자를 분석하고 설계하는 이 분야에 있었다. 수많은 약물들은 거울상mirror opposite, 즉 분자적 "키랄성 chirality"을 가지고 있는데, 이는 상당히 다른 효과를 가지고 있는 경우가 많고, 때로는 전혀 다른 질병을 치료하는 데 사용되기도 한다. 리탈린ritalin의 한 형태는 주의력 결핍 장애를 억제하고, 다른 형태는 항우울제이다. 케타민 ketamine의 한 형태는 마취제인데, 다른 것은 환각제이다. 이러한 "입체화학 stereochemistry"(분자 내의 원자들의 3차원적 배열에 대한 학문)에 대한 일상적인 한 예는 혀의 맛봉오리가 흔히 접하는 맛에서 나타난다. 리모넨limonene의 좌선성 분자는 레몬에서 발견되는 반면 우선성 분자는 오렌지에서 발견된다. 아스파탐의 거울상은 씁쓸한 물질이다.[43]

응용문제에 대한 기하학적 해결을 찾기 위해 과학자들 및 공학자들과 오랜 시간 협력해 오면서 화이틀리가 축적한 관찰결과들은 "기하학자처럼 바라보는 것"의 결정적 중요성과 그가 "기하학적 공백"이라고 부르는 현상에 대한 자신의 이론에 대한 정식화로 이어졌다. 이러한 분야에 들어 오는 학생들은 그들에게 필요한 시각적 기하학 기초 지식을 갖추고 있지 않은 경우가 너무도 많았다. "콕세터가 행해 왔던 것과 같은 기하학의 본질은 이러한 영역에서 기하학이 되살아나는 길에 있어 참으로 중요한 것이고 또 피할 수 없는 것입니다. 사람들은 '그래, 내가 여기서 기하학에서 나온 이러저러한 모양을 다루고 있어. 그래, 우리에게 실제적으로 중요한 역사적 뿌리가 있어' 라는 것을 깨달을 수 있어야 합니다."44)

화이틀리는 비석沸石에 대한 어느 학회에서 콕세터의 실체들이 어김없이 펴져 나가고 있던 것을 회상했다. 비석은 자연발생적인 결정인데 주방에서 쓰는 스펀지가 어디나 그런 것처럼 다공송이며, 쓰이는 곳을 한 가지 댄다면, 휘발유를 정제하는 데 사용된다. 땅에서 나온 석유의 분자 일부는 지나치게 크고 빡빡하다. 정제과정에서 자동차에서 더 빨리 타는 작은 분자들을 걸러 내고 더 큰 분자들은 작은 조각으로 분해한다. 분자 여과기라고 지칭되는 비석은 이 두 가지 일을 동시에 해낸다. 당면한 문제는 훨씬 더 큰 분자를 가지고 있어서 구멍이 더 큰 비석을 필요로 하는 중유를 정제하는 일과 관련이 있다. 그러나 그러한 비석은 자연적으로는 존재하지 않아서 소재과학자들은 이러한 일을 해낼 인공 비석을 고안해 내려고 노력하고 있다. "수백만 불짜리 산업이라 거액의 자금지원으로 화학자들은 바쁩니다"라고 화이틀리는 말했다. 그러나 기하학에 대한 기초 지식이 없기 때문에 그들은 새로운 비석 시제품을 위한 무한벌집 구조의 패턴, 쌍곡선 타일 깔기, 결정학적인 단서를 찾으려고 콕세터의 고전 기하학에 대한 일생의 연구를 뒤져가며 해법을 발견하려고 안달하고 있다.45)

"기하학에는 너무도 많은 계층과 갈래가 있습니다"라고 화이틀리는 말했다. "그리고 어떤 종류의 기하학을 살펴봐야 하는지를 아는 것은 해결로 가는 길에서 중심이 되는 선택이 될 수 있습니다. 그러한 지식 – 어떤 기하학을 선택할 것

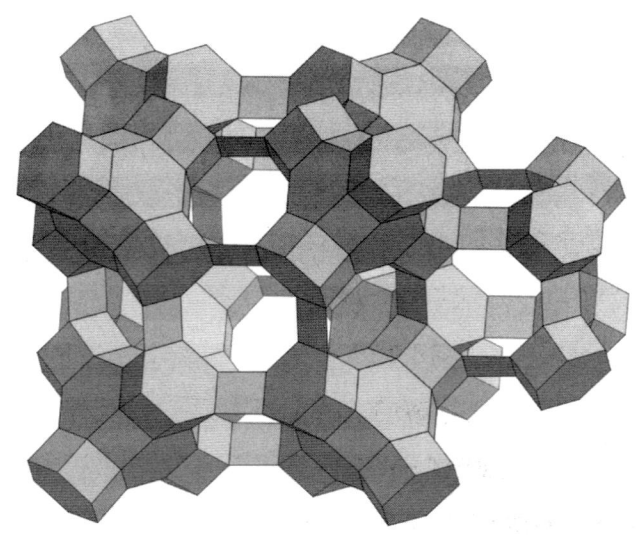

다면체적 구성단위를 보여 주는 비석광물의 일종인 Tschörtnerite. 비석은 형체선택적인 특성으로 인해 대기와 물에서 오염물질을 걸러내는 데 유용하다.

인가 – 없이는 세부사항의 늪지대에서 길을 잃게 됩니다. 저 스스로도 일을 하면서 응용 수학자들을 가르쳐서 충분히 단순한 기하학의 관점에서 문제를 살펴보도록 하던 적이 여러 차례 있었습니다. 그러면 갑자기 문제에 대한 해결책이 무엇인가를 깨닫곤 했지요."46)

"콕세터는 기하학이 최악의 상황에 있었던 시기를 살아 왔고 우리가 붙잡고 있으며 절대로 필요한 이러한 문제들로 인해 다시 기하학에 대한 관심이 높아가고 있는 오늘날, 우리에게 건네준 다리였습니다. 우리와 여전히 공존하고 있으며 콕세터가 더 이상은 곁에 남아 다리 역할을 해 주지 않는 [지금] 우리가 어떤 의미에서는 더욱 심하게 맞서게 될 기하학적 공백은 전문가들이 역사를 통틀어 행해 온 기하학의 모든 부분들 사이의 공백입니다."47)

기하학은 계속하여 점점 더 과학적 문제들과 관련을 맺게 될 것이다. 문제는 과학자들이 이러한 문제를 연구하면서 그 기하학적 의미를 알아볼 수 있을 것인가 하는 점이다. 과학자들이 이러한 통찰을 스스로 경험할 능력을 갖추지 못한다면, 그들과 상담해 주고 그들에게 올바른 방향을 지적해 줄 기하학자가 50년 이내에 한 사람이라도 남아 있을까? 아니면 과학자들이 방법을 다시 찾아내는 데 소중한 시간을 낭비하며 과거의 함정에 빠져 바퀴를 헛돌리고 나서야 시급한 문제에 대한 해결에 도달하게 될까?

화이틀리의 관점은 수학계 및 과학계의 집단의식 속으로, 어쩌면 조금씩 스며들며 침투해 가고 있는 것 같다. 자금지원 차원에서는 분명하게 드러나는데, 제안에 대한 승인이 점점 더 한 가지 기준과 결부되어 가고 있다. 수학과 과학이 협력하는 벤처사업이 그것이다. 캐나다와 미국의 보조기관들은 모두 공동연구에 상당한 금액의 돈을 배정하여 왔다. "그들은 이렇게 말합니다. '수학자와 생물학자가 포함되어 있는 팀을 꾸려서 오십시오. 새로운 수학을 확보한 것만으로도 저희는 문제가 해결될 것이라고 생각합니다. 그러니까 협력하시라고 돈을 드리겠다는 말씀입니다.'" 화이틀리가 보기에 이러한 방정식의 애석한 측면은 사물의 자연적인 과정을 연구하는 과학자들은 스스로 중요한 통찰을 제공하기에 충분한 수학과 기하학을 익히고 있지 않다는 것이다.[48]

기하학적 지식의 공백은 그 발견자들이 결국 1996년 노벨상을 받았던, 육십 개의 탄소원자로 이루어진 탄소분자—C_{60}이라고 알려진— 의 모양을 찾아 오랫동안 사냥을 해 온 천체물리학과 화학에도 존재하게 되었다. 예전에 화학자들은 두 가지 형태의 탄소가 있다는 것은 알고 있었다. 그 하나는 원자들이 육각형 형태로 배열된 얇은 판의 형태로 겹쳐 쌓인 흑연(연필심에 쓰이는)이고 다른 하나는 원자들이 사면체 위주의 결합으로 연결된 3차원 배열의 형태로 놓여 있는 다이아몬드이다. 화학자들은 다른 형태의 탄소가 있다고 추측하였고 진동을 측정해 보니 60개의 원자가 있음에 틀림없음이 드러났다. 하지만 이후에 이루어진 기하학적 구조에 대한 실험실에서의 조사는 까다롭고도 장기간에 걸친 노력을 요했다.

당시 서식스 대학교 화학 교수였던 해리 크로토Harry Kroto경(현재는 플로리다 주립대학교에 재직), 그리고 텍사스의 라이스 대학교 출신의 공동발견자 로버트 컬Robert Curl과 리처드 스몰리Richard Smalley는 C_{60}의 형태를 규명하기 위해 오랫동안 힘들게 연구하였다. 육십 개의 탄소원자가 감겨서 속이 빈 우리 모양으로 뭉칠 수 있는 배열이었다. 그들이 콕세터의 고전 기하학, 특히 그의 책 <정규초다면체>를 알았더라면 이러한 조사는 쉬워졌을 것이다. 크로토는 "우리는 맞물리는 규칙을 발견하려고 애썼다"면서 "기하학에 대해서는 아무 것도 몰랐다"고 시인했다. [49]

1960년대, 은하계의 암흑성운에 들어 있는 커다란 탄소 분자들에 대한 초창기의 속삭임이 등장하였다. 분자전파천문학의 발전으로 이러한 성운들인 기록보관소와도 같아서 우주의 비밀을 담고 있다는 것이 드러났다. 항성과 혹성의 탄생에서 결정적인 역할을 하였던 분자들이 행성 간 공간에 떠돌고 있고, 매우 특정하며 구별가능한 주파수로 전파를 방출함으로써 존재를 알리고 있다는 것이다. [50] 크로토가 특히 흥미를 가졌던 것은 단일 탄소결합과 삼중 탄소결합이 번갈아 있는 긴 고리 모양의 분자들이었다. 크로토는 계속해서 판돈을 올리며 은하계 외에 점점 더 큰 탄소화합물이 존재할 수도 있다는 도박을 걸고, 황소자리와 같은 성좌 깊은 곳에서 이러한 분자들이 방출하는 주파수에 맞게 과학적인 귀를 훈련시켜 온 초창기의 모험가에 속한다. [51] 이러한 모험은 처음에는 대담한 도박으로 여겨졌다. 1970년대에는 서너 개 이상의 "중원자 heavy atom"(이를테면 탄소, 질소, 산소)를 지닌 분자들은 드물고 감지될 수도 없다고 생각되었던 것이다. 그러나 크로토 등의 사람들은 일방적인 승률로 도박을 벌였고, 아니나 다를까 성간 영역에서 처음에는 다섯 개의 탄소분자 연쇄, 이어 일곱 개의 탄소 분자 연쇄를 갖춘 화합물을 발견했다. 그가 스스로 정한 다음 탐구 목표는 "애초에 그것들이 어떻게 거기에 도달하게 되었는가 하는 수수께끼를 푸는 것"이었다.52)

1980년대 초반에 이르러 해리 경이 궁금해했던 것은 이러한 탄소연쇄가 엄청난 양의 탄소연쇄를 공간에 내놓는 것으로 알려진 적색탄소거성giant red carbon star에서 뿜어져 나왔던 것인가 하는 것이었다. 그는 1985년 텍사스에 있는 컬, 그리고 스몰리와 협력하여 이러한 별들의 대기 화학적 성질을 모의 실험할 기회를 잡고 반도체에 대한 우선순위 응용연구에 이 계획을 끼워 넣었다.53) 연구에 착수한 해리 경은 이러한 모의 실험이 스물네 개나 서른두 개의 분자의 탄소원자를 감지해 내리라고 확신했다. 시험적 가동이 진행되면서 크로토의 팀은 이러한 가설을 확인하였으나 그와 더불어 완전히 놀랍도록 다른 무언가를 발견해 냈다. 측정에 의하면 한 종류의 탄소뭉치carbon cluster가 특별히 강하여 일관되게 최고 720원자질량단위에 이르는 것으로 드러났는데 이는 육십 개의 원자를 지닌 일종의 탄소화합물의 중량에 해당되는 것이었다. 해리 경이 말하였듯, "이렇게 특별한 탄소 '덩어리wadge'는 어떤 것일 수 있을까?"54)

얼마 지나지 않아 그들은 C_{60}의 구조가 회전타원체spheroid—축구공처럼 완벽하게 구형은 아닌 도형—의 구조일 수도 있다는 데 의견을 모았다. 해리 경은 콕세터와 같이 67년 세계박람회에서 대단히 면밀하게 조사하며 찬탄했던 벅민스터 풀러의 측지선 돔에 대한 기억을 떠올렸다. 그때부터 그는 이 돔의 사진들을 서류철 한가득 모았고, 아이들과 함께 집에서 조잡한 모형을 만들기도 했었다. 이제와 그는 그 모형을 손에 넣을 수 있었으면 좋겠다고 생각했지만 그건 바다 건너 집에 있었다. 다음날, 혹은 그 다음날까지 스몰리와 컬은 풀러의 돔이 가지는 특성—60개의 꼭짓점과 20개의 육각형 면, 그리고 12개의 오각형 면—에 맞게 임시변통으로 모형을 만들었다. 그렇게 하여 그들은 C_{60}, 혹은 보다 흔히 알려진 대로 벅민스터풀러린Buckminsterfullerene의 구조를 발견한 것이다.[55]

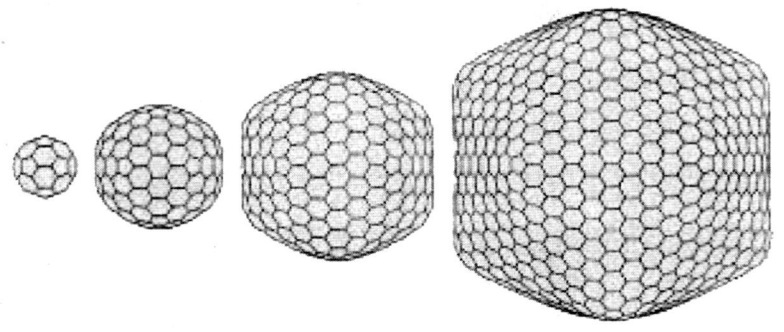

풀러린 구조의 도식, 왼쪽으로부터 C_{60}, C_{240}, C_{540}, C_{960}.

해리 경의 팀이 벅민스터풀러린이라는 이름에 합의한 이유는 풀러의 작업이 영감을 준 평가의 기준이어서였다.[56] "벅민스터 풀러의 작업을 알고 있기는 했지만 콕세터와 관련이 있는 것은 몰랐습니다"라고 해리 경은 말했다. "콕세터의 책 <정규초다면체>를 알았더라면 분명 도움이 되었을 텐데 말입니다." 애초에 알지도 못하면서 고투를 벌이는 일을 줄여 줌으로써 모양을 찾아내는 데에도 도움이 되었을 것이고, 나중에는 C_{60}의 구조를 제시하고 확인하는 데에도 유용했을 것이다. 해리 경은 훨씬 더 큰 탄소화합물에 매혹되어 진행하게 된 이후에 연구할 때까지 콕세터의 책을 알지 못했다. 그는 분자 모형세트를 구입하여 <정규초다면체>를 사용설명서 삼아 거대 풀러린족인 C_{240}, C_{540}, C_{6000}을 만들었다.[57]

벅민스터풀러린이라는 재미있는 이름과 노벨상 덕으로 C_{60}은 과학계 밖에서도 각광을 받게 되었다. 1991년 12월, 벅민스터풀러린의 구조와 그 미래에 관한 소동은 영국 상원에까지 이르렀다.

헤일의 에럴 경이 정부에 물었음: "과학과 산업에서 벅민스터풀러린의 사용을 촉진하기 위해 어떠한 조치를 취하고 있습니까?"

무역산업부 정무차관 리 경 : "상원의원 여러분, 정부는 흥미를 가지고 벅민스터풀러린의 출현에 주목해 왔으며 과학·공학연구센터를 통해 서식스 대학교에서 현재 수행되고 있는 연구를 지원하고 있습니다. 그러나 벅민스터풀러린과 다른 풀러린들을 상업적으로 응용하는 데까지 연구를 계속하기를 원하는가 하는 것은 기업의 판단에 맡겨 두어야 할 것입니다."

시어 여남작이 개입하였음 : "상원의원 여러분, 저의 무지를 용서해 주시기 바랍니다. 다만 그게 동물인지, 식물인지, 광물인지 경께서 말씀해 주실 수 있겠습니까?"

리 경 : "상원의원 여러분, 여남작께서 물어 주셔서 기쁩니다. 벅민스터풀러린은 화학자들이 C_{60}이라고 하는, 60개의 탄소원자로 이루어진 분자라고 말씀드릴 수 있겠습니다. 이 원자들이 공의 표면처럼 서로 맞아 들어 가는 열두 개의 오각형과 스무 개의 육각형으로 이루어진 닫힌 우리 모양 구조를 형성합니다."

렌튼 경 : "상원의원 여러분, 그 모양이라는 것이 럭비공 모양인가요, 축구공 모양인가요?"

리 경 : "상원의원 여러분, 제가 알기로는 축구공 모양입니다. 벅민스터풀러린

의 개발에 중요한 역할을 한 팀을 이끈 크로토 교수는 벅민스터풀러린과 축구공의 관계가 축구공과 지구의 관계와 같다고 설명하였습니다. 바꿔 말하면, 극히 작은 분자라는 것입니다."

앨러웨이의 캠벨 경 : "상원의원 여러분, 그게 어떤 역할을 합니까?"

리 경 : "상원의원 여러분, 몇 가지 용도가 있을 수 있다고 생각됩니다. 배터리에 사용되거나, 윤활제, 혹은 반도체로 사용될 수도 있다는 것입니다. 모두 추측이기는 합니다. 아무런 용도가 없는 것으로 밝혀질 수도 있습니다."

러셀 백작 : "상원의원 여러분, 특별한 역할은 없고 대단히 잘 하는 역할도 없다고 할 수 있는 건가요?"

리 경 : "상원의원 여러분, 아마 그럴 겁니다."[58]

이제 기술이 C_{60}을 따라잡으면서 몇몇 보다 유망한 응용분야가 나타났다. 그러한 응용 중 하나는 C_{60}을 초전도체로 사용하는 것이다. 초전도체는 MRI 장치와 같은 강력한 전자석, 디지털 회로, 휴대전화 기지국의 초단파 필터를 만드는데 사용된다. C식스티주식회사라는 나노의약품 회사는 풀러린의 생물약제적 응용을 조사하기 위하여 설립되었다. 현재 진행하고 있는 연구는 약물을 전달하는 운반체로서 C_{60}을 조사하고 있다. 수용액에서 풀러린은 상당히 안정적인데 이는 C_{60}의 우리 모양 구조를 통해 정확한 양의 약품을 운반하고 그 내용물을 필요한 장소에 정확하게 가져가는 데 유용할 수 있다는 것을 시사한다. C 식스티 주식회사는 마취제의 전달과 대조결상염료contrast imaging dye

에 연구를 집중하고 있다. 또한 머크 제약회사와 협력하여 항산화제로서의 풀러린을 시험하고 있었다. 그 이유는 C_{60}이 신체 내의 다른 화학물질들과 산소가 반응하면서 생기는 부산물로서 세포에 손상을 입히는 활성 산소를 흡수하는데 뛰어난 것으로 여겨지기 때문이다. 풀러린은 크기가 작아서 혈액뇌장벽 blood-brain barrier—독성 가능성이 있는 혈액 내의 분자들을 뇌 조직으로부터 차단하기 위한 방어 구조—을 뚫고 이동하기가 쉽다. 따라서 항산화 특성이 알츠하이머병이나 루게릭병과 같은 퇴행성 신경질환을 치료하는 데 이용될 가능성이 있다. 그 외의 의학적 응용으로는 C_{60}을 항생물질과 결합시켜 저항성 있는 바이러스, 흑색종과 같은 암, 심지어 AIDS를 목표로 삼는 것도 있다.[59]

해리 경은 C_{60}의 효용에 대하여 알고 있다. 어느 정도까지는 말이다. 그는 기초과학자이다. 콕세터가 순수 수학자였던 것처럼. "저 같은 사람들은 어떤 의미에서는 평생 응용 학문을 피하지요."[60]

그러나 콕세터는 조금 더 보수적이어서 응용 학문을 찾아다니지는 않지만 우연히 응용 분야가 나타나면 그를 높이 평가하고 탐구하였다. 화이틀리에 따르면, 20세기 이전에는 순수와 응용을 가르는 그러한 틈이 존재하지 않아서 기하학자들이 광범위한 과학문제를 연구했다. 아르키메데스는 공학자로서 아르키메데스 스크루 펌프를 고안하였고(여전히 개발도상국에서 관개에 이용되고 있다), 에우클레이데스는 광학과 관련된 응용문제를 연구하였다. 제임스 클러크 맥스웰James Clerk Maxwell은 기하학자이자 물리학자로서 20세기 과학에 가장 위대한 영향을 미친 19세기 과학자로 생각된다. 학문 분야의 전문화와 분화에 대한 현대적 강조로 인해 혼성적인 수학적 과학자, 혹은 과학적 수학자의 전통은 슬며시 사라지고 있다. 기하학이 상실된 것과 비견되는 것은 기하학 및 수학, 그리고 기초 과학 및 응용 과학 사이에 다리를 놓아 주는 연결이 상실되었다는 것이다.[61]

Chapter 11

M. C. 에스허르와 "콕세터하기"
(그리고 다른 예술가들 칭찬하기)

몇 분 동안 앨리스는 말없이 서서 사방으로 이 나라를 바라보았다.
"커다란 체스판처럼 나눠져 있다니 놀랍네.
온 세상이 말이야—도대체 이게 세상이라면 말이지."

–루이스 캐럴, 〈거울 나라의 앨리스〉

그래서 배관공은 넌더리가 난다는 말투로 이렇게 말했다.
"당장 무한으로 향하자고 제안합니다."

–J. L. Synge, 〈칸델만의 크림〉

콕세터가 마지막에서 두 번째로 참석한 학회는 2001년 뱀프미술센터에서 열린 〈대칭의 해석〉이었다. 그는 강연을 준비하면서 OHP를 켜고 첫 번째 슬라이드를 올려놓았다. 그 순간 약간의 오작동으로 푸앵카레 원판 위에 그려진 색이 칠해진 물고기의 거대한 그림이 콕세터의 온몸에 비쳤다. 그것은 물고기들이 점점 작게 줄어들면서 구의 지평선 상의 소멸선을 둘러싸며 결코 사라지지 않을 듯 보이는 그림이었다. 콕세터가 강연을 시작했다. "제 논문의 주제는 근 50년 동안 저의 호기심을 자극하여 제가 열중한 것입니다. 제가 제 친구 M. C. 에스허르의 〈직관적 기하학〉이라고 부르는 것에 관한 것입니다."[1]

콕세터는 에스허르를, 둘 다 무한을 좋아한다는 것 때문에 마음의 친구로 여겼고, 어떤 의미에서 협력하였다(협력하는 방법은 약간 조화롭지 못했지만). 이 기하학자가 에스허르와 만난 것은 극히 넓은 의미에서 콕세터의 인본주의를 보여 주는 것이었다. 그 이유는 그가 반세기 전만 해도 오늘날보다 훨씬 더 일반적으로 만연하였던 예술-과학 간의 구분을 무시하였기 때문이었다. "콕세터는 수학만 하는 것이 아니었습니다"라는 것이 현재 토론토 대학교 수학명예교수인 콕세터의 제자 에드 바르보Ed Barbeau의 견해였다. "그는 자신이 인류지식의 발전과 보존에 한 역할을 담당하고 있는 것으로 생각했습니다. 그래서 일생 동안 수학이라는 좁은 분야 외의 사람들과 접촉하였습니다. 건축가, 음악가, 미술가 같은 사람들 말이죠. 그는 수학이 과학뿐만 아니라 인문학의 일부라고 생각했습니다.2) 그리고 그의 강좌에는 이러한 생각이 뚜렷하게 나타나 있었습니다. 그가 기하학을 공부한 방식은 기하학을 생생하게 만드는 것이었습니다."3)

△ ◻ ◇ ⬠ ⬡

콕세터가 처음으로 에스허르의 작품과 만난 것은 1954년 9월 암스테르담에서 열린 국제수학자대회(ICM)에서였다. 콕세터가 강연회에 참석하여 "쌍곡선 공간에서의 정칙 벌집구조"에 대한 강연을 하고 있는 동안 린은 다른 학자들의 배우자들과 함께 시내관광에 나섰다. 관광코스에는 최근 수리한 암스테르담 시립미술관이 있었는데, 거기서는 ICM이 후원한 네덜란드 미술가 M. C. 에스허르의 전시회가 열리고 있었다.4) 파충류, 새, 물고기를 그린 에스허르의 특징적인 그림들이 반 고흐의 작품들과 나란히 걸려 있었다. 평면상의 주기적인 타일 깔기 형태의 그림들이었는데, 서로 맞물리는 조각 맞추기 퍼즐과 같은 양식으로서, 각각의 조각들은 서로 합동인 동물들이었다(조각된 공들, 그리고 "계단의 집House of Stairs"이나 "상대성Relativity"과 같은, 불가능하지는 않다 하더라도 왜곡되어 있는 투시도들도 있었다).5) 린은 전시회에서 에스허르와 네덜란드어로 담소하였고, 그의 예술과 남편의 수학 사이의 유사성을 언급하였다. 그녀는 수학에 조금이라도 관심을 가지지 않았을지는 모르지만, 남편의 지적 욕구에는 적응이 되어 있었다. 콕세터는 강연 며칠 뒤의 일기에 이렇게 적었다. "R은 내게 에스허르의 그림과 조각품을 보여 주었다."[6]

그럴듯한 전시회 카탈로그에는 네덜란드 수학자 N. G. 더브라윈N. G. de Brujin이 서문을 썼다. "수학자들은 기하학적 모티프에 매혹되기만 하지는 않는다. 훨씬 더 중요한 것은 아마도 수학 어디에서나 발견할 수 있고, 수많은 수학자들이 자신의 직업을 매력적이라고 느끼는 원인이 되는 재미일 것이다."[7] 에스허르도 ICM학회에서 강연을 했는데, 콕세터는 참석하지 못했다. "선생의 강연에 가고 싶었지만 유감스럽게도 다른 약속과 겹쳤습니다"라고 그는 후일 편지로 사과했다.[8]

경력에서 이러한 단계에 이른 에스허르는 유럽 어디를 가나 강연장을 채울 수 있었지만, 그는 자신이 대중강연자로서는 형편없다고 생각했고 같은 강연을 다시 써먹는 일이 많았다. 일 년 전에 어느 물리학회에서 강연을 하고 나서 얼마 지나지 않았음을 고려하면, 에스허르가 ICM에서도 같은 소재를 상당 부분 다시 사용한 것도 당연하다. 그는 자신이 사용한 소재들과 자신이 그러한 소재들을 추가적인 부속물—나무블록, 동판, 석판화용 돌, 그리고 판화를 위한 인쇄기, 잉크, 그리고 다양한 종류의 종이—로 생각하게 된 경위에 대한 주마간산 격의 정보들로 강연을 시작했다. "한편 이러한 기법들은 모두 수단에 지나지 않은 것일 뿐, 그 자체가 목적은 아닙니다"라고 에스허르는 말했다. "[예술가]가 노력하는 목표는 완벽하게 이루어진 인쇄물과는 다른 것입니다. 예술가의 목표는 꿈이나 관념, 문제들을 다른 사람들이 관찰하고 생각해 볼 수 있는 방식으로 묘사하는 것입니다."[9]

에스허르 전시회의 후원자들은 통상적으로 현대미술 전시회의 방문객들이 흔히 보여 주는, "진지한 척하기와 몰이해에 따른 침묵"과 같은 모습을 보이지 않았다. 그들은 에스허르의 기발한 취향을 높이 평가하거나 경외하면서 큰 소리로 웃어 댔다.10) 자신의 예술이 어디에 어울리는지 언제나 의심스러워했던 에스허르는, 자신의 애호가들에 대하여 확신을 가지지 못했다. 그는 언젠가 "예술가의 이상은 자아에 대한 투명한 반영을 제시하는 것입니다"라고 말했다. "수많은 관객들을 이해시킬 가능성은 극히 적으며, 전체적으로 예민하며 감수성이 있는 소수의 사람들이 이해하고 평가해 준다면 대단히 만족합니다." 에스허르는 두 종류의 사람들에 대한 이론을 신봉하고 있었다. "느끼는 사람들"은 사람과 사람 사이의 관계에 흥미를 가진 예술가들이고, "생각하는 사람들"은 물질, 공간, 우주의 언어와 그 객관적인 존재에 집중하는 과학자들이다. "다행히도, 실제로 느끼는 특성, 혹은 생각하는 특성만 지닌 사람은 없습니다. 이러한 특성들은 무지개의 색깔들처럼 서로 섞이고, 뚜렷하게 나뉠 수 없습니다."11) 그렇지만 에스허르는 그러한 구분이 조금이라도 있고, 양 진영이 공통적으로 서로의 일을 의심하고 짜증을 내며 평가절하 한다는 사실로 고민했다. 그는 예술과 과학 간에 더 나은 이해와 신뢰가 있기를 바랐는데,12) 이는 C. P. 스노C. P. Snow가 "두 개의 문화The Two Cultures"라는 1959년의 유명한 비가에서 명확화했을 만한 주제였다.13)

암스테르담에서의 대회가 폐막되기 전, 콕세터는 에스허르의 판화 두 점을 구입했다.14) 얼마 지나지 않아 콕세터와 에스허르는 활발하게 의견의 일치를 보았다. 각자의 분야의 고립성에 대한 그들의 작은 항변이었다. 콕세터는 기하학에 대한 에스허르의 직관적 감각을 극히 높이 평가하게 되었다. 에스허르는 콕세터의 수학도해가 자신의 창조성을 불붙이는 촉매임을 깨달았다. 에스허르는 이렇게 평가한 적이 있었다. "우리를 둘러싼 수수께끼와 첨예하게 맞서고 내가 해 온 관찰을 분석함으로써 나는 결국 수학의 영역에 들어섰다. 나는 이 정확한 학문에 대하여 어떠한 훈련을 받지도, 어떠한 지식을 갖추지도 못했지만, 동료 예술가들 보다는 수학자들과 공통적인 부분이 더 많다고 생각된다."15)

△ ▢ ◇ ⬡ ⬡

암스테르담에서의 만남에 이어 콕세터는 에스허르에게 편지를 써서 그의 그림 두 점-딱정벌레와 기수騎手를 그린 유쾌한 쪽 맞추기-을 그가 준비하고 있는 1957년 캐나다학술원 원장연설에 쓸 논문에 도해로 사용할 수 있도록 허락해 달라고 요청했다. 논문 제목은 "결정대칭과 그 일반화Crystal Symmetry and its Generalizations"였는데, 이는 그 모임의 더 큰 주제인 "대칭 심포지엄A Symposium on Symmetry"의 일환이었다. 에스허르는 허락을 했지만 이러한 결정이 앞으로 자신의 작업에 어떠한 영향을 미칠 것인가에 대해서는 전혀 예측할

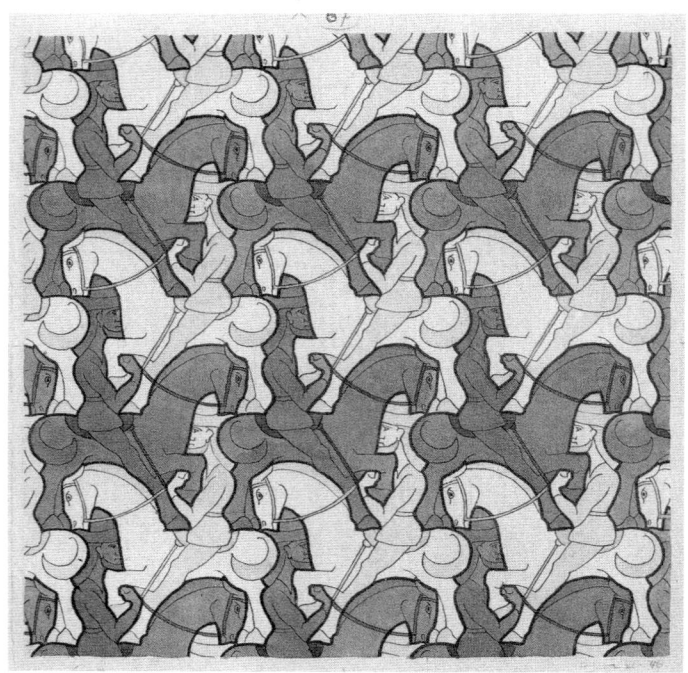

M. C. 에스허르의 기수를 소재로 한 규칙적 분할 그림, 1946.

수 없었다.

암스테르담에서 콕세터의 관심을 사로잡았고 에스허르가 "평면의 규칙적 분할" 그림이라고 불렀던, 조각 맞추기 형태의 대칭 디자인을 통해 이 예술가는 자신만의 수학적 기본원칙, 2차원에서 3차원으로 매끄럽게 도약하기 위한, 혹은 경직되고 촘촘한 대지의 질서로부터 비행하는 새들의 자유로 변태한 다음 그 아래 펼쳐진 호수에서의 물고기의 아른거리는 유동성으로 다시 한 번 급강하기 위한 자신만의 특별한 방법을 만들어 냈다.16) 에스허르는 처음에는 서로 맞물리는 합동 도형들을 어떻게 대칭적으로 조립해 나갈지 전혀 알지 못했다고 인정했다. 이러한 방법은 점차적으로 떠올랐다. 그는 이러한 주제에 대한 문헌들을 연구하고 모든 가능성을 철저하게 생각하며 자신만의 이론을 형성했다. 그는 이렇게 말했다. "이러한 일은 여전히 매우 흥미진진한 활동입니다. 제가 그 일에 중독되었고, 때로는 거기에서 벗어나기 힘들 거라는 생각이 듭니다."17)

기하학에서 평면에 타일을 까는 것, 즉 쪽 맞추기는 마룻바닥과 같이 평평한 표면, 좀 더 전문적으로 말하자면 유클리드평면을 공간이 남거나 겹치지 않게 서로 맞아 들어가는 모양들로 덮는 일과 관계가 있다. 무한히 많은 정다각형들 중에서 합동인 도형으로 평면에 타일을 까는 일에 맞는 것은 결국 단 셋뿐이다. 정삼각형, 정사각형, 그리고 육각형이다*(유사하게, 3차원에는 다섯 개의 정입체가 있지만, 정육면체 단 하나만이 겹치거나 공간이 남지 않게 비슷한 방법으로 3차원 공간에 타일 깔기를 할 수 있다).18)

에스허르는 어릴 때 치즈조각의 모양, 크기, 양을 세심하게 선택하여 빵조

---

* 무한한 숫자의 비정다각형들이 평면에 타일 깔기를 하는 데 사용될 수 있다. 이와 비슷하게, 그렇게 할 수 있는 추상적 도형의 숫자도 무한하다.

각에 완벽하게 채워 넣으면서 타일 깔기를 시작했다.19) 그가 스페인에 있는 알함브라궁전을 방문하고 또 여러 차례 다시 방문한 것은 그를 형성해 준 밑거름이 되었다.*20) 다각형의 반복적인 패턴으로 2차원 평면을 채우는 유서 깊은 예술은 13세기 스페인에서 그라나다의 무어인 군주들이 지은, 불규칙하게 퍼진 성채 겸 궁전에서 절정을 이루었다. 이 복합건물은 나스르왕조의 시조 마호메트 이븐 알 아흐마르Mahomet Ibn al-Ahmar가 시작하였고 그의 후계자들이 14세기에 건축을 계속하였다. 알함브라궁전은 모든 표면에 식각이 되어 있고 밀봉된 비닐포장 광고 캠페인처럼 덮여 있는 기하학적 타일 깔기의 신전이다. 무어인들은 알라의 무한한 권능에 바치기 위해 기하학적으로 복잡한 반복적 패턴을 이용했다. 추상적 패턴에 대한 확고한 선호는 "너희는 너희가 섬기려고 위로 하늘에 있는 것이나, 아래로 땅에 있는 것이나, 땅 아래 물속에 있는 어떤 것이든지, 그 모양을 본떠서 우상을 만들지 못한다. 너희는 그것들에게 절하거나, 그것들을 섬기지 못한다.(구약성서 출애굽기 20장 4~5절, <성경전서 새번역>의 해당 부분을 그대로 옮겼다-옮긴이)"라는 제 2계명을 엄격하게 준수하는 데서 비롯된 것이라고 콕세터는 기록하였다. 그러나 에스허르는-콕세터의 언급에 따르면- "무어인들의 가책에서 자유롭기에 이러한 군들을 그 기본적인 영역에서 동물 모양을 이용하여 독창적으로 응용한다."21)

에스허르와 콕세터가 미학적인 도안의 매력을 위해 수행한 평면의 타일 깔기는 순수 기하학이 우연히 응용되는 또 하나의 예이다.22) 타일 깔기는 바닥, 벽지, 벽돌담에서 흔히 찾아볼 수 있다. 그러나 콕세터가 <기하학 개론>의 2차원적 결정학에 바친 장에서 언급했듯이, 평면의 쪽 맞추기는 결정학에서 자

---

* 콕세터도 알함브라궁전을 방문하였을 것이라고 기대할 법하다. 그러나 그는 방문하지 않았다. 투우가 동물의 권리와 평화주의에 대한 자신의 신념과는 너무 멀었기에 그는 스페인을 배척했다.

연계와의 관련성을 찾는다. 콕세터는 이렇게까지 말했다. "수학적 결정학은 물리학에 대한 기초 기하학의 가장 중요한 응용 중 하나를 제공한다."23)

결정학 분야–물리학자, 생물학자, 화학자 및 수학자가 연구하는 학제적 학문–는 결정의 내부구조, 그 분자구조의 기하학적 패턴을 조사한다. 결정의 원자들은 단호한 규칙성을 갖춘 격자배열을 형성한다.24) 예를 들어 DNA의 이중입체나선구조는 결정학적 데이터에서 도출되었고, 다이아몬드의 사면체 지향적인 결합은 이 보석의 뛰어난 경도를 낳았다.25)

사실 수정은 열일곱 개의 평면대칭군planar symmetry groups에 의해 분류되는데(평면planar은 2차원을 의미한다. 3차원에서는 230개의 결정학적 공간군이 존재한다), 이러한 군들은 결정구조에 작용하였을 때 구조를 변화시키지 않는 모든 운동–평행이동, 회전, 반사, 미끄럼반사, 나선 운동, 회전반사–의 모임이다. 이러한 이유로 콕세터군과 콕세터 도식은 결정학에서 유용하게 사용된다.26)

<기하학 개론>에서 결정학에 대하여 논하면서 콕세터는 에스허르의 같은 두 점의 그림–딱정벌레와 기수–을 도해로 사용했다. 마틴 가드너는 <사이언티픽 아메리칸>에서 콕세터의 책–에스허르가 콕세터의 "주문 같은 높은 수준의 추상…… 물론, 나는 각 장의 서두에 나오는 재미있고 심오한 관찰들 이외에는 단 한 음절도 이해하지 못한다"고 말했던 책–을 비평하면서 글의 사분의 일을 에스허르의 그림이 등장하는 두 쪽에 할애하였다. 그리고 에스허르의 규칙적으로 분할된 새 그림의 판화 컬러판이 잡지 표지에 실렸다.27) (결정학에 대한 더 많은 정보나, 한때 화장지의 누비무늬에 도용되었다는 로저 펜로즈 경의 타일 깔기에 대해서는 부록 7 참고.)

△ ▢ ◆ ⬡ ⬢

에스허르가 콕세터를 만날 때는 이미 이 예술가의 규칙적 분할 쪽 맞추기–새나 물고기에 대한 여러 변종이 가장 흔했으나 때로는 도마뱀과 나비도 있었다―는 대단히 인기 있고 이익도 많이 내게 되었다. 그는 이러한 성공에 당황했다. 가까운 장래에는 작품에 서명을 하는 일에 매달리느라 새로운 작업을 할 시간이 부족할 터였다. 그러나 규칙적 분할을 고안하는 데 열중하며 오랜 세월을 보낸 에스허르의 호기심은 다른 방향으로 움직였다.[28] 그는 유클리드평면에서 벗어나 보다 설득력 있는 무한을 그리고 싶어 했다. 무한은 환상으로 덮여 있기는 했지만, 그는 무한을 이해할 수 있고 무한의 매력을 뿌리칠 수 있다고 생각했다. "평면은 나를 짜증나게 만든다."[29] 에스허르는 자신의 규칙적 분할 그림에 대해 이렇게 말했다. "나는 내 도형들에게 이렇게 외치고 있다는 느낌이 든다. '너희는 내게 너무 허구적으로 보여. 거기 가만히 누워서 함께 얼어붙어 있을 뿐이잖아. 뭔가 해, 거기서 나와서 뭘 할 수 있는지 보여 달란 말이야!'"[30]

에스허르는 자신의 창의력이 정체되자, 그는 수학자가 다루기 어려운 문제와 맞붙는 것과 마찬가지로 이러한 장애와 집요하게 맞붙었다.[31] 수학자들은 성가시고 괴롭게 구는 문제를 제기하고, 진리, 즉 해가 스스로 드러날 때까지 (그렇지 않으면 계획과는 다르게 불가능한 것으로 증명될 때까지) 문제를 계속하여 조금씩 풀어 나간다. 에스허르는 지칠 줄 모르는 탐구열로 끈질기게 매달렸고, 그러한 의미에서 그는 수학자의 정신을 지녔다.[32] 그는 손으로 목판화를 깎는 보상과 판화를 찍어 내는 리드미컬한 기분전환에 이르기 전에 지적인 작업으로 몇 주고 몇 달이고 보냈다. 에스허르의 아들 조지는 아버지의 노동관이 어떻게 집안의 분위기를 지배했는지 회상했다.

새로운 개념이 판화로 완성되기까지는 몇 달, 때로는 몇 년의 숙고기간이 걸릴 수 있었다. 아버지의 상태는 화를 내기도 하고 사소한 문제에 대해 느긋하게 검토를 했다가, 닫힌 문 뒤에서 안절부절못하고 서성거리기도 하고 만족스러운 해결책을 찾아냈다는 갑작스런 발표를 하기도 했다. 이렇게 생각하는 동안 아버지는 조용한 상태를 원하셨고, 자신의 사생활을 침해하지 말라고 하셨다. 화실의 문은 가족을 포함한 어떤 방문객에게도 개방되지 않았고, 밤에는 잠겨 있었다. 언젠가는 결과를 기다리는 집안의 분위기가 누그러지곤 했다. 화실 문이 열리고, 우리는 아직 계획단계에 있는 새로운 디자인을 보라는 권유를 받았다. 그로부터 몇 주 동안 화실에서는 유쾌한 휘파람소리와 나무를 깎고 판화를 찍는 것 같은 소리가 새어 나왔다.33)

보다 납득이 가는 무한을 포착하기 위한 오랜 탐색 끝에34) 1958년 어느 날, 에스허르는 화실 문을 활짝 열고 평평한 유클리드평면에서 탈출하려는 시도가

화실에서 작업 중인 에스허르.

chapter 11 M. C. 에스허르와 "콕세터하기" (그리고 다른 예술가들 칭찬하기) ◆ ◆ ◆ 333

성공했음을 선언하였다. 콕세터가 보낸 편지가 창조적인 폭탄인 양 제도대 위에 떨어져 있었다. 후일 그는 콕세터에게 그 편지가 "상당한 충격을 주었습니다"라고 말하였다.35) "대칭 심포지엄"에서의 원장 연설에서 에스허르의 판화를 사용한 후, 콕세터는 에스허르에게 감사의 표시로 자신의 논문을 보내 주었다. 에스허르는 포장을 열고 자신의 규칙적 분할인 딱정벌레와 기수가 복사되어 있는 것에 충분히 만족해했다. 그러나 쌍곡선 평면과 구 위에서의 비유클리드적 대칭을 환기시키기 위해 콕세터가 도해로 사용한 수학도형들을 처음 접한 에스허르에게는 그가 오랫동안 기다리던 통찰이 예기치 않은 충격으로 다가왔다.36)

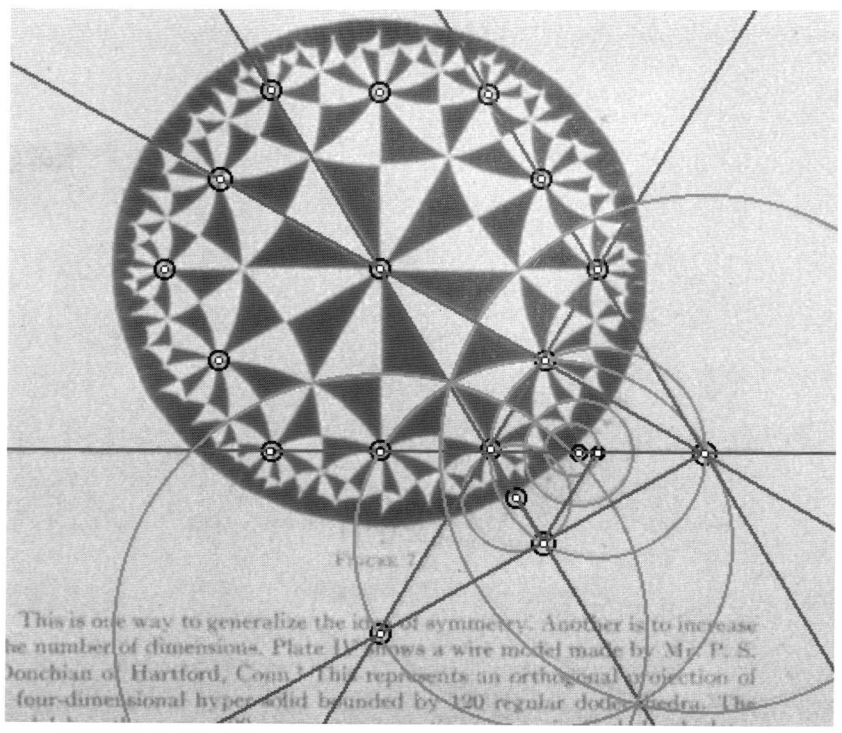

쌍곡선 평면의 타일 깔기를 보여 주는 콕세터 도식 위의 에스허르의 연필 투사도(화질을 높인 것).

에스허르는 곧바로 콕세터의 논문에서 "원의 중심에서 도형들이 점진적으로 가까워지고, 작아지는 주변부로 가면서 패턴의 크기를 줄이는 방법"을 얻어 내 보려는 일에 착수했다.37) 에스허르가 이러한 방법을 발견해 낼 수 있었던 유일한 방법은 모든 작업을 통해 그가 사용하였던 직관적이고 실천적인 접근법이었다. 그는 컴퍼스를 사용하여 콕세터의 논문에 수록된 도형-푸앵카레 원판을 채우고 있는 흑백의 삼각형이 이루는 대칭적 패턴-을 베껴 그 호가 삼각형의 외곽선을 이루는 원들의 중심 패턴을 해독하고자 했다. 그는 콕세터의 원래 도형 위에 기하학적 발판을 세우고 자신만의 스타일로 재창조하여 서로 만나는 원들을 그린 커다란 그림을 만들어 냈다.38) 아들 조지에게 보낸 편지에서 에스허르는 이러한 발견에 대하여 정신없이 설명했다.

[콕세터]의 주문 같은 문자는 내게 전혀 소용이 없다만, 그림은 분명 나의 쪽 맞추기 시리즈에 전적으로 새로운 변형이 될 가망이 있는 평면의 분할을 만들어 내는 데 도움이 될 수 있다. 무한히 작은 도형들로 모든 면이 한정된 원형의 규칙적 타일 깔기는 정말 멋지다. 동시에 대중들에게 성공적일 수 있는 것이 무엇이건 그로부터 거리를 두고 있는 것과 같다. 하지만 어떤 문제가 나를 끌어당긴다면 무엇을 할 수 있을까? 보기만큼 쉬운 일은 아니다. 해 보자. 크기야 어찌 되었건 한 개의(혹은 네 개의) 정사각형을 원의 중앙에 올려놓고(예를 들어 중심을 가로지르는 두 개의 직선으로 분리된) 바깥쪽으로 가면서 점점 더 작아지도록, 체스판 같은 것으로 만들자. 네 개의 축만으로는 안 될 것이다. 극히 독특한 방식으로 여섯 개의 축으로 바꿔야 한다. 평평한 면에서는 보통 가능하지 않은 일이지. 가장자리는 부분적으로만 직선이고(교차하는 세 개의 중심선들만) 나머지는 모두 원이야. 콕세터의 모형이 없었더라면 이런 걸 생각해 냈을 리가 없지.39)

얼마 지나지 않아 "콕세터의 체계에서 영감을 받은" 첫 번째 목판화가 완성되었다. 에스허르는 <원 극한 I Circle Limit I>이라는 이름을 붙였다. "내게 이것은 '점점 더 작아지는' 유형으로 내가 만든 것 중에는 가장 아름다운 것이다." 40) "이 둥근 모든 것을 망라하는 무한히 작은 도형들의 극한, 모두가 대단히 논리적이고 질서정연한 '코크시터Cokeseater' 씨의 반응이 몹시 기다려진다. 한 점 보내드렸는데."41)

에스허르의 독창적 디자인에 감명을 받은 콕세터는 답장을 보내며 그러한 패턴이 같은 방식으로 계속하는 방법에 대하여 조언했다(그는 에스허르의 둘러싸인 원들의 격자에 빨간 점으로 이를 표시하여 되돌려 보냈다). 콕세터는 에스허르가 이것 말고 다른 체계들이 원 극한에 이를 수 있는가에 대하여 질문한 것에 대해서도 대단히 격식을 차린 수학적 표현법으로 답하였다. "그럼요, 무한히 많습니다!"42)라고 콕세터는 답했다. 그리고 에스허르가 그토록 쓸데없다고 여겼던 "주문 같은 문자"43)로 상세하게 설명하였다. "그가 대답한 것을 보니 대단히 현학적이어서 의미를 이해하기도 어려운 기호들을 마구 사용한다. 그러나 다행히도 몇 개의 그림을 첨부하였더구나."라고 에스허르는 웃었다. 44) 순수한 예술적 근성과 고집으로 에스허르는 자신이 상상한 결과를 향해 애써 나아갔다. "아마 콕세터가 한 마디만 해 줘도 도움이 될 수 있겠지만, 혼자 찾는 편이 좋다. 또한 이론적 수학자들과는 다양한 측면에서 서로의 의도를 오해하는 경우가 많다. 게다가 콕세터로서는 문외한이 이해할 수 있도록 글을 쓴다는 것이 대단히 어려운 모양이다."45)

그럼에도, 콕세터는 진정한 교사였다. 그는 자신이 하고 있는 일에서 가장

---

* 에스허르의 〈원 극한〉 패턴이 플라톤입체와 같은 대칭을 보이되 다만 구면 기하학에서 쌍곡선 기하학으로 부풀려 놓은 것이라는 점은 흥미롭다.

정교하고 미묘한 부분에 아마추어의 관심을 끄는 일도 즐거워했다. 누구와 접촉하든, 그들이 멍청하거나 냉담하게 느껴지거나 말거나, 콕세터는 언제나 자신이 이해하고 있는 것, 즉 수학적으로 중요한 통찰을 함께 나누고자 결심했다.46) 에스허르 학자인 샷슈나이더는 "그는 언제나 다른 사람들에게 자신들이 하고 있는 수학을 설명해 주었고, 상대가 그런 게 있었는지조차 전혀 알지 못하는 사람이더라도 다를 바가 없었습니다"라고 말했다. "그는 그것이 자신의 일생의 임무라고 여겼습니다. 스스로도 어쩔 수 없었던 것이지요."47)

콕세터는 아마도 에스허르의 의문에 대한 자신의 답이 도움이 되었으리라고 생각했을 것이다. 다른 예술가들과의 조우에서도 반복되는 양상이었지만, 그의 수학적 "도움"은 당혹스러워하는 반응을 불러일으키는 경우가 많았다.48) 그러나 그의 기술적 지원은 곧바로 예술가들의 주체성을 벼려내어 자신들이 도달할 지도 모를 목표를 얼핏 보여 줌으로써 스스로 생각해내도록 했다. 이는 콕세터가 교실에서 주창했던, 학생 스스로가 발견하도록 하는 기하학에 대한 접근법과 일치하였다. 학습을 향한 최선의 길은 스스로 발견해 내는 스릴만점의 지적 흥분으로 이어지는 실천적인 경험이라는 것이 그의 신념이었다.49)

△ ◻ ✦ ⬢ ✦ ⬢

지금 하고 있는 일을 하는 이유— 그의 동료들 상당수가 은퇴한 노령에 이 일을 계속해서 하고 있는 이유— 가 무엇인가하는 질문을 받으면 콕세터는 언제나 짤막하게 대꾸했다. "예술가에게 지금 하고 있는 일을 하는 이유가 무엇인가라고 묻는 사람은 없습니다. 저는 여느 예술가와 마찬가지지요. 자나 깨나 내 마음을 가득 채운 것이 도형과 패턴이기 때문일 뿐입니다."50) 콕세터는 여러 가지 점에서 예술적인 경향이 있었다. 어머니는 화가였고 아버지는 조각가였다는 사실은 그가 얼마나 이러한 작업에 익숙한가를 반증한다. 에스허르나 다른 예술가들이 수학적으로 작업을 하는 것처럼, 수학자인 콕세터는 직관적이고 시각적이며 촉각적인 방식을 통해 예술적으로 작업을 하였다.

그렇다고 콕세터가 미술애호가였다는 말은 아니다. 그는 미술관에 가기를 즐겼지만 그의 집 벽에 걸린 미술품은 어머니가 그린 초상화와 풍경화, 에스허르의 판화 몇 점, 그리고 다면체와 초다면체의 다양한 투사도가 전부였다. 투사도 컬렉션에는 여기저기서 콕세터를 따르는 예술가들과 다른 아마추어 기하학자들의 기하학적 작품들이 포함되었는데 뉴욕 포키푸 시에 있는 허드슨 강 정신병원에 입원중인 조지 오덤이 자주 선사하는, 놀랍도록 심오한 작품들도 있었다.

"저는 30년 동안 유아론적으로 이러한 저만의 세계에 갇혀서 살았습니다. 제가 원했던 것이지요"라고 오덤은 말했다. "이만치 그 세계에 머물러 있는 유일한 이유는 잡담이 거의 없다는 것입니다. 여기서 저는 사교는 최소한도로 억제하고 저만의 흥미를 추구하고, 그림을 그리고, 수학적 모형을 만들고, 조각을 하죠. 제가 찾을 수 있었던 가장 고독한 곳입니다."[51] 오덤은 사람의 맥을 빼놓는 우울증에 시달리지만 자신이 어떻게 여기까지 오게 되었는가를 이야기해 줄 때는 기관총 같은 속도로, 자신의 운명에 대단히 만족하는 사람 같이 태연한 어조로 말한다. 그가 콕세터에게 이끌린 궤적에 관해, 오덤은 1950년대 초반 그가 현대미술관을 방문하여 벅민스터 풀러의 다면체 조각품들에 사로잡힌 열한 살 때부터 얘기를 시작했다. 열일곱 살에, 그는 뉴욕에서 동성애에 잠깐 발을 담갔다가 환멸을 느끼고 "더욱 본질적이고 오래 가는 가치를 지닌 것"을 찾기 시작했다. 그러다가 콕세터에게 이르렀다. 오덤은 콕세터가 1970년대 이래 30년 동안 자신이 현실, 그리고 인류와 접촉하는 넷 밖에 안 되는 통로들 중 하나라고 했다.[52] 오덤이 편지를 주고받으며 자신의 생각이 발전하는 바를 기록할 사람으로 직접 고른 나머지 세 사람은 그의 형, 뉴욕에 있는 알버트 아인슈타인 의과대학과 몬테피오리 종합병원의 임상교수이자 그의 정신과 주치의 찰스 W. 소커라이즈Charles W. Socarides(소커라이즈와 더블어 오덤은 외견상 무관해 보이는 프로이트의 오이디푸스 콤플렉스와 수학적 관념론의 관계를 논하였다), 그리고 바하마연방의 나소에 있는 세인트오거스틴 수도원 겸 학교의 베네딕토회 수사인 매그너스 웨닝거 신부였다(공교롭게도 웨닝거는 멀리 있는 콕세터의 친구이기도 했다).53

오덤은 세상에서 물러나 요크타운 하이츠에 있는 원룸을 빌려 거기서 서양철학, 버트런드 러셀, 그리고 에드나 크레이머Edna Kramer의 책인 <수학의 주류The Mainstream of Mathematics>를 읽기 시작했다. 그는 뉴욕에 있는 크레이머에게 전화를 걸었고, 크레이머는 그에게 다면체에 대한 필독서 목록을 보내주며 그가 연락하기를 원하는 사람은 토론토 대학교에 있는 어떤 교수라고 알려주었다. 한 차례의 자살시도로 뉴욕병원 웨스트체스터분원(간호사들과 의사들은 오덤에 대하여 경탄하였다. "그는 마치 대학교수처럼 말해요.")에 입원하였던 그는 마침내 허드슨 강 정신병원에 자리를 잡았고, 거기서 콕세터와의 서신교환을 시작했다.54)

"콕세터는 놀랍도록 교양 있는 사람이었습니다"라고 오덤은 말했다. "전적으로 세련된 인간이었지요." 그들은 몇 가지 주제에 관하여 서신을 주고받았다. 성서해석, 철학, 심리학, 형이상학, 심지어 죽음에 대한 오덤의 일시적 흥미까지. 이에 대하여 콕세터는 루이스 캐럴의 <거울 나라의 앨리스>에서 적당한 부분을 인용하였다.55) 그러나 그들의 논의는 대부분 수학에 초점을 두었다. 편지를 보낼 때마다 거의 언제나 오덤은 모형도 같이 보냈고, 두 사람 모두 대가다운 엄숙함으로 자신의 수학적 생각에서 세상의 무시무시한 상태로 이야기를 이어갔다. 한 편지에서 오덤은 이렇게 말했다. "제가 얼마 전에 발견한 이 기본적인 구조를 가지면 기뻐하시지 않을까 생각했습니다. 저는 기하학이 '이 세상의 것이 아니'라고 확신합니다. 즉 초월적이고 귀족적인 것이라는 것입니다. '세상'이 추잡하게도 숭고함이나 감사하는 느낌이 없이 써먹고 있더라도 말입니다. 수학이 '과학의 여왕'이라면 왕은 무엇일까요?" 콕세터는 이렇게 답했다. "아마도 과학의 왕은 생태학일 겁니다. 미국이 수백 개의 국가들 가운데 멸종위기에 처한 종들을 구한다고 약속하지 않은 유일한 국가라는 것은 부끄러운 일이라는데 동의해 주시리라 기대합니다." 그들은 예술적으로도 친밀한 관계를 맺었다. 오덤에게서 앙리 마티스Henri Matisse가 그린 <광대Clown> 그림와 짧은 글이 담긴 엽서가 도착했다. "잡지와 글을 보내주신 것 대단히 감사합니다. 당신은 멋진 분이시고 저는 선생님을 미칠 듯이 사랑합니다. * 부모님들이 예술가이셨는지 모르겠습니다. 그렇다면 많은 것이 해명되는데 말입니다."56)

오덤은 자신의 편지에 "당신을 존경하는 제자"라고 서명하는 경우가 많았다. 하지만 콕세터는 그를 동등한 사람으로 대우한다고 했다. "선생님의 역사적인 저작을 보내주셔서 감사드립니다. 잘 아시다시피 저는 수학자가 아닌데, 영광입니다. 저는 예술가이지만 선생님과 저는 둘 다 질서에 흥미를 가지고 있고 그로써 우리 둘 다 아름다움에 이끌립니다. 예술은 과학이 '사소한 것'으로 무시하는 수많은 현상들과 관련이 있다는 점에서 예술과 과학은 상당히 다릅니다. 그러나 둘 다 같은 목표, 즉 아름다움, 진리, 사랑에 관심을 가집니다. 그러니까 예술이 진정 예술이라면 과학은 진정 과학인 것입니다." 오덤은 콕세터를 자신의 수학적 "상대Other"라고 생각했다. 콕세터는 오덤이 자신의 아이디어를 발전시키는 공명판 역할을 해 주었고, 가장 큰 후원자였다.57) 오덤은 황금비의 작도방법을 발견했고, 거기서 예기치 못한, 아름답도록 단순한 방법을 알아본 콕세터는 이를 문제로 정식화하여 오덤의 이름으로 발표하도록

---

* 다른 때에 오덤은 이렇게 편지를 마쳤다. "제가 존경하는 사람은 극히 드뭅니다. 선생님은 그중 한 사람이 될 만큼 운이 좋으시고요."

<미국 수학 월간지American Mathematical Monthly>에 보냈다.58)

오덤은 열 개의 정육면체의 복합도형Compound of ten cube도 발견해서 이를 콕세터에게 보냈다. 콕세터는 다시 한 번 기뻐했다. 또 하나의 대단히 단순하고 아름다운 발견이었던 것이다. 이 발견은 정육면체를 그 자체로 회전 변환하는 것이 사색의 순열과 정확하게 일치함을 증명하였다. 그는 오덤에게 편지를 써서 1992년 8월에 퀘벡 시에서 열리는 국제수학교육대회의 수학과 예술 분과에서 자신이 할 기조연설에서 모형으로 사용하겠노라고 약속했다. "물론 공적은 당신에게 돌릴 것입니다."59)

오덤의 세 번째 중요한 발견은 서로 맞물린 네 개의 속이 빈 삼각형의 작도법이었다. 이번에도 그는 콕세터에게 모형을 보냈다.60) 이 구조와 놀랍도록 꼭 닮은 것이 바로 얼마 뒤 콕세터의 책상에 놓이게 되었는데, 그것은 역시 기하

오덤이 발견한 서로 맞물린 네 개의 속이 빈 삼각형과 함께한 콕세터.

학적인 성향을 지녔으며 예술적인 인물인 영국의 조각가 존 로빈슨이 보낸 선물이었다. 친구의 추천으로 로빈슨은 콕세터에게 자신이 최근에 만든 조각품들에 관한 책인 <상징적 조각, 우주 연작Symbolic Sculpture, The Universe Series>을 보냈었다.61) 콕세터는 자신이 본 청동, 나무, 양모로 만든 수많은 기하학적 개념, 즉 황금률, 아르키메데스 나선, 황금나선, 원뿔, 매듭, 각뿔, 삼각형, 계란형, 뫼비우스의 띠, 원, 접선에 대한 아름다운 실현을 높이 평가했다.62)

로빈슨은 노는 아이들, 그리고 로널드 레이건Ronald Reagan 대통령과 엘리자베스 2세Queen Elizabeth II의 흉상과 같은 "구상적" 작품들로 경력을 시작했다.63) 그는 수학에서 영감을 얻은 작업으로 옮겨간 것을 오귀스트 로댕Auguste Rodin의 말을 인용하여 설명하였다. "나는 기하학이 감정의 심장이며, 감정에 대한 각각의 표현은 기하학의 지배를 받는 운동으로 이루어진다는 것을 알게 되었다. 기하학은 자연 어디에나 존재한다. 자연의 합주인 것이다."64) 그리고 그는 칼 융Carl Jung의 저작 <인간과 그 상징Man and His Symbols>도 살폈다. "예술가는, 말하자면 스스로가 생각하는 만큼 창조적 작업에서 자유롭지 못하다. 그의 작업이 다소간에 무의식적인 방식으로 수행된다면, 자연의 법칙에 의해 제어되는데, 이러한 자연의 법칙은 가장 깊은 수준에서는 그의 정신의 법칙과 일치하며, 그 역도 성립한다."65)

특히 <직관>이라는 로빈슨의 작품은 콕세터의 시선을 사로잡았다. 오덤의 모형처럼 그것은 속이 빈 삼각형들이 질서정연하게 서로 맞물려 뒤엉킨 것이었지만, 로빈슨의 조각품에는 삼각형이 세 개뿐이었다. 그리고 오덤의 모형이 손에 쏙 들어오는 크기의, 밝게 색칠한 마분지 모형이었던 반면, 로빈슨의 조각품은 스테인리스스틸로 만든, 그보다 적어도 네 배는 되는 크기이거나, 아니면 180㎝×270㎝ 크기의 거대한 목제 조각품이었다.66) "'직관'이라는 제목은 잘 고르셨습니다"라고 콕세터는 로빈슨에게 알렸다. "그 이유는, 조지가 선

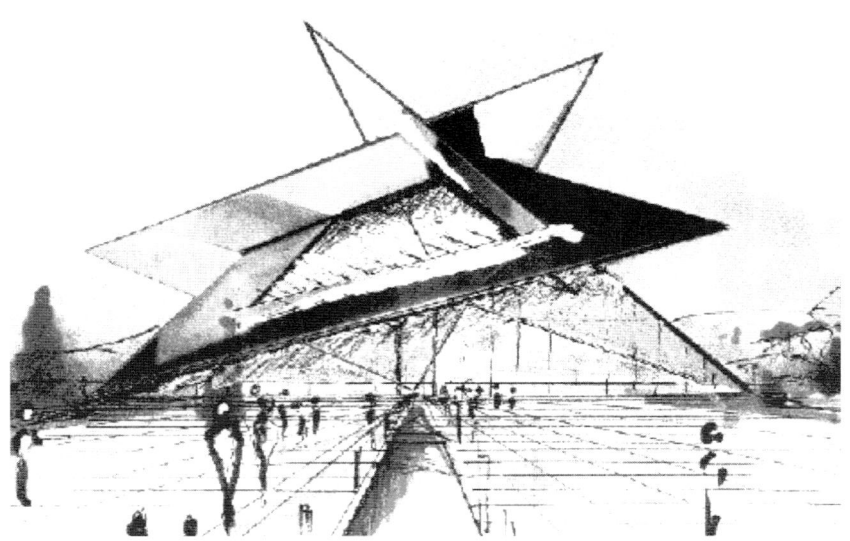
로빈슨은 자신의 〈직관Intuition〉이라는 조각품의 본유적 엄밀함이 자신이 언젠가 지으려는 건물의 스스로 지탱하는 지붕을 이룰 것이라고 주장했다. 콕세터는 그러한 건물이 자체적인 무게로 붕괴할 것이라고 생각했다.

생의 작품을 하나라도 본 적이 없다는 것은 확신하지만, 여러 점에서 무언가 불가사의한 점이 있기 때문입니다. 그와 선생은 비슷한 '직관'을 갖춘 것이지요."67) 로빈슨에게 이 조각품은 "지식의 중심에 들어 있는 매듭진 핵심"을 표현하는 것으로서 "이로부터 종종 명백한 이유 없이 독창성과 창작의 불꽃이 튀긴다. 우리는 이러한 불꽃을 직관이라고 부른다. 불꽃은 사방으로 날아가지만 경험의 핵심에서 나온다."68) 콕세터에게, 이 두 개의 3차원 예술작품은 수학적인 뜻밖의 발견을 상징하는 것으로서, 논문 주제로 삼을 만한 것이었다.

콕세터는 두 작품을 비교하여69) 자신의 결과를 자세히 적었고 이를 로빈슨에게 보냈다(그의 논문은 〈수학정보제공자〉에 실렸는데, 이 책의 표지로는 오덤이 손으로 만든 모형이 쓰였다).70) 수학적 상형 문자에 대한 로빈슨의 반응은 에스허르와 똑같았다. 그는 답장에 이렇게 썼다. "선생님의 논문에 나온 수학을 이해하지 못한다는 사실을 고백하건데, 방정식을 바라보고 그것이 나의 머릿속으로 '불쑥 들어온' 무언가와 직접적으로 연관이 있다는 것을 알며 큰 만족을 느끼고 있습니다. 그 '불쑥 들어오는' 행위가 제가 이 조각품을 직관이라고 이름 지은 이유입니다."71)

△ ◻ ◆ ⊛ ⬢

그와 비슷하게 콕세터의 "주문 같은" 제안을 겁내지 않았던 에스허르는 무한을 포착하려는 탐구를 계속했고, 최초의 쌍곡선적 접근법의 단점을 보완하기 위하여 <원 극한 I>을 만지작거렸다. 그는 <원 극한>에 대한 작업과정을 "콕세터하기"라고 불렀다. 이를테면 "오늘 나는 나의 새로운 '콕세터하기'의 열네 개의 인각을 처음으로 찍는 일을 마쳤다"72)라거나 "'콕세터하기'는 평면 채우기 패턴에 대한 최선의 해결책이라고 생각한다. 내게 남겨진 시간 동안 이것만을 사용해야 할 터인데, 단 예전의 퍼즐보다는 훨씬 더 어렵다"73)는 식이었다.

에스허르는 자신의 콕세터하기를 의기양양하게 생각했지만, 다른 사람들이 자신과 같이 이해하지 못할까 하는 두려움을 가지고 있었다. "몇몇 방문객들에게 '점점 더 작아지는' 판화를 설명하려고 애써 왔지만 대부분의 사람들이 닫힌 평면 속의 무한한 세계의 아름다움에 흥미가 없는 것이 분명하다. 대부분의 사람들은 그 의미를 전혀 알지 못한다. 나는 작품을 만드느라 바쁘지만 사람들은 이해하지 못해 슬프다."74) 에스허르의 "의미"는 "무한을 포착"하는 것이었다. 실은 감지할 수 없는 일련의 법칙들의 지배를 받는 무한에 대하여 그는 점점 더 철학적이 될 수 있었다.

그러한 법칙들에는 깜짝 놀랄 만한 무언가가 있다. 이러한 법칙들은 인간이 발견하거나 창안한 것이 아니라 우리와 독립적으로 존재한다. 명징한 순간에라도 기껏해야 그러한 법칙들이 존재한다는 것을 발견하고 이를 고려할 수 있을 뿐이다. 지구상에 사람들이 존재하기 훨씬 전에 지각 위에는 이미 결정들이 자라나고 있었다. 언제인가 어떤 사람이 땅바닥에 놓여 있던 이 규칙적이고 번쩍이는 조각을 처음으로 발견했거나 혹은 석기로 내리치자 결정이 부서지면서 발밑에 떨어졌다. 그 사람은 그것을 집어 들어 손바닥에 놓고 살펴보다가 깜짝 놀랐다. 우리의 마음을 사로잡는 그와 같은 완벽성을 우리는 철저하게 성취해 본 바가 없다. 그러한 완벽성은 우리의 내적 눈으로만 볼 수 있다.75)

무한에 대한 이 명료한 표현에 대하여 콕세터가 끄덕거리며 "아, 그래. 그것 참 멋지다!"라고 했을 법도 하다. 그러나 그와는 반대로, 무한에 대한 콕세터의 표현은 훨씬 더 평범해서, 커다란 숫자적 존재라고 하는 것이었다. 어떤 만찬회를 마치고 일기에 쓴 "늦게 일어나 ∞개의 접시를 닦음"76)이라는 표현이나 "린이 ∞통의 전화를 했다"77)는 말에서 이러한 그의 생각이 드러난다. 그는 무한이 어떻게든 미래로 변환된다는 개념을 버렸다. 그가 유일하게 믿는 내세는 육체가 부패하는 분자 수준의 것이었다.78) 그래서 콕세터는 에스허르의 다음과 같이 더 시적인 묵상에 그다지 쉽게 공감하지 않았을 수도 있다.

인류는 시간의 흐름이 멈춰 선다는 것을 상상할 수 없다. 그래서 우리는 키메라(카르마karma, 즉 업보의 오기라고 생각된다-옮긴이), 내세, 연옥, 천당, 지옥, 부활, 열반에 매달리는 것이며, 그렇다면 이 모든 것은 시간적으로 영원하고 공간적으로도 끝이 없을 것이다. 깊은 무한! 휴식, 일상생활의 초조한 긴장이 제거된 꿈꾸기. 뱃머리에 올라 언제나 멀어져만 가는 수평선을 향해 평온한 바다 위를 항해하는 것. 지나치는 물결을 바라보며 그 단조롭고도 부드러운 속삭

임에 귀를 기울이는 것. 무의식을 향해 꿈꾸며 나아가는 것……79)

　에스허르와 콕세터 사이에 오간 서신들에는 에스허르의 철학적 상상력에 대한 논의는 전혀 들어 있지 않았다. 그 대신에, 기하학자가 예술가에게 보낸 편지와 에스허르에게 영감을 받은 일련의 논문들은 크게 친구 작품의 수학 구조에 관한 콕세터의 관심과, 그 기하학적 기초에 대한 정량화와, 그토록 정확한 결과를 가져다 준 비정통적인 방법에 대한 찬탄 세 가지로 분류된다.80)
　에스허르는 마침내 자신의 궁극적 목표를 성취하여 1960년 콕세터에게 <원극한 III> 판화를 보냈다. 판화에는 "감사를 담아, M. C. 에스허르"라는 헌정사가 쓰여 있었다.81) 에스허르는 약간은 콕세터에게 "예전에 받으신 최초의 흑백판화를 고심하여 완성시킬 목적으로 만든 것입니다. 이번에는 의심할 여지없이 더 좋은 성과가 나왔습니다"라고 말하고, 약간은 서투른 영어로 말을 이어 나갔다. "모든 영역이 일련의 이론적으로 무한한 수의 물고기들로 채워져 있는데, 이 물고기들은 똑같은 색깔로 꼬리를 물고 헤엄치고 있습니다. 물고기들의 몸을 가로지르는 흰색 곡선들은 모든 계열의 연속성을 강조합니다."82) 콕세터는 이렇게 답하였다. "그림은 대단히 성공적이어서 흥미로우면서도 아름답습니다."83) 그러나 에스허르가 수학적 설명을 이해하지 못한다는 사실을 여전히 깨닫지 못한 콕세터는 그림의 대칭군, 꼭짓점들의 각도, 그리고 어떤 회전변환으로 생성되었는지에 대한 세 쪽에 걸친 분석과 더불어 자신이 쓴 두 권의 책, <정규초다면체>와 <이산군의 생성원과의 관계>를 참고하라는 이야기를 써 보냈다.84) 에스허르는 아들에게 이렇게 말했다. "단 한마디도 이해를 못하겠으니 딱한 노릇이다."85)
　같은 해, 에스허르는 몬트리올에 사는 아들을 방문할 계획을 세웠고, 콕세터는 토론토에서 두 건의 강연을 해 달라는 초청을 주선했다. 하나는 온타리오미술대학에서, 다른 하나는 온타리오미술관에서 할 것이었다. 콕세터는 두 번째 강의에 수학자들이 반드시 참석하도록 했고, 강연이 끝난 뒤 에스허르가 머물고 있던 자신의 집에서 피로연을 마련하였다. 강연 다음날, 에스허르는 콕세터가 대학교에서 비유클리드 기하학에 대하여 강의하는데 흥미도 없으면서 참석하였다.[86]

　방문이 오가는 가운데(콕세터 가족은 바른에 있는 에스허르의 집을 여러 차례 방문하였고, 에스허르의 화실을 견학한 적도 있었다[87]), 콕세터는 에스허르에 대한 일련

에스허르의 〈원 극한 III〉, 1959.

의 논문과 강의들을 내놓기 시작했는데, 그 수가 10여 건이 족히 넘었다. 예술가의 작품에 대한 콕세터의 해석은 통찰이 늘어가면서 성숙해졌다.[88] 예를 들어 <원 극한 III>에 대하여 콕세터가 처음으로 내놓은 분석에서는 이 목각작품에 각각의 물고기들을 균형에 맞지 않게 인공적으로 가르는 흰 원호들이 없

었더라면 훨씬 더 아름다웠을 것이라는 의견을 내놓았다. 이러한 원호들이 "수학적으로 어떠한 의미도 지니고 있지 않다"는 것이다.[89] 3년 뒤, 이 논문을 <M. C. 에스허르의 세계The World of M. C. Escher>라는 책에 재수록하는 것을 허용하면서 콕세터는 마음을 바꾸어 흰색 원호들이 수학적으로 부적절하다는 자신의 주장을 삭제하였다.[90] 그에 이어 콕세터는 이 원호들의 수학적 미덕을 찬미하는 두 편의 논문을 써냈다. 콕세터는 1979년 미술·과학 잡지인 <레오나르도Leonardo>에 실린 논문을 이렇게 시작했다.

수학적인 배경을 지닌 에스허르의 그림들 중에 가장 세련된 것은 1959년의 목각작품 <원 극한 III>인데, 여기에는 흑백과 더불어 네 가지 색깔이 사용되었다. 각각의 색깔을 지니고 줄지어 선 물고기들이 일정한 각도로 주변의 원을 잘라 내는 흰색 원호를 따라 헤엄을 치고 있다. 우리는 이 모든 흰색 원호들이 같은 각도, 즉 80°로 원주를 갈라야 할 이유를 알게 된다(상당히 정확하게 이러한 각도로 가른다). 따라서 어떠한 계산도 없이 직관에 근거한 에스허르의 작품은, 그 작품에 대한 그의 표현("경계에 직각인")이 근사치에 지나지 않음에도 불구하고 완벽하다.[91]

에스허르의 정확성에 대한 이러한 결론에 도달하기 위해 콕세터는 제자 한 사람을 시켜서 <원 극한 III>의 각각의 원호들을 꼼꼼하게 측정하도록 하였다. 그는 에스허르의 작품에 나오는 각도 하나가 처음에는 몇 도 벗어난 것으로 여겨져서 부주의한 아마추어적 실수라고 생각했던 것을 즐겨 회상하였다. 콕세터가 원호들을 재확인해 보니 실수한 것은 에스허르가 아니라 학생이었다는 것이 드러났다. 보다 자세하게 살펴보면, 콕세터가 판화를 세밀하게 분석하며 발견한 것은 원호들이 자신과 다른 사람들이 생각했던 것처럼 쌍곡선이 아니라 기초에 깔린 쪽 맞추기에 있는 팔각형의 대응되는 꼭짓점들을 가르는 등거리 곡선들의 파생물이었다는 것이었다. "에스허르는 직관으로 해냈고, 저는 삼각법으로 해냈습니다"라고 콕세터는 멋지게 표현하였다.92)

이러한 뜻밖의 새로운 사실을 통해 기하학자는 이전에는 고려해 보지 않았던 방식으로 쌍곡선 평면을 바라보게 됨으로써 에스허르의 작품을 통해 새로운 수학적 이해를 얻게 되었다. 이러한 새로운 관점은 발전을 거듭하여 근 20년 뒤인 1996년 여든아홉이 된 콕세터는 바로 그 원호들에 대하여 또 하나의 논문을 쓰게 되었는데, 이번에는 좀 더 기본적이고 매력적인 증명을 제시하였다. 첫 번째 논문에서 콕세터는, 에스허르가 도해한 모형의 특성들이 실은 유클리드적이었음에도 불구하고, 비유클리드적 방법(쌍곡선 삼각법)을 사용하여 원호들이 경계가 되는 원과 이루는 각을 증명하였다. "저는 쌍곡선 기하학의 푸앵카레 원반 모형이 실은 유클리드적 모형임에도 불구하고 콕세터가 첫 번째 증명에서 쌍곡선 기하학을 사용하였다는 것이 그를 괴롭혔으리라고 생각합니다"라고 샷슈나이더는 말했다. "쌍곡선 기하학에 대한 유클리드적 모형이지요. 제 생각에는 콕세터가 유클리드 기하학과 유클리드삼각법만을 이용하여 해낼 수 있다는 것을 보여 주고 싶어 했던 것 같습니다. 그게 그의 두 번째 논문으로서, 일반적인 유클리드삼각법만 있으면 된다는 것을 보여 주었지요. 그리고 정말로 대단히 자랑스러워했으리라는 것이 제 생각입니다."93)

콕세터는 에스허르에 대한 일련의 논문들을 즐겁게 내놓았지만, <원 극한 III>에 바친 그의 논문들이 출판되기 전에 예술가가 사망하였다는 것(1972년)을 유감으로 생각했다.94) 콕세터의 칭찬이 에스허르에게는 별 상관이 없는 일이었을 것이라고 생각할 수도 있겠다. 그는 오랜 세월 자신의 작업이 가지는 예술적 장점, 자신의 창조력에 대한 인식이 그 과학적 내용 때문에 상처를 입을까 적잖이 걱정했었다. 에스허르는 언제나 자신이 예술계에 완전히 속하지 못하고 따돌림을 당하고 있다고 여겼다. 그는 1961년 런던 대학교의 저명한 미술사가 E. H. 곰브리치가 세 점의 판화를 가지고 자신의 작업에 대하여 <새터데이 이브닝 포스트Saturday Evening Post>지에 기고한 평론에 주목했다. 곰브리치는 미학적 근거로 그의 작업을 비판했으나, 에스허르는 희망을 가지고 이렇게 기록하였다. "칼럼을 세 편 이상 계속 쓰는 것을 보니 그는 여전히 내 작업에 사로잡혀 있어. 게다가 출판사에서 그 세 점의 판화의 복제권에 140불을 지불하기도 했다! 눈덩이처럼 불어날 수도 있을 것이다."95) 콕세터는 <글로브 앤 메일Globe and Mail>지의 미술평론가 존 벤틀리 메이스John Bentley Mays가 쓴 평론을 자신의 에스허르 서류철에 보관하였다. 표제는 고등낙서와 그 밖의 수법이라고 되어있었다. 1996년 캐나다의 국립미술관에서 열린 에스허르의 전시회를 비웃는 이 평론은 이렇게 시작된다. "오타와의 히피들이 성인이 되기 전에 LSD에 취해 에스허르의 수수께끼 같은 표상을 바라보며 느꼈던 참으로 기분 좋은 흥분에 대한 추억에 몸을 담글 시간은 채 한 주도 되지 않는다. 성숙한 미술평론가가 슬퍼하기에 충분한 일이다."96)

  에스허르는 대학에서의 포스터 판매에서 자신을 그토록 인기 있게 만들어 준 젊은 히피들이 자신의 작업에 대하여 보여 준 열광에 난처해했다. 그들은 에스허르의 작품에서 우주에 대한 경외감이 아니라 자신이 결코 의도하지 않았던 무질서와 카오스를 발견했다.97) 하지만 에스허르도 수학자는 아니었다. 그는 추상적인 수학적 개념들을 숙고하고 수학자들의 지적인 환상을 해방하여 주었다. 그의 판화들은 군, 대칭, 무한과 같은 명백한 개념들, 또한 반사, 이중성, 귀납, 위상 수학, 상대성과 같은 미묘한 개념들을 예시하였다.98) 에스허르는 불확실한 자신의 입장에 대하여 "그러나 요사이 내가 극히 소수의 사람들만이 이해할 수 있는 언어를 사용하기 시작했다는 슬프고도 안타까운 사실은 여전하다"고 썼다.99)

△ ◻ ◆ ⊙ ⊗

　조각가 존 로빈슨은 자신이 어디에 적합한지에 대하여 별 걱정을 하지 않았다. 콕세터의 90회 탄생일을 맞아 토론토에 있는 필즈연구소 앞마당에 <직관> 조각품이 설치되었다(로빈슨의 똑같은 조각품이 케임브리지의 아이작 뉴턴 수리과학 연구소의 마당도 장식하고 있다). 좀 더 개인적인 생일선물로 로빈슨은 서로 접하는 원들에 대한 기하학자의 애정에서 영감을 얻은 또 다른 조각품을 만들었다. 콕세터가 편지에 쓴 안내 – "쉽게 풀리는" 방정식(물론, 로빈슨에게는 그렇게 쉽지 않은 것이었다. 그는 편지에 해법도 담겨 있다는 사실에 안도했다) –를 보고 로빈슨은 다섯 개의 구가 등장하는 조각품을 만들었는데 그는 이를 <창공Firmament>이라고 불렀다.[100]

　로빈슨은 이렇게 말했다. "나는 그 조각품을 창공이라고 불렀다. 그 이유는 어렸을 적에 런던과학박물관에서 나를 매혹시켰던 놀라운 19세기의 작동 가능한 태양계 모형을 연상시키기 때문이다. 당시에는 내가 보고 있는 것이 무엇인지 몰랐는데, 그건 지금 내가 도널드 콕세터의 수학을 이해하지 못하는 것과 마찬가지이다. 내가 이해하고 있는 것은 우주는 기적이라는 것. 그리고 이러한 종류의 수학이 그러한 기적의 일부라는 것이다."[101]

Chapter 12

우주의 콕세터적 모양[1]

> 우주의 기운이여! 우리는 어디로 떠돌고 있으며,
> 언제, 어디서, 어떻게 이 모든 것이 끝날 것인가?
>
> J. J. 실베스터J. J. Sylvester, 1867

콕시터는 인생의 전환점인 95세 생일을 케임브리지에서 기차를 잡아타고 토론토에서 자동차들을 스치듯 뚫고 다니던 활발함을 그대로 보여주며 보냈다. 그가 (케임브리지의 일에 대해) 일기에 묘사하였듯, "가까스로."[2] 그를 기리기 위해 필즈연구소에서 또 다른 잔치를 준비하였고, 이 커다란 행사 며칠 전-그의 실제 생일인 2002년 2월 9일- 콕세터의 마지막 박사과정 제자인 아시아 이비치 바이스가 토론토 도심에 있는 자신의 집에서 작은 오찬회를 열었다. 그녀는 콕세터를 위해 고슴도치 모양의 생일케이크를 구웠는데, 설탕으로 뒤덮인 케이크에는 아몬드가 박혀 있었다. 유쾌하고 친밀한 행사였다. 디저트 시간에 콕세터가 심장마비를 일으켜 의식을 잃고 식탁에서 쓰러지던 끔찍한 순간이 오기 까지는. 수전이 심폐소생술을 시행했으나 그는 의식을 회복하지 못했다. 그는 이미 세상을 떠난 것처럼 보였다. 그러나 바이스의 남편이 911에 전화를 거는 와중에 콕세터는 스스로 의식을 회복했다. 케이크에 있던 아몬드로 숨이 막혔던 것이다. 심장발작을 이겨 내기는

하였으나 가족들이 진정으로 기대하던 방문이 그를 죽음으로 몰아갈 수도 있었기에 병원에 입원했다.3)

콕세터가 병원에 누워 있는 동안 필즈연구소에서의 파티를 위해 손님들이 토론토로 왔다. 세 명의 손님들– 존 콘웨이, 콜로라도주 볼더에서 온 기하학 모형제작자 마르크 펠레티, 텍사스에서 온 기하학 애호가 글렌 스미스– 은 정작 전설적 인물은 없는 그의 집에 머물고 있었다. 누구도 이 재난의 전조에 어떻게 대처해야 할지 알지 못했다.4) 콕세터를 축하하기 위해 먼 길을 달려온 그들을 맞은 것은 콕세터의 딸 수전과 그의 일생을 담은 흔적들이었다. 얼핏 보기에는 5년 분량이지만 사실은 75년간 기록했던 휴대용 일기, 알파벳순으로 정리된 편지들이 가득한, 줄지은 서류철 수납장들, 알리시아 불 스토트의 초다면체 스크랩북, 그리고 스미소니언박물관의 컬렉션이라 해도 어울리게 진열되어 있는 모형들. 스미스는 <그리스인 조르바Zorba the Greek>에서 상속자도 없이 노파가 죽어서 그녀의 소유물들은 먼저 잡는 사람이 임자가 된 장면 같아 보였다고 회상했다. 콕세터의 상속자들은 그의 먼지 쌓인 기념품들에 전혀 집착하지 않았으므로, 그 자리에 있던 헌신적인 문하생들은 콕세터의 기하학적 소유물들이 어떻게 될 것인가에 대해 자유롭게 논의하고 질문하였다.5)

콕세터는 이러한 곤경에 쾌활하고 차분하게 대처하였다. "아직 이승을 떠날 준비가 되지 않았다오."6) 그는 침착하고 금욕적인 결단력으로 회복해 갔다. 파티 당일, 그는 임시퇴원허가를 받아 구급차를 타고 국제적으로 유명한 토론토의 수학적 두뇌집단 필즈연구소로 갔다. 그는 휠체어를 타고 있었다. 언제나처럼 당당하게 그는 동료와 팬들로부터 인사를 받았다. 중앙 홀에서 축제가 시작되었고, 벽난로가 행사장에 빛을 던졌다. 이중나선모양의 계단 꼭대기에서는 인심 좋은 익명의 기증자가 콕세터의 생일선물로 기부한 150㎝ 크기의 철사로 만든 기하학 조각품이 천장에 매달린 채 개막되었다. 4차원 초십이면체의 3차원 투영도로, 펠레티가 스테인리스스틸을 용접하여 만든 것이었다.* 콕세터는 대단히 기뻐하며 올려다보았는데, 결코 죽음의 문턱에 선 노인이 멍하게 감상하는 것으로는 볼 수 없었다. 초다면체를 생각하면 그는 여전히 경탄하는 마음을 느꼈다. 초십이면체 모빌을 바라보며 콕세터는 곁에 선 콘웨이에게 자신이 최근에 생각하고 있는 초다면체에 대한 아이디어들, 그리고 그해 여름 부다페스트에서 발표하기로 되어 있는 논문 계획에 대하여 이야기하였다.7)

△ ▢ ✦ ✸ ✺

콕세터는 네 개의 서로 접하는 원에 대한 부다페스트에서의 강연 이후 수많은 찬사를 받았다. "선생님께서 오전에 내놓으신 증명은 정말 '경전'에 나오는 증명이었습니다('경전'에 대해서는 1장에서 파울 에르되시가 등장하는 부분 참고-옮긴이)." 학회 프로그램위원회 간사인 카로이 베즈데크Karoly Bezdek는 같은 날 베즈데크의 오후 강연에 모습을 드러낸 콕세터와 담소하며 이렇게 말했다. "제 아들이 방금 <스타워즈Star Wars>를 봤던 참이라 다차원 도형을 그리고 싶어 해서 제 아들과 선생님의 책 <정규초다면체>를 본 적이 있습니다." 그가 이러한 말을 한 이유는 공상 과학 소설이었을지 모르지만, 베즈데크는 콕세터의 저작이 "발견을 위한 초다면체"라고 했다.8)

개회강연을 성공적으로 마친 콕세터는 학회의 나머지 시간 동안 느긋하게 다른 발표들을 즐겼다. 강연 다음날 아침, 그는 기운차게 잠에서 깨어났다. 그는 겨우 몇 달 전에 포기하였던 운동 요법을 다시 시작했다. 딱딱한 바닥에서 손을 보호하기 위해 슬리퍼를 끼고 팔 굽혀 펴기(6회), 윗몸 일으키기(10여 회

---

* 펠레티는 다 합쳐서 이런 조각품을 일곱 점 만들었는데, 120포체라고 불리기도 했다. 텍사스의 월도프학교라는 곳에 하나가 있고, 프린스턴의 수학과에도 또 하나가 있다.

쯤), 팔 앞뒤로 돌리기, 그리고 엉덩이에 손을 대고 허공에서 발로 페달 밟기를 하는 "뒤집힌 공중 자전거타기". 혈액순환 속도가 높아져 갈 준비가 되자 콕세터는 침대 가장자리에 파자마를 입은 채로 앉아 학회 프로그램을 읽고 참석고자 하는 강의들을 선택하며 하루 일과를 계획했다.9) 일주일 간의 일정 중에 참석할 만한 강의가 몇 가지 있었다. 바이스의 강의, 존 랫클리프의 강의, 예르네스트 빈베르크Ernest Vinberg의 "쌍곡선 반사군", 이고르 리빈Igor Rivin의 "다면체의 기하학", 그리고 폴란드의 타데우시 야누슈키에비치Tadeusz Januszkiewicz와 야체크 스비아코브시키Jacek Swiatkowski의 "큰 차원에서의 쌍곡선 콕세터군"이 그것이었다.10) 이 모든 강연에서 그가 앞줄에 앉아 있는 동안 콕세터의 이름을 딴 존재들도 무대의 한 가운데에 있었다. 농담에도 반복적으로 등장하고, OHP에 휘갈겨 써지기도 하고, 그 어디에나 있는 대칭을

부다페스트에서 제프 위크스의 발표를 보는 콕세터.

호출하기도 하면서.

학회 둘째 날 특별한 강연이 콕세터의 관심을 사로잡았다. "쌍곡선 기하학의 시각화"라는 강연이었다. 그는 시간에 딱 맞춰 도착하여 자리에 털썩 앉았다. 얼마 지나지 않아 어두움이 강연장에 앉은 청중들을 감쌌다. 청중들은 멀티미디어 스크린을 응시하며 다 같이 고개를 뒤로 젖혔다. 흔히 보는 학회의 풍경이었지만, 이번에는 수학자들이 한쪽에는 붉은 렌즈가, 다른 한쪽에는 푸른 렌즈가 상자 모양의 흰색 마분지 테에 끼워져 있는 3차원 입체안경을 쓰고 있었던 점이 달랐다. 그들이 빈센트 프라이스Vincent Price와 찰스 브론슨Charles Bronson이 나온 <밀랍인형의 집House of Wax>과 같은 1950년대의 3차원 영화를 본 적이 있었던 것은 당연했다. 그러나 그들 앞에 서 있었던 것은 뉴욕과 캔턴 출신으로 1999년 맥아더 특별연구원 지위를 얻은 프리랜스 기하학자 제프 위크스였다. 위크스는 우주가 취할 수 있는 가능한 모양들을 탐구한 <공간의 모양The Shape of Space>이라는 책의 저자이기도 했다. 부다페스트에서의 강연에서 그는 자신이 최근에 세운 가설에 대한, 컴퓨터로 생성된 맞춤형 모형을 발표하였다. 그는 우주가 십이면체와 같은 모양을 하고 있을 수 있다고 추측하였다. 결국 플라톤이 옳았을 수도 있다는 것이다.[11]

위크스는 10대부터 우주의 모양에 대하여 궁금해 왔다. "우주는 우리가 태어난 모래상자입니다"라고 그는 말했다. 하지만 그의 조사는 언제나 이론적인 것이었다. 심상과 스케치, 나중에는 숫자와 방정식을 도구로 사용했다. 순수하게 미학적 동기에서 이루어진 일이었다. "우주가 취할 수 있는 다양한 모양은 대단히 아름답습니다. 기하학의 매력은 실제 공간을 표현한다는 것이고, 우주는 궁극적인 공간입니다."

콕세터의 연구가 위크스에게 매력적이었던 것도 같은 이유에서였다. "도널드 콕세터는 분명 뛰어난 수학자입니다. 그러나 다른 뛰어난 수학자들 중에서도 그가 특별한 이유는 빼어난 취향, 아름다움과 단순함에 대한 감각입니다"라고 위크스는 말했다. "그는 4차원 공간과 굽어진 공간에 대하여 연구하고 있는데, 거기에 도달하기 위해서는 시작할 때 상상력의 비약이 필요하지만 그는 거기에 도달하였을 때 길을 잃지 않습니다. 그는 수많은 모호한 정리를 증명해야 한다는 함정에 빠지지 않습니다. 그는 훌륭한 정리들을 증명합니다. 사물을 대단히 구체적이고 단순한 방식으로 바라보는데, 말하자면 벌들이 수많은 대칭으로 만들 법한 벌집 패턴의 아름다움과 동등한 것입니다. 다만 그는 4차원이나 굽어진 공간에서 비슷한 일을 하고 있는 것이지요."[12]

위크스와 콕세터의 기하학적 감수성이 겹친다는 것은 위크스의 3차원 영화의 주제에서 명확하게 드러났다. 컴퓨터로 생성된 십이면체 우주, 확대된 벌집 모양 무리, 각각의 방들의 각각의 면들은 여러 색깔로 번뜩이고, 지구는 안에서 자전하고, 관객은 무한히 펼쳐진 암흑의 배경을 우주선을 타고 여행하는 듯 이러한 결합체를 뚫고 공전하며 미끄러져 갔다.

위크스는 갑작스럽게 "우주의 모양은 무엇인가?"[13]라는 프로젝트를 떠올렸다. 그는 어떤 우주론자로부터 나선 다양체의 진동모형에 대하여 기술적인 문의를 하는 전자우편을 받았다. 위크스로서는 답이 없었지만 찾아보기로 했다. 우주론자들이 실제 우주의 실질적 모양을 시험해 볼 수 있도록 행성 간 공간으로부터의 실질적인 자료를 기대하고 있다는 것을 알게 된 그는 안 그래도 큰 눈을 더욱 휘둥그렇게 떴다. "이론수학자로서 마침내 어떤 자료가 오고 있다는 것은 꿈이 이루어지는 것이었습니다." 이러한 사실을 알기 전에 그는 국제적인 우주론자 그룹과 협력하고 있었다.[14]

우주론자들과의 지속적인 교류를 통한 위크스의 임무는 가공되지 않은 자료를 제공하는 것이었다. 첫째로 그는 기존의 종류들에 두루 살피며 어떤 기하학적 구조가 우주의 모양이 될 법한가를 판단하였다. 현재 세 종류의 모양이 후보로 고려되고 있다. 표준형으로 선호되는 모형은 아직 설명되지 않은 "암흑 에너지dark energy"의 압력으로 영원히 팽창하는 무한하고 평평한 우주이다. 나머지 두 개는 쌍곡선 모형(음의 곡률을 가지며 평행선이 결국 발산하게 되는 안장 모양)과 구면 모형(양의 곡률을 가진다. 이와 같이 닫힌 우주는 결국 팽창을 멈추고 "빅크런치"를 통해 수축된다)이다. 십이면체 – 약간 평평하게 깎아서 열두 개의 면을 만들어놓은 구 – 는 구형 종류에 들어간다.15)

위크스는 각각의 모양들이 공간에서 어떤 행태를 보일 것인가를 계산하였

제프 위크스가 컴퓨터로 생성한 우주의 십이면체 모형 안에서.

고, 이러한 두 개의 임무는 빈둥거리며 자유롭게 생각하기, 펜과 종이(그는 펜이 연필보다 진하고 안정된 선을 그려 준다고 생각한다)로 생각하기, 모형들의 수학을 만지작거리기를 수반했다.[16] 그런 다음 그는 자신의 가정을 증명할 공식을 만들어 냈다. 마지막으로 그는 자신의 공식을 돌려 볼 컴퓨터 프로그램을 고안해 냈다. 우주론자들은 위크스의 기하학 공식을 우주의 물리학에 대한 시뮬레이션에 대입하였다. 결과는 NASA의 윌킨슨 초단파 비등방성 탐사선(WMAP)에서 예측된 데이터와 비교하게 된다. WMAP는 우주초단파배경복사cosmic microwave background radiatoin, 즉 우주의 기원-빅뱅이라고 상정된-의 메아리를 지도로 만들고 우주의 초기 역사와 규모에 대한 데이터를 제공하도록 쏘아 올린 측정 장비이다.[17]

우주의 위상 수학을 보여 주는 특별히 유용한 지표는 빅뱅에서 방사된 복사의 온도변화이다. <네이처>지에 기고한 한 논문에서 위크스와 동료들은 이러한 변동을 음악에서의 배음의 음파와 비교함으로써 설명하였다.

음악적인 음은 기본음, 제1배음, 제2배음, 제3배음 등의 합이다. 배음의 상대적 세기-음의 스펙트럼-가 음색의 질을 결정한다. 예를 들어 플루트로 연주한 지속되는 가온다음과 클라리넷으로 연주한 같은 음을 구별해 준다. 이와 비슷하게, 초단파 창공microwave sky의 온도지도는 구형 배음의 합이다. 배음의 상대적 세기-출력 스펙트럼-는 우주의 물리학과 기하학의 특징이다.[18]

2003년 2월에 도착한 WMAP의 데이터는 우주에 대한 일반적인 무한-평면 모형을 부분적으로만 확인하여 주었다. 예측되었듯 모든 중·소규모의 온도파동이 존재하였지만, 이 모형은 그처럼 크고 무한한 우주에 존재해야 할 광범위한 파장은 전혀 찾아내지 못했다. 위크스에 따르면 이에 대한 해명은 행성 간 공간이 그렇게 크지 않아서 애초에 그렇게 큰 파동들을 만들어 낼 수 없었다는 것이다. "바이올린은 첼로의 낮은 음을 결코 내지 않는데, 그 이유는 바이올린의 현이 그토록 긴 음파를 뒷받침해 줄 만큼 길지 않기 때문입니다. 우주도 마찬가지입니다. 그 파동은 공간 그 자체보다 클 수 없습니다." 유한 십이면체 모형에 들어가 보자. 십이면체 우주에 대하여 위크스가 예측한 것은 모든 WMAP의 데이터와 맞아떨어진다. "대단히 즐거운 놀라움이었습니다. 우리의 모형이 기대했던 것보다 훨씬 더 잘 맞아떨어지니까요."19)

십이면체 공간의 미래는 여전히 커다란 도전에 직면해 있다. 공간의 곡률에 대한 모형의 계산결과는 2007년에 발사가 예정되어 있는 플랑크 탐사선이 내놓을 더 정밀한 데이터와 비교되어야 한다. 탐사선의 결과가 위크스의 모형을 미세하게 조정해 줄 수도 있고, 전적으로 반박할 수도 있다. 그의 모형은 소위 "창공의 원들circles-in-the-sky" 시험도 통과해야 한다. 십이면체 모형이 옳다면 컴퓨터로 부호화된 조사를 통해 우주지평cosmos horizon을 가로질러 조화를 이루는 여섯 쌍의 원— 십이면체 우주의 열 두면에 부딪쳐 진동하는 빅뱅의 메아리—을 검출할 수 있어야 한다. 아직까지 한 개의 원도 발견되지 않았다. 20)

최후의 평결을 기다리는 동안, 위크스와 우주론자들은 그와 동시에 희망을 버리지 않고 어떤 방향에서는 유한하고 다른 방향에서는 무한한 우주의 가능성과 같은 다른 선택의 여지를 탐구하고 있다. "다른 가능성을 무시하고 싶지는 않습니다. 그러나 개인적으로 원이 없다고 단언할 각오는 되어 있지 않습니다"라고 위크스는 말했다. 21)

십이면체 모형이 들어맞는다면 양자역학과 빅뱅에 대한 이론에 영향을 미친다. 깜빡거리는 밤하늘에 대한, 좀 더 통찰력이 있는 이해에 영향을 미치고,

더 깊숙한 곳으로 여행할 수 있는 잠재적 가능성을 열어젖힐 수 있다. "가설입니다만, 십이면체 우주를 향해 나아가면 직선으로 여행하여 원점으로 돌아오게 됩니다. 하지만 아주 오랜 시간이 걸리겠지요"라고 위크스는 말했다. 십이면체 모형은 새로운 난문을 내놓기도 한다. 우주가 유한하다면, 그 너머에는 무엇이 있는가? "아무 것도 없습니다"라고 위크스는 말했다. "하지만 대단히 심오한 의미에서 아무 것도 없다는 것입니다. 그러한 문제에 답하는 가장 좋은 방법은 문제 자체를 사라지게 만드는 것이지요."[22] 그리고 어떤 정교한 인식론적 추론을 통해 그는 그렇게 할 수 있다.

부다페스트에서 한 발표의 말미에 위크스의 십이면체 우주에 마음을 빼앗긴 콕세터는 자리에서 일어나 그를 향해 다가가 악수를 했다.

"아주 멋집니다!"라고 콕세터가 말했다.

"이분은 여러분이 보신 이미지들 중 상당 부분의 근원이 되는 분입니다"라고 위크스는 말했다(그는 콕세터에게 적어도 합당한 만큼의 공적을 돌리고자 했고, 자신의 앞에 선 이 전설적인 인물에 대한 존경으로 어쩌면 조금 더 많은 공적을 돌렸을 것이다). 청중들은 위크스가 자신의 영화를 재상영하는 동안 제자리에 남아 있었다. 콕세터는 지팡이를 놓아두고 양손으로 안경을 얼굴가까이 끌어당기며 3D 화면을 더 크게 보고자 비디오 스크린 가까이로 다가갔다. "정말 훌륭합니다. 선과 다면체들로 이루어진 일종의 그물망 속에 들어와 있는 것처럼 보이는군요. 대단히 인상적입니다!"라고 그가 말했다. 그는 예전에 그와 비슷한 공간에 벌집 모양 타일 깔기를 한 것을 본 적이 있었다. 하지만 이렇게 낯익은 모양들이 그처럼 역동적인 형태로 살아 움직이는 것을 보는 것은 대단한 일이라고 생각했다. 연구를 통해 샅샅이 조사할 수 있을 뿐만 아니라 말 그대로 몸소 뛰어들 수 있는 초다면체 우주 말이다.[23]

△ ☐ ✦ ⬠ ⬢

위크스의 발표가 있은 지 몇 달 뒤, <뉴욕타임스>지는 과학란에 우주의 "거시적 차원"에 대한 평평한 무한 모형의 가능성을 탐구하는 기사를 실었다. "대단히 이상하고 놀라운 일이야"라고 콕세터는 말했다. "저라면 다르게 생각했을 것입니다. 저는 기하학적인 의미에서 타원형인 초구의 표면과 같을 것이라고 기대합니다."24) 우주 전체의 모양은 여전히 거의 누구도 예상하기 힘든 문제이다(혹은 어떤 우주론자들도). 하지만 관련된 학문의 영역 중 하나는 우주 내의 내부 구조적 위상, 즉 "미시차원"이다. 콕세터의 연구는 여기서도 모습을 나타낸다. 1926년 콕세터와 존 피트리가 발견한 정칙 비대칭 다면체는 반세기 이상이 지난 다음에야 천문학에서 응용 분야를 찾아 다시 드러났다. "[정칙 비대칭 다면체에 대한] 천문학적 응용은 멋진 촌철살인입니다!"라고 프린스턴의 천체물리학자 J. 리처드 고트 3세J. Richard Gott III는 말했다. "저는 정칙 비대칭 다면체가 얼마간은 간과됐다고 생각합니다. 정규초다면체보다 선전이 덜 되었단 말입니다."25)

고트는 콕세터와 피트리가 발견한 지 근 40년이 지나서야 정칙 비대칭 다면체를 알게 되었다. 켄터키 루이빌의 메임 S. 와그너고등학교의 열여덟 살짜리 학생이던 고트는 같은 도형을 재발견했다. "맨 처음으로 찾은 것은 점 하나 주변에 육각형이 네 개 붙어 있는 것이었습니다. 저는 네 개의 육각형이 안장 모양의 평면에서 만날 수 있으며 이를 계속해 나가면 반복적인 스폰지 모양의 구조를 만들 수 있다는 것을 알게 되었습니다." 그는 그의 발견에 대한 프로젝트를 진행했고 1965년 전국 과학 국제경진대회 수학부문에서 1등을 차지했다. 하버드에서 학부를 다니던 시절 그는 자신의 발견에 대한 글을 써서 <미국수학월간지>에 보냈다. "심사위원이 누구인지는 모릅니다만 다름 아닌 콕세터일 것이라고 언제나 상상해 왔습니다!" 심사위원은 고트에게-그로서는 놀랍게도- 이러한 종류의 도형들이 이미 발견되었으며, 나중에 콕세터가 자신의 기준에 따라 그러한 도형으로서 정칙인 것은 세 개 뿐이라는 것을 증명하였다고 알려 주었다. 그러나 고트는 그보다 덜 엄격한 기준을 사용하여 일곱 개를 발견하였다.[26] 심사위원은 추가적인 발견을 받아들였고 고트가 이 주제에 대하여 처음으로 쓴 과학논문은 1967년 "준다면체Pseudopolyhedrons"라는 제목으로 출판되었다.[27]

준다면체는 고트가 프린스턴의 천체물리학자 교수가 되면서 우주에 대한 조사에서 되풀이되었다. 1986년 그는 우주 내 구조의 위상 수학을 조사하고 있었다. "당시 위상 수학에 대한 논쟁이 있었습니다. 한 모형에서는 저밀도 배경에 존재하는 성운들의 고립된 덩어리들이 존재하였고(미트볼 위상 수학), 다른 모형에서는 벌집 모양 구조를 지닌 고립된 공간들이 존재하고(스위스치즈 위상 수학) 성운들은 고립된 공간을 둘러싼 벽 위에 존재하였습니다." 고등학교 때의 작업을 통해 그는 세 번째 가능성-스펀지 모양의 위상 수학-이 존재한다는 것을 알고 있었다. 그 이유는 그것이 정칙 비대칭 다면체의 위상 수학이었기 때문이었다. "저는 이것이 우주에 대한 올바른 해답임에 틀림없다는 것을 깨달았습니다. 그 이유는 초팽창이론은 오늘날 우리가 우주에서 보는 성운들의 밀집패턴이 초기 우주의 무작위적 양자동요에서 비롯된 것이 틀림없다고 예측하기 때문입니다. 그러한 무작위적 동요는 양의 동요와 음의 동요가 동등하다는 특징을 지니고 있습니다. 따라서 위상 수학, 즉 고밀도 영역의 모양은 처음에는 저밀도 영역의 모양과 같았음이 분명합니다. 이것은 미트볼 위상 수학이나 스위스치즈 위상 수학에는 맞지 않는 것이었습니다."[28]

그러나 고트는 스펀지의 구조가 안팎이 같다는 것을 알고 있었다. 왜냐하면 정칙 비대칭 다면체에서 그러하기 때문이었다. 해면에는 일련의 구멍들이 가득하여 물이 들어갈 수 있다. 그 통로로 콘크리트를 붓고 굳어지게 놓아둔 다

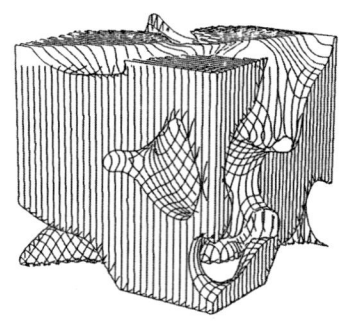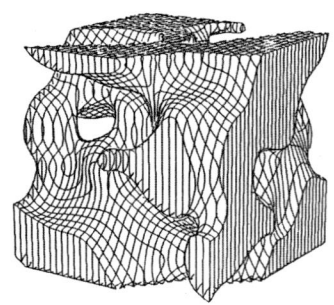

J. R. 고트의 스펀지 우주.

음 산으로 해면을 녹이면, 콘크리트 스펀지가 남게 된다. "그것이 우리가 관찰할 수 있는 밀집된 성운의 패턴입니다"라고 그는 말했다. "다른 말로, 수많은 연구에서 지금까지 확인한 바는 우리가 성운들의 거대한 덩어리들이 가는 실로 연결되어 있고 공간들은 통로로 연결되어 있어 거대한 스펀지를 이루는, 성운이 밀집한 스펀지 모양 패턴을 보고 있다는 것입니다." 고트는 이러한 이론을 <천체물리학 저널Astrophysical Journal>에 "우주의 대규모 구조의 스펀지 모양 위상 수학The Spongelike Topology of Large Scale Structure in the Universe"이라는 제목으로 발표하였다. 여기에는 이러한 주장을 예시하기 위해 콕세터-피트리의 정칙 비대칭 다면체의 그림들이 갖춰져 있었다. <뉴욕타임스>지는 이러한 소식을 입수하여 1면에 실었다. "우주의 덩어리들과 공간을 다시 생각하다."29)

△ ▢ ◇ ◉ ⬟

기하학의 무소 부재성을 이해하는 데 뉴욕 컬럼비아 대학교의 초끈물리학자인 브라이언 그린Brian Greene *의 언명이 눈에 띈다. "미래에 있을 과학의 획기적 발전을 준비하는 데 기하학의 언어를 배우는 것보다 더 나은 방법은 없

---

* 그린은 퓰리처상 후보가 된 <엘러건트 유니버스The Elegant Universe>와 그 속편 <우주의 구조The Fabric of the Cosmos>의 저자이다.

을 것이다."30)

그린은 함축적으로 아인슈타인이 삶의 후반부에 씨름하였던 현대 물리학의 오랜 수수께끼를 지칭하고 있다. 대통일이론, 즉 우리은하계와 다른 모든 성운의 거대한 규모에서, 또 아무것도 아닌 나노 크기의 작은 규모에서 우주의 기본적 물리법칙을 해명할 수 있는 하나로 통일된 이론이 그것이다. 그러한 이론은 우주의 대규모적인 성질을 설명하는 아인슈타인의 일반 상대성 이론과 원자 및 아원자 수준에서 물질과 에너지를 설명하는 양자이론을 통일하고자 한다. 현재 참으로 인정되는, 존재에 대한 이 두 이론의 문제는 그들이 양립 불가능하다는 것이다. 둘 다 옳을 수는 없다는 의미이다(소립자들의 행태를 설명하는 양자이론은 중력이 무시될 수 있는 것으로 가정하는데 반해 중력이 시공간 기하학과 동등하다고 하는 일반 상대성 이론은 자연의 법칙을 설명할 때 양자 역학이 필요 없다고 주장한다. 계산이 맞지 않는 것이다).31)

끈이론은 입자를 끝이 열려 있거나 고리로서 끝이 닫힌 끈들로 대체하며, 그렇게 하여 양자 역학과 일반 상대성 이론의 양립불가능성을 해소한다(이러한 해소가 어떻게 일어나는지는 명확하지 않으나 이러한 이론들을 통일하는 목적이 모두 미학적이라는 것은 흥미롭다. 우주의 법칙들이 하나의 체계화로 환원되고 구성 부분들이 통합된다면 더 단정하고 깔끔할 것이라는 것이다). 끈들은 극히 작은 차원들—10이나 11차원, 심지어는 26차원인데, 이는 정확한 대칭에 의해 제한된다— 로 단단히 꼬여 들어가 육안은 물론 최고의 과학기술로 무장한 눈으로도 볼 수 없다.32)

끈이론은 수십 년 전 소개된 이래 점점 더 복잡해지고 있으며, 원래의 이론에 대한 수많은 변형들이 존재한다. 이러한 이론들은 M-이론이라고 알려진 거대한 다중우주계획으로 합쳐져 왔다. 프린스턴 고등과학연구소에 근거를 둔 에드워드 위튼Edward Witten은 M-이론을 지원하는 수리물리학자이다(그를 "끈의 교황"이라고 부르는 사람들도 있다). "M은 마법magic, 수수께끼mystery, 행렬

matrix을 의미합니다"라고 위튼은 말했다. "제 생각으로는 그 자체로 자명할 것입니다만, 행렬은 어쩌면 예외겠지요. 행렬은 M-이론에 대한 이해에 접근하는 데 사용됩니다. 또한 현재 M-이론에 대한 우리의 이해가 애매하기도murky 하지요."33) 그러니까 초끈과 M-이론은 여전히 이론적으로는 어린애에 불과해서 즐겁지만 혼돈스러운 퍼즐이라는 것이다.

콕세터는 끈이론에 대해 피상적으로 알고 있었다. 이는 언젠가 루이스 캐럴* 의 <이상한 나라의 앨리스>에 대하여 논하다가 떠오른 것이었다. <이상한 나라의 앨리스>는 콕세터가 좋아하는 책 중의 하나였는데 좋아한 이유는 논리적으로 무의미하다는 특성 때문이었다. 그는 특히 <거울 나라의 앨리스>에서 재버워키가 나오는 구절을 좋아했고 대단히 즐거워하며 "재버어-워어키!"라고 말하곤 했다. 그는 그와 똑같은 극적인 어조로 이 절 전체를 암송할 수 있었다. 콕세터는 낡아빠진 자신의 <앨리스> 책을 자주 훑어보았고 그토록 여러 번 읽어 보았음에도 결코 지겨워하지 않았다. "아름답다는 걸 알고는 있지만 완전히 이해하지는 못하는 수학의 부분에 대하여 읽는 것과 마찬가지입니다. 끈이론과 마찬가지이지요. 11차원이나 16차원에 대해 전혀 이해하지 못하는 여느 사람에게나 마찬가지로 제게도 불가해합니다."34)

거기서 부지불식간에 그는 무언가를 알게 되었다. 끈이론에서 고질적인 문제는 끈이론 연구자들조차도 설명을 할 수 없다는 데 있다. "내가 방금 말한 것을 설명해 달라고는 하지 마세요"라고 스탠포드의 끈이론 연구자 레니 서스킨트Lenny Susskind는 토론토에서 열린 끈05String05 학회에서 강력히 요구했다. 일부 끈이론 연구자들 사이에서는 애매함이 즐거움이라기보다는 놀라움을 불

---

* 루이스 캐럴은 수학자 C. L. 도드슨C. L. Dodgson의 필명이었다. 그는 본명으로 수학책들을 써냈으나 앞의 두 이름, 즉 찰스 루트위지Charles Lutwidge를 라틴어로 번역하여 카롤루스 로도비쿠스Carolus Lodovicus로 바꾼 다음 이를 영어화하고 순서를 바꾸어 필명을 만들었다.

러일으키는 것 같다. 끈이론이 모든 자연력을 통합한다는 약속을 지킬 수도 있지만, 그만큼 이 계획이 너무도 복잡하고 심오해서 인간의 이해력을 뛰어넘는 것으로 밝혀질 공산도 크다. 끈05 학회의 참가자들은 어느 저녁 "다음에 올 놀라운 혁명"이 언제 벌어질 것인가를 숙고하는 모임을 가졌다. 여덟 명의 토론자들은 알파벳순으로 발언을 하면서 언제 어떻게 다음으로 올 획기적인 발견이 일어날 것인지 전혀 모르겠다고 당혹스럽게 고백하였다.35)

질의응답시간에 청중들 가운데에서 일어난 위튼은 "미래를 예측하는 것에 대한 교훈적인 이야기"를 들려주었다.36) 끈이론이 물리적 우주의 모든 것이자 궁극적인 모형이 아닌 것으로 드러난다 하더라도, 그는 이 이론과 그 모든 무한히 작은 차원들이 궁극적으로는 새로운 분야의 기하학으로 진화할 것이라고 기대한다. "끈이론은 아직까지 잘 이해되지 않았고 많은 기하학적 아이디어를 품고 있는 것으로는 보이지 않습니다. 그러나 저는 시간이 흐르면서 끈이론이 수학에 상당한 영향을 미치게 될 것이라고 믿습니다"라고 그는 말했다. "그렇게 생각하는 한 가지 이유는 현재까지 발견된 작은 부분들이 이미 상당한 영향을 미쳐 왔기 때문입니다."37)

끈이론의 수수께끼를 해독하는 데 도움이 되어온 작은 퍼즐 조각 하나는 거울대칭이다. 브라이언 그린과 듀크 대학교 수학·물리학 조교수 로넨 플레서 Ronen Plesser는 끈이론의 거울대칭을 찾아냈고 그렇게 함으로써 기존에 전적으로 무관한 것으로 여겨졌던 요소들이 실은 긴밀하게 상호 연관되어 있음을 밝혀냈다.38) 그 결과 기존에는 최고의 수학자에게조차 불가능한 것으로 여겨졌던, 지독하게도 복잡한 계산이 거울상 공간에서는 놀랍도록 쉽게 풀렸다. 그들은 자신들의 발견을 "거울 다양체mirror manifolds"라고 불렀다. 그리고 이러한 난관이 해결되면서 이어진 계산들은 "상대적으로 쉽게" 진행되었다. 그린은 <엘러건트 유니버스>에서 확실한 비유로 이를 자세히 설명했다.

이는 누군가가 사방 15m에 깊이가 3m는 되는 거대한 상자에 되는대로 섞여 있는 오렌지의 정확한 수를 세라고 요구하는 것과 비슷하다. 하나하나씩 세어 가기 시작하지만 곧 이 일이 너무 고되다는 것을 깨닫는다. 그러나 운 좋게도 오렌지가 운반될 때 있었던 친구가 찾아온다. 그는 오렌지가 더 작은 상자들 (마침 그 친구가 들고 있던)에 깔끔하게 포장되어 왔었고, 쌓여 있을 때 길이와 폭과 높이가 모두 20상자에 해당되었다고 알려 주었다. 따라서 오렌지가 8,000개의 상자에 담겨 도착하였으며, 각각의 상자에 몇 개의 오렌지가 포장되는 지만 알아내면 된다는 것을 재빨리 계산해 낸다. 친구의 상자를 빌려 오렌지를 상자에 채움으로써 이러한 일을 쉽게 해냈고, 어마어마한 숫자를 세야 하는 임무를 거의 아무런 힘도 들이지 않고 마칠 수 있게 된다.39)

혹은 콕세터적인 도구에 대한 그린의 비유를 생각해 보자. 똑같은 오렌지 더미를 바라보고 있지만 더미가 생각보다 크지 않은 것을 깨달았다고 하자. 눈을 깜빡이고 고개를 갸웃거리며 새로운 관점을 궁리하다가 초점을 다시 맞춰 실은 이 오렌지 더미가 콕세터의 유한 만화경과 같은, 거의 보이지 않게 거울에 비친 상자에서 복제되고 또 복제된 보다 작은 더미에 지나지 않음을 깨닫는다. 그렇다면 계산을 위해 해야 할 일은 눈앞에 있는 상자에 들어 있는 오렌지의 수를 세고 그 숫자를 거울에 비친 반사의 숫자로 곱하여 총계를 내는 것이다.

"거울대칭은 시공간들 사이의 비고전적인 관계이다"라고 위튼은 말했다. "아인슈타인의 일반 상대성 이론과는 상당히 다르지만 끈이론에서는 동등한 것으로 밝혀졌다. 이로써 끈이론 연구자들이 그렇지 않았더라면 할 수 없었을 계산을 할 수 있게 되었고, 기하학에도 흥미롭게 응용될 수 있다는 것이 밝혀졌다."40)

거울대칭이라는 비약적인 발전은 끈이론과 수학 양쪽 모두에 힘을 실어 주었다. 그러나 더 큰 비약적 발전이 조만간 등장하지 않으면, 그것도 일련의 경험적 증거라는 형태로 등장하지 않으면, 끈이론은 기껏해야 수학이나 철학의 한 분야로는 몰라도 물리학의 일부로는 간주되지 않을 것이라는 비판이 있다. *기본적인 끈이론의 가정을 확인하거나 반박하기 위해서는 데이터가 절실하게 요구된다. 그 가정이란 이 미시적인 11차원에 새로운 종류의 아원자입자가 존재하는데, 이는 초대칭(SUSY)입자, 혹은 "초입자 sparticles"라고 알려져 있다. 물리학자들은 일리노이 바타비아에 있는 페르미연구소나 제네바의 CERN과 같은 곳에서 이러한 초입자의 흔적을 검출하기 위해 애쓰고 있다. CERN은 세계 최대의 입자가속기가 있는 곳이자 우주의 첫 1조분의 1초에서의 우주의 내용물을 판단하기 위한 우주의 중심이다. 그리고 훨씬 더 강력한 입자가속기가 CERN에 건설 중에 있다. 거대 하드론 충돌형 가속기(LHC)는 2007년 가동을 시작하게 되면 물질을 훨씬 더 깊숙이 조사하고 훨씬 더 강력한 충돌에너지로 원자핵을 분쇄하게 될 것이다. 끈이론 연구자들은 행운을 빌고 있다. LHC가 끈이론의 초대칭입자의 존재를 증명해 주기를 바라는 것이다. C_{60}을 찾는 사냥처럼 초입자를 찾는 사냥이 계속되고 있다.41)

여기서 문제가 제기된다. 억지로 들릴지 모르겠지만, 다차원에서의 도형들의 대칭에 대한 콕세터의 원형이 만물에 대한 초대칭통일이론의 수수께끼를 부분적으로 풀 수는 없을까? 기존의 문헌들에 대한 조사-구글에서 "콕세터와 M-이론"을 검색하여-를 해 본 결과, 그 답은 그렇다는 것이다. 이러한 조사를 통해 브뤼셀의 자유대학교에 재직하는 블랙홀전문가이자 이론물리학·수학국장 마르크 엔네오 Marc Henneaux가 쓴 논문이 드러났다. 그 제목은 커다란

---

* 한편 끈이론 연구자들이 다음의 비약적 발전을 기다리고 있는 동안 토론토 대학교의 아만다 피트 Amanda Peet는 끈이론은 믿음에 근거해 주도되어야 한다고 제안하였다. 반면 언제나 장난기 넘치는 서스킨트는 이렇게 말했다. "부시 행정부가 우리에게 계속 들이붓기만을 빌어야겠군요."

굵은 글씨로 이렇게 쓰여 있었다.

플라톤입체와 아인슈타인 중력이론:
예기치 않은 관계[42]

일반적인 학생을 청중으로 한 파워포인트 프레젠테이션인 것으로 보아 그다지 학술적인 논문은 아님이 드러났다(엔네오는 이러한 주제에 대해 학술적인 논문들도 썼다). 그의 프레젠테이션을 발췌해 보면 다음과 같다.

중력=기하학

아인슈타인 혁명: 중력은 시공간의 기하학이다

일반 상대성 원리는 대단히 성공적인 것으로 증명되었으나, 여기에는

문제가 있다.

일반 상대성 이론+양자 역학=모순
(예를 들어 무한한 확률!)

이 둘의 종합은 우주의 최초의 순간,
(,빅뱅,), 블랙홀, 그리고
진공에너지가 왜 그리 적은가 하는 문제를 밝혀 줄 것이 분명하다.

해결을 향하여: 끈(M−)이론?

대칭: 열쇠?

대칭=관점의 일정한 변화 하에서의 물리학법칙의 불변성

M−이론의 기초가 되는 대칭은 무엇인가?
플라톤입체=대칭으로 가는 황금 문

물론 플라톤입체는 콕세터가 연구를 하며 그토록 자주 가지고 놀던 "장난감"이다. 그리고 아니나다를까, 조금 더 넘어가니 콕세터의 연구가 인용되었다.

따라서 콕세터군은 훨씬 더 큰 대칭의 신호일 수 있다[43]

"콕세터의 연구는 아인슈타인의 중력이론에 예기치 않게 등장했습니다"라고 엔네오는 확인해 주었다. 그와 그의 공저자들[44]은 아인슈타인의 방정식들에 대한 특정한 해들을 연구하다가 콕세터군이 "펑 하고 등장하는" 것을 발견했다. * "아인슈타인 방정식의 일반해가 일부 마당들이 무한하게 되는 특이점들을 포함하고 있음을 보일 수 있습니다. 우리는 그러한 특이점이 가까운 곳에서의 아인슈타인 방정식을 연구했습니다. 우주론적인 맥락에서는 빅뱅 특이

---

* 유명한 $E=mc^2$ 말고도 중력과 관계된 아인슈타인의 공식들이 있다. 이러한 방정식들에 갑자기 등장한 콕세터군, 즉 여기서 유용한 수학적 도구로 증명된 콕세터군은 모든 존재의 근거가 되는 것으로 보이는 수수께끼 같은 무한 연속 대칭들을 알려 주는 것들이다(특히 쌍곡선 콕세터군이 그러하다. $AE_{(1)}^{++}$는 순수한 중력이고 $E_{(10)}$은 11차원 초중력이다).

점이 있고 이러한 빅뱅에 다가갈 때 마당들이 어떤 행태를 보이는지 이해하고자 하는 것입니다."45)

유비에 의해 엔네오와 그 동료들은 중력방정식의 역학이 쌍곡선적인 당구대에서 움직이는 당구공의 역학과 동일하다는 것을 증명하였다. "고차원 쌍곡선 공간의 일부에서 움직이는 당구공이 있다고 합시다. 공이 당구대의 가장자리에 부딪치면 반사가 됩니다. 우리는 공이 벽과 부딪칠 때 모든 가능한 반사가 콕세터군을 생성함을 보일 수 있습니다." 이 팀이 이러한 발견을 하게 된 것은 어느 정도 우연에 의한 것이었다. 그들은 당구공의 궤적을 계산하여 대단히 멋진 기하학이 된다는 것을 발견하였다. 그리고 쌍곡선 당구대의 벽들이 이루는 각을 계산하여 이 각들이 콕세터의 만화경에서 거울들을 나누는 각의 값이 π의 분수배인 것과 마찬가지로 π를 정수로 나눈 값$-\pi/3$, 혹은 $\pi/2-$ 임을 알았다.46)

이러한 연구는 끈이론의 기본적 체계를 찾는 데 도움이 되는데, 그 이유는 콕세터군의 대칭이라는 존재는 이론 자체가 거대한 대칭군이라는 징후가 될 수 있기 때문이다. 이는 끈이론의 기저에 아름답고 우아한 구조가 있다는 것을 암시하고, 이 이론의 잠재력을 믿게 해 준다. "우리는 명시적으로 이러한 거대한 대칭을 드러내는 것이 끈이론에 대한 이해와 M-이론으로 알려진 끈이론의 일반화에 도움이 되리라고 믿고 있습니다"라고 엔네오는 말했다. "추측건대 대칭을 더 잘 이해하게 되면 이 이론의 보다 심오한 체계화로 한 걸음 더 나아갈 수 있을 것입니다. 그리고 이것이 이 문제를 공략하는 길일 것이라고 믿고 있습니다.47)

끈의 교황(위튼)은 콕세터군과 이 수수께끼를 푸는 데 콕세터군이 잠재적으로 가지고 있는 역할을 인정했다. "어쩌면 $E\{10\}$과 같이 낯선 어떤 무한차원군이 끈이론에 중요할 수도 있습니다. 때때로 사람들은 이러한 가정을 하지요.

그리고 그렇다면 어쩌면 콕세터군을 이해하는 것이 도움이 될지도 모릅니다"라고 위튼은 말했다.48)

"끈이론은 수학의 다양한 부분에 엄청난 연관이 존재하는 분야입니다"라고 마이클 아티야 경은 말했다. "그래서 현재 진행되고 있는 가장 재미있는 것들 중 하나가 된 것입니다. 그리고 그런 연관이 없었다면 문제가 되었을 것입니다. 왜냐하면 끈이론에 대한 어떠한 실험적 결과도 존재하지 않고, 수학과 어떠한 관련도 없었다면 비판자들이 '음, 이 사람들은 십자말풀이나 하고 있군'이라고 말할 수도 있기 때문입니다."49)

자신이 연구하고 있는 현대기하학 분야가 끈이론의 물리학과도 겹치는 마이클 경은 이 두 그룹을 하나로 모으는 데 노력해 왔다. "지난 25년간, 저는 물리학을 조금 배웠고, 물리학자들과 이야기를 나누면서 이 둘 사이의 간격에 다리를 놓는 데 도움을 주었습니다. 다리를 놓기 어려운 간격이기는 한 것이, 전통적인 수학자들은 물리학자들의 연구를 상당히 의심스러운 눈으로 보는 경향이 있기 때문입니다. 물리학자들의 연구는 증명도 없는 가설적 아이디어들로 가득하지요. 물리학자들의 직관은 실험의 세계에 근거합니다. 그들은 물리학에 대해 생각할 때 개념적으로 생각하는데 그 까닭은 물리학이 전자와 입자, 힘과 마당—전기장과 중력과 자장—에 관한 것이기 때문입니다. 정의상 우리가 상상할 수 있는 힘들을 의미하지요. 물리학자들은 자신들이 논하는 사물들에 대하여 이야기할 때 마음속에 관념을 지니고 있는데, 그건 기하학자가 생각하는 방식과 대단히 흡사합니다. 공간과 심상이라는 점 등에서 말이지요. 직관을 형식에 맞는 논증으로 변환시켜 논문을 쓰는 단계에 이르면 물리학자들은 대수공식에 기대는 경향이 있습니다. 그러면 수많은 개념적 해석이 공식으로 변환되고 그들은 입자와 힘이 어떤 행태를 보이는지 말하기 위해 방정식을 적습니다. 그러니 수학에서와 마찬가지로 물리학에서도 양면이 있는 겁니다."50)

그러나 물리학자들이 끈이론에 대해 생각하기 시작할 때에는 그들이 필요로 하는 종류의 기하학이 아직 지적으로 쓸 만한 상황이 아니었다. "끈이론에 관계하기 시작했을 때 물리학자들에게 기하학적 사고는 그리 쉽게 다가오지 않았습니다"라고 마이클 경은 말했다. "물리학적 용어들, 그러니까 입자와 마당과 힘이라는 측면에서 개념적으로 사고할 수는 있었지만, 이를 수학적이고 기하학적인 개념으로 바꿀 시점이 되어서는 근거에 그다지 확신을 가지지 못했습니다. 옛날 방식인 단순한 직선적 유클리드 기하학은 적당하지 않았고, 새롭고 현대적인 곡면기하학과 복소기하학은 아직 익히지 못했던 것입니다."[51]

그에 따라 물리학자들이 자신들이 필요로 하는 것을 위해 현대수학에 끌린 이후로 끈이론의 물리학도 현대 기하학의 발달에 박차를 가하게 되었고, 그리하여 물리학자들이 예측하던 복잡한 한 벌의 연결고리들을 생산해 내었다. 이는 그렇지 않았더라면 수학자들이 고려해 보지 않았을 일이었다. "기대치 않았던 연결고리를 찾아내면 서로 연관된 수많은 사물들과 관련이 있다는 점이 드러납니다. 수학은 아름다운 설계도의 매우 복잡한 패턴입니다. 예기치 않던 연결고리를 발견한다는 것은 이러한 패턴을 증가시키는 것이고, 이를 탐구하여 더 많은 유비를 끌어내고 더 많은 그림을 그려내게 됩니다. 하나의 커다란

로저 펜로즈 경이 그린 끈이론의 "호스"모형은 끈들이 어떻게 작은 추가적인 차원으로 말려들어 갈 수 있는지를 보여 준다. 이 세계에 있는 "존재"는 추가적인 차원들에 양다리를 걸치고 있어서 그러한 차원들이 존재한다는 것을 알지 못한다.

모자이크가 되는 것이지요. 그리고 이러한 일이 계속해서 일어납니다."[52]

△ ▯ ◈ ⬢ ⬣

부다페스트 학회를 마칠 무렵, 콕세터의 마음에는 기하학을 계속 해야겠다는 생각이 아주 강하게 자리잡고 있었다. 헝가리 과학원의 복도를 돌아다니고 강의실을 하나하나 찾아다니며 콕세터는 건물 내에 수많은 거울들이 있다는 것을 알아챘다. 엘리베이터 안에, 거대하게 뻗어 있는 대리석 계단에, 복도 반침에, 도서관에. 또 다른 거울 곁을 지나가던 그는 G. K. 체스터턴G. K. Chesterton의 <매널라이브Manalive>의 한 구절을 암송했는데, 이는 말년에 그의 모토가 되었다. "그와 같은 거울의 나라에는 신비주의자에게 기꺼운 무언가가 있다. 신비주의자는 두 세계가 한 세계보다 낫다고 믿기 때문이다. 높은 차원에서 보면, 모든 사상은 반영이다."[53]

콕세터는 자신의 '거울의 나라'에 대하여 전혀 신비주의적인 태도를 취하지 않았다. 그는 대칭과 초다면체에 대해 할 수 있는 모든 것을 경험하고자 하는 굳은 열정에 사로잡혀 내몰릴 뿐이었다. 그리고 그렇게 꾸준히 힘쓰고자 했다. 부다페스트에서의 어느 저녁, 그는 자신의 호텔방에서 헝가리의 기하학자이자 시메트리온Symmetrion(헝가리에 있는, 대칭을 연구하는 국제적인 독립 연구기관-옮긴이)의 소장인 죄르지 더르버시Gyorgy Darvas의 전화를 받았다. 더르버시는 두어 시간 거리에서 열린 또 다른 수학 모임에 갔지만, 콕세터가 시내에 있을 것이라는 얘기를 듣고 그를 만날 기회를 놓치고 싶지 않았던 것이다. 콕세터는 급작스럽게 더르버시와 만나기 위해 천천히 로비로 내려갔다. "50년 동안 선생님을 만나 뵙고 싶었습니다"라고 더르버시는 말했다. 그는 콕세터에게 자신이 편집하고 대칭학회가 출판하는 학술지인 <대칭: 문화와 과학Symmetry: Culture and Science> 두 부를 선물했다. 더르버시는 콕세터가 내주는 것은 무엇이든 출판할 수 있으면 좋겠다고 덧붙였다. 그리고는 콕세터에게 다

음 해 여름에 부다페스트에서 열릴 '대칭축제 2003'*에 와달라고 초청하였다.54)

"아, 멋집니다!"라고 콕세터는 말했고, 너털웃음을 웃으면서 이렇게 덧붙였다. "하지만 2003년에는 제가 살아 있지 않을 텐데요!" 더르버시는 부드럽게 2003년이 겨우 일 년 뒤라는 사실을 지적하였다.

"2-0-0-3" 콕세터는 느릿느릿 말했다. "그 숫자 참 이상하게 보이네요."55)

학회 마지막 날 즈음, 다시 활력을 찾은 콕세터는 자신이 죽음을 면할 수 없으리라 생각이 들지 않았고 다시 방문하라는 더르버시의 초청을 다시 생각해 보았다. 작별인사를 고하며 공항으로 떠나던 그는 자신을 배웅하기 위해 모인 동료들, 팬들, 그리고 친구들에게 내년에 부다페스트에서 다시 만나자고 했다.56)

---

* '대칭축제 2003'에서 헝가리의 샨도르 커버이Sándor Kabai와 서니슬로 베르츠지Szaniszló Bérczi가 다면체의 유용성을 탐구하는 "우주정거장건설과 모형화Space Stations Construction and Modelling"이라는 강연을 하기로 되어 있었다.

3부

영향

Chapter 13
대칭 일주를 마치며

그리고 여름의 기한은 너무도 짧아라.

– 셰익스피어, 소네트 18번

"이제 우리의 여정은 끝에 이르렀다"[1]고, 마치 우화가 끝나듯이 콕세터는 <정규초다면체>의 맺음말에 썼다. 이 책에 대해서 금세기에 가장 많이 인용된 기하학교과서라고 추정하는 수학자들도 있다.

부다페스트에서 돌아온 콕세터는 자신이 죽음에 다가서고 있다는 현실을 마지못해 받아들였다. 그는 평소보다 더 수척하고 금욕적으로 보였고, 그의 몸은 점점 더 그의 마음을 배신하였다. 어느 특별히 불행한 날이 지나고, 콕세터는 난센스 시인(난센스 시nonsense poetry는 말장난을 하는 등 유머러스한 시의 한 형태를 말한다-옮긴이) 에드워드 리어Edward Lear의 속요를 빌어 한탄했다. "테르모필레에서 온 노인네 같은 느낌이네. 그 무엇도 제대로 하지 못했지." 전세계의 수학자들이 콕세터를 "수명시계"[2]에 올려놓은 지는 오래되었다. 그리고 동시대 사람들은 대부분 그보다 먼저 사망하였다. 그래서 어떤 일이 일어날 것인가에 대해 얼마간은 알게 되는, 우울하지만 우월한 입장에 서게 되었다.[3]

콕세터와 프린스턴 시절의 친구 포여는 나이가 들어서도 연락을 계속 했다. 1978년, 90세의 포여는 이렇게 쓴 편지를 보냈다. "친애하는 콕세터, 자네는 기초적이든 아니든, 차원이든 그 이상이든, 기하학에 대해서는 뭐든지 알지. 자네를 본 지가 꽤나 오래되었네만, 아마도 언젠가는, 어디선가는, 어떻게든 만날 수 있을 거네." 그들은 만나지 못했지만, 편지는 계속 주고받았다. 콕세터는 최근 논문을 몇 편 보내 주었고, 포여의 마지막 답신은 1985년에 도착했다. "100살이 다 되어 가는데, 내 나이치고는 사는 게 그리 나쁘지 않아." 포여는 같은 해 97세를 일기로 사망하였다.4)

콕세터는 수많은 친구와 동료들의 생일을 세심하게 신경 썼다. 1992년, 존 L. 싱의 96회 생일에 그는 수학으로 가득한 축하편지를 보냈다.

친애하는 잭,

자네의 96회 생일을 진심으로 축하하네. 그토록 오래 살다니 대단한 일이야. 그리고 96은 대단히 멋진 숫자이니, 정직 복소다면체 4 {4} 3의 꼭짓점의 숫자가 아닌가. 이 96개의 점들이 대칭적인 좌표를 지니고 있다고 알려진 것은 몇 달 되지 않았네. 내가 쓰고 있는 새로운 논문의 결과들 중 하나야.

싱의 97회 생일에 콕세터는 "멋진 소수"에 성공적으로 도달한 것에 대하여 이야기했다. 그리고 98세 생일에는 콕세터가 싱의 실제 생일에 행운을 비는 편지를 썼는데, 싱은 생일을 맞이하기 겨우 7일 전인 1995년 3월에 사망하였다. 싱은 콕세터에게 답장을 보내면서 자신이 시들어가는 모습을 아주 상세하게 묘사하였다. "보통 맥박은 1분에 48번 뛰지만, 내 맥박수는 30과 48 사이야. 에너지가 아주 모자라다네." 죽기 직전 싱은 그다운 재치로 이렇게 말했다.

"아침에는 기쁘게 깨었다가 밤에 내가 죽었던 것을 알게 되네." 그는 마지막 나날들을 요양원에서 보냈고, 자신의 딸로 여러 번의 수상경력이 있는 수학자인 캐슬린 싱 모라베츠Cathleen Synge Morawetz에게 이렇게 말했다. "반드시 콕세터에게 요양원으로 가라고 전해. 그게 제일 좋아."5)

이러한 권유에도 불구하고 콕세터는 어떠한 일이 있더라도 요양원에는 가지 않을 생각이었다. 90대에 그는 알츠하이머병이 발작한 린을 초인적인 열정과 헌신으로 간호하고, 목욕시키고, 옷을 입히고, 먹였다. 콕세터는 살 날이 몇 달 남지 않았을 때에야 낙상하여 골반이 부러지고 삶에 대한 의지가 꺾인 린을 집으로 데려왔다. 오랜 기간에 걸친 아내의 투병기간 동안 콕세터는 쉬는 날이 거의 없었다. 간호사는 일주일에 하루만 집에 왔는데, 콕세터는 그 하루를 대학교정에 있는 연구실로 가서 편지를 받아 오는 일에 썼다.* 그는 앨버타 캘거리에 사는 열한 살짜리 초다면체 천재 클리퍼드 즈벤고로우스키Clifford Zvengrowski에게서 대단히 소중히 여기는 편지를 받았다. 아이가 만든 초다면체 뼈대 모형 사진이 동봉된(거의 아이와 키가 같을 정도로 컸다) 편지에는 이렇게 쓰여 있었다. "친애하는 콕세터 교수님, 현재 살아있거나 예전에 살았던 사람들 중에 제가 제일 좋아하는 세 사람은 아르키메데스, 브람스, 그리고 교수님입니다. 제가 아는 대부분의 아이들은 록 가수나 농구선수의 사인을 받기를 원하지만, 저는 교수님의 사인이 받고 싶어요."6)

콕세터는 세계의 정치적 불의에 대해서도 여전히 무심하지 않았다. 1997년,

---

* 1997년 10월 8일에 그가 신경을 썼던 편지는 최근의 인세계산서였다. "친애하는 팔라스터씨, 인세계산서 감사히 받았습니다. 〈열두 편의 기하학 논문〉이 13부밖에 팔리지 않았다니 유감입니다. 문제는 이 책에 대해 소문을 들은 사람이 별로 없다는 것 같은데, 그래도 다른 저자들이 자주 인용하는, 가장 독창적인 논문들의 일부가 실려 있습니다. 판촉 같은 걸 할 수는 없나요? 대중들에게 내가 최근에 영국학술원에서 올해의 '실베스터 메달Sylvester Medal'을 받았고, 그게 수학계의 노벨상이나 마찬가지라는 것을 알려주길 바랍니다. 도널드 콕세터 올림."

그는 일백 명의 교수가 서명한 청원서를 토론토 대학교 총장에게 기쁜 마음으로 직접 전달했는데, 미국의 전직 대통령 조지 H. W. 부시George H. W. Bush에게 명예 학위를 수여하려는 계획에 항의하는 것이었다.[7] 이 행사는 계획대로 진행되었지만, 수십 명의 교직원들은 어쨌거나 평의회 예식을 위해 "예복을 차려입고" 행사가 진행되는 도중에 한꺼번에 걸어 나왔다. "우리는 부시에 대한 찬양 연설이 점점 더 불쾌해지는 시점을 골랐습니다"라고 수학과 교수인 챈들러 데이비스는 회상하였다. "예식은 하트하우스의 대강당에서 열렸는데, 사전에 약속하여 거기 있던 교수들이 남문을 통하여 곧바로 건물에서 줄을 지어 빠져나왔고, 문 앞에서는 천여 명의 지지자들이 우리를 응원하기 위해 모여 있었습니다." 참석했던 60명의 교직원들 중 절반 이상이 빠져나왔다. 당시 90세였던 콕세터는 그저 집에 머물며 보이콧 하는 쪽을 택했다.[8] 그는 언젠가 두 번째 부시 대통령이 등장하기 전까지는 부시 대통령보다 나쁜 것은 결코 없을 거라고 생각했다고 말했다.

1999년 린이 사망하자 콕세터는, 컨디션을 회복했다. 그는 유서를 기초하며 조금은 거만하게 굴었다. 그는 로즈데일에 있는 집(당시 가격이 150만 불이었다)을 토론토 대학교에 기증하기로 결정했다. 그러나 대학의 교육방법이 변화하고 있다는 것 - "학습 그 자체를 위한 학습"에서 "기회를 위한 학습"으로 - 을 감지하고 자신의 제안을 재고했다. 콕세터는 특히 기업이 연구직에 기금을 기부하는 것은 언어도단이라고 생각했다. 그는 대학에 대한 제안을 철회하고 그 대신 집을 매각한 수입을 필즈연구소와 그의 모교인 케임브리지 트리니티 칼리지에 반분하기로 명문화했다.[9]

자신의 딸 수전을 협력자로 두고 그는 다시 한 번 국제적인 용무로 이곳저곳 여행을 다녔다. 이를테면 '대칭 2000' 학회를 위해 스톡홀름으로 여행을 간 것처럼. 거기서 그는 자신의 또 하나의 전형적인 주제인 '사방 삼십면체Rhombic

Triacontahedron'에 대하여 연설하였고, 그의 친구이자 기하학자이고 지구물리학자이며 캘리포니아 대학교 샌디에이고분교 스크립스 해양학연구소에 재직 중인 마이클 롱게트-히긴스가 창안한 새로운 유형의 모형을 사용할 계획이었다. RHOMBO라는 이름의 이 모형 구성 부분들은 특허를 받은 자석 시스템으로 연결되는 6면의 속이 꽉 찬 블록들이었다. 롱게트-히긴스는 이 모형을 개발하면서 콕세터에게 표본을 보내 주었고, 콕세터는 이를 열정적으로 장려하며 이렇게 말했다. "자네의 RHOMBO 블록은 장난감을 훨씬 넘어서네!" 그리고 다른 기회에 그는 롱게트-히긴스에게 이렇게 알렸다. "NATO 초다면체 모임에 두 개의 공을 다 가지고 갔는데, 많은 참석자들이 그놈들을 떼었다가 붙였다가 하며 즐거워했네." 스톡홀름에서 열린 '대칭 2000'에서 콕세터는 롱게트-히긴스가 청중들 사이에 앉아 있는 가운데 이 블록들을 사용하여 강연을 했다. 발표 중간에 콕세터는 실수로 블록을 바닥에 떨어뜨렸고, 블록은 조각이 나서 날아갔다. 롱게트-히긴스가 도우려고 급하게 달려가 다시 조립했다. "도널드가 일부러 블록을 떨어뜨리셨을까요? 그러셨으리라고 생각합니다"라고 롱게트-히긴스는 말했다. "저의 RHOMBO를 시연할 기회를 주시려고 말이지요. 도널드다운 일이었지요."[10]

콕세터는 모국에 있는 케임브리지로의 마지막 여행길에 오르기도 했는데, 거기서 그는 트리니티 칼리지의 명예특별연구원으로 선정되었다(트리니티 학장 아마르티야 센Amartya Sen은 칼리지가 왜 이렇게 오랜 시간이 지나서야 이런 조치를 취했는지 모르겠다고 큰 소리로 말했다[11]). 그는 골반이 부러져서 몸을 움직일 수가 없고 진통제에 의존해야 하면서도 밴쿠버와 위스콘신의 매디슨에서 연달아 있는 학회에도 애를 써서 참석했다. 수학에 소질이 있는 아이들을 위한 캐나다/미국 수학캠프에도 두 차례 모습을 드러냈다. 에스허르에 대한 강연을 하기 위하여 뱀프로 갔다. 그리고 마지막으로 부다페스트를 방문했다.[12]

그리고는 다른 종류의 여행, 즉 그의 경력의 마지막을 장식하는 행사, 즉 필즈에서의 95세 탄생일 파티가 있었다. 120포체의 베일을 벗기는 헌정행사를 마치고 존 콘웨이가 스승에 대한 감동적이면서도 유머러스한 송시를 낭독했다. "제 목표는 도널드 콕세터에게 초다면체에 대해서 그가 아직 모르는 것을 이야기해 주는 것입니다. 성공할 수 있으리라는 자신은 전혀 없습니다. 하지만 시도는 해 볼 겁니다." 콘웨이는 콕세터에게 그의 일생의 연구가 미친 영향은 영원하다는 것을 확인시켜 주기 위해 이렇게 말했다.

"하지만 그러기 전에, 허락해 주신다면, 저는 대략 25년 전, 도널드 콕세터의 70회 생신잔치를 회고하고자 합니다. 거기에 있던 사람들은 대부분 콕세터의 제자나 사손, 혹은 증사손이었고, 모두들 일어나서 자신의 인생에 이분이 어떻게 그토록 엄청난 영감을 주었는가 하는 이야기를 하였습니다. 글쎄, 저는 주제넘게도 나는 좀 다르게 굴겠다고 생각했습니다. 저는 일어나서 나를 죽이려 한 콕세터 교수님을 용서하러 왔다고 말했습니다. 그런 다음 아주 거짓말은 아닌 이야기를 들려주었지요."13)

"오래 전에, 그러니까 50년대 후반에 콕세터 교수님이 케임브리지에 와서 강의를 하셨는데, 그때 저는 거기 학생이었습니다. 강의 중간에는 깨닫지 못했지만, 그게 교수님이 저를 죽이려는 시도였던 것입니다. 무기로는 애거사 크리스티Agatha Christie(영국의 유명한 추리소설 작가—옮긴이)도 생각해 내지 못한 것을 고르셨습니다. 수학문제였습니다. 그는 자신이 숙고하고 있는 문제에 대한 해결법을 묻는 것으로 강의를 마치셨습니다." 그것은 기하학군, 회전다면체군, 그리고 콕세터군에 관한 문제였다. 콘웨이는 강의실에서 걸어 나와 간선도로인 트럼핑턴거리를 건넜다. "도로의 한가운데에서 콕세터 교수님의 문제에 대한 해결책이 갑자기 엄습하였습니다. 그걸 계산하실 때 교수님은, 제 생각에는, 난이도를 정확하게 판단하셨을 겁니다. 왜냐하면 저를 엄습한 것이 그 해결책만은 아니었기 때문입니다. 해결책이 나에게 떠오르자마자 아니면 백만분의 몇 초 뒤에, 쓰레기 트럭도 저를 엄습하였습니다. 다행히도 부상은 크게 당하지 않았습니다. 살인미수였던 것입니다. 트럭 뒤에 매달려 있던 사

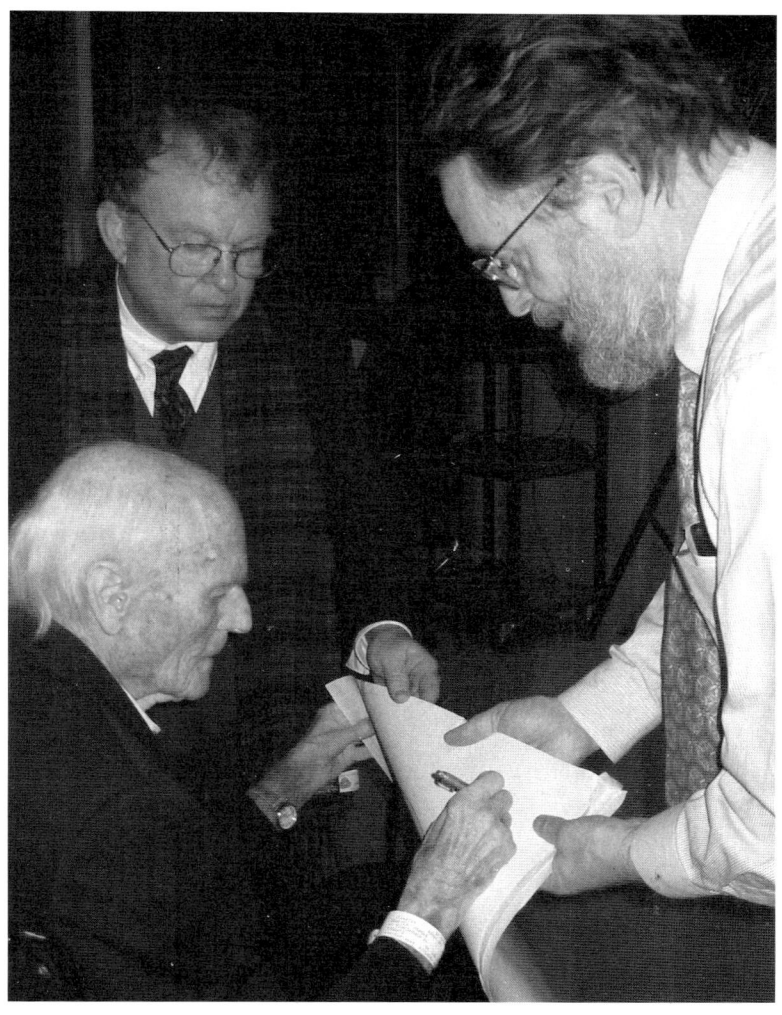

필즈연구소가 주최한 콕세터의 95회 탄생일 행사에서 콕세터가 자신의 사진에 서명을 하고 있고, 글렌 스미스 (왼쪽)와 존 콘웨이가 배석하고 있다. 토론토, 2002년 2월.

람들로부터 지독한 바보짓을 한 이유로 욕을 얻어먹고 나서, 저는 절룩거리며 강의실로 돌아가 콕세터 교수님께 이 모든 이야기를 하고 제 해결책을 올렸는데, 지금까지도 저는 그것을 '살인무기'라고 부릅니다."14)

"저는 콕세터의 최고의 찬미자 중 한 사람입니다." 콘웨이는 연설을 마무리지으며 이렇게 말했다. "그분은 우아하고 독자들을 감복시키는 표현방법을 지니고 계십니다. 수학에서 우리가 하는 일은 무언가를 증명하는 것인데 그건 대단히 복잡하고 보기 싫어질 수 있습니다. 콕세터는 언제나 명확하고 간결하면서도 아름답게 그 일을 해내십니다. 콕세터는 그러한 아름다운 작업을 통해 기하학의 작은 불꽃을 지키셨습니다. 월터 페이터Walter Pater의 책 <르네상스The Renaissance>에 이런 말이 있습니다. 페이터는 예술과 시에 대하여 설명하고 있었습니다. 그는 맹렬한, 보석 같은 불꽃을 가리키며 이렇게 말했습니다. '이와 같은 맹렬하고 보석 같은 불꽃을 피워 내는 것, 이러한 황홀경을 이어가는 것, 그것이 인생에서의 성공이다.' 어찌된 일인지, 이 말은 언제나 제게 도널드 콕세터를 떠올리게 합니다."15)

△ ▢ ⬠ ⬡ ⬢

콕세터는 초겨울에 따뜻한 날씨가 계속되면 그것을 즐겼다. 그는 존 골즈워디John Galsworthy의 책 <포사이트가의 이야기The Forsyte Saga>에 나오는 동명의 막간극에 공감했다. "사람들은 노인네들이 아무 것도 원하지 않는 것처럼 취급한다"고 포사이트는 썼다. 그러나 콕세터는 포사이트에 나오는 인물 "졸리온 노인네"와 같이

세상 모든것에 대한 순수한 사랑으로 조금은 괴로웠고, 아마도 마음 깊숙한 곳에서는 자신이 그걸 즐길 날도 그다지 오래지 않으리라고 느꼈을 것이다. 언젠가—아마도 앞으로 10년, 아니 5년도 되지 않아— 이 모든 세계가, 그가 세계

를 사랑할 기운을 다 써버리기도 전에 그에게서 떠나갈 것이라는 생각은 본질적으로 부당한 것으로 여겨지기는 했지만 그의 머릿속을 뒤덮고 있었다. 이승 다음에 무언가가 온다면, 그건 그가 원하는 것은 아닐 것이었다. 16)

콕세터가 부다페스트에서 집으로 돌아가는 길에 나서면서 체념, 언짢음, 슬픔이 그를 사로잡았다. 그는 마지못해 수전이 공항에서 자신을 휠체어에 태워 "외교관 전용" 출입국심사대를 통해 나가도록 허락했다. 그러는 내내 그는 수전이 자신의 강연 원고를 망가트린 것에 대하여 투덜거렸다. "이게 내 소중한 부다페스트 논문에서 남은 것이란 말이다." 강연원고는 첫째장의 아래쪽 절반이 너덜너덜 찢겨진 상태로 그의 무릎 위에 놓인 서류가방 위에 올라앉아 있었고, 그는 짜증이 나서 손가락으로 톡톡 건드리고 있었다.

"죄송해요, 아빠. 그게 뭔지 몰랐어요. 팁을 급하게 계산하려면 뭔가가 필요해서 뜯어냈어요."17)

그는 적의를 감추지 못했다. 하지만 아버지 사이의 페소성 발열 같은 광대짓은 부다페스트를 떠나면서 고조되었을 뿐이었다. 그는 음악을 가지고 딸과 전쟁을 벌였다. 콕세터는 브루크너Bruckner를 듣고 있었는데, 수전에게는 칠판에 손톱 긁어대는 소리로 들렸고, 그에 대한 보복으로 수전은 컨트리 음악을 크게 틀어 댔다. 그가 사망하기 직전, 수전과 아버지가 함께 크게 웃어 대면서 긴장은 해소되었다. 수전은 아버지에게 보통 드리던 아침을 준비해 드렸다. 쌀로 만든 빵을 두 번 구워(소화문제로 권장된 대로), 비유제품 스프레드를 발랐고(그는 유당을 받아들일 수 없게 되었다), 이를 두 번 잘라 삼각형으로 만들었지만(그는 까다로웠고, 삼각형은 직사각형보다 훨씬 더 우월했다), 콕세터는 한입 베어 물고는 토스트가 별로 먹고 싶지 않다고 말했다. 수전은 더 이상 참을 수가 없었다.18)

"아버지, 그 우라질 토스트가 싫으면 싫다고 말씀을 하세요!" 같은 날 점심 때 수전이 펠라펠(조미한 야채를 넣어 납작하게 말아서 만든 빵-옮긴이)을 만들었을 때도 같은 일이 일어났다. "아버지! 우라질 펠라펠이 싫으시면 말씀을 하세요!"* 오후 중반 무렵, 수전은 아버지를 침대에 놓아두고 콕세터의 역사적 가옥의 하녀용 구역에 있는 자신의 방으로 가서 20분만 낮잠을 자겠다고 말했다. 그녀가 요청한 것은 그것뿐이었다. 그녀는 블라인드를 내리고, 누운 다음 눈을 감았다. 바로 그 순간 그녀의 아버지가 쓰기 쉽게 팔목에 달려 있던 오렌지색 "비상" 호루라기를 불기 시작했다. 작은 목소리로 투덜거리며 수전은 그의 곁으로 돌아갔다. "수전." 그는 눈도 뜨지 않고 말했다. "내 우라질 신발 좀 벗겨주겠니?" 그가 일생 중에서 이 단어를 쓴 것은 그때가 처음이었다. "저는 96세인 아버지에게 욕하는 법을 가르쳐 드렸고, 아버지는 그게 얼마나 듣기에 끔찍한지 알려 주셨죠"라고 수전은 회상하였다.[19]

그 뒤로 정신이 또렷하던 몇 주 동안, 콕세터는 분명하게 마무리 단계에 접어들었다. 그는 자신의 부다페스트 논문을 출판하기 위해 마지막 손질을 가하는 일에 매일 몰두했다. 그리고 '대칭 2003'에 발표할 논문을 준비하기 위해 "볼록면"에 대한 책들을 서재에서 꺼내기 시작했다. 그러나 머지않아 그의 병과 불운은 가중되었다. 그는 자신의 순수한 생활양식과 오래도록 거의 완벽했던 건강을 생각했을 때 끔찍이도 부당한 일이라고 생각했다. 침대 밖으로, 침실에서 내려가는 계단으로 굴러 떨어지는 일이 너무도 잦아 기진맥진해졌다. 한번은 심하게 굴러떨어져서 여러 바늘을 꿰매고 토스트 반쪽 크기 만한 직사각형 반창고를 붙여야 했다. 그로 인해 그의 침실은 위층에서 1층으로 옮겨졌

---

* 평소에는 그를 쉽게 기쁘게 해 줄 수 있었다. 다른 날에는 점심에 깡통으로 나온 완두콩 수프를 먹고는 "아! 피아니시모!(아마도 완두콩pea를 두고 한 농담인 모양이다-옮긴이)"라고 외쳤다.

다. 식당에 임시 침실을 만든 것이다. 콕세터는 이러한 해결이 임시적인 것이며, 기운을 되찾으면 다시 윗층으로 올라가겠다고 고집했다. 그는 여전히 운동 삼아 매일같이 정상을 오르는 등산가처럼 난간을 꼭 쥐고 굽은 몸을 끌며 침실로 올라갔다가 지하실로 내려갔다. 어떤 방문객은 그의 일이 그다지 쉬워 보이지 않는다고 했다. 그는 이렇게 말했다. "경험상 살면서 할 만한 일은 다 그렇습디다."[20]

3월 말의 어느 토요일, 콕세터는 부다페스트 논문을 최종적으로 손질했다. 그는 수정을 가하는 것을 워낙 즐겨서 더 이상 찾을 "오자"가 없다는 것을 믿을 수가 없었다.[21] 그는 네 개의 서로 접하는 원들에 대한 자신의 생각을 완벽하게 다듬은 다음 그로부터 이틀 뒤인 2003년 3월 31일 고양이 에이미가 배 위에서 몸을 웅크리고 있는 가운데 사망했다. 그는 사후에 다시 나타날 무한이나 초공간에 대한 어떠한 환상도 품지 않았다. 그는 죽을 운명인 인간의 사상지평선event horizon에 도달했다. 그는 장례식을 치루지 말라고 명시하였다. 수전과 에드거는 그의 재를 로즈데일에 있는 집 현관 서쪽에 있는 나무 밑에 뿌렸는데, 그건 대칭에 대한 그의 마지막 인사로, 자신이 린의 재를 묻었던 동쪽과 균형을 맞추려는 것이었다.[22]

△ ☐ ♦ ⊗ ⊛

그가 죽기 전에 마지막으로 콕세터다운 대칭적 행동이 계획되었었다. 콕세터는 온타리오 해밀턴에 있는 맥마스터 대학교에 갔는데, 신경과학자 샌드라 위텔슨이 "두뇌은행"을 축적하고 있는 곳이었다. 그녀는 아인슈타인의 뇌 표본을 손에 넣었고,[23] 콕세터의 뇌도 얻기로 해두었다(그녀는 존 콘웨이의 두뇌도 요청했는데, 그는 이를 받아들였다[24]). 위텔슨은 천재의 해부학적 현시를 조사한다. "아름다운 정신 뒤에는 반드시 아름다운 뇌가 있습니다"라고 위텔슨은 현재까지의 결과를 들으러 방문한 콕세터에게 말하였다. 그녀가 칭하듯 "도널드 선생님"은 부검 전 검사를 받았다. 신경심리학적 분석과 뇌 전체에 대한 MRI였다. 위텔슨박사는 특히 그의 두정엽parietal lobe에 관심이 있다고 설명하였다. 직관적 개념, 시각적 이미지, 시공간에 대한 다차원적 이미지를 떠올리는 데 결정적인 부분이 두정엽인 것이다. "아인슈타인의 두정엽은 그 크기가 일반적인 뇌의 두 배였습니다"25)라고 위텔슨은 말했다.

콕세터의 사후, 그의 뇌에 대한 추가적인 검사는 현재까지 예비연구를 확인해 주고 있다. 결과에 따르면 콕세터는 두정엽 양측이 확장되어 있는 것으로

2002년 11월 토론토에 있는 집에서 찍은 콕세터의 마지막 인물사진.

드러났다. 아인슈타인이 보여 준 확장과 같은 유형은 아니었으나 비슷하고, 어쨌거나 커다란 두정엽이었다. 위텔슨이 콕세터에게 지적하였듯, 그의 벗어진 머리 꼭대기에는 융기가 보였다. 그녀는 평균적인 뇌의 좌반구와 우반구는 거울대칭을 보이지 않는다는 점도 설명하였다. 그러나 콕세터의 뇌와 아인슈타인의 뇌는 일반적인 경우보다 더 "거울상"이었다.[26] 콕세터는 의심할 여지 없이 기뻐했다. "그러니까 대칭에 대한 나의 관심은 잘못된 것이 아니었군요."[27]

부록 1

피보나치와 잎차례

파인애플은 콕세터가 대단히 좋아하던 식물학적 현상, 즉 잎차례를 보여 준다. 잎차례는 말 그대로 "잎의 배열"을 의미하지만 보편적으로 눈芽과 관련이 있으며, 해바라기, 데이지, 솔방울*에도 있는데, 이들은 황금비로 묘사되는 패턴으로 성장한다.

황금비는 1202년 피사의 레오나르도, 일명 피보나치(그의 아버지에게는 보나치Bo Nacci, 즉 "성격 좋은 사내"라는 별명이 붙어 있었고, 그래서 그는 "성격 좋은 사내의 아들"이 된 것이다)가 발견한 유명한 수열에서 도출된 것이다. 피보나치는 토끼의 번식을 지켜보며 이 특별한 수열을 알아차렸다. 그는 "토끼가 영원히 살며, 매달 각각의 쌍들이 한 쌍의 새끼를 낳고, 이 새끼들은 두 달이 되면 생식능력을 갖춘다고 가정하였다"고 콕세터는 자신의 책 〈기하학 개론〉에서 설명하였다. "첫 달에는 새로 태어난 한 쌍의 토끼로 실험이 시작된다. 두 번째 달에도 여전히 한 쌍만 있을 뿐이다. 셋째 달에는 두 쌍이 있게 된다. 넷째 달에는 세 쌍, 다섯째 달에는 다섯 쌍, 이런 식으로 계속된다." 피보나치 수, 1, 1, 2, 3, 5, 8, 13은 특별한데, 그 이유는 잇따르는 각각의 수가 앞의 두 수의 합이기 때문이다. 그리고 황금비는 피보나치수의 집합에 속한 임의의 수를 앞의 수로 나눔으로써 얻어진다. 이는 언제나 1.618 언저리의 결과를 낳는다.[1]

피보나치수를 식물학적으로 응용하면, 식물의 어린 가지는 최적의 생존공

---

* 솔방울을 물에 30분 동안 담가두면 눈이 닫히면서 잎차례 패턴이 뚜렷해진다.

간을 구하고, 그래서 서로 엇갈리는 "윤생체whorl"의 패턴으로 자란다. 눈이 씨가 되는 해바라기에서 55개의 시계방향 윤생체 족속은 89개의 반시계방향 윤생체 족속과 교차한다. 55와 89는 피보나치 수에서 앞뒤 관계이다. 솔방울의 경우 아홉 개의 "우선dextral" 윤생체와 열세 개의 "좌선sinistral" 윤생체가 있다(이러한 용어들은 각각 코르크마개뽑이 같은 나선과 코르크마개뽑이의 거울상과 같은 나선을 지칭하는 것이다). 파인애플의 경우, 우선 윤생체와 좌선 윤생체는 언제나 피보나치 수이지만, 언제나 같은 피보나치 수는 아니다. 번갈아 있는 피보나치 수들의 비율은 잇달아 있는 식물의 줄기에서 나오는 잎, 눈, 조직 간의 순서의 비율을 가리킨다. 콕세터는 느릅나무와 참피나무의 1/2, 너도밤나무와 개암나무의 1/3, 떡갈나무와 사과나무의 2/5, 포플러와 장미의 3/8, 버드나무와 편도나무의 5/13을 예로 들었다.[2) 파인애플, 솔방울, 데이지 등에서도 비

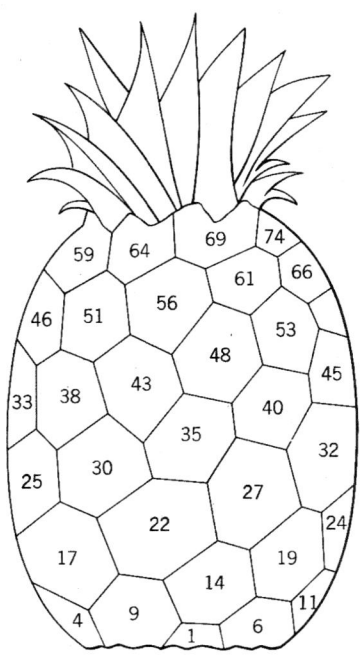

파인애플의 잎차례를 조사하는 콕세터의 도표.

숱한 일이 벌어진다.

 "키랄성과 잎차례Chirality and Phyllotaxis"라는 강의에서 콕세터는 피보나치 수의 식물학적 응용은 1611년 케플러가 자신의 책 〈신년선물A New Year's Gift〉에서 두 단락으로 소개하였다는데, 콕세터가 인용한 바에 따르면 이러한 내용이었다. "왜 모든 나무와 덤불들이– 적어도 그 대부분이 다섯 장의 꽃잎이 있는 5면 패턴으로 꽃을 피우는가 하고 질문할 수 있다. 사과나무와 배나무에서 그 꽃은 마찬가지로 다섯으로 나누어지는 과실로 이어진다. 그 안에는 언제나 다섯 개의 씨방이 있다."3)

 콕세터는 〈기하학 개론〉에서의 설명을 이렇게 결론지었다. "어떤 식물에서는 그 숫자가 수열에 속하지 않는다는 것을 솔직하게 인정해야 한다. 따라서 우리는 잎차례가 정말로 보편적인 법칙은 아니고 매우 일반적인 경향이라는 사실을 직시해야 한다."4)

부록 2

3차원 및 4차원 정규초다면체에 대한 슐래플리의 기호[1]

3차원 정다면체	면	각각의 꼭짓점에	슐래플리 기호
사면체	4개의 삼각형	3개의 삼각형	{3, 3}
육면체	6개의 정사각형	3개의 정사각형	{4, 3}
팔면체	8개의 삼각형	4개의 삼각형	{3, 4}
십이면체	12개의 오각형	3개의 오각형	{5, 3}
이십면체	20개의 삼각형	5개의 삼각형	{3, 5}

4차원 정규초다면체	면	각각의 모서리에	각각의 꼭짓점에	슐래플리 기호
5포체	5개의 사면체	3개의 사면체	4개의 사면체	{3, 3, 3}
8포체	8개의 육면체	3개의 육면체	4개의 육면체	{4, 3, 3}
16포체	16개의 사면체	4개의 사면체	8개의 사면체	{3, 3, 4}
24포체	24개의 팔면체	3개의 팔면체	6개의 팔면체	{3, 4, 3}
120포체	120개의 십이면체	3개의 십이면체	4개의 십이면체	{5, 3, 3}
600포체	600개의 사면체	5개의 사면체	20개의 사면체	{3, 3, 5}

부록 3

콕세터 도식[1]

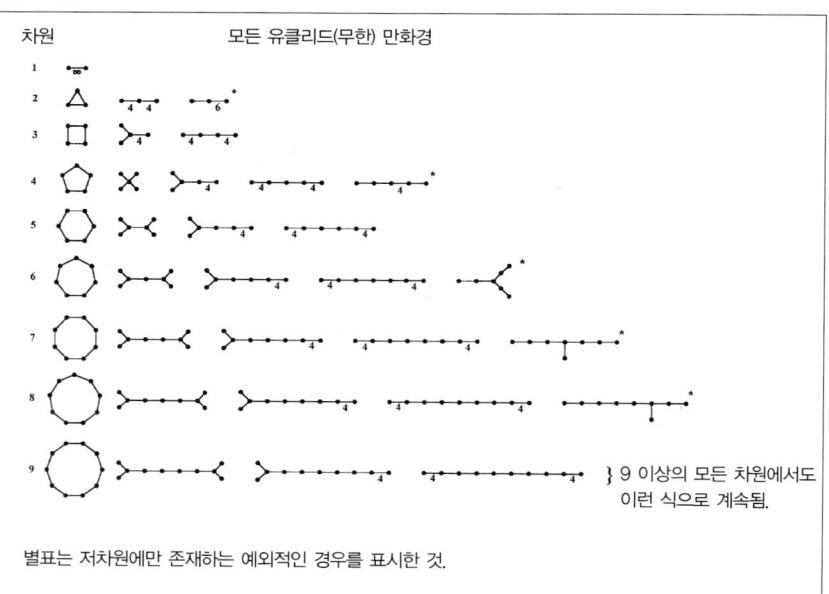

부록 4

콕세터군

콕세터군은 콕세터 도식의 대수적 등가물이다. 세 개의 거울 혹은 결절점을 가지는 이십면체에 대한 콕세터 도식은 기호적인 대수학적인 용어로 변환되고, 거울 혹은 거울반사는 x, y, z 로 표시된다.

콕세터군이 만들어 낸 대수적 언어는 문법규칙의 등가물에 지배된다. 그러나 사실, 이러한 규칙은 수학적 유추로 더 잘 설명된다. 콕세터군에서 반사들이 서로 결합하는 방식은 곱셈표와 대단히 흡사하다.

여기서 두 개의 거울(90도의 각도로 잇대어진)에서의 반사로 생성된 대칭은 소문자 e, a, b, c로 표기할 수 있는데, 여기서 e는 보통 항등대칭을 가리키며, 실상에 대응된다. 여기서 마술이 등장한다. 솔기상seam image인 c는 실상이 먼저 거울 a에 반사된 다음 거울 b로 반사된 결과이다. 네 번째 상인 c를 얻기 위해서는 a와 b를 "곱"한다. 대칭의 "곱셈표"는 다음과 같다.

	e	a	b	c
e	e	a	b	c
a	a	e	c	b
b	b	c	e	a
c	c	b	a	e

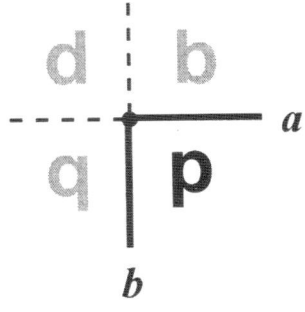

이 표는 거울 속에서 상들이 어떻게 복수의 방식으로 반사되는지 상세히 설명한다. 항등원, 혹은 원상은 거울 a에서만 반사된 다음 다시 같은 거울에서 반사된 결과이다. 앞에서 보았듯, $a^2=1$(혹은 $a^2=c$)이다. 하지만 원상이 거울 a와 b에서 반사된 경우, 다른 상, 즉 c가 생겨난다. 표 전체를 이러한 방식으로 완성할 수 있다. 따라서 여기서도 거울 a에서 한 번 반사되었다면 우리는 우리의 거울상만을 보게 된다. 만약 거울 b에서 한 번 반사되었다면 우리는 우리의 거울상만을 보게 된다. 그러나 거울들 사이의 틈 뒤에 있는 상을 보게 된다면, 실제로 빛은 먼저 거울 a에 반사된 다음 거울 b에 반사되었다가 우리의 눈으로 돌아오며, 전혀 예기치 못한 추가적인 상을 보여 주는 것은 이러한 이중 반사이다. 그리고 어찌 된 일인지 c는 기하학적인 의미에서 다른데, 상 a, b, c에 맺힌 오른손을 차례차례 흔들어 보면 확인할 수 있다.[1)]

따라서 위수가 4인 콕세터군은 변환이 어떻게 상호작용할 것인가를 지배하는 곱셈표가 갖춰져 있는 대칭변환 e, a, b, c의 모임이다.

위수가 더 높은 콕세터군도 같은 방식으로 발전하되 대수 언어에 더 큰 곱셈표가 덧붙여진다. 각각의 콕세터군에는 그 나름의 대수적인 특징이 있는데, 이를 기억할 때는 해당되는 특정군의 반사의 특성을 상기하게 된다.[2)] 수학자들이라면 콕세터가 이러한 작업을 이미 다 해 놓은 〈정규초다면체〉에서 찾아보면 된다.[3)]

부록 5

몰리의 기적

콕세터의 수학적 정신에 대한 대표적인 예는 그의 책 〈기하학 개론〉에서 찾아볼 수 있다. 첫 장이 제목은 "삼각형"인데, 먼저 유클리드에 초점을 맞췄다(논리적으로 시작할 만한 부분이기도 하겠지만 "유클리드를 타도하라! 삼각형에 죽음을!"이라는 모토에 대한 멋진 반격이기도 하다). 거기서 콕세터는 몰리의 정리, 혹은 몰리의 기적을 설명하고 있다. 콕세터는 이 정리를 대단히 높이 평가하였다.[1]

그는 사무엘 그라이처와 공저한 〈기하학 재고〉에도 몰리의 기적을 포함시켰다. 이 책의 표지에는 이 정리를 보라색과 노란색으로 작도한 것이 실려 있었다(하지만 기이하게도, 이 작도에는 결함이 있었는데, 정확한 삼등분선들이 들어 있지 않던 것이다).

"기초기하학에서 가장 놀라운 정리 중 하나는" – 너무도 간단하면서도 2,000년 동안 발견되지 않았기 때문에 놀라운– "1899년경 프랭크 몰리에 의해 발견되었다"[2]고 콕세터는 썼다. 소심하지만 신중한 사람이었던 몰리는 자신의 정리를 공개하지 않았기에 이 정리는 1914년 그가 아닌 F. G. 테일러F. G. Taylor와 W. L. 마W. L. Marr에 의해 발표되었다.[3] 몰리는 영국에서 태어나 1884년 케임브리지를 졸업하였고 미국으로 이주하여 펜실베이니아 해버포드 대학에서 수학 교수가 되었다. 삼각형에 대한 발견 이후인 1900년, 그는 존스홉킨스대학교의 교수로 임명되었다.[4]

몰리가 발견한 정리는 다음과 같다. "임의의 삼각형의 각들의 인접한 삼등분선들의 세 교차점은 정삼각형을 이룬다."5) 콘웨이에 따르면 "등변성이라는 특성은 모두를 놀라게 합니다."6)

몰리의 아들 프랭크 V. 몰리Frank V. Morley7)는 아버지의 발견을 이렇게 기억했다. "제가 어린 학생이였을 때 나보다 근 40세 연상인 아버지가 저에게 앞서 논한 평면 기하학에서의 정리의 가장 단순한 형태의 도해를 기구 없이 연필로 제게 그려 보여 주셨습니다. 저는 저의 제도용구로 시험해 본 적이 있습니다. 원래의 삼각형의 모양이 어떻든 간에 그 몸통부분에는 삼등분선으로 구분된 정삼각형이 생겨났습니다. 불가사의한 일이고, 기이한 일이지만, 그것은 참입니다!"8)

콕세터가 이야기한 바에 따르면 몰리는 이 정리에 대해 친구들에게 이야기했고 친구들은 이를 수학적 가십으로 널리 퍼뜨렸다. 이 정리는 수학에서 가장 놀랍고 예기치 못한 정리의 하나로, 또한 그 순수한 아름다움을 따를 것이 별로 없는 보석으로 알려졌다. 20년 후, 몰리는 그의 정리를 일본에서 발표하였다. 이 정리에 대한 최초의 두 개의 증명은 M. 사티아나라야나M. Satyanarayana의 삼각법에 의한 증명과 M. T. 나라니엔가M. T. Naraniengar의 기초적인 증명이었다. 이 정리는 계속하여 이런저런 증명들을 끌어내었다. 50년 안에 150개나 되는 증명이 나왔다. 그리고 여전히 나오고 있다. 9)

최신의 증명은 존 콘웨이가 1995년에 고안해 낸 것으로 그는 먼저 어느 기하학 뉴스그룹에 전자우편으로 이를 알렸다. 그의 증명은 널리 인정되었다. 그 까닭은 삼각법을 피해서 여섯 개의 삼각형이 모두 따로따로 다를 필요가 없어졌기 때문이다. 다음은 콘웨이의 증명이다(증명에 나오는 *표는 도해상의 +에 대응되는 것이다).

Path: world!forum.swarthmore.edu!gateway

From: conway@math.princeton.edu (John Conway)

Newsgroups: geometry.puzzles.

저는 몰리의 삼등분선 정리에 대한, 가장 단순한 것이 분명한 증명을 했습니다. 다음과 같습니다.

삼각형에 $3a$, $3b$, $3c$의 각이 있고 x^*는 $x+pi/3$이라고 하여 $a+b+c=o^*$이 되도록 하자. 그러면 각

o^*, o^*, o^*

a, b^*, c^* a^*, b, c^* a^*, b^*, c

a^{**}, b, c a, b^{**}, c a, b, c^{**}

를 가진 삼각형들이 추상적으로 존재하는데, 모든 경우에 각의 합은 pi이기 때문이다.

이들을 다음과 같이 정의된 크기로 만들어 보자.

o^*, o^*, o^* –이는 정삼각형이다– 변 1을 가지도록 하자.

a, b^*, c^* – 변이 각 b^* 및 c^*와 만나고 길이 1을 가지도록 하자.

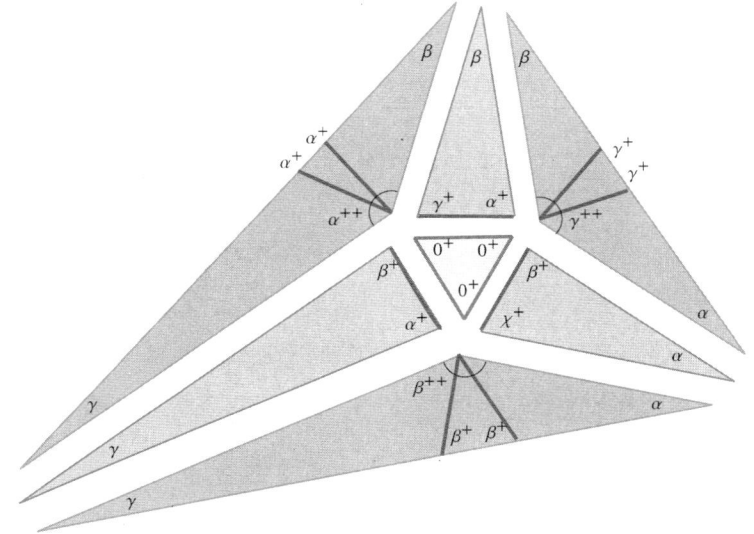

$a, b^\star, c^\star$와 $a^\star, b^\star c$도 이와 비슷하게 한다.

$a, b^{\star\star}, c$(그리고 이와 비슷한 두 개도) 이는 그려 보겠다.

(주의: 그림에서 $\alpha=a$, $\beta=b$, $\gamma=c$이다)

A, X, C,에서의 각을 a, $b^{\star\star}$, c라고 하고 X로부터 AC로 양쪽으로 각 $b^\star$를 이루도록 선들을 그어 정삼각형 XYZ를 이루도록 한다.

[Z와 Y는 붉은 선들이 아래쪽 삼각형의 CA선을 만나는 곳이고, X는 맞은편 꼭짓점이다]

XY와 XZ가 둘 다 1이 되도록 크기를 택하자.

이제 이 일곱 개의 삼각형을 한데 모으자! 다음과 같은 모양이 만들어진다.

좀 더 명확하게 하기 위하여, APX의 각들이 a(A에서), $b^\star$(P에서), $c^\star$(X에서)라

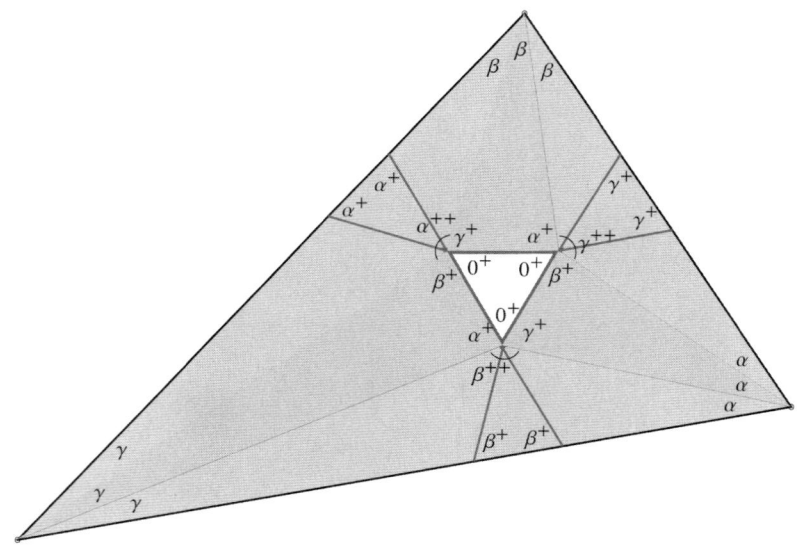

고 하자.

왜 맞아 들어갈까? 글쎄, 각각의 안쪽 꼭짓점에서 각들의 합은 2pi가 된다는 것은 쉽게 확인할 수 있다. 그리고 두 개의 부합하는 변들은 길이 1을 가지도록 선언되었거나 삼각형 APX와 AXC의 공통변 AXZ, 죄송합니다, AX와 같다.

그러나 APX는 AXC에 속한 작은 삼각형 AZX과 합동이다. 왜냐하면 PX=ZX=1이고, PAX=ZAX=a이며, APX=AZX=$b*$이기 때문이다.

따라서 이러한 일곱 개의 삼각형으로 구성된 도형은 주어진 삼각형의 각을 삼등분함으로써 얻어진 것과 비슷하다. 따라서 그러한 삼각형에서 가운데에 있는 작은 삼각형 역시 정삼각형이어야 한다.

존 콘웨이[10]

현재 〈삼각형 책 The Triangle Book〉을 마무리 중인 콘웨이는 "삼각형기하학은 죽지 않습니다"라고 말했다. 삼각형에 대한 수백 개의 정리를 담고 있는 〈삼각형 책〉은 10여 년 동안 작업이 진행 중이다. 이 책은 애틀랜타 파이데이아학교의 중등학교 수학교사로 표창을 받은 스티브 시규어 Steve Sigur와의 공동노력의 결과이다. 콘웨이는 이 책을 삼각형 모양으로 제작할 생각이다. "이 책은 삼각형에 대한 표준적인 서적으로 영원히 남을 것입니다"라고 콘웨이는 말했다. "영원하지는 못하더라도 꽤 오랫동안은요."[11]

부록 6
"유행이 지난 추구"에 대한 프리먼 다이슨의 주장

1981년, 프리먼 다이슨은 친구 콕세터-"내가 제일 좋아하는 사람들 중 하나"-에게 자신이 최근에 한 "유행이 지난 추구"라는 강의 원고를 보내 주었다. 가장 유명한 물리학자의 한 사람이며(물리학과 격조 높은 수필 양쪽으로 유명하다) 프린스턴 고등과학원에 근거를 둔 다이슨은 레오폴트 인펠트(과학원에 있다가 토론토 대학교로 옮겨 간)를 통해 콕세터와 만났고, 오랜 세월동안 느긋하게 편지를 주고받았다.[1] 느긋하게 나눈 이야기는 다면체에 관한 것이었지만, 다이슨에게는 곁다리에 지나지 않은 것이었다. 대학자가 있다면 다이슨이야말로 그런 사람이다. 그는 이를테면 전쟁과 평화의 윤리적 문제를 다룬 〈희망의 무기 Weapons of Hope〉와 같은 (콕세터 역시 다이슨이 과학적 경력을 통해 만난 사람들에 대하여 쓴 〈우주를 어지럽히다 Disturbing the Universe〉라는 책을 즐겼다), 대중들을 위한 과학 서적, 원자력추진을 이용한 우주비행을 제안한 오리온프로젝트에서의 연구, 그리고 혜성에서 자랄 수 있도록 유전적으로 조작된 "다이슨 나무"로 널리 알려졌다. 그는 또한 2000년 종교발전 부문 템플턴상을 수상하여 795,000 파운드를 벌었다.

다이슨은 과학원에서 "유행이 지난 추구"[2]라는 강의를 하였고, 그 원고를 콕세터에게 보내면서 "유행이 지난 인물 하나가 유행이 지난 다른 인물에게 행운을 빌며"라고 적었다. 강의를 시작한지 얼마 지나지 않아 다이슨은 경력 초기의 나날들을 회상하였다.

평범한 재능을 지닌 젊은 과학자들에게 지혜로운 길은 유행을 따르는 것이라는 말은 언제나 옳았고, 지금은 그 어느 때보다도 옳습니다. 특별히 재능이 있지 않거나 특별히 운이 좋지 않은 젊은 과학자들은 무엇보다도 먼저 일자리를 찾고 지키는 것을 염려합니다. 일자리를 찾고 지키기 위해 인력시장을 지배하는 실력자들이 흥미를 느끼는 과학 분야에서 유능하게 일을 해야 합니다. 실력자들이 흥미롭다고 여기는 과학적 문제들은 거의 당연하게도 유행하는 문제들입니다. 자신의 생존에 신경을 쓰는 젊은 과학자들이 많은 학자들이 지나간 길에 달라붙는 것은 놀랄 일이 아닙니다.

우리 과학원도 예외는 아닙니다. 제가 34년 전 객원연구원으로 처음 여기에 왔을 때, 유력한 실력자는 로버트 오펜하이머Robert Oppenheimer였습니다. 오펜하이머는 물리학의 어떤 분야가 추구할 만한 것인지 판단을 내렸습니다. 그의 취향은 언제나 최근에 유행하는 것과 일치했습니다. 당시 젊고 야심만만했던 저는 유행하는 문제를 다룬 민첩한 연구를 들고 그에게 갔고, 그에 맞게 종신직을 상으로 받았습니다.

빠른 성공과 보상을 향한 젊은 과학자들의 경주가 그 자체로 나쁜 것은 아닙니다. 유행에 맞는 협소한 전문 분야에 노력을 집중하는 것이 필연적으로 해가 되지는 않습니다. 어쨌거나 유행하는 문제는 어떤 디자이너의 변덕으로 유행하게 되는 것이 아니라 과학자들의 절대다수가 중요한 문제라고 판단을 내렸기 때문에 유행하게 되는 것이니까요.

그럼에도 불구하고 다이슨은 과학자들과 수학자들이 자신의 연구의 방향을 잡아나가는 데 더 많은 창의적인 자유재량과 좀 더 적은 현실적인 욕심을 따르는 것이 좋을 것이고, 전체로서의 과학은 "독립적이고 반항적인 정신. 의심할 여지없는 몇 안 되는 금세기의 천재 중 한 사람으로서, 아인슈타인과 동등하게 걸으면서 얘기를 주고받는 유일한 동료"인 쿠르트 괴델과 같은 유행에 벗어난 인물들에게 세심하게 자리를 만들어 줌으로써 과학이 혜택을 입게 될 것이라고 주장하였다. 그리고 그는 "고대사"에서 몇몇 소중한 예들을 지적하였다.

현재의 물리학의 발전에 결정적으로 중요한 연구를 한 위대한 수리물리학자로서 저는 솝후스 리를 언급합니다. 리가 사망한 지는 80년이 되었습니다. 그의 위대한 연구는 1870년대와 1880년대에 이루어졌습니다만, 입자물리학의 사고를 지배하게 된 것은 지난 20년에 지나지 않습니다. 리는 그 당시에는 물리학 법칙과 동의어였고 군론적인 기원을 가지는 역학 법칙들을 이해하고 명시적으로 언급한 최초의 사람이었습니다. 그는 거의 혼자서 광대하고 아름다운 연속군론을 만들어 냈고, 언젠가는 물리학의 기초가 될 것으로 내다봤습니다. 백년이 지난 오늘날, 깨진 대칭과 깨지지 않은 대칭으로 입자를 분류하는 모든 물리학자들은 인식하고 있건 아니건, 솝후스 리의 언어로 말하고 있는 것입니다. 그러나 생존 당시 리의 아이디어는 유행하지 않았습니다. 수리물리학에서 위대한 발견의 최근 예로는 1918년 헤르만 바일이 고안한 게이지마당 gauge field이라는 아이디어가 있습니다. 이것이 현대 입자 물리학의 기본적 아이디어의 하나로 자리 잡는 데는 50년밖에 걸리지 않았습니다.

다이슨은 계속해서 수학계를 훑어보며 현재 유행하지 않지만 자신의 선견지명에 의하면 21세기 물리학의 필요불가결한 기초단위로 등장할 수도 있는 아이디어들을 찾아냈다. "대략적으로 말하자면, 유행하지 않는 수학은 부르바키라는 실력자가 수학이 아니라고 선언하였던 수학의 부분들로 이루어져 있습니다." 그러한 우연한 아름다움, 어떠한 결과로도 이어지지 않을 것처럼 보이는 고립적인 호기심의 한 예로 다이슨은 19세기에 프랑스인 에밀 마티외Emile Mathieu가 처음으로 발견하였으나 버려진 산발성 유한군의 탐색을 재개한 "괴물군"의 발견을 들었다.

지난 20년간 새로운 산발군의 멋진 동물원이 다양한 방법으로 연구하는 여러 수학자들에 의해 발견되어 왔습니다. 이러한 다양한 발견들의 유일한 공통점은 구체적이며 경험적이고 실험적이며 우연적이게도 이는 부르바키의 정신과 정반대입니다.

이 모든 것이 물리학과 무슨 상관이 있느냐고요? 분명 아무런 상관도 없을 겁니다. 산발성군은 그저 수학사에서 유쾌한 변두리, 발전의 주류에서 동떨어진 기이하고 사소한 에피소드에 지나지 않는 것이 분명합니다. 우리는 물리적 우주의 대칭이 어떠한 의미에서건 산발성군의 대칭과 관련이 있을 지도 모른다는 미약한 낌새 하나 발견하지 못했습니다. 그러나 아무런 연관이 있다고 지나치게 확신해서는 안 됩니다. 증거가 없다는 것이 없다는 증거는 아닙니다. 산발성군의 예기치 않은 출현보다 더 기이한 일들이 물리학사에서는 발생하여 왔습니다. 항상 놀라운 일을 경험할 각오를 하고 있어야 합니다. 제가 21세기 언젠가는 물리학자들이 우주의 구조에 생각지도 못하게 내재되어 있는 괴물군을 우연히 발견하게 되리라는 은밀한 희망, 어떠한 사실이나 증거로도 지지되지 않는 희망을 가지고 있음을 고백하겠습니다. 물론 이것은 근거 없는, 틀릴 것이 거의 분명한 추측입니다. 그편을 들며 제가 내놓을 수 있는 유일한 논거는 이론적인 것입니다. 우주의 창조자가 대칭을 사랑한다는 강력한 증거가 있고 그가 대칭을 사랑한다면, 괴물군의 대칭보다 더 사랑스러운 대칭을 어디에서 찾을 수 있겠습니까?³⁾ 산발성군은 유행에서 뒤떨어진 수학자들이 만들어 놓은 기이하고 놀라운 개념의 보물창고에서 꺼낸 한 예에 지나지 않습니다. 다른 것들을 언급할 수도 있었습니다. 완벽하게 대칭적인 구조로 배열되었고 완벽하게 대칭적인 포체들로 이루어진 어떤 정다면체가 다 합쳐서 열한 개의 면을 가지고 있는 것을 상상할 수 있습니까? 지난 해, 토론토에 있는 제 친구 도널드 콕세터가 이것을 발견했습니다.

콕세터는 과연 다이슨의 논문과 그의 이야기에 담긴 교훈을 높이 평가했다. 그는 여전히 자신이 유행에서 뒤떨어져 있다는 생각을 떨칠 수 없었다. 콕세터는 이렇게 답장을 썼다. "친애하는 프리먼, '유행이 지난 추구' 라는 탁월한 강의를 고맙게 생각하네. 런던수학회의 편집자가 보낸, '나의 그래프' 에 대한 심사위원의 보고서가 동봉한 편지와 동시에 도착하고 보니 더욱 중요한 것으로 여겨지네. 그 보고서는 이렇게 시작되네. '아래에 제안하는 수정을 조건으로 이 논문을 받아들일 것을 권고합니다. 그것을 평가하기가 대단히 힘든 이유는 주제와 스타일이 너무도 유행이 지난 것이기 때문입니다. 저는 이 논문이 그의 "정규초다면체"와 같은 것들의 기준에 필적한다고 생각합니다만, 물론 그 범위는 훨씬 더 한정되어 있습니다. 그러나 이러한 주제의 대단히 특별한 속성상, 저의 권고는 대단히 강력한 것은 될 수 없습니다. 더 보편적인 주제에 대한 논문들이 우선시되어야 합니다' 나는 플라톤이 $_5\{3,5,3\}_5$에 대하여 알았더라면 기뻐했을 거라는 자네의 말을 여전히 좋아하네."⁴⁾ – 이 기호는 다이슨이 다음과 같이 설명한 십일면 물체에 대한 콕세터의 기호였다. " 완벽하게 대칭적인 구조로 배열되었고 완벽하게 대칭적인 포체들로 이루어진 어떤 정다면체가 다 합쳐서 열한 개의 면을 가지고 있는 것을 상상할 수 있습니까?"

부록 7
결정학과 펜로즈 화장지

콕세터, 그리고 그와 비슷한 성향을 가진 수학자들이 우연히 M. C. 에스허르를 발견한 것과 비슷한 시기에 결정학자들도 에스허르를 발견했다. 에스허르의 대칭 선화, 평면의 쪽맞추기는 결정학의 교육에 자주 사용된다. 그리고 사실, 에스허르의 작업은 수십 년 앞서 결정학적 연구를 예견하였다.[1]

1891년, 러시아의 결정학자 E. S. 페도로프 E. S. Fedorov가 평면에 대한 모든 주기적 타일 깔기는 열일곱 개의 대칭군 중 하나에 속한다는 것을 증명하였다 (후일 콕세터의 프린스턴 친구인 게오르게 포여가 P. 니글리 P. Niggli와 함께 재발견했다).[2] 비주기적인 타일 깔기를 이뤄내는 타일들을 찾는 일(평행변환으로 반복되지 않는 패턴으로 모양을 그리는 것)은 1966년 로버트 버거 Robert Berger가 최초의 한 세트의 타일을 개발하기 전까지는 풀리지 않는 기하학적 수수께끼였다. 그의 세트는 20,462개의 타일로 이루어져 있었는데 그는 얼마 지나지 않아 그 숫자를 104개로 줄였다. 1970년대 초반, 라파엘 로빈슨 Raphael Robinson이 주기적인 패턴을 방지하기 위해 다양한 홈과 연장부를 갖춘 여섯 개의 타일로 이루어진 세트를 만들어 냈다.[3]

로저 펜로즈 경은 현재까지 가장 낮은 한계를 발견하였는데, 이는 두 개의 타일로 이루어진, 본질적으로는 모서리가 다섯 개인 별 모양 마당에서 서로 연결되는 날씬한 다이아몬드 모양과 통통한 다이아몬드 모양의 마름모꼴 세트였다(화살 모양과 연 모양의 타일 깔기도 같은 타일에서 얻어 낼 수 있다). "저는 낙서를 하는 버릇이 있고 타일 깔기는 제가 가지고 놀곤 하는 것들 중 하나이지요" 라고 로저 경은 말했다. 그는 1954년 국제수학대회에 참석하여 콕세터와 마찬가지로 에스허르의 작품에 사로잡혔다. 그의 주기적인 타일 깔기 보다는 불가능한 그림에 더 매료되었다. "모임을 끝내면서 나도 비슷한 것, 무언가 불가능한 것을 해 보고 싶다는 생각이 들었습니다." 아버지인 정신과의사 라이오넬 S. 펜로즈Lionel S. Penrose와 함께 그는 불가능한 "삼중막대기tribar"와 "계단stairs"을 만들었다. 그들은 자신들이 만든 것을 〈영국심리학저널British Journal of Psychology〉에 발표하고 에스허르에게 보내 주었다. 에스허르는 후일 〈폭포 Waterfall〉와 〈오르락내리락Ascending and Descending〉에서 이러한 아이디어를 이용하였다. "비주기성 타일에 대한 저의 흥미는, 부분적으로는 물리학에 대한 관심의 자극을 받은 것이었습니다. 저는 단순하고, 소규모인 어떤 것, 규칙이 있으면서도 복잡한 구조를 만들어 내는 어떤 것을 찾고 있었습니다. 그 이유는 그러한 것들이 우주에서 발견되기 때문입니다. 법칙들이 궁극적으로는 단순하기를 희망하는 것이지요."4)

로저 경은 여섯 개의 타일을 한동안 만지작거렸고, 자기가 더 잘 할 수 있을지 궁금해졌다. 몇 시간 이내에 그는 공책에 그림을 그려 가며 두 개로 줄이게 되었다. "'이건 너무 쉬워, 누군가가 벌써 생각해 냈을 거야' 라고 생각했습니다. 그러나 두 개로 줄인 것은 제가 처음이었습니다. 어느 무어풍 디자인에서 찾아낸다면 모를까요. 하지만 아직 찾아낸 사람은 없습니다."5)

시시한 발견으로 보일 수도 있다. 그러나 펜로즈 타일 깔기라고 알려진 주제로 그가 강의를 할 때마다 누군가는 언제나 이렇게 묻곤 했다. "이것이 이처럼 금지된 대칭, 결정에서의 5중 대칭을 찾을 수 있는 새로운 유형의 결정학 문제를 제기합니까?" "그런 질문에 대해서는 '예, 그럼요, 원칙적으로는 말씀하신

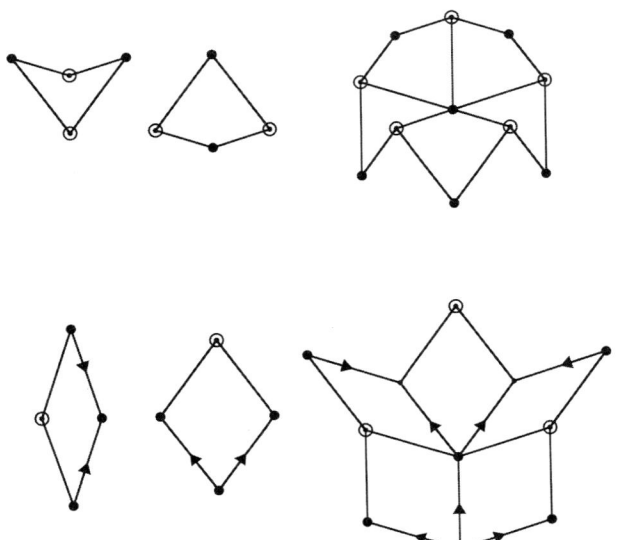

펜로즈의 비주기적 타일들: 연, 화살, 날씬한 마름모꼴과 통통한 마름모꼴. 타일들을 결합하여 펜로즈 타일 깔기를 만들면, 모든 타일의 표지가 맞아야 한다. 여기 보인 것은 정당한 꼭짓점 배열들이다(한쪽 배열을 다른 것으로 바꾸는 "잘라서 붙이기" 방법이 있는데, 이는 마저리 세네칼의 〈준결정과 기하학Quasicristals and Geometry〉에 잘 설명되어 있다.)

것이 옳습니다. 하지만 자연이 어떻게 그러한 것을 만들어 내고 있는지는 저로서는 알 수가 없습니다' 라고 대답하는 편이지요." 자연이 만들어 낸 것이 아니었다. 과학이 만들어 낸 것이었다. 1982년 당시 존스홉킨스 대학교에 있던 댄 셰히트만Dan Shechtman은 준결정 ─ 원자들이 외견상은 정칙적이지만 반복적이지 않은 구조로 배열되어 있는 고체의 형태 ─ 을 관찰하였다. 그리고 결정학 연구에서와 마찬가지로 콕세터군과 콕세터 도표는 준결정의 조사에서도 적용 분야를 발견하였다.[6]

알루미늄과 같은 임의의 물질은 그 결정의 패턴으로 특정된다. 준결정은 물질의 특성을 바꾸는데, 더 단단하게 만드는 경우가 많다. 준결정은 예를 들어 사이버녹스라는 조리도구에 눌어붙지 않기 위한 코팅에 응용된다. 준결정의 발견으로 국제결정학자연맹은 이를 받아들이기 위해 수정이라는 용어의 정의를 바꾸었다. "그건 놀라운 일이었습니다"라고 로저 경은 말했다. "하지만 그것들은 생산된 물체였습니다. 누구도 동굴에서 그런 것을 찾아낸 적은 없었지요."7)

그보다는 덜 유쾌한 놀라운 일은 로저 경이 아내가 수퍼마켓에서 구입해 집으로 가져온 "누비형 크리넥스" 화장지에서 자신의 펜로즈 타일 깔기를 발견한 것이었다. 로저 경과 펜로즈 타일 깔기의 이미지에 허가권을 가진 회사인 펜타플렉스주식회사는 생산자인 달라스에 근거지를 둔 크리넥스사의 영국 지사 킴벌리-클라크사에 소송을 걸었다. 펜타플렉스 주식회사의 어느 임원은 "영국인들이 대영제국 기사의 허락도 없이 그의 작품으로 궁둥이를 닦으라는 다국적기업의 권유를 받는다면 최후의 입장을 취해야 합니다"라고 말한 것으로 〈월스트리트저널〉지에 보도되었다. 8)

신문은 또한 이렇게 보도하였다. "펜로즈 타일 깔기가 더 나은 프라이팬에 제공되는 준결정에 응용된 것과 마찬가지로…….

같은 논리가 더 좋은 화장지에도 적용된다. 1993년 영국에 진출한 고급 브랜드인 킴벌리-클라크사의 크리넥스 누비형 화장지는, 회사의 문헌에 따르면 "더 두껍고 부드럽도록" 화장지를 부풀어 오르게 하는 패턴이 돋을새김되어있다. 로저 경의 서류는 화장지를 더 부풀게 만듦으로써 생산자는 각각의 두루마리에 사용되는 종이의 양을 줄일 수 있게 된다고 주장한다. 하지만 패턴이 반복되면 화장지에 주름이 잡혀서 보기 싫어질 가능성이 높다. 이는 펜로즈형의 패턴을 사용함으로써 고칠 수 있다. 이를 통해 종이는 두루마리에 골고루 자리를 잡게 된다고 고소장은 주장한다. 원고가 이기면, 그들은 영국법에 따라 크리넥스 브랜드가 영국에서 얻은 이익에 상당하는 손해배상을 청구할 수 있다. 또한 남아 있는 화장지 표본을 파기할 것을 요구할 수도 있다.

당사자들은 결국 화해에 의한 해결에 도달하였다. 합의 조건 중 하나는 로저 경이 이 사안을 더 이상 주장하지 못하도록 하는 것이다(킴벌리-클라크사가 적어도 약간은 혼쭐이 난 것은 분명했다). 그러나 그는 수학적 개념으로서는 펜로즈 타일 깔기를 자유롭게 사용할 수 있음을 분명히 했다. 하지만 그래픽 이미지로서는 그 날씬하고 통통한 다이아몬드 모양들에는 특허가 붙어 있다. 그러한 측면에서 보았을 때 화장지회사가 수학적 아이디어를 빌릴 가능성은 별로 없다.9)

펜로즈 화장지는 이제 수집가들이 찾는 물건이 되었다. 앨버타에 있는 뱀프 센터에서 2005년에 열린 연례모임인 브리지학회("미술, 음악, 과학의 수학적 연관성Mathematical Connections in Art, Music, Science")에서 오레곤 대학교 수학 교육과 명예 교수인 매리언 월터Marion Walter는 악명높은 펜로즈 화장지 한 두루마리를 가져와서는 유명한 참석자들에게 한 장씩 나눠 주었다.10)

부록 8
H. S. M. 콕세터의 수학 관련 출판물

1926   Mathematical Notes. *Math. Gazette* 13:205.

1928   The pure Archimedean polytopes in six and seven dimensions. *Proc. Camb. Phil. Soc.* 5 (24): 1-9.

1930   The polytopes with regular-prismatic vertex figures, part 1. *Phil. Trans. Royal Soc.* A 229:329-425.

1931   Groups whose fundamental regions are simplexes. *Journal of Math. and Phys.* 12:334-45.

The densities of the regular polytopes. *Proc. Camb. Phil. Soc.* 27:201-11.

1932   The polytopes with regular-prismatic vertex figures, part 2. *Proc. London Math. Soc.* 6:132-36.

The densities of the regular polytopes, part 2. *Proc. Camb. Phil. Soc.* 28:509-21.

1933   The densities of the regular polytopes, part 3. *Proc. Camb. Phil. Soc.* 29:1-22.

Regular compound polytopes in more than four dimensions. *Journal of Math. and Phys.* 12:334-45.

1934   Discrete groups generated by reflections. *Annals of Math.*

35:588-621.

On simple isomorphism between abstract groups. *Journal London Math. Soc.* 9:211-12.

Abstract groups of the form $V_1^k = V_j^3 = (V_i V_j)^2 = 1$. *Journal London Math. Soc.* 9:213-19.

(With J. A. Todd) On points with arbitrarily assigned mutual distances. *Proc. Camb. Phil. Soc.* 30:1-3.

1935 Finite groups generated by reflections, and their subgroups generated by reflections. *Proc. Camb. Phil. Soc.* 30:446-82.

The functions of Schlafli and Lobatschefsky, *Quarterly Journal of Math.* 6:13-29.

(With P. S. Donchian) An n-dimensional extension of Pythagoras' theorem. *Math. Gazette* 19:206.

The complete enumeration of finite groups $R_i^2 = (R_i R_j)^{k_{ij}} = 1$. *Journal of London Math. Soc.* 10:21-25.

1936 Wythoff's construction for uniform polytopes. *Proc. London Math. Soc.* 2 (38): 327-39.

The representation of conformal space on a quadric. *Annals of Math.* 37:416-26.

The groups determined by the relations $S_1 = T^m = (S_{-1} T_{-1} ST)^p = 1$. *Duke Math. Journal* 2:61-73.

An abstract definition for the alternating group in terms of two generators. *Journal London Math. Soc.* 2 (11): 150-56.

The abstract groups $R^m = S^m = (R_j S_j)^{p_j} = 1$. *Proc. London*

Math. Soc. 2 (41): 278-301.

(With J. A. Todd) A practical method of enumerating cosets of a finite abstract group. Proc. *Edinburgh Math. Soc.* 2 (5):26-34.

On Schläfli's generalization of Napier's Pentagramma Mirificum. *Bull. Calcutta Math. Soc.* 28:123-44.

(With J. A. Todd) Abstract definitions for the symmetry groups of the regular polytopes in terms of two generators. *Proc. Camb. Phil. Soc.* 32:194-200.

1937 (With J. A. Todd) Abstract definitions for the symmetry groups of the regular polytopes in terms of two generators. part 2. *Proc. Camb. Phil. Soc.* 33:315-24.

Regular skew polyhedra in three and four dimensions and their topological analogues. *Proc. London Math. Soc.* 2 (43):33-62.

1938 An easy method for constructing polyhedral group-pictures. *Amer. Math. Monthly* 45:522-25.

(With P. Du Val, H. T. Flather, and J. F. Petrie), The *Fifty-nine Icosahedra*, University of Toronto Studies (Math. Series, No. 6), 28.

1939 Polyhedra. In *Mathematical Recreations and Essays*, by W. W. Rouse Ball, 129-60. London: Macmillan.

The groups G m, n, p, Trans. *Amer. Math. Soc.* 45:73-50.

The regular sponges, or skew polyhedra. *Scripta Mathematica* 6:240-44.

1940 Regular and semi-regular polytopes, part 1. *Math. Zeitschrift* 46:380-407.

A method for proving certain abstract groups to be finite. *Bull. Amer. Math. Soc.* 446:246-51.

(With R. Brauer) A generalization of theorems of Schönhardt and Mehmke on polytopes. *Trans. Royal Soc. of Canada 3* (34):29-34.

The polytope 221, whose 27 vertices correspond to the lines on the general cubic surface. *Amer. Journal of Math.* 62:457-86.

The binary polyhedral groups, and other generalizations of the quaternion group. *Duke Math. Journal* 7:367-79.

1942   *Non-Euclidean Geometry* (Mathematical Expositions, No. 2). Toronto: University of Toronto Press.

1943   The map-coloring of unorientable surfaces. *Duke Math. Journal* 10:293-304.

A geometrical background for de Sitter's world. *Amer. Math. Monthly* 50:217-27.

1946   Quaternions and reflections. *Amer. Math Monthly* 53:136-46.

Integral Cayley numbers. *Duke Math. Journal* 13:561-78.

1947   The nine regular solids. *Proc. Canadian Math. Congress.* 1:252-64.

The product of three reflections. Quarterly Applied Math. 5:217-22.

1948   A problem of collinear points, *Amer. Math. Monthly* 55:26-28, 247.

Regular Polytopes. London: Methuen.

1949   *The Real Projective Plane.* McGraw-Hill, New York.

Projective geometry. *Math. Magazine* 23:79-97.

1950   Self-dual configurations and regular graphs. *Bull. Amer. Math. Soc.* 56:413-55.

	(With A. J. Whitrow) World structure and non-Euclidean honeycombs. *Proc. Royal Soc.* A 201:417-37.
	Extreme forms. *Proc. Internat. Congress of Mathematicians, Harvard* 1:294-95.
1951	Extreme forms. *Can. J. Math.* 3:391-441.
	The product of the generators of a finite group generated by reflections. *Duke Math. J.* 18:765-82.
1952	Interlocked rings of spheres. *Scripta Math.* 18:113-21.
1953	(With J. A. Todd) An extreme duodenary form. *Can. J. Math.* 5:384-92.
	The golden section, phyllotaxis, and Wythoff's game. *Scripta Math.* 19:135-43.
1954	(With M. S. Longuet-Higgins and J. C. P. Miller) Uniform polyhedra. *Phil. Trans. Royal Soc.* A 246:401-50.
	Regular honeycombs in elliptic space. *Proc. London Math. Soc. 3* (4): 471-501.
	Six uniform polyhedra. *Scripta Math.* 20:227.
	An extension of Pascal's Theorem. *Amer. Math. Monthly* 61:723.
	Arrangements of equal spheres in non-Euclidean spaces. *Acta Math. Acad. Sci. Hungaricæa* 5:263-76.
	Regular honeycombs in hyperbolic space. *Proc. Internat. Congress of Mathematicians, Amsterdam* 3:155-69.
1955	On Laves' graph of girth ten. *Can. J. Math.* 7:18-23.
	The area of a hyperbolic sector. *Math. Gazette* 39:318.

The affine plane. Scripta Math. 21:5-14.

The Real Projective Plane, 2nd ed. New York: Cambridge University Press.

Reele Projektive Geometrie der Ebene [German translation of (66)]. Munich: Oldenbourg.

Hyperbolic triangles. *Scripta Math.* 22:5-13.

1956   The collineation groups of the finite affine and projective planes with four lines through each point. *Abh. Math. Sem. Univ. Hamburg* 20:165-77.

1957   Groups generated by unitary reflections of period two. *Can. J. Math.* 9: 263-72.

Map-coloring problems. *Scripta Math.* 23:11-25.

Projective geometry. In *The Tree of Mathematics,* ed. Glenn James. Pacoima, California: Digest Press, 173-94.

(With W. O. J. Moser) *Generators and Relations for Discrete Groups* (Ergeb. Math. 14). Berlin and New York: Springer.

Crystal symmetry and its generalizations [presidential address], *Trans. Royal Society of Canada* 3 (51): 1-13.

1958   The chords of the non-ruled quadric in PG (3, 3). *Can. J. Math.* 10:484-88.

Twelve points in PG (5, 3) with 95040 self-transformations. *Proc. Royal Soc. London* A 247:279-93.

On subgroups of the modular group. *J. de Math. Pures. Appl.* 37:317-19.

Close packing and froth. *Illinois J. Math.* 2:746-87.

Lebesgue's minimal problem. *Eureka* 21:13.

1959   Factor groups of the braid group. *Proc. 4th Canad. Math. Congress* [Banff, 1957] 95-122. Toronto: Toronto Univ. Press.

The four-color map problem, 1840-890. *Math. Teacher* 52(4):283-89.

Symmetrical definitions for the binary polyhedral groups. *Proc. of Symposia in Pure Mathematics, Amer. Math. Soc.* 1:54-87.

Polytopes over GF(2) and their relevance for the cubic surface group. *Can. J. Math.* 11:646-50.

(With L. Few and C. A. Rogers) Covering space with equal spheres. *Mathematika* 6:147-57.

1961   On Wigner's problem of reflected light signals in de Sitter space. *Proc. of the Royal Society of London* A 261:435-72.

Similarities and conformal transformations. *Annali di Mat. Pura ed Appl.* 53:165-24.

Introduction to Geometry. New York: Wiley.

1962   Music and mathematics. *Canadian Music Journal* 6:13-24.

The problem of packing a number of equal nonoverlapping circles on a sphere. *Trans. New York Acad. Sci.* 2 (24): 320-31.

The classification of zonohedra by means of projective diagrams. *J. de Math. Pures Appl.* 41:137-56.

The total length of the edges of a non-Euclidean polyhedron. In *Studies in Mathematical Analysis and Related Topics* [Essays

in honor of George Pólya, ed. G. Szegö, G. Loewner, et al.],
62-9. Stanford, CT: Stanford University Press.

The symmetry groups of the regular complex polygons. *Archiv der Math.* 13:86-97.

The abstract group G3,7,16. *Proc. Edinburgh Math.* Soc. 2 (13): 47-1, 189.

Projective line geometry. *Mathematicæ Notæ*. Universidad Nacional del Litoral, Rosario, Argentina 1:197-216.

1963   An upper bound for the number of equal nonoverlapping spheres that can touch another of the same size. *Proc. Symposia in Pure Mathematics* 7:53-71.

(With L. Fejes Tóth) The total length of the edges of a non-Euclidean polyhedron with triangular faces. *Quarterly J. Math.* 14:273-84.

(With B. L. Chilton) Polar zonohedra. *Amer. Math. Monthly* 70:946-51.

(With S. L. Greitzer) L' hexagramme de Pascal, un essai pour reconstituer cette decouverte. *Le Jeune Scientifique* 2:70-72.

Unvergangliche Geometrie [German translation of Introduction to Geometry] Basel: Birkhäuser.

Regular Polytopes, 2nd ed. New York: Macmillan.

1964   Projective Geometry. New York: Blaisdell.

Regular compound tessellations of the hyperbolic plane. *Proc. Royal Soc.* A 278:147-67.

1965 *Non-Euclidean Geometry*, 5th ed. Toronto: University of Toronto Press.

(With W. O. J. Moser) *Generators and Relations for Discrete Groups*, 2nd ed., Berlin and New York: Springer.

Geometry. In *Lectures on Modern Mathematics*, by T. L. Saaty, 58-94. New York: Wiley.

Introduction to Geometry [Japanese translation]. Tokyo: Charles E. Tuttle Co.

1966 *Introduction to Geometry* [Russian translation]. Moscow: Nauka.

Reflected light signals. In *Perspectives in Geometry and Relativity*, by B. Hoffman, 58-70. Bloomington: Indiana University Press.

Achievement in maths. *Varsity Graduate*, 15-18.

The inversive plane and hyperbolic space. *Abh. Math. Sem. Univ. Hamburg* 29:217-2.

Inversive distance. *Annali di Mathematica* 4 (71): 73-83.

1967 The Lorentz group and the group of homographies. *Proc. Internat. Conf. on the Theory of Groups*, Australian National University-Canberra, ed. L. G. Kovacs and B. H. Neumann, 73-77.

Non-Euclidean geometry. In *Collier's Merit Students' Encyclopedia*.

Finite groups generated by unitary reflections. *Abh. Math. Sem. Univ. Hamburg* 31:125-35.

The Ontario K-13 geometry report. *Ontario Mathematics*

Gazette 5(3):12-16.

(With S. L. Greitzer) *Geometry Revisited*, 193. Washington, D.C.: Mathematical Association of America.

Wstep do Geometrii dawnej i nowej [Polish translation of *Introduction to Geometry*] Warsaw: Panstowowe Wydawnictwo Naukowe. Analytic Geometry. In *Encyclopedia Britannica*, 857-860.

Solids, Geometric. In *Encyclopaedia Britannica*, 860-62.

(With G. W. Cu.) Mathematical Models. In *Encyclopaedia Britannica*, 1087-91.

1968　*Music and mathematics* [reprinted from the *Canadian Music Journal*], *Mathematics Teacher* 61:312-20.

The problem of Apollonius. *Amer. Math. Monthly* 75:5-15.

Mid-circles and loxodromes. *Math. Gazette* 52:1-8

Loxodromic sequences of tangent spheres. *Aequationes Mathematic* 1:104-21.

Twelve Geometric Essays. Carbondale, IL: Southern Illinois University Press.

The mathematical implications of Escher's prints. *M.C. Escher, 8 June-21 July 1968* (catalog of a retrospective exhibition), 87-9. The Hague: Haags Gemeentemuseum.

Some examples of hyperdimensional awareness. *The Journal for the Study of Consciousness* 1(2):84-85.

1969　*Introduction to Geometry*, 2nd ed. New York: Wiley.

Affinities and their fixed points. *The New Zealand Mathematics Magazine* 6:114-17.

Affinely regular polygons. *Abhandlungen aus dem Mathematischen Seminar der Universität Hamburg* 34:38-8.

Helices and concho-spirals. *Proceedings of the 11th Nobel Symposium, Symmetry and Functions of Biological Systems at the Macromolecular Level*. Stockholm: Amqvist & Wiksell, reprint New York: Wiley & Sons).

1970 Inversive geometry. *Vinculum* 7:72-76.

Non-Euclidean geometry. In *Encyclopaedia Britannica*.

Products of shears in an affine Pappian plane. *Rendiconti di Mathematica* 6 (3): 1-6

Solids, geometric. In *Encyclopaedia Britannica*.

Twisted honeycombs (Regional Conference Series in Mathematics No. 4). Providence, RI: American Mathematical Society.

1971 Cyclic sequences and frieze patterns. *Vinculum* 8:4-7

An ancient tragedy, *Mathematical Gazette*. 55:312.

The mathematical implications of Escher's prints. In *The World of M. C. Escher*, ed. J. L. Locher, 49-2. New York: Harry N. Abrams.

The mathematics of map coloring. *Leonardo* 4:273-77.

Frieze patterns. *Acta Arithmetica* 18:297-310.

Virus macromolecules and geodesic domes. In *A Spectrum of Mathematics*, Essays presented to H. G. Forder, ed. J. C.

Butcher, 98-07. Auckland: Auckland Oxford University Press.

The finite inversive plane with four points on each circle. In *Studies in Pure Mathematics*, ed. L. Mirsky, 39-52. London: Academic Press

Inversive geometry. In *The Teaching of Geometry at the Pre-College Level*, ed. H. G. Steiner, 34-45. Dordrecht, Holland: D. Reidel Publishing Company

[Spanish translation of *Introduction to Geometry*]. Mexico City: Limusa-Wiley S. A.

(With S. L. Greitzer) Redécouvrons la Géométrie [French translation of *Geometry Revisited*]. Paris: Dunod.

1972   Analytical geometry, mathematical models, and geometric solids. In *Encyclopaedia Britannica*.

Cases of Hyperdimensional Awareness. In *Consciousness and Reality*, eds. Charles Muses and Arthur M. Young, 95-101. New York: Overbridge & Lazard.

(With W. O. J. Moser) *Generators and Relations for Discrete Groups*, 3rd ed. Berlin and New York: Springer.

The role of intermediate convergents in Tait's explanation for phyllotaxis. *Journal of Algebra* 20:168-75.

(With J. H. Conway and G. C. Shephard) The centre of finitely generated group. *Tensor* 25:405-18; 26:477.

1973   (With J. H. Conway) Triangulated polygons and frieze patterns. *Mathematical Gazette* 57:87-94 and 175-86.

The Dirac matrix group and other generalizations of the quaternion group. *Communications on Pure and Applied Mathematics* 26:693-98.

Regular Polytopes, 3rd ed. New York: Dover Publications.

[Hungarian translation of *Introduction to Geometry*]. Budapest: Müszaki Könyvkiadók.

Projective Geometry, 2nd ed. Toronto: University of Toronto Press.

Cayley diagrams and regular complex polygons. In *A Survey of Combinatorial Theory*, ed. J. N. Srivastava, 85-93. Amsterdam: North-Holland Publishing Co.

1974   (With W. W. Rouse Ball) *Mathematical Recreations and Essays*, 12th ed. Toronto: University of Toronto Press.

Regular Complex Polytopes, 185. London and New York: Cambridge University Press.

Polyhedral numbers. For *Dirk Struik*, eds R. S. Cohen et al. Dordrecht, Holland: D. Reidel Publishing Company, 25-35.

Kepler and mathematics. *Vistas Astron.* 18:585-93.

The equianharmonic surface and the Hessian polyhedron. *Annali di Matematica 4* (98): 77-92.

Geometry, Non-Euclidean. In *Encyclopaedia Britannica*, 1112-1120.

1975   Desargues configurations and their collineation groups. *Math. Proc. Camb. Phil. Soc.* 78:227-46.

The space-time continuum. *Historia Mathematica* 2:289-98.

1977   (With G. C. Shephard) Regular 3-complexes with toroidal cells.

Journal of Combinatorial Theory 22:131-38.

The Erlangen Program. *Math. Intelligencer* 0:22.

The Pappus configuration and its groups. *Pi Mu Epsilon J.* 6:331-36.

The Pappus configuration and the self-inscribed octagon. *Proc. Kongl. Nederlandse Akad. van Wetenschappen A* 80:256-300.

(With C. M. Campbell and E. F. Robertson) Some families of finite groups having two generators and two relations. *Proc. Royal Soc. London A* 357:423-38.

Gauss as a geometer. *Historia Mathematica* 4:379-96.

Projektivna geometrija. [Yugoslavian translation of *Projective Geometry*] Zagreb: Skalska knjiga.

(With S. L. Greitzer) *Az urja felfedezett geometria* [Hungarian translation of *Geometry Revisited*] Budapest: Gondolat.

1978 Polytopes in the Netherlands. *Nieuw Archief voor Wiskunde 3* (36): 116-41.

(With A. F. Wells) Three-dimensional nets and polyhedra. *Bull. Amer. Math. Soc.* 84:466-70.

The amplitude of a Petrie polygon. *C. R. Math. Rep. Acad. Sci. Can.* 1:9-12.

Parallel lines. *Can. Math. Bull.* 21(4):385-97.

1979 On R. M. Foster's regular maps with large faces. *AMS Proc. Symp. Pure Math.* 34:117-28.

(With R. W. Frucht) A new trivalent symmetrical graph with 110 vertices. *Annals New York Acad. Sci.* 319:114-52.

The non-Euclidean symmetry of Escher's picture *Circle Limit III*. *Leonardo* 12:19-25, 32.

The derivation of Schoenberg's star polytopes from Schoute's simplex nets. *C. R. Math. Rep. Acad. Sci., Can.* 1:195.

(With Peter Huybers) A new approach to the chiral Archimedea solids. *C. R. Math. Rep. Acad. Sci. Can.* 1:269-74.

1980 Angles and arcs in the hyperbolic plane. *Math. Chronicle* 9:17-33.

(With W. O. J. Moser) *Generators and Relations for Discrete Groups*, 4th ed. Berlin and New York: Springer.

Higher-dimensional analogues of the tetrahedrite crystal twin. *Match* (9) 67-72.

1981 Angels and devils. In *The Mathematical Gardner*, ed. David Klarner, 197-00. Belmont, CA: Wadsworth.

The derivation of Schoenberg's star-polytopes from Schoute's simplex nets. In The *Geometric Vein: The Coxeter Festschrift*, eds. C. Davis, B. Grunbaum, F. A. Scherk, 149-64. Berlin and New York: Springer-Verlag.

Unvergängliche Geometrie, 2nd ed. Basel: Birkhäuser.

(With R. Frucht and S. L. Powers) *Zero-symmetric Graphs*. New York: Academic Press.

1982 Rational spherical triangles. *Math. Gazette* 66:145-47.

The Fifty-nine Icosahedra, 2nd ed. Berlin and New York: Springer-Verlag.

Regular polytopes. In *McGraw-Hill Encyclopedia of Science and*

Technology. New York: McGraw-Hill.

Ten toroids and fifty-seven hemi-dodecahedra. *Geom. Dedicata* 13:87-99.

The group of genus two. *Rend. Sem. Mat. di Brescia* 7:219-48.

1983   My graph. *Proc. London Math. Soc. 3* (46): 117-36.

(With W. L. Edge) The simple groups PSL (2, 7) and PSL (2, 11). *C. R. Math. Rep. Acad. Sci. Can.* 5:201-6

The affine aspect of Yaglom's Galilean Feuerbach. *Nieuw Archief voor Wiskunde 4* (1) 212-23.

A symmetrical arrangement of eleven hemi-icosahedra. *Annals of Discrete Mathematics* 20:103-14.

The twenty-seven lines on the cubic surface. In *Convexity and Its Applications*, eds. P. Gruber and J. M. Wills, 111-19. Basel: Birkhauser.

(With S. L. Greitzer) *Zeitlose Geometrie* [German translation of *Geometry Revisited*]. Stuttgart: Klett Verlag.

1984   Surprising relationships among unitary reflection groups. *Proc. Edinburgh Math. Soc.* 27:185-94.

(With Asia Ivic Weiss) Twisted honeycombs {3, 5, 3} and their groups. *Geom. Dedicata* 17:160-79.

1985   The Lehmus inequality. *Aequationes Mathematicæ* 28:4-8.

The simplicial helix and the equation tan nq = n tanq. *Can. Math. Bull.* 28:385-393.

A special book review: M. C. Escher, His Life and Complete

Graphic Work, *Math. Intelligencer* 7 (1):59-69.

Polytopes, kaleidoscopes, Pythagoras and the future. *C. R. Math. Rep. Acad. Sci. Can.* 7:107-14.

The seventeen black and white frieze types. *C. R. Math. Rep. Acad. Sci. Can.* 7:327-31.

Regular and semi-regular polytopes, part 2, *Math. Z.* 188:559-91.

1986 (With G. F. D. Duff and L. Havercamp) Variations on Pythagoras, *James Cook Mathematical Notes* 4: 4, 208-12.

(With W. W. Rouse Ball) *Mathematical Recreations and Essays*, 12th ed. [Russian Translation]. Moscow: Mir.

The generalized Petersen graph. In *Symmetry Unifying Human Understanding*, ed. Istvan Hargittai, 579-84. New York: Pergamon.

Coloured Symmetry, in *M. C. Escher: Art and Science*, eds. H. S. M. Coxeter, M. Emmer, R. Penrose, and M. L. Teuber, 15-33. Amsterdam: North-Holland Publishing Co.

1987 Alicia Boole Stott. In *Women in Mathematics*, ed. L. S. Grinstein, 220-24. New York: Greenwood Press.

Introduction for The *Non-Euclidean Revolution*, by Richard J. Trudeau. Stuttgart: Birkhäuser.

(With W. W. Rouse Ball) *Mathematical Recreations and Essays*, 13th ed. New York: Dover Publications.

Projective Geometry, 2nd ed. Berlin and New York: Springer.

A packing of 840 balls of radius 9°0′19″ on the 3-sphere. In *Intuitive Geometry*, eds. K. Böröczky and G. Fejes Tóth. New

York: Elsevier Science Publishers, 127-37.

A simple introduction to coloured symmetry. *Internat. J. Quantum Chemistry* 31:455-61.

On Miller's generalized dihedral group. *C. R. Math. Rep. Acad. Sci. Can.* 9:265-69.

1988   A challenging definite integral. Amer. *Math. Monthly* 95:330.

Foreword for *The Foster Census*, by R. M. Foster. Winnipeg: Charles Babbage Research Centre.

Regular and semi-regular polytopes, part 3, *Math. Z.* 200:3-45.

Regular and semi-regular polyhedra. In *Shaping Space*, eds. M. Senechal and G. Fleck, 67-79. Boston and Basel: Birkhäuser.

1989   Star polytopes and the Schläfli function E(a, b, g). Elemente der Math. 44:25-36.

Escher's lizards. *Structural Topology* 15:23-30.

Trisecting an orthoscheme. *Computer Math. Appl.* 17:59-71.

Review of "Sphere-packings, Lattices and Groups," by J. H. Conway and N. J. A. Sloane. *Amer. Math. Monthly* 96:538-44.

1991   Orthogonal trees. *Bull. Inst. Combin. Appl.* 3:83-91.

Evolution of Coxeter-Dynkin diagrams. *Nieuw Archief voor Wiskunde* 9:233-48.

Foreword for *Journey into Geometries*, by M. Sved. Washington: MAA Spectrum, Mathematical Association of America.

Regular Complex Polytopes, 2nd ed. [reprinted with corrections and a new chapter 14]. London and New York: Cambridge

University Press.

(With G. C. Shephard) Some regular maps and their polyhedral realizations. In *Applied Geometry and Discrete Mathematics, The Victor Klee Festschrift*, eds. Peter Gritzmann and Bernd Sturmfels, 157-74. Providence, RI: American Mathematical Society.

1992 (With G. C. Shephard) Portraits of a family of complex polytopes. *Leonardo* 25:239-44.

Affine regularity. *Abh. Math. Sem. Univ. Hamburg* 62:249-3.

1993 Cyclotomic integers, nondiscrete tessellations, and quasicrystals. *Indagationes Mathematicæ*, 4:27-38.

(With Jan van de Craats) Philon lines in non-Euclidean planes. *J. Geometry* 48:26-55.

Cubic curves related to a quadrangle. *C. R. Math. Rep. Acad. Sci. Can.* 15:237-42.

The Real Projective Plane, 3rd ed. [reprinted with corrections and an appendix for Mathematica by George Beck, including a diskette]. Berlin and New York: Springer.

(With G. C. Shephard) Portraits of a family of complex polytopes. *In The Visual Mind*, ed. Michele Emmer. Cambridge, MA: MIT Press, 19-26.

1994 (With J. F. Rigby) Frieze patterns, triangulated polygons and dichromatic symmetry. In *The Lighter Side of Mathematics*, eds. R. K. Guy and R. E. Woodrow, 15-27. Washington, DC:

Mathematical Association of America.

The evolution of Coxeter-Dynkin diagrams. In *Polytopes: Abstract, Convex and Computational*, eds. T. Bisztriczky, Peter McMullen, R. Schneider, and Asia Ivic Weiss, 21-42. NATO ASI Series, Dordrecht, Holland: Kluwer.

Symmetrical combinations of three or four hollow triangles. *Math. Intelligencer 16* (3): 25-30.

Projective Geometry, rev reprint of 2nd ed. Berlin and New York: Springer-Verlag.

1995 *Kaleidoscopes*, eds. F. A. Sherk, Peter McMullen, A. C. Thompson, and Asia Ivic Weiss), 439. New York: *Wiley*.

Symmetrical arrangements of 3 or 4 hollow triangles. *Math. Intelligencer* 16 (3): 25-30; 17 (1) 237-42.

Some applications of trilinear coordinates. *Linear Algebra* 228:375-88.

1996 Close-packing and froth [reprint of *Illinois J. Math.* 2: 746-58]. *Forma 11* (3): 271-85.

(With Istvan Hargittai) Lifelong symmetry: a conversation with H. S. M. Coxeter. *Math. Intelligencer 18* (4): 35-41.

The trigonometry of Escher's woodcut *Circle Limit III*. *Math. Intelligencer 18* (4): 42-46.

1997 (With J. C. Fisher and J. B. Wilker) Coordinates for the regular complex polygons. J. *London Math. Soc.* 2 (55): 527-48.

Numerical distances among the spheres in a loxodromic

sequence. *Math. Intelligencer* 19 (4): 41-47.

Reciprocating the regular polytopes. J. London Math. Soc. 2 (55): 549-57.

(With S. L. *Greitzer*) *Redécouvrons la géométrie* [French translation of *Geometry Revisited*] Paris: Éditions Jacques Gabay.

The trigonometry of hyperbolic tessellations. *Can. Math. Bull.* 2 (40): 158-68.

Erratum: The trigonometry of Escher's woodcut *Circle Limit III*. *Math. Intelligencer* 19 (1): 79; and revised in *Hyper Space* 6 (2): 53-57 (original article. *Math. Intelligencer* 18 (4): 42-46).

Numerical distances among the spheres in a loxodromic sequence. *Math. Intelligencer* 19 (4) 41-47.

1998 (With B. Grünbaum) Face-transitive polyhedra with rectangular faces. *C. R. Math. Rep. Acad. Sci. Can.* 20:16-21.

Whence does an ellipse look like a circle? *C. R. Math. Rep. Acad. Sci. Can. 20* (1), 16-21.

Numerical distances among the circles in a loxodromic sequence. *Nieuw Archief voor Wiskunde* 16:1-21.

Seven cubes and ten 24-cells. *Discrete Comput. Geom.* 19:151-57.

Non-Euclidean Geometry, 6th ed. [reprinted with corrections and an appendix, Angles and Arcs in the Hyperbolic Plane]. Washington DC: Mathematical Association of America,

1999 The *Beauty of Geometry: Twelve Essays*. Mineola, NY: Dover Publications.

	(With P. Du Val, T. H. Flather, and J. F. Petrie) The *Fifty-nine Icosahedron*, 3rd ed., Stadbroke, Norfolk: Tarquin Publications.
	(With *Kharchenko, A. V.*) Frieze patterns for regular star polytopes and statistical honeycombs: Discrete geometry and rigidity. *Period. Math. Hungar. 39* (1-3): 51-63.
2000	Five spheres in mutual contact. *J. Geometry and Graphics 4*(2): 109-14.
2001	(With B. Grunbaum) Face-transitive polyhedra with rectangular faces and icosahedral symmetry. *Discrete Comput. Geom.* 25:163-72.
2005	The Descartes circle theorem. In The *Changing Shape of Geometry*, ed. Chris Pritchard, 189-192. New York: Cambridge University Press.
	An Absolute Property of Four Mutually Tangent Circles. In *Non-Euclidean Geometries, Janos Bolyai Memorial Volume, Mathematics and its Applications*, eds. Andras Prekopa and Emil Molnar, 109-14. Berlin, NY: Springer-Verlag.

후주

0장―도널드 콕세터를 소개합니다.

1) Donald Coxeter, 2003년 1월 27일 캐나다 토론토에서의 인터뷰.

2) Robert Connelly(코넬 대학교 수학교수), 2002년 7월 10일 헝가리 부다페스트에서의 인터뷰.

3) Susan Coxeter Thomas, 2001년 8월 28일 캐나다 앨버타주 뱀프에서의 인터뷰.

4) Michel Broué(앙리 푸앵카레 연구소 소장), 2004년 5월 15일 캐나다 토론토에서의 인터뷰.

5) Coxeter, "Whence Does an Ellipse Look like a Circle?" *Comptes Rendus, Mathematical Reports of the Academy of Science, Royal society of Canada 20*, no. 1 (1998), 16-21.

6) 보다 정식화된 정의는 1911년 판 <브리태니커 백과사전Encyclopaedia Britannica>에서 발견되는데, 이 책은 20세기 초의 모든 지식의 총합을 살펴볼 때 훌륭한 참고 문헌이다(그리고 콕세터가 조숙한 어린 학생이었을 때 참고하였을 법한 것도 이 판본이다). 63쪽에 달하는 기하학에 대한 항목은 약간은 구식인 다음과 같은 개관으로 시작된다. "기하학, 공간의 성질에 대한 연구를 영역으로 삼는 수학의 한 분야에 대한 일반적 명칭. 경험이나 직관을 통해 우리는 현존하는 공간을 일정한 기본적 특성들, 이른바 공리들로 특징짓는데, 이는 증명의 대상이 되지 않는다. 그리고 이러한 공리들은 적절하게 정의된 점, 직선, 곡선, 면 및 입체라는 수학적 실체들과 함께 기하학자가 결론을 도출해 내는 전제가 된다. 기하학geometry(그

리스어의 'geos'는 땅이라는 뜻이고 'metron'은 측정이라는 뜻이다)의 기원은, 헤로도투스Herodotus(고대 그리스의 역사가. '역사학의 아버지'라 불림-옮긴이)에 따르면 이 단어의 어원에서 찾아볼 수 있다. 그 출생지는 이집트로서 나일 강의 범람으로 잠긴 토지들을 측량할 필요에서 나온 것이다. 따라서 기하학은 초기에는 삼각형과 사변형의 면적을 계산하기 위한 대단히 개략적이고 대체적인 몇 개의 규칙으로 이루어져 있었다. 기하학은 이집트인들의 손에서는 더 이상 진전을 보지 못했고 점, 선, 면 및 입체와 같은 기하학적 실체들은 실질적인 사안과 결부되는 한에서만 논의되었을 뿐이었다. 점은 표지나 위치로, 직선은 쳐 놓은 줄이나 막대의 투사로, 면은 장소로 구체화되었지만 이러한 단위들은 추상적인 것이 아니었다. 이집트인들에게 기하학이란 기술, 즉 측량의 보조수단이었다." 앨프리드 노스 화이트헤드Alfred North Whitehead, "기하학Geometry", *Encyclopaedia Britannica*, 11th ed. (1910), 11:675.

7) Coxeter, 2001년 8월 28일 캐나다 앨버타주 뱀프에서의 인터뷰; 리스터 싱클레어Lister Sinclair, "Math and Aftermath," CBC *Ideas*, 1997년 5월 13~14일.

8) Marjorie Senechal, 2004년 5월 14일 캐나다 토론토에서 열린 콕세터 유산 총회 Coxeter Legacy Conference, "Donald and the Golden Rhombohedra," *The Coxeter Legacy: Reflections and Projections*, 159-177.

9) Coxeter, 2001년 8월~2003년 3월의 인터뷰.

10) Buckminster Fuller, Synergetics: Explorations in the Geometry of Thinking, ix.

11) Irving Kaplansky (캘리포니아 대학교 버클리분교 수리과학연구소Mathematical Sciences Research Institute 명예소장), 2004년 7월 15일 인터뷰; 로버트 무디 Robert Moody (에드먼턴 대학교 수리과학교수), 2001년 8월 27일 캐나다 앨버타주 뱀프에서의 인터뷰.

12) David Logothetti, "An Interview with H. S. M. Coxeter, the King of

Geometry," *The Two-Year College Mathematics Journal*, 11, no. 1 (1980년 1월), 2.

13) Doris Schattschneider (모라비안 칼리지 수학과 명예 교수), 2005년 11월 인터뷰; 존 콘웨이 (프린스턴 대학교 존 폰 노이만 수학 석좌 교수), 2005년 11월 27일 프린스턴에서의 인터뷰.

14) William Moser (맥길 대학교 명예 수학 교수), 2003년 3월 28일 캐나다 토론토에서의 인터뷰; 언드라시 프레코퍼Andras Prekopa (러트거스 대학교 수학·통계학·경영과학 교수, 에외트뵈스 로란드 대학교 명예 교수), 2002년 7월 10일 헝가리 부다페스트에서의 인터뷰; 임레 토트Imre Toth (국제철학학교College International de Philosophie 수학사·수리철학 교수), 2002년 7월 12일과 2004년 10월 헝가리 부다페스트에서의 인터뷰; 존 랫클리프John Ratcliffe (밴더빌트 대학교 수학 교수), 2002년 7월 8일과 2005년 1월 25일 헝가리 부다페스트에서의 사적인 인터뷰; 글렌 스미스Glenn Smith (기하학 애호가), 2002년 7월 7일 헝가리 부다페스트와 2004년 5월 13일 캐나다 토론토에서의 사적인 인터뷰.

15) Walter Whiteley (토론토 요크 대학교 응용 수학과 학과장), 2004년 5월 13일 및 2005년 6월 3일 인터뷰와 2002-2003년의 수많은 전화 및 전자우편 인터뷰.

16) László Lovász (마이크로소프트사 겸임 수학자), 2002년 9월 6일의 인터뷰.

17) Whiteley, 인터뷰; 무디, 인터뷰; 해리 크로토 경Sir Harry Kroto (플로리다 주립대학교 화학 교수), 2004년 12월 21일 인터뷰; 고드 랭Gord Lang (페란티사 통신학자), 2005년 6월 1-15일의 전자우편 인터뷰; 닐 슬론Neil Sloane (AT&T사 특별연구원), 2005년 2월 3일 및 2005년 10월 24일 인터뷰.

18) Leon Lederman과 크리스토퍼 힐Christopher Hill, *Symmetry and Beautiful Universe*.

19) Nima Geffen (텔아비브 대학교 수학 부교수), 캐나다 앨버타주 밴프에서 열린 <대

칭의 양상 회의>에서의 2001년 8월 27일 인터뷰.

20) Ravi Vakil (스탠포드 대학교 수학 조교수), 2005년 1월 29일 및 2005년 10월 30일 인터뷰.

21) Broué

22) Brian Greene, *The Elegant Universe*, 173-83.

23) Edward Witten (프린스턴 고등과학원 물리학 교수), 2005년 5월 26일자 전자우편 "Re: Strings and Geometry".

24) Coxeter, *Introduction to Geometry*, ix

25) Conway, 2005년 4월10-17일 미국 프린스턴에서의 인터뷰.

26) Hermann Weyl, *Symmetry*; 레더먼과 힐. 이스트반 허르기터이István Hargittai와 머그돌너 허르기터이Magdolna Hargittai, *Symmetry: A unifying Concept*; 마리오 리비오Mario Livio, *The Equation That Couldn't be Solved: How Mathematical Genius Discovered the Language of Symmetry*.

27) Whiteley

28) 위와 같은 출처.

29) Whiteley; 브래드 L. 나이저Brad Neiger, "The Re-emergence of Thalidomide: Results of a Scientific Conference"; J. N. 고든J. N. Gordon과 P. M. 고긴P. M. Goggin, "Thalidomide and its Derivatives: Emerging from the Wilderness"; 토뮈 에릭손Tommy Eriksson, 스벤 비에크만Sven Björkmann, 보딜 로트Bodil Roth, 오사 귀게Asa Gyge 및 페테르 회그룬드Peter Höglund, "Enantiomers of Thalidomide: Blood distribution and the Influence of Serum Albumin on Chiral Inversion and Hydrolysis"; 마리아너 라이스트Marianne Reist, 피에르-알랭 카룹트Pierre-Alain Carrupt, 에리크 프랑코트Eric Francotte 및 베르나르 테스타Bernard Testa, "Chiral Inversion and Hydrolysis of Thalidomide:

Mechanisms and Catalysis by Bases and Serum Albumin, and Chiral Stability of Teratogenic Metabolities"

30) Schattschneider.

31) Lederman과 Hill.

32) Lederman과 Hill; Schattschneider; Conway.

33) Vakil.

34) Chandler Davis(토론토 대학교 수학 명예 교수), 2004년 8월, 2005년 1월 20일, 2005년 6월 10일, 2005년 9월 22일의 인터뷰 및 2004년 6월-2005년 12월의 전자우편.

35) Coxeter, "Polytopes, Kaleidoscopes, Pythagoras and the Future" 107.

36) Conway, 2005년 4월, 11월 23-27일.

37) 위와 같은 출처.

38) Coxeter, *Regular Polytopes*, 1.

39) Conway.

40) Coxeter, *Regular Polytopes*, 118-41, 237-58.

41) Coxeter, 2001년 8월-2003년 3월의 인터뷰; David Pantalongy, 「H. S. M. Coxeter's Unusual Collection of Geometric Models」 11-19; 토론토 대학교 과학기구박물관Museum of Scientific Instrument, http://www.chass.utoronto.ca/cgi-bin/utmusi/display?field=mathematics.

42) Ratcliffe.

43) E. T. Bell, *The Development of Mathematics*, 323.

44) Whiteley; 제러미 그레이(영국 방송대학교Open University 수학사 교수 겸 수리과학사센터Center for the History of the Mathematical Sciences 소장), 2002년 7월 10일 및 2005년 4월 6일의 인터뷰; 필립 데이비스(브라운 대학교 응용 수학 명예 교수), 2004

년 4월 27일의 인터뷰와 "The Rise, Fall, and Possible Transfiguration of Triangle Geometry: A Mini-history"; Chandler Davis와 2004년 10월의 전자우편 "Re: history of geometry" 및 "What is geometry?"; I. M. 약롬 I. M.Yaglom, "Elementary Geometry, Then and Now," *The Geometric Vein: The Coxeter Festschrift*, 253-69.

45) Hans Freudenthal, "Geometry between the Devil and the Deep Sea," 418-19.

46) Coxeter, *Introduction to Geometry*, 161-162.

47) Whiteley, "The Decline and Rise of Geometry in 20th Century North America", 1999 CMESG 회의 논문, http://www.math.yorku.ca/Who/Faculty/Whiteley/menu.html에서 볼 수 있음; Whiteley, "Working with Visuals in the Mathematics Classroom: Why It Is Needed, Hard and Possible" (발췌: "Learning to See Like a Mathematician"), 2005년 5월, OAME 회의 논문; Whiteley, "Introduction to Geometries", Math 3050.06 강좌, 요크 대학교, 캐나다 토론토, 2004-2005.

48) Toth; Toth, *Palimpseste: Propos avant un triangle*, 40; Pierre Cartier (프랑스 고등과학연구원 명예원장), 2003년 4월 12일 및 13일 캐나다 몬트리올에서의 인터뷰에서; Yaglom.

49) Toch; Cartier; Marjorie Senechal, "An Interview with Pierre Cartier", Bob Moon, *The New Maths Curriculum Controversy: an International Story*, 99; Jean Dieudonné, "New Thinking in School Mathematics," in *New Thinking in School Mathematics*, OEEC, 31-49.

50) Coxeter, 2002년 7월 10일 헝가리 부다페스트에서의 인터뷰에서.

51) Marjorie Senechal (스미스 대학 수학 교수), 2004년 5월 12일 및 13일 캐나다 토론토에서의 인터뷰에서; Seymour Schuster (미네소타 칼턴 대학 수학 명예 교수),

2004년 5월 13일 캐나다 토론토에서의 인터뷰에서; Asia IvicWeiss (요크 대학교 수학 교수), 2004년 5월 16일 토론토와 2002년 7월 11일 헝가리 부다페스트에서의 인터뷰에서; Brankö Grunbaum (워싱턴 대학교 수학 명예 교수), 2005년 1월 25일 전자우편 "Re: The Man Who Saved Geometry."

52) 존 케네디 툴John Kennedy Toole이 쓴 퓰리처상 수상 소설 A Confederacy of Dunces(국내에서는 <조롱>이라는 제목으로 번역·출간되었음-옮긴이)에 등장하는 이그나티우스 J. 라일리Ignatius J. Reilly는 콕세터의 분신이다. 주인공 라일리는 현대판 돈키호테로서 세상에 적절한 기하학과 신학이 없음을 통탄해한다(라일리: "내가 원하는 것은 기하학과 신학에 어느 정도 지식을 갖춰 <풍족한 내적 삶>을 일궈 내는, 고상하고 존경할 만한 왕이 있는 훌륭하고 강력한 군주정치이다"). 책의 제목은 조나단 스위프트Jonathan Swift에게서 빌려 온 것이다. "진정한 천재가 세상에 나타나면 이러한 징조로 알 수 있을지니 즉 바보들이 모두 그에 대항하는 동맹에 가입할 것이다." John Kennedy Toole, *A Confederacy of Dunces*, 213; Jonathan Swift, *A Modest Proposal and Other Satires*, 188.

53) 콕세터의 모든 것을 소진하는 열정을 목도하고 스스로 그에 탐닉하게 되면 작가 로렌스 웨슐러Lawrence Weschler가 자신의 "열정의 작품들passion pieces"에 대하여 했던 묘사가 떠오른다. "단조로움이 갑자기 비상하는 것을 목도하는 것에는 아주 멋지고도 유쾌한 무언가가 있다. 거리를 어슬렁거리며 자기 일에나 신경 쓰던 (사람들이) 어느 날 갑자기 거의 무의식적으로 흥분하여 집착하게 되고 극도로 집중하고 활기차져 결국 그날이 지날 즈음에는 아침에 자신들이 향한다고 상상하였던 것과는 전혀 다른 어딘가에 닿게 된다." Weschler, *A Wanderer in the Perfect City: Selected Passion Pieces*, xii-xiii.

1장, 초다면체 씨, 부다페스트에 가다.

1) Coxeter, "An Absolute Property of Four Mutually Tangent Circles," János Bolyai Conference on Hyperbolic Geometry, 2002년 7월 8일.

2) E. T. Bell, *Men of Mathematics*, 19-34.

3) Coxeter, "An Absolute Property of Four Mutually Tangent Circles," in *Non-Euclidean Geometries, János Bolyai Memorial Volume-Commemmorating the 200th Anniversary of His Birthday*, 109-14.

4) Coxeter, 2002년 7월 8일 헝가리 부다페스트에서의 인터뷰에서; 콕세터, "The Decartes Circle Theorem," *The Changing Shape of Geometry*, 189-192.

5) 보여이 회의, 2002년 7월 8일 헝가리 부다페스트.

6) Coxeter, 헝가리 부다페스트, "An Absolute Property of Four Mutually Tangent Circles."

7) 위와 같은 출처.

8) Coxeter, 2001년 8월-2002년 7월의 인터뷰에서.

9) 위와 같은 출처.

10) Carolyn Abraham, *Possessing Genius: The True Account of the Bizarre Odyssey of Einstein's Brain*.

11) 샌드라 위텔슨 박사가 회상한 경과는 얼마간 달랐다. 콕세터의 딸이 맥마스터 대학교에서의 뇌 연구에 대하여 읽고는 (콕세터는 모르게) 위텔슨 박사에게 전화를 걸어 자신의 아버지가 기하학의 천재로서 연구할 만한 가치가 있을 수 있다는 정보를 전했다는 것이다. 그렇게 하여 위텔슨은 콕세터의 뇌를 얻으려고 애쓴 것이다. 샌드라 위텔슨(맥마스터 대학교 신경과학자), 2003년 3월 및 4월의 인터뷰에서; 콕세터, 2001년 8월의 인터뷰에서.

12) Coxeter, 2002년 7월 5일의 인터뷰에서.

13) 위와 같은 출처.

14) Prékopa.

15) Smith.

16) 위와 같은 출처.

17) 위와 같은 출처.

18) Coxeter, 2001년 8월 23일 캐나다 뱀프에서의 인터뷰에서.

19) Coxeter, 2002년 7월 7일 헝가리 부다페스트에서의 인터뷰에서.

20) 그레이는 이렇게 평가했다. "이 시기의 모든 역사가들은 본질적으로 법률가들이다. 이런 식이다. '제 의뢰인께서는 흠 없이 깨끗하고 보이는 것은 뭐든 그분이 발명하신 것이며 당시 유일한 인물이셨습니다. 당신네 의뢰인이 그 비슷한 일을 하셨다고 하는 것은 누가 보더라도 아예 말도 안 되는 얘기라고 단언할 수 있는 것입니다.' 그들은 대단히 파벌심이 강한 사람들이다." 그레이.

21) Eric W. Weisstein, "Platonic Solid." 출처는 Wolfram Web Resource의 <MathWorld>. http://mathworld.wolfram.com/PlatonicSolid.html (2005년 10월 6일 현재).

22) 하트는 다각형에 대한 열성팬으로서 미국 뉴욕의 스토니부룩 대학교 컴퓨터과학 연구교수이자 아주 거대해서 일으켜 세우려면 "동네 파티"가 필요한 인상주의적인 다각형 조각을 -때로는 플라스틱 칼과 포크로- 만드는 조각가이다. "제 조각은 콕세터가 없었더라면 존재하지 않았을 것입니다. 콕세터의 책 <정규초다면체>가 기하학의 가능성에 대한 눈을 띄워 주었습니다." George Hart, 2005년 1월 18일의 인터뷰에서; Hart의 <Online Encyclopedia of Polyhedra>, http://www.georgehart.com/visual-polyhedra/roman_dodecahedra.html (2005년 10월 6일 현재).

23) 위와 같은 출처.

24) Michele Emmer, "Art and Methematics: The Platonic Solids," *The Visual Mind; Coxeter, Introduction to Geometry*, 149.

25) <정규초다면체>에서 콕세터는 이렇게 말을 이어나간다. "사면체, 육면체, 그리고 팔면체는 자연에서 (각각 티아모안티몬나트륨, 소금, 황산크롬암모늄과 같은 다양한 물질의) 결정으로 존재한다. 두 개의 보다 복잡한 정다면체는 결정을 형성할 수 없고 자연 상태에서 존재하려면 생명의 불꽃을 필요로 한다. 헤켈Haeckel은 방산충이라는 해양 미세동물의 골격에서 이를 관찰하였는데, 가장 완벽한 예는 *Circogonia icosahedra*와 *Circorrhegma dodecahedra*이다." "무생물적인 존재의 불가능성"과 관련한 문장에 대하여 콕세터는 후일 유감스럽게 생각하며 3판 서문에서 이를 철회하였다. "이 문장은 이제 붕사 입자를 고려하여 받아들여야 한다. 왜냐하면 원소로서의 붕소는 열 두 개의 원자가 이십면체의 꼭짓점과 같이 배열되는 분자 B_{12}를 형성하기 때문이다." 1984년 십이면체의 형태를 띤 결정-"준결정"-이 발견되었다. 콕세터는 매우 기뻐했다. Coxeter, *Regular Polytopes*, 13.

26) Whitehead.

27) Conway.

28) W. W. R. Ball, *A Short Account of the History of Mathematics*, 14-28.

29) 위의 책, 19.

30) 콕세터는 발밑에 깔려 서로 맞물려 있는 테라스 돌조각들이 펼쳐진 모습-크기가 다른 두 종류의 정사각형으로 만든 평면 모자이크-을 힐끗 보다가 피타고라스 정리에 대한 증명을 깨달은 적이 있었다. Roger Penrose, *The Road to Reality*, 25-28; Penrose, 2005년 3월 23일의 인터뷰에서.

31) John J. O'Connor와 Edmund F. Robertson, The MacTutor History of Mathematics Archive, "Pythagoras of Samos," http://www-groups.dcs.st-

and.ac.uk/~history/Mathematicians/Pythagoras.html (2005년 10월 6일 현재).

32) Ball, 21.

33) Ball, 43.

34) Penrose, 7-23 및 인터뷰.

35) A. E. Taylor, *Plato, The Man and His Work*, 441.

36) Christopher Green(요크 대학교), "Classics in the History of Psychology," "Timaeus," http://psychclassics.yokru.ca/Plato/Timaeus/timaeus2.htm; Benjamin Jowett, "Selections from Plato's Timaeus," in *The Collected Works of Plato*, Huntington 및 Caims 편, Princeton University Press, 1980.

37) Coxeter, *Regular Polytopes*, 5-6, 15-17.

38) Green.

39) 위와 같은 출처; Conway, 2005년 4월 10-17일의 인터뷰에서.

40) Green.

41) Green; "The Platonic Solids," http://www.math.dartmouth.edu/~matc/math5.geometry/unit6.unit6.html; "The Matter of Timaeus," http://anunnaki.org/library/codex/timaeus.php.

42) Coxeter, *Introduction to Geometry*, 149.

43) 그리고 플라톤이 우주가 십이면체 모양이라는 가설을 세운데 반해 피타고라스학파는 최초로 지구의 모양이 구형이라고 제안하였다. 역사가들은 이러한 믿음에 현실적인 증거가 있었는지 의심한다. 피타고라스학파의 근거는 신비주의적이고 철학적이며 미학적인 설득력이었을 가능성이 높다. 즉 구는 가장 완벽한 모양이므로, 지구와 모든 천체들은 오직 구형일 수밖에 없다는 것이다. 전설에 따르면 약 2세기 뒤에 아리스토텔레스(기원전 384-22년)는 지구가 구형이라는 것을 증명했다고 한다(그러나 일반적으로 그는 천문학적인 문제에 있어 정확한 것으로 되어

있지는 않다). 그는 북쪽에서 남쪽으로 여행하다 보면 지평선으로 새로운 별자리가 나타났다가 사라지는 것에 주목하였다. 그러나 월식이 일어났을 때 달에 드리운 지구의 그림자를 관찰하면서 가장 설득력 있는 증거를 얻었다. 그림자는 항상 둥글었고, 언제나 원형의 그림자를 드리우는 유일한 사물은 구체라는 것이다. 위와 같은 출처; "The Platonic Solids"와 "The Matter of Timaeus"; O'Conner와 Robertson, "Pythagoras of Samos," http://www-groups.dcs.st-and.ac.uk/~history/Mathematicians/Pythagoras.html (2006년 1월 19일 현재); Thomas Fowler, "Aristotle's Astronomy," http://www.perseus.tufts.edu/GreekScience/Students/Tom/AristotleAstro.html.

44) Jeffrey Weeks (무소속 기하학자), 2003년 11월 28일의 인터뷰에서; Kroto.

45) Coxeter, *Regular Polytopes*, pp 1-24; Conway; Daud Sutton, pp. 14-17.

46) Coxeter, *Introduction to Geometry*, 149.

47) 신축성 있는 십이면체에 대한 콕세터의 지시는 다음과 같다. "마분지에서 각각 사발이 될 두 개의 그물을 잘라낸다. 중앙에 놓인 오각형의 다섯 개의 변들을 무딘 칼로 그어서 가장자리가 경첩 구실을 하도록 한다. 금을 그은 가장자리가 바깥쪽으로 가도록 그물 하나를 다른 그물에 엇갈리게 놓고, 모형을 평평하게 한 손으로 잡은 상태에서 고무줄을 두 겹의 별의 모서리 위 아래로 번갈아 감아 그물을 잡아맨다. 중앙의 오각형들이 서로 떨어질 수 있도록 손을 놓으면, 십이면체가 완벽한 모형으로 부풀어 오르는 것을 볼 수 있다." Barry Monson (뉴브런즈윅 대학교 수학 교수), 2005년 1월 25일, 2월 14일, 6월 29일 캐나다 토론토에서의 인터뷰에서; 위의 책.

48) Coxeter, *Regular Polytopes*, 1. "정다면체는 여섯 개 이상 존재할 수 없다"는 유클리드의 증명의 한 형태와 "다섯 개의 정다면체가 실제로 존재한다는 것을 보이는 간단한 작도"를 보려면 pp. 5-6 참고.

49) Coxeter, *Regular Polytopes*, 1, 2장; Sutton, 14-15; Conway; Senechal, 2004-2005년의 수많은 전화 및 전자우편 인터뷰; Schattschneider, 2004-2005년의 수많은 전화와 전자우편 인터뷰.

50) Coxeter, *Regular Polytopes*, 1, 13-14; Ball, 52-62; O'Connor와 Robertson, "Euclid of Alexandria," http://www-groups.dcs.st-and.ac.uk/~history/Mathematicians/Euclid.html (2006년 1월 19일 현재); Weisstein, "Elements," http://mathworld.wolfram.com/Elements.html.

51) Jeremy Gray, János Bolyai, Non-Euclidean Geometry, and the Nature of Space, 28-29, 107.

52) <정보 상상하기 Envisioning Information>이라는 자신의 책에서 에드워드 터프트 Edward Tufte는 번의 화려한 시각적 방식을 "피타고라스 정리를 통과하는 전통적 행진"과 대비하였는데, 그는 뒤의 것이 "도표와 증명들 사이의 63개의 암호 같은 연결이 마카로니처럼 뒤섞여 있는 것에 머리를 썩이느라 너무 많은 시간을 들여야" 하는 것이라고 했다. 터프트는 또한 유클리드 <기하학 원론>의 또 다른 판본(1570년 영국 런던에서 출판된 것으로, 헨리 빌링즐리 Henry Billingsley가 영어로 번역하고 존 디 John Dee가 서문을 쓴 것)에 대해서도 언급하였는데, 이 책에서는 기하학 모형들의 그물이 책장에 붙어 있다. 독자가 해당되는 본문을 읽으면서 즉석에서 모형을 접으면서 상호작용적인 체험을 할 수 있도록(또한 접고 나서 책에서 모형을 떼어내지 않는다면 이후에 읽는 독자들이 기하학 팝업 북(펼치면 그림이 튀어나오는 책-옮긴이)으로 이용할 수 있도록) 하고 있다. Edward R. Tufte, Envisioning Information, 16, 84-87; 위의 책, p. 19.

53) 브리티시컬럼비아 대학교, Sun SITE Digital Math Archive, http://www.sunsite.ubc.ca/DigitalMathArchive/Euclid/byrne.html

(2006년 1월 19일 현재)

54) Coxeter, *Introduction to Geometry*, 4.

55) Coxeter, *Non-Euclidean Geometry*, 2.

56) Coxeter, *Introduction to Geometry*, 5.

57) 위의 책.

58) Gray, 인터뷰. Gray, *János Bolyai*.

59) 가장 공들인 시도는 이탈리아 예수회 수사 조반니 샤케리Giovanni Saccherri(1667-1733)와 그로부터 약 50년 후 프랑스인 요한 람베르트Johan Lambert(1728-77)(원문에는 프랑스인으로 되어있으나 실은 독일인이고, 이름도 Johann임-옮긴이)의 것이라고 콕세터는 지적하였다. 1763년 독일에서 제출된 한 박사 학위논문에는 평행선 공준을 증명하려는 총 28건의 시도가 기록되어 있다. "이러한 행렬이 있다는 사실 자체가 무엇인가 잘못되어 있음을 나타내는 것이다. 그렇지 않다면 이러한 시도들 중 하나는 분명 그 이후에 동의를 얻었을 것이다"라고 그레이는 자신의 책 <야노시 보여이, 비유클리드 기하학, 그리고 공간의 성질János Bolyai, Non-Euclidean Geometry, and the Nature of Space>에서 말하였다. 당대의 가장 뛰어난 수학자조차도 이러한 유혹을 이겨내지 못했다. 앙드리앵 마리 르장드르Andrien-Marie Legendre(1752-1833), 피에르 시몽 라플라스Pierre-Simon Laplace(1749-1827), 조제프 루이 라그랑주Joseph-Louis Lagrange(1736-1813), 이들 모두가 불운한 시도를 했다. 라그랑주는 "당시 세계에서 가장 위대한 수학자로서 프랑스학술원에서 평행선 공준에 대한 논문을 낭독하였는데 증명하고자 하는 바를 대놓고 가정해 놓았던지라 라그랑주가 논문을 주머니에 챙겨 넣는 동안 돌아온 반응이라고는 고통스러운 침묵뿐이었고 회의는 다음 안건으로 넘어가버리는 당혹스러운 경험을 했다"고 그레이는 설명했다. *Coxeter, Non-Euclidean Geometry*, 1-13; *Gray, János Bolyai*, 40 및 32쪽.

60) Gray, 인터뷰.

61) Gray, *János Bolyai*, 49-52.

62) 위의 책, 51-52.

63) 위의 책, 51.

64) 위의 책, 52.

65) "어떤 것이 동시에 무르익는다"는 보여이의 의견은 예언적인 것으로 밝혀졌는데, 그 까닭은 비유클리드 기하학에 대한 그의 발견에 동반한 사람들이 상당히 많았기 때문이다. 이 용어는 실은 독일인 카를 프리드리히 가우스Karl Friedrich Gauss(1777-1855)가 창안해 낸 것으로, 그는 보여이의 발견보다도 전에 "[삼각형]에서 세 각의 합이 180도보다 작다는 가정은 우리의 것과는 아주 다르다. 하지만 모순이 전혀 없는 진기한 기하학으로 이어지는데, 이는 자기만족을 위하여 발전시켰던 것이다"라고 소개하였다. 가우스는 누구나 자신을 믿지 않으리라 두려워하여 자신의 연구를 출판하지 않았다. 유클리드 기하학의 법칙이 세계를 지배하였고 그와 다른 어떤 것도 이단이었던 것이다. 이후 러시아인 니콜라이 로바체프스키Nikolai Lobachevsky(1792-1856), 독일인 베른하르트 리만 Bernhard Riemann(1826-66), 스위스의 루트비히 슐래플리Ludwig Schläfli(1814-1895) 역시 다섯 번째 공준이 틀렸다고 가정하여 새로운 기하학을 발전시켰다. 그들은 모두 다른 방향에서 비유클리드 기하학에 접근하였다. 따라서 오늘날에는 비유클리드적인 것으로 포괄되고 있지만 서로 미묘하게 다른 기하학을 내놓았다(보여이는 자신의 기하학을 "절대적 기하학"이라 하였고 로바체프스키는 "가상의 기하학"이라고 제안하였다). 콕세터가 설명하였듯, "이러한 주제는 1871년 [펠릭스] 클라인Felix Klein이 통합하였는데, 그는 유클리드, 보여이-로바체프스키, 리만-슐래플리의 체계에 각각 포물선, 쌍곡선, 타원이라는 이름을 붙였다." 클라인(1849-1925)은 <에를랑겐 목록Erlangen Program>을 발표하면서 기초적인 원칙으로 대칭을 사용하는 통일을 제안하였다. 상이한 기하학들은 양립과 공존

이 가능한데 그 까닭은 각각의 공간에서 도형들은 대칭과 변환의 성질의 지배를 받기 때문이다. 클라인이 제안한 대칭은 추상적인 수준에서 통합이 가능하고 군론의 대수학을 통해 수집되고 상호 연관될 수 있었다. 위의 책, 53.

66) Gray, 54-55.

67) 보여이는 자신의 기하학 덕으로 유클리드 기하학에서는 참으로 불가능한 위업을 이룰 수 있게 되기도 했다. 원과 같은 면적의 정사각형을 작도하였던 것이다. 콕세터 역시 원과 같은 면적의 정사각형을 작도하는 방법을 고안하였고, 그는 이 방법을 2000년 캐나다 밴쿠버에 소재하는 태평양수리과학연구소Pacific Institute of Mathematical Science에서 행한 강연 서두에서 이를 보여 주었다. "분명 고대의 원적圓積문제에 대해서 들어 본 적이 있을 겁니다. 자, 여기 원이 있습니다." 그는 1.3㎝ 폭의 금속 띠로 만든 커다란 원을 두 손으로 들어 보이며 말했다. "하지만 이것과 같은 면적의 정사각형을 만들고자 한다면 이렇게 하기만 하면 됩니다." 그가 손가락을 딱 하고 튕기며 가장자리를 비틀자 원은 금속성으로 울리는 소리와 함께 별안간 완벽한 정사각형으로 바뀌었고, 이를 이해한 청중들은 웃음과 갈채를 보냈다. 원적문제가 묻는 것은 다음과 같은 것이다. 원이 주어졌을 때, 이 원으로 둘러싸인 면적과 정확히 동일한 면적을 둘러싸는 정사각형을 작도하는 방법은 무엇인가? 고대로부터 내려오는 방법 중 하나는 적당히 많은 수의 변을 가지는 정다각형으로 원의 근사치를 구하는 것이다. 중국의 기하학자 유휘劉徽는 기원후 264년 경 3,072개의 변을 가지는 다각형을 이용하였다. 위의 책, 67-75; Coxeter, Pacific Institute of Mathematical Science, Changing the Culture 2000: Visualizing Mathematics에서의 공개강연 "The Mathematics in the Art of M. C. Escher," 비디오 녹화, http://www.pims.math.ca/education /2000/CtC/Coxeter/ (2006년 1월 21일 현재); O'Connor와 Robertson, "Liu Hui."

68) Gray, 53-81.

69) Michael Atiyah경(에든버러 대학교 수학 명예 교수), 2003년 8월 26일, 2005년 5월 3일, 2005년 5월 31일의 인터뷰에서; Chandler Davis(토론토 대학교 수학 명예 교수), 2005년 9월 23일자의 전자우편, "Re: Euclidean and Non Euclidean."

70) Atiyah.

71) Atiyah; C. Davis.

72) Atiyah.

73) Atiyah; C. Davis; Conway, 2005년 9월 23일의 인터뷰.

74) Coxeter, "Geometry," *Lectures on Modern Mathematics*, 58.

75) Alexander Bogomolny(미국 뉴저지의 기하학자), 전자우편 인터뷰, 2004년 7월 22일자 "Re: H. S. M. Coxeter"; A Bogomolny, Non-Euclidean Geometries, 1998, http://www.cut-the-knot.org/triangle/pythpar/NonEuclid.shtml (2004년 7월 현재).

76) CBC 텔레비전, "Exploration: Space, Time and the Atom Bomb," Lister Sinclair 진행, 1957년 2월 26일.

77) 위와 같은 출처.

78) Coxeter, *Non-Euclidean Geometry*, 4.

79) Gray, *János Bolyai*, 52.

80) Bolyai Conference, 2002년 7월 8일.

81) Gray, 2002년 7월 10일 헝가리 부다페스트에서의 인터뷰에서.

82) 위와 같은 출처.

83) Károly Bezdek (캘거리 대학교 계산·이산기하학센터 소장), 2002년 7월 8일과 2002년 9월 16일의 인터뷰에서.

84) Prékopa, 2002년 7월 10일의 인터뷰에서.

85) G. H. Hardy, *A Mathematician's Apology*, 1.

86) Paul Hoffman, *The Man Who Loved Only Numbers*.

87) Ron Graham, 2005년 4월 20일의 인터뷰에서.

88) 콕세터는 자신의 90회 탄생일 회의의 질의응답시간에서 자신이 장수하는 비결을 밝힌 적이 있었다. 콕세터의 최초의 제자들 중 한 사람인 존 콜먼John Coleman은 이렇게 말했다. "그분의 강의는 젊은 시절의 콕세터의 에너지를 제대로 드러내지는 못했습니다. 젊다는 건 여든 다섯 살을 말하는 겁니다만." "약간 까무잡잡하고 조금은 통통하며 덩치가 있는" 중년 신사가 알랑거리는 목소리로 질문을 했다. "콕세터 박사님, 박사님께서 나이가 드시면서 보여 주신 기민한 정신을 저희 젊은 수학자들이 어떻게 유지할 수 있을지 제언해 주실 것은 없는지요?" 콜먼은 이렇게 회상한다. "콕세터는 겸손한 영국분이셨고, 누가 당신이 기민한 정신을 지녔다고 말하니 난처해지셨죠. 그래서 가만히 서서 생각을 하셨습니다. 영국인다운 수줍어하는 태도로 몸을 좌우로 까딱거리시면서요. 그러다가 이렇게 말씀하셨습니다. '글쎄요, 제가 살아 온 방식처럼 채식을 하고 아침을 먹기 전에 매일 같이 백 번씩 팔굽혀펴기를 한다면 도움이 되겠지요.'" 질문을 한 사람은 자신이 원하던 조언을 얻지 못하였다. "300g이나 500g짜리 스테이크에 감자를 곁들여 먹기를 좋아할 것이 분명한 이 불쌍한 친구는 맥주와 스테이크를 탐닉하면서도 계속 기민할 수 있는 어떤 지적인 묘책이 없다는 것에 아주 당황하고 대단히 실망했습니다." 콕세터의 지적인 묘안은 매일 아침을 물구나무서기로 시작하는 아버지의 습성을 받아들인 것일 수도 있겠다. 다른 자리에서 그는 이것이 자신의 지적인 지구력의 이유일 수도 있을 것이라고 언급하였다. John Coleman(퀸스 대학교 수학 명예 교수), 2003년 5월 23일 및 2005년 3월 8일 캐나다 온타리오 주 킹스턴에서의 인터뷰에서.

89) Coxeter, 2002년 7월 헝가리 부다페스트에서의 인터뷰에서.

90) Bruce Schechter, *My Brain Is Open*, 179.

91) Schechter, *My Brain is Open*.

92) Graham.

93) Schechter, 178-79.

94) Coxeter의 일기장, 1935년 11월 10일 및 12일, H. M. S. Coxeter Fonds, University of Toronto Archives, B2004-0024.

95) Coxeter의 일기장, 1965년 6월 27일.

96) Erdös의 서신, Coxeter Fonds, University of Toronto Archives.

97) 위와 같은 출처.

98) 두 명의 연결고리를 통해 콕세터의 에르되시수는 2가 되었다. 프린스턴 대학교 존 폰 노이만 수학 석좌 교수인 존 호턴 콘웨이는 에르되시 1이다. 그는 에르되시(그리고 M. J. T. 가이M. J. T. Guy 및 H. T. 크로프트H. T. Croft)와 더불어 "동일평면상의 점들에 의하여 결정되는 각들의 값의 분포Distribution of Values of Angles Determined by Coplanar Points"에 관하여 발표하였다. 그리고 콕세터와는 1973년 "삼각 다각형들과 프리즈 패턴(한쪽방향으로 반복되는 무늬-옮긴이)Triangulated Polygons and Frieze Patterns"이라는 논문을, 그리고 1972년 "유한생성군의 중심The Center of a Finitely Group"이라는 논문을 발표하였다. 런던 대학교 명예 교수인 C. 앰브로즈 로저스C. Ambrose Rogers가 또 한 명의 연결고리이다. 로저스는 에르되시와 더불어 1953년에는 "구에 의한 n차원 공간의 덮개The Covering of n-Dimensional Space by Spheres"를, 1961년에는 "볼록한 입체에 의한 공간 덮기Covering Space with Convex Bodies"를 발표하였으며 콕세터와는 이와 비슷한 주제인 "동등한 구들에 의한 공간 덮기Covering Space with Equal Spheres"를 1959년에 공동집필하였다. Graham, MathSciNet 인용; Conway, 2005년 11월의 인터뷰에서

99) 수전 토머스, 2002년 7월 8일 헝가리 부다페스트에서의 인터뷰에서.

100) Enerst Vinburg(모스코바 국립대학교 수학 교수), 2002년 7월 8일 헝가리 부다페스트에서의 인터뷰에서.

101) Diana Taimina(코넬 대학교 연구원), 2002년 7월 8일과 2005년 1월 헝가리 부다페스트에서의 인터뷰에서.

102) John Ratcliffe(밴더빌트 대학교 수학 교수), 2002년 7월 8일과 2005년 1월 헝가리 부다페스트에서의 인터뷰에서.

103) Coxeter, 2002년 7월 8일과 9일에서 13일, 헝가리 부다페스트에서의 인터뷰에서.

2장 이상한 나라의 어린 도널드

1) Coxeter, 2001년 8월-2003년 3월의 인터뷰에서.

2) 위와 같은 출처.

3) Caroline Dakers, *The Holland Park Circle: Artists and Victorian Society*, 238.

4) "H. S. M. Coxeter, University of Toronto Library Oral History Project," University of Toronto Archives, B1986-0088.

5) Coxeter 인터뷰; Susan Thomas, 가족 서류.

6) 채식주의자이자 동물애호가인 콕세터는 이름의 유래를 알고는 불만스러워했다. "그 유래가 'cock setter' 라는 것을 알고는 별로 즐겁지가 않았는데 그 뜻이 닭싸움을 주선하는 사람이라는 뜻이었기 때문입니다. 실망스러웠지요. 저는 우리 조상들 중에 시계 만드는 사람이 있어서 'clock setter' 라는 의미로 생긴 성이 아닐까 생각했었는데 아니더군요." Coxeter, 인터뷰; "University of Toronto Oral History Project."

7) Coxeter, 인터뷰; Timothy Prus(홀랜드 파크 로드 34번지 거주자), 2003년 9월 3일의

인터뷰에서.

8) Coxeter, 인터뷰.

9) Coxeter, CBC 방송국 프로그램 Ideas, "Math and Aftermath," 1997년 5월 13, 14일.

10) Coxeter, "Mathematics and Music," *The Canadian Music Journal* (1962) 15.

11) 위와 같은 출처, 13-14.

12) 역사적인 관점에서 콕세터는 음악 발전의 위대한 시기들이 수학적 진보의 위대한 시기들과 대략 맞아떨어진다고 보았다. "팔레스트리나Palestrina로부터 레스피기Respighi에 이르는 이탈리아인들의 음악에 대한 맞상대는 피사의 레오나르도Leonardo of Pisa(일명 피보나치Fibonacci), 피에로 델라 프란체스카Piero della Francesca, 사케리Saccheri, 벨트라미Beltrami, 그리고 금세기의 수많은 위대한 기하학자들이다. 독일의 바흐, 베토벤, 슈베르트, 브람스, 바그너와 라이프니츠, 가우스Gauss, 리만Riemann, 클라인Klein, 힐베르트Hilbert, 프랑스의 생상스Saint-Saëns, 포레Fauré, 드뷔시Debussy, 라벨Ravel과 코시Cauchy, 갈루아Galois, 푸앵카레Poincaré, 엘리 카르탕Elie Cartan, 러시아의 차이코프스키, 쇼스타코비치Shostakovitch와 로바체프스키Lobachevsky, 콜모고르프Kolmogorov, 노르웨이의 그리그Grieg와 아벨Abel, 영국의 퍼셀Purcell과 뉴턴 등등도 마찬가지의 관계이다. 주목할 만한 예외는 빅토리아시대의 영국이다. 이 경우에는 전집이 열두 권의 두꺼운 책을 이루는 수학자 케일리Cayley와 마주할 음악가를 배출하지 못했다." 위와 같은 출처, 14.

13) 위와 같은 출처, 17.

14) 위와 같은 출처.

15) 위와 같은 출처, 18-19.

16) 위와 같은 출처, 15-16.

17) Coxeter, "Math and Aftermath."
18) 최근 콕세터의 작곡은 연주를 위한 평가를 받았다(2004년 캐나다 토론토 소재 필즈연구소에서 개최된 콕세터의 생애에 대한 축하행사에서 특별행사로 콕세터의 음악에 대한 현악사중주 연주회가 열렸다). 20% 정도는 편곡에 적당하며 사실 그처럼 어린 작곡가로서는 상당히 완성되어 있고 복잡하다는 판단이 내려졌다. 캐나다 온타리오 모펫에 거주하는 전직 수학자이며 평생 실내악을 애호하여 연주용으로 음악을 편곡한 찰스 스몰Charles Small은 이렇게 지적했다. "그는 세기가 바뀌던 당시의 음악 양식을 분명하게 흡수하였습니다. 바그너적인 장식 악구, 슈만Schumann과 멘델스존Mendelssohn의 영향, 특히 엘가Elgar와 영국 유파를 모방한 바가 있습니다. 하지만 그의 음악에는 (그의 수학처럼!) 강한 독창적 특색과 풍부하고 쾌활한 상상력이 있습니다." 콕세터의 음악을 함께 연주하였으며 미국 캔자스에 거주하는 프리랜서 음악가이자 음악학자, 이론가인 로버트 크레이그Robert Craig는 콕세터의 설익은 야심이 분명히 드러난다는 의견을 내놓았다. "그의 음악이 언제나 손에 잘 잡히는 것은 아닙니다." 그는 콕세터가 시도했던 음악 스타일은 "화성적인 기습"이라는 특징을 지니지만 콕세터의 기습은 서투르거나 조금은 지나치게 예상에서 벗어나는 경우가 많다는 점도 언급했다. 그의 깔끔하고 함축성 있는 수고手稿는 그가 세부사항을 상당히 중요하게 생각했음을 보여 준다. "그의 기보는 뛰어났고, 템포와 강약에 상당한 신경을 썼습니다." Coxeter, 인터뷰; "University of Toronto Oral History Project"; Coxeter Legacy Conference, Charles Small, 2004년 5월 12일 캐나다 토론토에서의 인터뷰 및 2006년 1월 23일자의 전자우편 "Re: Coxeter"; Bridges: Mathematical Connection in Art, Music, and Science, "Coxeter Day," Robert T. Craig, 2005년 8월 3일 뱀프에서의 인터뷰 및 2005년 10월 17일자의 전자우편 "Re: Coxeter Music."

19) Coxeter 인터뷰; Eve Coxeter, 2003년 9월 영국 리버풀에서의 인터뷰; Neata Coxeter, 2003년 9월 영국 런던에서의 인터뷰; Joan Coxeter, 2004년 5월 20일의 인터뷰.

20) C. Sheridan Jones, "Under the Zepps!" *London in War-Time*, 106-121.

21) Coxeter, 인터뷰; Thomas, 인터뷰.

22) Coxeter, 인터뷰; Coxeter, "Amellabian," Coxeter Fonds, University of Toronto Archives.

23) Coxeter, 인터뷰.

24) 해럴드 콕세터가 케이티 가블러에게 보낸 1920년 9월 16일자 편지. Nesta Coxeter, 가족 문서.

25) Coxeter, 2003년 3월 14일의 인터뷰에서.

26) 위와 같은 출처.

27) 도널드의 이복누이 한 사람은 다르게 기억하고 있었다. 해럴드가 돈을 주고 여자를 호텔에서 만나면서 어떤 경감에게 이를 누설하여 조작된 밀회현장을 급습하게 만듦으로써 이혼에 필요한 불륜의 증거를 만들었다는 것이다. Coxeter, 인터뷰; Thomas, 인터뷰; Eve Coxeter, 인터뷰.

28) Coxeter, 인터뷰; Thomas, 인터뷰; Eve Coxeter, 인터뷰; Nesta Coxeter, 인터뷰; Joan Coxeter, 인터뷰.

29) 1924년 9월 12일 해럴드 콕세터가 로잘리 가블러에게 보낸 편지, Nesta Coxeter, 가족 문서.

30) Coxeter, 인터뷰.

31) Coxeter, 인터뷰; John Wilker, 콕세터와의 인터뷰, 캐나다수학회 50주년 기념 행사, 1995; "University of Toronto Oral History Project."

32) Yaglom; Gray; P. Davis; C. Davis.

33) 예를 들어 피타고라스정리의 영향은 의심할 여지가 없고, 그 교묘함은 이 정리에 발을 달아 준 격이었다. 1907년, 고등학교 수학 교사였던 엘리샤 스코트 루미스Elisha Scott Loomis는 오랜 세월에 걸쳐 고안된 피타고라스정리에 대한 350여 개의 증명-"신부의 의자", "공작새 꼬리", "풍차", "프란체스코 수도사의 고깔", "피타고라스 바지"와 같은 이름이 붙은 그림 증명들-을 모아 <피타고라스 명제Pythagorean Proposition>라는 책을 펴냈다. 피타고라스 이래로 오랜 세월 동안 고전 기하학은 성쇠를 되풀이했다. 뉴턴과 데카르트에 이르기까지 고전 기하학은 천천히 정점으로 향했다. 과학자와 수학자들이 서로를 "친애하는 기하학자Cher Géometre"라고 부르는 것이 명예와 지위를 나타내는 칭호였던 시기였다. 그 이후 기하학은 잠시 기울었다가 다시 상승하여 19세기에 걸친 부흥기를 맞았고 아인슈타인의 시공간 기하학은 그 정점이었다. 이 황금기의 마지막 즈음에 루미스의 책과 비슷한 수많은 책들이 등장하여 놀랍고 예기치 못한 고전적 정리의 발견을 기록하였다. 그러한 책으로는 1902년에 출판된 D. 에프레모프D. Efremov의 <신삼각형기하학New Geometry of the Triangle>과 1916년에 출판된 J. L. 쿨리지J. L. Coolidge의 <원과 구에 대한 논문A Treatise on the Circle and the Sphere>이 있다. 그러나 새로운 세기에 접어든지 얼마 되지 않아 기하학은-어쨌거나 고전 기초 유클리드 기하학은- 다시 한 번 기울어져 또 다른 쇠퇴기에 들어섰다. Bogomolny; Gray; P. Davis; Yaglom.

34) Gray, 인터뷰.

35) 자주 그러하였듯 콕세터가 자신의 친구이자 동료인 J. L. 싱에게서 빌려 온 반론은 이와 같은 것이다. "과거의 모든 위대한 과학자들이 실제로 게임을 즐기고 있었던 것은 아닐까? 게임이기는 하되 그 규칙은 인간이 아닌 하나님이 정하는 것이라면? 놀면서 왜 노는지 궁금해 하지는 않는다. 그저 놀 뿐이다. 놀이에는 어떠한 도덕적 규범도 어울리지 않는다. 다만 어떠한 이유에서인지는 몰라도

놀이에 부여되는 그 기이한 규범을 제외하고는 말이다. 동기가 무엇인지 실마리를 찾기 위해 과학문헌을 뒤져봐도 소용이 없다. 과학자들이 준수하는 도덕적 규범에서, 은폐와 기만, 금기로 가득한 세상에서의 진리에 대한 추상적 관심보다 더 기이한 것이 어디에 있을까? 인간의 정신이 놀고 있을 때 가장 최상의 상태라는 생각을 고려해 달라고 독자들에게 내밀면서 나 자신은 놀고 있는 것이고, 그를 통해 나는 내가 말하고 있는 바에 진리의 요소가 담겨 있다고 느끼게 된다." Coxeter, *Regular Polytopes*, 77, *Hermathena* 19 (1958) 40쪽의 인용.

36) Senechal, 2004년 5월 12일; J. L Heilbron, *Geometry Civilized*, vi에서.

37) Gray, 인터뷰 및 *Non-Euclidean Geometry and Nature of Space*, 107-19.

38) W. W. 라우즈 볼W.W. Rouse Ball은 자신의 저작 <수학적 유희와 소론들 Mathematical Recreations and Essays>의 "기하학적 유희"라는 장에서 모든 삼각형은 이등변삼각형임을 어이없게 증명한 난해한 도표가 딸린 궤변을 제시하면서 유희에 대한 전통을 복원하였다. W. W. R. Ball, *Mathematical Recreations and Essays*, 44-51; Gray.

39) Senechal.

40) Gray, 95-96; Bill Richardson(수학협회 사무국장), 2005년 4월 14일자 전자우편, "Re: The Mathematical Gazette" 및 2006년 1월 14일자 "Re: Question re the Association for the Improvement of Geometrical Teaching"; J. V. Armitage, "The Place of Geometry in a Mathematical Education," *The Changing Shape of Geometry*, 515-26.

41) 이탈리아인인 주세페 페아노Giuseppe Peano(1858-1932)와 마리오 피에리Mario Pieri(1860-1913)는 그 전에 이러한 방법을 발전시켰다. Gray, 인터뷰; *János Bolyai*, 114.

42) Ioan James, Remarkable Mathematicians: From Euler to von Neumann;

Gray, *The Hilbert Challenge*, 49; O'Connor와 Robertson, "David Hilbert," http://www-groups.dcs.st-and.ac.uk/~history/Mathematicians/Hilbert.html (2006년 1월 21일 현재)와 re: "beer mugs"; Peter Galison(하버드 대학교 과학·물리학사 교수), 2005년 10월 20일의 인터뷰.

43) Gray, 인터뷰.

44) 위와 같은 출처.

45) Edwin A. Abbot, Flatland.

46) 이러한 주제에 대한 또 다른 신비주의적 책에는 1875년 P. G. 테이트P. G. Tait와 밸푸어 스튜어트Balfour Stewart가 발표한 <미지의 우주The Unseen Universe>도 포함되는데 이 책은 빠른 시일 내에 17판까지 나왔다. 1911년에는 P. D. 우스펜스키P. D. Ouspensky가 <제3의 방법Tertium Organum>을 출판하였다. 이 책의 미국판에는 <제3의 사고규범, 세상의 불가사의에 대한 열쇠The Third Canon of Thought, a Key to the Enigmas of the World>라는 제목이 붙었는데 "아마도 제4차원에 대한 손꼽히는 미국인 옹호자"일 건축가 클로드 브래그던Claude Bragdon이 번역하였다. 브래그던이 개발한 건축양식은, 데이비드 파치올리David Pacchioli가 <연구/펜실베이니아주립대학Research/Penn State>에 수록된 "초공간 거품 걷어내기Deflating Hyperspace"에 따르면, "4차원적 초공간의 3차원 부분들을 건물의 통일적인 주제이자 건축요소로 사용하는 것이다. 이러한 '제4차원의 그림자'가 고등적인 영적 현실을 상기시키는 구체적인 존재의 역할을 하도록 할 의도였다." 콕세터가 "감탄할 만큼 상세히 설명했다"고 생각한 책으로는 다음과 같은 것들이 있다. Duncan Sommerville, An Introduction to the Geometry of N Dimensions, 1929; E. H. Neville, *The Fourth Dimension*, 1921. Coxeter, *Regular Polytopes*, 118; 또한 Hugh Shearman, "The Problem of the Fourth Dimension," *The Theosophist* 참고.

47) 헝가리 부다페스트에서 열린 보여이회의 회의 중에 한 레스토랑에서 콕세터와 자리를 함께 했던 글렌 스미스는 우연히 바지 주머니에 여러 색깔로 된 정육면체를 하나 가지고 있었고, 그 덕으로 4차원으로 생각하는 힌턴의 방법에 대한 수업이 시작되었다. 미국 뉴욕 캔턴에서 온 프리랜서 기하학자 제프 윅스Jeff Weeks는 다음과 같이 설명했다. "첫째로 플랫랜드 사람들을 생각해 봅시다. 평평한 평면에 사는 2차원 생물이 어떻게 3차원 정육면체를 상상할 것인지 말입니다. 폭과 깊이는 볼 수 있지만 높이는 직접 볼 수가 없습니다. 높이를 상상하는 한 가지 방법은 색표시를 이용하는 것입니다. 정육면체의 밑면이 붉은 색이고 윗면이 보라색이며, 다른 색깔은 그 중간색들이라고 가정하기로 하지요. 그러니까 무지개처럼 빨강, 주황, 노랑, 초록, 파랑, 보라가 된다는 겁니다. 그러면 정육면체를 평평하게 만들어 플랫랜드 사람들의 평면으로 넣더라도 색깔을 기록해 둔다면 높이에 대한 정보를 제공하게 됩니다. 그리고 이렇게 하여 플랫랜드 사람들은 추가적인 차원에 대하여 생각하기 시작할 방법을 얻게 됩니다. 우리 3차원 사람들도 마찬가지입니다. 이를테면 그 내면이 모조리 빨간 정육면체, 그러니까 입체적인 정육면체로부터 시작하여 정확히 같은 위치에 있는 보라색 정육면체를 취하면 색깔의 차이가 제4차원에서의 높낮이를 나타내게 됩니다. 이러한 색깔들을 생각해 보면 마음속에서 사차원 입방체를 그려 볼 수 있게 됩니다." Bolyai Conference, 헝가리 부다페스트, 2002년 7월 10일; Charles H. Hinton, "Fourth Dimensional Writings," http://www.ibiblio.org/eldritch/chh/honton.html(2006년 1월 21일 현재).

48) Coxeter, 2003년 3월 14일의 인터뷰.

49) H. G. Wells, *The Time Machine*, 3-4.

50) Alan Lightman, *The Discoveries*, 60-83, 240; Peter Coles, "The Eclipse that Changed the Universe," http://www.firstscience.com/site/articles/coles.asp,

2006년 1월 10일.

51) O'Connor와 Robertson, "Albert Einstein," http://www.groups.dcs.st-and.ac.uk/~history/Mathematicians/Einstein.html (2006년 1월 21일 현재); Alan Lightmand, "Relativity and the Cosmos," http://www.pbs.org/wgbh/nova/einstein/relativity/ (2006년 1월 21일 현재).

52) Barry Shell, 콕세터와의 인터뷰 녹화, 1994년 5월; Wilker; University of Toronto Oral History Project; Coxeter, 인터뷰.

53) Conway, 2004년 6월 21-25일 프린스턴에서의 인터뷰.

54) 위와 같은 출처; Coxeter, 인터뷰.

55) Conway, 인터뷰.

56) King Henry IV, *Complete Works of William Shakespeare*, 3막 1장, 440.

57) C. Davis, 인터뷰.

58) 콘웨이가 콕세터에게 보낸 1957년 3월 7일자 편지, Coxeter Fonds, University of Toronto Archives.

59) 위와 같은 출처.

60) 콕세터는 <정규초다면체>에서 이렇게 경고하였다. "제4의 유클리드 차원을 시간으로 기술해서 얻을 것은 없고, 있다 하더라도 많지 않다. 사실 <타임머신>에서 H. G. 웰스가 너무도 매력적으로 발전시킨 이러한 관념으로 인하여 J. W. 던J. W. Dunne(<시간에 대한 실험A Experiment with Time>과 같은 저술가들이 상대성에 대하여 심각한 착각을 하게 되었다." Coxeter, *Regular Polytopes*, 119.

61) Conway, 2005년 4월 및 11월의 인터뷰.

62) 위와 같은 출처.

63) Conway, 인터뷰.

64) 아주 많이 생각하고 수없이 많은 계산을 한 콘웨이는 프로그래밍이 가능한 계산기에 일정한 조건을 입력하고 해를 찾도록 설정하여 밤새 구동한 끝에 괴물군이 196,884차원을 가진다는 것을 알아냈다. "아침이 되자 답이 나와 있더군요. 다른 사람들과 다름없이 제게도 그걸 찾아냈다는 것은 놀라운 일이었습니다." 콘웨이는 이 군의 위수도 계산해 냈는데, 이 숫자는 54자리로 그는 다음과 같이 끊어서 그 숫자를 암송할 수 있다. "8080 17424 79451 28758 86459 90496 17107 57005 75436 80000 00000." (괴물군과 괴물 달빛 추측Monster Moonshine conjecture에 대해서는 부록 6번과 후주들을 참고할 것.) Conway, 2005년 4월의 인터뷰. 또한 John Horton Conway 와 Neil J. A. Sloane, *Sphere Packings, Lattices and Groups* 참고.

65) Coxeter, *Regular Polytopes*, 118.

66) 위와 같은 출처. 콕세터는 불어로 인용했다. "Um Homme qui y consacrerait son existence arriverait peut-être á se peindre la quatriéme dimension."

67) 위와 같은 출처, 119.

68) 위와 같은 출처.

69) 위와 같은 출처.

70) 콕세터의 "차원의 유추" 논문은 1-5부로 이어져서 다섯 권의 공책을 채웠고 모든 영역을 섭렵하였다. 즉 정칙도형regular figures, 각, 꼭지각, 좌표, 역도형 reciprocal figures, 원-구 계열circle-sphere series, 정사각형-팔각형 계열, 일반화된 절대적 특성, 결정된 모든 정칙도형, 정칙도형의 절단, 아르키메데스 입체, 아르키메데스 초입체, 순수 아르키메데스 계열, 정칙오목도형, 꼭짓점도형 vertex-figures을 다루고 부록, 결과의 요약, 사용된 표기법의 범례까지 갖췄다. "Dimensional Analogy: An Essay by D. Coxeter, February, 1923," Coxeter Fonds, University of Toronto Archives.

71) Coxeter, 236.

72) 위와 같은 출처.

73) 위와 같은 출처, 236-62.

74) 위와 같은 출처, 119.

75) James Gleick, *Isaac Newton*, 36.

76) René Descartes, *Discourse on Method*, *The Harvard Classics*, http://www.bartleby.com/34/1/1.html (2006년 1월 21일 현재).

77) E. T. Bell, *Men of Mathematics*, 19-55.

78) 위와 같은 출처.

79) C. Davis, 인터뷰.

80) Bell.

81) 위와 같은 출처; Conway, 인터뷰.

82) Bell, 40.

83) 수학적 진리는 선재하며 발명되기보다는 발견되는 것이라는 언명은 (비유클리드 기하학의 동시적인 발견이 그랬던 것과 마찬가지로) 해석 기하학의 탄생으로 지지되는 듯하다. 같은 세기에 세 명의 수학자들이 독자적으로 이러한 수학적 보물을 발견했다. 데카르트의 호적수로서 마찬가지로 프랑스인인 피에르 드 페르마 Pierre de Fermat(1601-1665) 역시 똑같은 발견을 했지만 영광을 얻지는 못하였다. 이는 그가 연구결과를 출판하지 않는 버릇이 있었기 때문이었다. 그 대신 페르마는 그의 마지막 정리로 유명한데 이 정리가 증명되는 데는 3세기 반이 넘게 걸렸다(1994년 프린스턴의 앤드류 와일즈Andrew Wiles가 마침내 증명해 냈다). 그리고 페르마와 데카르트에 앞서 프랑스인 니콜 오렘Nicole d'Oresme(1323-1382)이 해석 기하학을 발견했는데, 그는 유사한 형태의 좌표 기하학coordinate geometry을 제시하였다. 위와 같은 출처, 47.

84) 위와 같은 출처, 53-54.

85) Coxeter, 인터뷰; Thomas, 인터뷰; Eve Coxeter, Nesta Coxeter, Joan Coxeter, 인터뷰.

86) O'Connor와 Robertson, "Bertrand Arthuer William Russell," http://www-groups.dcs.st-and.ac.uk/~history/Mathematicians/Russeell.html(2006년 1월 21일 현재).

87) Coxeter, 인터뷰; Eve Coxeter, Nesta Coxeter, Joan Coxeter, 인터뷰; Robert Kanigel, *The Man Hwho Knew Infinity: A Life of the Genius Ramanujan*, 186-191.

88) "Reading's Great People," http://www.readinglibraries.org.uk/services/local/morley.htm(2005년 10월 7일 현재).

89) 1923년 9월 11일 Edith Morley가 E. H. Neville에게 보낸 편지, Coxeter Fonds, University of Toronto Archives.

90) 1923년 9월 11일 Donald Coxeter가 E. H. Neville에게 보낸 편지, Coxeter Fonds, University of Toronto Archives.

91) 1923년 10월 11일 Coxeter가 E. H. Neville에게 보낸 편지, Coxeter Fonds, University of Toronto Archives.

92) Coxeter, 인터뷰; "University of Toronto Oral History Project."

93) Coxeter, 인터뷰.

94) 위와 같은 출처.

95) 위와 같은 출처.

96) 위와 같은 출처; Richardson.

97) 위와 같은 출처.

98) 미적분학의 기본적 개념의 하나인 적분은 면적 혹은 면적의 일반화로 해석될 수

있는 수학적 대상이다. 정적분은 위 끝과 아래 끝이 있는 적분이며 평면상의 일정한 영역을 정의하는 한 방법이다. Weisstein, "Define Integral," http://mathworld.wolfram.com/DefiniteIntegral.html.

99) Coxeter, "Mathematical Notes," *Mathematical Gazette*, 205.

100) Coxeter, 인터뷰; Coxeter, 인터뷰, Shell.

101) Coxeter, 인터뷰.

102) Istvän Hargittai, "Lifelong Symmetry: A Conversation with H. S. M. Coxeter," *The Mathematical Intelligencer*, 37.

103) 1926년 11월 G. H. Hardy가 "D. Coxeter Esq."에게 보낸 편지, Wren Library, Trinity College, Cambridge, Fild: Add. Ms. a. 275, 47-51.

3장 앨리스 아주머니, 그리고 케임브리지에서의 은둔 생활

1) David Blackburn과 Jonathan Rosenhead, "Cambridge Mathematics," *The Eagle*, 46-47.

2) 위와 같은 출처.

3) Coxeter, Personal Records of Fellows of the Royal Society, Coxeter Fonds, University of Toronto Archives.

4) O'Connor와 Robertson, "Quotations by J. E. Littlewood," http://www-groups.dcs.st-and.ac.uk/~history/Quotations/Littlewood.html (2006년 1월 21일 현재).

5) 1931년 콕세터가 박사 학위를 받은 것은 상궤에서 벗어난 일이었다. 그의 지도교수 H. F. 베이커H. F. Baker는 학사 학위만으로도 뛰어난 수학적 성공을 누렸다. 학사 학위는 20세기 중반까지도 개인의 자격을 충분히 증명해 주는 것이었다. 영국의 대학들이 박사 학위를 창설한 것은 강력한 정치적 압력에 응답한 것

이었다. "제국에 대한 고려가 중요했다. 제국 출신의 학생들이 독일이나 미국으로 가서 모국을 등지는 것에 대한 염려가 오랫동안 있어 왔다." John Aldrich, "The Mathematics PhD in the United Kingdom."

6) 메리 카트라이트(1900-1998)경은 1928년 박사 학위를 받기 위해 옥스퍼드에서 G. H. 하디에게서 수학하였다. 1930년, 카트라이트는 특별연구원 지위를 취득하여 케임브리지 거튼대학으로 갔고, 거기서 박사논문에서 다루었던 주제에 대한 연구를 계속하여 카트라이트 정리를 얻어냈다. June Barrow-Green과 Jeremy Gray, "Geometry at Cambridge, 1863-1940," *Historia Mathematica*, 27(시험인쇄본); O'Connor와 Robertson, "Dame Mary Lucy Cartwright," http://www-groups.dcs.st-and.ac.uk/~history/Mathematicians/Cartwright.html (2006년 1월 21일 현재).

7) 그레이와 배로-그린Barrow-Green은 (둘 다 영국 방송대학교 재직) 기하학, 특히 고전적으로 정초된 사영 기하학을 연구하는 곳으로서의 케임브리지의 명성을 이룩한 저명한 이들의 계보를 연대기적으로 기술하였다. 케일리Cayley는 "식물학자의 눈"으로, 윌리엄 클리퍼드William Clifford는 "웅변적인 강사"로 유명했으며, 프랜시스 매콜리Francis Macaulay, 버트런드 러셀, A. F. 화이트헤드, H. F. 베이커가 그 뒤를 이었다. 베이커는 그 어느 선배들보다도 케임브리지의 기하학을 높은 지위로 끌어올렸다. 그러나 1960년대 초반 "시간표를 개정하고 수학에 대한 부르바키의 미래상의 핵심적인 특징들-그 상당 부분은 어차피 힐베르트와 에미 뇌터Emmy Noether의 연구에 대한 응답으로 나온 것이었다-을 정착시키라는 압력이 가중되면서 사영 기하학은 자연스럽게 새로운 수학에 자리를 내주어야 할 분야가 되었다. 사영 기하학은 전공 선택과목으로 바뀌었고, 핵심적이고 주류적인 요건에서 빠졌다. 그로부터 사영 기하학은 평판이 나빠졌고, 다양한 부정확성으로 비판받았다. 학교 시간표에는 올라가 있지만 이 과목의 지위는 그 뒤로 줄

곧 불안정하였다. 왜냐하면 엄밀하다 하더라도 괴상한 것으로 여겨질 수 있기 때문이다", 위와 같은 출처.

8) 콕세터를 가르친 교수들은 P. W. 우드P. W. Wood(해석 기하학), 허버트 리치먼드 Herbert Richmond와 토머스 룸Thomas Room(사영 기하학), 프랭크 램지Frank Ramsey(미분 기하학)와 그의 아버지 아서 램지Arthur Ramsey(전기학), 맥스 뉴먼 Max Newman(위상 수학), 필립 홀Philip Hall(군론), 앨버트 잉엄Albert Ingham(수론), S. 폴러드S. Pollard, 에이브럼 베시코비치Abram Besicovitch, 리틀우드(해석학), 그리고 조지 버트위슬George Birtwistle(역학)이었다. A. A. 로브A. A. Robb는 시공간 기하학에 대한 강의를 했는데, 콕세터의 회상에 따르면 "특수 상대성 이론이 실 아핀 4-공간real affine 4-space에서 보았을 때 원뿔에 의해 결정되는 민코프스키 거리Mincowski metric에서 가장 중립적이 된다"는 것을 강조한 강의였다. 콕세터는 이 강좌에서 그의 곁에 앉아있던 친구 패트릭 듀 발Patrick Du Val은 훨씬 더 앞서 있었다고 말했다. "그는 [네덜란드 수학자이자 아인슈타인의 협력자였던] 빌렘 드 지터Willem de Sitter의 세계[4차원 시공간에서 일반 상대성 원리에 근거한 우주론적 모형에 들어맞을 것이라고 제안된]에 대한 유비적 기하학 해석을 이미 이해하고 있었습니다. 이 모형은 세계선world line이 지그재그 모양이라는 점에서 팽창하는 우주에 대한 가장 설득력 있는 설명을 제시합니다."
Coxeter, Personal Records of Fellows of the Royal Society.

9) June Barrow-Green, 2003년 9월 12일 런던에서의 인터뷰; Gray, 인터뷰.

10) 콕세터는 자전거를 어디다 두었는지 잊어버리곤 했다고 하며, 한 번은 경찰에 도난신고를 한 적도 있었다. 얼마 뒤 "하루는 길을 걷다가 자전거가 내가 두었던 바로 그 자리인 길가에 얌전하게 놓여 있는 것을 보았습니다." 콕세터는 외모에도 전혀 신경을 쓰지 않았다. "이번에는 누가 내 옷차림을 가지고 불평을 하는지 알아야겠어요." 그는 집에 보내는 편지에 이렇게 투덜거렸다. "좋아요,

다음에 포브스Forbes를 볼 때는 운동바지와 스포츠재킷을 잊지 않도록 해 볼게요." 그리고 주의가 산만해서 열쇠를 잃어버리는 일도 많았다. "세 시간동안 열쇠를 잃어버린 줄 알았어요. 결국에는 바지 주머니에서 찾아냈죠." Coxeter, 인터뷰; Michael Longuet-Higgins (캘리포니아 대학교 샌디에이고분교 지구물리학자 겸 기하학자, 트리니티 특별연구원), 2003년 8-9월 케임브리지에서의 인터뷰 및 2004년 5월 토론토에서의 인터뷰; 1932년 2월 13일 콕세터가 케이티 콕세터에게 보낸 편지, Coxeter Fonds, University of Toronto Archives.

11) Longuet-Higgins.

12) "A Simple Story," *The Trinity Magazine*, 1926년 12월, 18.

13) Coxeter, 인터뷰.

14) Longuet-Higgins.

15) Gleick.

16) Gleick, 56.

17) Gleick.

18) O'Connor와 Robertson, "Sir Isaac Newton," http://www-groups.dcs.st-and.ac.uk/~history/Mathematicians/Newton.html (2005년 11월 현재).

19) 위와 같은 출처.

20) Gleick.

21) Gleick, 130; Gleick, 2004년 11월 19일자 인터뷰.

22) O'Connor와 Robertson; Gleick, 15.

23) 콕세터는 케플러가 다각형에 대한 헌신적인 연구자들-피타고라스, 플라톤, 유클리드, 아르키메데스, 토머스 브래드워딘Thomas Bradwardine 대주교, 알브레히트 뒤러Albrecht Dürer, 레오나르도 다 빈치와 같은 다면체에 대한 역대의 걸출한 열성적인 연구자들을 따랐다고 밝혔다. 뒤러(1471-1528)는 독일의 르네상

스 화가로 그의 목판화 <멜랑콜리아 I Melancholia I>는 격노한 듯한 사색가가 희한하게 생긴 다면체를 노려보며 앉아 있는 모습을 그렸다. 그는 자신의 책 <화가 안내서 Painter's Manual>를 통하여 다면체에 대한 문헌에 중요한 기여를 했다. 레오나르도 다 빈치(1452-1519)는 루카 파치올리 Luca Pacioli의 책 <황금분할 Divine Proportion>에서 공헌했다(레오나르도의 스케치 상당수에서 다면체가 보이기는 하지만). <황금분할>에서 레오나르도는 모서리는 완전하고 속은 빈 구조로 다면체를 바라보는 새로운 관점을 제시하여 다면체의 앞면과 뒷면을 동시에 바라볼 수 있도록 함으로써 교묘한 예술가적, 수학자적, 공학자적 기량을 발휘한다. 콕세터는 만족스러워하며 이렇게 말했다. "[레오나르도는] 모서리에는 가늘고 긴 나무 조각을 사용하고 면들은 상상에 맡기면서 다면체의 골격 모형을 만들었다." Coxeter, "Kepler and Mathematics," *Vistas in Astronomy*, 661-64.

24) 케플러의 시도에 대하여 콕세터는 이렇게 평가하였다. "그는 당시 알려져 있던 다섯 개의 입체와 여섯 개의 혹성들 간의 관계를 찾았다. 나중에 케플러가 두 개의 새로운 반정다면체 semi-regular polyhedra를 발견하기는 하였으나, 그가 천왕성과 해왕성의 발견을 예측하였다는 증거는 없다. 1810년 루이 푸앵소 Louis Poinsot가 또 다른 한 쌍의 정다면체를 발견하였고, 천문학자들은 소행성과 명왕성을 발견함으로써 화답하였다. 이러한 수비학적數秘學的 욕망은 억눌러야 한다!" Coxeter, "Kepler and Mathematics," 661-70; Kitty Ferguson, *Tycho and Kepler*, 181-99.

25) Ferguson, 191.

26) Coxeter, "Kepler and Mathematics," 665, Koestler의 *The Sleepwalkers (A History of Man's Changing Vision of the Universe)*를 인용한 것.

27) Ferguson, 197.

28) O'Connor와 Robertson, "Tycho Brahe," http://www-groups.dcs.st-and.ac.uk/~history/Mathematicians/Brahe.html (2006년 1월 21일 현재); http://www.learningmatters.co.uk/education/a_to_z/maths/b.html (2006년 1월 21일 현재).

29) Ferguson, 337-51.

30) 아르키메데스(기원전 287-212)에 기인하는 것으로 여겨지는 입체들은 대단히 특수한 방법을 통하여 플라톤입체로부터 작도될 수 있다. 플라톤입체를 깎아 내(돌출부를 잘라내)거나 파열시키되 틈이 정다면체로 채워지는 경우 "반정칙" 기준에 맞도록 하는 것이다. 예를 들어 깎은 정사면체는 육각형과 정삼각형으로 이루어져 있다. 깎은 정이십면체는 육각형과 오각형을 이어붙인 것이다. 축구공은 이 모양을 본뜬 것이다. Conway, 인터뷰; Coxeter, *Regular Polytopes*, 30; Sutton, 32-33.

31) 별 모양 다면체의 2차원적인 사촌은 별모양 다각형이다. {3}, {4}, {5}, {6},...,{n}과 같은 일반적인 정다각형이 무한히 많은 것처럼, {5/2}, {7/2}, {7/3}, {8/3}과 같은 별 모양 다각형들도 무한히 많다. 별 모양 다각형을 나타내는 기호 {n/d}는 이 별 모양 다각형이 일반적인 정n각형의 한 꼭짓점을 그로부터 d개의 꼭짓점만큼 (시계방향으로) 떨어진 다른 꼭짓점과 연결하고 그 꼭짓점으로부터 이러한 과정을 다시 밟는 과정을 반복하여 앞의 정n각형 내부에 형성된 것임을 의미한다. 또는 n개의 점을 거리가 일정하도록 원 모양으로 배치하고 d 간격에 있는 점들을 연결한다. 그러니까 5/2라면 원 모양으로 등거리로 배치된 다섯 개의 점이 필요하고 다각형이 닫힐 때까지 매 두 번째 점들을 연결해야 한다. 7/3이라면 일곱 개의 점이 필요하고 다각형이 닫힐 때까지 매 세 번째 점들을 연결해야 한다. 또한 정다면체의 숫자가 유한하듯 -{3,3}, {4,3}, {3,4}, {5,3}, {3,5}라는 플라토닉 입체- 별 모양 정다면체의 숫자도 유한하다. 즉

{5/2,3}, {5/2,5}뿐이다. Coxeter, *Regular Polytopes*, 93-97; Conway, 인터뷰; Sutton, 28-29.

32) **Coxeter** (P. Du Val, H. T. Flather, J. F. Pertie와 공저), *The 59 Icosahedra*.

33) **Wilker**, 콕세터와의 인터뷰.

34) <59개의 이십면체>는 플래더와 더불어 그의 트리니티 동기생인 패트릭 듀 발이 공저하였고, 존 피트리가 도해를 그렸으며, 1938년 토론토 대학교 출판사에서 간행되었다. 저자들은 에든버러학술원(RSE)에서 출판하고자 하였지만, RSE 원장인 다시 톰슨D' Arcy Thomson경이 1936년에 보낸 다음과 같은 편지에 따라 계획은 수포로 돌아갔다. "친애하는 콕세터 씨, 자네의 논문 덕에 우리가 엄청난 곤란을 겪었음을 말하지 않을 수 없네. 게다가 그러한 곤란은 아직 마무리되지 않았네. 자네의 논문을 인쇄하려면 아주 상당한, 엄청난 비용이 들게 되네. 그런데 그 논문이 그 나름대로 이십면체에 대한 일종의 전거로서 표준적인 저작이 될 것이어야 그만한 지출을 할 만 하네. 본문은 그럴만한 충분한 배려 같은 것이 없이 쓰였네. 게다가 듀 발이 덧붙인 문헌목록은 그야말로 유치하네! 우리를 바보 취급한 거란 말이네! 논문은 10월에 우리에게 제출될 것이고, 그 때 가서 평의회가 무어라 말할지, 또 어떻게 할 것인가는 전적으로 보고자들이 무어라 할 것인지에 달렸네. 내 생각으로는 연기하고 개정하라고 권고할 거네. 그 논문을 지금 그대로 환영하며 받아들이지는 않을 거라고 보면 될 것이네. 친애하는 콕세터 씨, 저자들 가운데에서도 자네가 더 많이 주의하고 고민하지 않았다는 사실에 진심으로 놀랐네. 심각하게 취급하지 않았단 말이네." 오늘날까지 플래더의 모형들 중 한 벌은 케임브리지에 보관되어 있고 또 다른 한 벌은 토론토에 있는 요크 대학에 있다. 1차 세계 대전 중에 플래더는 두 번째 일습을 토론토에 있는 콕세터에게 보내어 보관해 달라고 했다. 그 뒤에 콕세터는 이를 그의 마지막 박사과정 제자인 아시아 이비치 바이스Asia Ivić Weiss에게 주었다.

Conway, 인터뷰; 톰슨이 콕세터에게 보낸 편지, Coxeter Fonds, University of Toronto Archives.

35) Barrow-Green; Trinity College 학생기록.

36) 콕세터가 케이티 콕세터에게 보낸 1931년 11월 1일자 편지, Coxeter Fonds, University of Toronto Archives.

37) 콕세터가 케이티 콕세터에게 보낸 1932년 7월 21일자 편지, Coxeter Fonds, University of Toronto Archives.

38) 콕세터가 케이티 콕세터에게 보낸 1932년 8월 2일자 편지, Coxeter Fonds, University of Toronto Archives.

39) "Magpie & Stump," *The Trinity Magazine*, 1928년 12월.

40) Coxeter, 인터뷰.

41) Coxeter, 2003년 3월 14일자 인터뷰.

42) Coxeter, 2003년 3월 14일자 인터뷰.

43) 위와 같은 출처.

44) Coxeter, Personal Records of Fellows of the Royal Society.

45) Coxeter, 인터뷰.

46) 위와 같은 출처.

47) 또 다른 관련 부분에서 슈테켈은 수치심, 불안, 혐오를 포함한, "사랑의 충동"에 대한 위장을 검토하면서 이렇게 말했다. "얼마나 많은 위장장애가 신경성이면서 무의식적인 혐오감에서 유래될 수 있는 것인지! 갑자기 고기를 먹지 않게 된 수많은 소녀들은 "육욕"에 대한 혐오를 품어 이를 섭생과정으로 전이한다. 이러한 발현은 남성에게서도 볼 수 있다. 그리고 특히 일부 광적인 채식주의자들에게서 때때로 이러한 근원을 감지할 수 있다. 물론 고기에 대한 혐오는 당시에는 사회적이고 박애적인 동기로 합리화된다. 그러한 사람들은 거대한 운동에

더더욱 쉽게 참여하는데, 그 이유는 개인적인 투쟁과 갈등에 대한 사회적인 변명거리를 구하기 때문이다."

Wilhelm Stekel, *Disguises of Love*, 32, 41.

48) Coxeter, dream diary, 1928년 6월 20일-1928년 8월 7일자, 꿈 IV, VI, LXI, VIII, XXVI, VLII, XXXVII, XLVIII번, Coxeter Fonds, University of Toronto Archives.

49) 위와 같은 출처, 꿈 IX, VII, X, XV, XLVII번.

50) Coxeter, 인터뷰.

51) Coxeter, Personal Records of Fellows of the Royal Society.

52) Smith, 인터뷰.

53) <정규초다면체>에서 그가 언급한 다른 사람들은 케임브리지 대학교 교수 아서 케일리(1821-1895), 폴란드의 헤르만 귄터 그라스만Hermann Gunter Grassmann(1809-1877), 독일인 아우구스트 뫼비우스(1780-1869)이다. Coxeter, *Regular Polytopes*, 141.

54) 위의 책, 118; Conway, 인터뷰.

55) Coxeter, *Regular Polytopes*, 118-64, 292-95; Conway, 인터뷰.

56) Coxeter; Conway; Schattschneider, 2005년 12월 29일자 전자우편 "Re: diagrams, and a question".

57) 슐래플리는 초입방체를 "측도 초다면체"라고 불렀다. 그 이유는 측량의 단위로 생각되었기 때문이다. 그리고 일반화된 팔면체는 "십자 초다면체"라고 불렀다. 그 이유는 십자를 그리고 (차원에 따라 선의 숫자는 둘이나 셋) 그 끝을 모음으로써 작도할 수 있기 때문이었다.

58) 슐래플리의 창안으로부터 근 30년이 지나 한 미국인이 똑같은 아이디어의 일부를 다시 발견했다. "그래서 W. 스트링엄W. Stringham이 정규초다면체를 발견

했다고 짐작하는 사람들이 많다"고 콕세터는 말했다. 우연히도 콕세터가 대학 도서관에 앉아 슐래플리의 연구를 읽으며 보낸 시간 덕으로 "하디의 흥미를 불러일으킨 그러한 적분들을 적절하게 다루는 방법을 알게 되었다"고 콕세터는 적었다. Coxeter, *Regular Polytopes*, 143; Coxeter, Personal Records of Fellows of the Royal Society.

59) 슐래플리의 연구는 일생에 걸친 콕세터의 연구에서 알파이자 오메가였다. 그래서 그의 박사논문에도 등장하고 부다페스트 회의에서 발표한 그의 마지막 논문에도 등장하였던 것이다. "네 개의 상접하는 원들의 절대적 특성"이라는 강연을 마무리 지으면서 콕세터는 슐래플리의 정리 하나를 제시하고는 이렇게 물어보았다. "이러한 기초적 정리에 대해 입방형이론theory of cubic forms에서 도출된 것보다 더 간단한 증명이 있습니까?" 콕세터는 슐래플리의 의문을 가져다가 수학계에 남길 마지막 질문으로 삼은 것이나 마찬가지였다. Harold Scott Macdonald Coxeter, 박사논문, "Some Contributions to the Study of Regular Polytopes," 1931년 12월 18일; Coxeter, "An Absolute Property of Four Mutually Tangent Circles."

60) Coxeter, 2003년 3월 14일자 인터뷰; "University of Toronto Oral History Project."

61) Barrow-Green과 Gray, 21-22.

62) 위와 같은 출처.

63) 위의 책, 21.

64) 당시 콕세터와 함께 참석했던 사람들은 패트릭 듀 발, 존 A. 토드, 잭 G. 셈플Jack G. Semple, 윌리엄 V. D. 하지William V. D. Hodge, 윌리엄 L. 에지William L. Edge, T. G. 룸T. G. Room, 그리고 토론토에서 유학 온 질베르 드 뷰르가르드 로빈슨Gilbert de Beauregard Robinson이었다. 베이커의 제자들은 대부분 열성

적이었으나 몇몇은 이 빠질 수 없는 모임이 다소 지루하다고 생각하기도 했다 (베이커의 부고 중 하나에 이런 얘기가 나왔다). 콕세터는 이렇게 기억했다. "베이커는 그다지 힘을 주는 강사는 아니셨습니다. 차분하게 계속해서 말씀을 하셨죠. 조금은 무미건조하다고 생각하곤 했습니다. 한번은 잠이 들었다가 불현듯 깼는데 이런 말씀을 하시더군요. '콕세터가 자고 있군.' 조금은 창피했습니다." Coxeter, Personal Records of Fellows of the Royal Society; Barrow-Green과 Gray.

65) "Henry Frederick Baker," 부고, *The Eagle*, 6.

66) Gray, 인터뷰.

67) 삼각형, 원뿔 곡선 등을 n차원으로 끌어올린, 난해하지만 기초적인 기하학을 애호하는 것과 이탈리아의 전통에 존재하는 대수곡선, 평면, 다양한 고차원적 대상들을 다루는 진지한 기하학을 구분할 필요가 있다. 콕세터는 기초적인 분야를 좋아하였는데, 이는 후일 자신의 책 <기하학 개론>에서 드러났다. 이는 수학계에서 높은 지위에 있는 사람들이 지닌 영국적 취향이기도 했다. 그레이가 언급하였듯, 요약하자면 케임브리지의 기하학에는 세 가지 경향이 존재했다. (1) 이탈리아의 대수 기하학 전통에 따라 연구하는 경향으로, 기초가 단단하기는 하였으나 이를 따르는 사람들 자신도 진정으로 훌륭한 것은 아니라는 것을 알고 있었고, (2) 콕세터가 새롭게 시도한 것으로, 훨씬 더 항구적임이 밝혀졌으며, (3) 기초 기하학을 즐기는 것이었다. 이러한 경향들 간에는 중복까지는 아니더라도 유사성이 존재하였다. 적어도 콕세터와 관련해서는 두 번째와 세 번째 경향 간에 교점이 존재한 것은 분명하다. 위와 같은 출처.

68) Coxeter, Personal Records of Fellows of the Royal Society.

69) 콕세터가 독자적으로 이러한 아르키메데스 초다면체를 재발견한 것은 25년 전 아마추어 기하학자 서럴드 고셋Thorold Gosset이 떠올렸던 것과 똑같은 지적인

계시와 조우한 것이었다. 고셋은 법률가 훈련을 받았으나, 콕세터가 이야기한 대로 "고객이 없어서 차원에는 어떠한 정칙도형들이 존재할지 찾아보며 시간을 보냈다." 모든 정칙도형들을 재발견한 후 그는 더 나아가 "반정칙도형들"을 하나하나 찾아 나갔다. 이러한 방식으로 그는 아르키메데스 다면체에 상당하는 세 개의 초다면체들을 6차원, 7차원, 8차원에서 발견하였다. 그는 이러한 결과를 "n차원 공간의 정칙도형 및 반정칙도형들에 관하여On the Regular and Semi-regular Figures in the Space of Dimensions"라는 논문에 기록하였고, 출판할 만한 것인지 평가받기 위해 이를 케임브리지에 있는 세 명의 유명한 수학자들에게 보냈다. 그중 한 명은 "저자의 방법은 일종의 기하학적 직관"으로서 마음에 들지 않는다고 했다. 그는 이러한 아이디어가 "비현실적"이라고 보았다. 결국 1900년 <수학지Mathematical Messenger>에 극히 간략한 요점만 발표되었다. "이렇게 발표된 견해는 E. L. 엘테E. L. Elte와 필자가 그러한 결과를 재발견할 때까지 주목받지 못한 채 남아 있었다."고 콕세터는 썼다. "[고셋은] 겸손한 사람이어서 이러한 주제에서 손을 떼고 법률가의 길을 갔다." 위와 같은 출처; Coxeter, *Regular Polytopes*, 162-64.

70) 델 페쪼 면은 복소 2차원 대수곡면으로서 이탈리아인 파스쿠알레 데 페쪼 Pasquale de Pezzo(1859-1936)의 이름을 따서 명명되었으며 콕세터는 이를 케일리 수(아서 케일리의 이름을 따서 명명)로 설명하였다. Weisstein, "Del Pezzo Surface," http://mathworld.wolfram.com/DelPezzo-Surface.html (2006년 1월 22일 현재).

71) Coxeter, Personal Records of Fellows of the Royal Society.

72) 이 논문은 콕세터가 이러한 주제에 대하여 <케임브리지 철학회보>에 발표한 세 편의 논문 중 하나였다. 1934년의 논문에서 콕세터는 듀 발이 우연히 물었던 질문으로 인해 반사로 생성되는 군들-콕세터군이라고 알려지게 된 군들-에 대

한 연구에 착수하게 되었다고 감사의 뜻을 표했다. 콕세터는 이렇게 말했다. "곡면의 특이점에 대한 자신의 연구와 관련하여 듀 발은 필자에게 '순수 아르키메데스' 초다면체 $n_{21}(n<5)$의 대칭군의 특정 부분군들, 즉 반사에 의해 생성되는 부분군들을 열거해 달라고 부탁하였다. 수반된 연구는 어느 정도 복잡한 것이어서 듀 발이 (외견상 동떨어진) 곡면이론을 통해 제공할 수 있었던 정보가 아니었더라면 몇몇 오류는 간과될 뻔했다." Barrow-Green과 Gray; 부록 8 참고.

73) Coxeter, Personal Records of Fellows of the Royal Society.

74) 콕세터가 "고셋 초다면체"라고 부른 8차원 초다면체는 콕세터의 기호법에 따르면 4_{21}로 나타낼 수 있다. 콕세터가 초다면체를 연구하기 위하여 사용한 만화경 거울의 배치, 그리고 그가 창안한 콕세터 도식(4장 참고)의 성분들과 관련하여, 이 기호는 다음과 같이 읽혀진다. 4는 콕세터 도식의 네 개의 결절점node 혹은 거울의 '몸통trunk'와 관련된 것이고, 2-1은 각각 두 개의 결절점과 한 개의 결절점의 별도의 두 '말단tail'와 관련된 것이다(중앙의 여덟 개의 결절점은 몸통과 꼬리에 인접한다). 얼룩blob이 표시된 결절점은 '뿌리root'라고 한다. 이 초다면체는 콕세터군 E_8에 속한다. 여기서 E는 "예외적임exceptional"을 의미한다. 콕세터의 기호법을 사용하면 나머지 고셋 초다면체는 2_{21}(6차원), 3_{21}(7차원)으로 표현된다. 위와 같은 출처; Coxeter, *Regular Polytopes*, 150-53, 162-64, 202-4; Conway, 인터뷰.

75) 부록 8 참고.

76) 콕세터가 케이티 콕세터에게 보낸 1931년 11월 1일자 편지, Coxeter Fonds, University of Toronto Archives.

77) Coxeter, 인터뷰; Conway, 인터뷰; Coxeter, "Some Examples of Hyperdimensional Awareness," *The Journal for the Study of Consciousness*, 84-85; Coxeter, *Regular Polytopes*, vi, 258-59.

78) Coxeter, *Regular Polytopes*, 258.

79) 위와 같은 출처.

80) 위와 같은 출처.

81) Coxeter, *Regular Polytopes*, 258-59.

82) Coxeter, Personal Records of Fellows of the Royal Society.

83) Coxeter, "Some Examples of Hyperdimensional Awareness," 85.

84) 콕세터의 일기, 1933년 10월 20일자.

85) Coxeter, 박사 학위논문; O'Connor와 Robertson, "Godfrey Harold Hardy," http://www-groups.dcs.st-and.ac.uk/~history/Mathematicians/Hardy.html (2006년 1월 22일 현재).

86) Barrow-Green, 인터뷰.

87) *Trinity College, Cambridge, Ordinances*, 1931, 107-35.

88) O'Connor와 Robertson.

89) 거울은 수많은 고대 신화의 대상이었다. 거울은 우리의 영혼을 비추거나 미래를 예고하고(거울이 만들어지기 전에는 신들이 우리들의 운명의 징조를 알아내기 위해 잔잔한 물을 들여다보았다), 거울이 깨지면 7년 동안 불행하다고 한다. 이러한 신비로운 특성 때문에 거울은 문학과 정신분석에 있어 풍부한 재료의 역할을 했다. 거울은 스코틀랜드의 인류학자 제임스 프레이저Jame Frazier 경의 책 <황금 가지: 마술과 종교에 대한 연구The Golden Bough: A Study in Magic and Religion>에 두드러지게 등장한다. 콕세터도 이 책을 가지고 있었다. 도로시 L. 세이어스Dorothy L. Sayers의 책 <사건의 기록The Documents in the Case>에서는 살인사건의 해결이 "광학활성optical activity"과 거울상 분자mirror-image molecules에 대한 이해에 달려 있다. 이에 대하여 콕세터는 <기하학 개론>에서 인용하였다. 그리고 호르헤 루이스 보르헤스Jorge Luis Borges의 "죽음과 나침반Death and

the Compass"은 탐정이 대칭에 대한 집착으로 무시무시한 결말에 이르게 되는 이야기이다. Coxeter, *Introduction to Geometry*; Coxeter, 인터뷰; Asia Ivić Weiss, 2002년 9월 11일의 인터뷰.

90) Sir David Brewster, *The Kaleidoscope, Its History, Theory, and Construction*, 6-8.

91) Coxeter, 인터뷰; Marjorie Senechal, 2004년 11월 23일 및 이후의 인터뷰; Eli Moar, "The Magic World of Mirrors," To Infinity and Beyond, 149-54.

92) Senechal; Conway, 인터뷰; Schattschneider, 전자우편 "Re: Diagrams of Kaleidoscopes," 2005년 12월 16-21일자; Roe Goodman (러트거스 대학교 수학 교수), 2006년 1월 12일자 인터뷰; Roe Goodman, "Alice through Looking Glass after Looking Glass: The Mathematics of Mirrors and Kakeidoscopes," *The MAA Monthly*, 281-98.

93) 위와 같은 출처.

94) 다섯 개의 플라톤입체를 모두 생성하기 위해서는 만화경을 세 가지 방식으로 배치해야 한다. 이십면체를 생성하는 만화경은 예상할 수 있듯 이십면체 만화경이라고 한다. 이러한 배치는 이십면체의 쌍대dual(공간상의 도형 F에 대하여 점을 평면으로, 평면을 점으로, 직선을 직선으로 바꾸어 만들어지는 도형 F를 F의 쌍대라고 한다-옮긴이)인 십이면체도 생성한다. 이와 유사하게 팔면체 만화경은 거울을 정확하게 배열하고 받침대를 올바르게 배치하면 팔면체와 그 쌍대인 정육면체를 생성한다. 사면체 만화경은 사면체만을 생성하는데, 사면체는 그 자체가 스스로의 쌍대이다. 미국에서는 3차원 만화경에 대한 몇 개의 특허가 나와 있다. 특허번호 #5,651,679 "가상 다각형 모형"은 1997년 발명가 프레드릭 올트먼Fredrick Altman에게, 특허번호 #5,475,532 "무한 공간 만화경"("삼각 전망창"이 달린 "만화경 집"이라고 설명된)은 1995년 발명가 후안 산도발Juan Sandoval과 하비에르 브라

초Javier Bracho에게 특허가 부여되었다. 위와 같은 출처; http://www.uspto.gov/patft (2006년 1월 12일 현재).

95) Senechal; Coxeter; Goodman.

96) Coxeter, *Regular Polytopes*, 92; Goodman, 283.

97) Senechal; Coxeter; Goodman.

98) 콕세터처럼 만화경을 들고 다니는 대신에 기하학자들은 실제의 거울들을 거울의 기하학적 관념으로 대체하는 경우가 많다. 이러한 방법은 보통 2차원에 국한되는데, 여기서 거울은 반사의 축(혹은 거울축이나 대칭축이라고도 불리는)이라는 선이 된다. Coxeter, *Regular Polytopes*, 196-204; Conway.

99) 로 굿맨Roe Goodman은 대학원생들(그리고 학부생 수학동호회)이 리대수론theory of Lie algebra에서의 반사군에 대하여 이해하는 것을 돕기 위해 한 벌의 만화경들을 만들었다. 최근의 논문에서 굿맨은 <거울 나라의 앨리스Through the Looking Glass(루이스 캐럴의 <이상한 나라의 앨리스>의 속편-옮긴이)>에서 유추하여 앨리스가 세 개의 거울을 기묘하게 원뿔 모양으로 배치해 놓은 것 속으로 여행하는 것을 상상하면서 만화경의 구조를 조사하였다. "거울들 중 하나로 걸어 들어간 앨리스는 자신의 방과 대단히 흡사한 새로운 '가상 방'에 들어왔음을 알게 된다. 자세히 살펴보니 자신이 왼손잡이였고 책들은 거꾸로 쓰여 있었다. 이 방에는 '가상 거울들'도 있었다. 가상 거울을 통해 걸어 들어가 탐험을 계속하며 수많은 가상 방들을 거치다 보니 불현듯 다행히도 차 마실 시간에 맞춰 진짜 자신의 방으로 돌아왔음을 알게 되었다. 새로운 모험을 하고 싶었던 앨리스는 다시 한 번 거울 속으로 여행을 하다가 차를 마시기 위해 당일에 돌아올 수 있도록 거울을 배치할 수 있는 방법이 몇 가지나 될까 궁금해했다. 앨리스의 문제는 (모든 차원에 있어) H. S. M. 콕세터가 해결하였는데, 그는 반사를 통해 직교행렬의 유한군을 생성하는 n차원 유클리드공간에서의 n개의 거울들의 가능한 모든 편성방

식을 분류했다." Goodman, "Alice Through Looking Glass After Looking Glass," 281; Senechal; Conway; Coxeter, *Regular Polytopes*.

100) 콕세터의 일기, 1935년 3월 23일자, 1935년 12월 3일자, 1935년 12월 6일자, 1936년 1월 20일자.

101) Coxeter, 인터뷰.

102) 알리시아 불 스토트가 콕세터에게 보낸 1935년 11월자 편지, Coxeter Fonds, University of Toronto Archives.

103) G. H. Hardy, *A Mathematician's Apology*, 5, 24-25.

104) Coxeter, 박사논문, iii.

105) Coxeter, Personal Records of Fellows of the Royal Society.

106) Blackburn과 Posenhead, 46.

4장 프린스턴에서 대칭의 신들과 성년을 맞다.

1) *The Princeton Mathematics Community in the 1930s: An Oral History Project*, 녹취록 3번, George W. Brown과 Alexander M. Mood, 4.

2) Coxeter, Personal Records of Fellows of the Royal Society.

3) Coxeter, Rockefeller Personal Record Card.

4) "Kingwood College Library, American Cultural History, 1930-1939," http://kclibrary.nhmccd.edu/decade30.html (2006년 1월 22일자).

5) Robert Shaplen, Gerge Harrar가 서문을 쓴 *Toward the Well-Being of Mankind: Fifty Years of the Rockefeller Foundation*, v.

6) Shaplen, 5-8.

7) Raymond B. Fosdick, *The Story of the Rockefeller Foundation*, 140.

8) 로즈의 동료 중 한 사람은 그의 계획에 "인간의 무지에 대항하는 운동전략"이라는

부제를 붙여도 적절하리라는 의견을 밝혔다. George Gray, *Education on an International Scale: A history of the International Education Board*, 1923-1938, 8.

9) Fosdick, 141; Gray, 10.

10) Gray, v.

11) Gray, v-vi.

12) 주목해야 할 것은 힐베르트가 공리주의/형식주의-시각적/직관적 기하학 분파의 양편에 모두 발을 걸치고 있었다는 점이다. 그는 S. 콘-보센S. Cohn-Vossen과 공저하여 1932년 독일어로 출판된 책(독일어 제목은 <묘사적 기하학Descriptive Geometry>이라고 옮길 수 있는 <Anschauliche Geometrie>이었고-anschauliche는 "시각적인", "명확한", "예증적인"으로 옮길 수도 있는 말이다-1952년에 출판된 영어판의 제목은 <기하학과 상상력Geometry and the Imagination>이었다)에서 표명한 대로 직관적·시각적 기하학을 좋아하였다. 상당한 분량의 도표들이 책장을 차지하고 있었던 것은 힐베르트가 시각적 문제들을 즐겼음을 보여 준다. 힐베르트는 서문에서도 이렇게 밝혔다. "어떤 과학연구에서나 마찬가지로 수학에서도 두 개의 경향이 존재함을 알게 된다. 그 하나는 추상화를 향한 경향으로서 연구의 대상이 되는 소재의 미로 속에 내재되어 있는 논리적 연관을 명확히 하고 소재를 체계적이고 질서 있는 방식으로 관련시키고자한다. 다른 한편으로 직관적 이해를 향한 경향은 연구의 대상들을 보다 직접적으로 파악하고 대상들 사이의 관계의 구체적 의미를 강조하는, 말하자면 대상들과의 생생한 관계를 장려한다." 그러나 이 책은 힐베르트에게 향수에 속하는 일이었다. 그는 수학을 배우고 창조해 나가는데 있어서의 도표의 중요성을 인정하기는 하였으나 추상적인 형태로 고쳐야 한다고 주장하였다. 시각적 기하학의 견지에서 시각화가 불가능한 수론을 표현하고 그와 유사하게 아인슈타인의 상대성 이론을 기하학-그림으로 표현하는 것이 이해가 더 잘 된다는 것을 보인 친구 헤르만 민코프스키Hermann Minkowski를

지지하기는 하였으나 실제로는 기하학의 진정한 힘은 형식주의, 엄밀함, 논리에 있다고 믿었다. 그는 고전 기하학에 대해서는 별로 연구하지 않았다. 기질적으로 대수 쪽에 훨씬 더 가까웠다. 그림보다 해석을 더 선호했던 것이다. Jeremy Gray, 인터뷰; David Hilbert, *Geometry and the Imagination*, iii-v.

13) George Gray, vii.

14) 위와 같은 출처.

15) 위와 같은 출처.

16) 그 해에 록펠러 특별연구원으로 외국으로 간 다른 수학자들로는 게리트 볼Gerrit Bol(독일에서 프린스턴으로), 라르스 알포르스Lars V. Ahlfors(핀란드에서 프랑스로), 마리 샤르팡티에Marie Charpentier(프랑스에서 미국으로), 에리히 E. 칼러Erich E. Kahler(독일에서 이탈리아로), 필론 M. 바실리우Philon M. Vassiliou(그리스에서 독일로), 율류슈 파베트 샤우데르Julljusz Pawet Schauder(폴란드에서 독일로), 스타니슬라우스 삭스Stanislaus Sak(폴란드에서 미국으로), 그리고이레 모이실Gregoire Moisil(루마니아에서 이탈리아와 프랑스로), 막스 구트Max Gut(스위스에서 미국으로), 친라이 셴(중국에서 미국으로)이 있다. Rockefeller Archive Center, "Natural Science Fellowships, 1932" (RF RG 1.2, Series 100E, box 37, folder 279); Wilker, 콕세터와의 인터뷰.

17) 해럴드 콕세터가 루시 콕세터에게 보낸 1932년 8월 19일자 편지, Coxeter Fonds, University of Toronto Archives.

18) 위와 같은 출처.

19) 콕세터가 해럴드 콕세터에게 보낸 1932년 8월 25일자 편지, Coxeter Fonds, University of Toronto Archives.

20) 콕세터가 케이티 콕세터에게 보낸 편지.

21) 콕세터가 해럴드 콕세터에게 보낸 1932년 11월 1일자 편지, Coxeter Fonds,

University of Toronto Archives.

22) 콕세터가 케이티 콕세터에게 보낸 1932년 10월 2일자 편지, Coxeter Fonds, University of Toronto Archives.

23) Alice Calaprice 편, *The New Quotable Einstein*, 48.

24) Leopold Infeld, Quest, 299.

25) Infeld, 243.

26) 수학부 학부장으로서 수학과 물리학에서 프린스턴이 세계적인 기관으로 성장하도록 조직한 수학자 헨리 버처드 파인Henry Burchard Fine(1858-1928)이 자전거 사고로 인하여 비극적으로 사망한 일은 프린스턴 졸업생이자 법률가로서 파인의 평생에 걸친 친구이기도 했던 토머스 D. 존스Thomas D. Jones 일가가 기부를 하여 파인홀의 건축에 자금을 대도록 하는 계기가 되었다. Sylvia Nasar, *A Beautiful Mind*, 52-53.

27) Infeld, 294.

28) Simon Kochen (프린스턴 대학교 헨리 버처드 파인 수학 석좌 교수), 2004년 6월 22일 프린스턴에서의 인터뷰; Conway, 인터뷰.

29) 콕세터가 케이티 콕세터에게 보낸 1932년 10월 2일자 편지.

30) 이탈리아학파에는 구이도 카스텔누오보Guido Castelnuovo, 페데리고 엔리케스 Federigo Enriques, 프란체스코 세베리Francesco Severi 등이 있었다. 1880년부터 1914년까지 이탈리아학파는 대수곡면에 대한 엔리케스-카스텔누오보의 분류로 알려졌다. 1차 세계 대전 이후 프란체스코 세베리는 이러한 연구를 확장시켰지만 성공은 그에 못미쳤고, 제러미 그레이가 묘사했듯, "그들은 모호하다는 평판을 얻었다. 1930년대에 사망한 오스차르 자리스키Oscar Zariski는 곡면에 대한 그들의 연구를 최종적으로 설명하는 글을 썼으나 이후로는 천국과 작별하였다. 그 외의 그의 연구는 가환대수에 있어서의 당대의 발전에 응답하는, 훨씬

더 추상적인 전통에 속하였다. 이탈리아인들은 오로지 복소체complex field에 대해서만 연구하였고 임의적인 (대수적으로 닫힌)체에 대해서는 추상 대수 기하학에는 적용할 수 없는 초월적 방법을 사용하였다. 이 역시 그들의 궁극적인 부분적 쇠퇴에 일조하였다. 레프셰츠는 위상 수학을 교과목에 끼워 넣겠다는 욕망에 사로잡혔다는 점에서는 이탈리아인들과 달랐지만 시각적인 부정확성에 있어서는 그들과 일정 정도 공유하는 바가 있었다." *The Princeton Mathematics Community in the 1930s: An Oral History Project*, "Leon W. Cohen," 녹취록 6번, 3; O'Connor와 Robertson, "Solomon Lefschetz," http://www-groups.dcs.st-and.ac.uk/~history/Mathematicians/Lefschetz.html (2006년 1월 11일 현재); Gray, 2005년 10월 30일자 전자우편 "Re: Lefschetz and the Italian School."

31) *The Princeton Mathematics Community in the 1930s: An Oral History Project*, "Leon W. Cohen."

32) O'Connor와 Robertson.

33) 위와 같은 출처; Conway, 인터뷰; Kochen, 인터뷰.

34) 베블런은 "미분 기하학의 기초The Foundations of Differential Geometry"라는 논문을 마무리하고 있던 참이었지만(미분 기하학이란 미적분을 이용한 기하학의 분야로 지도를 만들고 지구의 한 지역을 측량하는 것과 관련하여 19세기 초에 창안되었다) "기하학이란 무엇인가"라는 문제를 주로 다루었다. O'Connor와 Robertson, "Oswald Veblen," http://www-groups.dcs.st-and.ac.uk/~history/Mathematicians/Veblen.html (2006년 1월 23일 현재); Yaglom, 253-54; *The Princeton Mathematics Community Oral History Project*; Deane Montgomery, "Oswald Veblen," *A Century of Mathematics in America*, 1부.

35) Yaglom, 254.

36) O'Connor와 Robertson, "John von Neumann," http://www-groups.dcs.st-and.ac.uk/~history/Mathematicians/Von_Neumann.html (2006년 1월 23일 현재); *Princeton Mathematics Community Oral History Project*.

37) 위그너는 분자 배열의 대칭성이 그 진동스펙트럼에 미치는 영향을 연구하였고 다음 해에는 양자론에 시간역전 대칭을 도입하였다. 대칭에 대한 그의 애착으로 인해 콕세터가 흥미를 느꼈을 법하다. O'Connor와 Robertson, "Eugene Paul Wigner," http://www-groups.dcs.st-and.ac.uk/~history/Mathematicians/Wigner.html (2006년 1월 23일 현재); *The Princeton Mathematics Community Oral History Project*.

38) O'Connor와 Robertson, "George Pólya," http://www-groups.dcs.st-and.ac.uk/~history/Mathematicians/Polya.html (2006년 1월 23일 현재).

39) 위와 같은 출처; 콕세터가 해럴드 콕세터에게 보낸 1932년 11월 16일자 편지; 콕세터의 1932년 1월 9일자 일기, Coxeter Fonds, University of Toronto Archives.

40) 부록 8 참고.

41) C. Davis, 인터뷰.

42) 콕세터가 해럴드 콕세터에게 보낸 편지.

43) 콕세터의 일기, 1933년 3월 20일자와 1933년 4월 20일자, Coxeter Fonds, University of Toronto Archives.

44) 11월 8일 루스벨트가 대통령에 압도적으로 당선되기 전에 한 대학 출판물이 학생들의 대통령 인기투표 결과를 보도하였는데, 현직 대통령이었던 허버트 후버 Hervert Hoover가 1,392표, 프랭클린 루스벨트가 425표, 그리고 사회당 후보이자 프린스턴 졸업생으로 콕세터가 좋아했을 법한 노먼 토머스 Norman Thomas 는 283표를 얻었다. 기자는 다음과 같이 지적하였다. "그러나, 특히나 메리 매

카시Mary McCarthy와 선거위원회의 다른 싸움꾼들이 지난 봄 학생들의 선거인 등록을 위한 노력을 성공적으로 논박한 이후 이러한 소식이 민주당 전국위원회에 충격을 던질 것이라는 사실은 예기치 못한 것이다." "Poll on Campus," *Princeton Alumni Weekly*, 1932년 11월 4일.

45) 콕세터가 해럴드 콕세터에게 보낸 편지.

46) 콕세터는 제임스 알렉산더James Alexander의 강의에도 참석했지만, 알렉산더와 그의 아내 나탈리아Natalia는 프린스턴가에 있는 집 바깥에서 밤늦게까지 춤을 추는 광란의 파티-"아주 희한한 일"-로 가장 잘 알려져 있었다. 대학원생들은 알렉산더와 본 노이만이 어떻게 새벽까지 떠들어 대다가 아침 8시 30분에 있는 강의를 완벽하게 제정신으로 해낼 수 있는지 놀라워했다. 알렉산더는 놀고 먹을 만한 재산을 가진 사람으로 대학에서 봉급의 전액을 받지는 않았다. 그러나 이는 그가 신뢰할 만한 강사는 아니었다는 말이다. 그는 최근에 떠올린 아이디어에 열정을 가지고 학기를 시작하였지만 몇 주가 지나 주의력이 흐트러지거나(등산가였던 그는 연습 삼아 학기 중에 그래쥬어트 타워를 기어오르는 일을 즐겼다) 제기된 문제에 대한 해결책이 쉽사리 떠오르지 않으면 파인홀 게시판에 다음과 같은 고지가 붙었다. "알렉산더 교수는 이번 주에 세미나를 열지 않습니다." 몇 번의 모임을 하고 나면 또 다른 고지가 붙었다. "알렉산더 교수는 다음 고지가 있을 때까지 세미나를 열지 않습니다." 그 뒤로는 고지가 없었다. 알렉산더는 베블런과 협력하여 다양체manifold의 위상이 다면체까지 확장될 수 있음을 보였는데 이러한 성과는 콕세터가 인정할 만한 것이었다. 위와 같은 출처; 콕세터의 일기, 1933년 3월 4일, Coxeter Fonds, University of Toronto Archives; *The Princeton Mathematics Community Oral History Project*; O'Connor와 Robertson, "James Waddell Alexander," http://www-groups.dcs.st-and.ac.uk/~history/Mathematicians/Alexander.html (2006년 1

월 23일 현재).

47) 콕세터가 해럴드 콕세터에게 보낸 편지.

48) 콕세터가 케이티 콕세터에게 보낸 1933년 3월 29일자 편지, Coxeter Fonds, University of Toronto Archives.

49) 콕세터가 해럴드 콕세터에게 보낸 편지.

50) Coxeter, "University of Toronto Oral History Project."

51) 콕세터가 해럴드 콕세터에게 보낸 편지.

52) 위와 같은 출처.

53) 콕세터의 일기, 1933년 1월 16일자, Coxeter Fonds, University of Toronto Archives.

54) Sloane, 인터뷰.

55) 위와 같은 출처.

56) Coxeter, 2003년 3월 14일의 인터뷰.

57) 위와 같은 출처.

58) C. Davis, 인터뷰; Conway, 인터뷰; Senechal, 인터뷰.

59) Coxeter, *Regular Polytopes*, 202-4.

60) Peter McMullen (유니버시티 칼리지 명예 교수), 2005년 2월 1일자 인터뷰; Conway; Schattschneider.

61) Conway, 2005년 4월의 인터뷰에서.

62) Senechal, "Coxeter and Friends," *The Mathematical Intelligencer*, 16.

63) 콕세터의 1933년 2월 17일자 일기, Coxeter Fonds, University of Toronto Archives.

64) 콕세터의 1933년 6월 16일자 일기, Coxeter Fonds, University of Toronto Archives.

65) 콕세터의 1933년 6월 15일자 일기, Coxeter Fonds, University of Toronto Archives.

66) 콕세터가 케이티 콕세터에게 보낸 1933년 6월 15일자 편지, Coxeter Fonds, University of Toronto Archives.

67) 위와 같은 출처.

68) "Paul S. Donchian Opens Door to a Fairyland." *The Hartford Daily Courant*, 1935년 1월 20일자, E3.

69) 콕세터는 〈정규초다면체〉(콕세터는 이 책뿐만 아니라 다른 책들에서도 돈치안의 모형에 대한 사진도판을 사용하였다)와 〈의식연구저널Journal for the Study of Consciousness〉-EEG 뇌파분석을 완비한 "의식변화에 대한 뇌파계적 분석 Electroencephalographic Analysis of Changes of Consciousness", "진화, 사랑, 그리고 초자연상태Evolution, Love and Mystical States"와 같은 몽상들과 콕세터가 나란히 등장하는 기묘한 잡지(한편으로는 점성술사들이 자신의 일에 신뢰를 주려고 콕세터의 이름을 인용하는 경우가 때때로 있었다)-에 실은 논문에서 돈치안의 일대기를 자세히 다루었다. 그러나 콕세터의 논문에는 자신의 경험상 고차원적인 인식을 보여 준 인물들의 가감 없는 약전들도 포함되어 있었다. 그가 흔히 동원하였던 초공간 여행자들은 알리시아 불 스토트, 서럴드 고셋, 존 플린더스 피트리, 루트비히 슐래플리, 돈치안과 같은 사람들이었다. 돈치안의 증조부는 터키황제의 궁정에 속한 보석상이었으며, 여러 조상들이 보석상과 수공업자로 일했다. 콕세터는 돈치안이 그처럼 뛰어난 모형제작자가 된 것은 복잡한 솜씨에 대한 조상전래의 소질 덕임에 틀림없다고 했다. "서른 쯤 되었을 때 돈치안은 머지않아 던이 〈시간에 대한 실험〉에서 설명하게 될, 놀랍고도 매력적인 수많은 예지몽像知夢을 경험하기 시작하였다."고 콕세터는 썼다. "그렇게 제기된 문제들을 해결하기 위하여 돈치안은 초공간 기하학에 대한 철저한 해석을 하기로 결심하였

다." 돈치안은 이러한 주제를 "자신과 같이 초보적인 수학적 훈련만을 받은 사람들도 모든 단계를 따라갈 수 있도록" 가장 단순한 표현으로 변형시킬 것으로 목표로 했다. 콕세터를 방문한 돈치안은 모형제작에 사용하는 자신의 방법을 최선을 다해 설명하여 주면서 세상에서 한 사람은 자신의 방법을 알기를 바란다고 했다. 초다면체의 3차원 투시도에 대한 그의 접근법은 건축가처럼 초다면체를 평면도와 정면도로 취급하는 것이었다. "나의 방식은 먼저 중심에 배치되는 것들을 만들고 그런 다음 바깥쪽 껍데기를 만들고 중심에 배치되는 것들은 마지막 순간에 집어넣어 임시 버팀줄로 매다는 것이다"라고 돈치안은 말했다. "가장 안쪽에 있는 부분과 가장 바깥쪽에 있는 부분을 연결하는 과정을 마친 다음 끊임없이 시험을 하고 꾸준히 상식을 적용해 보는 과정이 이어진다. 다행히도 모형들은 잘못될 수가 없다. 그 까닭은 실수를 하면 즉시로 드러나고 더 이상 작업하는 것이 불가능하기 때문이다. 안쪽 부분과 바깥쪽 부분을 최종적으로 연결하는 일은 상당히 스릴이 있다. 이는 두 개의 굴착팀이 서로 반대편에서 산을 뚫다가 마침내 산이 관통되어 두 편이 정확히 일직선상으로 파고 들어온 것을 알게 되었을 때 느끼는 것과 같은 느낌이다." Coxeter, *Regular Polytopes*, 260; Coxeter, 인터뷰.

70) 미국과학발전협회American Association for the Advancement of Science의 피츠버그 대회에서 콕세터와 돈치안, 패트릭 듀 발이 합동발표를 하였을 때 〈뉴욕타임스〉지가 이 소문을 입수하여 1인치 칼럼난(가로 1단에 세로 1인치 크기의 지면-옮긴이) 열 개를 차지하는 기사를 실었는데 다음은 여기에서 도움이 되는 부분을 발췌한 것이다.

"과학자와 예술가, 철학자 할 것 없이 모두가 좋아하는 새로운 유형의 기하학 모형 작품은 하트포드에 사는 폴 S. 돈치안이 오랜 세월 애쓴 끝에 만들어졌다. 돈치안은 임의의 차원에 속하는 초입방체 계열을 3차원 공간에 대칭적으로 투영하는 새로운 방법을 발견했다[콕세터가 지지한 투영방법과 유사한 것인데, 이에 대해서는 2장에서 논하였음]. 가장 단순한 입방체에서 시작한 그는 4, 7, 9, 10, 12, 13, 15, 21의 초공간 세계로 한 단계 한 단계, 한 차원 한 차원 나아가 마침내 24차원 초입방체라는 대단히 희박한 수학적 대기권에 이르렀다.

"유한하고 구체적인 일정한 한계를 무한에 부여할 수 있는 방법의 일례는 잘 알려진 대로 방 안에 마주 걸려 있는 두 거울이다. 이러한 경우 거울들은 유한한 공간 안에서 무한한 반사를 행한다. 이와 똑같은 방식으로 돈치안은 무한차원의 기하학 모형을 3차원 형태로 만든다.

"각각의 이어지는 차원은 앞의 차원의 점의 숫자를 2배로 함으로써 얻어진다. 이러한 방식으로 예를 들어 24차원의 초입방체에는 놀랍게도 16,777,216개의 점이 존재한다.

"그러한 크기의 모형을 제작하려면 여러 대에 걸친 사람들이 전업적으로 노력해야 할 것은 분명하다. 그러나 돈치안은 이처럼 점점 더 복잡해지는 초입방체를 완벽한 정확성으로 3차원이나 2차원으로 대칭적으로 투영하는 방법을 발견하고 완성하였다." *Hartford Daily Courant*; William I. Laurence, "Projecting Hyper-Cubes," *New York Times*, 1935년 7월 21일자.

71) Coxeter, Personal Records of Fellows of the Royal Society.

72) 찬드라세카르는 자신의 저작 "블랙홀의 수학이론The Mathematical Theory of Black Holes"에 설명된, 별의 구조와 진화에 있어 중요한 물리적 과정에 대한 연구로 W. A. 파울러W. A. Fowler와 함께 1983년 노벨물리학상을 공동수상했다. O'Connor와 Robertson, "Subrahmanyan Chandrasekhar," http://www-groups.dcs.st-and.ac.uk/~history/Mathematicians/Chandrasekhar.html (2006년 1월 23일 현재); 위와 같은 출처.

73) Coxeter, Personal Records of Fellows of the Royal Society.

74) *The Princeton Mathematics Community Oral History Project*.

75) Coxeter, Personal Records of Fellows of the Royal Society.

76) *The Princeton Mathematics Community Oral History Project*, 녹취록 8번, "William L. Duren, Nathan Jacobson and Edward J. McSHame," 13.

77) 아인슈타인은 세기의 전환기에 활동한 이탈리아의 수학자 툴리오 레비치비타 Tullio Levi-Chivita(1873-1941)와 그레고리오 리치쿠르바스트로Gregorio Ricci-Curbastro(1853-1925)의 텐서 미적분학도 이용했다.

78) Conway, 인터뷰.

79) Beatrice M. Stern, "Chapter IV, The School of Mathematics," *A History of the Institute for Advanced Study*, 1930-1950, 121-96.

80) Calaprice, 228.

81) Calaprice, 230.

82) Lightman, 67.

83) Leon Lederman (페르미연구소 명예소장), 2005년 9월 22일의 인터뷰.

84) The Princeton Mathematics Community Oral History Project, "Leon W. Cohen," 녹취록 6번, 8.

85) 위와 같은 출처.

86) Lederman과 Hill, 23, 97.

87) 레더먼은 최근 크리스토퍼 힐과 함께 이러한 주제에 관한 〈우주의 대칭과 아름다움Symmetry and the Beauty of the Universe〉이라는 책을 공저했다. 그들은 지금 대칭의 인지도를 높이기 위한 일종의 운동에 착수하였다. 그들은 이 책을 교사시침서로 개작하는 작업을 하고 있었다. 그 까닭은 대부분의 고등학교 과학 교과과정에서 대칭이 심할 정도로 무시를 당하고 있기 때문이다. "그래서는 안 된다. 그 이유는 대칭은 어렵지도 않고, 매력적인 개념이기 때문입니다" 라고

레더먼은 말했다. 그의 대칭 속성과정은 "계", "변환", "불변성"이라는 세 개의 키워드에 초점을 맞추고 있다. 계는 원탁일 수도, 플라톤입체일 수도, 원자일 수도, 은하계일 수도 있다. "세계를 이해하기 위하여 스스로 결정한 것이 연구의 주제가 됩니다." 변환은 계의 변화, 혹은 계를 바라보는 방식의 변화이다. 캐나다 학술원 파티에 참석한 콕세터가 탁자를 위에서 바라보거나 방을 가로질러 바라보면서 관점을 바꾸었던 방식 말이다. 계는 회전, 한 개의 거울이나 거울들로 이루어진 만화경에서의 반사, 혹은 시간이나 에너지라는 변수들에 의해 변환될 수 있다. 마지막으로 계가 이러한 변환을 겪고도 일정한 기본적 특성이 변화되지 않는다면 이 계는 불변적, 혹은 대칭적이다. Lederman, 인터뷰.

88) "Symmetry," CBC *Ideas*, 1972년 11월 20일; Lederman과 Hill, 67.

89) 아인슈타인의 강의가 콕세터의 머릿속에 씨앗을 심어 주었고 이러한 씨앗이 "세계선world line"을 따라 나중에 싹을 틔웠으리라고 추측하는 사람들도 있다 (수학자 헤르만 민코프스키에 따르면 아인슈타인의 상대성 이론에서 시간과 공간은 "완전한 그림자 속으로 사라져버린다." 시간과 공간은 4차원 시-공간으로 대체되며 여기서 한 개인의 모든 내력은 그의 세계선이 된다). 1966년, 콕세터는 〈기하학과 상대성이론에서의 관점들Perspectives in Geometry and Relativity〉라는 책에 "반사된 광신호 Reflected Light Signals"라는 논문을 발표하였다. 그러나 토론토 대학교의 동료 J. L. 싱J. L. Synge의 책 〈상대성: 특수이론Relativity: The Special Theory〉에서 영감을 얻었을 수도 있다. Smith, 인터뷰.

90) 아인슈타인은 자신이 토대가 되는 공헌을 하였던 양자론을 포기하였다. 원래의 양자론은 1920년대 중반 양자 역학으로 대체되었다. 아인슈타인은 양자 역학을 지지하지 않았다. 그 까닭은 양자 역학이 물리작용에 대하여 확률에 의존한 설명에 만족했기 때문이었다. 양자장론을 전공한 프린스턴의 철학자 한스 핼버슨Hans Halvorson은 "확률에는 철학적인 함정이 있습니다"라고 했다. "확률이

무엇인지 누가 압니까? 확률은 누군가가 무지하다는 것일 수도 있습니다. 이럴 확률은 무엇일까요? 예를 들어 제가 선거기간에 혼수상태에 빠졌었다고 해 봅시다. 부시가 이겼을 가능성은 얼마나 되지요?" 아인슈타인은 불확실한 점이 더 적은, 보다 완전한 이론을 원했다. "양자역학은 상당히 고려해 볼 가치가 있습니다"라고 1926년 아인슈타인은 말했다. "그러나 제 내면의 목소리는 양자역학이 아직 올바른 길이 아니라고 합니다. 이 이론이 많은 성과를 내기는 하였지만, 우리를 신의 비밀에 더 가까이 다가서게 했다고는 할 수 없습니다. 여하튼 저는 신이 주사위놀이를 하지 않는다고 믿습니다." Hans Halvorson(프린스턴 대학교 철학 교수), 2004년 12월 23일의 인터뷰; Calaprice, 231.

91) 모팻은 1950년대 초반 코펜하겐에서 보낸 학생시절에 통일이론에 대한 아인슈타인의 모든 논문과 저작을 읽어 보았다. "그가 하고 있는 일에 의문의 여지가 있는 문제들을 발견했습니다. 그래서 원고를 써서 그분께 보냈습니다. 물론 결코 답변을 기대하지는 않았습니다." 모팻의 의견은 성실하고 근거가 충분한 비판이어서 아인슈타인이 답장을 보냈고 이것이 아인슈타인의 말년에 서신을 주고받게 된 시작이었다. 이러한 서신은 아인슈타인의 서간집으로 출판되었다. John Moffat(페리미터연구소 물리학자), 2005년 3월의 인터뷰.

92) Coxeter, "University of Toronto Oral History Project."

93) *The Princeton Mathematics Community Oral History Project*, "George W. Brown and Alexander M. Mood," 녹취록 3번, 12.

94) Vakil, 인터뷰; Goodman, 인터뷰; Conway, 인터뷰.

95) Conway, 인터뷰.

96) 대칭군에 대한 조사의 역사는 독일의 수학자 펠릭스 클라인(1849-1925)과 노르웨이의 솝후스 리Sophus Lie(1842-99)로부터 시작된다. 이들은 19세기 후반 학생의 신분으로 수많은 군들을 구분하기로 결심하였다. 칼라인은 이산군을 맡았고

(후일 콕세터와 그러하였듯) 리는 연속군-오늘날에는 리군이라고 알려진-을 맡았다. 리는 콕세터가 콕세터 도식과 콕세터군을 개발하였듯 연속군을 조사하는 도구-리대수라고 불리는-를 개발하였다. 20세기에 이루어진 중요한 성과는 리의 연구와 더불어 독일인인 빌헬름 킬링Wilhelm Killing(1847-1923)과 에밀 아르틴Emil Artin(1898-1962), 프랑스인 엘리 카르탕Elie Cartan(1869-1951), 헤르만 바일 등의 연구를 통한 연속군의 분류였다. 주목할 만한 것은 이러한 문제가 결국은 "근계"의 분류로 환원된다는 것이다. 이는 본질적으로 콕세터가 나중에 창안하였던 콕세터군과 동일하다. 달리 말하여 리의 연속영역이론theory of Lie's continuous domain은 클라인의 이산적 영역-콕세터가 반사에 의해 생성되는 만화경군으로 기초적인 기여를 하였던 분야-의 가장 흥미로운 경우로 환원되거나 이를 포함한다는 것이다. 콕세터는 바일의 강좌에 참석하여 요지를 기록하면서 이 모든 것에 대하여 배웠다. 따라서 콕세터군이 수학의 상당 부분에 침투한 것은 리군을 통한 경우가 많았다. 리군은 연속 대칭군이고, 유한 콕세터군은 본질적으로 리군과 연관되어 있다. 과감히 전문적인 세부사항으로 들어가 보면, (존 콘웨이에 따르면) 콕세터의 위대한 정리들 중 하나는 위수가 2인 원소들로 생성된 추상군으로 그 외의 유일한 관계가 순서쌍들의 곱의 순서를 부여하는 것일 때, 이 추상군은 유한 구면 반사군과 동형이라는 것이다. 리군과 콕세터군의 결합은 빅토르 카크Victor Kac(당시 모스코바 거주, 현 MIT 재직)와 1960년대 중반 토론토 대학교 대학원생이었던 로버트 무디Robert Moody(현 앨버타 대학교 명예 교수)의 독자적인 연구로 인해 흥미로운 전환을 맞는다. 그러니까 이러한 결합이 전도되어 콕세터군으로부터 리대수와 리군을 만들어 낼 수 있다는 것이다. 그 결과 (무한) 콕세터군에서 발생한 전혀 새로운 리대수와 리군의 모임이 있게 된다. 오늘날 이를 카크-무디 리대수라고 하고 수학과 수리물리학에 무수하게 응용된다. 안성맞춤으로 이에 대한 무디의 연구는 한 강좌에서 리이론을 접하고

그와 동시에 콕세터가 가르쳤던 정규초다면체에 대한 강좌에서 반사군을 접하였던 경험에 직접적으로 기인한 것이었다. 콕세터군의 긴요함은 최근 무한 콕세터군에 "악한 원소evil element"는 없음을 증명한 "무한 콕세터군에서의 유해상향 원소Bad Upward Elements in Infinite Coxeter Groups"라는 논문과 유한 콕세터군에 악한 원소가 없음을 증명한 "콕세터군에서의 악한 원소Evil Elements in Coxeter Groups"라는 논문을 통해 논증되었다. 저자들 중 한 사람인 세라 퍼킨스 Sarah Perkins는 이렇게 말했다. "이러한 두 개의 결과는 모든 콕세터군에 어떠한 유해원소도 존재하지 않음을 증명하였습니다(저는 언제나 악한 것을 정복하기를 즐깁니다. 안 그러세요?)." Conway, 인터뷰; Vakil, 인터뷰; Goodman, 인터뷰; Sarah Perkins (런던 대학교 수학강사), 2006년 1월자 전자우편; Robert Moody, 2006년 3월 11일의 인터뷰.

97) 콕세터의 일기, 1935년 4월 11일자("바일의 세미나에서의 나의 첫 번째 강의, 5강 중 1강"), Coxeter Fonds, University of Toronto Archives.

98) Hermann Weyl, *The Structure and Representation of Continuous Groups*, 186-210.

99) 헤르만 바일이 도널드 콕세터에게 보낸 편지, Coxeter Fonds, University of Toronto Archives.

100) 프린스턴 구술역사 사업Princeton Oral History Project에는 자격이 충분한 여러 수학자들이 일자리를 찾으면서 경험했던 어려움에 대한 이야기가 담겨있다. 새로운 분야인 통계를 연구하고 있던 샘 윌크스Sam Wilks도 인터뷰를 하였는데, 그는 이러한 의견을 밝혔다. "콕세터였다 하더라도 똑같은 문제에 직면했을 겁니다." 실은 베블런도 망명자 지위를 승인받기 위해서 입씨름을 벌여야 했다. 교직원들 중 적어도 한 사람은 이러한 견해를 밝혔다. "이렇게 뛰어난 사람들이 와서 자리를 차지하면 미국의 젊은 수학자들은 장작이나 패고 물이

나 길어야 할 것이다."

101) 이 책이 콕세터에게 건네짐으로써 그는 이 수학적 고전의 상속자가 되었다. 그리고 족보상으로도 맞는 일이었다. 1930년 볼이 개인지도교수를 맡았던 학생 중 한 명이 J. E. 리틀우드였다. 그리고 리틀우드는 학부시절 콕세터를 지도하였으므로, 콕세터는 볼의 "사손師孫"이라고 보아도 도리에 어긋나지 않았다. 콕세터가 해럴드 콕세터에게 보낸 1934년 12월 18일자 편지, Coxeter Fonds, University of Toronto Archives.

102) 콕세터가 해럴드 콕세터에게 보낸 1934년 12월 11일자 편지, Coxeter Fonds, University of Toronto Archives; Coxeter, 인터뷰.

103) Thorstein Veblen, "The Higher Learning in America," http://www.ditext.com/veblen/veblen.html (2006년 1월 23일 현재).

104) 콕세터가 해럴드 콕세터에게 보낸 1934년 12월 11일자 편지, Coxeter Fonds, University of Toronto Archives.

105) 콕세터가 해럴드 콕세터에게 보낸 1935년 2월 7일자 편지, Coxeter Fonds, University of Toronto Archives.

106) 콕세터의 일기, 1935년 4월 27일과 29일자, 1935년 5월 29일자, 1935년 2월 15일과 18일자, Coxeter Fonds, University of Toronto Archives.

107) 콕세터의 일기, 1935년 1월 8일자, 1935년 4월 13일과 20일자.

108) 콕세터의 일기, 1935년 6월 14일자, 1935년 8월 30일자

5장 "사랑, 상실, 그리고 루드비히 비트겐슈타인"

1) 콕세터의 일기, 1935년 9월 12일과 15일자, 1935년 10월 11일과 31일자, Coxeter Fonds, University of Toronto Archives.

2) "H. S. M. Coxeter, A Biographical Sketch," *Kaleidoscopes: Selected Writings of*

H. S. M. *Coxeter*, xiii, Arthur Sherk, Peter McMullen, Anthony Thompson, Asia Ivić 편.

3) 해럴드 콕세터가 도널드 콕세터에게 보낸 1936년 1월 6일자 편지, Coxeter Fonds, University of Toronto Archives.

4) 콕세터의 일기, 1936년 10월 15일자, Coxeter Fonds, University of Toronto Archives.

5) Barrow-Green, 인터뷰.

6) Coxeter, 인터뷰.

7) 콕세터의 일기, 1936년 1월 8일자.

8) 콕세터의 일기, 1936년 1월 31일자와 1936년 2월 19일자.

9) 콕세터의 일기, 1935년 10월 8일자.

10) Ray Monk, *Ludwig Wittgenstein: The Duty of Genius*, 336-37; Coxeter, 2002년 2월 9일 토론토에서의 인터뷰.

11) Coxeter, 인터뷰; 콕세터의 일기, 1933년 10월 13일, 23일, 26일자와 1933년 11월 2일과 20일자; Coxeter Fonds, University of Toronto Archives.

12) Coxeter, 인터뷰.

13) Barrow-Green과 J. Gray; Barrow-Green, 인터뷰; Barrow-Green, 2005년 5월 9일자 전자우편 "Re: technical Trinity question."

14) 레프셰츠는 하지를 프린스턴으로 초빙해 왔고 바일은 하지의 주된 정리에 대한 수정된 설명을 발표하였다. 1백만 불이 걸려있는 밀레니엄상 문제Millennium Prize Problems에 하지 추측이 포함되어 있다는 사실로 하지의 연구 수준을 대략적으로나마 짐작해 볼 수 있다. 미국 매사추세츠 주 케임브리지에 위치한 클레이수학연구소가 2000년에 제기한 문제는 모두 합해 일곱 가지이다. Atiyah, 2005년 5월 11일자 전자우편 "Re: Hodge question"; J. Gray, 인터뷰.

15) O'Connor와 Robertson, "William Vallance Douglas Hodge," http://www-groups.dcs.st-and.ac.uk/~history/Mathematicians/Hodge.html (2006년 1월 23일 현재).

16) Barrow-Green, 전자우편 "Re: technical Trinity question."

17) 해럴드 콕세터가 도널드 콕세터에게 보낸 1936년 6월 6일 및 13일자 편지, Coxeter Fonds, University of Toronto Archives.

18) 콕세터의 일기, 1936년 6월 3일과 6일자, Coxeter Fonds, University of Toronto Archives.

19) H. F. 베이커가 콕세터에게 보낸 1936년 8월 20일자 편지; 콕세터의 일기, 1936년 6월 7일자, Coxeter Fonds, University of Toronto Archives.

20) 콕세터의 일기, 1936년 6월 8일자, Coxeter Fonds, University of Toronto Archives.

21) 콕세터의 일기, 1936년 11월 23일자, Coxeter Fonds, University of Toronto Archives.

22) 해럴드 콕세터가 로잘리 가블러에게 보낸 1934년 8월 27일자 편지, Nesta Coxeter의 가족문서.

23) 콕세터의 일기, 1936년 3월 7일자, Coxeter Fonds, University of Toronto Archives.

24) Coxeter, 인터뷰; O'Connor와 Robertson, "Luitzen Egbertus Jan Brouwer," http://www-groups.dcs.st-and.ac.uk/~history/Mathematicians/Brouwer.html (2006년 1월 23일 현재).

25) 콕세터가 린 브라우에르에게 보낸 편지, 1936년 3월 21일자, Susan Thomas의 가족문서.

26) 해럴드 콕세터가 도널드 콕세터에게 보낸 편지, 1936년 5월 15일자, Coxeter

Fonds, University of Toronto Archives.

27) 콕세터는 이전에 프린스턴에서 오래 사귀었던 여자 친구에게 청혼한 적이 있었다. 그는 집으로 보내는 편지에 이렇게 썼다. "도로시 헨리Dorothy Henry는 정말이지 제게 친구라는 느낌을 줍니다. 알맞은 일에 흥미를 느낍니다. 그녀는 시카고 가축사육장에 가 보고는 채식주의자가 되었답니다. 신앙심이 깊지만 종파에 얽매이지 않습니다. 게다가 실제로 저를 좋아하는 것 같습니다(새로이 경험하는 복잡한 상황이라 어떻게 해야 할지 모르겠습니다)." 그러나 미국을 방문하여 도로시를 만나본 해럴드는 아들이 관계를 망쳐 놓고 있다고 결론짓고 케이티에게 보내는 편지에서 이렇게 이야기했다. "지금 도널드는 그 아이에게 정식으로 청혼을 해 놓은 상태요(내 생각으로는 너무도 오래 기다리고 또 기다린 다음에야). 그 아이는 도널드를 좋아하고 있고 친구로서 잘 지내고 있지만, 아주 현명하고 분별이 있어서 도널드가 사랑에 빠진 것은 자기 자신뿐이며, 앞으로도 그럴 것 같다고 깨닫고 있소. 도널드가 어리다는 사실을 충분히 잘 알고 있고, 아이들뿐만 아니라 도널드에게까지 엄마 노릇을 해 줄 생각은 없다고 하오. 도로시가 도널드와 결혼할 가능성은 별로 없다고 생각하오. 도널드가 도로시를 너무도 원하여 기적적으로 이기적인 성격을 바꾸기라도 하지 않는다면 말이요. 우리가 함께 살던 그 오랜 시간 동안 내내 그 아이가 아주 매력적이고 사려가 깊었다는 점은 인정해야겠지만(그만하면 진면목을 드러내기에는 충분했다고 생각하오), 지금 그 아이는 다른 사람들에게는 그다지 친절하지도 않고 아주 욕심이 많으며 가능한 최고의 것을 가지려고 안달하고 있소, 언제나 말이요." 해럴드가 예상하였듯 도로시는 콕세터의 청혼을 거절하였다. 콕세터의 일기, 1936년 5월 24일자, Coxeter Fonds, University of Toronto Archives; 콕세터가 케이티에게 보낸 편지, 1933년 6월 15일자, Coxeter Fonds, University of Toronto Archives; 해럴드 콕세터가 케이티 콕세터에게 보낸 편지, 1933년 8월 9일자, Nesta Coxeter, 가족문서.

28) 린 브라우에르, 1936년 5/6월의 일기 번역 초고, Susan Thomas, 가족문서.

29) 콕세터의 정신 분석 전문의였던 빌헬름 슈테켈도 축하를 보내왔다. "친애하는 도널드, 자네가 결혼을 하여 유년기, 유치증에서 벗어나게 된 것을 참으로 기쁘게 생각하네. 좋은 삶의 동반자를 얻었다고 확신하거니와, 배우자가 수학을 모른다니 더더욱 다행이네. 대립관계도, 야망에 의한 경쟁도 있을 수 없으니까. 결혼식에 참석할 수 있다면 좋겠지만 그저 상상 속에서 성인으로의, 아버지로의 길로 자네를 배웅할 수밖에 없네. 충고 하나 하겠네. 한동안 승마는 하지 말게. 진정한 남자로서의 즐거움을 알게 되면 취미의 즐거움 같은 것은 우스워질 걸세." 슈테켈은 행복의 비결은 너무 많은 것을 기대하지 않는 것이라는 충고로 말을 맺었다. 빌헬름 슈테켈이 도널드 콕세터에게 보낸 편지, 1936년 6월 6일자, Coxeter Fonds, University of Toronto Archives.

30) 해럴드 콕세터가 도널드 콕세터에게 보낸 편지, 1936년 6월 3일과 11일자, Coxeter Fonds, University of Toronto Archives.

31) 해럴드 콕세터가 도널드 콕세터에게 보낸 편지, 1936년 6월 13일자, Coxeter Fonds, University of Toronto Archives.

32) Coxeter, 인터뷰; Eve Coxeter, 인터뷰; Nesta Coxeter, 인터뷰.

33) 콕세터가 린 브라우에르에게 보낸 편지, 1936년 7월 7일자, Susan Thomas, 가족문서.

34) 콕세터의 일기, 1936년 14-17일자, Coxeter Fonds, University of Toronto Archives.

35) O'Connor와 Robertson, "John Lighton Synge," http://www-groups.dcs.st-and.ac.uk/~history/Mathematicians/Synge.html (2006년 1월 23일 현재); Coxeter, 인터뷰.

36) Coxeter, *Introduction to Geometry*, 135.

37) "The Fields Medal," http://www.fields.utoronto.ca/aboutus/jcfields/fields_medal.html (2006년 1월 23일 현재); "John Charles Fields," http://fields.utoronto.ca/aboutus/jcfields/index.html (2006년 1월 23일 현재).

38) 알포르스는 "전해석유리형함수entire and meromorphic functions의 역함수의 리만곡면과 관련된 곡면을 덮는 것에 관한 연구"로, 더글러스는 "어떤 고정된 경계에 의해 연결되고 결정되는 극소곡면을 찾는 것과 관련된 플래토문제Plateau problem에 대한 중요한 연구"로 메달을 받았다. 콕세터는 필즈 메달을 받은 수많은 현대 기하학자들에 속하지 않았다. 그러나 "필즈 메달을 받지 못했다고 하여 부끄러울 것은 아니다"라고 필즈연구소의 소장을 역임하였던 켄 데이비드슨은Ken Davidson은 말하였다. "아주 젊은 나이에 정말로 큰 문제를 해결해야 하고, 게다가 운도 따라 주어야겠죠." 1936년에서 1950년까지 -콕세터가 메달을 받기에 적격이던 시기- 2차 세계 대전 때문에 필즈 메달이 두 번밖에 수여되지 못한 것이 그의 운에 걸림돌이 되었다. 게다가 필즈 메달은 페르마의 마지막 정리를 해결하는 것과 같은 놀랄만한 수학적 기여(앤드류 와일즈는 바로 이러한 기여로 상을 받을 수도 있었겠지만 나이가 40이 넘었다는 것이 문제였다)에 주어졌다. 콕세터가 초다면체로 이룬 공헌은 수학계를 뒤흔들었지만 그러한 공헌은 그로부터 여러 해가 지난 후에 보다 본질적이고 끊임없이 발전하는 방식으로 이루어진 것이었다. 1995년, 콕세터는 최초의 필즈-CRM상을 수상했는데(필즈연구소와 몬트리올에 있는 수학연구센터Centre de Recherches Mathematiques가 공동으로 수여) 이 상은 전반적인 경력을 통한 공헌, 혹은 한 건의 놀라운 연구를 인정하는 상이다. "누가 적절한 후보인지에 관하여 비밀스런 논의가 있었습니다"라고 데이비드슨은 말했다. "일단 콕세터의 이름이 나오자 그가 둘 다 가지고 있다[두 기준에 모두 합당하다]는 점에 모두가 동의했습니다. 콕세터는 이 나라 최초의 정상급 수학자였습니다. 그리고 그 이후로도 이 나라에서 그와 비견될 만한 위업을 성취한 사람이

없다고 할 수 있을 것입니다. 그는 비범한 사람이었고 이곳에 수학연구라는 것이 없는 것이나 마찬가지였던 1940년대에 그러한 연구를 한 그는 수학자로서 세계의 중심적인 위치에 있었던 것이 분명합니다. 위와 같은 출처; http://www.fields.utoronto.ca/aboutus/jcfields/fieldsnobel.html (2006년 1월 23일 현재); Ken Davidson(워털루 대학교 수학 교수), 2005년 5월 17일의 인터뷰.

39) 콕세터의 일기, 1936년 8월 1일자, Coxeter Fonds, University of Toronto Archives.

40) 콕세터의 일기, 1936년 8월 15일자, Coxeter Fonds, University of Toronto Archives.

41) 해럴드 콕세터가 도널드 콕세터에게 보낸 편지, 1936년 8월 12일자, Coxeter Fonds, University of Toronto Archives.

42) Eve Coxeter, 인터뷰; Nesta Coxeter, 인터뷰.

43) 콕세터의 일기, 1936년 8월 15-18일자, Coxeter Fonds, University of Toronto Archives.

44) 조문, Susan Thomas, 가족문서.

45) 서럴드 고셋이 도널드 콕세터에게 보낸 편지, 1936년 8월 15일자, Coxeter Fonds, University of Toronto Archives.

46) 콕세터는 소디의 작품을 잘 알고 있었다. "나는 소디의 시에 감명을 받아 그에게 방문하여 점심을 사겠다는 편지를 보냈다"고 콕세터는 회상하였다. 그들은 오랜 동안 연락을 주고받았는데 소디는 한 편지에서 이렇게 고백하였다. "친애하는 콕세터 교수님, 당연하게도 저는 21일자 선생의 편지, 그리고 동봉하신 '구들의 맞물린 환들Interlocked Rings of Spheres'이라는 논문에 대단한 흥미를 느꼈습니다. 아시다시피 저는 수학자가 아니고 선생이 인용하신 저의 '정확한 입맞춤' 과 '헥슬렛Hexlet(서로 외접하는 두 개의 구(A, B)와 이 두 개의 구가 내접하는 더

큰 구 C가 있다고 할 때, A, B와 외접하고 C에 내접함과 동시에 연속적으로 서로 외접하는 일련의 여섯 개의 구hexlet를 반드시 찾을 수 있으며, 이 여섯 개의 구는 목걸이처럼 닫혀 있다는 정리-옮긴이)'은 순전한 대수학과 우연으로 생각해낸 묘기였습니다. 이들은 제 생각에는 23개의 항을 가진 4차방정식을 제가 결코 제대로 이해하지 못한 변환을 통해 이차방정식으로 변형시킨 것에 의존한 것입니다." 콕세터는 소디가 자신이 쓴 네 편의 논문-위에 말한 "구들의 맞물린 환들"이외에도 "상접하는 구들의 항해선열Loxodromic Sequences of Tangent Spheres", "항해선열 내의 구들 간의 수치적 거리Numerical Distances among the Spheres in a Loxodromic Sequence", "항해선열 내의 원들 간의 수치적 거리Numerical Distances among the Circles in a Loxodromic Sequence"-에 영향을 미쳤다고 공을 돌렸다. 프레더릭 소디가 도널드 콕세터에게 보낸 편지, 1951년 2월 23일자, Coxeter Fonds, University of Toronto Archives; Coxeter, "Descartes Circle Theorem," *The Changing Shape of Geometry*, 191.

47) Gosset.

48) 조문, Thomas.

49) 알리시아 불 스토트가 도널드 콕세터에게 보낸 편지, 1936년 8월 17일자, Coxeter Fonds, University of Toronto Archives.

50) 콕세터의 일기, 1936년 9월 2일자, Coxeter Fonds, University of Toronto Archives.

51) Eve Coxeter, 인터뷰; Nesta Coxeter, 인터뷰.

52) 콕세터의 일기, 1936년 9월 3일자, Coxeter Fonds, University of Toronto Archives.

6장 "삼각형에 죽음을!"

1) 콕세터의 일기, 1936년 9월 10일자.

2) Cathleen Synge Morawetz(뉴욕 대학교 쿠랑수리과학연구소 수학명예교수), 2006년 1월 25일의 인터뷰.

3) 콕세터의 일기, 1936년 11월 2일자; Coxeter, 인터뷰.

4) 콕세터의 일기, 1936년 10월 19일과 27일자.

5) Coxeter, 인터뷰.

6) Schattschneider, 인터뷰.

7) 콕세터의 일기; Coxeter, 인터뷰; Susan Thomas, 인터뷰.

8) J. A. 토드와 공동집필하여 〈캐나다 수학저널Canadian Journal of Mathematics〉에 발표한 "극단적인 십이의 형태An Extreme Duodenary Form"는 12개 변수의 한 가지 형태인데 그의 위장문제를 주제로 한 것은 아니지만 재담으로 인해 콕세터의 유머감각을 보여주는 훌륭한 예일 것이다(십이지장이 그러한 이름으로 불리는 까닭은 그 길이가 12인치이기 때문이다). (실제로는 '열 두 개의 손가락 넓이' 라는 의미의 라틴어에서 유래되었다. 우리말로 '십이지장' 이라고 하는 말도 같은 의미이다-옮긴이) 부록 8 참고; Conway, 2005년 4월의 인터뷰.

9) Thomas, 인터뷰.

10) Coleman, 인터뷰.

11) 콕세터의 일기, 1937년 3월 5일자.

12) Jeremy Gray, The Hilbert Challenge, 241-82.

13) 위와 같은 출처; Gray, 인터뷰.

14) Gray, 인터뷰; O'Connor와 Robertson, "Frank Morley," http://www-groups.dcs.st-and.ac.uk/~history/Mathematicians/Morley.html (2006년 12월 29일 현재).

15) Gray, *Hilbert Challenge*.

16) Galison, "Image Scatter into Data, Data Gather into Images," 302.

17) 형상의 힘과 신성함에 관한 수학과 과학에서의 결론 없는 논쟁은 2002년 독일 카를스루에에서 열린 전시회인 "형상의 충돌: 과학, 종교, 예술에서의 형상 전쟁을 넘어서서Iconoclash: Beyond the Image Wars in Science, Religion, and Art"에서 연대순으로 기록된 바 있다. 참가자의 한 사람으로서 피터 갤리슨은 자신의 출품작 "형상들은 데이터로 분산되고 데이터는 형상으로 모인다Images Scatter into Data, Data Gather into Images"를 통해 과학에서의 형상과 그림의 사용에 대한 끊임없는 밀고 당기기를 명확하게 나타내었다. 전시회 편람(브루노 라투르 Bruno Latour와 페터 바이벨Peter Weibel이 편집한)에서 갤리슨은 이러한 현상을 다음과 같은 말로 요약하였다. "우리는 형상을 가져야 한다. 우리는 형상을 가질 수 없다." 이를 상세하게 설명하면서 그는 이렇게 썼다. "우리는 과학적 형상들을 가져야 하는데, 그 이유는 형상만이 우리를 가르칠 수 있기 때문이다. 그림만이 추상을 향하여 더 나아가는데 필요한 직관을 우리 안에서 키워낼 수 있다. 우리는 인간이고, 그러한 까닭에 배우고 이해하기 위하여 특수성과 유형성에 의존한다. 우리 인간이 잘하는 것이 무엇인가? 시각적 패턴을 인식하고 포착하는 것을 잘한다. 아마도 이것은 기나긴 진화과정을 통해 세계와 잘 맞는 패턴 인식능력이 생겨났기 때문일 것이다. 그럼에도 우리는 형상을 가질 수 없다. 형상은 기만하기 때문이다. 우리는 인간이고, 그러한 까닭에 물적인 특수성의 유혹에 이끌려 쉽게 길을 잃는다. 착시를 일으키는 눈과 함께하는 조잡한 추론을 벗겨내는 진리의 엄격한 검증수단은 형상이 아니라 논리이다." 시각 대 반시각의 싸움은 양자 역학에서 드러났다. 베르너 하이젠베르크는 반시각적이었던 반면 에르빈 슈뢰딩거Erwin Schrodinger는 "맹렬하게 시작적인 것을 지지하였고" "초월대수"를 혐오했다. 하이젠베르크는 슈뢰딩거의 시각이론이 "메스껍다"고

생각했다. 닐스 보어Niels Bohr는 자신의 "상보성"으로 두 접근법을 합쳐서 전문가들이 선택할 수 있도록 했다. 상대성에 관해서는 J. A. 휠러J. A. Wheeler의 고전적인 교과서 〈중력Gravitation〉(찰스 미스너Charles Misner, 킵 손Kip Thorne과 공저, 1973)은 추상적인 것을 비난하고, 달걀상자를 관통한 막대기가 종을 울리는 것과 같은 그림들로 가득한 반면, 노벨상 수상자 스티븐 와인버그Steven Weinberg의 교과서 〈중력과 우주론Gravitation and Cosmology〉(1972)에는 어떠한 그림도 없다. 이는 형상들이 논리적 이해를 혼란시킨다는 와인버그의 믿음과 일치한다. Galison, 인터뷰; 위와 같은 출처.

18) Yaglom, 258.

19) Liliane Beaulieu, "A Parisian Café and Ten Proto-Bourbaki Meetings (1934-1935)," *The Mathematical Intelligencer*, 27-35; Beaulieu, "Dispelling a Myth: Questions and Answers about Bourbaki's Early Work, 1934-1944," *The Intersection of History and Mathematics*, 241-52; Beaulieu, "Bourbaki's Art of Memory," Osiris, 219; O'Connor와 Robertson, "Bourbaki: The Pre-war Years" http://www-groups.dcs.st-and.ac.uk/~history/HistTopics/Bourbaki_1.html (2006년 1월 29일 현재)와 "Bourbaki: The Post-war Years" http://www-groups.dcs.st-and.ac.uk/~history/HistTopics/Bourbaki_2.html (2006년 1월 26일 현재).

20) O'Connor와 Robertson, "Bourbaki: The Pre-war Years"와 "Bourbaki: The Post-war Years"; Armand Borel, "Twenty-Five Years with Nicolas Bourbaki, 1949-1973," Notices of the AMS, 374; Henri Cartan, "Nicolas Bourbaki and Contemporary Mathematics," *The Mathematical Intelligencer*, 178.

21) Paul R. Halmos, "'Nicolas Bourbaki,'" *Scientific American*, 88.

22) Coleman, 인터뷰.

23) Halmos, 88.

24) 피타고라스학파 역시 비밀 모임이었다. 어떤 역사학자들은 유클리드가 실은 공동으로 〈기하학 원론〉을 편찬하고 집필한 여러 수학자들의 필명이었다고 추측한다. O'Connor와 Robertson, "Euclid of Alexandria," http://www-groups.dcs.st-and.ac.uk/~history/Mathematicians/Euclid.html (2006년 1월 29일 현재).

25) Henri Cartan, "Nicolas Bourbaki and Contemporary Mathematics," *The Mathematical Intelligencer*, 179.

26) Beaulieu, "Dispelling a Myth," 243; Simone Weil, *Gravity and Grace*, p. 139; Weil, Notebooks I, p. 9; Lawrence E. Schmidt, "A Paper Presented to the Annual Colloquy of the American Weil Society," p. 3.

27) Halmos, 89.

28) Beaulieu, "Bourbaki's Art of Memory."

29) S. K. Berberian, "Bourbaki, the Omnivorous Hedgehog: A Historical Note?" *The Mathematical Intelligencer*, 104-5.

30) Jean-Pierre Serre, 전자우편, "Re: H. S. M. Coxeter," 2003년 9월 19일자.

31) Nicolas Bourbaki, "The Architecture of Mathematics," *American Mathematical Monthly*, 228.

32) Beaulieu, "Bourbaki's Art of Memory"; O'Connor와 Robertson, "Bourbaki."

33) 비공식적으로, 부르바키는 자신들이 연구하는 수학의 모든 분야에 대한 전문용어를 창안하였다. 예를 들어 그들은 위상벡터공간을 "보노그래픽bornographic" 공간이라고 불렀다. 반쌍선형형식sesquilinear form에 대해서는 "섹시리니어 sexylinear"라는 말을 사용했다. 그리고 비교를 통하여 진술하였다. "스펙트럼

수열은 미니스커트와 같다. 흥미로운 것을 보여 주면서도 본질적인 것은 감춘다." 또한 부르바키들뿐만 아니라 "음경membrum virile"을 지칭할 때도 "멤버 member"라는 말을 사용하는 경우가 많았다(사실 'membrum virile'라는 말은 'member'라는 의미의 라틴어에서 나온 말이다-옮긴이). Halmos, 94; Beaulieu.

34) Toth, 인터뷰.

35) Coxeter, 인터뷰; Senechal, 인터뷰.

36) Halmos, 93.

37) 부르바키 모임이 발전하면서 회원의 정원은 열 명에서 열두 명 사이를 오갔고 새로운 회원은 어울리는 사람인지 판단하기 위하여 일단 "모르모트"로 초대하였다. 회원들은 "수학적인 취향뿐만 아니라 사회적·지적 근본을 공유한, 유대가 긴밀한 동아리"를 형성하였다. 이러한 특권층들은 회원들의 이름을 거명하는 것을 금지하는 암묵적인 비밀서약에 묶여 있었다. 이 비공식적인 서클의 회원들은 거의 모두가 프랑스인이고, 사무엘 아일렌베르크Samuel Eilenberg는 예외적인 인물에 속했다. 그는 S^2P^2로 알려졌는데, 이는 '폴란드의 천재인 똑똑한 새미Smart Sammy the Polish Prodigy'라는 말을 줄인 것이었다. Denis Guedj(Jeremy Gray 역), "Nicholas Bourbaki, Collective Mathematician: An Interview with Claude Chevalley," *The Mathematical Intelligencer*, 18; Senechal, "The Continuing Silence of Bourbaki: An Interview with Pierre Cartier," *The Mathematical Intelligencer*, 22; Beulieu, "Bourbaki's Art of Memory"; Halmos, 94.

38) Cartier, 2003년 4월 12일과 13일 몬트리올에서의 인터뷰.

39) Jean Dieudonne, "The Work of Nicholas Bourbaki," *American Mathematical Monthly*, 134-36.

40) Martin Jay, *Downcast Eyes: The Denigration of Vision in Twentieth-Century*

French Thought; Jay (캘리포니아 대학교 버클리분교 시드니 헬먼 어먼 사학 석좌 교수), 2004년 7월의 인터뷰; Cartier, 인터뷰.

41) Jay, 212-213.

42) 카르티에는 부르바키의 노력이 "수학적 초현실주의자"의 노력이라고 단정한다. 초현실주의란 양차 세계 대전 사이의 시기에 프랑스에 유행하던 예술운동이다. 카르티에는 "아름다운 시체"라는 초현실주의적인 게임을 예로 들었다. 종이 한 장을 아코디언처럼 접어 네 부분으로 나눈다. 참가자 한 사람이 발을 그리고, 다른 사람이 몸통을, 또 다른 사람이 팔을, 그리고 마지막 사람이 목과 머리를 그린다. 이렇게 해서 완성된 그림은 기묘하게 해체된 생물이 된다. 카르티에는 이것이 머리와 꼬리가 지나치게 멀리 떨어져 있는 괴물을 만들어 내는 "부르바키의 명령"과 흡사하다고 했다. 초현실주의 양식은 잠재의식으로부터 환상적인 시각적 형상을 만들어내는 것, 혹은 초현실주의를 수학적으로 정초한 앙드레 브르통Andre Breton에 의하면 "감각을 당황하게 만드는" 것이었다. Cartier, 인터뷰.

43) Jay, *Downcast Eyes*와 인터뷰.

44) 위와 같은 출처.

45) Toth, 인터뷰.

46) 콕세터와 부르바키를 맞세우는 것은 관념적으로는 말이 되었지만 개인적인 수준에서는 그렇지 않았다. 부르바키는 자신들의 거대한 체계와 맞지 않는 수학과 그러한 수학의 원인이 되는 수학자를 구분했다. 이러한 구분은 관련된 수학자들보다는 부르바키에게 더 명백했을 수도 있는데, 자신이 만들어 낸 것과 스스로를 동일시하고 그에 대한 비판에 대단히 신경을 쓰게 되는 것이 인간이 본성이기 때문이다. 그러나 부르바키가 콕세터 개인을 혐오한 적은 없었다(콕세터 역시 어떠한 강의나 출판물에서도 부르바키의 명령을 비판한 적이 없었던 것으로 보인다). 필

즈 메달 수상자이자 부르바키 회원이었던 장-피에르 세레Jean-Pierre Serre는 부르바키 대 콕세터라는 묘사가 잘못 해석되어서는 안 된다고 강력하게 주장했다. 부르바키는 콕세터뿐만 아니라 어떠한 기하학자도 직업상 경멸한 적이 없었다. 그는 부르바키가 어떠한 일정한 수학자에 대해 확고하고 불공평한 견해를 가진 적이 있다고 해석하는 것은 잘못된 것이라고 말했다. "그와는 반대로 부르바키는 집필에서 대단히 조심스러웠습니다. 아이디어와 정리에 대해서만 발언할 뿐 개인에 대해서는 발언하지 않았습니다." 전자우편을 통하여 이 문제를 논의한 세레는 이렇게 말했다. 기하학 전반에 대한 부르바키의 관점, 그리고 부르바키가 기하학에 반대한다는 대중적인 해석에 대하여 그와 전화로 인터뷰를 한다는 것은 그의 시간을 낭비하는 일이 될 것이었다. 제기된 의문들은 부르바키에 대한 통념으로 인해 더럽혀진 것이었고, 부르바키에 대한 오해에 근거한 것이어서 다룰 가치도 없는 것이었다. 부르바키의 전설이 통념으로 더럽혀졌고, 비밀과 엘리트주의로 인해 오늘날에 이르러 더욱 악화되었다는 것을 생각해 보면 놀랄 일도 아니다. Serre, 2003년 9월 19일과 24일자, 그리고 2004년 6월 25일자의 전자우편; Senechal, 인터뷰.

47) 콕세터의 일기, 1939년 7월 7일자.

48) 1926년 콕세터가 트리니티에 왔을 때, 그는 케임브리지에 있는 볼의 집을 방문하였다가(1925년 볼이 사망한 바로 다음해) 뒷마당에 나무기둥과 끈으로 만들어진 미로의 자취가 흩어져 있는 것을 보았다. Coxeter, 인터뷰.

49) Coxeter, *Mathematical Recreations and Essays*, 151-52.

50) 부록 8 참고.

51) Coxeter와 S. L. Greitzer, *Geometry Revisited*, 68; Coxeter, *Regular Polytopes*, 143; C. Davis, 인터뷰; Conway, 인터뷰.

52) Conway, 인터뷰.

53) Lister Sinclair, "Math and Aftermath," CBC *Ideas*, 1997년 5월 13일과 14일자.

54) 콕세터의 일기, 1945년 4월 18일자.

55) "University of Toronto Oral History Project."

56) 콕세터는 로빈슨과 절친한 친구가 되었으나 결국 그들의 우정은 직업상의 경쟁으로 인한 불화로 끝이 나고 말았다. Thomas, 인터뷰; Synge Morawetz, 인터뷰.

57) 망델브로는 망델브로 집합을 발견하고 프랙털이 수학과 자연 모두에 있어 얼마나 도처에 존재하는지를 밝힘으로써 프랙털 기하학에 대한 관심을 일으킴으로써 20세기에 기하학을 되살리는데 한몫을 했다. 프랙털이라는 말은 라틴어 fractus에서 나온 말로, 이 말은 "불규칙한, 혹은 깨어진"이라는 의미이다. 프랙털은 자연에 대한 새로운 기하학을 형성하여 브리튼 섬(영국의 본토에 해당되는, 잉글랜드, 스코틀랜드, 웨일즈를 총칭하는 말-옮긴이)의 해안선으로부터 나뭇가지, 혈관 내에서의 혈액의 흐름, 주식시장의 행태에 이르기까지 모든 곳으로부터 혼돈된 형상과 과정에서 질서를 찾아내었다. 망델브로의 최신간은 〈시장의 (나쁜) 행태: 위험률, 동향, 보상에 대한 프랙털적인 관점The (Mis)Behavior of Markets: The Fractal View of Risk, Run and Reward〉이다. 언제나 장난꾼이었던 부르바키는 망델브로와 그의 프랙털을 조롱했다. 그들은 수학과 음식에 대한 자신들의 집착을 섞어서 "프랙털 같은 팬케이크의 제한에 대한 문제"를 숙고했다. Benoit Mandelbrot(예일 대학교 스털링 수학 석좌 교수, IBM 특별연구원), 2004년 10월, 2005년 3월의 인터뷰; Beaulieu, "Bourbaki's Art of Memory."

58) Mandelbrot.

59) Mandelbrot; Anthony Barcellos, "Benoit Mandelbrot," *Mathematical People*, 206-25.

60) 위와 같은 출처.

61) 위와 같은 출처.

62) Mandelbrot.

63) 1944년, 콕세터는 자신의 점성술 운세로 일기를 시작했다. "물병자리에 속하는 사람들은 실질적인 문제를 판단하는데 있어 항상 옳지는 않다 하더라도 다른 사람들이 불가능하다고 여기는 일을 성취한다." 콕세터의 일기, 1944년의 면지.

64) Coxeter, 인터뷰; Thomas, 인터뷰.

65) Coxeter, 인터뷰.

66) Monson, 인터뷰; Chris Fisher(리자이나 대학교 수학 교수), 2005년 1월 26일의 인터뷰.

67) Monson, 인터뷰.

68) Monson, 인터뷰; Weiss, 인터뷰.

69) Sherk, McMullen, Thompson, Weiss, *Kaleidoscopes*, xiv.

70) Coxeter, Personal Records of Fellows of the Royal Society.

71) 앨런 로브슨이 도널드 콕세터에게 보낸 편지, Coxeter Fonds, University of Toronto Archives.

72) Coxeter, *Regular Polytopes*, vi.

73) Coxeter, vii, 191.

74) 어떤 수학자가 도식적 속기법을 이용하지 않기로 한다면(아마도 정보에 대한 시각적-기하학적 표현이 불편하거나 낯설어서) 대수적 속기법도 메시지 전체를 혼란스러운 일련의 진술들보다 간명하게 만드는 데에는 마찬가지로 유용할 것이다. Conway, 인터뷰; Monson, 인터뷰; Senechal, 인터뷰; Weiss, 인터뷰; C. Davis, 인터뷰.

75) 라그랑주가 이러한 분야에 대한 연구를 시작하기는 하였으나 셰익스피어비극의 요소를 모두 갖춘 삶을 살았던 에바리스트 갈루아Evariste Galois(1811-1832)

가 1830년에 군론을 전개함으로써 그 창시자로 간주되고 있다. 콕세터는 갈루아에 대한 얘기를 할 때마다 마치 불행한 대학시절 친구의 모험담이라도 되는 것처럼 이야기를 시작하였다. "아!" 그는 이렇게 숨을 헐떡거리곤 했다. "에바리스트 갈루아의 끔찍한 비극이라니!" 〈정규초다면체〉의 역사적 논평에 대한 부분에서 콕세터는 군을 개척한 이들, 즉 조제프 루이 라그랑주(1736-1813), 닐스 헨리크 아벨Niels Henrik Abel(1802-1829), 갈루아, 오귀스탱 루이 코시Augusin Louis Cauchy(1789-1857), 카미유 조르당Camille Jordan(1838-1922)의 연대기를 통해 군의 출발을 자세히 설명하였다. 그러나 그는 이런 말로 결론을 맺었다. "갈루아는 이 주제에 대해 중요한 기여를 하여 결국 군론의 진정한 창시자로 인정되었다. 그러나 그와 동시대를 살았던 사람들은 그를 비웃었고, 그는 스무 살에 살해되었다." 갈루아는 한 여성을 놓고 벌어진 말다툼 끝에 권총 결투를 하다가 죽음을 당했다. 결투 전날 밤, 그는 자신이 질 것을 알고 있었던 듯 마지막으로 남은 몇 시간을 자신의 모든 수학적 아이디어들을 필사적으로 써 내려가는데 바쳤다. "몇몇 새로운 것들을 발견했다"고 그는 말했다. 열한 장의 종이를 채워가며 몇몇 엉뚱한 생각들에 대해서는 변명조로 이렇게 해명했다. "내게는 시간이 없고 이 분야에 대한 나의 아이디어는 충분히 발전되지 못했다-이 분야는 광대하다." 역사가 E. T. 벨은 이렇게 평했다. "동이 트기 전 그 절박한 마지막 몇 시간 동안 그가 썼던 것은 수백 년 동안 여러 세대의 수학자들을 바쁘게 할 것이다. 그는 수 세기 동안 수학자들을 괴롭혀왔던 수수께끼에 대한 진정한 해답을 결정적으로 찾아낸 것이다. 그 수수께끼란 이런 것이다. 어떤 조건에서 방정식은 풀릴 수 있는가?" 대체로 19세기에 기하학의 강화된 추상성-n차원 사영 기하학과 비유클리드 기하학의 치솟아 오르는 기운에 의한 것이었는데, 이들은 이후 클라인의 에를랑겐 목록에 의하여 대칭이라는 우산 아래 통합되었다-은 (급격하게 성장한 수론과 대수방정식론과 더불어) 군론의 성장에 기여하였다.

Coxeter, *Regular Polytopes*, 55-56, 141; Bell, 362-77.

76) Gray, 인터뷰.

77) Monson, 인터뷰; Conway, 인터뷰.

78) 크리스토퍼 힐과 리언 레더먼은 자신들의 책 〈대칭Symmetry〉에서 정삼각형을 실험체로 삼아 대칭군에 대한 색다르고도 계몽적인 설명을 제시한다. "정삼각형은 대칭의 가장 단순하면서도 자명하지 않은 예를 제시한다. 모든 정삼각형은 색깔, 크기, 위치, 방향, 그밖에 어떤 것과도 상관없이 독특한 대칭을 공통적인 추상적 특징으로 공유한다. 이는 정삼각형의 정의적인 대칭, 혹은 정삼각형이라고 하는 것이 어떠한 의미인가 하는 것이다. 화성인들에게 정삼각형의 대칭의 본질을 어떻게든 전달할 수 있다면, 그들은 우리가 말하고 있는 바를 재현할 수는 있다. 하지만 우리가 전달한 정삼각형이 얼마나 큰지, 어떤 색깔인지, 어떤 위치인지는 알지 못할 것이다. 그건 상관없다. 이 특정한 대칭이 정삼각형이라고 하는 것이 어떤 의미인가 하는 것의 본질인 것이다." Lederman과 Hill, 295-96.

79) Schattschneider, 2005년 12월과 2006년 1월의 전자우편, "Re: Symmetry of Square."

80) C. Davis, 인터뷰.

81) Conway, 2005년 4월 프린스턴에서 가진 인터뷰.

82) Stephen Strauss, "Art Is Math Is Art for Professor Coxeter," *The Globe and Mail*, 1996년 5월 9일자.

83) 콕세터가 주로 흥미를 보였던 것은 반사에 의해 생성되는 대칭군들이었지만, 연구의 폭을 넓혀 보면 수많은 종류의 대칭군들이 존재한다. 군의 숫자는 무한하다. 군의 법칙들을 만족하도록 원소들을 결합하는 연산이 있는 집합은 무엇이든 군을 형성한다. 예를 들어 정수의 집합은 덧셈 연산에 의해 군을 형성한다.

Schattschneier, 전자우편.

84) Coxeter, *Regular Polytopes*, 75.

85) Monson, 인터뷰.

86) 위와 같은 출처.

87) 위와 같은 출처.

88) 위와 같은 출처.

89) Goodman, 인터뷰.

90) Ratcliffe, 인터뷰.

91) Simon Kochen, 2005년 8월의 인터뷰.

92) Vakil, 인터뷰.

93) Atiyah, 인터뷰.

94) 콕세터는 1974년 〈정규초다면체〉의 후속으로 내놓은 〈복소정규초다면체 Regular Complex Polytopes〉에서 자신이 일생 동안 연구한 바가 지닌 초월적인 특성을 인정했다. 그 자신은 더 이상 연구하지 않는 영역으로 나아가고 있는 것이라 할지라도 말이다. "이 책과 내가 이전에 내놓았던 〈정규초다면체〉의 관계는 〈거울 나라의 앨리스〉와 〈이상한 나라의 앨리스〉의 관계와 닮았다. 후속편이 더 심오하다 나는 이 책을 브루크너의 교향곡처럼 크레셴도와 클라이맥스가 있되 다가올 기쁨에 대한 전조는 거의 드러내지 않고 상호참조를 풍부하게 갖추도록 구성하려고 했다. 이 주제에 대한 기하학적, 대수적, 군론적 측면은 오케스트라의 다양한 파트들처럼 혼합되어 있다." 콕세터의 연구에 있어 상반되는 이러한 경향들이 충돌하게 된 것은 그리 오래지 않은 일로, 콕세터 유산 총회(토론토에서 2004년에 열린)의 주최자들이 초청연사로 누구를 모실까 하는 것을 결정하려 하면서 벌어졌다. 조직위원회의 일부는 고전적인 콕세터적 정신을 갖춘 존 콘웨이나 워싱턴 대학교의 브란코 그륀바움같은 기하학자들이 유산총회의

핵심이 되어야 한다고 주장하였다. 다른 한 편 보다 주류적인 콕세터적 유산은 그다지 콕세터의 전통에 속하지 않는 수학자들, 즉 라비 바킬, 맨체스터과학기술대학교의 알렉산드르 V. 보로비크Alexandre V. Borovic, MIT의 버트럼 코스탄트Bertram Kostant, 미셸 브루웨와 같이 콕세터의 원래의 의도를 뛰어넘는 방식으로 콕세터군을 연구하는 보다 현대적이고 대수적인 기하학자들에게 속해 있다. 후자를 건전하게 대표하자는 일부 주최자들의 요망은 충실한 추종자들의 비난을 불러일으켰다. 그들은 콕세터라면 그러한 연사 명단을 "터무니없는" 것으로 여기고 "대단히 싫어했을 것"이라고 주장했다. 물론 콕세터 유산 총회는 콕세터 자신도 흥미를 느끼고 참석하고자 했을 회의가 되어야 할 것이었다. 결국에 가서는 별다른 극적인 상황 없이 문제가 원만하게 해결되어 고전적 콕세터주의자들과 현대적 콕세터주의자들의 균형을 멋지게 잡아놓았다. Weiss, 인터뷰; C. Davis, 인터뷰, Vakil, 인터뷰; Coxeter, *Regular Complex Polytopes*, xi.
95) Vakil, 인터뷰.

7장 정치, 그리고 가족관과 접하다

1) 선형계획은 1947년 스탠포드 교수 조지 단치히George Danzig가 2차 세계 대전 중에 미국 공군 감사관에 대한 수학고문으로 국방부에서 일하면서 자극을 받아 창안한 것이다. 토론토 소재 요크 대학교에서 응용연구과 학과장으로 일하고 있는 월터 화이틀리에 의하면, 진위는 불분명하지만 그 기원에 관한 재미있는 이야기가 있다. "선형계획의 초창기 문제 중의 하나는 병사들에게 지급하기 위한, 모든 최소 일일영양요건을 만족하는 가장 싼 식단을 찾아내는 것이었습니다. 주장에 따르면 선형계획으로 이러한 문제를 처음으로 처리하여 나온 대답은 100퍼센트 당근으로 이루어진 식단이었다. 그 이유는 다양한 것에 대한 요구나 어떤 것의 최대량을 규정하는 변수가 전혀 없었기 때문입니다." 선형계획은 항공노선을 계획

하는 데에도 이용된다. 이 경우 모든 비행기, 모든 이착륙 공항, 모든 조종사 및 승무원들이 변수로 포함된다. 선형계획의 굉장한 힘은 자원의 할당, 생산의 계획, 근로자들에 대한 일정계획, 투자 자산구성의 관리, 마케팅 및 군사 전략의 고안에 적용된다. 선형계획은 콕세터와 그의 초다면체와도 관련이 있는데, 초다면체가 문제들에 대한 3차원 모형을 제공하기 때문이다. 화이틀리가 설명하였듯, 어떤 문제에 변수가 세 개 있다면 모형은 3차원 초다면체가 될 것이다. 이 방법의 장점은 n차원에서 행해질 수 있기 때문에 엄청난 숫자의 변수들을 다룰 수 있다는 것이다. 따라서 제한들을 만족하는 가능한 모든 해들은 볼록 도형 내에 존재하게 된다. 초다면체나 서로 만나는 여러 차원의 평면들의 각 면은 제한된 윤곽을 그려낸다. "해공간은 볼록다면체입니다"라고 화이틀리는 말했다. "그런 다음 한 가지 조건을 더 첨가하여 가장 저렴한 해를 원한다고 해 보지요. 그러면 최적의 결과는 초다면체의 가장 높은 모서리, 혹은 가장 높은 가장자리나 면 위에 있게 됩니다. 분명 내부에 있지는 않습니다. 선형계획의 원리는 주어진 문제에서 가장 높은 점, 최적의 해를 어떻게 찾아낼 것인가 하는 것입니다." Whiteley, 인터뷰.

2) "University of Toronto Oral History Project"; 콕세터의 일기, 1947-1952.

3) Coxeter, *Regular Polytopes*, viii.

4) 그는 예언과도 같이 이렇게 덧붙였다. "다른 한편, 대단히 실용적인 입장을 지닌 독자들은 '아무리 추상적이라 하더라도 언젠가 현실 세계의 현상에 적용될 수 없는 수학 분야란 존재하지 않는다'는 [러시아인 수학자 니콜라이] 로바체프스키의 주장을 낙으로 삼을 수도 있을 것이다." 위와 같은 책, vi.

5) Hardy, *A Mathematician's Apology*, 80.

6) John Bryden, *Best-Kept Secret*, 47-48.

7) 위와 같은 출처.

8) 신코브는 콕세터의 계산에 단순한 연필과 종이가 제공하는 것보다 더 큰 능력이

필요하게 되어 컴퓨터에 맡기지 않을 수 없게 되었을 때 그가 방문한 세 사람 중 한 사람이었다(나머지 두 사람은 영국 글래스고에 소재한 스털링 대학교의 닐 슬론과 영국 글래스고에 소재한 스털링 대학교의 존 리치John Leech였는데, 리치는 리치격자로 잘 알려져 있다). 콕세터가 직접 컴퓨터를 사용한 적은 한 번도 없었다. Coxeter, "University of Toronto Oral History Project."

9) 콕세터의 일기, 1941년 4월 30일.

10) Coxeter, 인터뷰; "Coxeter, University of Toronto Oral History Project."

11) 위와 같은 출처.

12) 콕세터는 언제나 자신의 마음을 이야기했고, 전쟁이 끝난 지 3년이 지난 뒤에 출판된 〈초다면체〉의 서문에서도 2차 세계 대전에 대한 신랄한 견해를 밝혔다. "초다면체이론의 역사는 우리 서구문명의 본질적인 통합, 그리고 그 논리적 귀결로서 국제분쟁이 어리석다는 것을 보여 주는 한 예이다. 참고도서 목록에는 삼십 명의 독일 수학자, 스물일곱 명의 영국 수학자, 열두 명의 미국 수학자, 열한 명의 프랑스 수학자, 여덟 명의 스위스 수학자, 일곱 명의 네덜란드 수학자, 네 명의 이탈리아 수학자, 두 명의 오스트리아 수학자, 두 명의 헝가리 수학자, 두 명의 폴란드 수학자, 두 명의 러시아 수학자, 한 명의 노르웨이 수학자, 한 명의 스웨덴 수학자, 그리고 한 명의 벨기에 수학자가 나열되어 있다. (인구비례로 보면 스위스가 다른 어느 나라들보다도 더 많은 기여를 하였다.)" 그는 강의 중에 자신의 견해를 넌지시 비치기도 하는 것으로 알려졌다. 판사가 심리중인 사건과 관련이 없는 부수적인 견해를 마음대로 밝히는 것과 같이 방론傍論을 펼친다는 것이다. 존 콜먼은 콕세터가 강의 중에 판서를 마치면서 문제의 증명이 "하나를 남겨 두었다"고 결론지었다고 회상하였다. 콕세터는 최근 그가 가졌던 유니테리언 교도들과의 종교적 장난에 대한 견해를 무심코 드러낸 것이었다. 유니테리언 교도란 하느님이 하나임(기독교의 삼위일체와는 달리)을 믿는 사람들로서 오

랜 세월 자유사상가이자 반체제적인 사람들로 알려져 왔으며 자유, 관용, 인본주의를 지향하는 신념체계를 발전시켜 왔다. 콕세터에게 딱 들어맞는 것으로 보일지 모르겠으나 그가 유니테리언 교도들과 접촉한 것은 잠깐에 지나지 않았다. 그의 딸이 설명한 바에 따르면, "아버지는 인본주의자라기보다는 자연주의자셨습니다. 그 이유는 인본주의자들은 자신을 동물들 위에 놓는데, 아버지는 결코 그렇지 않으셨기 때문이지요." Coxeter, *Regular Polytopes*, vii; Thomas, 인터뷰; Coxeter의 일기, 1945년 8월 14일과 30일자.

13) Tim Rooney (토론토 대학교 수학 교수에서 은퇴), 2003년 3월 24일 토론토에서의 인터뷰.

14) 콕세터의 일기, 1942년 1월 21일자.

15) 콕세터의 일기, 1940년 1월 2일자.

16) 콕세터의 일기, 1943년 5월 11일자.

17) 콕세터의 일기, 1944년 10월 28일자.

18) 콕세터의 일기, 1940년 6월 18일자.

19) Lee Lorch (토론토 요크 대학교 수학 명예 교수), 2005년 3월 3일 토론토에서의 인터뷰.

20) 콕세터의 일기, 1942년 7월 17일자.

21) 콕세터의 일기, 1978년 5월 19일자- "〈글로브 앤드 메일〉지의 조사표는 내가 NDP[신민주당New Democratic Party]와 의견이 일치함을 입증하였다(신민주당은 캐나다의 진보적 사회민주주의 정당이다-옮긴이)."

22) Eric Infeld, 2005년 1월과 2월의 인터뷰와 전자우편; 헬렌 인펠트가 도널드 콕세터에게 보낸 편지, 1975년 1월 6일자, University of Toronto Archives, Coxeter Fonds; "Mathematician Hard to Figure, Prof. Infeld Stays in Poland but Doubt He Took A-Secret," *Globe and Mail*, 1950년 8월 22일자; "Drew

Dmands Gov't Investigate UofT Professor," *Canadian Press*, 1950년 3월 17일자.

23) C. Davis, 인터뷰; Davis, "The Purge," *A Century of Mathematics in America*, vol. 1, 413-28.

24) Steve Batterson, *Stephen Smale: The Mathematician Who Broke the Dimension Barrier*, 140.

25) 인종차별주의, 성차별주의, 군국주의에 반대하여 오랜 활동을 해온 리 로치Lee Lorch 역시 개인적으로 콕세터의 지원에 감동하였다. 콕세터는 전쟁 직후 뉴욕의 컬럼비아 대학교에 객원 교수로 있었을 때 인상을 남겼다. 콕세터는 스타이비선트 읍 주택건설계획에서 드러난 인종차별주의에 반대하는 활동으로 인근의 시티대학에서 로치를 해고한 것에 항의하는 컬럼비아 대학교 동료들과의 연대를 보여 주었다. 로치는 자신이 미국수학회의 부회장이었을 때 콕세터가 지지해 준 것에 대해서도 감사하게 생각했다. 1968년 선거를 대비하여 미국 민주당 전국대회가 시카고에서 열렸다. 수많은 항의자들이 대회에서 베트남전쟁에 반대하는 시위를 벌였고, 시카고 경찰은 잔인한 폭력으로 시위를 진압하였다. 미국수학회는 1969년 시카고에서의 지역모임을 계획하고 있었다. 1968년 미국수학회 연차총회에서 로치는 이러한 폭력에 항의하여 미국수학회 모임을 시카고에서 다른 곳으로 옮기자는 제안을 발의했다. 미국수학회 규약에 따르면 일반회원들에게 주어진 권한은 거의 없었고, 모든 권한은 이사회의 손에 쥐어져 있었다. 당시 콕세터는 미국수학회의 3인의 부회장 중 한 사람으로 자동적으로 이사회에 속해 있었다. 로치는 이렇게 회상하였다. "이 문제에 대해서 그분과 이야기를 나눴습니다. 그분은 이사회가 우리의 제안에 따를 것이라는 생각을 밝히고 주저 없이 지지해 줄 것을 약속했습니다." 만장일치나 다름없는 투표로 임박한 시카고 모임은 신시내티로 개최장소가 바뀌었다. Lorch, 인터뷰; C.

Davis.

26) 콕세터의 일기, 1960년 2월 11일자.

27) 콕세터의 일기, 1959년 11월 23일자.

28) Seymour Schuster(미네소타주 칼턴 대학 수학 명예 교수), 2004년 5월 13일과 2006년 1월 14일 토론토에서의 인터뷰; 슈스터가 콕세터에게 보낸 편지, 1967년 2월 28일자와 콕세터가 슈스터에게 보낸 편지, 1967년 3월 7일자, 슈스터의 개인서류.

29) Marie-Jeanne Coleman, 2005년 3월 8일 캐나다 온타리오 킹스턴에서의 인터뷰.

30) Thomas, 인터뷰.

31) Coxeter, 2003년 2월 28일 토론토에서의 인터뷰.

32) 콕세터의 일기, 1944년 7월 13-15일자.

33) 콕세터의 일기, 1947년 12월 24일자.

34) 콕세터의 일기, 1944년 6월 4일자.

35) 콕세터의 일기, 1948년 2월 16일자.

36) 콕세터의 일기, 1955년 11월 15일자, 1956년 2월 16일자.

37) 콕세터의 일기, 1955년 12월 19일자.

38) 콕세터의 일기, 1959년 6월 22일자; Thomas, 인터뷰.

39) H. H. Punke, "The Family and Juvenile Delinquency," *Peabody Journal of Education*, 98.

40) 콕세터가 H. H. 펑크에게 보낸 편지, 1957년 2월 7일자, Coxeter Fonds, University of Toronto Archives.

41) 플루타르코스Plutarch에 따르면 아르키메데스는 기하학에 전적으로 몰두하였다고 한다. "아르키메데스의 하인들이 그를 억지로 목욕탕으로 데리고 가서 씻기고 기름을 바르는 경우가 여러 차례 있었는데, 거기서도 그는 언제나 굴뚝의

재에라도 기하학 도형을 그리곤 했다. 그리고 하인들이 기름과 달콤한 향료를 발라 주고 있는 동안 그는 손가락으로 벌거벗은 자신의 몸뚱이에 선을 그렸다. 그만치 그는 기하학연구에 대한 즐거움으로 정신이 없었고, 황홀경 혹은 인사불성에 빠져 있었다." O'Connor와 Robertson, "Archimedes of Syracuse," http://www-groups.dcs.st-and.ac.uk/~history/Mathematicians/Archimedes.html (2006년 1월 29일 현재); 위와 같은 출처.

42) 콕세터의 일기, 1949년 6월 17일자.

43) 그들은 콕세터의 친구이자 대학동료인 건축가 에릭 아서Eric Arthur에게 집의 설계를 맡길까 하였지만 결국 초기 근대주의풍이나 국제적 스타일로 현관 옆에 팔각형 창문이 달린, 적절하게 정육면체인 집을 발견했다. 1935년에 지어졌으며 메이플 리프 가든스의 공동경영 건축가 매켄지 워터스Mackenzie Waters가 설계한 이 집은 현재 토론토의 문화유산으로 지정되어 있다.. City of Toronto Inventory of Heritage Properties, http://app.toronto.ca/heritage/browseLetter.do?letter=R (2006년 1월 29일 현재); 콕세터의 일기, 1953년 4월 8일자.

44) 콕세터의 일기, 1938년 12월 8일-1941년 4월 15일자.

45) 콕세터의 일기, 1942년 12월 4일자.

46) Thomas, 인터뷰.

47) 콕세터의 일기, 1941년 10월 23일자.

48) 콕세터의 일기, 1956년 4월 6일자.

49) 콕세터의 일기, 1939년 11월 27일자.

50) 콕세터의 일기, 1946년 1월 1일자.

51) 콕세터의 일기, 1941년 12월 16일, 1946년 10월 4일과 5일, 1946년 11월 4일자.

52) Marie-Jeanne Coleman, 인터뷰.

53) 콕세터의 일기, 1944년 11월 25일자.

54) 콕세터의 일기, 1943년 2월 19일, 1944년 11월 25일자.

55) Senechal, "Coxeter and Friends."

8장 부르바키가 도표를 출판하다

1) 콕세터는 1952년 〈영국학술원 철학회보Philosophical Transactions of the Royal Society of London〉에 다면체에 대한 가장 흥미로운 논문들 중 하나를 발표했다. 50쪽이 넘는 이 논문의 제목은 "고른 다면체에 대한 H. S. M. 콕세터 등의 고찰 H. S. M. Coxeter and Others on Uniform Polyhedra"이었다. "등"에 속한 사람들은 케임브리지에서 콕세터의 연구생이었던 J. C. P. 밀러J. C. P. Miller와 뛰어난 지구물리학자이자 기하학자인 마이클 롱게트-히긴스Michael Longuet-Higgins이었다. 롱게트-히긴스는 1950년대 초반 서로 아는 친구를 통하여 콕세터와 연결되었다. 그 친구는 프린스턴고등과학원의 유명한 이론물리학자 프리먼 다이슨 Freeman Dyson이었다. 다이슨은 어느 물리학회에 참석하기 위해 토론토에 왔다가 오랜 세월 느긋하게 대화를 주고받아 온 친구 콕세터를 방문하였다(느긋하게 라고 하는 것은 박학한 다이슨이 대단히 즐기던 일요일 오후의 활동 중에 다면체도 있었기 때문이었다). 다이슨은 콕세터에게 롱게트-히긴스와 그의 형으로서 뛰어난 화학자이자 인지과학자였던 크리스토퍼 롱게트-히긴스Christopher Longuet-Higgins의 연구에 관심을 가지도록 했다. 고등학교 시절에 롱게트-히긴스 형제와 다이슨은 콕세터의 〈59개의 이십면체〉에서 힘을 얻었다. 이를 통해 형제는 고른 다면체 종류의 열거를 시도하게 되었다. 그리고 마이클은 아연도금 철사, 혹은 정원용 철망을 이용하여 외곽선 모형을 만들기 시작했다(이러한 제작방법은 혁신적인 것이었는데, 그 이유는 철사가 꼬여 있어서 제자리에 맞아 들어갈 수가 있었기에 꼭짓점에 납땜을 할 필요가 없었다는 것이다). 그는 자신들이 발견한 것들에 대한 모형

을 하나하나 만들었다. 다만 일부 꼭짓점에 열 개의 모서리가 지나가는 가장 복잡한 모형을 만들기 위해 그는 대안적인 방법을 고안해 냈다. 철사로 만든 틀을 납땜하고 검은 색으로 칠한 다음 흰색 무명끈을 묶어 모서리를 나타내게 한 것이다. 롱게트-히긴스 형제는 바로 얼마 전에 콕세터와 밀러가 케임브리지에서 비슷한 열거작업에 착수하였다는 것을 몰랐다. 콕세터와 밀러는 자신들의 목록이 완전한 것이라고 생각했으나 엄밀한 증명이 없었기 때문에 결과를 덮어 두고 있었다. 콕세터가 롱게트-히긴스 형제의 기획을 알게 되면서 그와 밀러는 증명을 찾아내겠다는 희망을 포기하고 마침내 자신들의 결과를 출판하려고 자세하게 기록하였다. 콕세터는 자신이 작성한 고른 다면체들의 목록을 동봉하여 형제에게 편지를 보내면서 당신들은 몇 개나 찾아내었는지 물어보았다. 그들은 목록에 오른 것들 중에 단 하나만 빼고 다 찾은 상태였다. 콕세터가 "밀러의 괴물"이라는 별명을 붙인 것이었다. 콕세터와 밀러는 가서 모형들을 보았는데 시기가 좋았다. 밀러는 막 모든 다면체들의 그림을 그리고 있던 참이었는데, 흰색 끈이 달린 모형들을 보면서, 콕세터의 말에 따르면 "결과가 심각해지기 전에 오류 하나를 찾아낼" 수 있게 되었던 것이다. 콕세터는 마이클에게 논문의 공저자가 되어 달라고 권하였고, 그의 모형들을 찍은 사진을 추가적인 도해로 실었다. 공저자 자격을 얻은 것은 마이클이 고른 다면체들의 일정한 계열들 간의 관련된 이론적 관계를 밝혀낸 공적도 이유가 되었다. 그리고 그는 콕세터와 밀러가 놓친 고른 쪽맞추기 uniform tessellation를 찾아내었다. 이 논문이 특별한 흥미를 끄는 이유는 역사적으로 이러한 초다면체에 접근하였던 수많은 방법들을 조사하였고 이를 작도하기 위한 통합된 방법을 제시하였다는 것이다. 저자들은 여전히 자신들의 열거가 완전함을 증명하였다고 주장할 수는 없었지만, 실제로 완전하리라는 희망을 피력하였다. 1975년 존 스킬링John Skilling이 컴퓨터의 도움을 받아 이를 증명하였고, 이를 "고른 다면체의 완전집합"이라는 논문을 통해 발표하였다. Longuet-

Higgins, 인터뷰; Coxeter-Longuet-Higgins의 서신, Coxeter Fonds, University of Toronto Archives; Longuet-Higgins, 개인문서; Coxeter외, "Uniform Polyhedra," *Philosophical Transactions of the Royal Society*, 401-50, 부록 8 참고.

2) Coxeter, *Introduction to Geometry*, x.

3) 대학교 수준의 상위계층 연구수학자들-유명한 미국수학회원들이며 엄밀한 의미에서의 차세대 수학자들을 만들어 내는 데 관여하고 있는 사람들-은 군론에 대한 콕세터의 선구적 연구를 높게 평가하기는 했지만 시시하게 장난감이나 만지작거리는 고전 기하학에 대한 콕세터의 편애는 무시하는 경우가 적지 않았다. 그러나 단과대학이나 중등학교의 교사로서 미국수학협회 회원인 수학 교육자들은 콕세터의 놀라운 교사로서의 매력, 재미나면서도 깊이가 있는 기초 기하학의 마법으로 어린 학생들을 수학으로 끌어들여 몰두하게 할 수 있는 능력을 알아보았다(물론 일부 수학자들은 미국수학회와 미국수학협회 양쪽에 모두 속해 있었고 모든 수준에서의 수학 교육의 질과 계속성에 관심을 가지고 있었지만, 일반적으로 구분은 유지된다). 대학교 수준의 고전 기하학에 대한 탄탄한 기초가 부재한 탓으로 교사들은 이러한 과목에 대하여 다른 곳에서 훈련을 받을 필요가 있었고, 교사들을 위한 기하학 교사로 콕세터만한 사람은 없었다. Schuster, 인터뷰; Senechal, 인터뷰; Schattschneider, 인터뷰; Martin Gardner, "Math and Aftermath."

4) 다른 면에서는 신중한 콕세터였지만, 제자들 사이에서는 차들을 뚫고 속도를 내며 겨우 몇 cm의 공간을 남겨두고 지그재그로 운전하는, 놀라울 정도로 난폭한 운전자로 알려져 있었다. 교통위반 즉결 재판소에 출두한 것도 여러 차례였다. 사고도 수없이 냈고 -"차가 200도를 미끄러져 돔"- 그의 차들 -시트로앵, MG, 트라이엄프- 은 언제나 공장에 들어가 있었다. 그럴 때면 버스로 다녔지만, 하루

는 린의 친구가 콕세터가 번화한 토론토 도심의 거리에서 집으로 히치하이킹을 해서 오는 것을 발견했다(그는 걸어서 채 삼십분도 걸리지 않는 곳에 살고 있었다). Weiss, 인터뷰; Monson, 인터뷰; Fisher, 인터뷰; Thomas, 인터뷰; 콕세터의 일기, 1938년 12월 31일자.

5) 윌리 모저의 형인 수학자 리오 모저Leo Moser는 사실 혼자 힘으로 기하학에 눈부신 공헌을 했다. 콕세터와 공저한 그의 첫 번째 책은 높은 평가를 받는 〈이산군의 생성원과 관계Generators and Relations for Discrete Groups〉였다. "이 분야에서 가장 권위 있는 입문서"로 알려진 이 책은 한때 토론토 대학교 도서관에서 목록에 잘못 기재되어 족보학 코너에 꽂혀있었다. Moser, 인터뷰.

6) Coxeter, *Introduction to Geometry*, p. ix.

7) Weiss, 인터뷰; Moser, 인터뷰.

8) Martin Gardner, "Math and Aftermath."

9) Coxeter, "Math and Aftermath."

10) Martin Gardner, *Martin Gardner's New Mathematical Diversion from Scientific American*, 196.

11) 즉 다각형, 원, 구, 정규초다면체, 복소수, 의구pseudo-sphere, 다섯 개의 플라톤입체, 통계적 벌집statistical honeycomb, 두 반사의 곱, 유클리드평면에서의 등거리변환, 2차원 결정학의 공간군을 예증하는 도미노, 동등한 구들의 최밀충전close packing, 황금분할과 잎차례, 텐서 표기법과 역격자reciprocal lattice, 사영 기하학과 데자르그정리Desargues's theorem, 측지학과 오일러-푸앵카레 표수, 곡면의 위상과 4색 문제, 원숭이 안장의 모양과 관련된 "일반적 오류"의 정정, 절대 기하학과 다면체 만화경, 쌍곡선 기하학과 삼각형의 유한성, 곡선과 원나선의 미분 기하학, 4차원 도형의 가장 간단한 작도, 순서기하학ordered geometry과 실베스터Sylvester의 공선점 문제. Coxeter, *Introduction to*

Geometry, xi-xvi, 295.

12) Atiyah, 인터뷰.

13) David Mumford(브라운 대학교 수학교수), 2005년 11월 18일의 인터뷰.

14) 멈포드는 최근에 콕세터에게 일종의 송시를 바쳤는데, 여기서 21세기 수학에서 그가 한 역할을 이렇게 설명하고 있다. "제 책에서 콕세터는 20세기에서 가장 중요한 수학자들 중 한 사람으로 되어 있습니다. 그가 새로운 시각을 열었기 때문이 아니라, 오래된 미의식을 너무도 아름답게 강화하고 확장하였기 때문입니다. 기하학의 고전적 목표는 온갖 종류의 기하학적 형태, 그 대칭과 형태들을 서로 연관시키는 구조를 연구하고 나열하는 것입니다. 이러한 목표는 특별히 정리를 증명하는 것이 아니라 이러한 완벽한 대상들을 발견하는 것이며 그러한 과정에서 정리는 불완전한 인간이 자신이 올바르게 보았다고 안심하기 위해 필요로 하는 도구에 지나지 않습니다. 이곳은 추상과 일반성을 향한 20세기의 줄달음질 속에서 그 아름다움이 거의 잊힌 화원입니다. 저는 콕세터의 이러한 시각에 공감하는데 이는 유클리드 기하학뿐만 아니라 대수학에도 깊은 뿌리를 지니고 있습니다. 저는 언제나 리군에 대한 대수학의 '근root과 가중치weight' 적인 접근법이 빈약하고 불만족스럽다고 생각하고 있다가 태피스트리같이 풍부한 예들로 이를 구체화한 콕세터의 연구를 발견하게 되었습니다." 위와 같은 출처; Jonathan M. Borwein, *Mathematics by Experiment: Plausible Reasoning in the 21th Century*, 86.

15) 수학계에 대한 부르바키의 영향력과 부르바키 계획의 대단함에 대한 스스로의 자부심에 대하여 슈발리는 이렇게 평한 적이 있었다. "나는 정말이지 세계-수학계-에 빛을 가져다주었다는 느낌이 있었다. 다른 수학자들에 비해 우리가 우월하다는 절대적인 확신으로 협력하여 나아갔다. 우리가 당시 수학의 나머지 부분에 비해 높은 수준의 무언가를 쥐고 있다는 확신이었다. 예를 들어 당시 통용

되던 -여전히 통용되고 있는- 말이 있었으니, 이는 부르바키한다(bourbachiser)는 말이었다. 이 말은 엉망이 되었다고 간주되던 원문을 가져다가 정리하고 개선한다는 의미이다." Guedj와 Gray, "An Interview with Claude Chevalley," 20; O'Connor와 Robertson, "Claude Chevalley," http://www-groups.dcs.st-and.ac.uk/~history/Mathematicians/Chevalley.html (2006년 1월 30일 현재).

16) O'Connor와 Robertson, "Jean Alexandre Eugène Dieudonne," http://www-groups.dcs.st-and.ac.uk/~history/Mathematicians/Dieudonne.html (2006년 1월 30일 현재).

17) R. P. Boas, "Bourbaki and Me," The Mathematical Intelligencer, 84.

18) Beaulieu, "Bourbaki's Art of Memory."

19) Beaulieu, "Bourbaki's Art of Memory"; Halmos; Borel; Cartan; Senechal, "The Continuing Silence of Bourbaki," The Mathematical Intelligencer, 22-28; Pierre Cartier, 인터뷰.

20) Beaulieu, "Bourbaki's Art of Memory."

21) 위와 같은 출처.

22) Dieudonné, "The Work of Nicholas Bourbaki," 142.

23) Cartier, 인터뷰.

24) Senechal, "The Continuing Silence of Bourbaki."

25) Thomas, 인터뷰.

26) Beaulieu; Halmos.

27) Dieudonné, "The Work of Bourbaki during the Last Thirty Years," Note of the AMS, 620.

28) Senechal, "The Continuing Silence of Bourbaki."

29) Senencal, 인터뷰.

30) "부르바키주의자들은 여기서 극단적인 형식주의로 사악한 일종의 다스베이더(영화 〈스타워즈〉의 악당 역할. 주인공인 스카이워커의 아버지이기도 하다-옮긴이) 역할을 하고 있습니다. 소부르바키주의자입니다"라고 온타리오 주 킹스턴의 퀸스 대학교 수학·과학·기술교육그룹의 수학 교수인 윌리엄 히긴슨William Higginson은 말했다.

31) William Higginson, 2005년 3월의 인터뷰; Bob Moon, *The "New Maths" Curriculum Controversy*.

32) 유클리드와 그의 기하학은 교육학적으로 어렵다는 비판에도 직면하였다. 이등변삼각형의 밑변 각들은 동등하다는 유클리드의 정리에는 "pons asinorum"이라는 이름이 붙어 있는데 이는 당나귀의 다리橋라는 뜻으로서 콕세터의 설명에 따르면 "분명 유클리드의 도형(과 상당히 복잡한 증명에 요구되는 작도선)이 다리 모양을 하고 있다는 것, 그리고 이 다리를 건너지 못하는 사람은 당나귀(바보-옮긴이)임에 분명하다는 뜻에서 나온 말일 것이다." Coxeter, "The Ontario K-13 Geometry Report," *Ontario Mathematics Gazette*, 12-16; *Geometry, Kindergarten to Grade Thirteen*, Report of the (K-13) Geometry Committee; Coxeter, *Introduction to Geometry*, 6.

33) 위와 같은 출처.

34) "The Mystique of Modern Mathematics," *Black Paper Two*, *The "New Maths" Curriculum Controversy*, 146-47에서 재인용.

35) Moon.

36) Dieudonné, "New Thinking in School Mathematics"; Moon, 5, 99; Toth.

37) 스프링거-페어라그에서 출판될 비공인 부르바키 전기를 쓰고 있는 릴리앙 보유는 10여 년의 연구를 통해 부르바키가 반기하학적이라는 해석에 대한 자기 나름의 정보를 수집했다. "부르바키에 반기하학적이라는 딱지가 붙은 이유는 복

합적입니다. 물론 디외도네의 외침이 효과가 있었던 것은 제가 아는 한도 내에서는 부르바키에 공식적으로 부인할 만한 사람이 없었기 때문이었습니다. 그렇다고 하여 그룹 전체가 그의 아이디어를 승인하였다는 것도, 혹은 거부하였다는 것도 아닙니다. 그저 부르바키가 이러한 문제를 공식적으로 다루지 않았다는 것이고, 이는 오늘날까지 부르바키가 다양한 문제들을 처리하는 흔한 방식입니다." 보유는 계속해서 부르바키의 〈원론〉에 기하학이 어느 정도는 존재하였지만 대수와 해석학에 묻혀버렸음을 지적하였다. 또한 기하학과 관련이 있건 없건 도표가 없었던 것에 대해서도 새로운 정보를 주었다. "출판된 논문에 도해가 없었다는 것은 '해석학'에서는 이례적인 일이었고 따라서 이 그룹이 도해의 사용을 장려하지 않았다는 인상을 받는 것도 당연합니다. 그러나 출판되지 않은 초고에는 몇몇 도표가 있었고, 일단 아이디어가 전달되어 보다 추상적이거나 일반적인 개념적 배경으로 통합되고 나면 삭제되었습니다." Beaulieu, 전자우편, "Re: Coxeter and Bourbaki," 2005년 3-5월; Broune, 인터뷰.

38) Cartier, 인터뷰.

39) Cartier; Broué.

40) Moon; Ángel Ruiz와 Hugo Barrantes, *The History of the Inter-American Committee on Mathematics Education*; Á. Ruiz (코스타리카 대학교 및 National University 수학 교수, 수학·초수학연구센터 소장), 전자우편, 2005년 11월 18일자.

41) Moon, 49.

42) Ruiz와 Barrantes.

43) 또 다른 캐나다의 수학자로 대수학자이자 군론학자인 어빙 캐플런스키는 그의 책 〈선형대수와 기하학Linear Algebra and Geometry〉의 서문에서 생생한 산문과 혼합된 비유로 기하학의 2등적 지위를 논하였다. "선형대수는 어머니처럼

신성한 존재가 되었다. 어디서나 선형대수를 가르친다. 중등학교, 심지어는 초등학교에까지 이르렀다. 무엇을 먼저 가르칠 것인가 하는 것으로 미적분학과 겨루고 있다. 그럼에도 만사가 잘 되어가고 있는 것은 아니다. 교육과정과 책들은 이제 막 재미있어지려고 하는 마당에 끝나버리는 경우가 너무 많다. 그리고 선형대수와 쌍둥이인 고전 기하학은 제단에 가까이 갈 기회가 훨씬 더 멀어진 들러리이다. 여러 세대에 걸친 수학자들은 대체로 훌륭하게 훈련되었으나 결국 갑자기 자신이 사영평면이 무엇인지 알아야겠다는 것을 깨닫는다." 수학 학사와 석사 학위를 토론토 대학교에서 받은 캐플런스키는 콕세터의 "놀라운 기하학적 시각화"를 높이 평가하여 "그는 사물을 진정으로 볼 수 있었다"고 말했다. 그는 이제 막 취임한, "온화하고 수줍어하며 소심하고 얼마간 숫기가 없는" 강사 콕세터의 몇몇 강좌를 수강하였다. 그럼에도 불구하고 콕세터는 질문에 - "바보 같은 질문에조차도"- 정중하고 계몽적으로 답을 해 주었다. 캐플런스키는 이렇게 회상하였다. "나는 그와 대등한 수준에 도달해 본 적이 없었다." Kaplansky, 인터뷰; Coleman, 인터뷰; 콘웨이, 2004년 6월의 인터뷰에서 윌리엄 서스톤William Thurston(코넬 대학교에 재직하는 수학자)이 표명한 견해를 논하며; Ruiz와 Barrantes.

44) Higginson, 인터뷰.

45) Moon, 58-59.

46) 앨범에 수록된 다른 곡에는 포르노를 찬양하는 "Smut", "Send the Marines", "The Vatican Rag"와 같은 것들이 있다. 신수학에는 좋은 친구들이 있었던 것이다. Tom Lehrer, "New Math," http://lyricfreak.com/t/tom-lehrer/ (2006년 1월 30일 현재).

47) 프랑스의 수학자로 필즈 메달 수상자인 르네 톰René Thom 역시 기고문 "'현대' 수학: 교육적이며 철학적인 오류? 'Modern' Mathematics: An Educational and

Philosophical Error?"에서 입장을 밝혔다. 부제는 다음과 같다. "어느 뛰어난 프랑스 수학자가 자신의 분야에서 최근의 교육과정혁신과 대립하다." 톰은 이렇게 글을 시작했다. "대부분의 동시대인들의 마음속에서 소위 현대수학이라는 것은 현대기술의 본질적 요소이며 모든 과학적 지식의 앞으로의 진보를 위한 필요불가결한 도구라는 허위선전으로 조장된 수많은 속임수를 통해 인공두뇌학과 정보 이론의 중간 어디쯤에 존재하는 대단히 명성이 높은 곳에 존재하는 것으로 되어 있다." 그의 말에 따르면, 그와는 반대로 "기하학을 대수학으로 대체하려는 현대의 경향은 교육적으로 해롭기에 보류되어야 한다." 그리고 "기하학의 일반적 중요성"에 대한 생각으로 글을 맺었다. "기하학적 연속체는 본원적인 존재이다. 누군가 어떠한 의식이라도 가지고 있다면 그것은 시공간에 대한 의식이다. 기하학적 연속체는 어떤 의미에서 의식적 사고와 불가분하게 묶여 있다." René Thom, "'Modern' Mathematics: An Educational and Philosophical Error?" *American Scientist*, 695-99; Moon, 97-119.

48) Atiyah, 인터뷰.

49) Atiyah, "What is Geometry?" *The Changing Shape of Geometry*, 24-29.

50) Atiyah, 인터뷰.

51) Whiteley, 인터뷰; Conway, 인터뷰; David Henderson (코넬 대학교 수학 교수), 2002년 7월 11일 부다페스트에서의 인터뷰.

52) Conway, 인터뷰.

53) Emma Castelnuovo, 2005년 5월 2일의 인터뷰; 카스텔누오보가 저자에게 보낸 2005년 5월 9일자 편지.

54) Coxeter, *Geometry, Kindergarten to Grade Thirteen*, 19.

55) Freundenthal.

56) Coxeter, *Geometry, Kindergarten to Grade Thirteen*, 10.

57) Freudenthal, 240, 429, 431.

58) Coxeter, 인터뷰; Joerg Wills(지겐 대학교 수학 교수), 2002년 7월 10일 부다페스트에서의 인터뷰.

59) 미야자키는 서른다섯 권의 책을 썼는데(그 대부분을 콕세터에게 보냈다) 그중에는〈다면체와 건축Polyhedra and Architecture, 多面体と建築〉,〈다차원공간에서의 모험An Adventure in Multidimensional Space〉등의 책이 있다. 가장 최근에 나온 책은〈고차원도형과 대칭의 과학Science of Higher-dimensional Sshapes and Symmetry, 高次元図形サイエンス〉이다. "이 책에는 플라톤, 칸트, 뫼비우스, 슐래플리, 아인슈타인과 더불어 콕세터 교수님의 사진을 넣었습니다"라고 그는 말했다. 그는 또한 콕세터에게 헌정사를 바치며 "이 책은 기본적인 이론적 내용에서 어떠한 독창성도 없다. 그 모든 것은 콕세터 교수의 것이다. 본서의 주요한 기본적인 이론적 내용은 1970년경 연구를 시작하면서부터 그분이 보내 주신 수많은 편지에서 배운 것들이다. 그분의 편지는 언제나 증손자에게 보내는 것처럼 영문편지를 쓰는 법을 포함하여 납득할 수 있는 친절한 내용들로 가득했다"고 했다. 미야자키는 처음으로 콕세터의 연구를 알게 된 1965년 충동적으로 콕세터에게 편지를 보내어 4차원 초곡면과 정규초다면체에 대한 질문을 하기로 결심했다. "당시 저는 영문편지를 쓸 줄을 몰랐기에 그분의 존함을 'H. S. M. 박사 교수님 귀하'라고 썼습니다. 저는 영어사전에서 배울 수 있었던, 과도하게 정중하고 품위 있는 단어들로 편지를 썼습니다. 당시 저는 답장을 받을 수 없을 것이라고 생각했으나 참으로 놀랍게도 얼마 지나지 않아 '친애하는 코지에게'라고 시작되는 그 분의 편지를 받을 수 있었습니다. 하지만 저로서는 '친애하는 도널드에게'라고 할 수 없어서 편지를 쓸 때마다 '친애하는 콕세터 교수님께'라고 썼습니다. 저는 콕세터 교수님으로부터 'Sincerely yours', 'Best wishes', 'Kind regards', 'Yours truely'와 같은 말들의 의미를 간접적으로 배

왔습니다(모두 편지를 마칠 때 쓰는 말들이다-옮긴이)." 미야자키에 따르면 콕세터의 책들이 일본에서 미친 영향은 상당했다. "우리 일본인들은 원래 기하논리학 geometric logics을 좋아하지 않고 콕세터의 이해가 가는 기하학이 없었다면 우리 일본인들은 사물에 대한 형태학적인 내용을 알지 못했을 것입니다. 〈기하학 개론〉 일본어판은 저를 포함한 수많은 일본인들에게 엄청난 영향을 미쳤습니다." Koji Miyazaki, 전자우편, 2003년 7월, 2005년 3-4월.

60) Coxeter의 일기, 1959년 1월 19일과 20일자, 1959년 2월 5일과 20일자, 1959년 4월 2일자, 1960년 2월 19일자; Coxeter, *Twelve Geometric Essays*, 180-81.

61) 부록 8 참고.

62) Schuster, 인터뷰.

63) 이 영화들은 사이 슈스터Sy Schuster와 앨런 다운스Allen Downs가 제작하였고 제작진에서 두 번째로 나이가 많은 수학자는 대니얼 페도Daniel Pedoe였다(영국인인 그는 콕세터와 같은 시기에 케임브리지와 프린스턴에 있었다. 그는 세계 여러 곳의 대학에서 근무하다가 미네소타 대학교에서 은퇴하였다. 그는 〈수학의 우아한 예술The Gentle Art of Mathematics〉, 〈기하학과 시각예술Geometry and the Visual Arts〉과 같은 여러 권의 책들을 저술하였다. 은퇴를 한 그는 일본의 고등학교 교사로서 일본의 학계가 산가쿠算額(수백 년 전에 만들어진 일본의 목제 명판으로 사찰과 사당에 걸려 있으며 기하학 정리들을 담고 있다)에 관심을 가지게 하고자 한 후카가와 히데토시深川英俊와 협력하였고 1984년 캐나다의 찰스배비지연구소에서 출판한 〈일본사찰의 기하학 문제Japanese Temple Geometry Problems〉를 공저하였다; Schuster.

64) 콕세터는 기하학계에서 영문학 교과 과정 개혁에 대한 모든 위원회에서 할 수 있는 한 위원장직을 맡았던 캐나다의 문학전문가 노스럽 프라이Northrop Frye에 필적하는 인물이라고는 할 수 없었다. 그러나 작가이자 평론가인 가이 데이

븐포트Guy Davenport에 의하면 보다 일반적인 의미에서 이 두 사람은 서로 필적할 만 하다고 한다. "사태를 진정하고 보면 캐나다의 재능은 사물에 대한 개괄적 관점에 있다는 것을 깨닫게 된다. 더글러스 부시Douglas Bush, 노스럽 프라이, H. S. M. 콕세터, 허버트 마셜 매클루언Herbert Marshall McLuhan, 바커 페얼리Barker Fairley, 휴 케너Hugh Kenner와 같은 사람들이 이에 해당된다." Davenport, "The Kenner Era," *National Review*, 1985년 11월 31일자.

65) Rooney, 인터뷰.

66) 위와 같은 출처.

67) 위원회의 위원장은 콕세터의 대학 동료(나중에는 콕세터가 좋아하던 학과장)이었던 조지 더프George Duff가 맡았으며 온타리오의 중등학교 수학 교사들과 콕세터와 비슷한 출신으로서 1911년 영국에서 태어난, 저명한 W. W. 소여W. W. Sawyer가 위원회에 참여하였다. 소여는 처음에는 영국의 대학들에서 강의를 하다가 수학과 학과장으로 가나 대학교에 갔으며 이어 뉴질랜드와 미국을 거치며 신수학에 대한 비판적인 발언들을 쏟아내었다. 소여는 콕세터와 마찬가지로 놀라운 수학 대중화저자로서 펭귄 고전문고 〈수학자의 즐거움Mathematician's Delight〉과 〈수학 서곡Prelude to Mathematics〉을 저술했다. 1965년 소여는 토론토 대학교 수학과와 교육학과를 겸임하는 교수직을 맡았고 은퇴하여 영국으로 돌아갈 때까지 그 자리에 있었다. *Geometry, Kindergarten to Grade Thirteen*, 1, 4, 18.

68) 위와 같은 출처, 34-92.

69) 1968년, 콕세터는 일기에 이렇게 기록하였다. "마크 캐츠Mark Kac는 미국에서 기하학이 죽었다고 말한다." 당시 뉴욕 록펠러 대학교에 재직 중이던 폴란드인 수학자 카츠는 "북의 모양을 들을 수 있을까?"라는 논문으로 유명했는데 이 논문에서 그는 이렇게 말하였다. "나는 특히 차원성의 역할에 매혹된다. 왜 어떤

것들은 '3차원 이상에서' 일어나는 반면 다른 것들은 그렇지 않은 것일까? 언제나 이것이 바로 자연과 수학의 공통문제가 가장 심오한 곳이라는 생각이 든다. 자연에서 관찰되는 일정한 사물들만이 일정한 차원의 공간에서 발생할 수 있는 이유를 안다는 것. 이러한 수수께끼를 이해하는 데 도움이 되는 것은 무엇이든 의미가 있다." 콕세터의 일기, 1968년 12월 14일자; O'Connor와 Robertson, "Mark Kac," http://www-groups.dcs.st-and.ac.uk/~history/Mathematicians/Kac.html (2006년 2월 3일 현재).

70) N. Bourbaki, *Groupes et Algebres de Lie*, 4, 5, 6, 243장; Bourbaki, *Elements of the History of Mathematics*, 269-73; Senechal, 인터뷰.

71) 자크 티츠뿐만 아니라 두 명의 다른 수학자들도 다양한 단계에서 부르바키에게 콕세터의 연구를 소개한 공로를 주장한다. 존 콜먼은 자신이 최초의 접점을 제공하였을 수도 있다고 시사하였다. 콜먼은 프린스턴에서 부르바키의 일원인 클로드 슈발리의 지도 하에 석사과정을 마쳤다. 1949년, 그는 베르사유 부근에서 열린 어느 부르바키 학회에서 자신의 논문 지도 교수를 만났다. 그는 부르바키가 리군에 대한 책을 작업하고 있음을 알게 되었고, 그래서 슈발리에게 그러한 주제와 관련된 콕세터의 연구에 대하여 알려 주었다. "그걸 들은 슈발리는 놀랐습니다"라고 콜먼은 말했다. "그는 제가 말하기 전까지는 콕세터의 연구를 알지 못하고 있었습니다." 피에르 카르티에 역시 비슷한 사연을 들려 주었다. 부르바키가 1950년대에 군에 대한 책을 준비하고 있을 때(각각의 책들은 장기간에 걸친 과정을 요구했다), 그는 콕세터의 이론들이 가야 할 길이라고 제안했다. "부르바키의 책들 중 하나는 철저하게 콕세터의 연구에서 영감을 얻은 것이며 부르바키 그룹 내의 동료들에게 이것이 올바른 접근법이라고 설득하는 데 제가 도움이 되었다고 말할 수 있습니다"라고 카르티에는 말했다. "콕세터가 그를 행할 방법이라고 설득하기 위해 일주일간 싸웠습니다. 논쟁이 없었던 것은 아니었지요." 문

제는 이러한 것이었다. 부르바키주의자들은 이러한 영역의 군에 대하여 유사한 연구를 하였던 다른 수학자를 알고 있었다. 러시아에서 태어났으며 당시에는 모스크바 국립대학교에 재직하였고 현재는 코넬 대학교의 수학교수인 유진 딘킨Eugene Dynkin이 바로 그였다. 딘킨은 콕세터와 거의 같은 표기법을 발견하였다. 그러나 이는 부르바키주의자들로서는 문제였다. 리군에 대한 책에서 부르바키는 물리학자들이 널리 사용하고 있던 딘킨의 도식을 사용하고 참고로 인용할 계획이었다. 그러나 콕세터의 연구를 알고 나서는 이를 재평가하지 않을 수 없었다. 그 까닭은 수학에서 처음으로 발견이나 창안을 한 사람에게 공적을 돌리는 것은 극히 중요한 일이기 때문이었다. 콕세터가 그러한 도식을 사용하였다고 지면을 통해 처음으로 언급한 것은 1931년 2월 9일, 자신의 생일에 제출하여 〈런던 수학회 저널Journal of the London Mathematical Society〉에 발표된 논문에서였다. 그리고 이 도식이 처음으로 지면에 모습을 드러낸 것은 1934년 〈수학연보〉를 통해서였다. 딘킨의 표기법은 그가 모스크바 대학교에서 연구를 하던 1940-1945년으로 거슬러 올라간다(그는 시력이 나빠서 전쟁 중에 복무를 면제받았다). 딘킨의 발견은 반단순 리군semisimple Lie groups에 대한 바일의 논문들을 이해하려고 하는 와중에 이루어진 것이었다. 콕세터의 발견은 결정군 crystallographic groups에 대한 연구에서 비롯된 것이었다. 이 두 개의 발견은 시간적으로 인접한 것이었기에 일부 수학자들은 이 도식을 "콕세터-딘킨 도식"이라고 부른다. 콕세터는 이러한 소식에 경쟁심을 느끼기보다는 정중하게 받아들였다. 이러한 일로 딘킨과 소식을 주고받게 된 것을 특별히 기쁘게 여겼다. 콕세터는 1984년 4월 3일자의 딘킨의 편지를 즐겨 상세하게 설명하곤 했는데, 이 편지에서 딘킨은 이렇게 말했다. "저의 표기법이 선생의 표기법과 그토록 비슷한 것으로 밝혀진 것은 놀라운 일이었습니다. 이는 그러한 표기법이 얼마나 자연스러운 것인가를 보여 주는 것임에 틀림없습니다." Coleman, 인터뷰;

Cartier, 인터뷰; Euegen Dynkin, 2004년 5월의 인터뷰; 콕세터와 딘킨의 서신, Coxeter Fonds, University of Toronto Archives; Jacques Tits, "Groupes et Geometries de Coxeter," *Wolf Prize in Mathematics*, vol 2., 740-54; 티츠가 저자에게 보낸 편지, 2004년 7월 28일자.

72) 그리고 이로부터 콕세터라는 이름이 붙은 용어들이 재생산되었다. 콕세터 원소 Coxeter element, 콕세터 메이트로이드matroid, 토드-콕세터 잉여류 나열 알고리듬Todd-Coxeter coset enumeration algorithm, 부르데이크-콕세터 입체나선 Boerdijk-Coxeter helix-이는 정사면체의 목걸이모양 직선 채우기로 일부 최밀충전 문제들에 효과적인 해를 제공하며 아미노산과 단백질의 나선형 구조와 같은 생물학에 응용된다. 콕세터의 이름이 붙은 용어에는 다음과 같은 것들도 있다. 콕세터 이론Coxeter theory, 콕세터 쪽맞추기 방법Coxeter tessellation method, 콕세터 변환Coxeter transformation, 콕세터 구성Coxeter Scheme, 콕세터 복소수Coxeter complex, 콕세터 다항식Coxeter polynomial, 콕세터 오비폴드Coxeter orbifold, 콕세터 관수Coxeter functor, 튜트-콕세터 그래프Tutte-Coxeter graph, 콕세터-크누스 삽입방법Coxeter-Knuth insertion procedure.

73) 콕세터의 일기, 1969년 3월 25일과 26일자.

74) Dieudonné, "The Work of Bourbaki in the Last Thirty Years," 620.

75) 부르바키가 콕세터의 연구가 중요하다는 것을 인정하면서 그의 도구는 인기를 얻어 수학계에 널리 퍼졌다. 1974년, 콕세터의 동료 이즈리얼 할페린Israel Halperin은 자신이 "콕세터군"에 대하여 들었다고 말하였고, 1976년, 워릭 대학교에서 열린 한 학회에서 콕세터는 로저 펜로즈, 그리고 조지 루스즈티그George Lusztig와 함께 자신의 이름을 딴 명명에 대하여 이야기를 나누었다. 루스즈티그는 당시 신출내기 "현대" 기하학자였고, 지금은 MIT에 재직하고 있다(그가 가장 흥미를 가지고 있는 것은 군표현 이론theory of group representations인데, 그는 콕세

터군이 자신의 연구에서 언제나 중요한 역할을 한다고 하였다). 그 다음날, 콕세터는 자신의 일기에 이렇게 적었다. "나는 부르바키의 책에서 세 개의 장을 살펴봤다." Senechal, "The Continuing Silence of Bourbaki"; George Lusztig, MIT 노버트 위너 수학 석좌 교수, 2006년 2월 3일자 전자우편 ; 콕세터의 일기, 1974년 8월 6일과 1976년 1월 13일과 14일자.

76) Dieudonné, "The Work of Nicholas Bourbaki," 144; Cartier, 인터뷰; Senechal, "The Continuing Silence of Bourbaki."

77) *The Two-Year College Mathematics Journal* 11, no. 1 (1980년 1월).

78) 위와 같은 책, 19-20.

79) 위와 같은 책, 18.

9장 버키 풀러, 그리고 "기하학적 공백" 메우기

1) 자신이 찾아낸 어느 항목에 대하여 콕세터는 이렇게 기록하였다. "강의를 준비하다가 147쪽에서 끔찍한 오류를 발견하여 어리석게 쓴 두 줄과 똑같은 자리를 차지하는 새로운 두 줄을 고안해 내느라 몇 시간을 보냈고 이를 콜스 씨에게 보냈다."

2) 콕세터의 일기, 1974년 2월 21일, 1973년 1월 2일자.

3) 콕세터의 일기, 1975년 2월 4일자.

4) Buckminster Fuller, *Synergetics, Explorations in the Geometry of Thinking*, ix.

5) Smith, 인터뷰; Conway, 인터뷰; Robert W. Marks, *The Dymaxion World of Buckminster Fuller*.

6) Coxeter, 인터뷰; 콕세터의 일기, 1967년 8월 10일자; 콕세터와 풀러 사이의 서신, Coxeter Fonds, University of Toronto Archives; Buckminster Fuller Collection (M1090), Stanford University Library; Smith, 인터뷰; Conway, 인

터뷰; Marks.

7) Coxeter, 인터뷰; 콕세터와 풀러 사이의 서신.

8) Fuller, *4D Time Lock*; Buckminster Fuller Institute 웹사이트 http://www.bfi.org/domes/에 있는 "Introduction to Geodesic Domes and Structure" 참고(2006년 2월 3일 현재).

9) 위와 같은 출처; Smith, 인터뷰.

10) 스미스는 1970년에 풀러에게 매혹되었는데, 당시 그는 베트남에서 돌아온 지 얼마 되지 않아 "지적으로 무기력한 상태였고 인간성에 대하여 상당히 희망을 잃은 상태였습니다. 푸에르토리코의 어느 서점에서 공상 과학 책을 찾아 어슬렁거리다가 실수로 풀러의 〈이상향 혹은 망각: 인간성에 대한 전망Utopia or Oblivion: The Prospects for Humanity〉을 집어 들게 되었습니다." 풀러에게서 스미스는 인간성에 대한 희망을 발견하였고 이로써 "무기력 상태에서 회복하게 되었습니다." 그는 풀러가 쓴 모든 글들을 손에 넣으려고 애썼고, 결국 풀러를 통해 콕세터에 이끌리게 되었다. Smith, 인터뷰.

11) 위와 같은 출처.

12) 콕세터의 일기, 1968년 2월 29일과 3월 1일자.

13) 콕세터의 일기, 1968년 3월 1일자.

14) 콕세터와 풀러의 서신, Coxeter Fonds, University of Toronto Archives; Buckminster Fuller Collection, Stanford University Libraries; 콕세터가 가지고 있던 마크스의 *The Dymaxion World of Buckminster Fuller*.

15) 이 정리는 다음과 같은 것들이다. "I. 모든 등거리변환은 반사이거나 2, 3, 혹은 4개의 반사의 곱이다. II. 2개의 반사의 모든 곱은 평행이동이나 회전이다. III. 3개의 반사의 모든 곱은 미끄럼 반사변환이거나 회전 반사변환rotary reflection이며, 특별한 경우로 단순반사가 포함된다. IV. 4개의 반사의 모든 곱은 2개의

반회전의 곱이다. V. 모든 직접 등거리변환direct isometry은 비틀림twist이며, 여기에는 특별한 경우로 평행변환이나 회전이 포함된다. VI. 모든 닮음은 뒤틀림이거나 미끄럼이거나 팽창회전dilative rotation이며, 특별한 경우로 단순팽창변환simple dilation이 포함된다." Coxeter, "Helices and Concho-Spirals," *Proceedings of the 11th Nobel Symposium, Symmetry and Functions of Biological Systems at the Macromolecular Level*.

16) 콕세터와 풀러의 서신, Coxeter Fonds, University of Toronto Archives; Buckminster Fuller Collection, Stanford University Libraries.

17) 콕세터의 일기, 1968년 9월 4일자.

18) Thomas, 인터뷰; Schattschneier, 인터뷰.

19) 콕세터의 일기, 1968년 9월 30일자; "Fuller Sees Housing Service Industry by '72," *Globe and Mail*, 1968년 10월 1일자; "Fuller Advises Students Go Outstairs Not Upstairs," *Telegram*, 1968년 10월 1일자.

20) Smith, 인터뷰.

21) Coxeter, 인터뷰.

22) Whiteley, 인터뷰.

23) Coxeter, 인터뷰; Smith, 인터뷰.

24) George Escher, 인터뷰; Schattschneider, 인터뷰; George Escher와 한 Schattschneider의 인터뷰, 2005년 11월.

25) M. C. 에스허르가 아서 러브에게 보낸 1964년 6월 8일자 편지, Escher Archives, Gemeentemuseum, The Hague.

26) Barry Farrell, "The View From the Year 2000," *LIFE*, 70, no. 7(1971년 2월 26일자), 46-58.

27) 콕세터는 그의 증명을 발표하면서 이렇게 말했다. 풀러의 정리는 "(대단히 가깝

게) 기술되어 있다. 합동인 공들을 정육면체 최밀충전으로 배열하여 사면체나 사각뿔, 팔면체, 육팔면체Cuboctahedron, 절두사면체 혹은 절두팔면체를 채우되 각 모서리에 $n+1$개의 공이 놓이게 한다면, 주변의 공의 총수는 bn^2+2개가 되는데, 단 b의 값은 각각 2, 3, 4, 10, 14, 30이 된다." Coxeter, 인터뷰; 콕세터와 풀러의 서신; Buckminster Fuller Collection, Stanford University Libraries; 콕세터의 일기, 1970년 9월 29일; Coxeter, *"Polyhederal Numbers,"* For Dirk Struik, *Boston Studies in the Philosophy of Science*, 25-35.

28) 콕세터와 풀러의 서신, Coxeter Fonds, University of Toronto Archives; Buckminster Fuller Collection, Stanford University Libraries.

29) Coxeter, "Virus Macromolecules and Geodesic Domes," *A Spectrum of Mathematics*. 이 책은 오클랜드에 있는 뉴질랜드 대학교의 기하학자 H. G. 포더에 대한 헌정논문집이다. 그는 객원 교수로 이 대학교에서 근무한 적이 있었다. 이는 〈구형 모형Spherical Models〉이라는 책에 영감을 주기도 했는데 이 책은 콕세터가 서신을 주고받았던 베네딕트회 수도사인 매그너스 웨닝거Magnus Wenninger가 쓴 것이다.

30) 흔한 감기 바이러스는 함께 휘감겨 이십면체를 형성하는 세 개의 단백질로 이루어져 있다. "체내에서 이러한 단백질들로부터 스스로 조립되어 해를 미칩니다"라고 월터 화이틀리는 말했다. 화이틀리에 따르면 대부분의 바이러스는 이십면체나 십이면체 모양이라고 한다(어떤 것도 사면체, 육면체, 팔면체는 아니다. 다만 일부는 구조상 다면체라기보다는 관모양에 가깝기는 하다). 위와 같은 출처; Whiteley, 인터뷰.

31) 콕세터는 "바이러스 거대분자와 측지선 돔"에서 이십면체 지도를 만드는 풀러의 방법을 측지선 돔과 비교하였다. "벅민스터 풀러는 전 지구의 지도를 만들면서 지리적인 지구에 새겨진 정이십면체를 상상하고, 그노믹gnomic(또는 '중심')

사영으로 구로부터 이십면체 표면으로 외곽선을 옮기고, 이 표면을 적당한 한 벌의 열한 개의 모서리를 따라 자른 다음 평평한 '그물'로 펼친다. 풀러가 측지선 돔을 만들 때는 이러한 과정이 역전된다. 즉 커다란 정삼각형을 작은 정삼각형들이 반복되는 패턴으로 채우고 이러한 패턴을 이십면체의 각 면에 반복한 다음 그노믹사영으로 반복된 패턴을 외접구circumsphere로 옮긴다." 콕세터와 풀러의 서신, Coxeter Fonds, University of Toronto Archives; Buckminster Fuller Collection, Stanford University Archives.

32) 풀러가 고안해 낸 또 다른 말은 "육팔면체"를 대신하는 "벡터 평형vector equilibrium"인데, 콕세터는 이러한 대체에 화를 냈다. 콕세터는 "[풀러는] 자기가 원하면 새로운 말을 만들어 내도 될 만큼 자신을 높게 평가하였습니다"라고 불만을 표했다. "텐스그리티"라는 말에 대해서는 개의치 않았다. 그러나 1948년 실험적인 블랙마운튼 대학에서 풀러의 제자로 있던 뉴욕의 미술가 케네스 스넬슨Kenneth Snelson은 풀러가 "텐스그리티"라는 말을 고안해 낸 것은 자신이 발견해 낸 막대기와 끈으로 만든 모빌을 도용하기 위한 방편이었다고 주장했다. 스넬슨은 이러한 모빌을 "유동적 압축 구조" 혹은 "불연속적 압축, 연속적 장력 구조"라고 부른다. 대부분은 그저 "내 구조"라고 하기는 하지만 말이다. Coxeter, 인터뷰; Smith, 인터뷰; Knneth Snelson, 2005년 6월의 전자우편, "Re: Fuller and Tensegrity"; Fuller, *Synergetics*.

33) Coxeter, 인터뷰.

34) Smith, 인터뷰.

35) Fuller, *Synergetics*, ix.

36) Whiteley, 인터뷰.

37) 이러한 영역에 화이틀리가 처음으로 진출하게 된 것은 어느 학제적인 기하학 그룹을 통해서였다. 그는 구조공학자이자 지금은 몬트리올 대학교에서 은퇴한 야

노시 버러츠Janos Baracs와 가까이 지냈다. 버러츠는 몬트리올의 세인트하이어 신스공원에 세계에서 가장 큰 텐스그리티 조각을 만들었고, 경력을 쌓아 나가며 건축가 아서 에릭슨Arthur Erickson, 그리고 모셰 사프디Moshe Safdie와 67년 세계박람회(사프디가 수석건축가 역할을 했다) 같은 프로젝트에 대해 상의하였다. 화이틀리는 이렇게 말했다. "야노시는 비범한 설계를 하는 사람들과 협력했습니다. 그는 틀에서 벗어나 이러한 비범한 일들을 직접적으로 분석할 능력을 갖췄는데, 그 이유는 기하학을 잘 알고 있기 때문입니다. 왜 기하학을 잘 알고 있느냐고요? 헝가리에서 교육을 받았으니까요. 야노시는 콕세터와 같이 유럽에 뿌리를 둔 생생한 기하학 전통을 유지하면서 북미 출신의 다른 사람들을 교육하는 사람들에 속합니다." Whiteley, 인터뷰; Whiteley, "Learning to See Like a Mathematician."

38) Whiteley, "Learning to See Like a Mathematician."

39) 위와 같은 출처; Howard Wainer, *Visual Revelations*, 58-60.

40) Whiteley; Edward R. Tufte, *Visual Explanations*, 52.

41) 마이클 아티야 경은 1980년대 수학협회에서 한 연설에서 똑같은 아이디어를 명확하게 표현하였다. "우리는 수학이 인간의 활동이며 인간의 오성의 본질을 반영하고 있음을 올바로 이해해야 합니다. 그런데 우리가 어떤 설명을 이해하였다는 것을 나타내는 가장 흔한 방법이 '알겠다 see' 고 하는 것입니다. 이는 정신적 과정, 즉 뇌가 우리의 눈이 보는 것을 분석하고 분류할 수 있는 방식에서 시각이 가지는 어마어마한 힘을 보여 주는 것입니다(영어에서는 'I see' 가 '알겠다' 는 의미이지만 우리말에서는 이에 해당하는 적당한 시각적 표현은 없는 것 같다-옮긴이). 물론, 때로 눈은 속일 수도 있고 경솔한 사람들에게는 착시현상이 있습니다만, 뇌가 2차원과 3차원 패턴을 해독하는 능력은 대단히 놀라운 것입니다." Whiteley; Atiyah, "What Is Geometry," *The Changing Shape of Geometry*, 24-29.

42) Whiteley; Stephen M. Kossylyn, *Image and Brain: The Resolution of the Imagery Debate*, 13-14.

43) Whiteley, 인터뷰; Thomas Homer-Dixon, *The Ingenuity Gap: Can We Solve the Problems of the Future?*

44) Whiteley, 인터뷰.

45) Whiteley, 2002년 7월 11일 부다페스트에서의 인터뷰; Henry Petroski, *Design Paradigms: Case Histories of Error and Judgement in Engineering*, 81-179.

46) Whiteley, 인터뷰.

47) Petroski, "Past and Future Failures," *American Scientist*, 500-4; Petroski, *Success through Failure: The Paradox of Design*, 170-1.

48) Coxeter, *Projective Geometry*, 2.

49) 콕세터는 수학적으로 사영 기하학을 다음과 같이 정의했다. "유클리드의 〈기하학 원론〉의 첫 여섯 권에 나오는 평면 기하학은 선과 원의 기하학이라고 설명할 수 있다. 그 도구는 직선자(혹은 표기가 없는 자)와 컴파스이다. 덴마크의 기하학자 게오르그 모어Georg Mohr(1640-1697)와 이탈리아인 로렌초 마스케로니 Lorenzo Mascheroni(1750-1800)는 각각 독자적으로 대단한 발견을 했다. 그들은 직선자를 버리고 컴퍼스만 사용해도 손실되는 것은 아무 것도 없다는 것을 증명하였던 것이다." 그는 계속해서 이렇게 말했다. "대신 컴퍼스를 버리고 직선자만 사용한다면 얼마나 많은 부분이 유지될 것인가 하는 의문을 가지는 것도 당연하다. 원도, 거리도, 각도, 중간성intermediacy도, 평행도 없는 기하학을 개발하는 것이 가능할까? 놀랍게도 그 답은 그렇다는 것이다. 그래서 남는 것은 사영 기하학이다. 사영 기하학은 유클리드 기하학보다는 단순하지만 흥미가 없을 정도로 단순하지는 않은, 아름답고 복잡한 명제들의 체계이다. 직선자로 하는 기하학은 첫눈에 보기에는 '토지 측량'이라는 의미에서 기하학이라는 이름

이 나왔다는 잘 알려진 유래와는 거의 연관이 없는 것 같다. 점, 선, 평면을 다루기는 하지만 두 점 사이의 거리나 두 선 간의 각도를 측정하려는 시도는 이루어진 적이 없었다. D. N. 레머D. N. Lehmer의 말을 빌자면 '그러한 것에 대하여 경험적으로 아는 바가 없으므로, 일관성이 있고 무언가 유용한 목적에 사용된다면 원하는 대로 자유롭게 아무런 가정이나 세울 수 있다.'" Coxeter, 위와 같은 책, 1-5.

50) 사영 기하학의 계보를 더듬어 가며 콕세터는 유클리드, 아르키메데스, 아폴로니우스가 원뿔곡선을 연구하기는 하였으나 진정한 의미의 최초의 사영기하학적 정리들은 기원후 3년 알렉산드리아의 파푸스Pappus가 발견한 것이라고 적었다. 케플러는 "무한원선"이라는 중요한 개념을 깨달았고, 17세기 프랑스의 건축가 지라르 데자르그Girard Desargues도 "평행선은 무한한 거리에서 공통의 끝을 가진다"고 연명하였다. 콕세터는 E. T. 벨의 말을 인용하는 것으로 책의 서문을 가름했다. "17세기의 대담한 선구자 데자르그가 투영에 대한 자신의 독창적인 방법이 어디로 이어질 것인가를 미리 알 수 있었더라면 놀라는 것도 당연했을 것이다. 그는 자기가 무언가 훌륭한 일을 했다는 것은 알았지만, 그것이 얼마나 훌륭한 것이 될 것인가에 대해서는 전혀 알지 못했을 것이 분명하다." Coxeter, 위와 같은 책.

51) Gian-Carlo Rota, "Book Reviews," *Advances in Mathematics*, 263.

52) Whiteley, 인터뷰; Weiss, 인터뷰; Coxeter, "My Graph," *Proceedings of the London Mathematical Society*, 117-36.

53) 콕세터와 호프스태터의 서신, 1992년 12월-1993년 7월, Coxeter Fonds, University of Toronto Archives; Hofstadter, 2001년 8월, 2005년 5월과 6월의 인터뷰, 2005년 6월-2006년 1월의 전자우편.

54) 위와 같은 출처.

55) 위와 같은 출처.

56) 위와 같은 출처.

57) 삼각형의 각각의 중심에는 나름의 정당화할 근거가 있고, 어떤 것들은 다른 것들보다 더 설득력이 있다고 호프스태터는 말했다. "하지만 결국 모두가 순전히 심미감에 근거한 주관적인 순위매기기로 귀착됩니다." 그리스인들은 호프스태터가 말하였던 세 개의 중심을 알고 있었다. 호프스태터는 이렇게 말을 이어갔다. "그러다가 1500여 년이 지난 뒤 페르마점이 나왔고, 그로부터 1, 2백년이 지나고 나서 구점중심nine-point center이 등장했습니다. 아마 그 다음이 제르곤점Gergonne point일 겁니다. 19세기에 중심의 종류가 급증하기 시작합니다. 나겔점Nagel point과 브로카드점Brocard point, 그리고 이러한 점들 사이에는 점들이 놓인 원과 직선들을 통한 놀라운 연관들이 있었습니다. 그러다가 켤레변형conjugacies이 나오지요. 이것은 점들을 이리저리 움직여 서로에게 옮기는 변환입니다." 위와 같은 출처.

58) 호프스태터는 그 후로 자신의 진로에서 벗어나 새로운 두 개의 강좌를 만들었고 그로써 수학과 기하학을 자신이 좋아했던 방식으로 할 수 있게 되었다. 1990년대 초의 첫 번째 강좌는 "원과 삼각형: 기하학의 다이아몬드Circles and Triangles: Diamonds of Geometry"였는데, 그는 콕세터에게 이렇게 보고했다. "저는 한 달여 안에 처음으로 이 강좌를 하게 되어 대단히 흥분이 됩니다. 교과서는 두 개입니다. 그 하나는 당연히 선생님의 〈기하학 재고〉이고, 또 하나는 데이비드 웰David Well이 새로 내놓은 매력적인 책인 〈진기하고 흥미로운 기하학에 대한 펭귄사전Penguin Dictionary of Curious and Interesting Geometry〉입니다." 그리고 지난 몇 년간, 그는 버클리에서 자신을 그토록 내몰았던 "골치 아픈" 군론 분야로 돌아가 스스로의 방식대로 개척 해나가기로 결심했다. "저는 대략 35년이 지나서 군론과 갈루아 이론으로 돌아와 이렇게 말했습니다. '반드시

이걸 호감이 가게 만들겠어. 이 가증스러운 것을 호감이 가게 만들겠어. 다시 검토해서 시각화하는 법을 찾아내겠어. 나무들을 잘라내겠어. 성가신 밀림을 치워버리겠어. 그렇게 해서 멀리 볼 수 있도록 만들겠어.' 그리고 이러한 일을 해왔습니다. 군론에 혁명을 일으켰다는 말은 아닙니다. 과장된 주장을 하려는 것은 아닙니다." 이 강좌의 제목은 "시각화된 군론과 갈루아 이론Group Theory and Galois Theory Visualized"이다. 그리고 군에 대한 구체적인 상들을 만들어나 가는 과정에서 소위 "제2 동형사상 정리"에 해당되는 새로운 상이 나타났다. 그리고 호프스태터에 따르면 이러한 상을 통해 정리가 참이라는 사실이 완전히 명백해졌다. 이 상은 반지름방향으로 베어 낸 두 개의 동심원에 대한 것이었고, 마치 작은 피자가 큰 피자 안에 들어앉아 있는 것처럼 보여서 이 강좌에 별명이 붙게 되었다. "피자 이론"이라는 것이다(호프스태터가 강좌의 저녁모임에 피자를 들고 오곤 해서 더욱 굳어졌다). 피자의 심상은 약간 수정된 형태로 자센하우스 예비정리 Zassenhaus's lemma라는 상당히 어려운 정리의 증명을 포함한 몇몇 경우에 사용되었다. 그러나 현재까지 호프스태터가 강좌에서 사용한 가장 중요한 도표는 케일리 도표Cayley diagram이다. "콕세터는 케일리 도표와 상당히 밀접한 관련이 있었습니다"라고 호프스태터는 말했다. "그와 윌리 모저는 자신들의 책 〈이산군의 생성원과 관계〉라는 책에 케일리 도표를 사용하였습니다. 군론, 그리하여 갈루아 이론을 시각화하는 데 사용되는 핵심적인 요소는 콕세터가 조사하고 있던 아이디어와 긴밀하게 연관되어 있다고 생각됩니다." 위와 같은 출처.

59) 이 글에서 호프스태터는 자신이 삼각형에 대한 이러한 기본적 발견을 한 것으로 필즈 메달을 받을 수 있을 가망성을 깊이 생각해 보았다. "제가 참으로 수십 년 만에 삼각형의 중요하고도 새로운 특성을 처음으로 발견한 사람이었을까요? 그날 저녁 들뜬 기분으로 아내에게 저의 획기적인 발견을 설명해 주었고, 아내는 수학을 포기한지 25년쯤 지난 지금에 와서 내가 필즈 메달을 받을 수도 있겠

다는 공상을 펼쳤답니다! 우리는 이러한 생각을 재미있어 했는데, 특히 엄청난 추상에 철저하게 절망하여 수학을 그만두었다는 아이러니를 생각하면 더욱 그러했습니다. 물론 필즈 메달 운운하는 것은 그저 실없는 몽상일 뿐이었고 우리도 그걸 알고 있었지만, 왜 유클리드 기하학 연구가, 아무리 우아하거나, 새롭거나, 기본적인 것이라 하더라도, 필즈 메달을, 아니 아예 수학자들의 진지한 주목을 받을 가치가 있다고 간주될 수도 있으리라는 생각이 왜 그토록 우스꽝스러운 것인가 하는 궁금증이 들었습니다." 위와 같은 출처.

60) 위와 같은 출처.

61) 위와 같은 출처.

62) 최근의 한 연구에 따르면 아마존 유역의 고립된 집단인 브라질의 문두루크족은 공간적인 기하학 개념-직각이라든가 평행과 같은-을 직관적으로 이해하는 것으로 밝혀졌다. 이러한 개념을 서술하는 단어도 없고 그들이 본래 갖추고 있는 지식이 공식적인 교육에 근거한 것도 아니며 기하학 도구를 만지작거리지 않는 것도 분명한데 말이다. 연구에 의하면 "이 동떨어진 인간 공동체가 기하학 개념과 지도를 자연발생적으로 이해하는 것은 핵심적인 기하학지식이 인간정신의 보편적인 구성요소라는 증거가 된다." Stanislas Dehaene, Veronique Izard, Pierre Pica, Elizabeth Spelke, "Core Knowledge of Geometry in an Amazonian Indigene Group," Science, 381-84.

63) 콕세터와 호프스태터의 서신; Hofstadter, 인터뷰.

64) 호프스태터의 "가장 씁쓸한 수학적 기억" 중 하나는 러시아의 수학자 A. Y. 힌친A. Y. Khinchin이 쓴, 〈수론의 세 진주Three Pearls of Number Theory〉라는 매혹적인 제목이 달린 책과 관련된 것이다. 이 책은 "힌친이 병원에서 몇 달을 따분하게 보내며 부상당한 병사이자 친구를 돕는다는 칭찬할 만한 목적으로 쓴 것"이라고 호프스태터는 설명하였다. 그리고 이 책에는 반 데르 바에르덴 정리

Van der Waerden's theorem라고 알려진, "수론의 절대적으로 아름다운 결과"에 대한 힌친의 증명이 들어 있었다. 호프스태터는 이 정리가 대단히 우아하다고 생각하여 절대적으로 이를 익히고 이해해야겠다고 여겼다. "매일같이 수학과 대단히 깊숙이 관계를 맺고 있던" 물리학과 대학원생으로서 그는 증명을 검토해 보았다. 겨우 다섯 쪽 분량이었지만 몇 시간을 씨름한 끝에 포기하고 말았다. 그래서 그는 이 책에 "수론의 세 마리 굴Three Oysters of Number Theory"이라는 이름이 더 타당할 수도 있겠다고 생각했다. 그는 "부끄러워서, 혹은 되살아난 호기심으로" 일 년 뒤 다시 검토에 착수했다. "그리고 두 번째 쯤에는 어떤 불가사의한 이유에서인지 힘들게나마 이해할 수 있었습니다. 여러 시간이 걸렸지요. 그리고 마침내 읽기를 마쳤을 때 저는 이 증명을 한 벌의 그림들로 변환시켰습니다. 색칠된 상자들이 서로 포개진, 공인된 그림들이었지요. 그 그림들은 하도 간단하고 명확해서 수학자가 아닌 친구들, 수학을 좋아하지 않는다고 주장하는 사람들에게 정리뿐만 아니라 증명 전체를 대략 15분 안에 설명해 줄 수 있었습니다. 그 사람들이 이해하고 있어야 할 것은 고등학교에서 배우는 수학개념들과 색칠되고 포개진 상자들뿐이었지요." 가장 멋진 부분은(혹은 바라보는 방식에 따라 최악의 부분은) 호프스태터가 나중에 반 데르 바에르덴이 원래의 증명에 대한 발견을 설명한 논문을 접한 것이었다. "그 논문에는 제가 그렸던 바로 그 그림들이 나와 있었습니다!"라고 호프스태터는 말했다. "그리고 증명을 발견한 반 데르 바에르덴과 다른 두 사람은 그림만으로 그렇게 했다고 되어 있었습니다. 논문 전체에 공식 하나 들어 있지 않더군요. 누구도 종잇장 위에건 마음속으로건 이러한 도표들을 작도하지 않고서는 힌친의 책에 나와 있던 증명을 이해할 수 없으리라는 저의 직관적인 신념이 확인된 것입니다." 위와 같은 출처.

65) 그는 존 콘웨이와 윌리엄 서스톤을 거명하였다. 서스톤은 필즈 메달을 수상한 "현대"기하학자이기도 하지만 분명 시각적인 것을 대단히 애호하는 기하학자

이기도 하다. 쌍곡선기하학을 시각화하는 것에 대한 그의 아이디어는 대단한 찬사를 받은 컴퓨터 그래픽 비디오 〈매듭이 아니다Not Knot〉에 설명되어 있다. 콘웨이와 서스톤은 함께 프린스턴에 있을 때 학부생들에게 초등학교에서 더 흔히 볼 수 있는 시각적이고 실천적인 실습을 통해 첨단의 기하학적, 위상 수학적 아이디어를 전하는 "터무니없이 인기 있는" 강좌를 진행하였다. 위와 같은 출처; Conway, 인터뷰.

66) 추세가 최근 기하학을 향해 동요하고 있다는 것은 〈변화하는 기하학의 형세The Changing Shape of Geometry〉와 같은, 이러한 주제에 대한 책들이 급증하고 있다는 것으로 쉽게 알 수 있다. 2003년에 출판된 이 책은 콕세터가 일생에 걸쳐 행한 기하학적 연구에 마지막으로 기여한 내용의 일부가 포함되어 있다(부다페스트에서 발표한 논문이 마지막인데, 학회 의사록은 뒤늦게 2006년에 출판되었다). 〈변화하는 기하학의 형세〉는 지난 세기에 발표된 글들과 논문들 중에서 기하학의 지위를 증언하는 것들을 선택하여 모아놓은 것으로 G. H. 하디의 1925년작 논문 "기하학이란 무엇인가?What is Geometry"로 시작된다. 또 다른 탄원은 1973년 잉글랜드 동북쪽에 위치한 더럼 대학교 수학과의 명예선임특별연구원인 J. V. 아미티지J. V. Armitage가 집필한 것이다. 기하학을 변호하며 아미티지는 기하학을 공부하는 데 있어 〈기하학 원론〉에 나오는 두드러진 교과들을 익히는 것보다 더 쉽고 가까운 길은 없느냐는 제자의 질문을 접한 유클리드의 교훈을 인용하였다. "기하학에는 왕도가 없습니다"라는 것이 유명한 유클리드의 답변이었다. 아미티지는 이를 다음과 같이 정교화하였다. "수학이 매력적인 과목인 것은 어렵기 때문이다. 집요성과 집중력은 수학자의 소양에서 불가결한 부분이며, 다른 맥락에서 삶 전반에 있어서도 바람직한 것들이다. 기하학은 처음으로 어려움을 접하는데 있어 훌륭한 학과이다. 그 까닭은 기하학의 문제들이 그림을 이용한 탐구와 조사, 그리고 수학의 정수인 직관과 논리의 조합에 적합하기 때

문이다. 진정한 대답은 유클리드 자신의 것이다. 교육이 재정적 투자에 대한 재정적 보답을 가져올 것을 기대하는 사람들은 언제나 이익을 재려고 하여 결국 인간의 정신을 피폐하게 만든다. 그러나 지성과 추론능력은 그 자체를 목적으로 개발되어야 한다고 믿는다면 기하학은 고전과 마찬가지로 측정할 수 없는 가치를 지닌다." 얼마 전에 아미티지는 주로 화학과 자연과학 학생들과 몇몇 예술 전공 학생들이 수강하는 "수학의 기초 Foundations of Mathematics" 강좌의 시험을 감독하고 나서 채점을 하기 전에 자신의 글을 다시 읽어 보았다. 기억을 되살린 아미티지는 그의 주장이 오늘날에도, 더는 아니더라도 여전히 유효하고 타당하다고 말했다. 기본적인 고전 기하학은 수학과 과학에서 영원한 원형적 접근법이다. 그러나 아미티지는 아티야만큼 낙관적이지는 않다. 그는 모든 변론이 헛수고였다고 걱정한다. 콕세터가 기하학의 유령을 일으켜 세웠고 기하학에 새로운 물결을 일으킨 것은 분명하지만, 초등학교에서도 대학교 수준에서도, 자신이 그래야 한다고 믿는 만큼 기하학이 교육과정에 복원되지는 않았다는 것이다. 대학교에 오는 학생들이 기하학을 별로 알지 못하는 경향이 점점 더 심해지고 있음도 알고 있다. 그는 얼마 전에 맨체스터 출신의 여학생을 가르쳤는데, 그 여학생은 일반적인 고등학교에 다녔었고 영리하였으며, 고전 기하학을 대단히 좋아했다. 아미티지는 이 여학생에게 타임머신에서 방금 걸어 나와 어느 모로 보나 유클리드가 빠진 교육과정을 무시한 선생님이 있었음이 분명함을 깨달았다. 그는 이 학생에게 자신의 좋은 경험을 모든 수학·과학적 지혜의 정점으로 기하학교육의 상황에 대한 보고서를 작성중인 영국학술원과 협력하여 기록하라고 권하였다. J. V. Armitage, "The Place of Geometry in Mathematical Education," *The Changing Shape of Geometry*, 515-26; Armitage, 2005년 5월 27일의 인터뷰; Atiyah, 인터뷰.

67) "Teaching and Learning Geometry" 11-19, 영국학술원/합동수학협의회분과,

2001년 7월.

10장 C_{60}, 면역 글로불린, 비석 그리고
COXETER.MATH.TORONTO.EDU

1) Coxeter, "The Problem of Packing a Number of Equal Nonoverlapping Circles on a Sphere," *Transactions of the New York Academy of Science*, 320-31.

2) 위와 같은 출처; Conway와 Sloane, SPLAG; Conway, 인터뷰; Sloane, 인터뷰; Gerge G Szpiro, *Kepler's Conjecture*.

3) 위와 같은 출처.

4) 1956년, 콕세터의 친구인 스코틀랜드의 수학자 존 리치가 간단한 증명을 내놓았다. Coxeter, *Twelve Geometric Essays*, 179-188.

5) 위와 같은 출처, 180-181.

6) Lang, 인터뷰; O'Connor와 Robertson, "Clause Elwood Shannon," http://www-groups.dcs.st-and.ac.uk/~history/Mathematicians/Shannon.html (2006년 2월 3일 현재); Sloane, 인터뷰.

7) 위와 같은 출처.

8) Lang, 인터뷰.

9) Sloane, 인터뷰.

10) 위와 같은 출처.

11) 위와 같은 출처.

12) Lang, 인터뷰; Conway, 인터뷰.

13) 구의 충전에서 모든 차원에서 올바른 해답을 찾는 문제는 아직 해결되지 않았다. 일부 차원에서는 문제에 대한 잠재적인 해답의 폭이 상계와 하계 사이로 좁

혀졌다. 콕세터는 자신의 논문에서 새로운 계界를 제안하는 공식을 제시하였다. 4차원에서 접촉수에 대한 그의 계 - 중심 되는 공을 꼭 맞게 둘러싸는 당구공의 숫자 - 는 24와 26 사이였다(24는 대략 한 세기 동안 하계로 알려져 왔지만 콕세터는 26이라는 새로운 상계를 제시하였다). 8차원에서 콕세터는 오랫동안 알려져 온 240이라는 하계에 맞세워 E8 격자로부터 244라는 상계를 제시하였다. 콕세터의 연구에는 어려운 계산이 필요하였기에 이 경우에도 콕세터가 "컴퓨터를 사용하는 사나이"라고 부른 스코틀랜드의 친구 존 리치에게 자기 대신 까다로운 컴퓨터 계산을 맡겼다.

24차원에서는 후일 리치와 존 콘웨이가 이러한 문제에 대하여 어느 정도 진전을 가져왔다. 리치는 오늘날 리치 격자라고 알려진 24차원 격자의 구조를 "몇몇 사람의 코앞에 달랑거려 보였는데" 그러한 사람들에는 콘웨이와 콕세터도 있었다. 리치는 자신의 격자의 대칭(군을 구성할 다중대칭이 있을 것임은 알고 있었다)을 확정해 줄 누군가가 필요했는데, 스스로 연구할 만한 군론 기술을 갖추지 못하고 있었기 때문이었다. 콘웨이가 처음으로 미끼를 물었다. 조지 G. 슈피로George G. Szpiro는 자신의 책 〈케플러의 추측Kepler's Conjecture〉에서 이렇게 말했다. "콘웨이는 자신의 아내에게 이것이 중요하고도 어려운 일이며 수요일 여섯 시부터 자정까지, 그리고 토요일 정오부터 자정까지 이를 연구할 것이라고 말했다. 그렇게 미리 계획을 세울 필요는 없었다. 수수께끼를 푸는 데는 토요일 하루가 걸렸을 뿐이었다." 그날 저녁 콘웨이가 발견한 것은 리치 격자의 대칭을 기술하는 군이 다름 아니라 그때까지 발견되지 않았던 산발적인 단순한 군의 하나에 지나지 않는다는 사실이었다. "콘웨이군"의 발견은 추가적인 산발적 군들에 대한 발견에 촉매 역할을 하였고 이는 세계적인 분류 노력에 상당한 비약을 가져다준 획기적 발견이었다. 그리고 당시 자신의 수학적 생산력에 대하여, 혹은 그 부족에 대하여 의기소침해하고 있던 콘웨이는 자존심을 회복할 환영할 만한 계기를 얻었다. 거의 즉각적으로 학술원 특별회원으로 임명되었던 것이다. 그리고 세계에서 선두를 달리는 수학자의 한 사람으로 나섰다. 그러나 콘웨이는 최근 만성질환에 시달리고 있다고 호소하였다. 그 병의 이름은 게으름으로, 프린스턴의 수학과 휴게실에서 수학의 나날들을 낭비하고 있다는 것인데, 그럼에도 때때로 그는 "자유의지정리the free will theorem"와 같은 자극적인 화제에 사로잡히기도 하는데, 이 정리는 그와 사이먼 코헨이 맹렬하게 개발해 온 것이다.

2004년, 헨리 콘Henry Corn과 아브히나브 쿠마Abhinav Kumar가 24차원에서 구 충진의 변형문제를 완전히 해결했다. 4차원에서는 닐 슬론과 앤드류 오들리즈코Andrew Odlyzko가 몇 년 전에 계를 25로 줄여 놓았다. 그리고 이어 로널드 하딘Ronald Hardin이 이를 24로 낮추었다. 슬론과 오들리즈코는 25가 불가능하다는 것은 알고 있었지만 증명하지 못했다. 8차 세너는 슬론과 오들리즈코가 계를 240으로 줄여 놓았다. 그들의 방법은 콕세터와 리치의 투박한 계산보다 훨씬 더 쉬웠는데 이는 선형계획의 힘을 이용한 덕이었다. Coxeter, "An Upper Bound for the Number of Equal Nonoverlapping Spheres That Can Touch Another of the Same Size," *Proceedings of the Symposia in Pure Mathematics*, 53-71; Coxter, 인터뷰; Conway, 인터뷰; Conway와 Sloane, SPLAG; O'Connor와 Robertson, "John Leech," http://www-groups.dcs.st-and.ac.uk/~history/Mathematicians/Leech.html (2006년 2월 5일 현재); Szipiro, 95; Sloane, 인터뷰; Smith, 인터뷰.

14) 랭은 국제전기통신연합-전기통신 장비와 체계에 대한 협동적인 표준을 촉진하기 위한 UN기관으로 스위스 제네바에 있다-의 전신에 제안을 제출하였다. Lang, 인터뷰.

15) 랭은 콕세터에게 서면으로 자신의 제안을 보여 주었다. 그 이유는 1986년이 되어서야 실용적인 E8 격자 모뎀이 생산되기 시작했기 때문이었다. 그리고 기술

의 끊임없는 진전으로 E8은 곧 폐기되었다. "업계에 훨씬 더 증강된 모뎀 성능에 대한 압박이 가해지면서 이 모뎀은 단명하고 말았습니다"라고 랭은 말했다. 모토롤라사는 24차원의 리치 격자 모뎀을 생산하였다. 이는 특히 스웨덴에서 인기를 얻었고 수많은 사무실을 가지고 있어서 컴퓨터 간의 통신이 필요한 대회사들이 사용하였다. 리치 모뎀은 얼마 안 있어 모토롤라의 트렐리스 모뎀으로 교체되었고, 이러한 교체과정은 계속되었다. Lang, 인터뷰.

16) 로버트 테넌트(캐나다 온타리오 킹스턴 퀸스 대학교 전산학부 프로그래밍언어의 의미론과 설계 담당 교수), 인터뷰, "Re Coxeter Anecdote," 2004년 1월-2005년 6월.

17) 콘웨이는 구 충전의 보다 이론적인 측면을 연구해 왔다. "저는 마지못하여 유혹을 당한 것이나 마찬가지입니다"라고 콘웨이는 말했다. "제가 수학으로 이름을 얻게 된 이유 중의 하나, 아니 사실은 유일한 이유는 24차원에서의 일정한 구의 충전의 대칭을 연구한 것입니다"라고 말하며 그는 존 리치와 협력한 일을 지적하였다(후주 13 참고). 그리고 콘웨이의 친구인 닐 슬론은 애를 써서 한 권의 책을 썼는데 이 책은 이러한 주제에서 표준서가 되었다. 이 책은 〈구 충전, 격자 그리고 군Sphere Packing, Lattices, and Groups〉인데 SPLAG라고도 알려져 있다. 이 책은 현재 매년 인세 수표가 날아오게 만드는 훌륭한 밑천 역할을 하고 있다. "그래서 개인적으로 저는 어떤 의미에서 감사하게 생각합니다. 하지만 저는 [응용]문제로서는 구 충전 문제에 그다지 흥미가 없었습니다. 이 특별한 배열의 대칭과 아름다움에 흥미가 있었고, 그건 콕세터가 관심을 가졌던 부분이기도 합니다." 그러나 콘웨이가 슬퍼하듯 말했던 것처럼 수학의 훌륭한 부분에는 무엇이나 응용이 존재한다. Conway, 인터뷰.

18) 사실 콕세터는 랭과 그의 작업에 대해 어떠한 앙심도 품고 있지 않았으며 계속 연락을 주고받았다. 몇 년 뒤 랭은 콕세터에게 자신이 연구담당 부사장으로 있

는 모토롤라의 캐나다 자회사인 EAE를 방문해달라고 청했다. 그날 방문했던 또 다른 사람은 현재 MIT 전기공학·컴퓨터과학과 외래교수로 근무하며 전직 코덱스 모토롤라 연구자였던 G. 데이비드 포니 2세G. David Forney Jr.였다. 포니는 모뎀산업의 원조로 여겨진다. 1970년 그는 최초의 신뢰성 있는 고속 모뎀을 발명했는데 이는 나중에 국제표준으로 채택되었고 이로부터 모뎀기술이 폭발적으로 발전하였다. 현재 유클리드 공간의 암호화와 해독에 흥미를 가지고 있는 포니는 그날 콕세터를 만났던 일을 이렇게 회상하였다. "저는 우리의 자매회사인 ESE에 콕세터가 방문하는 데 참석하라는 고드 랭의 초청으로 특별히 토론토로 갔습니다"라고 포니는 말했다. 그는 당시 매사추세츠 주 맨스필드에 위치한 모토롤라 인포메이션 시스템 그룹의 부회장이었다. 이 방문에는 장시간에 걸친 사교 오찬과 리치 격자 모뎀을 살펴보는, ESE에 대한 간단한 견학이 따랐다. 포니는 콕세터가 멋쟁이라고 생각했다. "예의바르고 뛰어난 용모의 전문직 신사였으며, 호감이 가는 풍모에 전혀 빈틈이 없었습니다. 당시 거의 아흔이 다 되었는데 사람을 매료시키더군요." David Forney, 전자우편 "Re: Gord Lang, E8, and Coxeter," 2005년 5월 31일자; Robert Gallenger, "A Conversation with G. David Forney, Jr.," *IEEE Information Theory Society Newsletter*, Http://www.itsoc.org/publications/nltr/97_jun/jdvcon.html (2006년 2월 4일 현재).

19) Coxeter, "University of Toronto Oral History Project."

20) Coxeter, 인터뷰; Thomas, 인터뷰.

21) C. Davis, 인터뷰.

22) Pat Kerr(NASA 랭글리연구소 공학국장), 2006년 1월 31일자 전자우편; Kurt Severance, Paul Brewster, Barry Lazos, Kaniel Kneefe, "Wind Tunnel Data Fusion and Immversive Visualization: A Case Study," NASA Langley

Research Center.

23) Whiteley, 인터뷰; Weeks, 인터뷰.

24) 1960년대 - 기하학이 "건설적이지 않고, 불명확하고, 추상적이었던 때"- 버클리에서 물리학, 그리고 이어 컴퓨터그래픽을 공부한 디로즈는 가능한 모든 기하학을 익혔으나, 그건 홀로 도서관 책장들을 뒤지며 1800년대 해밀턴Hamilton과 칼리Caley가 출판한 저작과 시대에서 벗어난 콕세터가 출판한 저작을 찾아내어 독학을 한 것이었다. 그는 오스트리아와 독일의 전문가들의 저작도 탐구하였다. "그곳에는 멋진 기하학 전통이 있습니다"라고 그는 말했다. 그는 교실에서 기하학이 부족한 것은 위기라고 느끼며, 아이들이 자라날수록 그런 생각은 깊어졌다. "초·중등학교 수준에서 수학과 기하학을 가르치는 사람들은 이를 이해하지 못합니다. 그들은 실제적으로 중요하게 만들 방법을 알지 못합니다. 그래서 아이들이 보편적으로는 수학에 대해서, 특히 기하학에 대해서 현실성이 없고 그다지 재미가 없는 것으로 여겨 흥미를 잃는 것입니다. 제게는 열한 살짜리와 일곱 살짜리 아이가 있습니다. 우리는 세상을 돌아다니며 우리가 바라보는 모든 곳에서 기하학을 발견하면서 많은 시간을 보냅니다. '어, 저거 봐, 바닥에 비치는 전조등 외곽선 모양이 포물선이네!'" Tony DeRose, 픽사 선임연구원, 2005년 11월 22일의 인터뷰.

25) 디로즈는 밥 파의 창조과정을 직접 전달함으로써 이를 보여 주었다. "이를테면 〈인크레더블〉의 밥 파가 팔을 내밀고 서 있다고 상상해 봅시다. 그는 3차원 캐릭터이고, 컴퓨터는 그를 3차원 기하학 사나이로 이해합니다. 이제 가상 카메라를 그의 앞쪽에서 3m 떨어진 곳에 위치시킵니다. 이 카메라를 밥을 곧바로 향하고 있는 점으로 모형화합니다. 그런 다음 카메라 앞에 카메라의 방향과 수직인 정사각형을 세웁니다. 여기서 사람들이 극장에서 보는 2차원 이미지가 형성됩니다. 따라서 우리가 하려는 일은 개념상 다음과 같은 것입니다. 이미지에

서 그의 코끝이 어디로 가는지 계산하고자 한다면 카메라의 중점에서 코로 선을 그리는데 그 선은 어딘가에서 이미지 평면을 가로지르게 됩니다. 이곳이 그의 코의 이미지가 나타나게 될 곳입니다. 그리고 그의 몸의 다른 모든 점들에 대해서도 같은 작업을 하여 그림평면 상에 밥의 2차원 투영을 형성합니다. 기하학적으로 말하자면 우리가 하고 있는 일은 기하학의 삼차원 집합을 취하여 그로부터 이미지 평면 상의 2차원 기하학 집합을 구성하는 것인데, 이것이 사영변환입니다." DeRose, 인터뷰.

26) 위와 같은 출처.

27) 위와 같은 출처.

28) 위와 같은 출처; "The Pixar Process," http://www.pixar.com/howwedoit/index.html (2006년 2월 3일 현재).

29) Whiteley, 인터뷰.

30) 1996년, 노스웨스턴 대학교의 에곤 슐테Egon Schulte가 이끄는 열 명의 수학자와 컴퓨터과학자들은 국립과학재단이 자금을 지원하는 미네소타의 기하학센터에 2차원인 〈기하학자의 스케치북〉과 유사한 3차원 프로그램에 대한 제안서를 제출하였다. 가상 타일과 벽돌을 가지고 놀 수 있도록 만든 것이었다. 이 프로그램의 이름으로 제안된 것은 〈콕세터 프로젝트〉, 혹은 〈프로젝트 콕세터〉였다. 이 그룹들 사이에 오간 전자우편에서 앨버타 대학교의 로버트 무디는 이렇게 지적하였다. "그의 이니셜(H. S. M.-옮긴이)로부터 끌어낼 수 있는 두문자어가 있습니다. (3차원 그래픽의) '체험적 종합 조작Hands-on Synthetic Maniuplation'입니다. [콕세터가] 이를 찬성하지 않을 것이라는 것은 확신합니다!" 이에 대해 마저리 세네칼은 이렇게 답했다. "콕세터는 자신의 이니셜이 '체험적 종합 조작'이라고 해석되는 것에 찬성하지 않을 지도 모르지만 부인께서는 찬성하시리라고 단언합니다! 부인께서 콕세터에게 유행을 이해하고 컴퓨

터 쓰는 법을 배워야 한다고 여러 차례 말씀하시는 것을 들었습니다. HSM 어쩌고 하는 것은 농담이라 하더라도 부인께서 찬성해 달라고 콕세터에게 말씀해주실 수는 있을 겁니다." 유감스럽게도 이 제안은 승인되지 않았는데, 그 이유는 기하학센터에 대한 재정지원이 같은 해에 중단되어 센터가 문을 닫았기 때문이었다. Senechal, "Donald and the Golden Rhombohedra," *The Coxeter Legacy*, 159-77.

31) 선임연구자는 유진 클로츠Eugene Klotz였고, 프로그램 설계자는 니콜라스 재키Nicholas Jackiw였다.

32) Schattschnider, 2003년 11월의 인터뷰.

33) 프로그램이 성공하자 IBM도 이를 원하게 되었지만 이 프로그램은 매킨토시를 위해 작성된 것이었다. 〈기하학자의 스케치북〉을 출판한 키 커리큘럼사는 애초에 프로그램을 새로운 플랫폼에 맞게 변환하는 비용이 장애물이라고 여겼지만 IBM이 기꺼이 선불로 자금을 대기로 했다. 미국에서 강좌의 60%가 〈스케치북〉을 사용한다. 다른 곳에서는 사용허가 · 배포계약에만 근거하여 사용범위를 판단할 수 있다. 말레이시아와 태국에서는 국가 사용허가를 받았다. 대한민국, 싱가포르, 코스타리카, 대만에서는 〈스케치북〉을 사용하는 강력한 국제적인 문화가 존재한다. 중국에서도 흥미가 높아지고 있다. 그리고 캐나다(여기에는 온타리오가 포함되는데 온타리오에서는 모든 학교와 가정용 사용자들에 대한 지방 사용허가를 얻었으며 목표는 학생당 1건의 사용허가를 부여하는 것이다), 영국, 호주에서는 "상당한 보급과 광범위한 인지도"가 있다. 이와 비슷한 프로그램으로는 〈카브리Cabri〉와 〈신데렐라Cinderella〉가 있다. 위와 같은 출처; Steven Rasmussen(키 커리큘럼출판사 사장), 저자에게 보낸 2005년 7월 7일자 전자우편 "Re: Sketchpad Stats."

34) 호프스태터는 1990년대 초반 기하학과 재회하면서 자신이 서로 밀접한 연관이

있는 원들과 삼각형들을 작도하되 실시간으로 그 작도가 기하학적 일관성에 적합하도록 하는 가운데 스크린 상에서 점이나 선들을 이리저리 끌고 다닐 수 있도록 하는 프로그램을 작성할 수 있을 것이라는 생각이 들었다. 그는 이러한 희망을 시각적인 기질을 지닌 친구에게 언급하였다가 그러한 프로그램이 이미 있다는 사실을 알고 놀랐다. 호프스태터는 〈기하학자의 스케치북〉을 사용해 보고는 곧바로 매료되었다. 콕세터에게 보낸 편지에서 호프스태터는 그에게 이러한 현대적 도구를 보신 적이 있느냐고 물어보며 기하학을 하는 이 스릴만점의 새로운 방법이 자신의 발견 하나에 어떠한 도움을 주었는지 설명하였다. "저는 컴퓨터로 달려가 이 놀라운 프로그램 〈기하학자의 스케치북〉을 가동하였는데, 아마 이 프로그램에 대해서는 선생님도 잘 아실지 모르겠습니다. 모르신다면 한 번 보시기를 바랍니다. 아주 혁명적입니다. 화면상에서 아무리 복잡한 기하학 작도를 하더라도 점들을 동적으로 움직일 수 있으며 모든 제약이 준수됩니다. 선생님께서는 책에서 T. J. 플레처T. J. Fletcher가 만든 영화 〈심슨선Simson Line〉을 칭찬하셨지요. 글쎄요, 제가 드릴 수 있는 말씀은 선생님이 그 영화를 좋아하신다면 〈기하학자의 스케치북〉에는 아주 열광하실 것이라는 점입니다. GS로 만든 모든 작도는 〈심슨선〉만큼이나 훌륭합니다! GS로는 기하학의 핵심을 곧바로 볼 수 있습니다. 예전의 기하학자들-퐁슬레Ponclet, 슈타이너, 쿨리지, 브로카르-중 몇몇이 이걸 볼 수 있으면 얼마나 좋을까 진심으로 생각합니다. 정신을 빼앗겨버렸을 겁니다." 콕세터와 호프스태터의 서신, Coxeter Fonds, University of Toronto Archives; Schattschneider, 인터뷰.

35) Whiteley, 인터뷰.

36) 위와 같은 출처.

37) 수학연구소에는 여러 개의 커다란 원형 작업대가 있고, 구석마다 매킨토시컴퓨터가 놓여 있으며, 기하학적 모형화에 쓸 "장난감들"이 가득한 벽장들이 있다.

화이틀리는 고급 플라스틱 띠를 잘라내고 이음매를 볼트와 너트로 조여서 도형의 꼭짓점을 형성함으로써 자신의 모형들 중 몇몇 개를 만든다(오래 전에 콕세터가 집에서 만든 모형이 여전히 그대로 놓여있다. 손으로 칠한 마분지 띠를 리벳으로 엮어 놓은 것이다). 최근의 기하학 도구는 '좀툴ZomeTool'인데, 이는 버팀대와 절점들로 이루어진 키트로서 콕세터의 모든 초다면체들을 조립할 수 있다(상자에는 콕세터의 서명과 더불어 이 제품을 추천하는 콕세터의 다음과 같은 말이 찍혀 있다. "좀 시스템은 입체 구성 절차를 상당히 단순화시켰고 입체식 구조space frame structure에 대한 연구를 하나의 일관성 있는 체계로 통합하여 입체 기하학, 과학, 미술, 공학 및 건축학 교육에 뛰어난 교육적 가치를 지니고 있습니다"). 그 외의 인기 있는 모형화 시스템에는 다음과 같은 것들이 있다. 공학자들을 위해 만들어진 오래된 체계인 유니스트러트Unistrut. 붉은색, 푸른색, 초록색, 노란색의 뚫려있거나 뚫려있지 않은 다각형들로 이루어져 있고 여러 개를 끼워 맞춰서 경첩과 같은 이음매를 만들며 어린 학생들을 대상으로 판매되는 폴리드론Polydron. 특별히 버키 볼Bucky Ball C_{60}을 만드는 것을 염두에 둔 멀레큘러 비전스Molecular Visions. 텐세그리토이즈Tensegritoys. 유기화학을 위해 만들어진 몰리모드Molymod. 그리고 화이틀리에 의하면 "최근에 유행하는 것"은 디럭스 마그네틱 키트Deluxe Magnetic Kit인데, 이것은 색색의 플라스틱 버팀목을 꼭짓점에서 자석 공으로 연결하는 것이다(목공과 정원용 도구 전문생산업체인 리 밸리 툴즈가 생산). Whiteley, 인터뷰.

38) Whiteley, 인터뷰.
39) 위와 같은 출처.
40) 위와 같은 출처.
41) 위와 같은 출처.
42) 위와 같은 출처.
43) 위와 같은 출처; John Andros(온타리오 주 요크 대학교 화학 교수), CHEM

3070 Handout #6, "Where Chemistry Meets Society: Current Examples."

44) Whiteley, 인터뷰.

45) 소재과학자들은 가능한 모든 패턴들을 분류하고 자신들의 조사에 어떤 질서를 부여하려고 애쓰고 있다. 광범위하게 보면 이는 "망상網狀 조직 과학"이다. "섞어서 구워 보고", "섞은 다음 기다려 보고", "열을 가하고 두드려 보는" 방법으로 인해 스스로 비판하고 있는 우연에 기대는 과학이다. 콕세터군의 고유한 분류 체계는 그토록 요구되는 어떤 질서를 제공해 줄 수 있는 잠재력을 지니고 있다.

46) Whiteley, 인터뷰.

47) 위와 같은 출처.

48) 위와 같은 출처.

49) Kroto, 인터뷰; Moody, 인터뷰.

50) 크로토는 이를 "광범위한 물리화학적 환경에 존재하는 과다한 색다른 분자들"이라고 표현하였다. 그리고 이러한 색다른 분자들은 "암모니아, 물, 에탄올과 같이 잘 알려진 화학종"과 더불어 오리온에만 해도 10^{28}개의 독한 술병을 채우기에 충분할 정도로 존재한다. Kroto, "C_{60}: Buckminsterfullerence, The Celestial Sphere That Fell to Earth," *Angewandte Chemie*, 111-29.

51) 극초단파연구-초단파분광기microwave spectroscope라는 기구를 사용하여 행성간 공간에 존재하는 화합물의 주파수를 찾아내려는 연구-의 대상이 된 최초의 화합물 중 하나는 은하계 밖의 분자인 HC_3N이었다. 크로토는 이 분자를 성공적으로 감지하고 나서 행성 간 공간에서 약간 더 큰 화합물인 HC_5N을 그물질하고자 했다. 왜냐하면 자신과 일단의 과학자들이 그 주파수를 측정한 바 있었기 때문이었다. 그는 오타와에 있는 "분광기 사용자의 메카" 국립연구평의회(NRC) 실험실에 재직하는 친구 오카 다케시岡武史에게 편지를 썼다. 오카는 자신이 "아주 대단히 흥미를 느낀다"고 답했다. 1975년, 크로토와 일군의 캐나다

천문학자들은 HC_5N을 발견하는 데 성공했다. 그런 다음 크로토는 판돈을 올렸다. HC_7N도 존재하는지 살펴보지 못할 이유가 없지 않은가? 그의 팀에게 할당된 전파망원경의 사용시간이 끝나가고 있던 터라 그들은 이 분자의 주파수를 급하게 찾아야만 했다. 크로토의 팀은 온타리오에 있는 알곤킨공원의 어두운 숲에 전파망원경 장비를 설치하고 나서도 여전히 영국에서 주파수를 계산하고 있는 동료의 연락을 기다리고 있었다. 주파수가 도착했을 때에는(전화로, 그런 다음 오지인 알곤킨으로 무전을 통해) 시간여유가 없었는데, 황소자리가 막 밤하늘의 지평선에서 떠오르고 있었던 것이다. 크로토는 〈응용화학Angewandte Chemie〉지에서 이러한 실험의 감동적인 결말을 이렇게 자세히 설명했다. "그 다음으로 이어진 몇 시간은 극적인 드라마였다. 우리는 망원경으로 급하게 달려가 예측되는 주파수대역에 수신기를 맞췄다. 저녁 내내 싸늘한 암흑성운에서 나오는 극히 약한 신호를 추적했다. 컴퓨터는 망원경을 작동시키고 들어오는 데이터를 저장했지만, 실망스럽게도 망원경이 작동하고 있을 때에는 온라인 상태로 데이터를 처리할 수가 없었다. 그러나 시스템이 10분씩을 통합한 정보는 보여 주었고, 시스템이 작동되는 동안 우리는 수신기의 중앙채널에서 예측된 신호의 극히 하찮은 흔적까지 찾기 위해 오실로스코프를 지켜보았다. 희미하기 짝이 없는 성공의 기미라도 절박한지라, 우리는 채널의 신호 레벨이 잡음보다 큰가를 판단하기 위해 간단한 통계분석을 수행하였다. 밤이 깊어갈수록 신호가 낮은 경우보다 높은 경우가 훨씬 더 잦다고 확신한 우리들은 우리는 점점 더 흥분했다. 황소자리가 지는 것을 기다릴 수가 없었다. 새벽 한 시에 이르러서는 흥분하고 조바심이 나서 더 이상 기다릴 수가 없었고, 성운이 완전히 사라지기 직전 에이버리Avery가 작동을 중단하고 데이터를 처리하였다. 오실로스코프에 흔적이 나타나던 순간은 과학자들이 꿈꾸는, 그리고 힘든 일과 일상적인 실망을 단번에 보상해 주는 순간이었다." 위와 같은 출처.

52) 위와 같은 출처.

53) Kroto, 인터뷰; Kroto, "The Celestial Sphere That Fell to Earth."

54) 스몰리는 뭉치cluster에 해당하는 영국식 용어 "덩어리wadge"를 접한 적이 없었기에 대단히 좋아하여 C_{60}을 "어머니 덩어리Mother Wadge"라고 지칭하기 시작했다. 덩어리의 무소부재함으로 인해 해리 경은 이를 "하느님덩어리Godwadge"라고 부르게 되었다.

55) 위와 같은 출처.

56) 콕세터는 벅민스터풀러린이라는 이름에 감동하지 않았다. "그는 이 구조가 이미 절두이십면체라는 아름다운 이름을 가지고 있다고 주장했습니다"라고 글렌 스미스는 말했는데, 그는 보다 적절한 이름들이 얼마든지 있었을 것이라고 시사했다. 절두이십면체는 아르키메데스가 발견한 것이다. 그러니 아르키메딘Archimedene은 어떤가? 혹은 이를 아름답게 묘사한 레오나르도 다빈치의 이름을 따는 것은 어떤가? 아니면 -콕세터라면 그런 제안을 결코 하지 않았겠지만- 그러한 도형들을 보호한 20세기의 후견인을 기린 콕세터린Coxeterene은 어떤가? Coxeter, 인터뷰; Smith, 인터뷰.

57) 이러한 연구는 영국에 있는 동료 켄 매카이Ken McKay와 공동으로 이루어졌다. Kroto, 인터뷰; Kroto, "The Celestial Sphere That Fell to Earth."

58) 영국의회의사록, 상원, 1992년 12월 2일-1992년 1월 9일, 590.

59) "C Sixty Inc.," http://www.csixty.com/ (2006년 2월 4일 현재).

60) Kroto, 인터뷰.

61) Whiteley, 인터뷰.

11장 M. C. 에스허르와 "콕세터하기" (그리고 다른 예술가들 칭찬하기)

1) Coxeter, "Aspects of Symmetry," 앨버타 주 밴프, 2001년 8월 27일.

2) 콕세터의 레퍼토리에 올라 있는 대중강연 중 하나는 "레오나르도 다빈치의 수학 The Mathematics of Leonardo da Vinci"이었는데 거기서 그는 이렇게 말했다. "레오나르도는 베네치아에 있는 육각형 모양의 〈카펠라 에밀리아나〉나 피렌체에 있는 팔각형 모양의 〈산 마리아 데글리 안젤리〉와 같은, 대칭적으로 배치된 건물을 설계하고자 하는 욕구를 통해 정다각형과 그 대칭군에 관심을 가지게 되었습니다. 레오나르도라면 분명 (1929년에) 하버드의 J. L. 쿨리지 교수가 '기하학은 미술의 한 분야라는 것이 개인적인 신조이다' 라고 말한 것에 동의했을 것입니다." Coxeter, "The Mathematics of Leonardo da Vinci," 콕세터의 강의파일, Coxeter Fonds, University of Toronto Archives.

3) Ed Barbeau(토론토 대학교 수학 명예 교수) 2003년 2월 26일, 2005년 2월 24일 토론토에서의 인터뷰.

4) 콕세터의 일기, 1954년 9월 3일자; Coxeter, 인터뷰.

5) J. L. Locher 외, M. C. Escher, His Life and Complete Graphic Work, 73.

6) 콕세터의 일기, 1954년 9월 6일자; Coxeter, 인터뷰.

7) Locher, 73.

8) 콕세터가 M. C. 에스허르에게 보낸 1954년 10월 24일자 편지, Coxeter Fonds, University of Toronto Archives.

9) Locher, 70-71.

10) J. L. Locher, The World of M. C. Escher, 48.

11) J. L. Locher 외, M. C. Escher, His Life and Complete Graphic Work, 71-73.

12) 위와 같은 출처.

13) 스노는 콕세터와 같은 시기 케임브리지에서 공부했고, 에스허르와 마찬가지로 두 문화가 만난 자신의 경험에 근거하여 자신의 아이디어를 구축하였다. 스노에 의하면 그는 과학자로 교육을 받았지만 천직은 작가였다(에스허르의 아버지와

형제들은 과학자였지만 그 자신은 하를럼에 있는 건축 · 장식예술학교에서 공부했고, 거기서 사무엘 예스룬 드 메스키타Samuel Jessrun de Mesquita라는 스승을 만났다). 스노는 강의에서 트리니티의 식당 교수석에서 이루어졌던 예술적 인물들과 과학적 인물들 간의 미적지근한 접촉을 보여 주는, 케임브리지에서 전설로 내려오는 일화를 소개하였다. 예술적 성향을 지닌 어느 방문객이 자기 왼쪽에 앉은 사람에게 말을 걸었다가 "불퉁거리는" 반응을 얻었다. "그래서 오른편에 앉은 사람에게 말을 걸어보았다가 마찬가지로 불퉁거리는 반응을 얻었습니다." 식탁에 앉아 있던 트리니티 학장이 이렇게 설명했다. "아, 저 사람들은 수학자들입니다! 우리는 저 사람들하고 얘기하는 일이 없답니다!" 그러나 스노는 "좀 더 심각한 일"을 걱정하며 이렇게 말했다. "서구사회 전체의 지적 생활이 점점 더 정반대인 두 개의 집단으로 나뉘고 있다. 1930년대의 언제인가에 G. H. 하디가 약간은 어리둥절해하며 제게 이렇게 말한 적이 있는 것을 기억한다. 요사이 "지식인"이라는 말이 어떻게 사용되는지 보았는가? 러더퍼드Rutherford나 에딩턴Eddington, 디랙Dirac이나 에이드리언Adrian, 나 같은 사람은 포함되지 않는 것이 분명한 새로운 정의가 있는 것이 분명해 보이네. 상당히 기이하게 여겨져." 스노는 이에 이렇게 동의한다. "20세기의 과학이 20세기의 예술에 흡수된 바가 그토록 적다는 것은 기이한 일이다." 이러한 구분은 에스허르와 콕세터에게는 해당되지 않았다. C. P. Snow, *The Two Culture*.

14) 콕세터의 일기, 1954년 9월 14일자.

15) 콕세터는 자신의 논문 "에스허르의 판화가 가진 수학적 함의The Mathematical Implication of Escher's Prints"의 서두에서 플라톤입체에 대한 에스허르의 묘사에 초점을 맞췄다. "레오나르도 다빈치나 알브레히트 뒤러와 마찬가지로, 에스허르는 다섯 개의 플라톤입체를 대단히 높이 평가한다. 그는 이렇게 말했다. '그것들은 조화와 질서에 대한 인간의 갈망을 상징하지만, 동시에 그 완벽성으

로 인해 우리는 무력감을 느끼며 두려워한다. 정다면체는 인간의 정신이 만들어 낸 것이 아니다. 그 이유는 인류가 등장하기 훨씬 전에 존재하였기 때문이다.'" Coxeter, "The Mathematical Implication of Escher's Prints," 49, *The World of M. C. Escher*, (에스허르의 말은 *The Graphic Work of Escher*, 9, BALLENTINE BOOKS, NEW YORK, 1967에서 재인용)

16) Doris Schasttschneider, *M. C. Escher: Visions of Symmetry*, 2.

17) Coxeter, "Coloured Symmetry," Coxeter 외, *M. C. Escher: Art and Science*, 16.

18) Schattschneider, 2004년 5월 16일 토론토에서의 인터뷰, 2005년 8월 5일 및 2005년 6월 15일 뱀프에서의 인터뷰, 2004년 5월-2006년 1월의 전자우편; Schattschneider, "Coxeter and the Aritsts: Two-Way Inspiration," 2004년 5월 15일 Coxeter Legacy Conference에서의 강연 및 *The Coxeter Legacy*, 255-80; "Coxeter and Artists: Two-Way Inspiration Part 2," 2005년 8월 5일 Renaissance Banff Bridges Conference에서의 강연 및 *Renaissance Banff Bridges Proceedings 2005*, 473-80.

19) Schattschneider, M. C. Escher: *Visions of Symmetry*, 2(Escher, *Regular Division of the Plane*, STICHTING DE ROOS, UTRECHT, 1958에서 재인용).

20) 위와 같은 책, 9-10, 17-18; Locher, *M. C. Escher: His Life and complete Graphic Work*, 23-24, 50.

21) 콕세터는 "에스허르의 동물애호Escher's Fondness for Animals"이라는 논문에서 애호하는 동물을 선택하는 것에 대한 에스허르의 실용적인 설명을 인용하였다. "경험상 새와 물고기의 실루엣이 평면을 나누는 게임에 사용하기에 무엇보다도 즐거운 모양입니다. 나는 새의 실루엣은 딱 필요한 각의 형태를 지니고 있고, 외곽선의 나온 곳과 들어간 곳은 지나치게 두드러지지도, 지나치게 희미하

지도 않습니다." Coxeter, "Escher's Fondness for Animals," *M. C. Escher's Legacy: A Centennial Celebration*, 1-4; Coxeter, *Introduction to Geometry*, 58.

22) "수학은 돼지와도 같다. 버릴 구석이 없다"고 로마 대학교의 수학자이자 영화 제작자인 미켈레 엠메르Michele Emmer는 말했다. 콕세터는 그와 함께 〈M. C. 에스허르의 환상적 세계The Fantastic World of M. C. Escher〉를 만들었다. Michele Emmer, 2004년 5월 16일 토론토에서의 인터뷰; 콕세터가 참여한 〈M. C. 에스허르의 환상적 세계〉에 대한 정보는 http://www.mat.uniroma1.it/people/emmer/에서 찾아볼 수 있다.

23) Coxeter, *Introduction to Geometry*, 50-66.

24) Schattschneider, 인터뷰.

25) Lightman, *The Discoveries*; Kroto, 인터뷰.

26) 열일곱 개의 2차원 결정학적 군이 있다는 것과 자신에게 열일곱 명의 박사과정 제자가 있다는 우연의 일치는 콕세터에게 영향을 미치지 않았다. Schattschneider, 인터뷰; Thomas Banchoff(브라운 대학교 기하학자), 2006년 3월 3일의 인터뷰.

27) Schattschneider, 인터뷰; Coxeter, *Introduction to Geometry*, 57, 59; Gardner; M. C. 에스허르가 조지 에스허르에게 보낸 1961년 7월 31일자 편지, National Gallery of Canada Library.

28) 에스허르는 미국에서의 첫 전시회를 1954년 10월 워싱턴에 있는 화이트미술관에서 열었는데, 이때는 그와 콕세터가 암스테르담에서 만난 다음 달이었다. 판화의 삼분의 일이 전시회가 열리기도 전에 선점되었고, 다 합쳐 100점 이상의 판화가 팔렸다. Locher 외, *M. C. Eshcer: His Life and Complete Graphic Work*, 73-74.

29) Schattschneider, 인터뷰.

30) O'Connor와 Robertson, "Maurits Cornelious Escher," http://www-groups.dcs.st-and.ac.uk/~history/Mathematicians/Escher.html (2006년 2월 1일 현재); 약간 다른 번역으로는 Locher 외, 168쪽 참고.

31) Schattschneider, 인터뷰.

32) 위와 같은 출처; Emmer, 인터뷰.

33) George Escher, "M. C. Escher at Work," Coxeter 외, *M. C. Escher: Art and Science*, 1-2.

34) M. C. Escher, "The Regular Division of the Plane," *Escher on Escher: Exploring the Infinity*, 42.

35) M. C. 에스허르가 콕세터에게 보낸 1958년 7월 5일자 편지, M. C. Escher Archives, National Gallery of Art, Washington, D. C.

36) 자신의 발견에 대한 소식을 알리면서 에스허르는 콕세터에게 그가 보낸 편지의 대부분이 "저 같이 단순하고 독학한, 평범한 패턴 관련 일을 하는 사람에게는" 너무 학술적이고 전문적인 것이었지만, 수학적 도해는 자신이 찾아 오던 바로 그러한 것이었다고 설명했다. "오래 전부터 저는 무한한 작음의 극한에 달할 때까지 점점 더 작아지는 '모티브'가 있는 패턴에 관심을 가졌습니다. 그러한 극한이 패턴의 중심에 있는 점이라면 문제는 상대적으로 간단합니다. 또한 선-극한은 제게 새로운 것은 아니었습니다만 선생의 글 그림 7에서 보이듯 각각의 '얼룩'들이 중심으로부터 바깥쪽의 원-극한을 향해 점점 더 작아지는 패턴을 만들어 낼 수는 없었습니다." 위와 같은 출처.

37) M. C. 에스허르가 조지 에스허르에게 보낸 1958년 11월 9일자 편지, National Gallery of Canada Library.

38) Schattschneider, 인터뷰; "Coxeter and the Artists: Two-Way Inspiration";

"Coxeter and the Artists: Two-Way Inspiration, Part 2."

39) M. C. 에스허르가 조지 에스허르에게 보낸 1958년 11월 9일자 편지.

40) M. C. 에스허르가 조지 에스허르에게 보낸 1958년 12월 7일자 편지; Conway, 인터뷰, 위의 저서 중에; Weeks, 인터뷰.

41) M. C. 에스허르가 조지 에스허르에게 보낸 편지, 위와 같은 출처.

42) 콕세터가 에스허르에게 보낸 1958년 12월 29일자 편지, M. C. Escher Archives, National Gallery of Art, Washington, D. C.

43) Locher 외, M. C. Escher: *His Life and complete Graphic Work*, p 91.

44) M. C. 에스허르가 조지 에스허르에게 보낸 1959년 1월 4일자 편지, National Gallery of Canada Library.

45) M. C. 에스허르가 조지 에스허르에게 보낸 1959년 2월 29일자 편지, National Gallery of Canada Library.

46) Schattschneider, 인터뷰.

47) 존 콘웨이는 이런 점에서 콕세터와 약간은 비슷했지만 성격은 정반대였다. "콘웨이는 길거리에서 누군가를 붙잡고 길게 이야기를 늘어놓으면서 매듭이론을 설명해 주려고 애쓰곤 했습니다"라고 샷슈나이더는 말했다. 프린스턴 교정을 어슬렁거리며 콘웨이는 때때로 자신이 쓴 "벽돌담을 바라보는 방법How to Stare at a Brick Wall"이라는 논문을 해설삼아 견학을 시켜 주곤 한다. 벽돌 역시 평면 타일 깔기의 실질적인 현현인 것이다. 콘웨이는 서로 다른 벽돌 "결합bond"의 패턴을 형성하는 "소면headers"와 "노측석stretchers" 사이의 주기를 논하며 교정에 있는 모든 벽돌 건축물에 고유명사를 댈 수 있다(프린스턴 교정에는 스물여섯 개의 서로 다른 결합이 있다. 플랑드르식 결합, 영국식 결합, 네덜란드식 결합, 좁은 미국식 결합, 직선결합Running bond 등). 위와 같은 출처; Conway, 2004년 6월 22일의 인터뷰.

48) 샷슈나이더는 광범위한 연구를 진행하였는데, 두 부로 나누어진 논문 "콕세터

와 예술가들: 양방향의 창조적 자극Coxeter and the Artists: Two-Way Inspiration"이 그것이다. 그녀는 콕세터가 알리시아 불 스토트, 마이클 롱게트-히긴스, 폴 돈치안, 매그너스 웨닝거 신부와 같은 모형제작자(후주 53 참고)들과 마르크 펠레티Marc Pelletier(조각가이자 파울 힐데브란트Paul Hildebrandt와 함께 좀툴Zometool이라는 다면체 모형 키트를 만든 발명가. "좀zome"은 "zone"과 "dome"의 혼성어이다)와 주고받은 영향을 검토하였다. 그리고 샷슈나이더는 미술가 조지 오덤, 피터 맥멀렌Peter McMullen(런던 유니버시티 대학 수학자, 학부생일 때 4차원 초다면체의 투영도를 그려 콕세터가 대단히 감탄하였다), 토니 봄퍼드Tony Bomford(호주의 측량 기사이자 탐험가로서 기하학에서 영감을 얻어 모로 짠 깔개를 만들었다), 영국의 조각가 존 로빈슨John Robinson, 조지 하트, 그리고 네덜란드의 리뉴스 룰로프스Rinus Roelofs(응용수학자이자 조각가로 "3차원 프린터"로 컴퓨터 데이터 파일에서 곧바로 밀랍, 금속, 나일론이나 플라스틱 모형을 만들어내는 모형디지털[가상] 조각과 급속으로 시험 제작된 조각을 자주 만든다)같은 예술가들과 콕세터가 가진 생산적 관계를 연구하였다. Schattschneider, 인터뷰.

49) Schattschneider, 인터뷰; Senechal, 인터뷰.

50) Coxeter, 인터뷰; Coxeter, "Math and Aftermath," CBC *Ideas*.

51) George Odeom(예술가 겸 기하학자), 2005년 5월 20일의 인터뷰.

52) 콕세터의 사망소식을 들은 오덤은 매그너스 웨닝거에게 편지를 썼다. "신부님과 소커라이즈Socarides, 그리고 콕세터가 없다면 어떻게 해야할지 모르겠습니다. 제가 인류와 접촉하는 통로는 세 분 뿐입니다." 오덤과 웨닝거의 편지, 개인 서류철; Odom, 인터뷰.

53) 뛰어난 모형 제작자인 웨닝거는 1960년대 후반 국제 수학학회의 연례모임 중에 콕세터를 알게 되었다. 거기서 웨닝거는 이목을 끄는 대들보 역할을 했다. 그는 눈에 잘 띄는 복도에 테이블을 차려 놓고 아이들의 생일잔치에서 풍선예술가가

하는 것처럼 다면체 모형을 만들곤 했다. 사람들이 그의 테이블에 모여들었고, 거기에는 콕세터도 끼어 있었다. 수도사가, 실은 마술사에 더 가까웠지만, 색색의 색종이를 자르고 풀칠하여 복잡한 다면체를 만드는 것을 지켜보는 일은 당연하게도 대단히 매력적이었다. 웨닝거는 학회 일정 중에 그의 곁에 상당한 수의 다면체들을 모아 놓았다(이따금씩 모형을 나눠주기도 했다). 각각의 모형에 들이는 시간은 세 시간에서 열 시간으로, 지난 40년간 하루에 두 개의 모형, 일 년이면 대략 500개의 모형을 만들어 왔다. 매그너스 신부는 처음에 콕세터의 〈수학적 유희와 소론들〉 5장에 나온 지시를 이용하여 다면체를 만들기 시작했다. 모델 만드는 일에 성공한 그는 콕세터에게 편지를 쓸 "용기"를 얻었고, 콕세터는 그에게 직접 안내서를 출판하라고 권유하였다. 콕세터는 자신의 새로운 친구가 지닌 "옮기 쉬운 열정적 스타일"을 칭찬하는 서문을 써 주었다. 그의 첫 번째 책 〈다면체 모형Polyhedron Models〉은 권위 있는 참고도서가 되었고 그로 인해 두 권의 속편이 나오게 되었다. 〈구면 모형Spherical Models〉과 〈이중 모형Dual Models〉이 그것이다. 뒤의 책에 쓴 서문에서 매그너스 신부는 콕세터의 것이기 쉬운 다음과 같은 말로 글을 시작했다. "직접 모형을 손에 쥘 때만이 기하학적 아름다움과 대칭의 세계에 숨어 있던 놀라운 것들을 보게 된다." Father Magnus Wenninger, 2003년 8월 부다페스트에서의 인터뷰.

54) Odom, 인터뷰.

55) 몇 년 뒤 오덤의 자살기도와 그저 "하나님의 마음속에 있는 기억이 되고자" 하는 오덤의 마지막 소원을 논하면서 콕세터는 편지에 이렇게 썼다. "어찌된 일인지 루이스 캐럴이 쓴 〈거울 나라의 앨리스〉에 나오는 '붉은 왕'에 대한 한 구절(바다코끼리와 목수 얘기 바로 다음에 나오는)을 떠올리게 되는군요. '전하는 꿈을 꾸고 계셔'라고 트위들디가 말했다. '그런데 무슨 꿈을 꾸고 계실 거라고 생각하니?' 앨리스는 말했다. '그건 아무도 못 맞히죠.' '이런, 네 꿈이지!' 라고 스위

들디가 의기양양하게 손뼉을 치며 소리쳤다. '너에 대한 꿈을 그만 꾼다면, 넌 어디에 있을까?' '물론 제가 지금 있는 곳이죠' 라고 앨리스가 말했다. '그렇지 않아!' 트위들디가 오만하게 대꾸했다. '넌 어디에도 없게 돼. 넌 전하의 꿈속에 있는 존재에 불과해!' '전하가 깨어나시게 되면 너는 사라지는 거야 펑!-양초처럼 말이야!' 라고 그는 덧붙였다." 콕세터는 계속하여 그 관련성을 지적하였다. "마틴 가드너가 그의 책 [앨리스에 대한 주석] (238쪽)에서 말했듯, 이러한 생각을 처음으로 제기한 사람은 소크라테스였습니다(플라톤이 다섯 개의 플라톤입체를 소개한 바로 그 책에서). '내 생각에 사람들이 묻는 것을 많이 들어 보았음이 분명한 질문이네. 지금 우리가 자고 있고 우리의 모든 생각은 꿈인지, 아니면 우리가 깨어 있어서 각성상태로 이야기를 나누고 있는 것인지 어떻게 판단할 수 있는가?' 행운을 빌며, 도널드 콕세터." 콕세터와 오덤의 서신, 1974-2000, Coxeter Fonds, University of Toronto Archives 및 Magnus Wenninger의 개인 서류철(오덤의 호의로).

56) 콕세터와 오덤의 서신.

57) 콕세터와 오덤의 서신; Odom, 인터뷰.

58) 애초에 콕세터는 오덤에게 그러한 작도가 틀렸다고 말했다. "그림 2번에 대한 저의 경솔한 의견('가까운 근사치에도 못 미칩니다!')에 대하여 깊이 사과합니다. 매그너스 신부님이 친절하게 지적하셨듯, 제가 실수하였습니다. 황금분할에 대한 이 새로운 작도는 전적으로 옳습니다. 그날 과로하여 피곤하였던 것이 틀림없습니다. 대단히 죄송합니다." 1983년, 조지 오덤이 제안한 〈미국수학월간지〉의 문제 E 3007은 이러한 것이었다. "A와 B를 정삼각형 DEF의 변 EF와 ED의 중점이라고 하자. AB를 연장하여 C에서 외접원(DEF의)과 만나게 하자. B가 AC를 황금분할에 따라 분할함을 보여라." Odom, 인터뷰; Coxeter, 인터뷰; Schattschneider, 인터뷰, "Coxeter and the Artists: Two-Way Inspiration";

George Odom, Problem E3007, *American Mathematics Monthly*, 482.

59) 콕세터는 오덤을 동격으로 처우하여 그의 발견에 합당한 공로를 돌렸을 수도 있지만, 분수를 모르고 굴지 않도록 다짐해 두기도 했다. "친애하는 조지, 전화 통화를 하다 보니 당신이 수학에 진정한 기여를 했는지 관심이 있지 않나 하는 생각이 들었습니다. 저는 그렇다고 했습니다만, 당신의 기여나 제가 한 기여나 피타고라스만큼 중요한 것은 아닙니다. 당신은 네 개의 속이 빈 삼각형으로 팔면체군을 예증하였고, 황금분할의 새로운 작도법을 제시하였으며, 중요한 열 개의 정육면체 복합도형을 발견하였습니다. 그것은 중요한 기여이고, 당신은 그로써 인정받았습니다. 저는 당신이 담배와 커피를 줄일 수 있었기를 바랍니다. 니코틴과 카페인은 건강에 좋지 않지요. 운동은 중요한 것이니, 산책할 기회가 있기를 바랍니다. HSMC 올림." 콕세터와 오덤의 서신.

60) Odom, 인터뷰; 콕세터와 오덤의 서신; Schattschneider, 인터뷰, "Coxeter and the Artists: Two-Way Inspiration."

61) 로빈슨은 웨일스 대학교 뱅고어분교 수학 교수이자 수학대중화센터 소장인 로널드 브라운Ronald Bronw의 추천으로 콕세터와 연락을 취했다. 존 로빈슨(조각가, 웨일스 뱅고어 대학교 명예연구원), 2003년 9월 10-11일 갈램턴에서의 인터뷰; 콕세터와 로빈슨의 서신, 로빈슨의 호의 및 Coxeter Fonds, University of Toronto Archives; Robinson, *Symbolic Sculpture*.

62) 위와 같은 출처.

63) 위와 같은 출처.

64) 로빈슨은 조각가 아리스티드 마욜Aristide Maillol의 말도 인용하였다. "나의 출발점은 언제나 기하학 도형-정사각형, 마름모꼴, 삼각형-이다. 왜냐하면 그들이 공간에서 가장 잘 드러나는 모양들이기 때문이다." 또한 "나는 사과나무가 사과를 내놓듯 조각품을 만든다. 그건 내 안에 들어 있고 나는 내가 가진 것을

준다." Robinson, *Symbolic Sculpture*, 103-104.

65) 위와 같은 출처, 104.

66) Robinson, *Symbolic Sculpture*, 66, 67; Fields Institute, Toronto; Isaac Newton Institute for Mathematical Science, University of Cambridge.

67) 콕세터가 로빈슨에게 보낸 1992년 11월 11일자 편지, Coxeter Fonds, University of Toronto Archives.

68) Robinson, "Symbolic Sculptures by John Robinson-Intuition," http://www.popmath.org.uk/sculpture/pages/2intuiti.html (2006년 2월 현재), Center for the Popularisation of Mathematics, University of Wales, Bangor.

69) 로빈슨의 〈직관〉을 찍은 사진에서 콕세터는 속이 빈 삼각형들의 바깥쪽 가장자리가 안쪽 가장자리보다 그 길이가 두 배가 되며, 어느 삼각형이든 안쪽 꼭짓점이 다른 삼각형의 바깥쪽 가장자리의 중점과 일치한다고 추측하였다. 샷슈나이더에 따르면 "그는 오덤과 로빈슨의 조각품에는 본질적인 차이가 있음에 주목하였다. 오덤의 조각품에서는 어떻게 택하든 두 개의 삼각형이 서로 맞물려 있는데 반해, 로빈슨의 조각품에 등장하는 세 개의 삼각형은 보로메오의 고리 Borromean rings와 같은 방식으로 맞물려 있었다." 콕세터는 이 모든 것을 로빈슨에게 보내는 편지에 전하면서 연구와 관련된 문의로 글을 맺었다. "추신: 중요한 질문이 하나 있습니다. 선생의 구조물은 본질적으로 고정되어 있나요, 아니면 미끄러운 바닥에 놓으면 무너지나요?" 로빈슨은 이렇게 답했다. "〈직관〉은 극도로 고정되어 있습니다. 건물의 자립적인 지붕이 될 것입니다." 로빈슨은 제안된 구조물에 대한 건축가의 도면을 동봉하였는데 그는 여전히 이 건물이 지어지기를 바라고 있다. 콕세터는 1993년 여름 스미스 칼리지에 있는 국소기하학연구소의 강습회에 로빈슨의 조각품 모형을 가져다가 〈직관〉에 대한 연구를 계속하였다. 그는 강습회에 참여한 사람들에게 어떻게 그 구조물이 실제로 붕

괴할 수 있는지를 보여 주었다. 그런 다음 로빈슨이 주장하듯 이 구조물이 고정되게 되는 경우를 판단할 수 있는 사람이 있느냐고 물어보았다(참여자들은 미스터 기하학이 그 답을 모른다는 데 놀랐다). 그 답은 바깥쪽 가장자리와 안쪽 가장자리의 비율이 전에 콕세터가 추정했던 2:1이 아니라 1.9663265:1인 경우이다(콕세터는 여전히 이 조각품이 자체 무게로 붕괴될 것이라고 주장했다. 그리고 로빈슨은 이 구조물이 본질적으로 고정되어 있다는 자신의 신념을 지켰다). Robinson, 인터뷰; 콕세터와 로빈슨의 서신, Coxeter Fonds, University of Toronto Archives; Schattschneider, "Coxeter and the Artists: Two-Way Inspiration."

70) Coxeter, "Symmetrical Combinations of Three or Four Hollow Triangles," *The Mathematical Intelligencer 16*(1994), vol 16, no. 3, 25-30.

71) 로빈슨과 콕세터 간의 서신.

72) M. C. 에스허르가 조지 에스허르에게 보낸 1960년 5월 17일자 편지, National Gallery of Canada Library.

73) 위와 같은 출처, 1960년 5월 28일자.

74) 위와 같은 출처, 1959년 2월 15일자.

75) M. C. Escher, "Approaches to Infinity," *Escher on Escher: Exploring the Infinite*, 123-127.

76) 콕세터의 일기, 1968년 11월 23일자.

77) 콕세터의 일기, 1974년 11월 18일자.

78) Coxeter, 인터뷰

79) Escher, "Approaches to Infinity."

80) Schatschneider, 인터뷰; 콕세터와 에스허르의 서신, National Gallery of Canada Library 및 National Gallery of Art, Washington D. C.

81) M. C. Escher, *Circle Limit III*, 현재 수전 토마스가 소장.

82) M. C. 에스허르가 콕세터에게 보낸 1960년 5월 1일자 편지, National Gallery of Art, Washington, D. C.

83) 콕세터가 M. C. 에스허르에게 보낸 1960년 6월 16일자 편지.

84) 위와 같은 출처.

85) M. C. 에스허르가 콕세터에게 보낸 편지, 1960년 5월 28일자.

86) 콕세터의 일기, 1960년 5월 28일자.

87) 콕세터의 일기, 1962년 7월 3일, 1965년 10월 4일, 1966년 6월 30일자.

88) Schattschneider, 인터뷰; Schattschneider, "Coxeter and the Artists: Two-Way Inspiration."

89) Coxeter, "The Mathematical Implications of Escher's Prints," Escher retrospective catalog (1968), 87-89; Schattschneider, 인터뷰; Schattschneider, "Coxeter and the Artists: Two-Way Inspiration."

90) Coxeter, "The Mathematical Implications of Escher's Prints," *The World of M. C. Escher* (1991), 49-52.

91) Coxeter, "The Non-Euclidean Symmetry of Escher's Picture Circle Limit III," *Leonardo*, 19-25.

92) Coxeter, 인터뷰; Schattschneider, 인터뷰; Schattschneider, "Coxeter and the Artists: Two-Way Inspiration."

93) 위와 같은 출처.

94) 위와 같은 출처.

95) M. C. 에스허르가 조지 에스허르에게 보낸 1961년 7월 30일자 편지, National Gallery of Canada Library.

96) 콕세터는 자신의 서류철에 그 다음날 편집자에게 보냈던 편지들도 보관하고 있었는데, 그는 이 편지에서 이러한 비판을 "저급 낙서"라고 비난했다. "에스허르

의 전시회에 대하여 쓰면서 [메이스는] 이렇게 말했습니다. '성숙한 미술평론가가 슬퍼하기에 충분한 일이다.' 그가 어떻게 알까요?" 그리고 다른 편지는 이렇게 제안하였다. "누군가가 오래 전에 엄청난 성공을 거두었던 브로드웨이 공연에 대하여 했던 말이 떠오릅니다. '대중들을 빼고는 모두가 그 작품을 싫어한다.'" 에스허르에 대한 다방면에 걸친 서류철, Coxeter Fonds, University of Toronto Archives.

97) G. W. Locher, "Structural Sensation," *The World of M. C. Escher*, 47-48; Emmer, 인터뷰.

98) Schattschneider, "Escher's Metaphors," *Scientific American*, 48-53; Emmer, 위와 같은 출처.

99) M. C. 에스허르가 조지 에스허르에게 쓴 1959년 2월 15일자 편지, National Gallery of Canada; J. L. Locher 외, *M. C. Escher, His Life and Complete Graphic Work*, 92-93.

100) 가장 작은 구는 철로 만들어졌고, 네 개의 나무공이 선반 위를 돌고, 가장 큰 것은 반구체였다. 제일 위에 있는 구는 주선을 따라 열리게 되어 있는데, 그 안에 있는 방에 콕세터의 편지와 소디의 방정식이 숨겨져 있었다. 로빈슨이 〈직관〉을 설치하러 토론토에 왔을 때, 콕세터는 소디의 기하학정리("다섯 개의 굽음의 합의 제곱은 각각의 제곱의 합의 세 배이다")가 지배하는 반지름을 가지는 다섯 개의 상접하는 구들의 조각을 만들어 보는 것을 좋아할 수도 있겠다고 제안했다. 로빈슨은 흥미를 느꼈고 이 생각을 떨쳐버릴 수 없어서 결국 콕세터가 집에 둘 수 있도록 그의 90회 생일에 대한 보다 개인적인 선물로 이 조각품을 만들었다. Coxeter, 인터뷰; Robinson, 인터뷰; 콕세터와 로빈슨의 서신, Coxeter Fonds, University of Toronto Archives.

101) Robinson, "Symbolic Sculptures by John Robinson-Firmament,"

http://www.popmath.org.uk/sculpture/pages/5firm.html (2006년 2월 2일 현재).

12장 우주의 콕세터적 모양

1) 캐나다 천문학회가 확인한, 콕세터의 이름을 딴 소행성이 있다(콕세터 소행성 18560호). 이것을 발견한 사람은 이탈리아인 파울 G. 콤바Paul G. Comba인데, 그는 아리조나 주 프레스콧 갤럭시 거리에 있는 집에서 "1997 03 07"에 사진으로 이 소행성을 관찰했다. 하와이 대학교 수학교수였고 나중에 IBM에서 소프트웨어 개발자로 일했던 콤바는 아마추어 천문학자가 되기 위해 은퇴하였고, 현재까지 1,145개의 소행성을 발견하였다(일부는 거울을 이용한 오래된 감지방법을 사용하였다). 그는 처음에는 자신이 발견한 소행성들에 좋아하는 작곡가들, 아내, 아이들의 이름을 따서 이름을 붙였다. 이름이 많이 필요하다는 것을 깨닫게 되고는 유명한 수학자들을 알파벳 순서대로 훑기 시작했다. 그래서 얼마 지나지 않아 콕세터에까지 이르렀다. Paul G. Comba, 2005년 6월 4일의 인터뷰; Peter Jedicke(캐나다 천문학회장), 전자우편 "Re: Coxeter Asteroid," 2005년 6월 3일자; 개요에 대해서는 http://www.rasc.ca/faq/home.htm; 콕세터 소행성의 궤도에 대해서는 http://neo.jpl.nasa.gov/cgi-bin/db?name=18650 (2006년 1월 31일 현재).

2) 콕세터의 일기, 1933년 12월 16일.

3) Coxeter, 인터뷰; Thomas, 인터뷰; Weiss, 인터뷰.

4) Thomas, 인터뷰.

5) Conway, 인터뷰; Smith, 인터뷰; Marc Pelletier(기하학 조각가), 2004년 5월 13일 및 14일, 6월 2일, 2005년 10월 18일의 인터뷰.

6) Coxeter, 2002년 2월의 인터뷰.

7) Conway, 인터뷰.

8) Bezdek, 인터뷰.

9) Coxeter, 2002년 7월 9일의 인터뷰.

10) János Bolyai Conference on Hyperbolic Geometry, 프로그램.

11) Jeff Weeks(프리랜서 기하학자, 뉴욕 캔턴), 2002년 7월 31일 부다페스트, 2003년 10월 및 11월, 2005년 5월의 인터뷰.

12) 위크스는 콕세터의 연구가 지닌 시각적 요소에 대하여 격찬한다는 점에서 다른 콕세터의 팬들과 마찬가지였다. "보게 되면 본다는 것, 그러한 이미지들을 그저 감상하는 것이 즐겁습니다"라고 위크스는 말했다. "콕세터는 수학에 대한 지나치게 추상적이고 공리적인 접근방식에서 벗어나 진정한 내용을 보여 줍니다. 이러한 의미에서 콕세터는 저의 일, 또 비슷한 일을 하는 사람들의 일에 영향을 미칩니다. 사물에 대한 구체적이고 시각적인 접근방식을 촉진하는 것입니다. 콕세터가 이러한 방식으로 기초적인 사물들에 대하여 연구한다는 사실은 그의 아이디어들이 다양하게, 또한 여러 측면에서 예기치 못하게 응용되는 이유라고 말하고 싶습니다. 그건 좋은 수학의 징후라고 생각합니다. 좋은 수학이란 대단히 기초적이면서도 도처에서 드러나는 것입니다." 위와 같은 출처.

13) 십여 년에 한 번씩 과학자들은 "우주는 어떤 모양인가?"라는 질문을 던지곤 했었다. 그러면 가설-이를테면 우주는 평평하고 무한하다는-이 생겨나고, 이어 맹렬한 연구가 진행되고, 그런 다음 우주에 대한 집단적인 호기심은 시공간의 주행거리계 상으로 한동안 버텨 내기에 충분한 정보로 충족되었다. 그러나 1990년대 초부터, 우주론은 자극적인 과학의 상당 부분이 발생하는 분야가 되었다. "우리는 콜럼버스가 지구의 모양을 찾았던 것처럼 우주의 모양을 찾고 있습니다"라고 클리블랜드에 있는 케이스웨스턴리저브 대학교의 천체물리학자 글렌 스타크맨Glenn Starkman은 말했다. 오늘날 우주론의 "위기"는, 스타크맨이 조금은 장난스럽게 말한 것에 따르면, 시간이 바닥나고 있다는 것이다. "이

른 시간 내에 우주의 모양을 알아내지 못하면 우주는 그 비밀을 영원히 숨겨버릴 겁니다." 그 이유는 연구가 애초에 우주를 창조하였던 빅뱅의 메아리인 초단파 배경복사에서 건져 낸 데이터에 의존하고 있기 때문이다. 스타크맨이 설명했듯, "오늘날, 우리에게 오는 이러한 메아리가 퍼져 나오는 장소가 빛보다 빠른 속도로 우리로부터 멀어지고 있다. 그 말은 그곳에서 더 이상 빛을 받을 수 없게 되었다는 것입니다. 더 멀리 가는 것은 그렇다 하더라도, 더 이상 우주의 모양에 대해 볼 수도, 배울 수도 없습니다. 우주 가장자리의 최단거리가 빅뱅의 초단파영역을 가로지르는 거리보다 짧다면 지금 가지고 있는 데이터로 충분히 우주의 모양을 판단할 수 있습니다. 하지만 우주가 그보다 조금이라도 크다면 충분한 데이터가 없습니다." 프린스턴 고등과학원 교수이자 천체물리학자인 맥스 테그마크Max Tegmark는 이를 침실 벽 너머를 볼 수 없으면서 지구의 모양을 알아내려고 하는 것에 비유했다. "자연은 우리가 그만큼만 볼 수 있도록 하는 검열제도를 갖추고 있습니다. 우리는 140억 광년보다 더 먼 것은 아무 것도 볼 수 없습니다. 이로써 우리가 볼 수 있는 것, 우리가 데이터를 모을 수 있는 것은 제한됩니다." 스타크맨에 따르면 충분한 데이터가 존재할 수 있는 유일한 길은 우주가 팽창을 멈추는 것이다. "우주가 가속팽창을 멈출 수도 있지만, 그래도 수십억 년 이내에는 그렇게 될 리가 없으며, 그렇다면 별 도움이 되지 않죠." Starkman, 2004년 3월 19일과 2004년 4월 22일 토론토에서의 인터뷰; Tengma가, 2004년 4월의 인터뷰.

14) 위크스와 협력한 사람들은 파리천문대의 장-피에르 뤼미네Jean-Pierre Luminet, 프랑스 샤클레의 원자력위원회(CEA) 천체물리학국의 알랭 리아즐로Alain Riazuelo와 롤랑 르우크Roland Lehoucq, 그리고 파리 천체물리학연구소의 장-필리프 우잔Jean-Philippe Uzan이었다. Weeks, 인터뷰.

15) 위와 같은 출처.

16) 위크스는 자신이 순수기하학을 우주론에 응용하는 방법에 대하여 훌륭하게 설명해 주었다. 우연히 문제-"우주는 어떤 모양인가?"와 같은-를 만나면 "마음으로건, 종잇장 위에건, 컴퓨터 시뮬레이션을 통해서건 살피고 조사함으로써" 사물이 어떻게 작동하는지 이해하는 일에 착수한다. "숲을 탐험하는 것과 똑같은 방식으로 상황을 살피는 것입니다. 들어가서 돌아다녀 보고, 어떤 패턴이고 어떤 일이 일어나고 있는지 판단합니다. 뭘 보고 있는지 감을 더 잡고 나서 이 모든 것을 요약할 정리를 찾아봅니다. 그런데 시각적 접근법으로 연구를 해 보면 정리라는 것이 지지해 주는 여러 줄의 증명이 덧붙어 있는 언명에 불과한 것은 아닙니다. 이상적으로는 정리는 무언가를 어떻게 바라볼 것인가 하는 통찰을 전달하는 시각적 요소이기도 합니다. 고심을 하고, 이 숲을 조사하고, 마침내 패턴을 이해하게 됩니다. 과수원을 조사하다 보면 나무들이 모두 줄지어 있게 보이는 시점을 찾게 되는 것과 똑같습니다. 그러면 아하!하는 순간을 맞게 되지요. 잘못된 각도에서 과수원을 바라보면 나무들은 이곳저곳에 흩어져 있을 뿐입니다. 올바른 방향에서 보면 나무들이 줄지어 있고, 패턴, 그리고 어떻게 그러한 패턴이 가능한지를 이해하게 되고, 기하학적 수학에서는 그렇게 되는 경우가 많습니다. 수많은 예들을 살펴보고, 혼란스러워하고, 하지만 결국 어떤 패턴을 찾아내어 아하!하고 외치는 순간이 오게 됩니다. 아, 이렇게 간단한 것이었구나. 왜 두 달 전에는 몰랐지?!" 위와 같은 출처.

17) 위와 같은 출처.

18) J.-P. Luminet, J. Weeks, A. Riazuelo, R. Lehoucq, J.-P. Uzan, "Dodecahedral Space Topology as and Explanation for Weak Wide-Angle Temperature Correlations in the Cosmic Microwave Background," *Nature*, 593-595.

19) Weeks, 인터뷰.

20) 원에 대한 조사는 또 다른 국제적으로 모인 일단의 우주론자들이 수행하고 있다. 클리블랜드 케이스웨스턴에 근거를 둔 캐나다인 글렌 스타크맨, 몬태나에 있는 호주인 닐 코니시Neil Cornish, 프린스턴의 데이비드 스퍼젤David Spergel, 그리고 텍사스 대학교에 있는 일본인 고마쓰 에이이지로小松英一郞가 그들이다. 스타크맨 등은 아직 어떠한 원도 발견하지 못했다. 그들은 원이 있어야 할 곳을 살펴 왔지만 뜻대로 되지 않았다. 조사를 통해 그들은 무언가 기이한 일이 벌어지고 있음을 알고 있다. 초단파창공의 변동이 기이한 방식으로 정렬되고 있는 것이다. 태양계의 평면과 보조를 같이 하고 있는 것처럼 보인다. "그럴 수가 없는 일입니다"라고 위크스는 말했다. "태양계 밖의 우주와 먼 과거는 태양 주변에서 혹성들이 따라가는 경로의 영향을 받을 수 없습니다." 이러한 기이한 행태가 가지는 한 가지 가능성은 계산이 잘못되었다는 것인데, 그렇다면 원에 대한 조사가 실패한 것도 해명될 수 있었다. 한편 독일의 어떤 팀은 행성간 공간의 잡음, 은하계의 오염, 암흑물질 구름으로 인해 결과가 모호해지고 원을 찾는 것이 불가능하게 될 수도 있다고 암시한다. 테그마크는 현재 이러한 은하계의 오염물질로 인해 데이터가 얼마나 왜곡될 수 있는가를 계산하고 있다. "가장 놀라운 것은 우리 인간들이 이러한 문제들을 과학적으로 검토할 수 있다는 것입니다. 우주는 무한한가 하는 것과 같은 철학적인 문제들이 과학적인 문제가 된 것입니다." 그러나 이러한 문제들에 대한 대답은 여전히 철학적이다. "그래서 어쨌다는 것인가?"하는 요소가 있다. 대답은 주로 오래된 인간의 타고난 호기심, 존재의 우주적 체계에서의 우리의 위치에 대한 자기중심적 숙고를 충족시키는데 기여할 뿐이다. 과학적인 대답들이 또 다른 문제들, 그리고 다시 또 다른 대답으로 이어질 가능성은 언제나 존재하지만, 이렇게 이어지는 문제와 대답은 애초의 대답을 찾을 때까지는, 현재로서는 감춰지고 이해할 수 없는 과학의 영역에 속한다. Weeks, 인터뷰; Starkman, 인터뷰.

21) Weeks, 인터뷰.

22) 위와 같은 출처.

23) Coxeter와 Weeks, 2002년 7월 9일 부다페스트 학회. 1972년 천문학회 클럽에서 강연을 한 콕세터는 동료 기하학자 라슬로 페예시-토드의 견해를 빌려 왔는데, 그는 기하학자가 "무한한 한 벌의 새로운 우주, 우리의 손이 닿는 곳에 있는 법칙들을 창조해 낼 수 있지만, 우리는 결코 거기에 발을 들여놓을 수는 없다"고 주장했다. Coxeter, "Royal Astronomical Society Club," 1972년 3월 10일, 강의 서류철, Coxeter Fonds, University of Toronto Archives; László Fejes-Tóth, *Regular Figures*, 125-Macmillan, New York, 1964.

24) Coxeter, 2003년 1월의 인터뷰.

25) J. Richard Gott(프린스턴 대학교 천체물리학 교수), 저자에게 보낸 2005년 5월 1일자 편지 및 2005년 5-6월의 전자우편.

26) 고트는 이렇게 말했다. "정칙성에 대하여 덜 엄격한 기준을 채용하였습니다. 즉, 합동인 정다각형의 계통이며 각각의 꼭짓점들은 동일한 숫자와 배열의 다각형으로 둘러싸여 있고 하나의 꼭짓점에서 면각의 합은 360도보다 크고 각각의 모서리에서 두 개의 다각형이 만나며 다각형들은 하나의 모서리에서만 만난다는 것입니다. 콕세터는 면들 사이의 모든 이면각이 같아야 한다는 요건을 덧붙였습니다. 따라서 그는 그러한 예를 세 개만 발견하였습니다. 저는 다른 이면각을 허용하였기에 피트리와 콕세터가 발견한 것 말고도 네 개의 추가적인 다면체(저는 이 모두를 가짜다면체pseudopolyhedra라고 불렀습니다)를 발견하였습니다." 고트는 점 하나 주위에 다섯 개의 오각형이 있는 것, 점 하나 주위에 다섯 개의 정사각형이 있는 것, 점 하나 주위에 여덟 개의 삼각형이 있는 것, 점 하나 주위에 열 개의 삼각형이 있는 것을 발견하였다. 위와 같은 출처.

27) 화학자 A. F. 웰스가 후일 고트와 같은 정칙 기준을 사용하여 정칙 비대칭 다면

체를 더 찾아내었다(웰스는 고트의 논문은 알지 못했으나 콕세터의 발견은 알고 있었다). 그는 점 하나 주위에 정사각형 다섯 개가 있는 것, 점 하나 주위에 삼각형 일곱 개가 있는 것, 점 하나 주위에 삼각형 여덟 개가 있는 것, 점 하나 주위에 삼각형 아홉 개가 있는 것, 점 하나 주위에 삼각형 열 개가 있는 것, 점 하나 주위에 삼각형 열두 개가 있는 것을 정확히 지적해 냈고, 이를 자신의 책 〈3차원 그물과 다면체Three-Dimensional Nets and Polyhedra〉에서 논하였다. 위와 같은 출처.

28) 위와 같은 출처.

29) 고트는 그때부터 기하학적 주제들에 흥미를 느껴 왔다. 그는 하나의 우주끈 주위의 기하학에 대한 아인슈타인 마당방정식과 두 개의 움직이는 우주끈에 대한 마당방정식에 대한 정확한 해를 발견했다. "이러한 해는 특별히 흥미로운데, 이는 과거로의 시간여행을 허용하기 때문입니다. 그래서 저의 해는 1949년 K. 괴델K. Godel이 발견한 회전우주해법, 그리고 1988년 킵 손Kip Thorne과 마이크 모리스Mike Morris, 울비 유르트시버Ulvi Yurtsever가 찾아낸 웜홀해법이 포함된, 일반상대성이론에서의 시간여행 해법의 목록에 끼게 되었습니다. 고트는 2001년 출판된 〈아인슈타인의 우주에서의 시간여행Time Travel in Einstein's Universe〉에 자신의 연구에 대한 대중적인 설명을 실었다. 위와 같은 출처.

30) Leonard Mlodinow, *Euclid's Window*(그린이 쓴 책 표지 광고).

31) Moffat, 인터뷰.

32) Conway, 인터뷰; Greene, *Elegant Universe*.

33) Witten.

34) Coxeter, 2003년 3월 14일의 인터뷰.

35) 최초의 끈 혁명은 1984년에 일어났으며, 이 분야를 소수의 선구자들로부터 수백 명의 열광자들로 확장시켰다. 두 번째 혁명인 쌍대성 혁명(상이한 끈이론의 요소들을 "쌍대 변환"을 통해 결부시켰다)은 1995년에 일어났다. 또 다른 혁명이 끈이

론 연구자들에게 기운을 불어넣어줄 때가 되었다는 느낌이다. 이러한 세 번째 혁명의 도래는 많은 사람들이 희망했던 것보다 상당히 고통스러웠다. 그러나 이 두뇌집단의 모임은 문제를 제기하기만 했다. 캘리포니아 대학교 버클리분교의 소립자물리학교수 라파엘 부소Raphael Bousso는 "조만간 답이 나올 문제들의 희망목록"이라고 조금은 희망적으로 표현하였다. 그와 다른 이들의 질문 목록에는 이런 것들이 있었다. "양자역학이 일반상대성이론보다 근본적인가?" "우주의 파장함수가 존재하는가? 어떻게 알아낼 것인가?" 걸작은 이것이었다. "시간에 대한 고전적 개념이 살아남을 것인가?" 쏟아지는 말들 가운데 압권은 역시 스탠포드 출신의 에바 실버스타인Eva Silverstein이 낭독한 것이다. 변주된 시처럼 사기를 높여 주었는데, 슬라이드에 색색의 마커펜으로 또박또박 쓰여 있었다. "황무지"- "빅크런치"- "잠재적으로 흥미로운/미친 추정"- "빛의 자유도"- 그리고, 이런, "확증이 없다는 흔적". 발표를 마치며 실버스타인은 조롱하듯 슬퍼했다. "현상학을 전공한 저의 친구들은 우리가 빈둥거리며 자신의 느낌에 대해서 말하고 있는 이러한 모임을 비웃습니다." String05, 토론토, 2005년 7월 11-16일.

36) 또 다른 청중인, 취미로 끈이론을 연구하는 뉴욕의 칼 파인버그Carl Feinberg에 따르면, 위튼은 "창공에서 가장 밝은 빛입니다. 그는 영적인 존재입니다. 육체가 없는 지성 같은 것이죠. 그의 생각과 표현의 명료함은 비길 데가 없습니다. 순수한 생각이지요." 파인버그는 패널 토론회가 진행된 방식에 대해서는 그다지 감흥을 느끼지 않았다. 그는 실망스러우면서도 활발하다고 생각했다. "토론자들이 이렇게 하고 앉아 있는 것에 놀랐습니다." 불안하여 팔짱을 꽉 끼고 있었던 것인데(파인버그도 저녁 내내 그렇게 하고 앉아 있었다), 혁명가가 없어서일 수도, 논의에서 생산성이 결여되어 있었기 때문일 수도 있었다. 어느 쪽이든 위튼의 논점에 어울렸다. "1990년, 우리가 어떠한 문제들을 해결하기를 원하는가에

대하여 지나치게 선입견을 가지고 있었더라면 우리는 결코……" 그는 말을 흐렸다. "우리에게 토론자단이 있었다면, 온갖 다양한 의견들이 난무했을 것입니다." 그는 뒤에 이런 말로 의도를 명확히 했다. "풀기를 원하는 문제들에 대하여 지나치게 많은 선입견을 가지고 있으면, 거기에 도달하지 못하는 경우가 많습니다. X라는 문제를 풀고자 한다고 판단을 내리면 Y와 Z라는 문제를 보지 못할 수도 있습니다. Y와 Z라는 문제가 더 쉽고 문제 X를 풀기 전에 예로서 필요할 수도 있는 것입니다." 달리 말하자면, 이렇게 안달을 해 보았자 끈이론 연구자들의 창조성을 엉클어뜨릴 뿐이라는 것이다. Witten, 2005년 7월 토론토에서의 인터뷰.

37) Witten, 전자우편.

38) 그린과 플레서의 거울 다양체는 딕슨-레르케-바파-워너 추측Dixon-Lerche-Vafa-Warner conjecture에서 자라난 것이었다. 동시에 그린은 끈이론의 거울대칭을 보여주는 보완적인 발견들이 텍사스 대학교의 필립 칸델라스Philip Candelas, 모니카 링커Monika Lynker, 롤프 쉼리크Rolf Schimmrigk에 의해 이루어 졌다는 것을 알게 되었다. Briane Greene, *The Elegant Universe*, 255-62.

39) Greene, 260.

40) Witten, 앞의 책.

41) Lederman, 인터뷰; Greene, *The Elegant Universe*.

42) Marc Henneaux, "Platonic Solids and Einstein Theory of Gravity: Unexpected Connections," 2003년 2월 26일의 일반 세미나, http//tena4.vub.ac.be/cgi-bin/seminar.pl?datafile=seminars20022003.data&which=all에서 입수 가능; 엔네오와 공저자들은 이 주제에 대한 보다 학술적인 논문들도 썼다. "Cosmological Billiards," Classical and Quantum Gravity, "Einitein Billiards and Overextensions of Finite Dimensional

Simple Lie Algebras," Journal of High Energy Physics, "E(10) and BE(10) and Arithmetical Chaos in Superstring Cosmology," Physical Review Letters. 최근의 세미나는 2005년 5월 11일 이론물리학학회에서의 "From Platonic Solids to Infinite Coxeter Groups and Lorentzian Kac-Moody Algebras: The Road to Uncover the SYmmetries of Gravity?"

43) 위와 같은 출처.

44) 엔네오의 공저자들은 티보 다모르Thibault Damour(HES, 프랑스), 베르나르 줄리아Bernard Julia(ENS, 파리), 헤르만 니콜라이Hermann Nicolai(MPI, 독일) 등이 있다. 엔네오는 국제 솔베이연구소의 소장으로서, 칠레 발디비아에 있는 과학연구센터와 협력하고 있기도 하다.

45) Marc Henneaux(브뤼셀 자유대학교 물리학자), 전자우편 "Re: Platonic Solids and Einstein Theory of Gravity: Unexpected Connections," 2004년 11월 8일자; 2004년 11월 16일과 2005년 9월 28일의 인터뷰.

46) 위와 같은 출처.

47) 위와 같은 출처.

48) Witten.

49) Atiyah, 인터뷰.

50) 위와 같은 출처.

51) 위와 같은 출처.

52) 위와 같은 출처.

53) Coxeter, 부다페스트, 2002년 7월 9-13일. 콕세터는 체스터턴의 책에서 이 구절을 인용하는 경우가 많았는데, 이를테면 〈정칙 복소 초다면체〉 21쪽에서도 인용했다.

54) György Darvas(시메트리온 소장이자 국제대칭협회 최고경영책임자), 2002년 7월 7일

부다페스트에서의 인터뷰.

55) 콕세터와 더르버시의 대화, 부다페스트, 2002년 7월 7일.

56) Coxeter, 부다페스트, 2002년 7월 13일.

13장 대칭 일주를 마치며

1) Coxeter, *Regular Polytopes*, 289.

2) Derbyshire, *Prime Obsession: Bernhard Riemann and the Greatest Unsolved Problem in Mathmatics*, 378.

3) 특히 캐다나 주재 네덜란드영사가 긴밀한 관심을 보였다. 매년 그는 자신이 "여전히 살아 있는 양식"이라고 부르는 서류를 제출해야 했는데, 그 이유는 1938년에 위트레흐트에서 강연을 하고 받은 100파운드의 강연료를 거절하고 그 대신 평생 그 강연료의 연리 2.5%를 받는 쪽을 선택하는, 그로서는 최고의 경제적 결정을 내렸기 때문이었다. 콕세터의 일기, 1938년 5월 10일자; Coxeter, 인터뷰.

4) 콕세터와 포여의 서신, Coxeter Fonds, University of Toronto Archives.

5) 콕세터와 싱의 서신, Coxeter Fonds, University of Toronto Archives; Cathleen Synge Morawetz, 가족문서.

6) 클리퍼드 즈벤그로프스키가 콕세터에게 보낸 1998년 9월 12일자 편지, Coxeter Fonds, University of Toronto Archives.

7) Coxeter, 인터뷰.

8) C. Davis, 인터뷰.

9) 또 하나 실망한 점은 그가 은퇴하고 나서 공석이 방치되었다는 것이었다. 현존하는 최고의 고전 기하학자이자 토론토 대학교를 국제적인 수학의 지도에 올려놓은 그의 뒤를 이어주지 않은 것이다. 교직원 중에 고전 기하학자는 고사하고 고전적인 성향을 가진 기하학자도 없었다. 수학적 전통은 보통 고립된 개인에게 존

재하지 않는다. 분명, 콕세터의 유산 중 하나는 자신들의 연구를 축하하기 위해 여전히 모임을 가지고 진취적인 세대들과 그의 고전적 정신을 나누는 제자들의 공동체이다. 그런데 대단히 이채롭게도, 콕세터의 제자들은 대부분의 수학자들에 비해 자신의 연구를 더 많이 즐기는 부류의 수학자들이다. 그들은 이 학문을 살고, 숨쉬고, 진정으로 사랑한다. 그러나 많은 사람들에게 앞으로는 고전 기하학에 투자하지 않겠다는, 토론토 대학교를 비롯한 여러 나라의 교육기관들의 결정은 가슴 아픈 일까지는 아니더라도 걱정스러운 일이다. 월터 화이틀리가 보기에 이것은 기하학적 공백의 한 표현이다. Coxeter, 인터뷰; Whiteley, 인터뷰; Thomas, 인터뷰.

10) Michael Longuet-Higgins, 인터뷰; 콕세터와 롱게트-히긴스의 서신, Coxeter Fonds, University of Toronto Archives와 Longuet-Higgins의 개인문서; Schattschneider, "Coxeter and the Artists: Two-Way Inspiration, Part 2."

11) Coxeter, 인터뷰; Thomas, 인터뷰.

12) 위와 같은 출처.

13) John Conway, 필즈연구소, 2002년 2월 15일; Conway, 인터뷰.

14) 콕세터의 '살인무기'를 간단히 표현하면 이렇다. "$A^p=B^q=C^r=ABC=1$"이 유한군을 정의하면, "$A^p=B^q=C^r=ABC=Z$"일 때 "$Z^2=1$"이다. Conway; Conway, 2005년 11월 26일의 인터뷰; Conway, Coxeter, G. C. Shepherd 공저, "The Centre of a Finitely Generated Group," Tensor, 1972("살인무기"의 증명이 포함되어 있다).

15) Conway, 필즈연구소.

16) 콕세터는 의례적으로 성경을 훑어보기도 했다. 린이 사망하였을 때부터 그는 교회에 전혀 출석하지 않았지만(그가 교회에 간 것은 순전히 아내를 기쁘게 해 주기 위해서였다) 여전히 수학적 진리와 마찬가지로 성서적 진리도 높이 평가했다. 그는 〈

수학백과사전Encyclopedia of Mathematics〉을 보듯 성서를 참고하였다. 그의 자신의 첫 박사과정 제자인 월리 모저와 마지막 만나는 자리에서 오후 다과회를 즐기면서 전도서 12장 1절-"젊을 때에 너는 너의 창조주를 기억하여라. 고생스러운 날들이 오고, 사는 것이 즐겁지 않다고 할 나이가 되기 전에(〈성경전서 새번역〉의 해당 부분을 그대로 옮겼다-옮긴이)"-를 읽기 시작했다. 그는 다른 무엇보다도 용어를 분석하였다. "'맷돌질 하는 자들'이 무슨 뜻이라고 생각하나?" 그는 이렇게 묻고 계속 읽어 나갔다. "그런 날에는 집을 지키는 자들이 떨 것이며 힘 있는 자들이 구부러질 것이며 맷돌질 하는 자들이 적으므로 그칠 것이며 창들로 내어다 보는 자가 어두워질 것이며(〈성경전서 개역개정판〉의 해당부분을 그대로 옮겼다. 원문의 성서구절이 영문 흠정역판에 따른 것인데, 이 부분은 〈개역개정판〉의 번역이 비교적 비슷하여 사용하였다-옮긴이)" 그는 더 이상 제대로 맞지 않는 틀니를 바라보며 '맷돌질 하는 자들'이 치아일 수도 있겠다고 추측하였다(사실 〈새번역〉에는 이 부분이 "그 때가 되면, 너를 보호하는 팔이 떨리고, 정정하던 두 다리가 약해지고, 이는 빠져서 씹지도 못하고, 눈은 침침해져서 보는 것마저 힘겁고"라고 되어있다-옮긴이). "그런 자들은 높은 곳을 두려워할 것이며 길에서는 놀랄 것이며 살구나무가 꽃이 필 것이며 메뚜기도 짐이 될 것이며 원욕이 그치리니 이는 사람이 자기 영원한 집으로 돌아가고 조문자들이 거리로 왕래하게 됨이라.(이 부분도 같은 이유로 〈개역개정판〉의 해당부분을 그대로 옮겼다-옮긴이)" *John Galsworthy, The Forstyte Saga*, 318-19.

17) 토머스와 콕세터의 대화, 2002년 7월 13일.

18) Thomas, 인터뷰.

19) 위와 같은 출처.

20) Coxeter, 2003년 1-3월 토론토에서의 인터뷰.

21) Coxeter, 2003년 3월 29일 토론토에서의 인터뷰.

22) Coxeter, 인터뷰; Thomas, 인터뷰.

23) Abraham.

24) Conway, 인터뷰.

25) Sandra Witelson(맥마스터 대학교 신경과학자), 2003년 3월 해밀턴에서의 인터뷰.

26) 위와 같은 출처.

27) Coxeter, 2003년 3월 해밀턴에서의 인터뷰.

부록 1 _ 피보나치와 잎차례

1) Coxeter, *Introduction to Geometry*, 160-72; Conway, 인터뷰.

2) Coxeter와 Ball, *Mathematical Recreations and Essays*, 57; Weisstein, "Phyllotaxis," http://mathworld.wolfram.com/Phyllotaxis.html (2006년 2월 5일 현재).

3) Coxeter, "Chirality and Phyllotaxis," 콕세터의 강의서류철, Coxeter Fonds, University of Toronto Archives.

4) Coxeter, *Introduction to Geometry*, 172; Conway, 인터뷰. 잎차례 메커니즘에 대한 보다 상세한 설명은 존 콘웨이와 마이클 가이의 책 〈수의 책The Book of Numbers〉에 나온다. 콕세터의 연장인 친구이자 동료로서 그와 서신을 주고받던 다르시 톰슨D'Arcy Thomson은 그의 책 〈성장과 형태에 대하여On Growth and Form〉에서 왜 생물들과 물리적 현상들이 그러한 형태를 취하는가에 대한 시대를 초월한 설명을 제시했다. "The Role of Intermediate Convergents in Tait's Explanation for Phyllotaxis," *J. Algebra* 167-75; "The Golden Section, Phyllotaxis, and Wythoff's Game," *Scripta Mathematica*, 135-43.

부록 2 _ 3차원 및 4차원 정규초다면체에 대한 슐래플리의 기호

1) SchlÄfli symbols charts, Doris Schattschneider의 호의로.

부록 3 _ 콕세터 도식

1) Conway, 인터뷰; Coxeter diagrams, Doris Schattschneider의 호의로.

부록 4 _ 콕세터군

1) Monson, 인터뷰; Conway, 인터뷰.

2) 위와 같은 출처.

3) Coxeter, *Regular Polytopes*, 290-303; chart of multiple reflected images and diagram, Doris Schattschneider의 호의로.

부록 5 _ 몰리의 기적

1) Coxeter, *Introduction to Geometry*, 23-25.

2) 위의 책, 23.

3) Conway, 인터뷰. 몰리 정리의 작도와 증명에 대한 역사적인 참고는 Mathworld의 "Morley's Theorem," http://mathworld.wolfram.com/MorleysTheorem.html 참고.

4) O'Connor와 Robertson, "Frank Morley," http://www-groups.dcs.st-and.ac.uk/~history/Mathematicians/Morley.html (2006년 2월 6일 현재).

5) Coxeter, *Introduction to Geometry*, 24; Coxeter와 Greitzer, *Geometry Revisited*, 47.

6) Conway, 인터뷰.

7) 몰리의 아들 크리스토퍼Christopher, 프랭크 V., 펠릭스Felix는 모두 로즈 장학생

이었다. 크리스토퍼는 소설가가 되었는데 그의 책으로는 〈좌측에 천둥Thunder on the Left〉, 〈트로이목마Trojan Horse〉, 〈키티 포일Kitty Foyle〉, 〈구식 북경관화The Old Mandarin〉등이 있다. 펠릭스는 〈워싱턴포스트〉지의 편집장이 되었다. 프랭크는 페이버 앤드 페이버출판사의 임원이 되었고, 수학에 관해서는 아버지와 협력하였다. O'Connor와 Robertson.

8) O'Connor와 Robertson.

9) Coxeter, *Introduction to Geometry*; Coxeter와 Greitzer, **Geometry Revisited**; Conway, 인터뷰.

10) "John Conway's Morley Proof," http://paideiaschool.org/TeacherPages/Steve_Sigur/resources/TB%20pictures/morley-dissected.html (2006년 3월 14일 현재). Conway's proof and diagram, John Conway와 Steve Sigure의 호의로.

11) Conway, 인터뷰.

부록 6 _ "유행이 지난 추구"에 대한 프리먼 다이슨의 주장

1) Freeman Dyson(대학자, 고등과학원 물리학명예교수), 2004년 10월 26일의 인터뷰; 콕세터와 다이슨의 서신, Coxeter Fonds, University of Toronto Archives; 콕세터와 다이슨의 서신, Freeman Dyson의 호의로.

2) Freeman Dyson, "Unfashionable Pursuits," 콕세터와 다이슨의 서신, Coxeter Fonds, University of Toronto Archives; Freeman Dyson의 허가로 인용함(원래의 출처는 *The Mathematical Intelligencer*, 47-54, Dyson, From Eros to Gaia).

3) 1992년, 다이슨의 예언은 리처드 보처즈Richard Bocherds(캘리포니아 대학교 버클리 분교)가 괴물달빛추측을 증명하여 타원곡선과 괴물군, 그리고 끈이론 사이의 심오한 연관-일정한 계통의 끈이론은 괴물군의 대칭을 지니고 있다-을 밝히면서 널

리 퍼지게 되었다. 산발성 군 중에서도 가장 크고 불가해하며 매력적이라는 의미에서 콘웨이가 이름붙인 "괴물군"은 1973년 로버트 그라이스Robert Greiss(미시건 대학교)와 베른트 피셔Bernd Fischer(함부르크 대학교)가 그 존재를 예언한 바 있었다. 피셔는 이 군을 정의하는데 도움을 받으려고 케임브리지를 방문하였고, 콘웨이가 이러한 도전을 떠맡았다. 1978년, 존 매카이John McKay(콘코디아 대학교)의 관찰이 괴물군과 타원 모듈라 함수 사이의 있을 수 있는 연관에 빛을 던져주었고, 콘웨이와 사이먼 노턴Simon Norton(케임브리지 대학교)은 1978년 이를 괴물달빛추측이라는 명제로 발전시켰다. 보처즈는 8년동안 괴물달빛추측의 증명을 연구했다. 그는 후일 이렇게 말했다. "달빛추측을 증명하였을 때 나는 너무도 행복했다. 훌륭한 결과를 얻으면 나는 며칠 동안을 참으로 행복해하며 보낸다. 때로는 마약을 먹으면 이런 기분이 느껴질까 싶기도 하다. 나의 이러한 이론을 시험해 본 적은 없어서 사실 잘 모르겠지만." 그는 이러한 연구로 필즈 메달을 받았는데, 실제로 추측을 증명한 것과 비교하였을 때, 그는 그저 당황했을 뿐이었다. Conway, 인터뷰; John McKay, 2004년 5월의 인터뷰; Conway와 Norton, "Monstrous Moonshine," Bulletin of the London Mathematical Society, 308-39; "Monstrous Moonshine Conjecture," http://www.daviddarling.info/encyclopedia/M/Monstrous_Moonshine_conjecture.html (2006년 2월 5일 현재); Weisstein, "Monstrous Moonshine," http://mathworld.wolfram.com/MonstrousMoonshine.html (2006년 2월 5일 현재).

4) 콕세터가 프리먼 다이슨에게 보낸 1981년 10월 4일자 편지, 콕세터와 다이슨의 서신, Coxeter Fonds, University of Toronto Archives.

부록 7 _ 결정학과 펜로즈 화장지

1) Schattschneider, 인터뷰.

2) Coxeter, *Introduction to Geometry*, 50.

3) Weisstein, "Tiling," http://mathworld.wolfram.com/Tiling.html (2006년 2월 5일 현재); 타일 깔기에 대한 결정적인 참고자료로는 Branko Grönbaum과 G. C. Shephar의 *Tilings and Patterns* 참고.

4) Penrose, 인터뷰.

5) 위와 같은 출처.

6) 위와 같은 출처.

7) 위와 같은 출처.

8) Matthew Rose, "Mathematician Sues Kimberly-Clark Unit over Its Toilet Paper- At Heart of the Messy Issue Is Tissue's Quilted Design; Is It the 'Penrose Pattern'?" *The Wall Street Journal*, 1997년 4월 14일자.

9) Penrose, 인터뷰.

10) Marion Walter(오레곤 대학교 수학 교육 명예 교수), 2005년 8월 2일의 인터뷰.

부록 8 _ H. S. M. 콕세터의 수학 관련 출판물

Kaleidoscopes(Sherk, McMullen, Thompson, Asia Ivić weiss 편)의 허가받은 개정 재판본.

참고 목록

부록 8번에서 살펴본 콕세터의 모든 수학관련 출간물의 총망라.

Abbott, Edwin A. *Flatland: A Romance of Many Dimensions.* New York: Dover Publications, 1952.

Abbott, Edwin A. With notes by Ian Stewart. *The Annotated Flatland.* Cambridge, MA: Perseus Publishing, 2002.

Abercrombie, W.E. "Geometry-An Interlude or an Essential," *Ontario Mathematics Gazette* 5, no. 3 (1967): 17-24.

Abraham, Carolyn. *Possessing Genius.* Toronto: Penguin Canada, 2001.

Albers, Donald, ed. "Is Geometry Dead?" *The Two-Year College Mathematics Journal* 11, no. 1 (January 1980).

Albers, Donald J., and G. L. Alexanderson, eds. *Mathematical People: Profiles and Interviews.* Boston: Birkhäuser, 1985.

Aldrich, John. "The Mathematics PhD in the United Kingdom." http://www.economics.soton.ac.uk/staff/aldrich/PhD.htm

Anderson, Marlow, Victor Katz, and Robin Wilson, eds. *Sherlock Holmes in Babylon and Other Tales of Mathematical History.* Washington, D.C.: Mathematical Association of America, 2004.

Armitage, J. V. "The Place of Geometry in a Mathematics Education," *The Changing Shape of Geometry.* New York: Cambridge University Press, 2003, 515-26.

Aspray, William. "The Emergence of Princeton as a World Center for

Mathematical Research, 1896-1939," in *A Century of Mathematics in America*, vol 3. Edited by Peter Duren. Providence: American Mathematical Society, 1989, 195-215.

Baake, M., and R. V. Moody, eds. *Directions in Mathematical Quasicrystals.* Providence: American Mathematical Society, 2000.

Baake, M., Uwe Grimm, and Robert V. Moody. "What Is Aperiodic Order?" *Spektrum der Wissenschaften*, February 2002, 64-74.

——. Ball, W. W. Rouse. *A Short Account of the History of Mathematics.* London: Macmillan, 1912.

——. *Cambridge Papers.* London: Macmillan, 1918.

——. *Mathematical Recreations and Essays*, Tenth Edition. London: Macmillan, 1931.

Ball, W. W. Rouse. Revised by H. S. M. Coxeter. *Mathematical Recreations and Essays*, 11th ed. New York: Macmillan, 1939.

Ball, W. W. Rouse, and H. S. M. Coxeter. *Mathematical Recreations and Essays*, 13th ed. New York: Dover Publications, 1987.

Banchoff, Thomas F. *Beyond the Third Dimension: Geometry, Computer Graphics, and Higher Dimensions.* New York: Scientific American Library, 1990.

Banchoff, Thomas F. "Interview with Fr. Magnus J. Wenninger," *Symmetry: Culture and Science* 13, nos. 1-2 (2002): 63-70.

Barrow-Green, June, and Jeremy J. Gray. "Geometry at Cambridge, 1863-1940," *Historia Mathematica*, June 2006, 42.

Barwell, Noel. *Cambridge.* London: Blackie & Son Limited, n.d.

Batterson, Steven L. *Stephen Smale: The Mathematician Who Broke the Dimension Barrier.* Providence: American Mathematical Society, 2000.

Beaulieu, Liliane. "A Parisian Café and Ten Proto-Bourbaki Meetings (1934-1935)," *The Mathematical Intelligencer* 15, no. 1 (1993): 27-35.

—. "Bourbaki' s Art of Memory," *Osiris* 2, second series, vol. 14, *Commemorative Practices in Science: Historical Perspectives on the Politics of Collective Memory*, 1999, 219-51.

—. "Dispelling a Myth: Questions and Answers about Bourbaki's Early Work, 1934-1944," *The Intersection of History and Mathematics*. Basel: Birhäuser, 1994, 241-52.

Beckwith, Philip. "Paul S. Donchian Opens Door to Fairyland of Pure Science: His Wire and Cardboard Models Explain Highest Mathematics," *The Hartford Daily Courant*, January 20, 1935, E3.

Bell, E. T. *The Development of Mathematics*. New York: McGraw-Hill, 1945.

—. *Men of Mathematics*. London: Victor Gollancz, 1937.

Bell, Jordan. "The Geometrical Foundations of Coxeter Groups." Honours Project, Carleton University, School of Mathematics and Statistics, January 14, 2005.

Benn, John. "Universities and Public Life: A Contrast between England and America in Which Room for Improvement Is Noted," *Princeton Alumni Weekly*, March 17, 1933.

Berberian, S. K. "Bourbaki, the Omnivorous Hedgehog: A Historical Note?" *The Mathematical Intelligencer* 2 (1980): 104-5.

Blackburn, David, and Jonathan Rosenhead. "Cambridge Mathematics," *The Eagle*, EL 8, 46-49.

Blay, Michel. *Reasoning with the Infinite*. Chicago: University of Chicago Press, 1998.

Boas, R. P. "Bourbaki and Me," *The Mathematical Intelligencer*, no. 4 (1986): 84.

Bodanis, David. *E=mc²*. Toronto: Random House, 2001.

Bogomolny, Alexander. http://www.cut-the-knot.org.

Bonpunt, Louis. "The Emergence of Symmetry Concepts by the Way of the Study of Crystals

(1600-1900)," *Symmetry: Culture and Science*, 10, no. 1-2 (1999), 127-41.

Borel, Armand. "Twenty-Five Years with Nicolas Bourbaki, 1949-1973," *Notices of the AMS* 45, no. 3 (March 1998): 373-80.

—. "The School of Mathematics at the Institute for Advance Study," *A Century of Mathematics in America*, vol 3. Edited by Peter Duren. Providence: American Mathematical Society, 1989, 119-47.

Borwein, Jonathan M., and David H. Bailey. *Mathematics by Experiment: Plausible Reasoning in the 21st Century*. Natick: A. K. Peters, 2004.

Bourbaki, Nicolas. "The Architecture of Mathematics," *American Mathematical Monthly* 57 (April 1950): 221-32.

—.*Groupes et Algebres de Lie*, 4-6. Paris: Hermann, 1968 (reprinted New York: Masson, 1981).

—.*Elements of the History of Mathematics*. New York: Springer, 1999.

Brannan, David A., Matthew F. Esplen, and Jeremy J. Gray. *Geometry*. New York: Cambridge University Press, 1999.

Brewster, Sir David. *The Kaleidoscope: Its History, Theory, and Construction*. Holyoke: Van Cort Publications, 1987.

Brown, Ronald. "Sculptures by John Robinson at the University of Wales, Bangor," *The Mathematical Intelligencer* 16, no. 3 (1994): 62-64.

Bruhn, Jörn. "Mathematics Education and Comparative Studies: Two Examples," Reflections on Educational Achievement, Papers in Honour of T. Neville Postlethwaite. New York: Waxmann-Verlag, 1995, 69-74.

Brunés, Tons. *The Secrets of Ancient Geometry, and Its Use*. Copenhagen: Rhodos, 1967.

Bryden, John. *Best-Kept Secret: Canadian Secret Intelligence in the Second World War*. Toronto: Lester Publishing, 1993.

Bursill-Hall, Piers. "Why Do We Study Geometry? Answers Through the Ages," Lecture delivered at the opening festivities of the Faulkes Institute for Geometry, University of Cambridge, May 2002.

Calaprice, Alice. *The New Quotable Einstein*. Princeton: Princeton University Press, 2005.

Cambridge University. *Cambridge University Reporter*. Cambridge: Cambridge University Press, October 8, 1926.

Canadian Press. "Drew Demands Gov't Investigate U of T Professor," *The Daily Press*, March 17, 1950.

Carroll, Lewis. *Euclid and His Modern Rivals*. New York: Dover Publications, 1973.

Carroll, Lewis. With introduction and notes by Martin Gardner. *The Annotated Alice*. New York: Clarkson N. Potter, 1960.

Cartan, Henri. "Nicolas Bourbaki and Contemporary Mathematics," *The Mathematical Intelligencer* 2 (1980): 175-80.

Chaplin, Virginia. "Princeton Mathematics: A Notable Record," *Princeton Alumni Weekly*, May 1958, 9, 6-15.

Church, A. H. *On the Relation of Phyllotaxis to Mechanical Laws*. London: Williams & Norgate, 1904.

Coleman, A. J. "Algebraic Methods," *Encyclopedia of Applied Physics*, vol. 1. VCH Publishers, 1991, 515-37.

Conway, John Horton, and Neil J. A. Sloane. *Sphere Packings, Lattices, and Groups*. New York: Springer, 1999.

Conway, John H., and Richard K. Guy. *The Book of Numbers*. New York: Copernicus, 1996.

Coxeter Fonds, B2004-0024, University of Toronto Archives.

Coxeter, Harold Scott Macdonald. "Some Contributions to the Study of Regular Polytopes," PhD. diss., December 18, 1931, Cambridge University Library.

——. University of Toronto Library Oral History Project. B1986-0088, University of Toronto Archives.

——. Rockefeller Fellowship Record Card, Rockefeller Archive Center, Sleepy Hollow, New York.

——. Student File, Alumni Records, Trinity College, Cambridge.

——. "Chirality and Phyllotaxis," Coxeter Lectures File, Coxeter Fonds, University of Toronto Archives.

——. "The Mathematics of Leonardo da Vinci," Coxeter Lecture Files, Coxeter Fonds, University of Toronto Archives.

——. "Royal Astronomical Society Club," March 10, 1972, Coxeter Lectures File, Coxeter Fonds, University of Toronto Archives.

Dakers, Caroline. *The Holland Park Circle: Artists and Victorian Society*. New Haven: Yale University Press, 1999.

Davenport, Guy. "The Kenner Era," *National Review*, December 31, 1985.

Davies, John D. "The Curious History of Physics at Princeton," *Princeton Alumni Weekly*, October 1973, 2, 8-11.

Davis, Chandler. "The Purge," in *A Century of Mathematics in America*, vol. 1. Edited by Peter Duren. Providence: American Mathematical Society, 1988, 413-28.

——. "Where Did Twentieth-Century Mathematics Go Wrong?" *The Intersection of History and Mathematics*. Edited by Sasaki Chikara et al., Boston: Birkhäuser, 1994.

Davis, Chandler, and Erich W. Ellers, eds. *The Coxeter Legacy: Reflections and Projections*. Toronto/Providence: American Mathematical Society/Fields Institute, 2006.

Davis, Chandler, Branko Grünbaum, F. A. Sherk, eds. *The Geometric Vein, The Coxeter Festschrift*. New York: Springer-Verlag, 1981.

Davis, Chandler, and Marjorie Senechal, eds. "The World of Coxeter," *The Mathematical Intelligencer* 26, no. 3 (Summer 2004).

Davis, Philip J. "The Rise, Fall, and Possible Transfiguration of Triangle Geometry: A Mini History," *American Mathematical Monthly* 102 (1995): 204-14.

——. *Thomas Gray, Philosopher Cat*. Boston: Harcourt, Brace, Jovanovich, 1988.

Dehaene, Stanislas, et al. "Core Knowledge of Geometry in an Amazonian Indigene Group," *Science* 20 (January 2006): 381-84.

Derbyshire, John. *Prime Obsession: Bernhard Riemann and the Greatest Unsolved Problem in Mathematics*. Washington, D.C.: Joseph Henry Press, 2003.

Devlin, Keith. *The Language of Mathematics: Making the Invisible Visible*. New York: W. H. Freeman, 2000.

Devlin, Keith. *Mathematics: The Science of Patterns*. New York: Scientific American Library, 1997.

Dickson, Paul. *Sputnik: The Launch of the Space Race*. New York: Walker & Company, 2001.

Dieudonné, Jean. "New Thinking in School Mathematics," in *New Thinking in School Mathematics*. Organisation for European Economic Co-operation, 1961, 31-45.

——. "The Work of Bourbaki during the Last Thirty Years," *Notices of the AMS* 29 (1982): 618-23.

——. "The Work of Nicholas Bourbaki," *American Mathematical Monthly* 77 (February 1970): 134-45.

Dunne, J. W. *An Experiment with Time*. Charlottesville: Hampton Roads Publishing Company Inc., 2001.

Duren, Peter, et al., eds. *A Century of Mathematics in America*, vols. 1-3. Providence: American Mathematical Society, 1988-89.

Dyson, Freeman. *From Eros to Gaia*. New York: Pantheon Books, 1992.

Einstein, Albert. *Sidelights on Relativity*. New York: Dover Publications, 1983.

Ellers, Erich W., Branko Grünbaum, Peter McMullen, and Asia Ivić Weiss. "H. S. M. Coxeter(1907-2003)," *Notices of the AMS* 50, no. 10 (November 2003): 1234-40.

Emmer, Michele, ed. *Mathematics and Culture*, vol 1. New York: Springer, 2000.

——. *Mathland: From Flatland to Hypersurfaces*. Basel: Birkhäuser, 2004.

——, ed. *The Visual Mind: Art and Mathematics*. Cambridge, MA: The MIT Press, 1995.

Eriksson, Tommy et al. "Enantiomers of Thalidomide: Blood Distribution and the Influence of Serum Albumin on Chiral Inversion and Hydrolysis," *Chirality* 10 (1998): 223-28.

Ernst, Bruno. *The Magic Mirror of M. C. Escher*. New York: Random House, 1976.

Escher, M. C. Correspondence, Library and Archives, National Gallery of Canada, Ottawa, Ontario.

—. Correspondence, Haags Gemeentemuseum, The Hague, the Netherlands.

—. Archives, National Gallery of Art, Washington, D.C.

—. *Escher on Escher: Exploring the Infinite*. New York: Harry N. Abrams, 1989.

Farrell, Barry. "The View from the Year 2000," *LIFE*, February 26, 1971, 46-58.

Ferguson, Kitty. *Tycho & Kepler*. New York: Walker Books, 2002.

"The Fields Medal," http://www.fields.utoronto.ca/aboutus/jcfields/fields_medal.html.

Fillmore, Peter, ed. *Canadian Mathematical Society*, 1945-1995. Ottawa: Canadian Mathematical Society, 1995.

Fitzgerald, Penelope. *The Gate of Angels*. New York: Houghton Mifflin Company, 1998.

Fosdick, Harry Emerson. *On Being a Real Person*. London: Student Christian Movement Press, 1954.

Fosdick, Raymond B. *The Story of the Rockefeller Foundation*. New York: Harper & Brothers, 1952.

Friedman, Martin L. *The University of Toronto: A History*. Toronto: University of Toronto Press, 2002.

Freudenthal, Hans. "Geometry Between the Devil and the Deep Sea," *Educational Studies in Mathematics* (1971): 413-35.

Fuller, R. Buckminster, Papers, M1090, Department of Special Collections and University Archives, Stanford University Libraries.

——. *Critical Path*. New York: St. Martin's Press, 1981.

——. *Synergetics: Explorations in the Geometry of Thinking*. New York: Macmillan, 1975.

——. *Synergetics 2: Further Explorations in the Geometry of Thinking*. New York: Macmillan, 1979.

Galison, Peter. "Images Scatter into Data, Data Gather into Images," in *Iconoclash*. Edited by Bruno Latour and Peter Weibel. Cambridge, MA: MIT Press, 2002, 300–23.

Gallager, Peter. "A Conversation with G. David Forney, Jr.," *IEEE Information Theory Society Newsletter*, February 2006.

Galsworthy, John. *The Forsyte Saga*. Middlesex: Penguin Books Canada, 1986.

Gardner, Howard. *Intelligence Reframed*. New York: Basic Books, 1999.

Gardner, Martin. *Martin Gardner's New Mathematical Diversions from* Scientific American. New York: Simon & Schuster, 1966.

——. *The New Ambidextrous Universe: Symmetry and Asymmetry from Mirror Reflections to Superstrings*. New York: W. H. Freeman Company, 1990.

Ghyka, Matila. *The Geometry of Art and Life*. New York: Dover Publications, 1977.

Gleick, James. *Isaac Newton*. Toronto: Random House Canada, 2003.

——. *Chaos: Making a New Science*. New York: Penguin Books, 1988.

—. "Rethinking Clumps and Voids in the Universe," *New York Times*, November 9, 1986, A1.

Goggin, P. M. and J. N. Gordon. "Thalidomide and Its Derivatives: Emerging from the Wilderness," *Postgraduate Medical Journal*, 79, no. 929 (March 2003), 127 – 32.

Gombrich, E. H. et al. *Art, Perception, and Reality*. Baltimore: The Johns Hopkins University Press, 1972.

Gombrich, E. H. *Art and Illusion: A Study in the Psychology of Pictorial Representation*. Princeton: Princeton University Press, 1969.

Goodman, Roe. "Alice Through Looking Glass after Looking Glass: The Mathematics of Mirrors and Kaleidoscopes," *Mathematical Association of America Monthly* 111 (April 2004): 281 – 98.

Gosset, Thorold. "The Hexlet," *Nature* 139 (January 1937): 62.

Gott, J. R. III. "Pseudopolyhedrons," *American Mathematical Monthly* 74, no. 5 (May 1967): 497 – 504.

Gott, J. R. III, and A. Melott. "The Spongelike Topology of Large Scale Structure in the Universe," Astrophysical Journal, 1986.

Gott, J. R. III, A. Melott, and M. Dickinson. "The Spongelike Topology of Large Scale Structure in the Universe," *Astrophysical Journal* 306 (1986): 341 – 57.

Gray, George W. *Education on an International Scale*. New York: Harcourt, Brace and Company, 1941.

Gray, Jeremy J. *The Hilbert Challenge*. New York: Oxford University Press, 2000.

—. *János Bolyai, Non-Euclidean Geometry, and the Nature of Space*. Cambridge, MA: Burndy Library Publications, 2004.

—, ed. *The Symbolic Universe: Geometry and Physics 1890 –1930*. Toronto: Oxford University Press, 1999.

Green, Christopher. "Classics in the History of Psychology, Timaeus." http://psychclassics.yorku.ca/Plato/Timaeus/timaeus2.htm, York University.

Greene, Brian. *The Elegant Universe: Superstrings, Hidden Dimensions, and the Quest for the Ultimate Theory*. New York: Vintage Books, 1999.

—. *The Fabric of the Cosmos: Space, Time and the Texture of Reality*. New York: Alfred A. Knopf, 2004.

Guedj, Denis. "Nicholas Bourbaki, Collective Mathematician: An Interview with Claude Chevalley," *The Mathematical Intelligencer* 7, no. 2 (1985): 18 – 22.

Hadamard, Jacques. *The Psychology of Invention in the Mathematical Field*. New York: Dover Publications, 1954.

Halmos, Paul R. *I Want to Be a Mathematician: An Automathography*. New York: Springer-Verlag, 1985.

—. " 'Nicolas Bourbaki,' " *Scientific American* 196, no. 5 (May 1957): 88 – 99.

Hancock, Geoff. "The Many Sides of Donald Coxeter," *Graduate* 7, no. 1 (September/October 1979): 10 – 12.

Hansard, Parliamentary Debates, House of Lords, Official Records. London: HMSO, December 10, 1991, 590.

Hardy, G. H. "What Is Geometry?" *The Changing Shape of Geometry*. New York: Cambridge University Press, 2003, 13 – 23.

—. *A Mathematician's Apology*. Cambridge: Cambridge University Press, 1940.

Hardy, G. H. With a foreword by C. P. Snow. *A Mathematician's Apology*. Cambridge: Cambridge University Press, 2004.

Hargittai, István, "Lifelong Symmetry: A Conversation with H. S. M. Coxeter," *The Mathematical Intelligencer* 18, no. 4 (1996): 35 – 41.

—. "John Conway–Mathematician of Symmetry and Everything Else," *The Mathematical Intelligencer* 23, no. 2 (November 2001): 6 – 14.

Hargittai, István, and Magdolna Hargittai. *Symmetry, A Unifying Concept*. Bolinas: Shelter Publications, 1994.

Hargittai, István, and T. C. Laurent, eds. *Symmetry 2000*, parts 1 and 2. Wenner-Gren International Series, vol. 80. London: Portland Press, 2002.

Hart, George. *Virtual Polyhedra: An Encyclopedia of Polyhedra*, http://www.georgehart.com/virtual-polyhedra/vp.html

Heath, Sir Thomas L., trans. *Euclid: The Thirteen Books of the Elements*, vols. 1-3. New York:Dover Publications, 1956.

Heilbron, J. L. *Geometry Civilized: History, Culture, and Technique*. Oxford: Clarendon Press, 2000.

Henderson, David W., and Daina Taimina. *Experiencing Geometry: Euclidean and Non-Euclidean with History*. Upper Saddle River: Pearson Prentice Hall, 2005.

Henderson, Linda Dalrymple. *The Fourth Dimension and Non-Euclidean Geometry in Modern Art*. Princeton: Princeton University Press, 1983.

Henneaux, Marc. "Platonic Solids and Einstein Theory of Gravity: Unexpected Connections," Francqui Chair Seminar, February 26, 2003.

Henneaux, Marc, et al. "Cosmological Billiards," *Classical and Quantum Gravity* 20 (2003).

—. "E(10) and BE(10) and Arithmetical Chaos in Superstring Cosmology," *Physical Review Letters* 86 (2001): 4,749-52.

——. "Einstein Billiards and Overextensions of Finite Dimensional Simple Lie Algebras,"
Journal of High Energy Physics, June 2002.

Herbst, Patricio G. "Establishing a Custom of Proving in American School Geometry: Evolution of the Two-Column Proof in the Early Twentieth Century," *Educational Studies in Mathematics* 49 (2002): 283-312.

Hermann, Robert. "Mathematics and Bourbaki," *The Mathematical Intelligencer* 8, no. 1, 1986): 32-33.

Hilbert, David and S. Cohn-Vossen. *Geometry and the Imagination*. New York: Chelsea Publishing Company, 1952.

Hoffman, Donald D. *Visual Intelligence: How We Create What We See*. New York: W. W. Norton, 1998.

Hoffman, Paul. *The Man Who Loved Only Numbers*. New York: Hyperion, 1998.

Hofstadter, Douglas R. "From Euler to Ulam: Discovery and Dissection of a Geometric Gem," Center for Research on Concepts and Cognition, 1992 (also published in a shorter version: "Discovery and Dissection of a Geometric Gem," *Geometry Turned On*! Edited by J. King and D. Schattschneider. Mathematical Association of America, 1997, 3-14).

——. *Gödel, Escher, Bach: An Eternal Golden Braid*. New York: Basic Books, 1999.

Holden, Alan. *Shapes, Space, and Symmetry*. New York: Columbia University Press, 1971.

Homer-Dixon, Thomas. *The Ingenuity Gap: Can We Solve the Problems of the Future?* Toronto: Vintage, 2001.

Horne, R. W., "The Structure of Viruses," *Scientific American* 208, no. 1 (January

1963): 48-56.

Howson, Geoffrey. "Geometry: 1950-1970," in *One Hundred Years of L'Enseignmement Mathématique*, edited by Daniel Coray et al. Geveva: L'Enseignement Mathématique, 2003, 115-31.

Howson, Geoffrey. "Milestone or Millstone?" in *The Changing Shape of Geometry*. New York: Cambridge University Press, 2003, 505-14.

Infeld, Leopold. "He Renounced Canada for Poland," *The Globe and Mail*, February 26, 1951.

—. *Quest: The Evolution of a Scientist*. New York: Doubleday, Doran & Co., Inc., 1941.

Infeld, Leopold. *Whom the Gods Love: The Story of Evariste Galois*. New York: McGraw-Hill Book Company, Inc., 1948.

Ivins, William M. Jr. *Art & Geometry: A Study in Space Intuitions*. New York: Dover Publications, 1964.

Jackson, Allyn. "Interview with Henri Cartan," *Notices of the AMS* 46, no. 7 (August 1999): 782-88.

James, Ioan. *Remarkable Mathematicians: From Euler to von Neumann*. Cambridge University Press/Mathematical Association of America, 2002.

Jay, Martin. *Downcast Eyes: The Denigration of Vision in Twentieth-Century French Thought*. Berkeley: University of California Press, 1994.

Jones, C. Sheridan. *London in War-Time*. London: Grafton & Co., 1917.

Jowett, Benjamin. "Selections from Plato's Timaeus," in *The Collected Works of Plato*. Princeton: Princeton University Press, 1980.

(K-13) Geometry Committee. *Geometry, Kindergarten to Grade Thirteen*, Toronto:

Ontario Institute for Studies in Education, 1967.

Kanigel, Robert. *The Man Who Knew Infinity: A Life of the Genius Ramanujan.* Toronto: Washington Square Press, 1992.

Kaplan, Robert, and Ellen Kaplan. *The Art of the Infinite.* New York: Oxford University Press, 2003.

Kaplansky, Irving. *Linear Algebra and Geometry.* New York: Chelsea Publishing Company, 1974.

Kaku, Michio. *Parallel Worlds: A Journey Through Creation, Higher Dimensions, and the Future of the Cosmos.* Toronto: Doubleday, 2005.

Kepler, Johannes. *The Six-Cornered Snowflake.* London: Oxford University Press, 1966.

Kline, Morris. *Mathematics for the Nonmathematician.* New York: Dover Publications, 1967.

Kosslyn, Stephen M. *Image and Brain: The Resolution of the Imagery Debate.* Cambridge, MA: MIT Press, 1994.

Kostant, Bertram. "The Graph of the Truncated Icosahedron and the Last Letter of Galois," *Notes of the AMS* 42, no. 9 (September 1995): 959–68.

Kroto, Harold, J. R. Heath, S. C. O'Brien, R. F. Curl, and R. E. Smalley. "C_{60}: Buckminsterfullerene," *Nature* 318 (November 1985, 14): 162–63.

Kroto, Harold W. "C_{60}: Buckminsterfullerene, The Celestial Sphere that Fell to Earth," *Angewandte Chemie* 31, no. 2 (February 1992): 111–29.

—. "Space, Stars, C_{60}, and Soot," *Science* 242 (November 1988, 25): 1139–45.

Lai, Jonathan. "Finite Coxeter Groups." PhD thesis, Carleton University, Department of Mathematics and Statistics, January 16, 1984.

Laurence, William I. "The Week in Science: Measuring the Earth's Age . . . Projecting Hyper-Cubes," *The New York Times*, July 1935 21, 6 (Science).

Lederman, Leon, and Christopher Hill. *Symmetry and the Beautiful Universe*. Amherst: Prometheus Books, 2004.

Lehrer, Tom. "New Math," *The Year That Was*, http://www.lyricsfreak.com/t/tom-lehrer/.

Leitch, Alexander. *A Princeton Companion*. Princeton: Princeton University Press, 1978.

Lightman, Alan. *The Discoveries: Great Breakthroughs in Twentieth-Century Science*. Toronto: Alfred A. Knopf Canada, 2005.

Littlewood, J. E. *Littlewood's Miscellany*. New York: Cambridge University Press, 1986.

Livio, Mario. *The Equation That Couldn't Be Solved: How Mathematical Genius Discovered the Language of Symmetry*. Toronto: Simon & Schuster, 2005.

Locher, J. L. *The World of M. C. Escher*. New York: Harry N. Abrams, Inc., 1971.

—,ed. *M. C. Escher: His Life and Complete Graphic Work*. New York: Harry N. Abrams, Inc., 2000.

Logothetti, Dave. "An Interview with H. S. M. Coxeter, the King of Geometry," *The Two-Year College Mathematics Journal* 11, no. 1 (January 1980): 2 – 18.

Longuet-Higgins, Michael S. "Encounters with Polytopes," *Symmetry: Culture and Science* 13, nos. 1 – 2 (2002): 17 – 31.

Loomis, Elisha S. *The Pythagorean Proposition*. Berea: Ohio Mohler Print Co., 1927.

Lord, E. A., and S. Ranganathan. "Sphere Packing, Helices and the Polytope

{3,3,5}," *European Physical Journal* 15 (2001): 335 – 43.

Luminet, Jean-Pierre, Jeffrey R. Weeks, Alain Riazuelo, Roland Lehoucq, and Jean-Philippe Uzan. "Dodecahedral Space Topology as an Explanation for Weak Wide-angle Temperature Correlations in the Cosmic Microwave Background," *Nature* 425 (October 9, 2003): 593 – 95.

Lundy, Miranda. *Sacred Geometry*. New York: Walker & Company, 2001.

MacHale, Desmond. *George Boole: His Life and Work*. Dublin: Boole Press, 1985.

MacGillavry, Caroline. *Fantasy and Symmetry – The Periodic Drawings of M. C. Escher*. New York: Harry N. Abrams, 1976.

MacLane, Saunders. "Topology and Logic at Princeton," in *A Century of Mathematics in America*, vol 2. Edited by Peter Duren. Providence: American Mathematical Society, 1989, 217 – 21. "Magpie & Stump," *The Trinity Magazine*, December 1928.

Malatyh, George. "Geometry for All and for Elite," Tenth International Congress on Mathematical Education, Copenhagen, July 2004.

Malkevitch, Joseph, ed. *Geometry's Future*. Arlington: COMAP, 1991.

Mammana, Carmelo, and Vinicio Villani. *Perspectives on the Teaching of Geometry for the 21st Century, An ICMI Study*. Boston: Kluwer Academic Publishers, 1998.

Mandelbrot, Benoit. "Chaos, Bourbaki, and Poincaré," *The Mathematical Intelligencer* 11, no.3 (1989): 10 – 12.

Mandelbrot, Benoit. *Fractals, Form, Chance, and Dimension*. San Francisco: W. H. Freeman and Company, 1977.

—. *The Fractal Geometry of Nature*. New York: W. H. Freeman and Company,

1983.

Maor, Eli. *To Infinity and Beyond*. Boston: Birkhäuser, 1986.

Marks, Robert W. *The Dymaxion World of Buckminster Fuller*. Carbondale: Southern Illinois University Press, 1960.

Mathias, A. R. D. "The Ignorance of Bourbaki," *The Mathematical Intelligencer* 14, no. 3 (1992): 4 – 13.

McMullen, Peter, and Egon Schulte. *Abstract Regular Polytopes*. New York: Cambridge University Press, 2002.

Merzback, Uta C. "The Study of the History of Mathematics in America: A Centennial Sketch," in *A Century of Mathematics in America*, vol 3. Edited by Peter Duren. Providence: American Mathematical Society, 1989, 639 – 66.

Miyazaki, Koji. *An Adventure in Multidimensional Space: The Art and Geometry of Polygons, Polyhedra, and Polytopes*. Toronto: John Wiley & Sons, 1986.

—. *Science of Higher-Dimensional Shapes and Symmetry*. Kyoto: Kyoto University Press, 2004.

Mlodinow, Leonard. *Euclid's Window: The Story of Geometry from Parallel Lines to Hyperspace*. Toronto: Simon & Schuster, 2002.

Monk, Ray. *Ludwig Wittgenstein: The Duty of Genius*. London: Vintage Books, 1991.

Monson, Barry. *Geometry in a Nutshell, Notes for Math 3063*. Fredericton: Department of Mathematics & Statistics, 2000.

Moon, Bob. *The New Maths Curriculum Controversy, An International Story*. London: The Falmer Press, 1986.

Muir, Jane. *Of Men and Numbers*. New York: Dover Publications, 1996.

Nasar, Syvia. *A Beautiful Mind*. Toronto: Simon & Schuster, 1998.

Ne'eman, Yuval. "Symmetry as the Leitmotif at the Fundamental Level in Twentieth Century Physics," *Symmetry: Culture and Science*, 10, no. 1 – 2 (1999), 143 – 62.

Nebeker, Frederik. *The Princeton Mathematics Community in the 1930s: An Oral History Project*. Princeton, NJ: The Trustees of Princeton University, 1985.

Neiger, Brad L. "The Re-emergence of Thalidomide: Results of a Scientific Conference," *Teratology*, 62, no. 6 (2000), 432 – 35.

O'Connor, John J., and Edmund F. Robertson. *The MacTutor History of Mathematics Archive*. http://www-history.mcs.st-andrews.ac.uk/history/.

Odom, George. "Problem E 3007," *American Mathematical Monthly*, Vol. 90, 1983, 482.

Okumura, Hiroshi. "Geometries in the East and the West in the 19th Century," *Symmetry: Culture and Science*, 10, no. 1 – 2, 189 – 97.

Osserman, Robert. "The Geometry Renaissance in America: 1938?988," in *A Century of Mathematics in America*, vol. 2. Providence: American Mathematical Society, 1989, 513 – 26.

Pantalony, David. "H. S. M. Coxeter's Unusual Collection of Geometric Models," *Rittenhouse, Journal of the American Scientific Enterprise* 15, no. 1: 11 – 20.

Pauling, Linus. *No More War!* New York: Dodd, Mead & Company, 1958.

Pedersen, Jean J. "Geometry Is Alive and Well: The Coxeter Symposium in Toronto," *The Two-Year College Mathematics Journal* 11, no. 1 (January 1980): 19 – 24.

Pedoe, Daniel. "In Love with Geometry," *The College Mathematics Journal* 29, no.

3 (May 1998): 170 – 88.

Pendergrast, Mark. *Mirror Mirror: A History of the Human Love Affair with Reflection*. New York: Basic Books, 2004.

Penrose, Roger. *The Road to Reality: A Complete Guide to the Laws of the Universe*. London: Jonathan Cape, 2004.

Perkins, Sarah B., and P. J. Rowley. "Bad Upward Elements in Infinite Coxeter Groups," *Advances in Geometry*, 4 (2004), 497 – 511.

—. "Evil Elements in Coxeter Groups," *Journal of Algebra*, 251 (2002), 538-59.

Petroski, Henry. *Design Paradigms: Case Histories of Error and Judgment in Engineering*. New York: Cambridge University Press, 2000.

—. "Past and Future Failures," *American Scientist* 92 (November-December 2004): 500 – 4.

—. "Predicting Disaster," *American Scientist* 81, March-April 2003): 110 – 13.

—. *Success through Failure: The Paradox of Design*. Princeton: Princeton University Press, 2006.

"Poll on Campus," *Princeton Alumni Weekly*, November 4, 1932.

Polo, Irene. *Alicia Boole Stott, a Geometer in High Dimension*. Preprint.

Pritchard, Chris, ed. *The Changing Shape of Geometry*. New York: Cambridge University Press, 2003.

Punke, H. H. "The Family and Juvenile Delinquency," *Peabody Journal of Education*, 1955, 98.

R.E. "Obituaries: Henry Frederick Baker," *The Eagle*, EL 7: 80 – 83.

Read, A. H. *A Signpost to Mathematics*. London: C. A. Watts & Co., 1951.

Reist, Marianne, et al. "Chiral Inversion and Hydrolysis of Thalidomide:

Mechanisms and Catalysis by Bases and Serum Albumin, and Chiral Stability of Teratogenic Metabolites," *Chemical Research in Toxicology*, 11 (1998), 1521 – 28.

Rider, Robin E. "Alarm and Opportunity: Emigration of Mathematicians and Physicists to Britain and the United States, 1933 – 1945," *Historical Studies in the Physical Sciences* 15 (1984): 107 – 76.

Roberts, Siobhan. "Figure Head," *Toronto Life*, January 2003, 82 – 88.

———. "'I' ve Been Coxetering Today," *National Post*, September 2001, 1, B3.

Roberts, Siobhan, and Asia Ivić Weiss. "Donald in Wonderland: The Many-Faceted Life of H. S. M. Coxeter," *The Mathematical Intelligencer* 26, no. 3 (2004): 17-25.

Robinson, Floyd G. "Book Review, *Geometry: Kindergarten to Grade Thirteen*," *Ontario Journal of Educational Research* 10, no. 1 (Autumn 1967): 67-70.

Robinson, Gilbert de Beauregard. *The Mathematics Department in the University of Toronto, 1827-1978*. Toronto: University of Toronto Press, 1979.

———. *Recollections: 1906-1987*. Toronto: University of Toronto Press, 1987.

Robinson, John. *Symbolic Sculpture*. Carouge-Geneva: Edition Limitee, 1992.

Rose, Matthew. "Mathematician Sues Kimberly-Clark Unit over Its Toilet Paper- At Heart of the Messy Issue Is Tissue's Quilted Design; Is It the 'Penrose Pattern' ?" *The Wall Street Journal*, April 14, 1997.

Rosen, Joe. *Symmetry Discovered: Concepts and Applications in Nature and Science*. New York: Cambridge University Press, 1975.

Rota, Gian-Carlo. "Book Reviews," *Advances in Mathematics* 77 (1989), 263.

———. "Fine Hall in Its Golden Age: Remembrances of Princeton in the Early Fifties," in *A Century of Mathematics in America*, vol 1. Edited by Peter Duren. Providence:

American Mathematical Society, 1989, 223-26.

—.*Indiscrete Thoughts*. Boston: Birkhäuser, 1997.

Rowe, David. "Coxeter on People and Polytopes," *The Mathematical Intelligencer* 26, no. 3 (2004): 26-30.

Ruiz, Ángel. "A Bridge Across the Americas: The History of the Inter-American Committee on Mathematics Education," *The Mathematical Educator* 9, no. 2 (Spring 1999): 50-53.

Ruiz, Ángel, and Hugo Barrantes. *The History of the Inter-American Committee on Mathematics Education*. Bogotá: Colombian Academy of Exact, Physical, and Natural Sciences, 1998.

Sadoc, J. F., and N. Rivier. "Boerdijk-Coxeter Helix and Biological Helices," *European Physical Journal*, Vol. B12, November, 1999, pp. 309-18.

Sawyer, W.W. *Mathematician's Delight*. Suffolk: Penguin Books, 1944.

—. *Prelude to Mathematics*. Middlesex: Penguin Books, 1955.

Schattschneider, Doris. "Coxeter and the Artists: Two-Way Inspiration," in *The Coxeter Legacy: Reflections and Projections*. Providence/Toronto: American Mathematical Society/Fields Institute, 2006, 255-80.

—. "Coxeter and the Artists: Two-Way Inspiration, Part II," in *Renaissance Banff Bridges: Mathematical Connections in Art, Music, and Science, Conference Proceedings*. Edited by Reza Sarhangi. Kansas: Winfield, 2005, 473-80.

—. "Escher: A Mathematician in Spite of Himself," *Structural Topology*, No. 15, 9-42.

—. "Escher's Metaphors," *Scientific American*, November 1994, 48-53.

—. "In Praise of Amateurs," in *The Mathematical Gardner*. Boston: Prindle, Weber

& Schmidt, 1981.

—.M. C. *Escher, Visions of Symmetry*. New York: W. H. Freeman Company, 1999.

Schattschneider, Doris, and Michele Emmer, eds. *M. C. Escher's Legacy*. New York: Springer, 2003.

Schechter, Bruce. *My Brain Is Open*. New York: Touchstone, 2000.

Schmidt, Lawrence E. "Simone Weil's Characterization of Algebra as a 'Monster of Contemporary Civilization' —A Paper Presented to the Annual Colloquy of the American Weil Society," May 2, 2003.

Scholz, Erhard. "Hermann Weyl's Contribution to Geometry, 1917-1923," in *The Intersection of History and Mathematics*. Basel: Birkhäuser, 1994, 203-29.

Schrag, Lex. "Mathematician Hard to Figure, Prof. Infeld Stays in Poland but Doubt He Took A-Secrets," *The Globe and Mail*, September 22, 1950.

Sen, Amartya. *Trinity College: Cambridge, Annual Record 2001*. Cambridge: Cambridge University Press, 2001.

Senechal, Marjorie. "The Continuing Silence of Bourbaki-An Interview with Pierre Cartier, June 18, 1997." *The Mathematical Intelligencer* 20, no. 1, 1998: 22-28.

—. "Coxeter and Friends," *The Mathematical Intelligencer* 26, no. 3 (Summer 2004): 16.

—, ed. The *Cultures of Science*. Commack: Nova Science Publishers, 1994.

—. "Donald and the Golden Rhombohedra," in *The Coxeter Legacy: Reflections and Projections*. Providence/Toronto: MAA/FI, 2006, 159-77.

—.*Patterns of Symmetry*. Amherst: University of Massachusetts Press, 1977.

—. *Quasicrystals and Geometry*. New York: Cambridge University Press, 1995.

Senechal, Marjorie, and George Fleck, eds. Shaping Space: *A Polyhedral Approach*. Boston: Birkhäuser, 1988.

Senechal, Marjorie, and George Fleck. *A Workbook of Common Geometry*. Northhampton: Clark Science Center, Smith College, 1988.

Severance, Kurt, Paul Brewster, Barry Lazos, and Kaniel Keefe. "Wind Tunnel Data Fusion and Immersive Visualization: A Case Study," NASA Langley Research Center, 2001.

Shakespeare, William. *Complete Works of William Shakespeare*. New York: Avenel Books, 1975.

Shaplen, Robert. *Toward the Well-Being of Mankind: Fifty Years of the Rockefeller Foundation*. New York: Doubleday & Company, 1964.

Shell, Barry. "Donald Coxeter, Mathematician and Geometer," http://www.science.ca/scientists/scientistprofile.php?pID=5.

Shenitzer, Abe, and John Stillwell, eds. *Mathematical Evolutions*. Washington, D.C.: Mathematical Association of America, 2002.

Sherk, Arthur. "Remembering Donald Coxeter," *CMS Notes*, September 2003, 4-6.

Sherk, F. Arthur, Peter McMullen, Anthony C. Thompson, and Asia Ivic Weiss. *Kaleidoscopes: Selected Writings of H. S. M. Coxeter*. Toronto: John Wiley & Sons, 1995.

Shubnikov, A. V., and V. A. Koptsik. *Symmetry in Science and Art*. New York: Plenum Press, 1974.

Sieden, Lloyd Steven. *Buckminster Fuller's Universe: His Life and Work*. Cambridge

MA: Perseus Publishing, 2000.

"A Simple Story," *The Trinity Magazine*, December 1926, 18.

Sinclair, Lister. "Explorations: Space, Time, and the Atom Bomb," CBC Television, February 26, 1957.

—. "Magic Number," CBC *Ideas*, March 12, 1996.

—. "Math and Aftermath," CBC *Ideas*, May 13, 14, 1997.

Sinclair, Nathalie. *History of the Geometry Curriculum of the United States* (Center for the Study of Mathematics Curriculum Monograph Series, volume 2). Lansing, MI: Information Age Publishing Company.

Singh, Simon. *Fermat's Enigma*. Toronto: Penguin Books, 1998.

Sion, Maurice, ed. *A Pictorial Record of the International Congress of Mathematicians, Vancouver, Canada, August 21-29, 1974*. Vancouver: Canadian Mathematical Congress, 1977.

Smith, Kenneth B. "Fuller Sees Housing Service Industry by '72," Globe and Mail, October 1, 1968.

Smith, Michael. "Geometric Progression," *University of Toronto Magazine 24*, no. 3 (Spring 1997): 12?5.

Snow, C. P. *The Two Cultures*. New York: Cambridge University Press, 2000.

Soddy, Frederick. "The Kiss Precise," *Nature* 137 (June 1936) 1021.

Stekel, W. *Disguises of Love: Psycho-Analytical Sketches*. London: Kegan Pau, Trench, Trubner & Co., 1922.

Stekel, W. *Sexual Aberrations: Disorders of the Instincts and the Emotions*. New York: Liveright Publishers, 1940.

Stern, Beatrice M. *A History of the Institute for Advanced Study, 1930-1950*.

Princeton, May 1964.

Strauss, Stephen. "Art Is Math Is Art for Professor Coxeter," *The Globe and Mail*, May 9, 1996.

Sutton, Daud. *Platonic and Archimedean Solids*. New York: Walker & Company, 2002.

Swift, Jonathan. *A Modest Proposal and Other Satires*. New York: Prometheus Books, 1995.

Szpiro, George G. *Kepler's Conjecture*. Hoboken: John Wiley & Sons, 2003.

Taylor, Kevin. *Central Cambridge: A Guide to the University and Colleges*. Cambridge: Cambridge University Press, 1994.

Taylor, A. E. *Plato: The Man and His Work*. London: Methuen & Co., 1929.

Thom, Rene. " 'Modern' Mathematics: An Educational and Philosophic Error? A Distinguished French Mathematician Takes Issue with Recent Curricular Innovations in His Field," *American Scientist* 59 (November?ecember 1971): 695-99.

Thompson, D'Arcy. *On Growth and Form*. New York: Cambridge University Press, 2000.

Thurling, Peter. "Fuller Advises Students Go Outstairs Not Upstairs," *Telegram*, October 1, 1968.

Tierney, John. "Paul Erdos Is in Town. His Brain Is Open," *Science*, October 1984, 40-47.

Tits, Jacques. "Groupes et Géometries de Coxeter," *Wolf Prize in Mathematics 2* (2001): 740-54.

Toole, John Kennedy. *A Confederacy of Dunces*. New York: Grove Press, 1980.

Tóth, Imre. *Palimpseste: Propos avant un triangle.* Paris: Presses Universitaires de France, 2000.

Trevelyan, G. M. *Trinity College: An Historical Sketch.* Cambridge: Master and Fellows of Trinity College, Cambridge, 1990.

Trinity College Council. *Trinity College, Cambridge,* Ordinances. Cambridge: Cambridge University Press, 1931.

Trudeau, Richard. J. Introduction by H. S. M. Coxeter. *The Non-Euclidean Revolution.* Boston: Birkhäuser, 1987.

Tufte, Edward R. *Envisioning Information: Narratives of Space and Time.* Connecticut: Graphics Press, 2003.

—.*Visual Explanations: Images and Quantities, Evidence and Narrative.* Connecticut: Graphics Press, 2003.

Veblen, Thorstein. *The Higher Learning in America.* http://socserv2.socsci.mcmaster.ca/~eeon/ugcm/3113/veblen/higher.

Wainer, Howard. *Visual Revelations: Graphical Tales of Fate and Deception from Napoleon Bonaparte to Ross Perot.* New York: Copernicus, 1997.

Washburn, Dorothy K., and Donald W. Crowe. *Symmetries of Culture: Theory and Practice of Plane Pattern Analysis.* Seattle: University of Washington Press, 1988.

Weeks, Jeffrey R. *The Shape of Space: How to Visualize Surfaces and Three-Dimensional Manifolds.* New York: Marcel Dekker, Inc., 1985.

Weil, André. *The Apprenticeship of a Mathematician.* Boston: Birkhäuser, 1992.

—. "History of Mathematics: Why and How," in *Proceedings of the International Congress of Mathematicians,* 1978. Helsinki: Academia Scientiarum Fennica, 1980,

229-36.

Weil, Simone. *Gravity and Grace*. London: Routledge & Kegan Paul, 1952.

—.*Notebooks I*. London: Routledge & Kegan Paul, 1956.

Weiss, Asia Ivić. "Dedication of Sculpture in Honour of H. S. M. Coxeter's 95th Birthday," *The Fields Institute Newsletter*, June 2002.

Weisstein, Eric. W. MathWorld-A Wolfram Web Resource. http://mathworld.wolfram.com.

Wells, David. *The Penguin Dictionary of Curious and Interesting Geometry*. Toronto: Penguin Books Canada, 1991.

Wells, H. G. *The Time Machine*. New York: Tor Books, 1986.

Wenninger, Magnus J. *Polyhedron Models*. Cambridge: Cambridge University Press, 1996.

—.*Spherical Models*. New York: Cambridge University Press, 1979.

Wenninger, Magnus J. *Dual Models*. New York: Cambridge University Press, 1983.

Weschler, Lawrence. *A Wanderer in the Perfect City*. St. Paul: Hungry Mind Press, 1998.

Weyl, Hermann. *Symmetry*. New Jersey: Princeton University Press, 1952.

—."Discrete Groups Generated by Reflections," by H. S. M. Coxeter in *The Structure and Representation of Continuous Groups*. Princeton: Institute for Advanced Study, 1935.

Whitehead, A. N. "Geometry," *The Encyclopaedia Britannica*, 11th ed., 1910.

Whiteley, Walter. "The Decline and Rise of Geometry in 20th Century North America," *Proceedings of the Canadian Mathematics Education Study Group, June*

1999. CMESG, 1999.

—. "Learning to See like a Mathematician," *Visual Representation and Interpretation*. Elsevier, 2004.

—. "Working with Visuals in the Mathematics Classroom: Why It Is Needed, Hard and Possible," 2005 OAME Conference Paper.

Wilde, Oscar. *The Works of Oscar Wilde*. London: Collins, n. d.

Worth, Ruth. "U. of T. Heads Seeking End to Nuclear Testing," *The Globe and Mail*, November 23, 1959, A1.

Yaglom, I. M. "Elementary Geometry, Then and Now," in *The Geometric Vein: The Coxeter Festschrift*. New York: Springer, 1981, 253-69.

—. *Geometric Transformations*, vols. 1-3. Toronto: Random House, 1962, 1968, 1973.

Young, Grace Chisholm, and W. H. Young. *Beginner's Book of Geometry*. New York: Chelsea Publishing Company, 1970.

Zwicky, Jan. *Wisdom and Metaphor*. Kentville: Gaspereau Press, 2003.

그림 출처

Page 25: David Logothetti, courtesy of Faith Logothetti

Page 29: Nathaniel Kahn, from the film *My Architect* ⓒ Louis Kahn Project, Inc. All rights reserved. Used by permission.

Page 32: Courtesy of Doris Schattschneider

Page 33: Courtesy of the University of Toronto Archives and Susan Thomas

Page 35: Courtesy of Susan Thomas

Page 37: From " 'Nicolas Bourbaki,' " by Paul R. Halmos. Copyright ⓒ May 1957 by *Scientific American*, Inc. All rights reserved.

Page 38: Photograph by Siobhan Roberts

Page 42: Courtesy of Asia Ivić Weiss

Page 51: Courtesy of Thomas Fisher Rare Books Library, University of Toronto

Page 52: Courtesy of Susan Thomas

Page 61: Courtesy of Canadian Broadcasting Corporation, "Explorations: Space, Time and the Atom Bomb," with Lister Sinclair, February 26, 1957

Page 62: From documentary footage by Siobhan Roberts

Page 66: Courtesy of the University of Toronto Archives and Susan Thomas

Page 73: Courtesy of the University of Toronto Archives and Susan Thomas

Page 77: Courtesy of the University of Toronto Archives and Susan Thomas

Page 78: Courtesy of the University of Toronto Archives and Susan Thomas

Page 86: Courtesy of the National Center for Supercomputing Applications and the Board of Trustees of the University of Illinois

Page 94: Courtesy of Dover Publications

Page 100: Courtesy of J. R. Gott III

Page 105: Courtesy of Trinity College Library, Cambridge

Page 108: Courtesy of Thomas Fisher Rare Books Library, University of Toronto

Page 111: Courtesy of Thomas Fisher Rare Books Library, University of Toronto

Page 113: Courtesy of the University of Toronto Archives and Susan Thomas

Page 121: Courtesy of the University of Toronto Archives and Susan Thomas

Page 122: From George Boole: *His Life and Work*, by permission of the author, Desmond MacHale

Page 127: Courtesy of the University of Toronto Archives and Susan Thomas

Page 129: Courtesy of Seymour Schuster

Page 149: Courtesy of Doris Schattschneider

Page 150~151: Courtesy of Doris Schattschneider

Page 152: Courtesy of Doris Schattschneider

Page 153 (위): Courtesy of Marc Pelletier

Page 153 (아래): Courtesy of Susan Thomas

Page 173: Science and Society Library, London

Page 176: Courtesy of the University of Toronto Archives and Susan Thomas

Page 179: Courtesy of the University of Toronto Archives and Susan Thomas

Page 183: Courtesy of the University of Toronto Archives and Susan Thomas

Page 193: From "'Nicolas Bourbaki,'" by Paul R. Halmos. Copyright © May 1957 by *Scientific American*, Inc. All rights reserved.

Page 206: David Logothetti, courtesy of Faith Logothetti

Page 211: Courtesy of Doris Schattschneider

Page 215: Courtesy of the Tee and Charles Addams Foundation: "Barber Shop Creature," by Charles Addams, from *The New Yorker*, February 23, 1957, Copyright ⓒ Tee and Charles Addams Foundation

Page 227: Courtesy of the University of Toronto Archives and Susan Thomas

Page 238: Courtesy of the University of Toronto Archives and Susan Thomas

Page 244: Unknown

Page 254: Courtesy of the University of Toronto Archives and Susan Thomas

Page 257: Courtesy of Seymour Schuster

Page 259: Courtesy of Seymour Schuster

Page 260: Courtesy of Seymour Schuster

Page 265: Courtesy of the Mathematical Association of America

Page 266: David Logothetti, courtesy of Faith Logothetti

Page 271: Photograph copyright ⓒ Michel Proulx

Page 272: Courtesy of the University of Toronto Archives and Susan Thomas

Page 274: Science and Society Library, London

Page 286: From Brunelleschi: *The Complete Work*, by Eugenio Battisti, Thames & Hudson, 1981

Page 288: Courtesy of Doris Schattschneider

Page 290: Courtesy of Doris Schattschneider

Page 295: Courtesy of the University of Toronto Archives and Susan Thomas

Page 303: By permission of George Szpiro, copyright ⓒ Italy Almog

Page 309: Courtesy Pixar, copyright © 1997 Pixar

Page 316: Courtesy of Michael Treacy and the IZA Database of Zeolite Structures

Page 320: Courtesy of Sir Harry Kroto

Page 328: Copyright © The M. C. Escher Company-Holland. All rights reserved. www.mcescher.com

Page 333: Copyright © The M. C. Escher Company-Holland. All rights reserved. www.mcescher.com

Page 334: Copyright © The M. C. Escher Company-Holland. All rights reserved. www.mcescher.com

Page 341: Courtesy of Jason Schwartz, www.toronto-photographer.com

Page 343: Courtesy of John Robinson

Page 347: Copyright © The M. C. Escher Company-Holland. All rights reserved. www.mcescher.com

Page 355: From documentary footage by Siobhan Roberts

Page 358: Courtesy of Jeff Weeks

Page 364: Courtesy of J. R. Gott III

Page 374: Courtesy of Sir Roger Penrose

Page 385: Courtesy of the Fields Institute

Page 390: Courtesy of Nigel Dickson

Page 393: Courtesy of Susan Thomas

Page 395: Courtesy of Doris Schattschneider

Page 396: Courtesy of Doris Schattschneider

Page 2397: Courtesy of Doris Schattschneider

Page 401: Courtesy of Steve Sigur

Page 402: Courtesy of Steve Sigur

Page 411: Courtesy of Doris Schattschneider

감사의 글

감히 내가 고전 기하학을 임박한 멸절에서 구한 사람에 대한 책을 쓰고 있다고 말할 때마다- 예를 들어 만찬회에서 이런 주제가 나오게 되면- 대화는 호흡이 끊기기 마련이었다. 방 안을 둘러싼 표정들은 사람들이 컴퍼스와 각도기를 서투르게 만지작거리며 피타고라스 정리를 외우던 수학시간의 불안감을 회상하느라 망연자실한, 다양한 감정들을 드러냈다. 어느 용감한 사람이 침묵을 뚫고 이와 비슷한 대답을 할 때에야 대화는 다시 재개되었다. "그 사람이 기하학을 구했다고요? 도대체 왜 그랬답니까? 그냥 죽도록 내버려 뒀다면 우리를 그 엄청난 고통에서 구했을 텐데!"

6학년 때 형성되었던 기하학에 대한 경험은 기하학에 대한 공포를 일으키지도 않았지만 그렇다고 콕세터같은 천재로 만들어 주지도 않았다. 하지만 나는 내 기하학 키트를 아주 좋아했고, 그 결과 그해 수학과목에서 좋은 성적을 거두었다. 성적이 워낙 좋아서 수학 과목은 1년을 월반했고, 나는 중등학교에서 들을 수 있는 수학강의는 모두 듣기에 이르렀다. 그러니까, 내 생각에는 우선 수학의 도전을 사랑하게 해 준 수많은 수학선생님들과 중등학교에서 수학을 잘하였던 한 패거리였던 그리운 랍 오드Rob Ord와 제니 미콜Jenny Michol에게 감사를 해야 한다는 점에 도널드 콕세터도 동의했을 것이다.

<무한 공간의 왕>이 처음으로 모양을 갖추기 시작한 것은 <내셔널포스트>의 존 게이거John Geiger의 덕이었다(그리고 우선 나를 그 자리에 앉혀준 켄 화일Ken Whyle의 덕도 있다). 이 책은 일찌감치 부터 <토론토 라이프> 지의 게리 로스Gary Ross와 사라 폴포드Sarah Fulford, 밴프아트센터의 모리아 파르Moira Farr,

알베르토 루이 샨체즈Alberto Ruy Sanchez, 그리고 나중에도 독자로서 날카로운 편집자의 눈을 용감하게 들이댔던 이안 피어슨Ian Pearson의 도움으로 발전되고 변화하였다. 애초에 콕세터의 이야기를 책의 소재로 잡아준 재키 조이너Jackie Joiner와 이 책에 가장 좋은 집을 찾아준 데니스 부코욱시Denise Bukowksi에게 감사한다. Hoiuse of Anansai Press의 사라 매클라츠란Sarah MacLachlan과 린 헨리Lynn Henry는 멋진 협력자이자 지원자이다. 그리고 Walker & Company 사의 불요불굴의 조지 깁슨George Gibson은 끝없는 에너지, 나무랄 데 없는 통찰력, 그리고 매일같이 나에게 영감을 주었던 책에 대한 맹렬한 열정으로 나를 놀라게 했다.

전 세계의 수학자들과 과학자들이 내놓은 일화들과 전문지식은 놀라웠다. 도널드 콕세터에 대한 변함없는 사랑과 존경의 증거였다.

생생한 추억과 설명에 대해 콕세터의 제자분들 모두에게 감사하거니와, 특히 윌리엄 모저(와 베릴 모저), 시모어 슈스터, 아시아 이비치 바이스, 존 콜먼, 배리 먼슨, 크리스 피셔, 에드 바르보, 아서 셔크Arthur Sherk, 시릴 가너Cyril Garner, 도널드 크로, 노먼 존슨, 조지프 선데이, 로버트 무디에게 감사한다.

챈들러 데이비스는 수많은 인터뷰에 응해 주었고 일상적으로 쏟아 붓는 질문을 잘 받아주었으며 이 책의 초고를 신랄한 태도로 읽어 주기도 했다. 월터 화이틀리와 마저리 세네칼 역시 한층 더 이해할 수 있도록 이야기를 해 주었고, 소중한 독자가 되어주었다.

콕세터의 정신을 포착하고 수학자로서의 그의 삶의 세부적인 역사적 사항들을 하나로 묶을 수 있었던 것은 브란코 그륀바움과 마이클 아티야 경, 프리먼 다이슨, 브누아 망델브로, 로저 펜로즈 경, 어빙 캐플런스키, 이즈리얼 할페린, 리 로치, 엠마 카스텔누오보, 론 그레이엄, 사이먼 코헨, 더글러스 호프스태터, 마이클 롱게트-히긴스(조앤 롱게트-히긴스의 환대에 감사한다), 에릭 인펠트, 캐슬린 싱 모라베츠가 아니었더라면 불가능했을 것이다.

　기하학의 다차원 주제, 그 역사, 수많은 분야, 그리고 콕세터의 기여에 대해서는 지식으로 나의 관점을 풍부하게 해 준 수많은 사람들이 있다. 제러미 그레이, 준 배로-그린, 라비 바킬, 데이비드 멈퍼드, 피터 갤리슨, 마틴 제이, 글렌 스미스, 조지 하트, 매그너스 웨닝거 신부, 조지 오덤, 데이비드 헨더슨, 다이애나 타이미나, 존 래트클리프, 로 굿맨, 필립 데이비스, 마틴 가드너, 로버트 거닝, 토마스 밴초프트, 미야자키 코지, 죠지 윌스, J. 버넌 아미티지, 미켈레 엠메르, 죄르지 더르버시, 언드라시 프레코퍼, 카로이 베즈데크, 아이린 폴로, 엔젤 루이스 쥬니가, 데이비드 판탈로니, 알렉산더 보고몰니, 빌 리처드슨, 돈 앨버스, 그랄드 알렉산더슨, 브렌다 피네, 지오프리 힌튼, 에곤 슐테, 더글라스 던햄, 존 매카이, 피터 맥멀렌, 베리 셀, 켄 데이비드슨, 래리 쉬미트, 피터 테일러, 밥 에달, 윌리엄 히긴슨.

　장-피에르 세레, 피에르 카르티에, 미셸 브루웨, 자크 티츠, 릴리앙 보유는 부르바키의 전설을 철저하게 조사하려는 나의 시도에 도움을 주었다. 콕세터의 기하학과 그 과학적 응용의 만남에 대하여, 나는 제프 위크스, 닐 슬론, 해리 크로토 경, 마르크 엔네오, J. R. 고트 3세, 리언 레더먼, 고든 랑, 밥 테넷, 라슬로 로바스, 존 모팻, 에드워드 위튼, 토니 디로즈, 로렌스 존슨에게 감사하며, 복잡한 신경학적 접점에 대해서는 샌드라 위텔슨에게 감사한다. 로버트 크레이그와 찰스 스몰의 전문지식은 콕세터의 작곡에 대한 나의 생각을 일깨워 주었다.

　콕세터의 이야기는 그림이 없이는 이야기될 수 없다. 데이비드 로고데티의 콕세터 만화를 사용할 수 있도록 허락해 준 페이스 로고데티에게 감사한다. 120포체 조각품(이 사진에 대해서는 Amina Allen에게 감사한다)과 돈치안의 그림에 대해서는 마르크 펠레테에게 감사한다. 스탠 시어와 매리언 월터에는 일하고 노는 콕세터의 사진에 대하여 감사한다. 마이클 프록스에게는 풀러의 측지선 돔에 대하여 감사한다. 에덴 로빈스에 대해서는 표지 사진에 감사한다. 니겔 딕슨은 친절하게도 보르도 포도주 한 병으로 나의 재킷 사진을 찍어주었다(그리고 13장에 나오는 콕세터의 마지막 인물사진을 찍은 것도 그이다).

토론토 대학교 자료보관실의 마니 갬블과 개런 웰스는 나의 작업의 진행에 참을성을 보여 주었다. 록펠러자료보관소의 켄 로즈는 일상적인 요구를 넘어서는 은혜를 베풀어 주었다. 풀러와 콕세터의 서신 사본은 스탠포드 대학교 도서관 특별컬렉션과에서 보내 주었다. 가족에게 보낸 에스허르의 편지는 캐나다 국립미술관에서 보내 준 것이다. 콕세터와 에스허르의 편지는 워싱턴 D.C.에 있는 국립미술관에 있던 것이다. 운좋게도 조지 에스허르를 찾아내어 아버지와 콕세터의 우정에 대한 추억을 들을 수 있었다.

영국에서의 조사 중에 케임브리지 트리니티 칼리지는 2003년 여름 친절하게도 기숙사에 머물 수 있도록 해 주었다. 대학의 수많은 사람들이 과거로 75년을 파고 들어가는 기록조사를 도와주었다. 캐서린 보일, 레이먼드 라커리시, 사만다 피네, 조나단 스미스, 자끄린 콕스, 아담 퍼킨스, 말콤 언더우드 등등.

네스터 콕세터는 런던에 보관된 가족기록을 공개하여 주었고, 이브 콕세터는 리버풀에서 머물도록 초청해 주었다(조앤 콕세터는 캘리포니아에서 전화를 걸어 추억담을 말해주었다). 제인과 로이스톤 카펜터 부부는 생판 낯선 사람이 콕세터의 어린 시절 살던 집에서 잘 수 있도록 허락해 주었다. 티모시 프루스는 홀런드 파크 로드 34번지를 돌아다닐 수 있도록 동의해 주었다. 존과 마지 로빈슨은 갈햄턴 에이지그로프트에서 친절한 주인 노릇을 해 주었고 예나 지금이나 온갖 음식을 주었다.

콕세터의 자녀인 수전 토머스와 에드거 콕세터는 초고를 열심히 읽고 콕세터의 인간적 초상을 깊게 만들어 주는 개인적인 생각을 끊임없이 제공하여 주었다.

뒤엉킨 초고를 읽어 주고 책의 수많은 도해들(또 그 이상)을 제공하여 준 도리스 샷슈나이더에게 무한한 감사를 보낸다.

프린스턴의 존 호턴 콘웨이에게 엄청난 감사를 표한다. 기가 죽을 정도로 박학다식함에도 불구하고 그를 안 것은 기쁜 일이었다. 모든 면에서 그의 기여는 소중하였고 특히 초고를 한 번도 아니고 세 번씩이나 교정해 준 일은 이루 말할 수 없이 높이 평가한다(그들의 집에 세 번이나 오래 머물렀음에도 나를 환영해 준 디아나와 가레스 콘웨이에게도 감사한다).

이 책과 저자 자신은 온타리오 예술평의회, 캐나다 예술평의회, 작가신탁 우드코크기금의 재정적 지원 덕으로 살아올 수 있었다.

수많은 동료 작가, 편집자, 동료들은 작업 내내 나에게 영감을 주고 용기를 북돋워 주었다. 스튜어트 맥린, 데이비드 헤이스, 팀 팔코너, 버지니아 스마트, 사라 갈라산, 마야 갤러스, 져스틴 핌로트, 돈 오베, 린 커닝햄, 린다리 트라시, 데이비 맥퍼린, 이안 브라운, 릭 보이축, 캔 알렉산더, 폴 윌슨, 노아 칠러, 지트 히어 등등.

섀논 블랙 은 굳세고 한결같은 친구로서 날카로운 조언을 해 주었다. 더글라스 벨은 똑똑하고 재미있으며 마치 물과 같이 어떤 면에서나 필수불가결하다.

그리고 이 모든 것은 2년 동안 그를 쫓아다니며 단순하면서도 복잡한 질문을 하는 나를 참아 주셨던 H. S. M. 콕세터의 덕이다. 그는 내가 모든 것을 바치는 여행을 떠나게 해 줌으로써 새로운 세상에 대한 눈을 띄워 주었고 그가 아니었더라면 결코 찾지 않았을 곳들로 나를 데리고 갔다. 돌아보니, 이 모든 일이 참으로 재미있었다.

역자 후기

역자가 수학을 전공하기는 하였으나 기실 감히 수학을 하였다고 말할 수는 없다. 그러나 우연한 기회에 도서출판 승산과 인연이 닿았고, 좋은 수학 관련 서적을 출판하겠다는 의지를 꾸준히 실천하고 계신 사장님은 수학과를 졸업하였고 번역을 하고 있다는 것만 보시고 자신 없어 하는 역자에게 그러면 공부를 하라는 달초를 하시며 무거운 짐을 지워주셨다.

사실 이 책에서 다루고 있는 기하학이라는 분야는, 책에서도 누누이 언급되고 있지만 오늘날 수학의 주류라고 볼 수는 없다. 역자도 대학을 다니면서 기하학을 수강하기는 하였지만, 담당하는 교수님도 수학과 소속이 아니셨고, 더구나 주로 중학교에서 배웠던 것과는 사뭇 다른, 해석 기하학중심의 강좌였다. 오늘날의 수학적 방법의 기초를 만들었다고 할 만한 것이 유클리드의 〈기하학 원론〉이라고 한다면, 이는 어찌 보면 기이한 현상이라고 하겠다.

저널리스트인 저자는 이 책에서 타고난 호기심으로 콕세터의 삶을, 그리고 그 주변을 구석구석 뒤져 보았고, 문외한일 수 있는 독자의 눈높이에서 질문을 던지고 또 답을 정리해 냈다. 저자는 콕세터를 부르바키 집단과 대비시켜 극적인 효과를 냄과 동시에 현대수학의 흐름에 정통하지 않은 사람이라도 콕세터의 사상이 어떠한 것인지, 따라서 반대로 부르바키집단의 주장은 어떤 것인지 쉽게 이해할 수 있도록 해 주었다. 저널리스트로서의 본능 덕이었는지, 저자는 수학의 전문가가 아니면서도 현대수학의 중요한 쟁점 하나를 또렷하게 부각시켜 낸 것이다.

보는 그대로의 세상은 참으로 무료하다. 그러나 종종, 그것을 바라보는 새로운 시각과 방법을 가진 사람들이 있다. 대표적으로는 예술가가 그러한 사람들이고, 그리고 대개는 가장 지루한 학문의 하나로 여겨지는 수학을 하는 사람들 또한 거기에 속한다. 오늘날 수학은 '수에 관한 학문'이 아니라 '패턴에 대한 학문'이라는 새로운 정의를 얻고 있다. 무작위로 보이는 현상에서 패턴을 찾아내는 것, 그것 역시 세상을 바라보는 새로운 시각일 터이고, 비약일지는 모르지만 그래서 수학은 예술과 일맥상통하는 점이 있다. 멀리 갈 것도 없이 이 책에서도 콕세터의 연구가 예술가들에게 미쳤던 영향이 소개되고 있다. 거꾸로 예술작품에서 콕세터가 영감을 받기도 했다. 그런 점에서 콕세터는 위대한 수학자인 것만큼이나 위대한 예술가라고도 할 수 있다. 특히 이미 낡아빠진 것으로 여겨졌던, 직관과 시각적인 것을 중시하는 방법을 자기 것으로 만들어 거기에 새로운 생명력을 불어 넣은 콕세터가 수학을 대하는 태도는 수학을 지루한 계산으로, 기계적인 증명으로 알고 있던 이들에게는 충격적일 만큼 참신한 모습으로 다가올 것이다. 바로 그래서 그를 둘러싸고 전 세계적인 팬덤이 만들어진 것이겠지만. 추측건대 저자도 그런 팬 중의 한 사람이 아닐까 싶다. 저자는 콕세터에 대한 기사로 내셔널 매거진 어워드 National Magazine Award를 수상하였다. 어쩌면 우연할 수도 있는 콕세터와의 만남을 통해 저자는 그에게 매력을 느꼈고, 그래서 결코 쉽지 않았을 방대한 작업을 시작하고 또 마쳐낸 것이라고 상상해 본다.

  콕세터에게서 발견하는 또 하나의 모습은 제자들이 가슴속에 모실 만한 스승이었다는 점이다. 저자는 수많은 사람들과의 인터뷰를 통해 콕세터의 스승으로서의 면모를 맑게 드러내 주었다. 오늘날 우리에게도 참스승이 없는 것은 아니겠으나 각박한 세상 탓일까, 도리어 참스승이 스승다운 대우를 받지 못하는 모습이 종종 눈에 띈다. 그래서 제자들이 마음에 담아둔 스승 콕세터의 모습이 더욱 빛나 보인다. 더구나 가장 수학자다운, 수학적 삶을 살았던 그이지만 거기에 갇혀 살지 않고 평화주의자로서의 면모도 보여 준다. 거창하게 무슨 무슨 주의를 신봉해서였다기보다는, 그의 순수한 단순함이 자신의 양심에 어긋나는 세상의 모습을 그냥 내버려 둘 수 없도록 했기 때문일 것이다.

유명한 수학자가 주인공으로 등장하는 책들을 보면 수학자를 냉철한 이성의 소유자로 이상화하거나, 아니면 우리 손이 닿지 않는 먼 곳에 사는 기인처럼 그리는 경우가 적지 않다. 사실 그런 면모가 아예 없는 것은 아니지만, 저자는 콕세터라는 인물을 입체적으로 조명하여 그런 선입견의 벽을 허물려고 애썼다. 저자의 노력이 수학자를, 그리고 수학을 우리 곁에 가까이 다가가게 하는 결실을 맺었으면 좋겠다. 역자가 거기에 일조한 것이기를 바란다.

2009년 10월
역자 안재권

찾아보기

주: DC는 도널트 콕세터를 지칭함.

120-포체 117
1차 세계 대전 77, 134, 195, 197, 222
20면체
    20면체와 4차원 93
    20면체와 구 충전 302~303
    20면체와 군론 214
    20면체와 단백질분자 312~313
    20면체와 대칭 162, 280~281
    20면체와 만화경 148~151
    20면체와 생화학 279~280
    20면체와 콕세터 도식 149~151, 155
    20면체와 콕세터군 212
    20면체와 풀러의 20면체 세계지도 280
    20면체와 풀러의 측지선 돔 270
    20면체와 플라톤입체 46, 50~51, 108, 116
    20면체와 플래더의 모형 111
    삼각형으로 나눈 20면체 270, 277
<2년제 대학 수학저널> 265
2차 세계 대전 220, 222, 283
3차원 31, 288, 298, 300, 307, 314, 317, 329, 331
    차원기하학도 참고할 것.
600-포체 117, 152, 153

67년 세계박람회(몬트리올, 1967) 270, 319
A.E. 테일러 49
C. 앰브로즈 로저스 254
coxeter.math.toronto.edu 299, 306
C.V. 스탠포드 76
C_{60}분자 50, 299, 317~323
C식스티 주식회사 322
CERN(스위스 제네바) 369
E.H. 곰브리치 350
E.T. 벨 14, 33, 95, 96, 99
E8 격자 303, 305, 306
G.K. 체스터턴 72, 375
    그의 희곡 <마술> 72
H. 쇼우테 124, 125
H.G. 웰스 14, 85
H.G. 포더 187
H.T. 플래더 110, 111
J 리처드 고트 3세 362
J.A. 토드 112
J.J. 실베스터 352
J.M. 싱 180
M-이론 365~369, 371~372
N.G. 더브라윈 326
RHOMBO모형 383

W.W. 라우즈 볼 167~198

ㄱ

갈런드 정리 291, 294
갈릴레오 갈릴레이 65
거리공간 59, 60
거울
　거울과 4차원 84
　거울과 광학기기 286
　거울과 군론 212
　거울과 끈이론 367~368
　거울과 대칭의 유형 28~29
　거울과 콕세터의 군들 212~216
　거울과 프린스턴에서의 DC의 작업 140~147
　부다페스트 학회에서의 거울 361
　영화 주제로서의 거울 257~258
　만화경, 대칭도 참고할 것
게오르게 포여 143
게이지 이론 163
결정학 315, 330~331
"경전" 354
고대세계 47
　특정인물도 참고할 것.
고드 랭 299~300
고드프리 H. 하디 125, 171
고등과학원(프린스턴 대학교) 28, 157, 167, 241, 266
고등사범학교(프랑스 파리) 193, 196, 202
고전 기하학 기하학 참고
곡선 복소 기하학 59
공간 60, 89, 106
공리적 방식 90
공산주의 223
공학 276~278, 286, 323
과학
　과학과 기하학 144~145, 285, 289~290, 318
　과학과 미술-과학의 관계 324~327, 338~341
　과학과 수학 143~145, 316~317, 323

과학에 대한 DC의 영향 26~27
과학과 합리주의 82
순수과학 대 응용과학 305, 323
현대과학의 도구로서의 플라톤주의 49~50
직관, 시각적 접근법도 참고할 것.
과학원(헝가리) 40, 44, 375
광전효과 158
괴물군 90
괴팅겐 대학교 83, 135
교사로서의 DC 204~207
　교사로서의 DC와 에스허르의 작업 336~337
교육
　DC에게 이르게 주어진 교직 제안 167~169
　교육에 대한 DC의 관점 245
　교육에 대한 베블런의 관점 168~169
교육 과정 수학 교육 참고
구
　구의 대칭 30
　구와 위상 수학 141
구 충전 299
구면 기하학 61, 336
구스타브 홀스트 76
구이도 카스텔누오보 118, 252
국립과학재단 257, 310
국립연구원 221
국방교육법 246
국제수학 교육대회(퀘벡 시, 1992) 341
국제수학 교육연구·개선위원회 252
국제수학자대회
　모스크바(1966) 252
　암스테르담(1954) 325
　에든버러(1958) 247
　오슬로(1936) 178
　파리(1900) 189
군
　군과 거울 213
　군과 기하학-대수학의 연결 208~212
　군과 에스허르의 작업 350
　군과 콘웨이의 "살인" 384~386

군에 대한 바일의 작업 164~167
반사 165~166
수학적 군 30, 58
연속군 165~166
콕세터군도 참고할 것
귀납과 에스허르의 작업 350
그래픽카드 307
글렌 스미스 44, 272, 353, 385
기예르모 토레스 249
기하학
    DC를 형성하는 데 기여한 기하학과의 만남 58, 95, 201, 208~214, 239~240
    DC의 기하학 응용 26~27
    DC의 정열과 사랑의 대상으로서의 기하학 116, 163, 203, 258~259, 336~337, 375
    기하학 혁명 84
    기하학 혁신에 대한 요구 249
    기하학과 과학 144~145, 285, 289
    기하학과 기하학자의 마음가짐 34
    기하학과 물리학 373~374
    기하학과 신수학 250
    기하학과 애니메이션 307~308
    기하학과 컴퓨터과학 306~307
    기하학에 대한 부르바키의 관점 194
    기하학에 대한 흥미의 하락 33~37, 81~82, 94
    기하학에 대한 힐베르트의 영향 83
    기하학에 대한 DC의 관점 74, 254, 259~261, 324~325
    기하학에 대한 DC의 기여 37, 238~240
    기하학의 기능 251
    기하학의 목표 27
    기하학의 보존자/대중화저자로서의 DC 45, 198, 236, 238, 245, 264, 289, 386
    기하학의 보편성 22, 26, 38, 46
    기하학의 역사 46~52
    기하학의 유형과 분야 58~63
    기하학의 재발견/르네상스 237~238, 289, 310, 316~317
    기하학의 정의 22, 58, 143
    기하학의 중요성 36, 45~46, 82, 106~107, 261, 298
    기하학의 황금시대 82~84, 118
    러시아에서의 기하학 252
    비유클리드기하학 40, 58~62, 84, 155, 158
    상상력 훈련으로서의 기하학 298
    수학과 기하학의 관계 33~34
    순수기하학과 응용기하학 323
    이탈리아에서의 기하학 252
    케임브리지 대학교에서의 기하학 103, 251
    학생 스스로가 발견하게 하는 기하학에 대한 DC의 접근방법 337
    기하학교육, 기하학적 공백, 직관, 시각적 접근법, 특정 인물, 유형 혹은 분야도 참고할 것
<기하학>(데카르트) 95
<기하학 저널> 295~296
기하학교육
    기하학교육에 대한 DC의 보고서 254
    기하학교육에 대한 영국학술원보고서 298
    기하학교육에 대한 영화들 256~257
    수학 교육도 참고할 것
기하학교육개선협회 83
기하학교육영화 256
기하학자의 스케치북 310~311
기하학적 공백 269, 282, 285~286, 314, 316
꿈에 대한 일지 115
끈05 학회 164, 365~369, 372~374
끈이론 366~367

ㄴ

네덜란드 253
네스타 콕세터(이복여동생) 81, 182
<네이처>지 185, 359
노르웨이로 여행을 떠난 DC 178, 181
노벨 심포지엄(스웨덴 리딩외, 1968)

273, 274, 280
노벨상 50, 135, 225, 317, 320
뇌
  DC의 뇌 43, 389, 391
  뇌의 거울대칭 391
  아인슈타인의 뇌 43, 389, 391
  콘웨이의 뇌 389
뉴턴의 시간개념 107
닐 슬론 149, 302

ㄷ

다각형 31, 33, 47, 51~53, 75, 82, 101, 108, 110~111, 128~129, 308, 329~330
다면체
  DC가 다면체를 연구하는 이유 220
  가짜다면체 363
  다면체와 DC의 미술품 수집 338
  다면체와 기하학의 역사 46~47
  다면체와 케플러의 작업 107~110
  다면체와 콘웨이의 "살인" 384~386
  부다페스트 학회에서 다면체에 대해 나온 논문 355
  비대칭정다면체 199
  초다면체의 형태로서의 다면체 31~32
  콕세터-피트리 다면체 101, 362
  풀러의 다면체 조각품 338
  플라톤입체, 특정한 도형도 참고할 것
다비드 힐베르트 83, 84, 142, 159, 189, 190, 194
단과대학기하학프로젝트(미네소타 대학교) 257
단백질 분자 312
대수학
  대수학과 4차원 90
  대수학과 기하학의 관계 251
  대수학과 시각적 패턴 285
  대수학과 직관 93
  대수학과 콕세터 도식 208
  대수학에 대한 데카르트의 관점 93~96
<대칭: 문화와 과학>(잡지) 375
대칭
  DC의 작업에서 중심을 차지하는 대칭 28
  결정의 대칭 30, 75, 331
  뇌의 대칭 389~391
  그래프에 의한 대칭의 표현 290~291
  대칭과 DC의 죽음 389
  대칭과 구 충전 305~306
  대칭과 군론 209~213
  대칭과 끈이론 367~368
  대칭과 물리학 159~160
  대칭과 아인슈타인의 이론 159~160
  대칭과 에스허르의 작업 350
  대칭과 음악 75~76
  대칭에 대한 DC의 관점 375
  대칭에 대한 DC의 작업 126~128, 148~154, 209~218
  대칭에 대한 대수적 연구 201
  대칭에 대한 최초의 교과서들 중 하나인 <기하학 개론> 238
  대칭의 예 29, 31
  대칭의 유형 29~30
  대칭의 중요성 159
  병진대칭 29
  사과의 대칭 23
  연속 대칭 165, 371
  유한/무한대칭 30~31
  이산대칭 165~166
  전통적 대칭 31
  조각 맞추기 형태의 대칭 329
  플라톤입체의 대칭 129
  회전대칭 29, 75
  콕세터군, 차원기하학, 군, 만화경, 거울, 초다면체, 반사, 특정 인물이나 도형도 참고할 것
대칭 2000 학회(스톡홀름) 382, 383
"대칭의 해석" 학회 (뱀프미술센터) 324
대칭축제 2003(부다페스트) 376
대칭학회 375
더글러스 호프스태터 24, 291, 295, 311
데이비드 그레고리 300
데이비드 멈퍼드 240
데이비드 브루스터 126

데이터마이닝 26, 64
데카르트좌표 93
도구 27, 30, 89, 126, 135, 148, 150, 159, 166, 208, 216, 235, 285, 295, 356
콕세터 도식, 콕세터군, 만화경도 참고할 것
도널드 콕세터
  DC 최초의 발견 22, 23
  DC가 받은 영향 85, 116, 118, 349
  DC에 대한 시 104
  DC에 대한 풀러의 헌정 24, 269, 273, 281
  DC의 70세 생일 264
  DC의 95세 생일 384, 385
  DC의 가족 226~228, 231~233
  DC의 건강 42~43, 104, 188, 352~353, 379
  DC의 공헌과 영향 21~28, 37~38, 44~45, 58, 67~68, 144, 165~166, 201, 203~204, 207~218, 229~230, 235, 238~240, 251~266, 269~270, 289~295, 304, 314~317, 357, 379
  DC의 교육 226~228
  DC의 구애와 결혼 176~178, 181~183
  DC의 기하학적 통찰 84~86
  DC의 뇌 43, 389, 340
  DC의 동기 26
  DC의 사망 388, 389
  DC의 사회생활 145~146, 154, 157, 167, 225~229, 233~234
  DC의 상상 속 세계 79
  DC의 수상과 업적 96, 111, 132, 147~148, 381
  DC의 식습관 104
  DC의 용모 21, 22, 63, 103, 104, 379, 380
  DC의 유산 382
  DC의 유소년기 76~82, 96~101
  DC의 은퇴 264
  DC의 인품과 성격 10~24, 81, 112~116, 187~189, 203~207, 234, 258~260
  DC의 작명 71
  DC의 정신분석 114~116
  DC의 주문 335, 336
  DC의 직업상의 후회 65
  DC의 추억 289~291
  DC의 탄생 70, 71
  DC의 포부 115, 116, 188, 189
  모저가 DC의 생명을 구하다 237
  음악가로서의 DC 72, 242
  초다면체 씨라는 DC의 별명 31, 147
  도널드 콕세터의 강연 및 도널드 콕세터의 저작도 참고할 것
도널드 콕세터의 강연
  국제수학 교육대회(1992)에서의 강연 341
  도널드 콕세터의 강연과 시각적·직관적 방법에 대한 그의 옹호 255~256
  도널드 콕세터의 강연과 오덤의 작업 341
  "동등아핀성" 273
  미국순회강연 237
  비유클리드기하학에 대한 강연 347
  "사방 삼십면체" 382
  서던 일리노이 대학교에서의 강연 273
  "시공간의 기하학" 273
  쌍곡선공간에서의 정칙 벌집구조 325
  에스허르의 작품에 대한 강연 383
  "인간과 그 환경" 274, 275
  "입체나선과 콘코-나선" 273~274
  캘리포니아 공과대학교에서의 강연 202, 203
  케임브리지 대학교에서의 강연 384
  토론토 대학교에서의 강연 147, 346~347
  토론토에서의 강연 255~256
  필라델피아에서의 강연 256
  하버드 대학교에서의 강연 240
  특정 학회나 심포지움도 참고할 것
도널드 콕세터의 저작
  "27개의 모서리가 일반적 입방체 표

면상의 선들과 대응되는 초다면체 221" 200
"3차원 및 4차원의 비대칭 정다면체와 그 위상수학적 상사물" 199
<59개의 이십면체> 111
"6차원 및 7차원에서의 순수 아르키메데스 초다면체" 121
<M. C. 에스허르의 세계>에 수록된 저작 347~348
"결정대칭과 그 일반화" 328
구 충전에 관한 저작 299
<기하학 개론> 14, 26, 28, 35, 52, 68, 180, 237, 238, 239, 240, 254, 255, 330, 331
<기하학 재고> (그라이처와 공저) 293, 296
<기하학, 유치원부터 13학년까지> 260
<기하학의 아름다움> 26
"나의 그래프" 291
"네 개의 상접하는 원들의 절대적 특성" 41
"다면체적 군-그림을 작도하는 손쉬운 방법" 199
"동등하고 겹치지 않으며 동일한 크기의 다른 구들과 접촉할 수 있는 구들의 수의 상계" 304
"동일선상의 점들에 대한 문제" 200
"드 지터 공간에서의 반사된 광신호에 대한 위그너의 문제에 대하여" 144
<레오나르도> 잡지에 수록된 저작 348
"바이러스 거대분자와 측지선 돔" 144, 280
"반사로 생성되는 이산군" 156
볼의 "수학적 유희"에 관한 저작 88
비유클리드기하학에 대한 저작 349
<사영 기하학> 256, 287, 289
"사원수와 반사" 200
<생성원과 관계> 346
"세 반사의 곱" 200
<수학 정보제공자>에 수록된 저작 343
"수학과 음악" 74, 274
<수학신문>에 수록된 저작 101
<수학연보>에 수록된 저작 154, 156
"시-공간 연속체" 144
"아홉 개의 정입체" 200
에스허르의 작품에 대한 저작 347~349
<열두 편의 기하학 논문> 258, 381
<영국학술원 철학회보>에 수록된 저작 122
"왜 대부분의 사람들은 입체나선을 평면나선이라고 부를까?" 256
"원은 어디에서 타원으로 보일꼬?" 22, 256
음악 편곡 <마술> 73
저작의 문체 200
"정각기둥 꼭짓점 도형을 동반한 초다면체" 122
<정규초다면체> 32, 68, 90, 93, 166, 207, 219, 220, 222, 226, 234, 235, 239, 240, 318, 320, 346, 354, 379
"정초다면체 연구에 대한 약간의 기여" 132
"정칙 및 준정칙 초다면체" 200
"정칙 스펀지, 혹은 비대칭다면체" 199
"차원의 유추" 91, 92, 96, 120, 295
<케임브리지철학회보>에 수록된 저작 121
"학교 교육과정에서의 아핀기하학에 대한 변명" 256
도리스 샷슈나이더 310
도표, 콕세터 도식, 시각적 접근법 참고
"도해기호" 148
콕세터가 창안한 도해기호 148
동구에서의 DC의 명성 251~252
동성애 338, 115, 116

ㄹ

라르스 발레리안 알포르스 181
라비 바킬 30, 166

라슬로 로바스 26
라슬로 페예시-토드 264
랭글리연구소(NASA) 307
러시아 141, 221
레니 서스킨트 366
레오나르도 다빈치 287
<레오나르도>(잡지) 348
레오폴트 인펠트 139
레온 바티스타 알베르티 287
레온하르트 오일러 141
레이먼드 리코리시 124
로 굿맨 214
로넨 플레서 367
로버트 컬 318
로버트 W. 마크스 273
로살리 가블러 76, 80, 114
록펠러재단/특별연구원장학금 133~137, 142~143, 157
론 그레이엄 65
루드비히 비트겐슈타인 171, 172, 173
루시 지 콕세터(친모)
　미술가로서의 친모 70~71, 175, 337~338, 340
　친모와 DC-린 사이의 관계 176
　친모와 DC의 거울 130
　친모와 DC의 관계 69, 76~80, 99, 104, 131, 171, 175~178, 186, 231
　친모와 DC의 연애사 146, 147
　친모와 DC의 음악적 흥미 76~77
　친모와 잉글랜드를 떠나게 된 DC 186
　친모와 토론토에서 DC에게 온 일자리 제안 170
　친모의 건강 175
　친모의 사망 231
　친모의 이혼 76~77, 79, 80, 176
　케임브리지에서의 DC와 친모 99, 104~105
루이스 굿스타인 171
루이스 칸 28, 29
루이스 캐럴 14, 339, 366
루트비히 슐래플리 116, 117, 121

르네 데카르트 93, 94, 95, 208
르네 드 포셀 191
르와요몽 학회(1959) 248, 252,
르와요몽문화클럽에서 열린 학회(프랑스, 1959) 247
리대수(부르바키) 263
리스터 싱클레어 200, 201
리언 레더먼 160, 162
리처드 스몰리 318, 319
리탈린 314
린 (헨드리나) 브라우에르 콕세터(아내)
　DC와 린의 관계 188, 226~228, 233~234
　ICM 학회에서의 린 325
　린의 가족생활과 가사 233
　린의 건강 234, 381
　린의 구애와 결혼 176~179, 182~189
　린의 사망 382
　린의 인품과 성격 188~189, 233~234
　린의 초기 결혼생활 188
　린의 캐나다 여행 186
릴리앙 보유 242

■ㅁ
마거릿 매스터맨 172
마닐리우스 181
마르크 엔네오 369, 372
마르크 펠레티 353, 354
마방진 89
<마술>(콕세터) 72, 73
마셜 스톤 243, 248
마이클 롱게트-히긴스 383
마이클 아티야 217, 239, 251, 298, 373
마저리 세네칼 235, 243
마틴 가드너 238, 331
만화경
　만화경과 DC-린의 구애 177
　만화경과 끈이론 368
　만화경과 대칭 126~130
　만화경과 콕세터 도표 148~151
　만화경과 타일 깔기 130
　만화경을 이용한 DC의 작업

126~130, 148~151,
만화경의 발명 126
만화경의 유형 128~130
영화 주제로서의 만화경 368~372
말버러 칼리지(잉글랜드) 98, 207
매그너스 웨닝거 339
맥마스터 대학교 43
맥스 와이먼 254
머크사 323
메리 에버리스트 123
메리 카트라이트 103
메이 핸더슨 69, 77, 79
면역체계 313
모리스 클라인 250
모형
  콕세터의 모형 24, 32~33, 41, 44~45, 49~52, 351~353
  특정 인물도 참고할 것
무한
  무한과 끈이론 27
  무한과 다면체 31
  무한과 대칭 30~31
  무한과 에스허르의 작업 324, 329, 332, 333, 335, 336, 344, 345, 346, 350
  무한과 위크스의 작업 357~362
  무한과 콕세터군 371
  무한에 대한 DC의 관점 345
물리학 16, 27, 106
미국
  DC의 미국방문 154
  미국에서의 DC의 도로여행 155
미국수학월간지 250, 362
미국수학협회(MAA) 236, 264
미국수학회(AMS) 241
미네소타 대학교 257
미분 기하학 59, 103, 180, 308
미셸 브루웨 22, 247
미야자키 코지 255
미항공우주국(NASA) 359

ㅂ
반사
  반사에 대한 DC의 관점 375
  반사와 에스허르의 작업 350
  영화 주제로서의 반사 256
  만화경, 거울, 대칭도 참고할 것
밥 테넷 305
배리 먼슨 205, 206
버트런드 러셀 222, 339
벅민스터 풀러 269
벅민스터플러린 320
"범미대륙"학회 248
베르나르도 레카만 산토스 149
베르너 하이젠베르크 135, 140
베트남 전쟁 225
벡터 평형 304
벤저민 볼드 26
부르바키 집단 36, 37, 191~198, 235, 239, 241~247, 263
북대서양조약기구(NATO) 383
브누아 망델브로 192, 202, 203, 292
브라이언 그린 367
브란코 그륀바움 66
비대칭정다면체 199
비석 266, 315, 316
빅뱅 359, 360, 370
빌렘 아브라함 비트호프 130
빌헬름 슈테켈 114, 116

ㅅ
사과의 대칭 23
사무엘 L. 그라이처 11, 256
사영 기하학 256, 286~289
사이먼 코헨 216
<사이언티픽 아메리칸>(잡지) 37, 84, 191~194, 331
사회정의에 대한 DC의 관점 222~225
살로몬 레비 반 오스 153
"살인무기" 386
삼각형
  DC가 음식을 삼각형으로 자르다 387
  삼각형과 만화경 126

삼각형과 몰리의 기적 190
　　삼각형과 삼각형으로 나눈 20면체 277
　　삼각형과 에스허르의 작업 335
　　삼각형과 평면에 타일 깔기 329
　　삼각형과 호프스태터의 작업 292
　　삼각형에 죽음을 36~37, 184, 195, 242, 247~48, 252, 263
　　삼각형의 각의 3등분 190
　　서로 맞물린 삼각형 341
　　정삼각형 49, 53, 92
"삼각형에 죽음을" 36~37, 184, 195, 242, 247~48, 252, 263
상대성 이론 59, 86, 103, 140, 154~160, 180, 365~370
사면체 31, 46
사무엘 비티 175 221
사차원 27, 31, 84~99, 116~117, 124, 137, 151~153, 156, 208~209, 214, 357
사차원 초십이면체 353
샌드라 위텔슨 43, 389
생명게임 87
생화학 28, 274, 280, 312~313
샨도르 커버이 376
서던 일리노이 대학교 273
서럴드 고셋 183, 219
서로 맞물린 삼각형 341
세계 박람회(시카고, 1939) 155, 270~272, 319
세바스찬 힌턴 167
세인트 조지 기숙학교(잉글랜드) 79, 81~82
셔니슬로 베르츠지 376
셰필드 대학교에서 DC에게 온 일자리 제안 219
소스타인 베블런 168
손더스 매클레인 243
솔로몬 레프셰츠 133, 136, 140~142, 147, 154, 163
숄렘 망델브로이 192, 203, 293
수브라마니안 찬드라세카르 156
수전 콕세터(딸) 198, 227~228, 306, 352~353, 382, 387, 388~389
수전 토머스 44
수학/수학자
　　2차 세계 대전 중의 수학/수학자 220~22
　　고대세계의 수학/수학자 47~50
　　대학 수준 수학/수학자의 대변혁 242~243
　　수학/수학자에 대한 로빈슨의 관점 342
　　수학/수학자에 대한 부르바키의 접근법 194
　　수학/수학자에 대한 하디의 관점 64, 74
　　수학/수학자에 대한 DC의 공헌 239, 304
　　수학/수학자에 대한 DC의 열정 132, 244
　　수학/수학자에 대한 DC의 영향 240, 243~244
　　수학/수학자에 대한 DC의 초기의 흥미 79
　　수학/수학자에 의한 고전 기하학의 재발견 289
　　수학/수학자에 의한 새로운 기하학의 창안 294
　　수학/수학자에 의한 유클리드 기하학에 대한 의문시 55
　　수학/수학자와 관련된 힐베르트의 의문들 189~190
　　수학/수학자와 기하학의 관계 33~35
　　수학/수학자와 기하학적 공백 284~287
　　수학/수학자와 물리학 143, 158~159, 162~163, 371~372
　　수학/수학자와 아인슈타인 158~159
　　수학/수학자와 에스허르의 작업 325~326, 347~348
　　수학/수학자와 음악 72, 74~77
　　수학/수학자와 컴퓨터과학 306~307
　　수학/수학자와 합리성 36~37
　　수학/수학자의 근대화에 대한 스톤의

요청 249
수학/수학자의 까다로운 문제들 331~332
수학/수학자의 대수화 190
수학/수학자의 시각화 295~297
수학/수학자의 형식주의 82~85
수학/수학자의 DC에 대한 관점 24~28, 37~38
순수 수학/수학자와 응용 수학/수학자 142~145, 163, 299~300, 305, 322~323
"젊은이의" 일로서의 수학/수학자 64~66
종교로서의 수학/수학자 48
대수학, 기하학, 수학 교육, 특정 인물이나 주제도 참고할 것
수학 교육
  수학 교육 개혁 247
  수학 교육에 대한 기하학의 재통합 298
  수학 교육에 있어서의 기하학의 쇠락 297
  토론토 대학교에서의 수학 교육 22~23
  기하학 교육도 참고할 것
<수학 정보제공자> 193
<수학 원론> 부르바키 집단 참고.
<수학논문>의 후원자들 236
<수학신문> 99~101
<수학연보> 154, 156
수학협회(잉글랜드) 99, 251
스리니바사 라마누잔 96
스웨덴 스톡홀름에서 열린 대칭 2000 학회 382
스티븐 헤일즈 256, 300
스펀지 모양의 위상 수학 363
스푸트니크호 246
시각적 접근법
  시각적 접근법 사용의 쇠퇴 82~85, 190, 194~198
  시각적 접근법과 DC의 기하학 부흥 256~257
  시각적 접근법과 기하학적 공백 282~287
  시각적 접근법과 부르바키 36~37, 194~198, 246~249, 255~257
  시각적 접근법과 증명 310~312
  시각적 접근법과 컴퓨터 309~312
  시각적 접근법과 호프스태터의 작업 296~297
  시각적 접근법과 화이틀리의 작업 282~286
  시각적 접근법에 대한 DC의 관점 261~262
  시각적 접근법을 이용한 위크스의 작업 361
  시각적 접근법의 중요성 295~298
"시공간기하학" 59, 87, 103
시립미술관(암스테르담) 325
시모어 슈스터 225
시몬 베유 192
시민적자유주의 224
시카고 대학교의 부르바키 243~244
신비주의 375
신수학 244~245
십이면체 31, 34, 50, 51, 52, 93, 108, 110, 117, 129, 151, 275, 300, 356~358, 360~361
십이면체 고슴도치 110
"쌍곡선 기하학의 시각화" 356
"쌍곡선 반사군"
  부다페스트 학회에서 쌍곡선 반사군에 대해 나온 논문 355

ㅇ
아니발레 코메사티 118
아르키메데스 82, 87, 96, 181, 277, 381
아르키메데스 나선 342
아르키메데스 등 281
아르키메데스 스크루 펌프 323
아르키메데스 입체 186, 229, 281
아르키메데스 초다면체 120~121
아리스토텔레스 93, 236
아마르티야 센 383

아멜라비아어(언어) 79
아서 러브 277
아서 에딩턴 86
아서 케스틀러 109
아시아 이비치 바이스 352
아우구스트 뫼비우스 84, 129
아이작 뉴턴 105~108, 140, 207, 300, 304
아이작 배로 106
아폴로니우스 96
알람브라궁전(스페인) 330
알렉스 로젠버그 254
알리시아 불 "앨리스 아주머니" 스토트 122~125, 131, 167, 281, 353
알베르트 아인슈타인
    DC와 아인슈타인의 대화 163~164
    시카고세계박람회에서의 아인슈타인 156
    아인슈타인 이론의 단순성 211~212
    아인슈타인과 수학자들 157~159
    아인슈타인의 기하학적 관점 159
    아인슈타인의 뇌 391
    아인슈타인의 사회생활 157~158
    아인슈타인의 상대성 이론 158
    아인슈타인의 이론에 있어서의 대칭의 중요성 159~163
    아인슈타인의 중력이론 371
    아인슈타인의 친구로서의 뇌터 161~162
    아인슈타인의 통일장이론 158, 364
    에르되시 수 2번인 아인슈타인 65
    프린스턴에서의 아인슈타인 139
알브레히트 뒤러 287
알츠하이머병 313, 323, 381
알프레드 노벨 181
암호해독자 221
앙드레 베유 192~193, 243
앙리 마티스 340
앙리 카르탕 192, 299
앙리 푸앵카레 91, 187, 269
앙리 푸앵카레 연구소(프랑스 파리) 22, 135, 247

애니메이션 307~309
애덤스 상 174
앨런 로브슨 98~99
앨런 튜링 221
앨리스 앰브로즈 172
야노시 보여이 56~58
야체크 스비아코브시키 355
약물 29, 314, 322~323
양자역학 360, 365, 370
어니스트 갤러웨이 72
어맨더 피트 369
어빙 로버트슨 145
어빙 캐플런스키 254
언드라시 프레코퍼 44
에드 바르보 325
에드 캐트멀 308
에드거 콕세터(아들) 198, 226~228, 389
에드나 크레이머 339
에드워드 리어 379
에드워드 위튼 28, 365~368
에드워드 터프트 284
에드윈 애벗 84, 91
에릭 H. 네빌 96~98, 174
에미 뇌터 160~162
에이브러햄 신코프 221
에이브러햄 왈드 283
엘리자베스 싱 222
엠마 카스텔누오보 252~253
영국
    벅민스터풀러린에 관한 영국에서의 논의 320~322
    영국 수학의 흐름 251
    케임브리지 대학교, 트리니티 칼리지도 참고할 것.
영국학술원 207, 298
예술 M.C. 에스허르 참고할 것
예술과 과학의 관계 325~327, 340
오각형 31, 35, 50, 52, 270~271
오귀스트 로댕 193, 342
오스카 와일드 116, 175
오스트리아 비엔나에서의 DC 114~118
오즈월드 베블런 142, 154, 159, 168,

169
옥타브 미르보 194
올리버 번 54
요하네스 케플러 51, 107~110, 300, 303~304
요한 폰 노이만 143
우주
  우주 내의 내부 구조적 위상 362
  우주에 대한 로빈슨의 관점 351
  우주의 기본적 작동원리에 대한 풀러의 탐구 272
  우주의 모형으로서의 12면체 50~51
  우주의 형태에 대한 위크스의 작업 356
<우주구조의 신비> 108
운동과 기하학 106~107
원
  데카르트의 원의 정리 41
  상접하는 원 41, 42, 64, 183, 351, 354
  원과 에스허르의 작품 335~337, 344~349
<원 극한> 패턴(에스허르) 336
월터 페이터 386
월터 화이틀리 35~36, 282~286, 290, 298, 311, 314~317, 322
월트 스토트 124
위상 수학(별명 "고무판" 기하학) 59
위클리프 로즈 134
윌리 모저 237
윌리엄 매슈 피트리 80
윌리엄 서스톤 311
윌리엄 튜트 221, 291
윌리엄 하지 174
윌킨슨 초단파 비등방성 탐사선(WMAP)(NASA) 359~360
유럽경제협력기구(OEEC) 246
유비 16, 144, 165, 201, 209, 216, 287, 292, 293, 372, 374
유엔교육과학문화기구(UNESCO) 246
유진 폴 위그너 143
유클리드

유클리드를 타도하라 36, 195, 242
유클리드에 대한 DC의 연구 87
유클리드에 대한 증보로서의 DC의 작업 207
유클리드와 4차원 87
유클리드와 부르바키 195
유클리드와 음악에 대한 DC의 관점 75~76
유클리드와 응용문제 323
유클리드와 평행선공준 55~58
유클리드와 해석기하학 94~95
유클리드와 힐베르트의 작업 83~84
유클리드의 <기하학 원론> 53~55, 68, 75, 83, 208, 289
유클리드의 작업에 기초한 기하학 82~83
유클리드의 작업에 대한 개관 53
지루한 유클리드 245
유클리드평면, 유클리드삼각법, 기하학도 참고할 것
유클리드삼각법 349
유클리드평면 72, 332, 333
육각형 270, 299
육팔면체 304
음악
  음악과 위크스의 작업 359~360
  음악에 대한 DC의 흥미 72~76
응용. 특정 응용 참고
응용 과학에 의한 고전 기하학의 재발견 289
이고르 리빈 355
이디스 몰리 96
이마누엘 칸트 54
<이면 만화경>(영화) 256~257
이브 콕세터(이복여동생) 81, 182
<이상한 나라의 앨리스>(캐럴) 38, 212, 238, 366
"이중 시차" 89
이중성과 에스허르의 작품 350
이탈리아에서의 기하학 252~253
인문학의 일부로서의 수학 325
일본 255

일식 86, 138
임레 토트 197~198
"입 맞추는 원들의 정리" 185
입체화학 314
잎차례 23

ㅈ

자크 모노 274
자크 티츠 262
장 델사르트 192
장 디외도네 192, 195, 241~247
장 르 달랑베르 106
장 폴 사르트르 171
장 피아제 253
전국과학국제경시대회 298
"접촉수" 문제 299~399
정사각형 30, 48, 49, 53, 84, 93, 100, 128~130, 205, 209~212, 216, 288, 335
정수수열 온라인 백과사전 149
정육면체 41, 50, 51, 63, 85, 88, 92, 93, 109
<정육면체의 대칭>(영화) 183, 256
정치 219
"정확한 입맞춤"(소디) 219
제러미 그레이 56, 82, 119, 209
제시 더글러스 181
제임스 글릭 106
제임스 진스 75
제임스 클러크 맥스웰 323
제임스 힌튼 123
제쿠디엘 긴즈버그 236
조각 맞추기 대칭 329
조앤 콕세터(이복여동생) 81
조제프 루이 라그랑주 209
조지 더프 269
조지 에스허르 277
조지 오덤 33
조지 하트 47
조지 H.W. 부시 382
존 랫클리프 68, 355
존 로빈슨 342
존 모팻 164

존 벤틀리 메이스 350
존 찰스 필즈 181
존 콜먼 189
존 폴라니 225
존 플린더스 피트리 80
존 호턴 콘웨이 24, 87
존 E. 리틀우드 102
존 L. 싱 380
<종족>(부르바키 회람) 241
죄르지 더르버시 375
죽음과 사후에 대한 DC의 관점 389
준다면체 363
중력 86
증명
 몰리정리의 증명 14
 수학적 증명 74
 증명과 시각적 접근법 309
 증명과 쌍곡선평면 68, 334
 증명과 "억지방법" 300
 증명에 대한 레프셰츠의 관점 141
지그문트 프로이트 114, 339
"지르박 변환" 304
지안-카를로 로타 289
직관
 DC의 직관력 144
 물리학자들의 직관 373
 직관과 부르바키 36
 직관과 에스허르의 작업 348
<직관>(로빈슨의 조각품) 343
질베르 드 뷰르가르드 로빈슨 201, 221
질병 94, 314,
쪽맞추기 72, 329, 330
 타일 깔기 참고

ㅊ

차원 기하학. 84, 127, 159, 298
 4차원, 3차원도 참고할 것
찰스 다윈 32
찰스 애덤스의 만화 215
찰스 하워드 힌턴 85
찰스 W. 소커라이즈 339
<창공> (로빈슨의 조각) 351

"창공의 원들" 시험 360
창의성에 대한 콕세터의 관점 332
"창의의 공백" 285
챈들러 데이비스 382, 224, 382
챌린저 스페이스 셔틀 383
천문학/천체물리학 362
초다면체
    아르키메데스 초다면체 120~121
    초다면체라는 단어를 도입한 스토트 123
    초다면체에 대한 DC의 관점 375
    초다면체에 대한 DC의 작업 85, 120~121, 132, 147~154, 166, 198~201, 204, 207~209
    초다면체에 대한 북대서양조약기구 회의 383
    초다면체에 대한 스토트의 스크랩북 353
    초다면체에 사로잡힌 DC 201
    초다면체와 4차원 32
    초다면체와 DC의 명성 207~218
    초다면체와 DC의 부다페스트 논문 387
    초다면체와 DC의 예술품수집 338
    초다면체와 만화경 127
    초다면체와 슐래플리의 작업 116
    초다면체와 위크스의 작업 360~361
    초다면체와 콕세터군 208~209, 212~218
    초다면체의 대칭 31~32, 148~152, 154~155, 162, 208~209, 211~218, 도널드 콕세터의 저작;<정규초다면체>, 초다면체의 유형이나 특정 인물의 작업도 참고할 것
초다면체 스크랩북 353
초입자(초대칭(SUSY)입자) 369
측지선 돔 144, 270, 271, 276, 319

ㅋ

카로이 베즈데크 64
카멜리타 힌턴 167, 169
칼 융 342

캐나다 수학저널 204
캐나다 시민자유연맹 223
캐나다/미국 수학캠프 383
캐나다수학대회(프레더릭턴, 1959) 254
캐나다학술원 207
캘리포니아 공과대학교에서의 DC의 강의 202
컴퓨터과학 291, 306
케이티 가블러 콕세터(계모) 222
케이티 가블러 케이티 가블로 콕세터 참고
케임브리지 대학교
    케임브리지 대학교 아이작 뉴턴 수리과학연구소 107
    케임브리지 대학교 입학시험 99
    케임브리지 대학교에서 열린 제4차 국제 수학대회(1912) 118
    케임브리지 대학교에서의 DC의 강의 384
    케임브리지 대학교의 기하학 교육과정 261
    케임브리지 대학교의 라운즈 석좌 교수직 171
    케임브리지 대학교의 애덤스 상 174
    트리니티 칼리지 및 특정 인물들도 참고할 것
<케임브리지 철학회보> 121
케플러 행성법칙 108
코라도 세그레 119
코페르니쿠스 107
콕세터군
    군론을 조사하는 도구로서의 콕세터군 30
    쌍곡선 콕세터군 372
    콕세터군과 M-이론 371
    콕세터군과 거울 212~216
    콕세터군과 결정학 331
    콕세터군과 구 충전 305~306
    콕세터군과 기하학에 대한 DC의 기여 28, 174
    콕세터군과 끈이론 372~374
    콕세터군과 무한 372

콕세터군과 아인슈타인의 이론 371
콕세터군과 초다면체 208~209, 212~218
콕세터군과 케임브리지 대학교수직에 대한 DC의 고려 174
콕세터군과 콘웨이의 "살인" 384~386
콕세터군에 대한 부다페스트의 논문들 354
콕세터군에 대한 부르바키의 인정 262
콕세터군에 대한 티츠의 논문 262
콕세터군의 대칭 371
콕세터군의 응용 145
콕세터군의 중요성 27, 32, 214~218
콕세터의 저작 16
　도널드 콕세터의 저작 참고
콕세터 심포지엄(토론토, 1979) 264
콕세터 앤 선 주식회사 71
콕세터 행렬 263
콕세터가 별장의 화재 275
콕세터수 263
콕세터-피트리 다면체 101
콜롬비아 보고타 "범미대륙" 학회(1961) 248
쿠르트 괴델 291, 292
클로드 슈발리 192, 247, 248
클리퍼드 즈벤고우프스키 381

ㅌ

타데우시 야누시키에비치 355,
<타임머신>(웰스) 85, 87
타일 깔기 72, 315, 329, 330, 331, 334, 361
탄소분자 318, 319
탈레스 53
택시기하학 59
토니 디로즈 307, 308
토론토 대학교
　부시에게 주어진 토론토 대학교의 명예학위 382
　토론토 대학교에서 DC에게 주어진 일자리 제안 174
　토론토 대학교에서의 DC 21~22, 187~188, 198~199, 207
　토론토 대학교에서의 데이비스 224
　토론토 대학교에서의 응용 수학과 창립 180
　토론토 대학교에서의 컴퓨터과학 306
　토론토 대학교에서의 풀러의 강연 275
　토론토 대학교와 DC의 유언 382
　토론토 대학교와 다른 교육기관에서 DC에게 주어진 일자리 제안 224
　토론토 대학교의 수학 교육 과정 258~259
　토론토 대학교의 컴퓨터 서버 306
토머스 헤일즈 300
토머스 호머-딕슨 285
톰 레러 250
통계학 295, 296
통신 연구 303
튀코 브라헤 107, 109
트리니티 칼리지(케임브리지 대학교)
　DC의 트리니티 칼리지 입학 99
　연구의 성소로서의 트리니티 칼리지 99
　트리니티 칼리지 특별명예연구원으로서의 DC 69
　트리니티 칼리지와 DC의 유언 389
　트리니티 칼리지에 특별명예연구원으로 돌아오라는 초빙을 받은 DC 69
　트리니티 칼리지에서의 DC의 "유레카"적인 순간 229
　트리니티 칼리지에서의 DC의 강연 384
　트리니티 칼리지의 수학우등시험 103
　트리니티 칼리지의 학생/특별연구원으로서의 DC 125
<티마이오스>(플라톤) 46, 49
팀 루니 258, 259

ㅍ

팔면체 50, 51
패턴

구매패턴 26
<원 극한> 336
패턴과 기하학적 공백 314
패턴과 에스허르의 작업 325
패턴과 평면에 타일 깔기 204
패턴과 풀러의 작업 269
패트릭 듀 발 121, 157, 174
퍼르커시 보여이 56
페데리고 엔리케스 118
페르미연구소(일리노이) 160
펜실베이니아 필라델피아에서의 DC의 강연 255
펠릭스 클라인 274
평행선공준 82
평화주의 222
<포사이트가 이야기>(골즈워디) 386
폴 돈치안 153
폴 에르되시 64, 65, 66
폴 R. 할모스 191, 192
푸앵카레 원판 335
푸트니학교(버몬트) 167
프랑스
  프랑스의 수학 교육개혁 247
  프랑스의 신수학 244, 246, 248, 250
  부르바키 집단도 참고할 것
프랑스과학원 250
프랙털 292
프랜시스 스키너 172
프랭크 몰리 190
프랭크 오코너 137, 138
프록터 특별연구원장학금 156
프리먼 다이슨 266
프리츠 츠비키 30
프린스턴 대학교
  프린스턴 대학교 교수직에 흥미를 가진 DC 133
  프린스턴 대학교에 있는 파인홀 139
  프린스턴 대학교에 있는 펠레티의 조각품 354
  프린스턴 대학교에서의 DC 31
  특정 인물도 참고할 것
플라톤 14, 46, 48, 49, 50

플라톤입체도 참고할 것
플라톤입체
  유명한 다면체인 플라톤입체 47~49
  플라톤입체 연구에 대한 DC의 확장 208
  플라톤입체로 이루어진 프린스턴의 문장 140
  플라톤입체에 대한 DC의 관점 274
  플라톤입체에 대한 개관 49~52
  플라톤입체에 대한 뫼비우스의 연구 129
  플라톤입체와 4차원 87
  플라톤입체와 M-이론 371
  플라톤입체와 기하학의 역사 46~49
  플라톤입체와 만화경 129~130
  플라톤입체와 슈래플리의 작업 116
  플라톤입체와 에스허르의 작업 336
  플라톤입체와 유클리드 53~54
  플라톤입체와 케플러의 작업 107~110
  플라톤입체와 콕세터의 군들 212~214
  플라톤입체와 풀러의 측지선 돔 270~271
  플라톤입체의 대칭 51, 129~130, 336
  플라톤입체의 상호연관성 51
  특정 도형도 참고할 것
플랑크 탐사선 360
<플랫랜드>(애벗) 84, 85, 91, 93
피보나치 255
피에르 카르티에 195, 242 243, 247, 248
피타고라스 48, 75
피터 갤리슨 190
픽사 307, 308, 309
필리포 부르넬레스키 286
필립 비크로프트 41
필립 월리스 254
필즈 메달 181, 217, 240
필즈연구소(캐나다, 토론토) 353, 382, 385

ㅎ

하워드 페어 249
하원 반미활동조사위원회 224
학교수학연구그룹(S.M.S.G) 250
학예 261
한스 프로이덴탈 253, 254
해럴드 H. 펑크 228
해럴드 사무엘 콕세터(아버지)
  그의 예술적 흥미 70, 337
  아버지와 DC-린 사이의 관계 176~178
  아버지와 DC의 거울 131
  아버지와 DC의 관계 183
  아버지와 DC의 미래 136
  아버지와 DC의 수학적 능력 96
  아버지와 DC의 연애사 146~147
  아버지와 도널드의 명명 71
  아버지와 볼의 연구에 대한 DC의 편집 167
  아버지와 토론토에서 DC에게 온 일자리 제안 174
  아버지의 미국 방문 156~157
  아버지의 이혼 77
  아버지의 재혼 79
  아버지의 죽음 183
  프린스턴에서의 아버지와 DC 145~146
해리 크로토 318, 319
해석 기하학 95, 96, 103, 107, 208
핵무기 감축 224
헝가리
  헝가리의 기하학 375
  *헝가리 부다페스트*도 참고할 것
헝가리 부다페스트
  헝가리 부다페스트 대칭축제 2003 376
  헝가리 부다페스트 야노시 보여이 총회 40
헤르만 바일 161
헨드리나 (린) 브라우에르 176
  린(헨드리나) 브라우에르 콕세터 참고
헨리 모어 91
헨리 프레더릭 보넨블루스트 143
헨리 피트로스키 286, 287
헨리 F. 베이커 171, 242
홀트 주지사 145
화학
  화학과 기하학적 공백 282, 285, 314, 316
  *생화학*도 참고할 것
황금비 23, 340

도·서·출·판·승·산·에·서·만·든·책·들

19세기 산업은 전기 기술 시대, 20세기는 전자 기술(반도체) 시대, 21세기는 양자 기술 시대입니다. 미래의 주역인 청소년들을 위해 21세기 **양자 기술**(양자 암호, 양자 컴퓨터, 양자 통신 같은 양자정보과학 분야, 양자 철학 등) 시대를 대비한 수학 및 양자 물리학 양서를 계속 출간하고 있습니다.

수학

평면기하학의 탐구문제들 제1권
프라소로프 지음 | 한인기 옮김 | 328쪽 | 20,000원

러시아의 저명한 기하학자 프라소로프 교수의 역작으로, 평면기하학을 정리나 문제해결을 통해 배울 수 있도록 체계적으로 기술한다. 이 책에 수록된 평면기하학의 정리들과 문제들은 문제해결자의 자기주도적인 탐구활동에 적합하도록 체계화했기 때문에 제시된 문제들을 스스로 해결하면서 평면기하학 지식의 확장과 문제해결 능력의 신장을 경험할 수 있을 것이다.

문제해결의 이론과 실제
한인기, 꼴랴긴 Yu. M. 공저 | 208쪽 | 15,000원

입시 위주의 수학교육에 지친 수학교사들에게는 '수학 문제해결의 가치'를 다시금 일깨워 주고, 수학 논술을 준비하는 중등학생들에게는 진정한 문제해결력을 길러 줄 수 있는 수학 탐구서.

유추를 통한 수학탐구
P. M. 에르든예프, 한인기 공저 | 272쪽 | 18,000원

유추는 개념과 개념을, 생각과 생각을 연결하는 징검다리와 같다. 이 책을 통해 우리는 '내 힘으로' 수학하는 기쁨을 얻게 된다.

불완전성 : 쿠르트 괴델의 증명과 역설
레베카 골드스타인 지음 | 고중숙 옮김 | 352쪽 | 15,000원

괴델은 독자적인 증명을 통해 충분히 복잡한 체계, 요컨대 수학자들이 사용하고자 하는 체계라면 어떤 것이든 참이면서도 증명불가능한 명제가 반드시 존재한다는 사실을 밝혀냈다. 레베카 골드스타인은 괴델의 정리와 그 현란한 귀결들을 이해하기 쉽도록 펼쳐 보임은 물론 괴팍스럽고 처절한 천재의 삶을 생생히 그려 나간다.

간행물윤리위원회 선정 '청소년 권장 도서'
2008 과학기술부 인증 '우수과학도서' 선정

리만 가설 : 베른하르트 리만과 소수의 비밀
존 더비셔 지음 | 박병철 옮김 | 560쪽 | 20,000원

수학의 역사와 구체적인 수학적 기술을 적절하게 배합시켜 '리만 가설'을 향한 인류의 도전사를 흥미진진하게 보여 준다. 일반 독자들도 명실공히 최고 수준이라 할 수 있는 난제를 해결하는 지적 성취감을 느낄 수 있을 것이다.

2007 대한민국학술원 기초학문육성 '우수학술도서' 선정

오일러 상수 감마
줄리언 해빌 지음 | 프리먼 다이슨 서문 | 고중숙 옮김 | 416쪽 | 20,000원

수학의 중요한 상수 중 하나인 감마는 여전히 깊은 신비에 싸여 있다. 줄리언 해빌은 여러 나라와 세기를 넘나들며 수학에서 감마가 차지하는 위치를 설명하고, 독자들을 로그와 조화급수, 리만 가설과 소수정리의 세계로 끌어들인다.

2009 대한민국학술원 기초학문육성 '우수학술도서' 선정

허수 : 시인의 마음으로 들여다본 수학적 상상의 세계
배리 마주르 지음 | 박병철 옮김 | 280쪽 | 12,000원

수학자들은 허수라는 상상하기 어려운 대상을 어떻게 수학에 도입하게 되었을까? 하버드대학교의 저명한 수학 교수인 배리 마주르는 우여곡절 많았던 그 수용과정을 추적하면서 수학에 친숙하지 않은 독자들을 수학적 상상의 세계로 안내한다.

소수의 음악 : 수학 최고의 신비를 찾아
마커스 드 사토이 지음 | 고중숙 옮김 | 560쪽 | 20,000원

소수, 수가 연주하는 가장 아름다운 음악! 이 책은 세계 최고의 수학자들이 혼돈 속에서 질서를 찾고 소수의 음악을 듣기 위해 기울인 힘겨운 노력에 대한 매혹적인 서술이다. 19세기 이후부터 현대 정수론의 모든 것을 다룬다. 일반인을 위한 '리만 가설', 최고의 안내서이다.

제26회 한국과학기술도서상(번역부문)
2007 과학기술부 인증 '우수과학도서' 선정,
아·태 이론물리센터 선정 '2007년 올해의 과학도서 10권'

뷰티풀 마인드
실비아 네이사 지음 | 신현용, 승영조, 이종인 옮김 | 757쪽 | 18,000원

21세 때 MIT에서 27쪽짜리 게임이론의 수학 논문으로 46년 뒤 노벨경제학상을 수상한 존 내쉬의 영화 같았던 삶. 그의 삶 속에서 진정한 승리는 정신분열증을 극복하고 노벨상을 수상한 것이 아니라, 아내 앨리사와의 사랑으로 끝까지 살아남아 성장했다는 점이다.

간행물윤리위원회 선정 '우수도서', 영화 〈뷰티풀 마인드〉 오스카상 4개 부문 수상

우리 수학자 모두는 약간 미친 겁니다

폴 호프만 지음 | 신현용 옮김 | 376쪽 | 12,000원

83년간 살면서 하루 19시간씩 수학문제만 풀었고, 485명의 수학자들과 함께 1,475편의 수학논문을 써낸 20세기 최고의 전설적인 수학자 폴 에어디쉬의 전기.

한국출판인회의 선정 '이달의 책', 론–폴랑 과학도서 저술상 수상

무한의 신비

애머 악첼 지음 | 신현용, 승영조 옮김 | 304쪽 | 12,000원

고대부터 현대에 이르기까지 수학자들이 이루어 낸 무한에 대한 도전과 좌절. 무한의 개념을 연구하다 정신병원에서 쓸쓸히 생을 마쳐야 했던 칸토어와 피타고라스에서 괴델에 이르는 '무한'의 역사.

물리

엘러건트 유니버스

브라이언 그린 지음 | 박병철 옮김 | 592쪽 | 20,000원

초끈이론과 숨겨진 차원, 그리고 궁극의 이론을 향한 탐구 여행. 초끈이론의 권위자 브라이언 그린은 핵심을 비껴가지 않고도 가장 명쾌한 방법을 택한다.

〈KBS TV 책을 말하다〉와 〈동아일보〉〈조선일보〉〈한겨레〉 선정 '2002년 올해의 책'

우주의 구조

브라이언 그린 지음 | 박병철 옮김 | 747쪽 | 28,000원

'엘러건트 유니버스'에 이어 최첨단의 물리를 맛보고 싶은 독자들을 위한 브라이언 그린의 역작! 새로운 각도에서 우주의 본질에 관한 이해를 도모할 수 있을 것이다.

〈KBS TV 책을 말하다〉 테마북 선정, 제46회 한국출판문화상(번역부문, 한국일보사), 아·태 이론물리센터 선정 '2005년 올해의 과학도서 10권'

초끈이론의 진실 : 이론 입자물리학의 역사와 현주소

피터 보이트 지음 | 박병철 옮김 | 456쪽 | 20,000원

초끈이론은 탄생한 지 20년이 지난 지금까지도 아무런 실험적 증거를 내놓지 못하고 있다. 그 이유는 무엇일까? 입자물리학을 지배하고 있는 초끈이론을 논박하면서 (그 반대진영에 있는) 고리 양자 중력, 트위스터 이론 등을 소개한다.

2009 대한민국학술원 기초학문육성 '우수학술도서' 선정

아인슈타인의 우주 : 알베르트 아인슈타인의 시각은 시간과 공간에 대한 우리의 이해를 어떻게 바꾸었나
미치오 카쿠 지음 | 고중숙 옮김 | 328쪽 | 15,000원

밀도 높은 과학적 개념을 일상의 언어로 풀어내는 카쿠는 이 책에서 인간 아인슈타인과 그의 유산을 수식 한 줄 없이 체계적으로 설명한다. 가장 최근의 끈이론에도 살아남아 있는 그의 사상을 통해 최첨단 물리학을 이해할 수 있는 친절한 안내서 역할을 할 것이다.

타이슨이 연주하는 우주 교향곡 1, 2권
닐 디그래스 타이슨 지음 | 박병철 옮김 | 1권 256쪽, 2권 264쪽 | 각권 10,000원

모두가 궁금해하는 우주의 수수께끼를 명쾌하게 풀어내는 책! 10여 년 동안 미국 월간지 〈유니버스〉에 '우주'라는 제목으로 기고한 칼럼을 두 권으로 묶었다. 우주에 관한 다양한 주제를 골고루 배합하여 쉽고 재치 있게 설명해 준다.

아·태 이론물리센터 선정 '2008년 올해의 과학도서 10권'

아인슈타인의 베일 : 양자물리학의 새로운 세계
안톤 차일링거 지음 | 전대호 옮김 | 312쪽 | 15,000원

양자물리학의 전체적인 흐름을 심오한 질문들을 통해 설명하는 책. 세계의 비밀을 감추고 있는 거대한 '베일'을 양자이론으로 점차 들춰낸다. 고전물리학에서부터 최첨단의 실험 결과에 이르기까지, 일반 독자를 위해 쉽게 설명하고 있어 과학 논술을 준비하는 학생들에게 도움을 준다.

갈릴레오가 들려주는 별 이야기 : 시데레우스 눈치우스
갈릴레오 갈릴레이 지음 | 앨버트 반 헬덴 해설 | 장헌영 옮김 | 232쪽 | 12,000원

과학의 혁명을 일궈 낸 근대 과학의 아버지 갈릴레오 갈릴레이가 직접 기록한 별의 관찰일지. 1610년 베니스에서 초판 550권이 일주일 만에 모두 팔렸을 정도로 그 당시 독자들에게 놀라움과 경이로움을 안겨 준 이 책은 시대를 넘어 현대 독자들에게까지 위대한 과학자 갈릴레오 갈릴레이의 뛰어난 통찰력과 날카로운 지성을 느끼게 해 준다

퀀트 : 물리와 금융에 관한 회고
이매뉴얼 더만 지음 | 권루시안 옮김 | 472쪽 | 18,000원

'금융가의 리처드 파인만'으로 손꼽히는 금융가의 전설적인 더만! 그가 말하는 이공계생들의 금융계 진출과 성공을 향한 도전을 책으로 읽는다. 금융공학과 퀀트의 세계에 대한 다채롭고 흥미로운 회고. 수학자 제임스 시몬스는 70세의 나이에도 1조 5천억 원의 연봉을 받고 있다. 이공계생들이여, 금융공학에 도전하라!

파인만의 물리

파인만의 과학이란 무엇인가
리처드 파인만 강연 | 정무광, 정재승 옮김 | 192쪽 | 10,000원

'과학이란 무엇인가?' '과학적인 사유는 세상의 다른 많은 분야에 어떻게 영향을 미치는가?'에 대한 기지 넘치는 강연을 생생히 읽을 수 있다. 아인슈타인 이후 최고의 물리학자로 누구나 인정하는 리처드 파인만의 1963년 워싱턴대학교에서의 강연을 책으로 엮었다.

파인만의 물리학 강의 I
리처드 파인만 강의 | 로버트 레이턴, 매슈 샌즈 엮음 | 박병철 옮김 | 736쪽 | 양장 38,000원 | 반양장 18,000원, 16,000원(I-I, I-II로 분권)

40년 동안 한 번도 절판되지 않았던, 전 세계 이공계생들의 필독서, 파인만의 빨간 책.
2006년 중3, 고1 대상 권장 도서 선정(서울시 교육청)

파인만의 물리학 강의 II
리처드 파인만 강의 | 로버트 레이턴, 매슈 샌즈 엮음 | 김인보, 박병철 외 6명 옮김 | 800쪽 | 40,000원

파인만의 물리학 강의 I에 이어 우리나라에서 처음으로 소개하는 파인만 물리학 강의의 완역본. 주로 전자기학과 물성에 관한 내용을 담고 있다.

파인만의 물리학 강의 III
리처드 파인만 강의 | 로버트 레이턴, 매슈 샌즈 엮음 | 김충구, 정무광, 정재승 옮김 | 511쪽 | 30,000원

오래 기다려 온 파인만의 물리학 강의 3권 완역본. 양자역학의 중요한 기본 개념들을 파인만 특유의 참신한 방법으로 설명한다.

파인만의 물리학 길라잡이 : 강의록에 딸린 문제 풀이
리처드 파인만, 마이클 고틀리브, 랠프 레이턴 지음 | 박병철 옮김 | 304쪽 | 15,000원

파인만의 강의에 매료되었던 마이클 고틀리브와 랠프 레이턴이 강의록에 누락된 네 차례의 강의와 음성 녹음, 그리고 사진 등을 찾아 복원하는 데 성공하여 탄생한 책으로, 기존의 전설적인 강의록을 보충하기에 부족함이 없는 참고서이다.

파인만의 여섯 가지 물리 이야기

리처드 파인만 강의 | 박병철 옮김 | 246쪽 | 양장 13,000원, 반양장 9,800원

파인만의 강의록 중 일반인도 이해할 만한 '쉬운' 여섯 개 장을 선별하여 묶은 책. 미국 랜덤하우스 선정 20세기 100대 비소설 가운데 물리학 책으로 유일하게 선정된 현대과학의 고전.
간행물윤리위원회 선정 '청소년 권장 도서'

일반인을 위한 파인만의 QED 강의

리처드 파인만 강의 | 박병철 옮김 | 224쪽 | 9,800원

가장 복잡한 물리학 이론인 양자전기역학을 가장 평범한 일상의 언어로 풀어낸 나흘간의 여행. 최고의 물리학자 리처드 파인만이 복잡한 수식 하나 없이 설명해 간다.

천재 : 리처드 파인만의 삶과 과학

제임스 글릭 지음 | 황혁기 옮김 | 792쪽 | 28,000원

'카오스'의 저자 제임스 글릭이 쓴, 천재 과학자 리처드 파인만의 전기. 과학자라면, 특히 과학을 공부하는 학생이라면 꼭 읽어야 하는 책.
2006년 과학기술부인증 '우수과학도서', 아·태 이론물리센터 선정 '2006년 올해의 과학도서 10권'

발견하는 즐거움

리처드 파인만 지음 | 승영조, 김희봉 옮김 | 320쪽 | 9,800원

인간이 만든 이론 가운데 가장 정확한 이론이라는 '양자전기역학(QED)'의 완성자로 평가받는 파인만. 그에게서 듣는 앎에 대한 열정.
문화관광부 선정 '우수학술도서', 간행물윤리위원회 선정 '청소년을 위한 좋은 책'

신간 및 근간

수학재즈

에드워드B. 버거, 마이클 스타버드 지음 | 승영조 옮김 | 352쪽 | 17,000원 (신간)

왜 일기예보는 항상 틀리는지, 왜 증권투자로 돈 벌기가 쉽지 않은지, 왜 링컨과 존 F.케네디는 같은 운명을 타고 났는지, 이 모든 것을 수식 없는 수학으로 설명한 책. 저자는 우연의 일치와 카오스, 프랙털, 4차원 등 묵직한 수학 주제를 가볍게 우리 일상의 삶의 이야기로 풀어서 들려준다.

블랙홀을 향해 날아간 이카로스 이야기

브라이언 그린 지음 | 박병철 옮김 | 40쪽 | 12,000원 (신간)

세계적인 물리학자이자 베스트셀러 '엘러건트 유니버스'의 저자, 브라이언 그린이 쓴 첫 번째 어린이 과학책. 저자가 평소 아들에게 들려주던 이야기를 토대로 쓴 "우주여행 이야기"로, 흥미진진한 모험담과 우주 화보집이라고 불러도 손색이 없을 만큼 화려한 천체 사진들이 아이들을 우주의 세계로 매혹시킨다.

미지수, 상상의 역사

존 더비셔 | 고중숙 옮김 (근간)

대수의 역사를 기원전 4000년 전부터 현대에 이르기까지 집대성한 책. 대수의 발전과정과 당시의 역사적 배경을 흥미롭게 다루고 있어 수학 전공자뿐만 아니라 호기심 많은 일반인들에게도 매력적인 책이다.

THE ROAD TO REALITY : A Complete Guide to the Laws of the Universe

로저 펜로즈 지음 | 박병철 옮김 (근간)

지금껏 출간된 책들 중 우주를 수학적으로 가장 완전하게 서술한 책. 수학과 물리적 세계 사이에 존재하는 우아한 연관관계를 복잡한 수학을 피해 가지 않으면서 정공법으로 설명한다. 우주의 실체를 이해하려는 독자들에게 놀라운 지적 보상을 제공한다.

THE ELEMENT : How Finding Your Passion Changes Everything

켄 로빈슨 지음 | 승영조 옮김 (근간)

인간 잠재력 계발 분야의 세계적 리더, 켄 로빈슨이 공개하는 성공의 비밀! 저자는 폴 매카트니, 〈심슨가족〉의 창시자 매트 그로닝 등 다양한 분야에서 성공한 사람들과의 인터뷰와 오랜 연구 끝에 성공의 비밀을 밝혀냈다. 인간은 누구나 천재적 재능을 가지고 있다고 주장하는 켄 로빈슨은 이 책에서 그 재능을 발견하고 성공으로 이르게 하는 해법을 제시한다.

무한 공간의 왕

1판 1쇄 인쇄 2009년 10월 13일
1판 1쇄 펴냄 2009년 10월 20일

지은이 | 시오반 로버츠
옮긴이 | 안재권
펴낸이 | 황승기
마케팅 | 송선경, 황유라
편 집 | 배연경
디자인 | 디자인 소울
펴낸곳 | 도서출판 승산
등록날짜 | 1998년 4월 2일
주 소 | 서울시 강남구 역삼동 723번지 혜성빌딩 402호
전화번호 | 02-568-6111
팩시밀리 | 02-568-6118
이메일 | books@seungsan.com
웹사이트 | www.seungsan.com

ISBN 978-89-6139-028-6 03410

■ 값은 뒤표지에 있습니다.
■ 도서출판 승산은 좋은 책을 만들기 위해 언제나 독자의 소리에 귀를 기울이고 있습니다.